전기공학개론

김성환 · 김종수 · 오세진 · 김현수 공저

도서출판 상학당

欲爲大者 當爲人役

크고자 하거든 남을 섬기라

머리말

전기 분야 및 전기응용 분야는 그 영역을 확장하며 비약적인 발전을 이룩하였고, 근래에는 모든 산업 분야에서 녹색 청정에너지의 개발 및 대체를 위해 많은 역량을 기울이고 있다. 그리고 이러한 분야에 대한 깊이 있는 이해를 위해서는 기초적인 전기공학 및 전기응용의 이해가 선행되어야 하며, 이를 위해 이 교재를 집필하게 되었다.

이 교재는 전기공학을 전공하지 않는 일반 공과계열 학생들과 일반 산업현장 기술자들의 교과서, 참고서 및 공장 등 산업현장에서 실제로 응용할 수 있는 전기기술을 이해하는데 도움이 될 것이며, 특히 선박에 승선하는 해기사들에게 유용하리라 생각된다.

이 교재는 다음과 같이 4장으로 구성되어 있다.

제1장에서는 전기, 자기의 기초적인 내용을 다루었고, 제2장에서는 직류회로, 교류회로에 관하여 설명하였다. 내용 설명을 위해 관련 내용에 부합하는 풍부한 그림을 사용하여 이해를 돕고자 하였으며, 각 장마다 내용에 맞는 예제를 사용하여 기초적인 내용과 개념을 쉽게 파악할 수 있도록 최대한의 배려를 하였다. 제1장과 제2장을 통해 전기공학에 관한 기초적인 개념을 수립할 수 있을 것이라 확신한다.

제3장에서는 직류전동기, 직류발전기, 동기전동기, 동기발전기, 유도전동기 및 변압기의 구조 및 이론 등을 다루었고, 제4장에서는 계측기, 조명공학, 전기화학 등의 각종 전기응용 분야를 설명하였다.

이 교재가 전기공학 전반에 걸쳐 기본이 되는 이론과 개념을 습득하고, 또한 전기기기 및 각종 전기응용 분야에 대해서 이해의 폭을 넓히고 산업현장의 실무담당자 및 해기사들에게 큰 도움이 되길 진심으로 바라며, 끝으로 이 책을 저술하면서 여러 가지로 수고하신 도서출판 상학당 여러분께 진심으로 깊은 감사를 드린다.

저자 일동

차 례

제1장 전자기 기초

제2장 회로이론

제3장 전기기기

제4장 전기응용

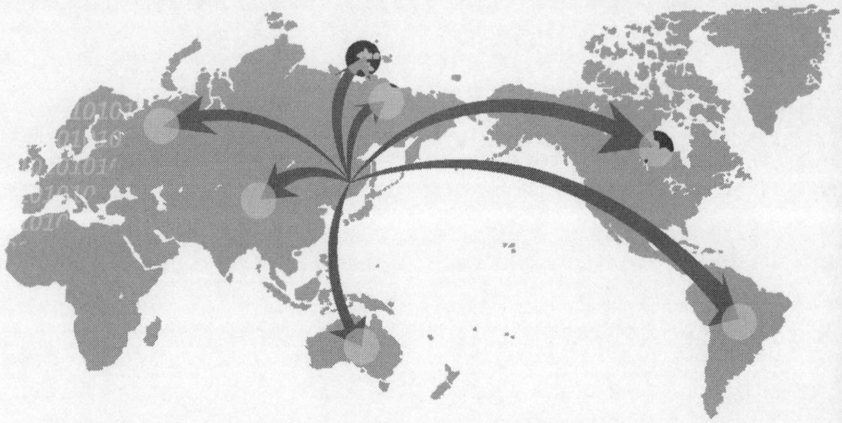

제 1 장

전자기 기초

1.1 원자와 힘

1.1.1 원자와 원자의 힘

전기는 도체나 장치를 통하여 흐르는 전자의 흐름 또는 전자가 움직일 수 있는 힘으로 정의된다. 과학자들은 전기가 전자와 양성자라고 불리는 매우 자그마한 입자들에 의해서 생성된다고 생각한다. 이 입자들은 너무 작아서 육안으로는 볼 수 없지만 원자보다 작은 입자들로서 실제 존재하고 있다. 이들의 존재를 이해하기 위해서는 우선 원자의 구조를 이해해야 한다.

1.1.2 원 자

모든 물질은 분자라는 기본 요소로 구성된다. 물질의 특성을 유지하고 있는 이 분자를 점점 나누어 가면 최종적으로 더 이상 나눌 수 없는 입자가 나타나는데 이 입자를 원자라고 한다. 원자는 양으로 대전된 핵과 이 핵을 둘러싸고 있는 음으로 대전된 전자로 구성되어 있으며 전기적으로 중성상태를 유지한다.

원자의 핵은 그림 1.1-1에서 볼 수 있듯이 양성자와 중성자 2가지 작은 입자로 구성된다. 양성자는 부호는 다르지만 전자와 같은 크기의 단위전하를 가지며, 중성자는 양성자보다 약간 무겁고 전기적으로는 중성을 띠고 있다.

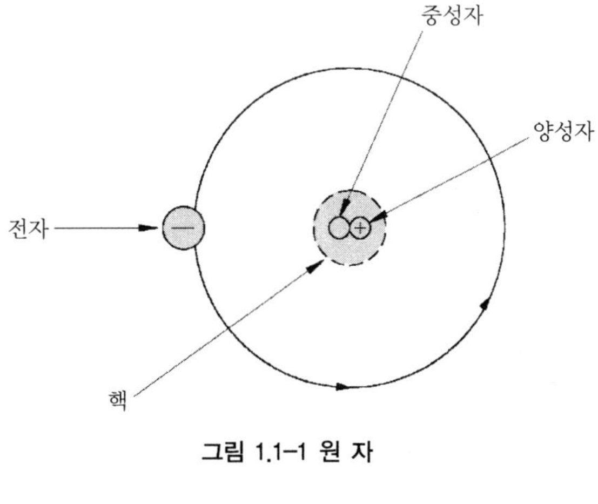

그림 1.1-1 원 자

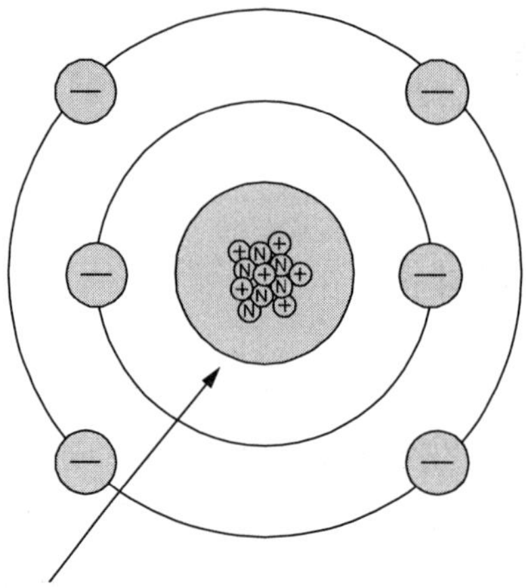

그림 1.1-2 탄소 원자

이 2가지 입자는 분자의 종류에 따라 여러 가지의 조합으로 분자 내에 존재하게 된다. 그리고 전자는 기본 음전하를 가지며 원자의 핵주위를 일정한 궤도로 회전한다. 양성자는 기본 양전하를 가지며 원자의 핵에 위치하고 있는데 원자의 핵에 있는 양성자의 수에 따라 원자의 원자번호가 결정된다.

예를 들어 탄소 원자는 핵에 6개의 양성자를 가지고 있으므로 탄소의 원자번호는 6이 된다. 자연적인 상태에서의 분자는 같은 수의 양성자와 전자를 가지고 있다. 그리고 전자의 음전하와 양성자의 양전하는 같은 크기이므로 반대의 두 전하는 상쇄되어 원자는 전기적으로 중성 또는 안정되어 있다.

1.1.3 정전기 힘

원자의 특성 중 하나는 전자와 핵 사이에 서로 잡아당기는 힘이 발생한다는 것이다. 이 서로 잡아당기는 힘(인력)을 정전기 힘이라고 하며, 이 힘 때문에 전자가 핵주위의 일정한 궤도를 회전하게 된다.

전자는 원자의 핵주위를 빠른 속도로 회전하고 있는데 만약 전자와 원자의 인력이 작용하지 않는다면 전자는 원자의 핵주위를 일정한 궤도로 돌 수 없고 핵에서 점점 멀어질 것이다. 전자와 핵처럼 서로 끌어당기는 힘이 작용하는 물체를 대전체라고 한다.

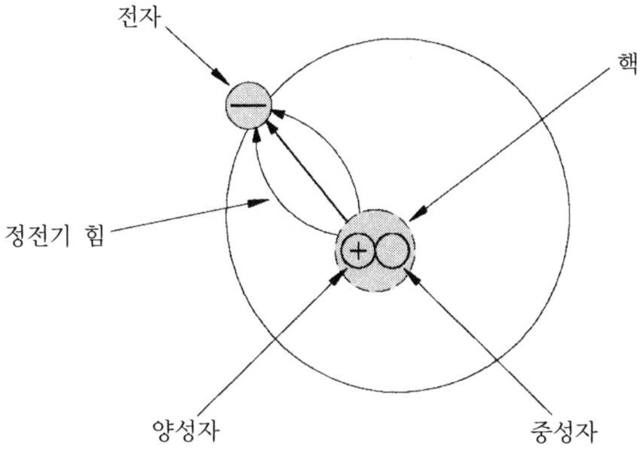

그림 1.1-3 전기력

1.1.4 정전기 법칙

전자의 음전하는 양성자의 양전하와 같은 크기이지만 부호가 반대이다. 이러한 전하들을 정전하라고 한다. 같은 전하들 사이에서는 서로 미는 힘(척력)이 작용하고 부호가 다른 전하들 사이에서는 서로 끄는 힘(인력)이 작용한다. 이러한 특성을 정전기 법칙이라고 한다. 이러한 특성은 간단한 것 같지만 전기의 개념을 이해하기 위해서는 필수적으로 알고 있어야 한다.

어떤 원자는 전자를 잃을 수 있고, 어떤 원자는 외부로부터 전자를 얻을 수 있다. 그러므로 어떤 물체에서 다른 물체로 전자를 이동시킬 수 있다. 이러한 현상이 발생하면 음전하 및 양전하가 같은 수로 존재하지 않아 어떤 물체는 전자를 더 많이 가지게 되어 음의 전기적 특성을 띠게 되고, 다른 물체는 전자의 수가 부족하게 되어 양의 전기적 특성을 띠게 된다. 수십억 개의 원자를 가지고 있는 물체들 내에서도 전자와 양성자 사이의 정전기 법칙은 여전히 동일하게 적용된다.

물체 사이에서 자유롭게 움직일 수 있는 전자를 자유전자라고 하는데 이 자유전자를 많이 가지는 물체는 더 강한 음의 전기적 성질을 띠게 된다.

1.1.5 전기장

대전된 물체 사이에서는 전기적인 힘이 작용한다. 이러한 힘은 대전된 물체 주위에 존재하는 전기장에 의한 것으로 힘의 관계를 그림 1.1-4에 나타내었다.

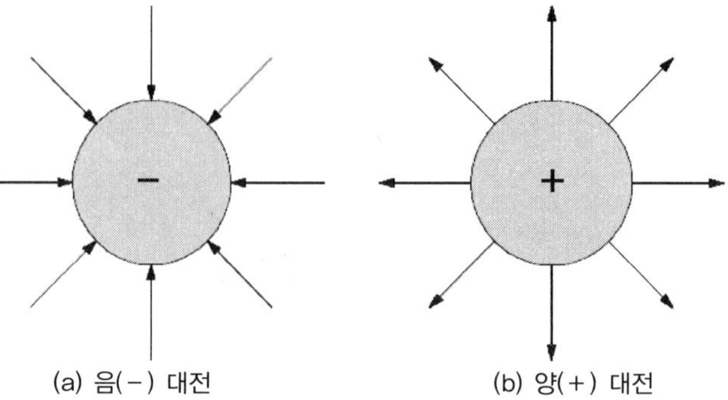

그림 1.1-4 전기장

대전된 물체 사이는 서로 미는 힘 및 서로 잡아당기는 힘이 작용하는데 이것은 이러한 전기장이 서로 작용하여 발생하는 것이다. 이러한 힘은 대전된 모든 물체에 발생하는데 서로 다른 전하로 대전된 물체를 서로 가까이 위치시키면 그림 1.1-5와 같이 두 전기장이 두 대전체 사이에 집중적으로 모이게 되고 두 물체 사이에는 서로 잡아당기는 힘이 발생한다.

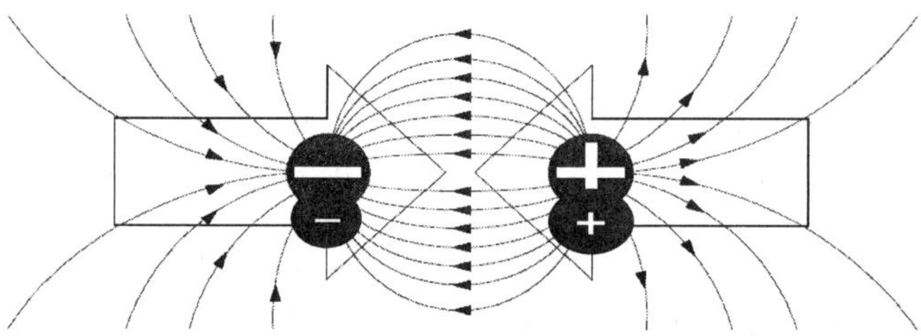

그림 1.1-5 다른 극의 두 전하 사이의 전기장

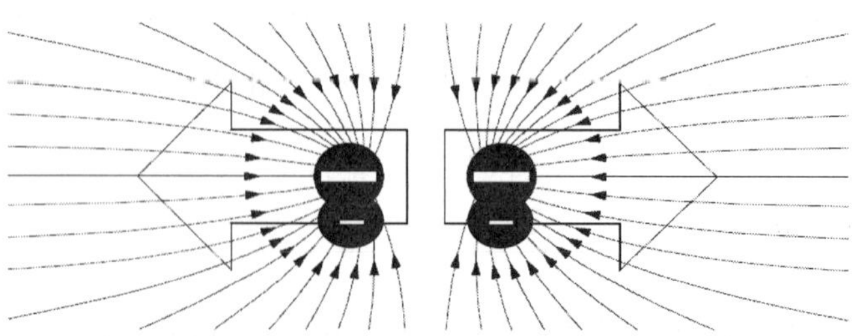

그림 1.1-6 같은 극의 두 전하 사이의 전기장

서로 같은 전하로 대전된 물체를 서로 가까이 위치시키면 그림 1.1-6과 같이 되고 두 물체 사이에는 서로 미는 힘이 발생하게 된다. 서로 미는 힘과 서로 잡아당기는 힘의 크기는 두 가지 요소로 결정된다.

첫째는 각 물체의 대전된 정도이고, 둘째는 대전된 물체 사이의 거리이다. 물체가 양 및 음전하로 많이 대전되면 대전될수록 전기장의 강도가 커지고 두 물체 사이의 거리가 멀면 멀수록 두 물체 사이의 전기장은 약해진다. 이것은 쿨롱의 법칙으로 알려져 있으며 두 물체 사이에 작용하는 전기적인 힘은 두 전하량의 곱에 직접 비례하고 두 물체 사이의 거리의 제곱에 반비례한다.

$$F = K\frac{q_1 \times q_2}{d^2} \qquad (1.1.1)$$

F : 전기적인 힘, K : 상수, q : 전하량, d : 두 물체 사이의 거리

만일 q_1 및 q_2가 모두 양이나 음일 경우 두 물체 사이에는 서로 미는 힘이 작용하고 q_1 및 q_2가 서로 다른 부호일 경우 두 물체 사이에는 서로 잡아당기는 힘이 작용한다.

1.1.6 전위차

전위차는 대전된 두 물체 사이의 전기력의 크기를 설명할 때 사용되는 용어이다. 전위차가 있는 두 물체 사이에 대전된 물체가 놓이게 되면 그 물체는 대전된 극에 따라 한쪽 방향으로 움직이는 힘을 받는다. 만일 음으로 대전된 물체와 양으로 대전된 물체 사이에 전자가 놓이게 되면 전자는 전위차에 의해 양으로 대전된 물체 쪽으로 움직이는 힘을 받는다. 그림 1.1-7에서 볼 수 있듯이 전자는 음으로 대전된 물체와 서로 미는 힘이 작용하고 양으로 대전된 물체와는 서로 잡아당기는 힘이 발생한다.

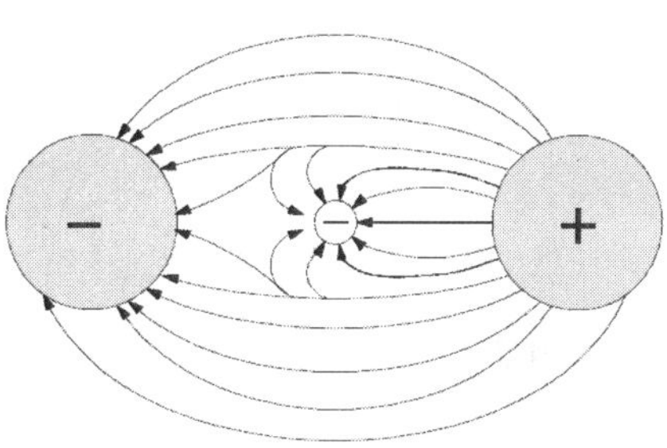

그림 1.1-7 두 전하 사이의 전위차

전기장의 힘으로 이러한 전기적인 전하들이 다른 전하들을 밀고 당김으로 인해 전하가 이동함으로써 일을 할 수 있는 능력을 가지게 된다. 이러한 일을 할 수 있는 능력을 전위라고 하며, 하나의 전하가 다른 전하와 떨어져 있으면 두 전하 사이에는 전위차가 발생하게 된다. 전기장 내의 모든 대전된 입자의 전위차 합을 기전력(Electromotive Force : EMF)이라고 한다.

전위차 측정의 기본 단위는 볼트(Volt)이고, 전위차 기호는 V이며, 전자를 강제로 이송시키는 일의 능력을 나타낸다. 전위차의 기본 단위가 볼트이므로 전위차를 전압이라고도 부른다.

1.1.7 자유전자

전자는 핵의 주위를 빠른 속도로 회전하고 있다. 전자와 핵은 서로 잡아당기는 힘이 작용하고 있으며 전자는 원심력에 의해 핵에서 멀어지려고 하는 힘이 작용한다. 이러한 두 힘이 평형을 이루어 전자는 어느 일정한 궤도를 돌게 된다. 원자에 존재하는 전자들은 서로 다른 궤도를 돌게 되는데 궤도에 따라 다른 에너지 수준을 가지게 되며 이 에너지 수준은 전자와 핵의 거리에 비례하게 된다. 보다 높은 에너지 수준을 갖는 전자는 상대적으로 핵에서 멀리 떨어져 위치하게 된다.

전자가 위치하는 곳을 각(shell)이라고 하는데 이러한 각은 핵에서부터 가까운 순서로 K, L, M, N, O, P 및 Q라고 지정되어 있다. 각 각에는 최대한 수용할 수 있는 전자가 정해져 있다. 예를 들어 K각은 최대 2개의 전자를 수용할 수 있고, L각은 최대 8개의 전자를 수용할 수 있다. 그림 1.1-8에서 볼 수 있듯이 특정 원자의 각 각에는 수용할 수

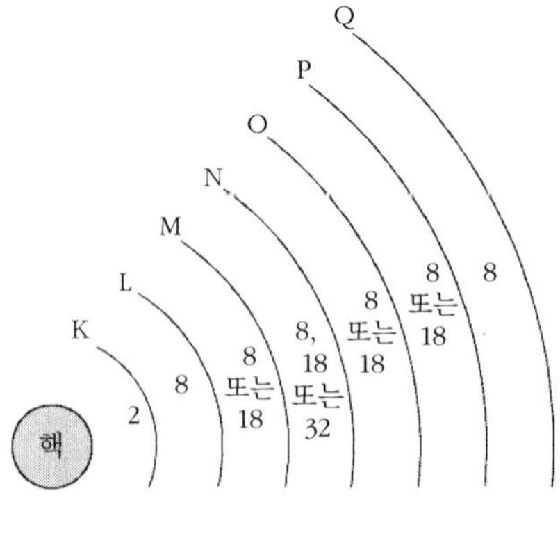

그림 1.1-8 에너지 수준 및 전자의 수

있는 전자의 수가 정해져 있다. 어떤 분자의 전자 분포를 알 수 있는 간단한 2개의 규칙이 있다.

첫째, 모든 원자의 최외각에 수용할 수 있는 최대 전자의 수는 8이다.
둘째, 모든 원자의 최외각 이전 각에 수용할 수 있는 최대 전자의 수는 18이다.

아주 중요하게 알아 두어야 할 사항은 어떤 원자가 최외각에 8개의 전자를 수용하고 있으면 그 원자는 매우 안정되어 있으며 구조적 변화에 저항하는 힘이 크다는 것이다. 다시 말해서 최외각에 한 두 개의 전자를 가지고 있는 원자는 최외각에 8개의 전자를 가지고 있는 원자보다 아주 쉽게 전자를 잃을 수 있다는 것이다. 이렇게 최외각에 위치한 전자를 원자가 전자라고 한다.

열, 빛 및 전기적인 에너지 등의 외부 에너지가 어떤 물체에 가해지면 전자는 에너지를 얻어 더 높은 에너지 수준으로 이동하게 된다. 만일 어떤 충분한 에너지가 원자에 공급되면 원자가 전자의 일부는 원자를 이탈하게 되는데 이러한 전자를 자유전자라고 한다. 금속 도체의 전류는 이러한 자유전자의 이동이다.

하나 이상의 전자를 잃거나 얻은 원자를 이온화되었다고 하는데 만일 하나 이상의 전자를 잃으면 그 원자는 양의 전기적 특성을 띠게 되고 양이온이라고 부르게 된다. 반대로 하나 이상의 전자를 얻으면 그 원자는 음의 전기적 특성을 띠게 되고 음이온이라고 부르게 된다.

1.1.8 원자 및 원자의 힘 요약

① 전기력 : 원자의 핵주위에 전자를 일정한 궤도로 붙잡고 있는 힘이다.
② 전기장 : 대전된 물체 사이에 서로 밀고 서로 당기는 작용을 하는 힘이다.
③ 전위차 : 대전된 물체 사이의 전기력 크기의 척도이다. 쿨롱의 법칙에 의해 대전된 물체는 각 전하의 곱에 직접 비례하고 물체 사이의 거리의 제곱에 반비례하여 서로 밀거나 잡아당기는 힘이 발생한다.
④ 기전력 : 전기장 내에 대전된 모든 입자의 전위차 합이다.
⑤ 이온변화 : 자유전자를 잃거나 얻는 것에 따라 일어나며 원자가 전자를 잃으면 양이온으로 되고, 원자가 전자를 얻으면 음이온이 된다.

1.2 전기용어

전기용어에 관한 핵심적인 내용을 이해하기 위해서는 기초 전기과학에 관한 충분한 이해가 뒷받침되어야 한다.

1.2.1 도 체

원자 핵주위에 핵과 느슨하게 연결된 전자들이 있는 물질이 도체이며 이러한 도체는 많은 수의 전자가 자유롭게 움직일 수 있는 재료가 된다. 동, 은 및 금과 같이 원자가 전자의 수가 1개인 원자는 좋은 도체이며 대부분의 금속은 양호한 도체가 된다.

1.2.2 절연체

절연체 또는 부도체는 그들의 원자핵과 전자가 강한 힘으로 연결되어 있어 전자를 원자핵으로부터 분리시키기 위해 많은 에너지가 필요한 물질이다. 좋은 절연체는 최외각에 8개의 전자를 가지며 항상 안정된 상태를 유지하려는 특성이 있다.

절연체는 상대적으로 최외각에 많은 수의 전자를 수용하고 있어서 외부로부터 에너지를 받아도 에너지들이 각 전자에 나누어 영향을 미치기 때문에 전자 1개가 외부로부터 받는 에너지는 작아지게 된다. 고무, 플라스틱, 유리 및 목재는 좋은 절연체의 예이다.

1.2.3 반도체

저항은 전자가 흐를 수는 있지만 전자의 흐름을 방해하는 물질로 만들어진다. 전류를 잘 흐르게 하는 양호한 도체도 아니고 전류를 못 흐르게 하는 좋은 절연체도 아닌 물질을 반도체라 한다.

저항체는 최외각에 하나 내지 두 개 이상 및 일곱 내지 여덟 개 이내의 원자가 전자수를 가진다. 반도체로는 탄소, 규소, 게르마늄, 주석 및 납 등이 있으며 이들 각 원소의 원자에는 4개의 원자가 전자가 있다.

1.2.4 전 압

앞에서 언급했지만 전위차 측정의 기본 단위는 볼트([V])이기 때문에 전위차를 전압이라고 한다. 어떤 물체의 전하량은 물체가 얻은 혹은 잃은 전자수에 의해 결정된다. 전자가 이동할 경우 그 수는 대단히 많기 때문에 이들 전자를 표시할 단위가 필요하며 이에 따라 전자 6.24×10^{18} 개를 하나의 단위로 묶어 1쿨롱(Coulomb)이라는 단위를 사용한다.

볼트([V])는 1쿨롱의 전하가 1줄(Joule)의 일을 할 수 있는 전위차로 정의되고 또한 1옴(Ohm)의 저항을 통해 1암페어(Ampere)의 전류가 흐르는데 필요한 힘으로 정의된다.

1.2.5 전 류

구리선 내부의 원자들 각각의 최외각 궤적들은 서로 접촉하고 있어 전자들이 원자들 사이를 자유롭게 움직일 수 있는 구조로 되어 있다. 자유전자는 하나의 궤적에서 임의의 궤적으로 자유롭게 떠다닐 수 있으나, 전위차가 가해지면 자유전자의 이동 방향은 일정한 방향으로 정해진다. 폐회로의 구리선 끝에 전위차를 가하면 전위차에 따라 이동할 수 있는 전자의 수 및 방향이 결정되며 이러한 전자의 운동이나 흐름을 전류라고 한다.

전류를 발생시키기 위해서는 전위차에 의해 전자가 이동하여야 한다. 전류의 측정 기본 단위는 암페어([A])이고 기호는 I를 사용한다. 1암페어 전류는 도체의 어느 일정한 지점을 1초 동안 1쿨롱의 전하가 이동하는 것으로 정의된다.

그림 1.2-1처럼 전위차가 있는 두 물체에 구리선이 연결되어 있으면 모든 음전하의 자유전자는 양으로 대전된 물체 쪽으로 이동하려는 힘을 받는다.

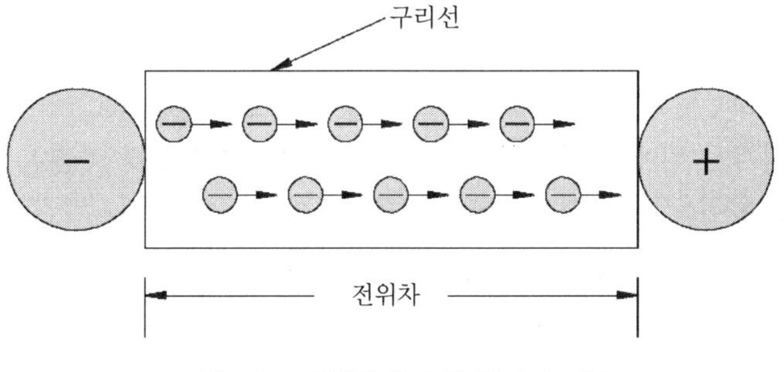

그림 1.2-1 전위차에 의한 전자의 이동

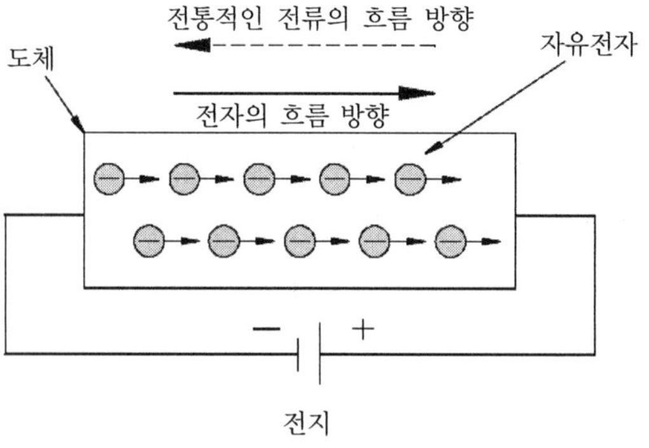

그림 1.2-2 전압에 의한 전류의 이동

그림 1.2-2에서 볼 수 있듯이 전자는 전지 음극으로부터 도체를 통해 전지 양극으로 이동한다. 즉, 전자의 이동 방향은 음전위에서 양전위 방향이 된다. 전통적인 전류의 흐름 방향은 양전위에서 음전위 방향을 사용하는데 이것은 전류의 흐름을 양전하가 이동하는 것으로 생각하였기 때문이다. 전류의 흐름을 전자가 이동하는 것이나 혹은 양전하가 이동하는 것이나 둘 중 어느 것이나 사용해도 똑같은 결론으로 귀결되기 때문에 별 문제는 없다.

전류는 직류(DC)와 교류(AC)로 나뉜다. 직류는 전자가 항상 일정한 방향으로 움직이는 전류이고 교류는 주기적으로 전자의 흐름 방향이 반대로 바뀌는 전류이다. 전지에 의한 전류의 흐름은 직류가 되고 일반 가정에서 쓰는 전기는 교류이다.

이론적인 개념의 설명을 위해서는 항상 일정한 전류를 흘려보내는 이상적인 전류원 및 일정한 전압을 유지하는 이상적인 전압원을 사용하지만 실제로 이상적인 전류원 및 전압원은 존재하지 않는다. 전류원 및 전압원을 전원이라고 한다.

1.2.6 전기용어 요약

① 도체 : 원자 주위에 원자핵과 느슨하게 연결된 전자를 갖고 많은 수의 전자를 자유롭게 이송할 수 있는 물질이다.

② 절연체 : 원자핵과 전자가 강한 힘으로 연결되어 있는 물질이다. 자유전자를 원자핵으로부터 이탈시키기 위해서는 많은 에너지가 필요하다.

③ 저항 : 전자를 이동시킬 수는 있지만 전하의 흐름을 방해하는 물질이다.

④ 전류 : 음전위로부터 양전위로 흐르는 전자의 흐름이다.

⑤ 전통적인 전류의 흐름 방향 : 양전위로부터 음전위 방향으로 전류가 흐른다.

⑥ 직류 : 일정한 같은 방향으로 계속 흐르는 전류이다.
⑦ 교류 : 주기적으로 전류의 방향이 바뀌는 전류이다.
⑧ 이상 전원 : 손실이 없는 이론적인 전류나 전압을 공급하는 전원이다.
⑨ 실제 전원 : 손실이 있는 실제의 전류나 전압을 공급하는 전원이다.

1.3 전기측정 단위

전기측정 단위는 옴(Ohm)의 법칙과 SI(System Internationale metric system)단위를 사용하여 표시한다.

1.3.1 SI 규격

전기측정 단위는 SI 규격을 따른다. 전기측정 단위로는 암페어, 볼트, 옴, 지멘스, 와트, 헨리 및 패럿 등이 있다.

1.3.2 전 압

도체 내에서 전자가 움직일 수 있는 압력이나 힘을 설명하는 용어로 전압, 기전력 및 전위차를 사용한다. 전기적인 수식이나 방정식에서는 전압을 나타내는 기호로 영문 대문자 E를 많이 사용하고 실험실 장비나 도표 등에서는 대부분 영문 대문자 V를 사용하여 전압을 표현한다.

1.3.3 전 류

도체를 따라 움직이는 자유전자의 흐름을 설명하기 위해 전류, 혹은 전류량의 용어를 사용한다. 전기적인 수식에서 전류를 나타내는 기호로 영문 대문자 I를 많이 사용하고 반면에 실험실 장비나 도표 등에서는 전류량을 나타내기 위해 일반적으로 영문 대문자 A를 많이 사용한다.

1.3.4 저 항

앞에서 전압 및 전류에 대한 기본적인 개념을 다루었기 때문에 이제부터는 또 다른 개념인 저항에 대해서 생각해보기로 하자. 저항은 전류의 흐름을 방해하는 것이라고 정의된다. 저항의 크기는 물질의 이용 가능한 자유전자의 수에 의해 혹은 전자가 물체를 통해 이동할 경우 만나게 되는 방해물의 종류에 따라 각각 다르게 결정된다. 저항은 옴(Ohm)으로 측정되고 전기적인 수식에서 대부분 기호 R을 사용하여 저항을 표현한다.

옴은 도체에 1볼트가 인가될 경우 도체에 흐르는 전류가 1암페어로 제한되도록 저항하는 크기로 정의되며 그리스 대문자 Ω로 표시한다. 도체에 전압이 인가되면 전류가 흐르는데 도체에 흐르는 전류의 크기는 도체의 저항에 따라 다르게 된다. 인가한 전압이 일정할 경우 저항이 작을수록 도체에 많은 전류가 흐르게 되고 저항이 클수록 도체에 적은 전류가 흐르게 된다.

1.3.5 옴의 법칙

1827년 George Simon Ohm은 전기회로에서 전압, 전류 및 저항 사이에는 일정한 관계가 있음을 발견했다. 옴(Ohm)의 법칙은 이들 관계를 설명하여 주는 법칙으로 다음 3가지로 요약할 수 있다.

① 인가된 전압은 회로 전류와 회로 저항의 곱과 같다.

$$E = I \times R \text{ 혹은 } E = IR \tag{1.3.1}$$

② 전류는 인가된 전압을 회로 저항으로 나눈 값과 같다.

$$I = \frac{E}{R} \tag{1.3.2}$$

③ 회로 저항은 인가된 전압을 회로 전류로 나눈 값과 같다.

$$R = \frac{E}{I} \tag{1.3.3}$$

I : 전류[A], E : 전압[V], R : 저항[Ω]

만일 전류, 전압 및 저항 중 두 개의 값을 알 수 있으면 나머지 한 개의 값도 알 수 있다.

예제 1 $I=2[A]$, $E=10[V]$일 경우 저항의 값을 구하여라.

풀이 옴의 법칙에 의해 $R=\frac{E}{I}$이므로 $R=\frac{10[V]}{2[A]}=5[\Omega]$이다.

예제 2 $E=220[V]$, $R=110[\Omega]$일 경우 회로에 흐르는 전류값을 구하여라.

풀이 옴의 법칙에 의해 $I=\frac{E}{R}$이므로 $I=\frac{220[V]}{110[\Omega]}=2[A]$이다.

예제 3 $R=100[\Omega]$, $I=0.2[A]$일 경우 회로에 인가된 전압의 크기를 구하여라.

풀이 옴의 법칙에 의해 $E=IR$이므로 $E=(0.2[A])(100[\Omega])=20[V]$이다.

1.3.6 컨덕턴스

저항의 역수를 컨덕턴스라고 한다. 저항은 전류의 흐름을 방해하는 것이므로 저항과 반대되는 개념인 컨덕턴스는 전류를 흐르게 하는 능력으로 정의할 수 있다. 예를 들어 어떤 도체가 높은 컨덕턴스 값을 가지면 도체의 저항값은 작아지게 되며 반대의 경우도 마찬가지가 된다. 컨덕턴스는 모(mho)로 표시하는데 이것은 저항 옴(Ohm)의 영어 철자를 거꾸로 한 것이다. 컨덕턴스는 그리스 대문자 Ω을 거꾸로 하여 ℧로 표시하며 수식에서 사용할 경우 컨덕턴스는 기호 G를 사용하여 표시한다.

옴의 법칙에 의해 컨덕턴스는 다음과 같이 수식으로 나타낼 수 있다.

$$G=\frac{1}{R}=\frac{I}{E} \tag{1.3.4}$$

예제 저항 $R=10[\Omega]$일 경우 컨덕턴스 값을 구하여라.

풀이 $G=\frac{1}{R}=\frac{1}{10[\Omega]}=0.1[℧]$

1.3.7 전 력

전기는 일반적으로 전동기를 회전시키거나 열을 발생시키는 것과 같은 일을 한다. 전력은 일이 수행되는 비율 및 열이 발생되는 비율로 정의된다. 전기적인 일을 표현하기 위한 단위는 주로 와트(Watt)를 사용한다.

전기적인 수식에서는 많은 경우 전력을 표현하기 위해 영문 대문자 P를 사용하고 전력의 단위를 표현하기 위해서는 대부분 영문 대문자 W를 사용하여 전력의 단위인 와트를 표시한다. 전력은 회로 전류와 회로 전압의 곱으로 설명할 수 있다.

$$P = I \times E \text{ 또는 } P = IE \tag{1.3.5}$$

옴의 법칙을 사용하여 전력을 전류의 제곱 곱하기 저항으로 표현할 수도 있다.

$$P = IE = I \times (I \times R) = I^2 R \tag{1.3.6}$$

1.3.8 인덕턴스

인덕턴스는 코일이 에너지를 저장할 수 있는 능력, 코일에 전압을 발생시킬 수 있는 능력 및 코일을 통해 흐르는 전류에 저항하는 능력으로 정의할 수 있다. 인덕턴스는 전기적인 수식이나 방정식에서 영문 대문자 L로 표시한다. 인덕턴스의 측정 단위는 헨리를 사용하고 영문 대문자 H를 사용하여 인덕턴스 단위를 표시한다.

1헨리는 코일에 흐르는 전류가 1초 동안에 1암페어의 비율로 변화할 경우 코일에 1볼트의 전압이 발생하는 인덕턴스의 양이 된다. 이것을 수식으로 표현하면 다음과 같다.

$$V_L = -L\left(\frac{\Delta I}{\Delta t}\right) \tag{1.3.7}$$

여기서 V_L은 코일에 유도된 전압이다. 수식에서 음(−)은 코일에 발생된 전압은 전류 변화를 방해한다는 의미이다.

1.3.9 커패시턴스

커패시턴스는 전하를 저장할 수 있는 능력으로 정의되며 영문 대문자 C로 표시한다.

패럿으로 측정되는 커패시턴스는 장치나 커패시터에 저장할 수 있는 전하량(Q)을 전하가 저장될 경우의 장치 혹은 커패시터에 인가되는 전압(E)으로 나눈 값이다.

$$C = \frac{Q}{E} \tag{1.3.8}$$

1.3.10 전기측정 단위 요약

표 1.3-1 전기측정 단위 요약

파라미터	측정 단위	수식	파라미터	측정 단위	수식
전압	볼트[V]	$E = IR$	전력	와트[W]	$P = IE$ 혹은 $P = I^2R$
전류	암페어[A]	$I = \frac{E}{R}$	인덕턴스	헨리[H]	$V_L = -L\left(\frac{\Delta I}{\Delta t}\right)$
저항	옴[Ω]	$R = \frac{E}{I}$	커패시턴스	패럿[F]	$C = \frac{Q}{E}$
컨덕턴스	모[℧]	$G = \frac{1}{R} = \frac{I}{E}$			

1.4 전압발생 방법

1.4.1 전기화학

화학물질은 금속과 결합하여 화학작용을 통해 전자를 이동시킴으로써 전기적인 에너지를 발생시킬 수 있다. 이 과정은 전기화학 법칙에 의해 동작하는데 한 가지 예를 그림 1.4-1에 나타내었다.

화학작용으로 인해 서로 다른 두 금속 표면에는 서로 반대의 전하가 발생되고 유지되어 금속들은 양극 및 음극 단자와 같은 역할을 할 수 있게 된다. 금속들은 전해액에 담겨 있고 이러한 금속 쌍을 하나 이상 연결하여 화학전지를 만들 수 있다.

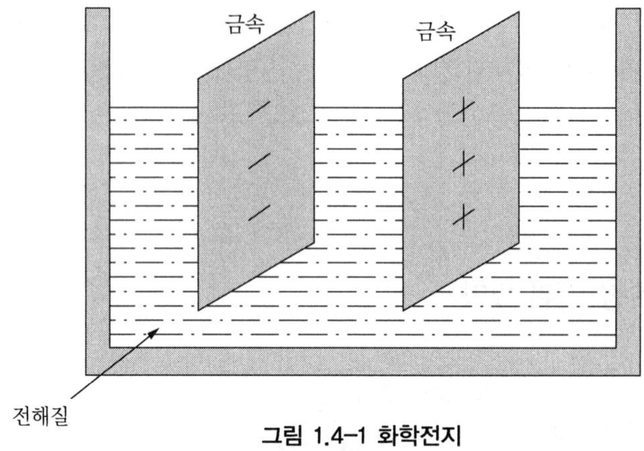

그림 1.4-1 화학전지

1.4.2 정전기

자연적 상태의 원자에는 원자핵주위에 고유의 전자를 수용하고 있어서 전기적으로 중성 상태를 유지하게 된다. 이러한 중성 원자로 구성된 물체는 가까이 있는 다른 물체를 잡아당기지도 않고 밀어내지도 않는다.

그림 1.4-2처럼 유리 막대를 비단에 마찰시킬 경우와 같이 중성 원자로 이루어진 물체에서 전자가 이동하면 이 물체는 전기적으로 양의 성질을 띠게 된다.

양의 성질을 띤 물체(여기서는 유리 막대)를 다른 중성인 물체에 접근시키면 전하 상태가 같지 않기 때문에 두 물체 사이에는 전기적인 힘이 작용하게 되는데 이러한 힘을 정전기 혹은 전기력이라고 한다.

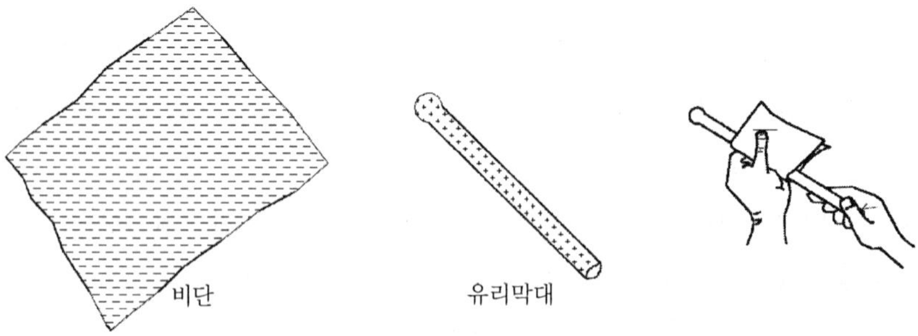

그림 1.4-2 정전기

만일 전하 상태가 같지 않은 두 물체를 접촉시키면 전하 상태가 같아질 때까지 두 물체 사이에 전자가 이동하게 된다.

1.4.3 전자기 유도

발전기는 전자기 유도작용을 이용하여 기계적 에너지를 전기적인 에너지로 변환시키는 기기이다. 그림 1.4-3과 같이 정지하고 있는 자기장 내부에 코일을 회전시켜 전압을 발생시키거나, 정지하고 있는 코일 주변에 자기장을 회전시켜 전압을 발생시킬 경우에는 전자기 유도현상을 이용한다. 이것은 큰 전력을 발생시키기 위해 가장 많이 채용되는 방식이다.

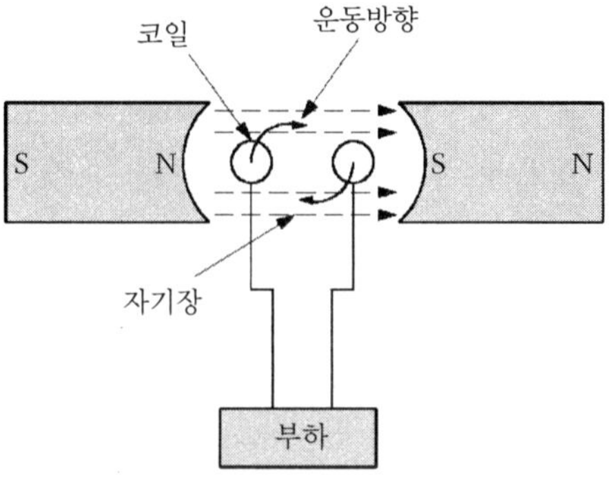

그림 1.4-3 발전기

1.4.4 압전현상

어떤 결정체(석영 또는 로셸염 등)나 세라믹(바륨 티탄산염)에 압력을 가하면 힘의 방향에 따라 전자가 자기 궤도에서 벗어나는 현상이 발생한다. 궤도에서 이탈한 전자들이 그림 1.4-4와 같이 한쪽에 모여 전기적인 음극과 양극을 형성하는데 인가한 압력을 해제하면 궤도에서 벗어났던 전자들은 다시 원래의 궤도로 복귀하게 된다.

어떤 재료는 구부릴 때 전자의 이동이 발생하고, 어떤 재료는 비틀릴 경우 전자의 이동이 발생하는데 이와 같은 현상을 압전현상이라고 하며 압전현상으로 일정 재료에 전압이 발생한다. 압전현상이 발생하는 재료에 회로를 연결하고 압력을 가하면 회로를 따라 전

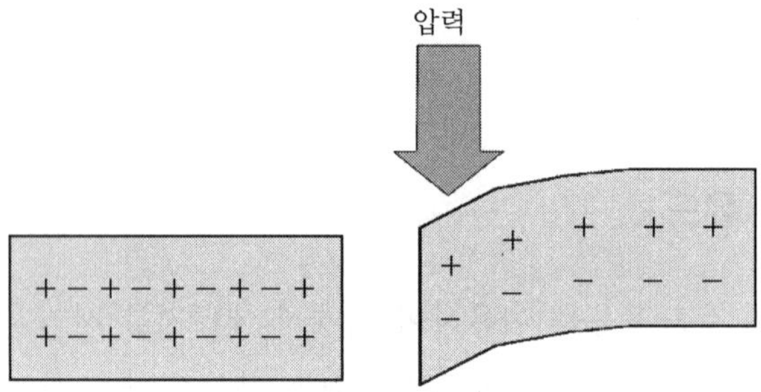

그림 1.4-4 압전현상

자가 이동하여 전류가 흐르는데 가하는 압력에 따라 회로의 전류는 전위차가 없어질 때까지 계속 흐르게 된다.

만일 재료에 가하는 압력을 해제시키면 전자는 원래의 궤도로 돌아오려는 힘이 발생하고 따라서 회로의 전류의 흐름 방향은 압력을 가할 경우와 반대 방향이 된다. 압전현상으로 발생하는 전력은 매우 작지만 이들 재료는 기계적인 힘의 변화에 상당히 민감하게 반응하기 때문에 여러 응용분야에 유용하게 활용될 수 있다.

1.4.5 열전기

어떤 재료는 전자를 잃기 쉽고 어떤 재료는 전자를 얻기가 쉽다. 예를 들어 구리와 아연의 서로 다른 두 물체를 접합시키면 두 재료 사이에는 전자의 이동이 발생하게 되는데 구리의 전자는 구리 원자를 이탈하여 아연 원자로 이동하려고 하며 아연은 구리로부터의 전자를 받아들이려고 한다.

아연은 전자를 얻었기 때문에 잉여 전자가 발생하여 음극을 띠게 되고 반면 구리는 전자를 잃게 되어 양극을 띠게 된다. 이와 같은 전자의 흐름으로 두 재료사이에는 전위차가 발생하는데 이러한 현상은 상온에서도 발생하며 전위차를 측정할 수 있는 범위에까지 도달한다.

만일 그림 1.4-5와 같이 두 금속 접합점에 보다 높은 열에너지를 가하게 되면 더 많은 전자의 이동이 발생하여 두 금속 사이에 더 높은 전위차가 발생하게 되며, 반대로 금속 접합점에 가하던 열을 제거하고 금속의 온도를 냉각시키면 두 금속사이의 전위차는 점점 줄어들게 된다. 이러한 현상을 열전기라고 하며 이와 같은 현상이 발생하는 재료를 열전쌍이라고 한다.

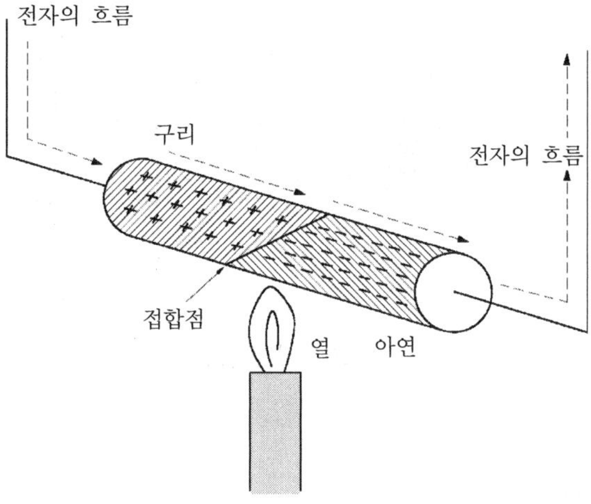

그림 1.4-5 열전기

열전쌍에 발생하는 전기적인 전압은 두 금속 접합점에 가해지는 열에너지의 크기에 따라 달라지는데, 이러한 열전쌍은 자동 온도제어 장치의 온도측정 및 열감지 장치로써 널리 사용된다. 열전쌍에서 발생하는 전력은 상당히 작은 값이지만 압전현상으로 발생하는 전압보다는 대부분 크게 되며 수은 등을 사용하는 일반 온도계보다는 높은 온도를 측정하는데 사용한다.

1.4.6 광전효과

빛은 에너지의 일종으로서 광양자라고 불리는 에너지의 작은 입자로 조성되어 있다고 여겨진다. 빛에 포함된 광양자가 어떤 물질의 표면에 도달하면 광양자의 에너지로 인해 빛이 도달한 물체의 원자는 에너지를 받게 되고, 결과적으로 물체 원자에 있던 전자가 에너지를 받아 원자 주위의 원래 회전 궤도에서 벗어나는 현상이 발생하기도 한다.

그림 1.4-6과 같이 빛에 민감한 감광성 재료에 빛을 비추면 감광성 재료는 빛 에너지를 받아 전자를 잃고 양극을 띠게 되며 전기적인 힘이 발생하게 된다. 이러한 효과를 광전효과라고 하는데 이것은 광전지, 광학 커플러 및 텔레비전 촬상관 등과 같은 전자공학 응용 분야에 널리 적용된다.

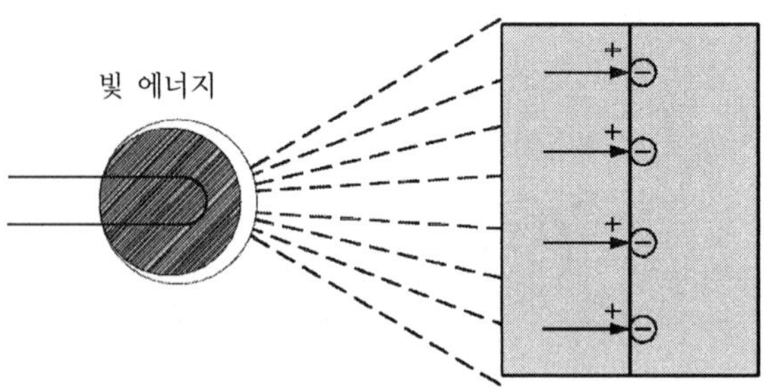

그림 1.4-6 광전효과

1.4.7 열전자 방출

열전자 에너지 변환기는 진공상태에서 서로 가까이 놓인 2개의 전극으로 이루어져 있다. 하나의 전극은 일반적으로 음극 또는 캐소드라고 하고, 다른 하나의 전극은 양극 또는 플레이트라고 한다. 보통 음극 표면에 있는 전자는 전위장벽에 의해 음극으로부터의 이탈이 쉽지 않다.

전자가 음극 표면에서 이탈되면 음극은 상대적으로 양극의 성질을 띠게 되어 전자를 원래의 위치로 다시 잡아당기는 힘이 발생하기 때문이다. 음극에서 전자를 이탈시키려면 외부에서 전위장벽보다 높은 에너지를 가해야 한다.

보통 상온에서의 음극 전자는 음극에서 탈출할 수 있는 충분한 에너지를 얻기가 어렵다. 그렇지만 음극의 온도가 높을 경우 음극의 전자는 음극을 탈출할 수 있는 충분한 에너지를 얻을 수 있게 된다. 충분히 높은 온도가 되면 많은 수의 전자가 음극에서 이탈할 수 있는데 이와 같은 뜨거운 표면에서의 전자이탈 현상을 열전자 방출이라고 한다. 뜨거운 음극에서 이탈한 전자는 음극 근처에 공간전하라고 불리는 음극의 전하운을 형성한다.

만일 양극이 전지 등에 의해 음극보다 높은 양극의 극성을 유지하면 전하운의 전자는 양극으로 끌리는 힘을 받게 되어 두 전극 사이에 전자의 이동이 발생하게 된다. 따라서 두 전극 사이에 전위차가 유지되는 한 음극에서 양극으로의 전자의 이동은 계속 이루어지게 된다.

열전자 방출의 간단한 예로서 그림 1.4-7에 진공관 다이오드를 나타내었다.

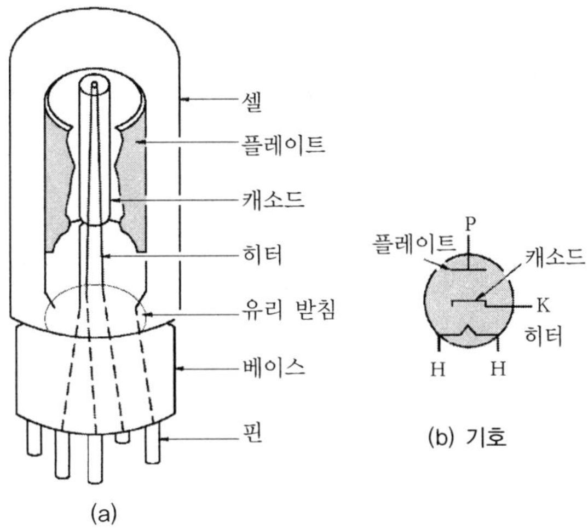

그림 1.4-7 진공관 다이오드

1.4.8 전압발생 방법 요약

① 전기화학 : 금속과 화학물질을 결합하여 화학작용에 의해 전자를 이송시키는 방법이다.

② 정전기 : 전기적으로 중성이었던 물체가 마찰 등에 의해 전자를 잃고 전기적으로 중성인 다른 물체와 접촉하면 두 물체 사이에는 전자의 이동이 발생한다. 이와 같은 현상을 정전기라고 한다.

③ 전자기 유도 : 고정된 자기장 사이에 코일을 회전시키거나 고정된 코일 주변에 자기장을 회전시키면 코일에는 전압이 유도된다.

④ 압전현상 : 석영 등의 재료를 구부리거나 비틀면 재료에 가한 힘에 의해 재료 구성 원자의 전자가 원자의 회전 궤도에서 이탈하고 가한 힘을 제거하면 전자는 원자의 원래 회전 궤도로 복귀하는 현상이다.

⑤ 열전기 : 서로 다른 두 금속 접합점을 가열하면 전자가 이동하게 되어 전류가 흐르는 현상이다.

⑥ 광전효과 : 빛에너지에 의해 전자를 분리시켜 양전하 물체를 얻는 효과이다.

⑦ 열전자 방출 : 뜨거운 표면에서 전자를 방출시키는 현상이다.

1.5 자 기

어떤 금속들과 금속성 산화물은 다른 금속들을 잡아당길 수 있는 능력을 가지고 있다. 이 특성을 자기 또는 자력이라 하고 이러한 특성을 가진 재료를 자석이라고 한다.

1.5.1 자 기

자기는 원자 핵주위의 일정한 궤도에서 회전하는 전자의 자전(spin)으로 발생한다.

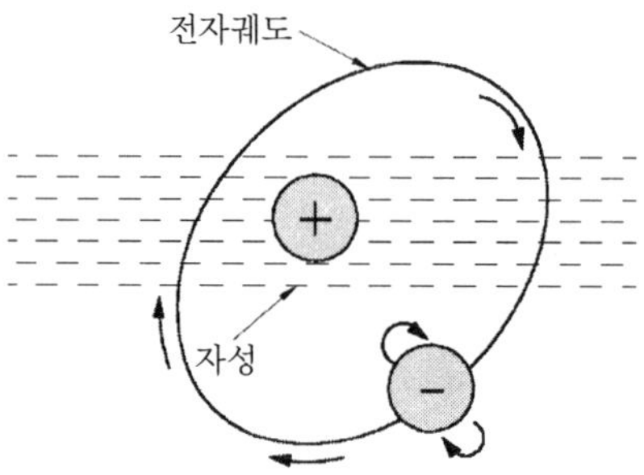

그림 1.5-1 전자의 자전에 의한 자기 발생

자성을 띤 재료의 구성 원자들은 자구(磁區)라고 하는 특정 구역들을 형성한다. 이들 자구들은 열을 이루고 있고 자구내 원자들의 전자들은 같은 방향으로 자전한다.

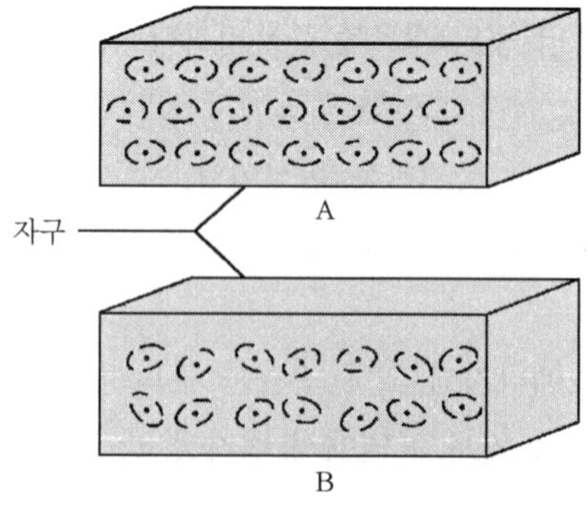

그림 1.5-2 자 구

그림 1.5-3 자력의 법칙

이러한 자구들의 배열로 인해 자성 물질 각각의 끝에 N극 및 S극이 형성된다. 자극 사이에서 같은 자극끼리는 서로 밀어내는 힘이 작용하며 다른 자극끼리는 서로 잡아당기는 힘이 작용하는데 이것을 자력의 법칙이라고 한다.

1.5.2 자 속

자성 물질의 N극에서 발생하는 자력선의 묶음을 자속(magnetic flux)이라고 하며 기호로는 Φ(PHI)를 사용하여 표시한다. 자속의 SI 단위는 웨버([Wb])를 사용하며 1웨버는 1×10^8개의 자력선을 합한 것이다.

예제 1 어떤 자기장에 6000개의 자력선이 존재하고 있다. 이 자기장의 자속을 구하여라.

풀이 $\Phi = \dfrac{6000}{1 \times 10^8} = \dfrac{6 \times 10^3}{10^8} = 60 \times 10^{-6}\,[\mathrm{Wb}] = 60\,[\mu\mathrm{Wb}]$

1.5.3 자속밀도

자속밀도(magnetic flux density)는 자속 방향을 직각으로 절단하였을 경우의 단위 면적당 자속량이다. 자속밀도를 수식으로 표현하면 다음과 같다.

$$B = \frac{\Phi}{A} \tag{1.5.1}$$

B : 자속밀도[T], Φ : 자속[Wb], A : 단위면적[m^2]

자속밀도의 SI 단위는 [Wb/ m^2]이 되며 1제곱미터당 1웨버의 자속밀도는 1테슬라([T])가 된다.

예제 2 면적이 0.0002[m^2]인 곳의 자속이 400[μWb]이다. 자속밀도를 계산하여라.

풀이 $\Phi = 400\,[\mu\mathrm{Wb}] = 4\times10^{-4}\,[\mathrm{Wb}]$ 이고 $A = 0.0002\,[\mathrm{m}^2] = 2\times10^{-4}\,[\mathrm{m}^2]$ 이다.

따라서 $B = \dfrac{\Phi}{A} = \dfrac{4\times10^{-4}\,[\mathrm{Wb}]}{2\times10^{-4}\,[\mathrm{m}^2]} = 2\,[\mathrm{Wb/m}^2]$ 이다.

1.5.4 자성 물질

자성 물질은 자석에 의해 서로 잡아당기는 힘이 발생하거나 서로 밀어내는 힘이 발생하는 물질로 자기 자신을 자화시킬 수 있는 재료이다. 자성 물질로 가장 흔하게 사용하는 재료는 철과 강철이다.

영구 자석은 코발트, 철과 같은 매우 강한 자기 물질로 만드는데 이러한 재료들은 자화시키는 자기장을 제거시켜도 장기간 자성을 유지한다. 전자석은 전류를 흘렸을 경우 즉시 자기장을 형성하여 자성을 띠지만 전류를 차단시키면 즉시 자성을 잃어버리게 된다.

투자율(μ)은 물질이 자력선을 집중시킬 수 있는 능력을 일컫는 말이며 쉽게 자화되는 물질은 높은 투자율을 갖는다. 비투자율 또는 상대투자율은 진공 상태의 투자율(μ_0)에 대한 물질의 투자율의 비를 말하며 기호는 μ_r이다.

$$\mu_r = \frac{\mu}{\mu_0} \tag{1.5.2}$$

여기서 $\mu_0 = 4\pi\times10^{-7}[\mathrm{H/m}]$이다.

자성 물질은 높은 자력 특성을 갖는 철을 기준으로 자성의 등급이 정해져 있는데 비록 자력 특성이 나쁜 재료라도 그 응용 분야에 따라 유용하게 활용될 수 있다. 자성 물질은 3가지로 구분할 수 있다.

① 자성이 높은 강자성체(ferromagnetic material)는 철, 강철, 니켈, 코발트 및 합금강인 알니코 등으로 만들어진다. 페라이트는 자성 물체는 아니지만 철과 같은 강자성 특성을 갖는다. 페라이트는 세라믹 물질로 만들어지며 그의 비투자율은 50~200

사이의 값으로 RF(Radio Frequency) 변압기의 코일 내부 재료로 널리 사용된다.

② 상자성체(paramagnetic material)는 강한 자계의 영향이 미치더라도 약간만 자화되는 물질을 말하며 이것들에는 알루미늄, 백금, 망간 및 크롬 등이 있다. 상자성체의 비투자율은 1보다 약간 큰 값을 갖는다.

③ 반자성체(diamagnetic material)는 자력선에 대해 반대 방향으로 자화가 아주 조금 일어나는 물질을 말하며 비스무트, 안티몬, 구리, 아연, 수은, 금 및 은 등의 재료가 반자성체에 속한다. 반자성체의 비투자율은 1보다 작은 값을 가진다.

1.5.5 전자기

자기와 전류에 관한 상관관계는 1819년 덴마크 과학자 에르스텟(Oersted)에 의해 밝혀졌다. 그는 도체에 전류가 흐르면 전류가 흐르는 도체 주위에 자기장이 형성됨을 발견하였다.

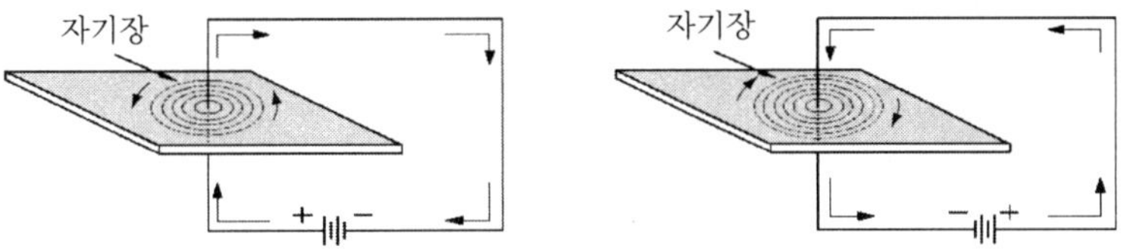

그림 1.5-4 도체에 흐르는 전류에 의한 자기장의 발생

1.5.6 단일 도체의 자극

전류가 흐르는 도체에서 도체를 따라 흐르는 전류와 도체 주위에 발생하는 자력선의

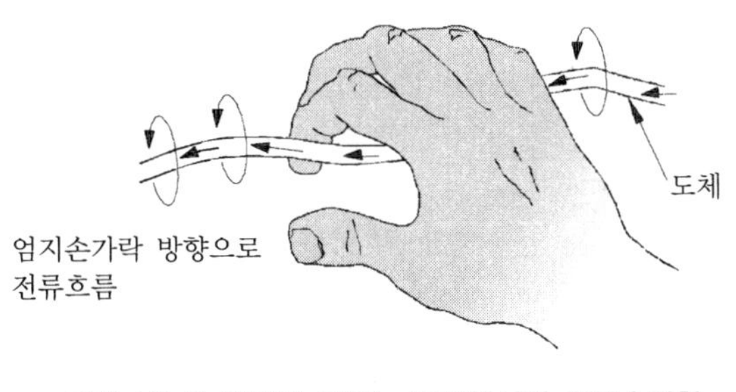

그림 1.5-5 전류가 흐르는 도체에서의 오른손법칙

방향을 쉽게 결정할 수 있는 방법으로 그림과 같은 오른손법칙을 많이 사용한다. 실제 실험을 통해 오른손법칙을 확인할 수 있다.

1.5.7 자기장 및 코일의 자극

직선 도선을 구부려 원형으로 만들면 원형 도선 내부의 자력선 밀도는 보다 높아지며 도선의 자력선은 같은 방향으로 정렬하게 된다. 이와 같이 직선 도선을 구부려 원형의 모양을 많이 만든 것을 코일이라고 하며 오른손법칙을 사용하여 코일의 자극 방향을 결정할 수 있다.

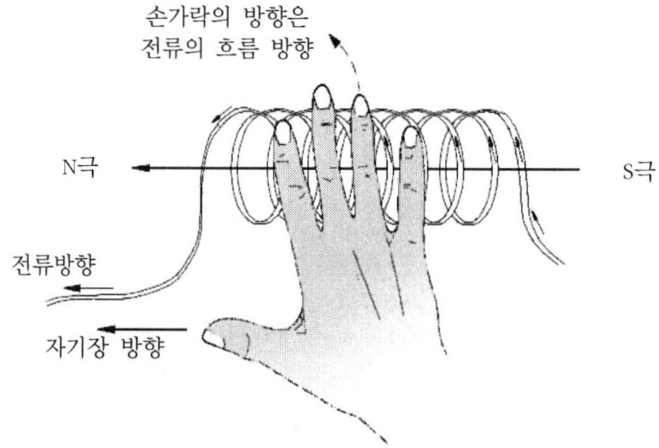

그림 1.5-6 코일의 오른손법칙

코일 속에 철심 코어를 추가하면 코일의 자속밀도는 보다 높아지게 되지만 이때에도 철심 코어의 자극은 코일의 자극과 동일하게 된다. 전류의 방향은 전압원의 양극에서 시작하여 코일을 거쳐 전압원의 음극으로 이동하는 방향이 된다.

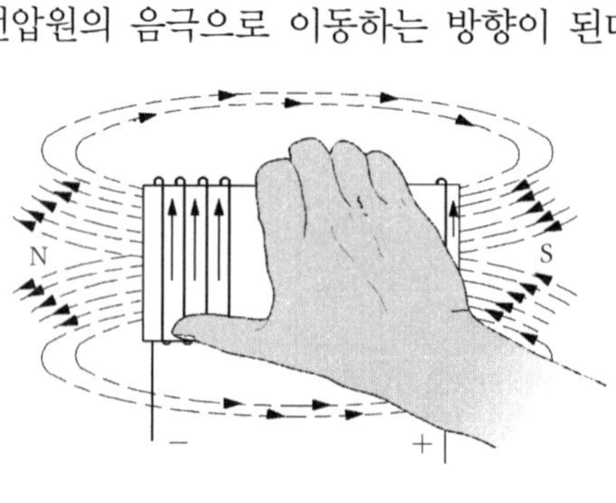

그림 1.5-7 코일의 자극 방향을 결정하기 위한 오른손법칙

1.5.8 기자력

기자력(magnetomotive force)은 코일의 자기장 세기를 말한다. 기자력은 코일에 흐르는 전류 및 코일의 감은 수에 따라 변하게 된다. 코일에 전류가 더 많이 흐르게 되면 자기장의 세기는 보다 커지며 코일의 감은 수를 늘리면 자력선이 보다 많이 집중하게 된다. 전류와 코일의 감은 수의 곱을 암페어-턴이라고 하는데 이것이 기자력이며 다음과 같이 표현된다.

$$F_m = NI \tag{1.5.3}$$

F_m : 기자력(mmf), N : 코일의 감은 수, I : 전류

예제 감은 수가 1000번인 코일에 10[mA]가 흐르고 있다. 이 코일의 기자력은 얼마인가?

풀이 N=1000이고 $I=10\times10^{-3}$이다. 따라서 $NI=1000\times10\times10^{-3}=10$[At]이다.

1.5.9 자기장 강도

어떤 기자력을 갖는 코일을 잡아당겨 코일의 길이를 두 배로 늘이면 코일의 자기장 강도는 반으로 줄어들게 된다. 따라서 자기장 강도는 코일의 길이에 따라 변하는데 이것을 수식으로 표현하면 다음과 같다.

$$H=\frac{F_m}{L}=\frac{NI}{L} \tag{1.5.4}$$

H : 자기장 강도[At/m], NI : 암페어-턴[At], L : 코일의 극간 거리[m],
F_m : 기자력(mmf)

예제 1 40번 감은 수의 코일에 12[A]의 전류가 흐르고 있다. 코일의 길이가 40[cm]일 경우 이 코일의 자기장 세기를 구하여라.

풀이 $N=40$, $I=12$[A], $NI=480$[At]

$$H=\frac{480\,[\text{At}]}{0.4\text{m}}=1200\,[\text{At/m}]$$

예제 2 예제 1의 코일을 늘여 길이를 80[cm]가 되도록 하였을 때의 자기장 세기를 구하여라.

풀이 $N=40$, $I=12[\mathrm{A}]$, $NI=480[\mathrm{At}]$

$$H=\frac{480[\mathrm{At}]}{0.8[\mathrm{m}]}=600[\mathrm{At/m}]$$

예제 3 예제 2의 상태에서 코일 내부에 80[cm]의 철 코어를 설치하였다. 이때의 자기장의 세기를 구하여라.

풀이 $N=40$, $I=12[\mathrm{A}]$, $NI=480[\mathrm{At}]$

$$H=\frac{480[\mathrm{At}]}{0.8[\mathrm{m}]}=600[\mathrm{At/m}]$$

예제 2와 3에서 자기장의 세기는 동일하게 됨을 알 수 있다.

1.5.10 릴럭턴스

물질의 자기장 형성을 방해하는 성질을 릴럭턴스라고 하는데 이것은 저항이 전류의 흐름을 방해하는 성질과 비슷하다. 릴럭턴스는 기호 R을 사용하여 표시하고 단위는 웨버당 암페어-턴수([At/Wb])를 사용한다.

릴럭턴스는 기자력(mmf) 및 자속(Φ)과 관련 있고 이들의 관계는 다음의 식으로 표현할 수 있다.

$$R=\frac{\mathrm{mmf}}{\Phi} \tag{1.5.5}$$

릴럭턴스는 투자율(μ)에 반비례한다. 철 코어는 높은 투자율을 갖기 때문에 결과적으로 철 코어의 릴럭턴스 값은 작게 되며, 공기는 낮은 투자율을 갖고 있어 공기의 릴럭턴스 값은 크게 된다. 일반적으로 물질의 종류가 다르면 릴럭턴스 값도 다르게 된다.

공극(air gap)은 두 자극 사이의 공간이다. 공기의 릴럭턴스 값은 상당히 크기 때문에 공극의 크기는 릴럭턴스 값에 큰 영향을 미치게 된다. 공극이 짧으면 자속의 크기는 상대적으로 커지게 되며, 공기는 철 코어처럼 자력선을 집중시키는 작용이 없으므로 공극이 커지면 자력선이 사방으로 퍼질 수 있는 공간이 넓어지기 때문에 자속의 크기는 작아지게 된다.

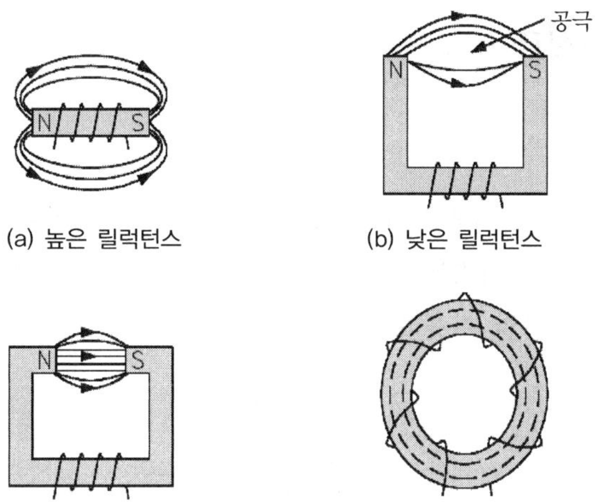

(a) 높은 릴럭턴스 (b) 낮은 릴럭턴스

(C) 낮은 릴럭턴스 (d) 가장 낮은 릴럭턴스

그림 1.5-8 릴럭턴스

1.5.11 자기 요약

① 자속 : 자성 물질의 N극에서 발생하는 자력선의 묶음이다.

② 자속밀도 : 자속 진행 방향에 수직인 단위면적당의 자속량이다.

③ 웨버 : 자속의 측정단위이다.

④ 투자율 : 물질이 자력선을 집중시킬 수 있는 능력이다.

⑤ 강자성체 : 철, 강철, 니켈, 코발트 및 비투자율이 50∼200 사이인 합금강으로 쉽게 자화되며 투자율이 높은 물질이다.

⑥ 상자성체 : 알루미늄, 백금, 망간 및 크롬 등의 물질을 말하며 비투자율은 1보다 약간 큰 물질이다.

⑦ 반자성체 : 비스무트, 안티몬, 구리, 아연, 수은, 금 및 은 등의 물질을 말하며 비투자율은 1보다 작은 값을 가지는 물질이다.

⑧ 기자력 : 자속의 흐름을 산출하는 능력으로, 코일에 의해 생성되는 자기장 세기이다.

⑨ 암페어-턴 : 코일에 흐르는 전류와 감은 수와의 곱이다.

⑩ 자기장 세기 : 코일 단위길이당의 기자력으로 정의된다.

⑪ 릴럭턴스 : 물질의 자기장 형성을 방해하는 성질이다.

1.6 자기회로

자기회로는 전압에 의해 전류의 흐름이 발생하는 전기회로와 유사한 특성을 가지고 있다. 자속은 코일의 기자력에 의해 발생한다. 기자력은 전기회로의 전압과 유사하고 자속은 전기회로의 전류와 비슷하게 생각할 수 있다.

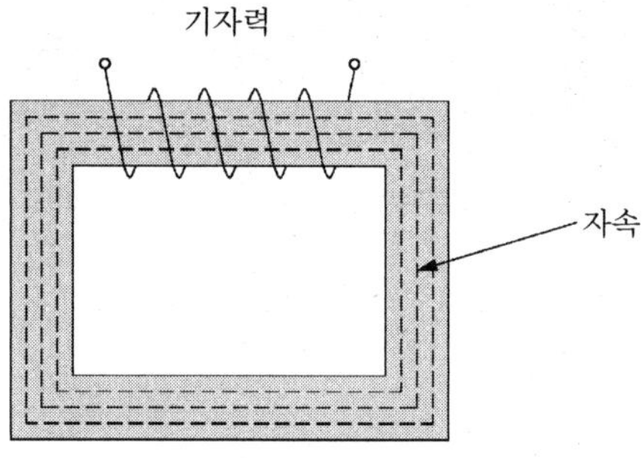

그림 1.6-1 기자력에 의한 자속의 발생

다음은 전기회로의 옴의 법칙과 유사한 식이다.

$$\Phi = \frac{F_m}{R} = \frac{\mathrm{mmf}}{R} \tag{1.6.1}$$

Φ : 자속[Wb], F_m : 기자력[At], R : 릴럭턴스[At/Wb]

다음 식은 릴럭턴스를 표시하는 식이다.

$$R = \frac{L}{\mu A} \tag{1.6.2}$$

R : 릴럭턴스[At/Wb], L : 코일의 길이[m], μ : 자성 물질의 투자율[Tm/At],
A : 코일의 단면적[m^2]

릴럭턴스도 전기회로의 저항처럼 길이에 비례하고 면적에 반비례하는 특성이 있다.

예제 1 400[At]의 기자력을 가지는 코일이 있다. 릴럭턴스가 2×10^6[At/Wb]일 경우의 총 자속을 구하여라.

풀이 $\Phi=\dfrac{\mathrm{mmf}}{R}=\dfrac{400[\mathrm{At}]}{2\times10^6[\mathrm{At/Wb}]}=200\times10^{-6}[\mathrm{Wb}]=200[\mu\mathrm{Wb}]$

1.6.1 *BH* 자화 곡선

BH 자화 곡선은 자기장 강도를 증가시킬 경우의 자속밀도 변화를 표시한 것이다.

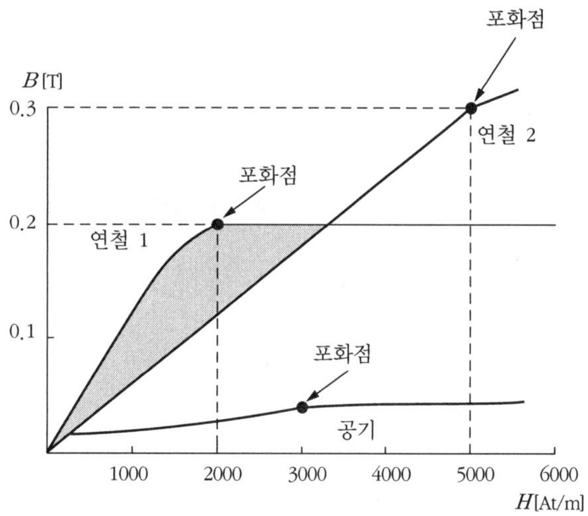

그림 1.6-2 두 가지 연철의 *BH* 자화 곡선

그림 1.6-2는 두 가지 형식의 연철 코어를 대상으로 자화 곡선을 도시한 경우이다. 연철 1은 자기강도를 증가시킬 경우 자속밀도가 매우 빨리 증가하여 포화점에 도달하며 그 이후부터는 자기강도를 증가시켜도 자속밀도의 변화는 거의 없게 된다.

연철 2는 자속밀도가 포화되기까지 상대적으로 높은 자기강도를 가해야 하고 자기강도 H가 5000[At/m], 자속밀도 B가 0.3[T]에서 자속이 포화됨을 알 수 있다. 자기 특성이 좋지 않은 공기의 자기강도에 대한 자속밀도 값은 그림에서 매우 작음을 알 수 있다.

자속물질의 투자율은 자기강도 H에 의한 자속밀도 B의 비율로서 다음 식과 같이 표현할 수 있다.

$$\mu = \frac{B}{H} \tag{1.6.3}$$

투자율의 평균값은 BH 곡선에서 자속이 처음으로 포화되는 포화점에서 측정된다.

예제 1 그림 1.6-2에서 두 연철의 평균 투자율을 구하라.

풀이 연철 1의 투자율 $\mu = \frac{B}{H} = \frac{0.2}{2000} = 1 \times 10^{-4}$[Tm/At]

연철 2의 투자율 $\mu = \frac{B}{H} = \frac{0.3}{5000} = 6 \times 10^{-5}$[Tm/At]

SI 단위계에서 진공상태의 투자율 $\mu_0 = 4\pi \times 10^{-7}$[H/m] 혹은 $\mu_0 = 1.26 \times 10^{-6}$[Tm/At]이며 여기에 상대투자율 μ_r을 곱하여 물질의 투자율을 계산한다.

$\mu = \mu_r \times \mu_0$

예제 2 상대투자율이 100인 물질의 투자율을 계산하여라.

풀이 $\mu = \mu_r \times \mu_0 = 100 \times 1.26 \times 10^{-6} = 126 \times 10^{-6}$[Tm/At]

1.6.2 히스테리시스

히스테리시스는 자성 물질에서 자속이 자화력에 뒤지는 현상으로 정의되며 코일에서 전류 흐름 방향이 1초당 수천 번 바뀌면 코일에는 히스테리시스에 의해 막대한 에너지 손실이 발생하게 된다. 그림 1.6-3의 히스테리시스 곡선은 자성 물질의 특성을 나타내는 곡선이다.

그림 1.6-3에서 전류흐름이 반대가 되면 자기강도의 방향도 반대가 되며 자속밀도의 방향도 바뀌어 자기장의 극성이 변하게 됨을 알 수 있다. 자성 물질에 흘려주는 전류를 영에서 시작하여 점점 양의 자기강도를 증가시키면 자속밀도는 양으로 증가하여 최고점에 도달하고 이 최고점에서 자속밀도는 포화된다.

다음으로 자기강도를 점점 낮추어 영으로 하여도 자속밀도는 영이 되지 않고 잔류 자속밀도 값을 갖게 된다. 전류 방향을 바꾸어 자기강도 방향을 반대로 하면 자속밀도 값은 영을 거쳐 음의 최대값까지 떨어진다. 다시 자기강도를 증가시키면 자속밀도 값도 점점 증가하지만 자기강도를 영으로 하여도 자속밀도 값은 영이 되지 않는다.

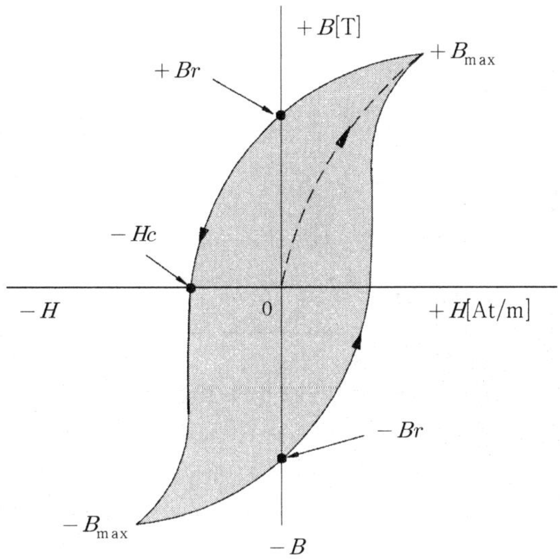

그림 1.6-3 자성 물질의 히스테리시스 곡선

다시 전류 방향을 바꾸어 양의 자기강도를 가하면 자속밀도 값은 영을 거쳐 양의 최대값으로 상승한다. 히스테리시스 곡선은 이러한 과정의 연속을 나타내고 히스테리시스 때문에 곡선은 원점으로 돌아오지 않는다. 히스테리시스 곡선 내부 면적이 넓으면 넓을수록 히스테리시스 손실은 커지게 된다.

1.6.3 자기유도

전자기 유도현상은 1831년 패러데이(Michael Faraday)에 의해 발견되었다. 패러데이는 도체가 운동하여 자력선을 끊거나 혹은 자력선이 도체를 쇄교할 경우 도체에는 전압이 유도됨을 발견하였다.

그림 1.6-4에서 자력선은 영구자석의 N극에서 시작하여 S극으로 향하고 있다. 만약 그림에서처럼 자력선이 존재하는 공간에서 도체 C가 ①의 위치에서 ③의 위치로 움직이면 전류계 G를 통해 도체에 전압이 발생함을 알 수 있다. 그러나 도체 C가 정지하고 있다면 도체에는 전압이 발생하지 않고 전류계는 영의 값을 지시하게 된다.

만일 도체를 ①의 위치에서만 움직인다면 도체와 자력선이 만나지 않기 때문에 도체에는 전압이 발생하지 않는다. 도체가 ②의 위치를 통과하여야만 도체와 자력선이 서로 만나기 때문에 도체에는 전압이 발생하게 되며, ②의 위치를 통과한 도체가 ③의 위치로

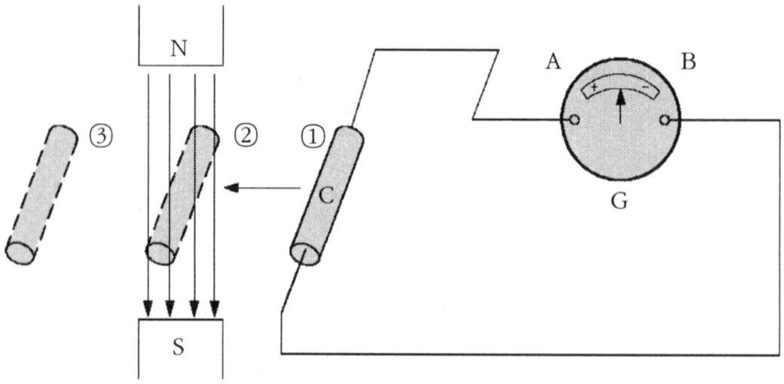

그림 1.6-4 전압발생

이동하면 도체에 발생된 전압은 사라지게 된다.

도체를 ③의 위치에서 ①의 위치로 이동시킨다면 위에서 설명한 것과 같은 현상이 생기지만 이때 도체에 발생되는 전압의 극성은 반대가 된다. 도체를 자기력선이 존재하는 ②의 위치에 정지시켜 놓으면 자기력선과 도체가 서로 만나지만 도체에는 전압이 형성되지 않는다. 그러므로 자기력선이 존재하고 있다고 하더라도 자기력선과 도체 사이에 상대 속도차가 존재하여야만 도체에 전압이 발생함을 알 수 있다.

자기력선과 도체 사이의 상대 속도차를 이용하여 전압을 발생시키는 것으로 가장 흔하게 볼 수 있는 것이 발전기이다. 직류 발전기에서 전자석은 원통형 하우징에 설치되어 있고, 코일을 형성하는 도체는 자기력이 작용하는 공간을 회전해서 연속하여 자력선을 끊는다. 각 코일 도체에는 전압이 형성되고 이러한 도체들은 직렬로 연결되어 있기 때문에 각 도체의 전압이 모두 합쳐져서 발전기의 출력 전압이 된다.

1.6.4 패러데이의 법칙

유도기전력의 크기는 두 가지 조건에 따라 달라진다. 첫째는 코일의 감은 수이고, 둘째는 자력선을 끊는 도체의 속도이다. 다음은 유도기전력의 패러데이 법칙을 나타내는 식이다.

$$V_{\mathrm{ind}} = -N\frac{\Delta\Phi}{\Delta t} \tag{1.6.4}$$

V_{ind} : 유도기전력[V], N : 코일의 감은 수

$\Delta\Phi/\Delta t$: 도체가 자속을 끊는 비율[Wb/s]

예제 1 2초 동안 자속이 4[Wb]에서 8[Wb]까지 균일하게 증가하는 공간에 감은 수 12인 코일이 정지하고 있다. 이 코일에 발생하는 전압의 크기를 구하여라.

풀이 $V_{\mathrm{ind}} = -N\dfrac{\Delta\Phi}{\Delta t}$

$\Delta\Phi = 8[\mathrm{Wb}] - 4[\mathrm{Wb}] = 4[\mathrm{Wb}]$, $\Delta t = 2[\mathrm{s}]$

그러므로 $V_{\mathrm{ind}} = -12 \times \dfrac{4}{2} = -24[\mathrm{V}]$

예제 2 예제 1에서 2초 동안 자속이 4[Wb]로 일정하게 유지되는 경우 코일에 발생하는 전압의 크기를 구하여라.

풀이 $V_{\mathrm{ind}} = -N\dfrac{\Delta\Phi}{\Delta t} = -12 \times \dfrac{0}{2} = 0[\mathrm{V}]$

예제 2의 코일에는 전압이 발생하지 않음을 알 수 있는데 이것은 코일과 자속 사이에 상대 속도차가 없기 때문이다. 어떤 도체에 전압이 발생하기 위해서는 반드시 도체와 자속 사이에 상대 속도차가 있어야만 한다.

1.6.5 렌츠의 법칙

렌츠의 법칙은 유도기전력의 방향을 결정하는 법칙이다. 자속이 변하는 공간에 어떤 코일이 놓여 있다고 가정하자. 만일 코일을 통과하는 자속이 증가할 경우에는 이 통과하는 자속을 감소시키는 방향으로 유도기전력이 발생하고 코일을 통과하는 자속이 감소할 경우에는 이 통과 자속을 증가시키는 방향으로 유도기전력이 발생한다.

이것은 자속의 변화를 방해하려는 방향으로 유도기전력이 발생하는 현상으로서 1834년에 렌츠가 발견하여 렌츠의 법칙이라고 한다. 패러데이 법칙의 식에서 발생되는 유도기전력의 부호가 음인 것은 렌츠의 법칙 때문이다.

1.6.6 자기회로 요약

자속(Φ)은 기자력(F_m)에 비례하고 릴럭턴스(R)에 반비례한다.

$$\Phi = \frac{F_m}{R}$$

BH 곡선은 자기강도(H)를 증가할 경우에 자속밀도(B)의 변화를 표시한 것이다. 자기강도를 계속 증가시키면 자속밀도도 점점 증가되는데 자속밀도는 무한히 증가되지 못하고 어떤 값에서 포화된다. 코일에서 전류의 흐름 방향이 자주 바뀌면 히스테리시스 손실이 발생한다. 패러데이 법칙에서 유도기전력의 크기는 코일의 감은 수 및 자력선을 끊는 도체의 속도에 따라 달라진다.

$$V_{\mathrm{ind}} = -N\frac{\Delta \Phi}{\Delta t}$$

렌츠의 법칙은 유도기전력의 방향을 설명하는 법칙인데 코일에 발생하는 유도기전력의 방향은 유도기전력을 일으키는 코일 외부 자기장의 변화에 반대하는 방향으로 발생된다.

1.7 미터법

전기 분야에서는 통상 국제규격인 SI 단위계를 사용하여 각 단위를 표시한다. SI 단위계에서 7개의 기본 단위를 나타내면 표 1.7-1과 같고, 2개의 보조 단위는 표 1.7-2와 같다.

표 1.7-1 및 표 1.7-2의 기본 단위 및 보조 단위를 사용하여 기타의 다른 단위를 표시하게 되는데 전기 분야에서 대부분의 측정 단위는 기본 단위와 보조 단위에서 유도된 단위들이다.

표 1.7-1 SI 단위계에서의 기본 7개 단위

양	기본 단위	기호
길이	미터	m
질량	킬로그램	kg
시간	초	s
전류	암페어	A
온도	켈빈	K
광도	칸델라	cd
물질량	몰	mol

표 1.7-2 SI 단위계에서의 2개 보조 단위

양	단위	기호
평면각	라디안	rad
입체각	스테라디안	st

표 1.7-3에 유도된 단위를 표시한다. 일부 단위는 SI 기본 단위에서 유도된 단위들이며, 이외의 다른 단위들은 유도된 단위를 사용하거나 기본 단위와 유도 단위의 조합을 사용하여 표시한다. 예를 들어 전류의 단위는 암페어인데 이것은 시간의 기본 단위인 초와 쿨롱이라는 유도 단위를 사용한 단위이다.

표 1.7-3 SI 단위계에서 유도된 단위

양	유도 단위	기호	양	유도 단위	기호
에너지	줄	J	컨덕턴스	모	℧
힘	뉴턴	N	커패시턴스	패럿	F
전력	와트	W	인덕턴스	헨리	H
전하량	쿨롱	C	주파수	헤르츠	Hz
전위차	볼트	V	자속	웨버	Wb
전기저항	옴	Ω	자속밀도	테슬라	T

1.7.1 미터법의 접두어

전기측정 및 계산 단위를 다루다보면 단위가 너무 크거나 너무 작은 경우가 발생한다. 이 경우 측정 및 계산 단위를 간편하고 보기 쉽게 표시하기 위해 기본 단위에 접두어를 붙여 사용한다.

예를 들어 저항값이 1,000,000[Ω]이라면 접두어 킬로(k)를 사용하여 1,000[kΩ] 및 접두어 메가(M)를 사용하여 1[MΩ]이라고 표현할 수 있다. 커패시턴스나 전류의 경우에는 작은 단위를 사용할 때가 많다.

만약 0.002[A]의 전류와 0.000005[F]의 커패시턴스를 표시할 필요가 있을 경우에는 접두어 밀리 및 마이크로를 사용하여 각각 2[mA] 및 5[μF]로 표시하면 된다.

표 1.7-4 전기 분야에 사용되는 미터법의 접두어

접두어(기호)	값	
메가(M)	1백만	1,000,000
킬로(k)	1천	1,000
밀리(m)	1천분의 1	0.001
마이크로(μ)	1백만분의 1	0.000,001
나노(n)	십억분의 1	0.000,000,001
피코(p)	1조분의 1	0.000,000,000,001

1.7.2 10의 제곱수

크거나 작은 값을 표현하는 또 다른 방법으로는 10의 제곱을 사용하여 값을 표시하는 방법이 있다. 이 방법은 접두어를 사용하는 방법과 달리 기본 단위만을 사용하여 각종 값들을 쉽게 표시할 수 있다.

10의 제곱을 사용하여 값들을 표현하는 예를 표 1.7-5에 나타낸다.

표 1.7-5 10의 제곱수

값 = 10의 제곱	읽는 방법
$0.000,001 = 10^{-6}$	십의 마이너스 육제곱
$0.000,01 = 10^{-5}$	십의 마이너스 오제곱
$0.000,1 = 10^{-4}$	십의 마이너스 사제곱
$0.001 = 10^{-3}$	십의 마이너스 삼제곱
$0.01 = 10^{-2}$	십의 마이너스 이제곱
$0.1 = 10^{-1}$	십의 마이너스 일제곱
$1 = 10^{0}$	십의 영제곱
$10 = 10^{1}$	십의 일제곱
$100 = 10^{2}$	십의 이제곱
$1,000 = 10^{3}$	십의 삼제곱
$10,000 = 10^{4}$	십의 사제곱
$100,000 = 10^{5}$	십의 오제곱
$1,000,000 = 10^{6}$	십의 육제곱

10의 제곱을 표시하는 규칙은 다음과 같다.

규칙 1 1보다 큰 수를 10의 제곱수로 나타내기 위해서는 표현하려는 수의 소수점을 일의 자리만 남을 때까지 왼쪽으로 이동시킨 후 소수점을 이동한 수만큼 10의 제곱수로 나타내면 된다.

(예) 6,000,000을 10의 제곱수로 표현하기 위해서는 소수점을 왼쪽으로 6번 이동시켜 일의 자릿수(6.000,000)만 남게 한다. 왼쪽으로 6번 이동하였으므로 10의 제곱수는 6이 되며 다음과 같이 표현할 수 있다.

$6,000,000 = 6 \times 10^6$

규칙 2 1보다 작은 수를 10의 제곱수로 나타내기 위해서는 표현하려는 수의 소수점을 일의 자리만 남을 때까지 오른쪽으로 이동시킨 후 소수점을 이동한 수만큼 10의 제곱수로 나타내면 된다. 이때 10의 제곱수는 음수가 된다.

(예) 0.005를 10의 제곱수로 표현하기 위해서는 소수점을 오른쪽으로 3번 이동시켜 일의 자릿수(005.)만 남게 한다. 오른쪽으로 3번 이동하였으므로 10의 제곱수는 −3이 되며 다음과 같이 표현할 수 있다.

$0.005 = 5 \times 10^{-3}$

규칙 3 10의 양의 제곱수로 표현된 수를 십진수로 나타내기 위해서는 수의 소수점을 10의 제곱수만큼 오른쪽으로 이동시키면 된다.

(예) 1×10^3을 십진수로 표현하기 위해서는 수의 소수점을 제곱수인 3만큼 오른쪽으로 이동시키고(1000.0) 곱하기 부호 및 10의 제곱수를 제거하여 표현하면 된다.

$1 \times 10^3 = 1,000$

규칙 4 10의 음의 제곱수로 표현된 수를 십진수로 나타내기 위해서는 수의 소수점을 10의 제곱수만큼 왼쪽으로 이동시키면 된다.

(예) 3×10^{-3}을 십진수로 표현하기 위해서는 수의 소수점을 제곱수인 3만큼 왼쪽으로 이동시키고(0.003) 곱하기 부호 및 10의 제곱수를 제거하여 표현하면 된다.

$3 \times 10^{-3} = 0.003$

규칙 5 10의 제곱수로 표현된 수를 2개 이상 곱할 경우에 계수끼리는 서로 곱하고 10의 제곱수들은 서로 더하면 된다.

(예) 2×10^4과 3×10^{-2}을 서로 곱할 경우에 계수들은 서로 곱하여 6(2×3)이 되고 10의 제

곱수는 서로 더하여 다음과 같이 된다.

$(2\times 10^4)(3\times 10^{-2})=6\times 10^2$

규칙 6 10의 제곱수가 분수의 분자에서 분모로 혹은 분모에서 분자로 이동할 경우에는 제곱수의 부호가 바뀐다.

(예) 8×10^{-4}를 2×10^{-3}으로 나눌 경우에 계수들은 서로 나누어 $4(8\div 2)$가 되고 10의 제곱수는 분모의 제곱수를 분자로 옮겨 더하면 $-1(-4+3)$이 되어 다음과 같이 된다.

$$\frac{8\times 10^{-4}}{2\times 10^{-3}}=4\times 10^{-4+3}=4\times 10^{-1}$$

표 1.7-6 10의 제곱수로 나타낸 미터법의 접두어

미터법의 접두어	10의 제곱수
메가(M)	10^6
킬로(k)	10^3
밀리(m)	10^{-3}
마이크로(μ)	10^{-6}
나노(n)	10^{-9}
피코(p)	10^{-12}

예제 1 680,000[Ω]을 메가옴[MΩ]으로 표현하여라.

풀이 $10^6[\Omega]=1[\text{M}\Omega]$, $1[\Omega]=10^{-6}[\text{M}\Omega]$

$680,000[\Omega]=680,000\times 10^{-6}[\text{M}\Omega]=0.68[\text{M}\Omega]$

예제 2 3.5[V]를 밀리볼트[mV]로 나타내어라.

풀이 $1[\text{V}]=10^3[\text{mV}]$

$3.5[\text{V}]=3.5\times 10^3[\text{mV}]=3500[\text{mV}]$

예제 3 0.025[A]를 밀리암페어[mA]로 나타내어라.

풀이 $1[\text{A}]=10^3[\text{mA}]$

$0.025[\text{A}]=0.025\times 10^3[\text{mA}]=25[\text{mA}]$

연습문제

1. $I=3$[A], $E=9$[V]일 경우 저항의 값을 구하여라.

2. $E=220$[V], $R=10$[Ω]일 경우 회로에 흐르는 전류값을 구하여라.

3. $R=100$[Ω], $I=0.5$[A]일 경우 회로에 인가된 전압의 크기를 구하여라.

4. 저항 $R=5$[Ω]일 경우 컨덕턴스 값을 구하여라.

5. 어떤 자기장에 6,000개의 자력선이 존재하고 있다. 이 자기장의 자속을 구하여라.

6. 면적이 0.0002[m^2]인 곳의 자속이 600 [μWb]이다. 자속밀도를 계산하여라.

7. 감은 수가 1,000번인 코일에 20[mA]가 흐르고 있다. 이 코일의 암페어-턴은 얼마인가?

8. 30번 감은 수의 코일에 15[A]의 전류가 흐르고 있다. 코일의 길이가 30[cm]일 경우 이 코일의 자기장 세기를 구하여라.

9. 문제 8의 코일을 늘여 길이를 90[cm]가 되도록 하였을 때의 자기장 세기를 구하여라.

10. 문제 9의 상태에서 코일 내부에 50[cm]의 철 코어를 설치하였다. 이때의 자기장의 세기를 구하여라.

11. 600[At]의 기자력을 가지는 코일이 있다. 릴럭턴스가 2×10^6[At/Wb]일 경우의 총 자속을 구하여라.

12. 그림에서 두 연철의 평균 투자율을 구하여라.

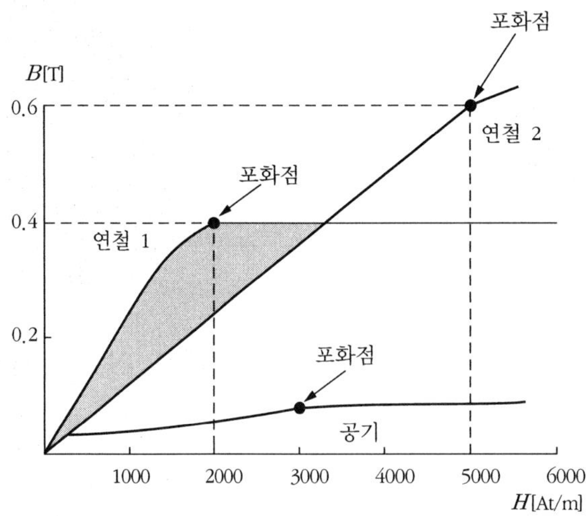

그림 1.6-2 두 가지 연철의 BH 자화 곡선

13. 상대투자율이 200인 물질의 투자율을 계산하여라.

14. 3초 동안 자속이 6[Wb]에서 12[Wb]까지 균일하게 증가하는 공간에 감은 수 18인 코일이 정지하고 있다. 이 코일에 발생하는 전압의 크기를 구하여라.

15. 문제 14에서 3초 동안 자속이 10[Wb]로 일정하게 유지되는 경우 코일에 발생하는 전압의 크기를 구하여라.

16. 720,000[Ω]을 메가옴([MΩ])으로 표현하여라.

17. 5.3[V]를 밀리볼트([mV])로 나타내어라.

18. 0.037[A]를 밀리암페어([mA])로 나타내어라.

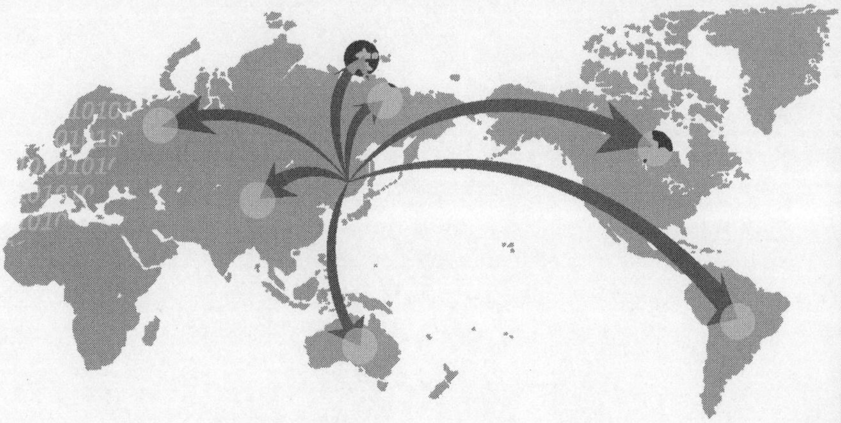

제2장 회로이론

2.1 직렬회로

이 절에서는 직류회로만을 다루기로 한다. 그러나 교류회로에 관한 내용을 학습할 때 이 절에 포함되어 있는 많은 원리들을 적용하게 될 것이다. 직렬회로에는 전류 경로가 단지 하나만 있으며 모든 소자들이 이 경로를 따라 연결되어 있다. 그러므로 직렬회로에서 어떤 소자가 개방된다면 회로의 전류는 차단된다.

예를 들어 크리스마스트리에 장식되어 있는 직렬로 연결되어 있는 전구 중 하나라도 동작하지 않으면 모든 전구에 불이 들어오지 않게 된다. 한 전구의 필라멘트가 타버리면 그 전구는 개방 상태가 되어 회로의 나머지 부분에 전류가 흐르지 못하게 된다.

2.1.1 직렬회로에서의 저항

직렬회로에서 전체 저항값은 개개의 저항값을 합한 것과 같다. 그림 2.1-1(a)는 3개의 저항을 직렬로 연결한 것이다. 이 회로에서 전류가 흐르는 경로는 3개의 저항을 모두 통과한다. (b)에서 저항 중 하나가 개방되면 회로의 저항값은 무한히 커지게 된다. 그리고 (c)에서 하나의 저항이 단락되면 회로의 저항값은 감소되어 나머지 저항들의 저항값의 합과 같게 된다.

직렬회로의 전체 저항값은 다음과 같이 구할 수 있다.

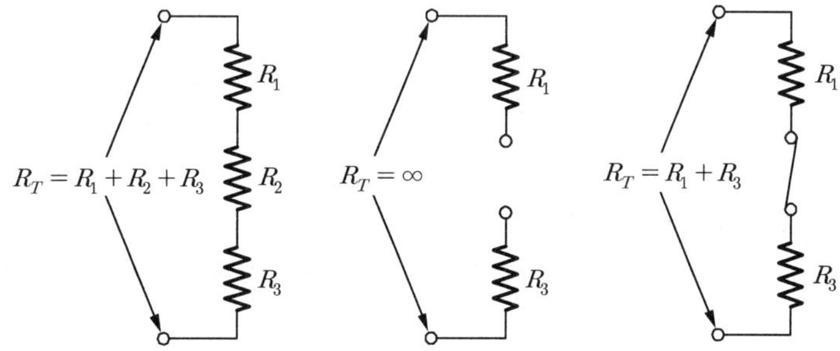

(a) 직렬로 연결된 세 저항　(b) 개방회로　(c) 저항 R_2가 단락된 회로

그림 2.1-1 직렬회로의 저항

$$R_T = R_1 + R_2 + R_3 + \cdots + R_n \tag{2.1.1}$$

R_T : 전체 저항값, R_n : 회로의 n번째 저항의 저항값

예제 1 그림 2.1-2 회로의 전체 저항값을 구하라.

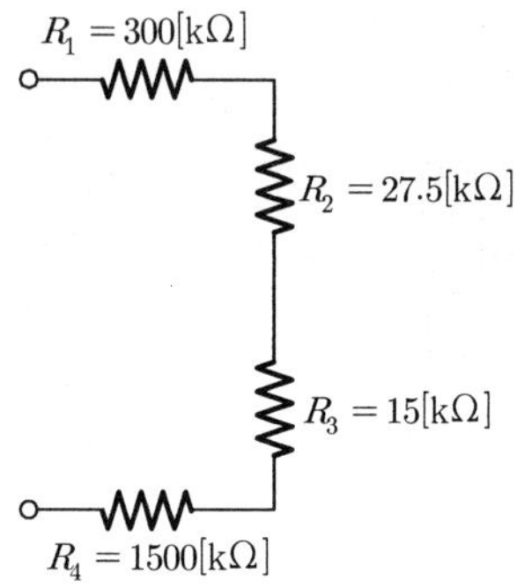

그림 2.1-2

풀이 $R_T = R_1 + R_2 + R_3 + \cdots + R_n$

$= 300[\text{k}\Omega] + 27.5[\text{k}\Omega] + 15[\text{k}\Omega] + 1500[\text{k}\Omega] = 1842.5[\text{k}\Omega]$ 또는 $1.84[\text{M}\Omega]$

2개 이상의 저항을 직렬로 연결하여 회로에 필요로 하는 저항값을 구성할 수 있다. 예를 들어 회로에 필요한 저항값은 60[kΩ]인데 40[kΩ]과 20[kΩ]의 저항을 가지고 있다면 두 저항을 직렬로 연결하여 회로에서 필요로 하는 저항값 60[kΩ]을 만들 수 있다. 그리고 허용오차를 가지고 있기 때문에 모든 저항의 저항값은 이상적이지 못하고 항상 약간의 오차가 발생하게 된다.

예제 2 65[kΩ]의 저항값이 필요한 회로가 있다. 이때 사용가능한 저항은 10[kΩ], 12[kΩ], 18[kΩ], 22[kΩ], 26[kΩ], 39[kΩ], 47[kΩ]이다. 어떤 저항을 직렬로 결합하면 회로에 필요한 저항값을 만족할 수 있겠는가?

풀이 $26[\text{k}\Omega] + 39[\text{k}\Omega] = 65[\text{k}\Omega]$

26[kΩ]과 39[kΩ]의 저항을 직렬로 연결하면 회로에 필요한 저항값을 만들 수 있다.

2.1.2 직렬회로의 전류

회로의 저항이 증가할수록 직렬회로에 흐르는 전류의 크기는 작아진다. 반대로 회로

저항값이 감소할수록 회로 전류는 증가한다. 그림 2.1-3(a)의 회로를 살펴보자. 회로에서 20[V]의 전원이 10[Ω]의 저항에 직렬로 연결되어 있다. 옴(Ohm)의 법칙에 따라서 회로에 흐르는 전류는 인가전압을 저항값으로 나눈 것과 같다.

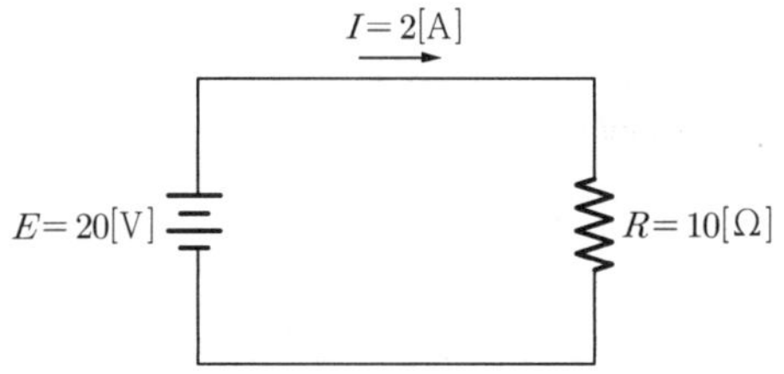

(a) 2[A] 전류가 흐르는 회로

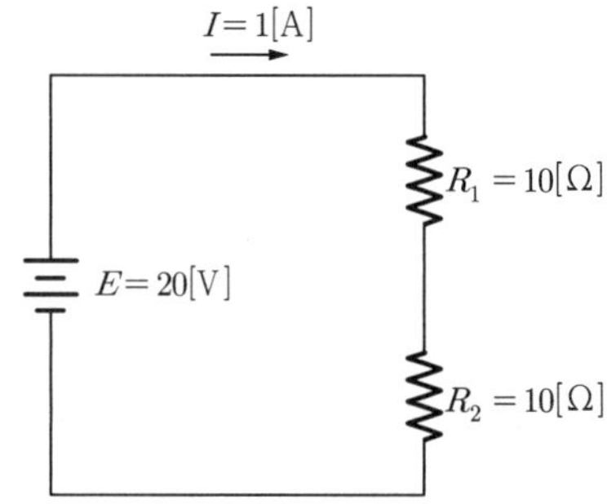

(b) 1[A] 전류가 흐르는 회로

그림 2.1-3

$$\frac{20[\mathrm{V}]}{10[\Omega]} = 2[\mathrm{A}]$$

그림 2.1-3(b)에서는 회로에 10[Ω] 저항 한 개를 직렬로 더 연결하였다. 따라서 회로 전체 저항값은 20[Ω]이 되며 회로에 흐르는 전류는 다음 식과 같이 1[A]가 된다.

$$\frac{20[\mathrm{V}]}{20[\Omega]} = 1[\mathrm{A}]$$

그러므로 직렬로 연결된 저항값이 원래의 두 배가 되면 회로 전류는 반으로 감소하게 된다. 직렬회로에서는 회로의 모든 부분에서 같은 양의 전류가 흐른다. 즉 단위시간당 전원을 통해 흐르는 전자의 수와 직렬회로의 다른 부분을 통해서 흐르는 전자의 수는 동일하다.

$$I_T = I_1 = I_2 = I_3 = \cdots = I_n \tag{2.1.2}$$

I_T : 전체 전류값, I_n : 회로의 n번째 전류값

일정한 값의 전압원을 갖는 회로에서 저항값이 변하지 않는 한 직렬회로 전류는 일정한 값을 갖는다. 직렬회로에서 전류를 계산하기 위해서는 우선 회로 전체 저항값을 구해야 하며, 일단 회로의 전체 저항값을 구하면 옴(Ohm)의 법칙을 이용하여 회로 전체 전류를 구할 수 있다.

예제 1 그림 2.1-4 회로에서 회로에 흐르는 전류값을 구하여라.

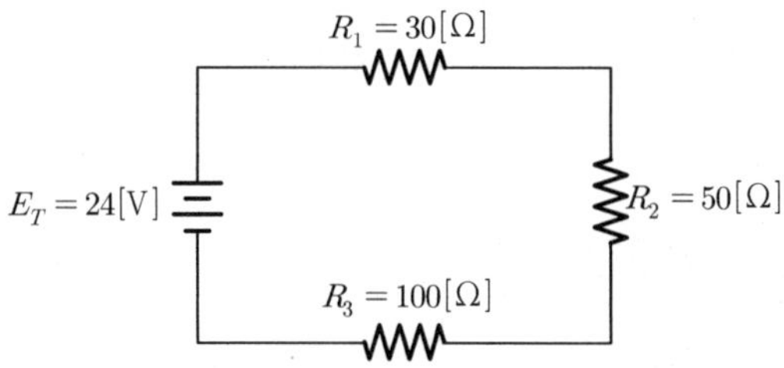

그림 2.1-4

풀이 $R_T = R_1 + R_2 + R_3 = 30[\Omega] + 50[\Omega] + 100[\Omega] = 180[\Omega]$

따라서 회로 전체 전류는 다음과 같다.

$$I_T = I_1 = I_2 = I_3 = \frac{E_T}{R_T} = \frac{24[V]}{180[\Omega]} = 133.3[mA]$$

2.1.3 직렬회로의 전압

전기회로에서 전류가 흐를 때 저항에서는 전압강하가 발생한다. 옴(Ohm)의 법칙에서 전류와 저항값과의 관계에 의해 전압강하는 IR 강하라고도 한다.

예제 1 그림 2.1-5의 회로에서 두 개의 저항이 직렬로 연결되어 있다. 각 저항의 저항값은 20[kΩ]으로 같고 인가전압은 20[V]이다. 옴(Ohm)의 법칙을 사용하여 각 저항에서의 전압강하 값을 구하여라.

풀이 우선, 회로의 전체 저항을 계산한다.

$R_T = R_1 + R_2 = 20[k\Omega] + 20[k\Omega] = 40[k\Omega]$

따라서 회로 전체 전류는 다음과 같다.

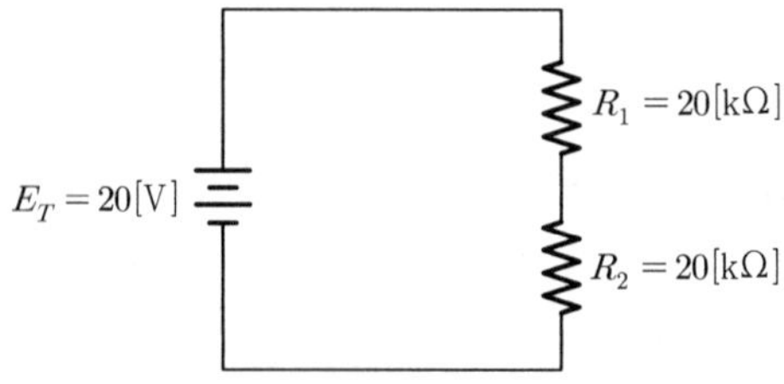

그림 2.1-5

$$I = \frac{E_T}{R_T} = \frac{20[\text{V}]}{40[\text{k}\Omega]} = 0.5[\text{mA}]$$

각각의 전압강하는 옴의 법칙에 의해 구할 수 있다. $I_T = I_1 = I_2 = I_3$이므로,

$$V_{R_1} = IR_1 = (0.5[\text{mA}])(20[\text{k}\Omega]) = 10[\text{V}]$$

$$V_{R_2} = IR_2 = (0.5[\text{mA}])(20[\text{k}\Omega]) = 10[\text{V}]$$

그림 2.1-5의 회로에서 회로의 저항값은 같기 때문에 두 저항에서의 전압강하는 같게 된다.

예제 2 그림 2.1-6에서는 세 개의 저항을 직렬로 연결하였다. 저항값은 각각 $R_1 = 250[\Omega]$, $R_2 = 320[\Omega]$, $R_3 = 510[\Omega]$이고 회로의 인가전압은 100[V]이다. R_2에서의 전압강하는 얼마인가?

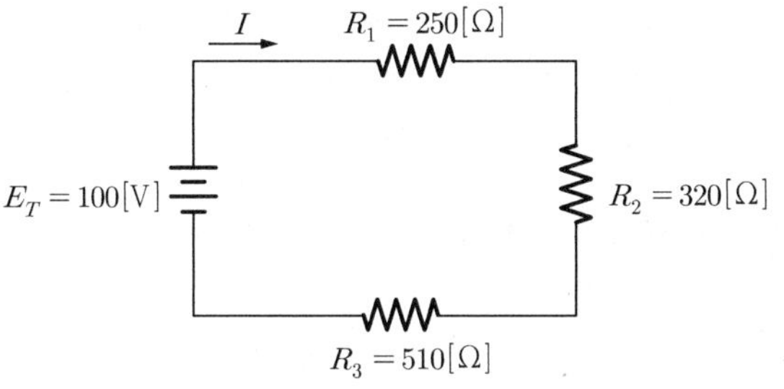

그림 2.1-6

풀이 $R_T = R_1 + R_2 + R_3 = 250[\Omega] + 320[\Omega] + 510[\Omega] = 1080[\Omega]$

$$I_T = \frac{E_T}{R_T} = \frac{100[\text{V}]}{1080[\Omega]} = 92.59[\text{mA}]$$

따라서 R_2에서의 전압강하는 다음과 같다.

$$V_{R_2} = IR_2 = (92.59[\text{mA}])(320[\Omega]) = 29.62[\text{V}]$$

예제 3 $R_1 = 2.2[\text{k}\Omega]$, $R_2 = 3.3[\text{k}\Omega]$, $R_3 = 4.7[\text{k}\Omega]$, $R_4 = 5.6[\text{k}\Omega]$의 저항 4개가 직렬로 연결된 회로가 있다. R_2에서의 전압강하가 8.5[V]일 때 회로 전체에 인가된 전압의 크기는 얼마인가?

풀이 R_2를 통해 흐르는 전류는 회로에 흐르는 전체 전류와 같다.

$$I_T = \frac{V_{R_2}}{R_2} = \frac{8.5[\mathrm{V}]}{3.3[\mathrm{k\Omega}]} = 2.58[\mathrm{mA}]$$

그리고 회로의 전체 저항은 각각의 저항을 합한 것과 같다.

$$R_T = R_1 + R_2 + R_3 + R_4 = 2.2[\mathrm{k\Omega}] + 3.3[\mathrm{k\Omega}] + 4.7[\mathrm{k\Omega}] + 5.6[\mathrm{k\Omega}] = 15.8[\mathrm{k\Omega}]$$

전체 전압은 옴(Ohm)의 법칙을 사용하여 구할 수 있다.

$$E_T = I_T R_T = (2.58[\mathrm{mA}]) \times (15.8[\mathrm{k\Omega}]) = 40.8[\mathrm{V}]$$

2.1.4 전압의 극성

회로에 흐르는 전류값과 전압값을 바르게 계산하기 위해서는 회로의 기전력(emf)과 전압강하의 극성을 알 필요가 있다. 전압원과 같은 능동 소자에서는 전류가 음극에서 양극으로 흐르며 이때 전위의 상승이 일어난다. 그러나 전기 에너지를 소모하는 수동 회로 소자에서의 전류는 양극에서 음극으로 흐르며 이때는 전위의 하강이 발생한다.

수동 회로 소자인 저항은 전기 에너지를 소모하며 전압강하가 발생하는데 전압강하의 극성은 항상 전원의 극성과 반대가 된다. 즉, 전류가 흘러 나가는 쪽이 음(−)이 되고 흘러 들어오는 쪽이 양(+)이 된다.

전압원 또는 전압강하의 극성은 흔히 접지를 기준으로 정해진다. 전기적 접지는 대지나 장비의 섀시(chassis)를 전하의 저장장소로 사용한다. 원래 접지는 전기회로에서 전력 시스템의 안전이나 무선 송수신의 편리한 통신을 위해 대지에 직접 연결된 점을 의미한다.

하지만 현재의 접지는 종종 섀시, 프레임, 캐비닛처럼 장비를 지탱해 주는 비교적 큰 금속 물체에 연결되어 있는 회로상의 점을 의미하기도 한다. 접지(ground), 공통점(common) 및 기준점(reference)과 같은 용어들은 모두 섀시-접지 시스템에 적용되며, 회로도에서는 그림 2.1-7에 나타낸 기호들을 사용하여 나타낸다.

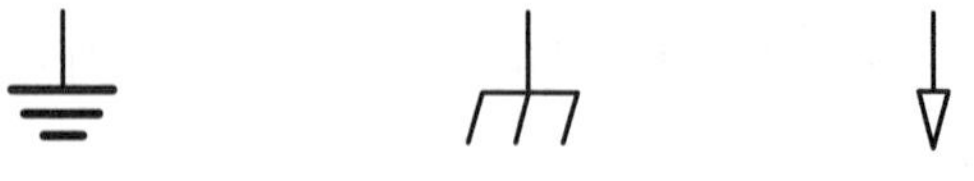

(a) 대지 접지 (b) 섀시 접지 (c) 공통 접속 기호

그림 2.1-7 접지 기호

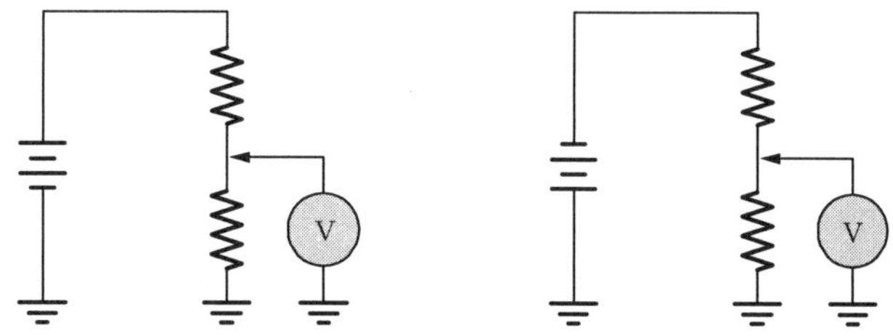

(a) 음의 접지 회로 (b) 양의 접지 회로

그림 2.1-8

그림 2.1-7(a)의 기호는 대지 접지를 나타내며 (b)는 섀시 접지를 그리고 (c)는 공통 연결점을 가리킨다. 이 기호는 종종 접지 연결을 표시하는 데 사용되기도 하지만, 흔히 복잡한 회로에서 공통 연결점을 나타내는데 사용되기도 한다.

전압원의 극성은 어떤 단자를 접지할 것인가에 의해 결정된다. 양극을 접지에 연결하면 양의 접지(positive ground)라 하고, 음극을 접지시키면 음의 접지(negative ground)라고 한다. 자동차나 전자 시스템에서는 대부분 음의 접지를 사용한다.

그림 2.1-8(a)는 음의 접지를 갖는 회로이며 음극이 접지되어 있으므로 회로의 모든 점은 접지에 대해서 양(positive)으로 간주된다. 반대로 (b)는 양의 접지 회로를 나타내며 이 회로망에서 모든 전압은 접지에 대하여 음(negative)으로 간주된다. 하나 이상의 전원이 사용된 회로에서는 전압원의 극성이 매우 중요하다.

그림 2.1-9(a)는 직렬로 연결된 두 전지를 보여주는데 E_2의 양극은 E_1의 음극에 연결되어 있다. 이러한 연결에서 두 전압원 내부에 흐르는 전자의 흐름은 양극에서 음극으로 전자들의 흐름이 더해지기 때문에 순방향 연결(series aiding)이라고 한다. 따라서 두 개의 작은 전압원으로부터 하나의 큰 전압원을 만들 수 있다.

두 전압원이 그림 2.1-9(b)처럼 서로 반대로 연결되어 있는 연결을 역방향 연결(series opposing)이라고 한다. 이렇게 연결하면 두 개의 전압원을 통해서 흐르는 전자의 흐름 방향은 서로 반대 방향이 되며 회로의 전압값은 한 전압원에서 다른 전압원의 값을 뺀 결과가 된다.

예를 들어 9[V] 전지와 6[V] 전지를 역방향을 연결하면 회로 전압은 3[V]가 된다. 역방향 연결의 두 전압이 같다면 서로 상쇄되어 회로 전압은 0[V]가 된다.

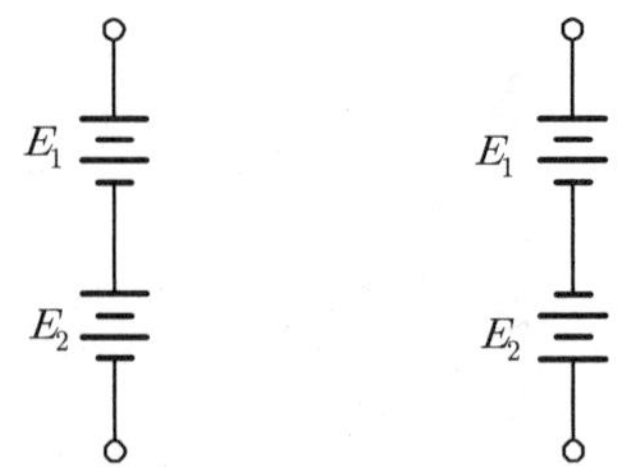

(a) 순방향 연결 (b) 역방향 연결

그림 2.1-9 직렬로 연결된 전압원

예제 1 세 개의 전압원이 그림 2.1-10과 같이 연결되어 있을 때 단자전압을 각각 구하여라.

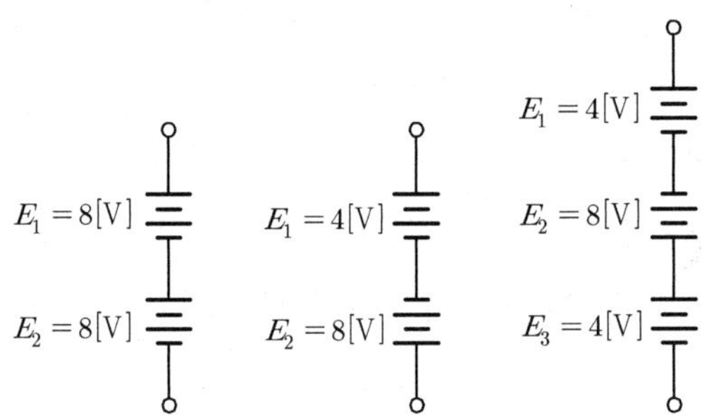

(a) (b) (c)

그림 2.1-10

풀이 (a) 두 전압원이 순방향으로 연결되어 있다. 그러므로 단자전압은 두 전압을 서로 더하면 얻을 수 있다.

$$E_T=E_1+E_2=8[V]+8[V]=16[V]$$

(b) 두 전압원이 역방향으로 연결되어 있으므로 두 전압의 차이를 구하면 된다.

$$E_T=E_1-E_2=4[V]-8[V]=-4[V]$$

(c) 순방향 연결과 역방향 연결이 혼합되어 있는 회로이다.

$$E_T=E_1-E_2+E_3=4[V]-8[V]+4[V]=0[V]$$

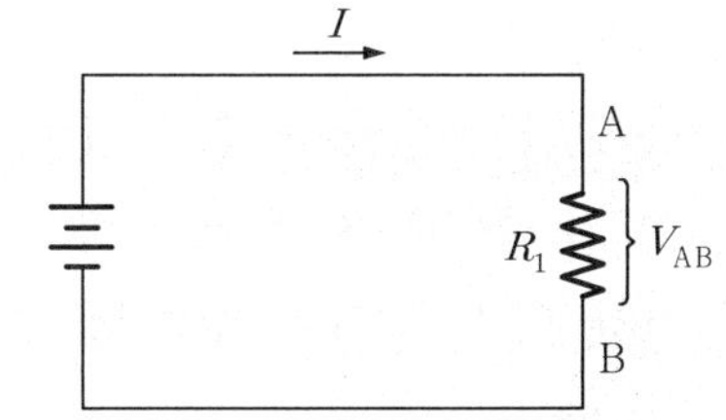

그림 2.1-11 전압강하를 나타내는 이중 아래첨자 표기

직류회로에서 전류의 방향은 소자의 극성을 나타내며 소자가 전력을 흡수하는지 공급하는지를 나타낸다. 그림 2.1-11의 저항 R_1에 흐르는 전류 방향은 위에서 아래로 향한다. 이것은 R_1의 위쪽(A)이 아래쪽(B)보다 더 양(positive)이라는 것을 의미한다.

전류가 그림 2.1-11의 저항 R_1과 같은 수동 소자에 흐를 때 전압강하는 전류 방향으로 발생한다. 전류는 점 A에서 점 B로 흐르므로 R_1의 전압강하는 V_{AB}로 표현한다. V_{AB}의 표기는 두 개의 아래첨자를 갖는데 이를 이중 아래첨자 표기(double-subscribe notation)라고 한다. 이 표기를 사용할 때 두 번째 아래첨자는 기준점을 나타낸다.

전압강하 V_{AB}는 전류 흐름이 어느 한쪽 방향으로 일어남을 나타내므로 전압강하 V_{BA}는 반대 방향으로 전류가 흐르는 것을 나타낸다. 그러므로 그림 2.1-12에 보이는 전압강하에 대해서 $-V_{AB} = V_{BA}$가 된다.

이중 아래첨자를 사용함으로써 회로에서 측정되는 각각의 지점들 표시뿐만 아니라 두 점 사이의 전압에 대한 상대적 극성도 표시할 수 있게 된다. 상대적 극성은 항상 기준점에 의해 정해지며 이것은 기준점의 전압에 대한 회로의 한 점의 전압으로 정의된다. 기준점은 회로에서 어느 지점이나 될 수 있다.

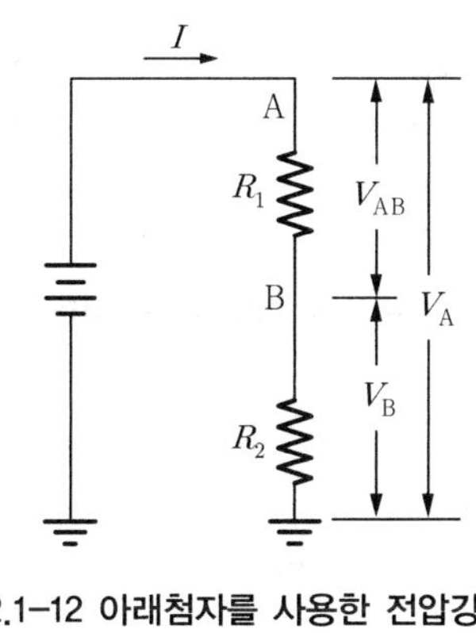

그림 2.1-12 아래첨자를 사용한 전압강하 표시

만일 전압을 하나의 아래첨자로 나타낸다면 그 점에서의 전압은 접지에 대한 전위차를 나타낸다. 그림 2.1-12는 단일 아래첨자와 이중 아래첨자를 사용한 음의 접지 회로를 보여준다. 전압강하 V_{AB}는 점 A와 점 B 사이의 전압강하, 즉 저항 R_1에서의 전압강하를 나타낸다. 그리고 전압강하 V_A는 점 A와 접지간의 전위차를 나타내며 V_B는 점 B와 접지 사이의 전위차를 나타낸다.

2.1.5 키르히호프의 전압법칙

1845년 Gustav Kirchhoff는 임의의 폐회로에서 전압강하와 전압상승의 대수적 합은 영이 된다는 전압분배법칙을 발표하였는데 이것이 키르히호프(Kirchhoff)의 전압법칙(KVL)이다.

폐경로를 루프(loop)라고 하는데 이는 전류가 한 점을 떠나 한쪽 방향으로 흘러 원래의 점으로 되돌아오는 연속된 가지의 연결이라고 할 수 있다. 루프 방정식은 폐회로에 존재하는 전압들을 구하는 데 사용된다. 루프 방정식에서 루프를 따라 흐르는 전류를 만들어 내는 전압원들은 양의 대수항들이 되고 저항에서 발생하는 전압강하들은 음의 대수항들이 된다.

그림 2.1-13은 두 전압강하 V_{R1}과 V_{R2}를 갖는 직렬회로이다. 회로에서 키르히호프의 전압법칙은 다음과 같이 표현된다.

$$E_T - V_{R1} - V_{R2} = 0$$

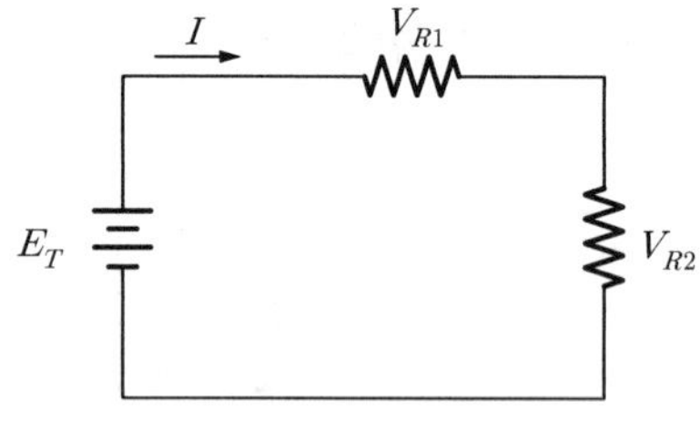

그림 2.1-13 두 전압강하를 갖는 직렬회로

수학적으로 키르히호프의 전압법칙은 다음과 같이 표현된다.

$$E_T = V_{R1} + V_{R2} + V_{R3} + \cdots + V_{Rn} \tag{2.1.3}$$

식 (2.1.3)에 따라서, 그림 2.1-13의 회로에서 키르히호프의 KVL 방정식은 또한 다음과 같이 쓸 수 있다.

$$E_T = V_{R1} + V_{R2}$$

예제 1 그림 2.1-14 회로에서 인가전압 E_T를 구하여라.

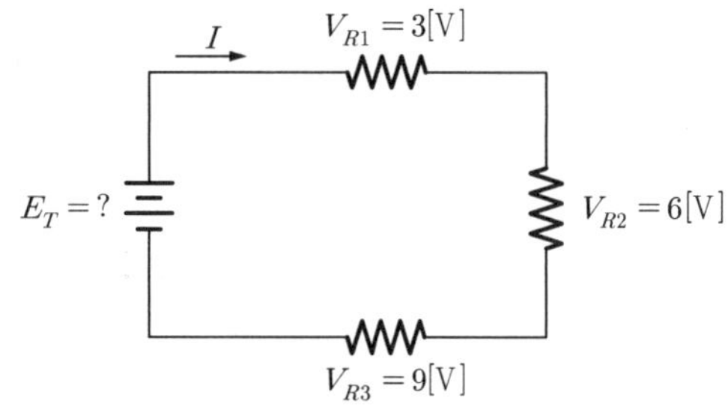

그림 2.1-14

풀이 그림 2.1-14에 대한 KVL식은 다음과 같다.

$$E_T = V_{R1} + V_{R2} + V_{R3} = 3[V] + 6[V] + 9[V] = 18[V]$$

예제 2 그림 2.1-15에서 전압강하 V_{R2}를 구하여라.

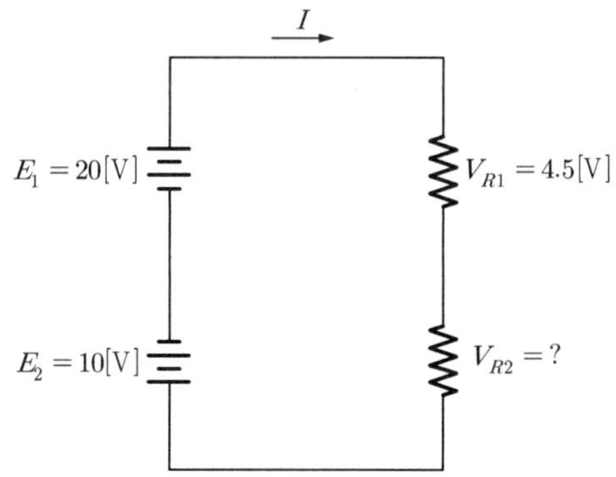

그림 2.1-15

풀이 키르히호프의 전압법칙에 의해 루프에서의 전압강하의 대수합은 영(0)이 된다.

$$E_1 - E_2 - V_{R1} - V_{R2} = 0$$

V_{R2}를 제외한 모든 값을 알고 있으므로 KVL 방정식은 다음과 같다.

$20[V]-10[V]-4.5[V]-V_{R2}=0$

위 식을 정리하면

$5.5[V]-V_{R2}=0$

따라서 결과는 다음과 같다.

$V_{R2}=5.5[V]$

예제 3 그림 2.1-16 회로에 대한 KVL 방정식을 작성하여라. 그리고 옴(Ohm)의 법칙을 사용하여 방정식의 유효성을 증명하여라.

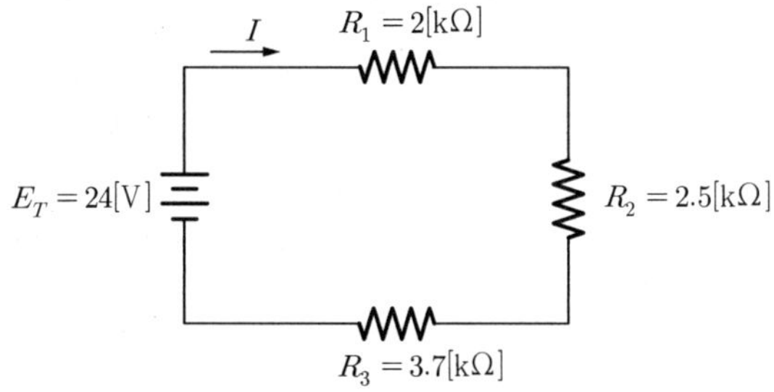

그림 2.1-16

풀이 폐루프에서 전압상승의 합은 전압강하의 합과 같아야 한다. 그러므로

$E_T=IR_1+IR_2+IR_3$

주어진 값을 대입하여 KVL 방정식을 풀면 다음과 같다.

$24[V]=I(2[k\Omega])+I(2.5[k\Omega])+I(3.7[k\Omega])$

위 KVL 방정식의 유효성은 전류 I를 구하여 KVL 방정식에 대입함으로써 구할 수 있다.

$R_T=R_1+R_2+R_3=2[k\Omega]+2.5[k\Omega]+3.7[k\Omega]=8.2[k\Omega]$

$$I=\frac{24[V]}{8.2[k\Omega]}=2.92[mA]$$

회로 전류 2.92[mA]의 값을 KVL 방정식에 대입하면 전압강하의 합은 인가전압과 같게 됨을 알 수 있다.

$$24[V]=(2.92[mA])(2[k\Omega])+(2.92[mA])(2.5[k\Omega])+(2.92[mA])(3.7[k\Omega])$$
$$=5.8[V]+7.3[V]+10.9[V]=24[V]$$

2.1.6 분압기

직렬회로에서 회로의 저항에 걸리는 전압과 전체 전압과의 관계는 그 저항과 전체 저항과의 관계와 같게 된다. 즉, 직렬회로에서 전압강하 사이의 비는 전압강하가 일어나는 저항의 비와 같게 되는데 이것을 전압분배법칙(voltage divider rule)이라고 한다.

전압분배법칙의 유용한 응용으로는 분압 회로가 있다. 분압 회로는 전원의 전압값과 다른 전압이 부하에 인가되도록 하는 데 사용된다. 전압분배법칙은 수학적으로 다음과 같이 표현할 수 있다.

$$V_{RX} = E\left(\frac{R_X}{R_T}\right) \tag{2.1.4}$$

V_{RX} : 주어진 저항에 걸리는 전압강하, E : 인가전압

R_X : 주어진 저항, R_T : 전체 저항

분압기의 가장 간단한 형태는 전위차계이다. 전압원을 전위차계에 병렬로 연결하면 가동자(wiper)에서 출력 전압을 얻을 수 있으며 이 출력 전압은 입력 전압의 일부로 표현된다.

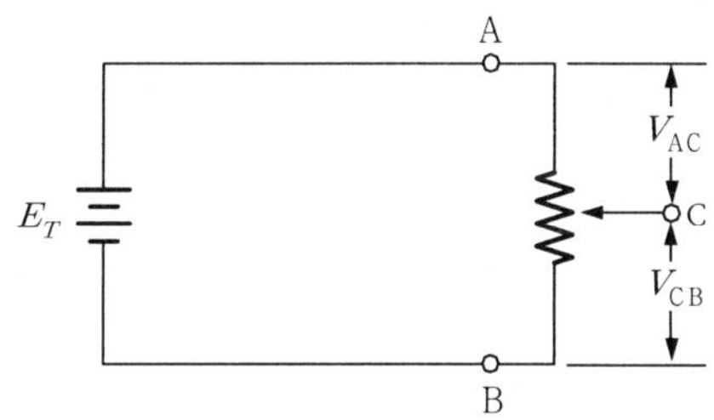

그림 2.1-17 분압기로 사용된 전위차계

그림 2.1-17은 전압원에 연결된 전위차계를 보여준다. 출력 전압은 점 A에서 점 C 사이 또는 점 C에서 점 B사이에서 얻을 수 있다. 키르히호프의 전압법칙에 따라 이 두 전압강하의 합은 인가전압과 같아야 한다.

예제 1 그림 2.1-18은 가동자를 가진 10[kΩ]의 전위차계를 보여준다. 점 A에서 점 C 사이에 걸리는 전압을 구하여라.

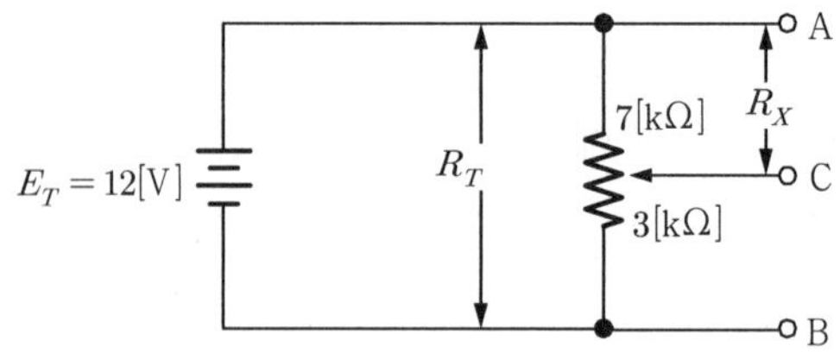

그림 2.1-18

풀이 점 A와 점 C사이의 저항은 7[kΩ]이다. 이 저항에서의 전압강하는 전압분배법칙에 의해 구할 수 있다.

$$V_{RX} = E\left(\frac{R_X}{R_T}\right) = 12[\text{V}]\left(\frac{7[\text{k}\Omega]}{10[\text{k}\Omega]}\right) = 8.4[\text{V}]$$

예제 2 전압분배법칙을 사용하여 그림 2.1-19 회로의 저항에 걸리는 전압강하를 구하여라.

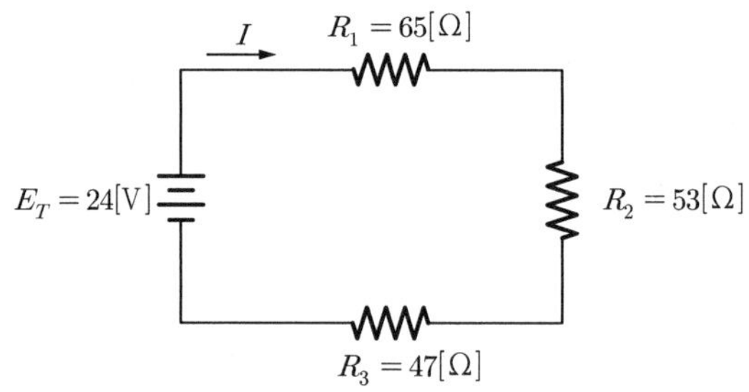

그림 2.1-19

풀이 $R_T = R_1 + R_2 + R_3 = 65[\Omega] + 53[\Omega] + 47[\Omega] = 165[\Omega]$

$$V_{R1} = E\left(\frac{R_1}{R_T}\right) = 24[\text{V}]\left(\frac{65[\Omega]}{165[\Omega]}\right) = 9.46[\text{V}]$$

$$V_{R2} = E\left(\frac{R_2}{R_T}\right) = 24[\text{V}]\left(\frac{53[\Omega]}{165[\Omega]}\right) = 7.7[\text{V}]$$

$$V_{R3} = E\left(\frac{R_3}{R_T}\right) = 24[\text{V}]\left(\frac{47[\Omega]}{165[\Omega]}\right) = 6.84[\text{V}]$$

확인 : $E_T = V_{R1} + V_{R2} + V_{R3} = 9.46[\text{V}] + 7.7[\text{V}] + 6.84[\text{V}] = 24[\text{V}]$

2.1.7 직렬회로에서의 전력

회로에서 소비되는 전체 전력은 각각의 저항에서 소비된 전력의 합이 된다. 그림 2.1-20 회로에서 전체 전력은 회로망 각 점에서의 전력의 합이 되며 다음과 같이 표현할 수 있다.

$$P_T = P_1 + P_2 + P_3 + \cdots + P_n \tag{2.1.5}$$

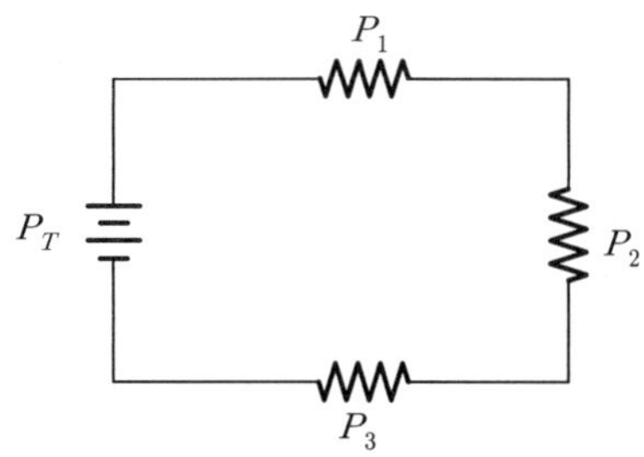

그림 2.1-20 직렬회로에서의 전력

예제 1 그림 2.1-21 회로의 각 저항에서 소비되는 전력과 전체 전력을 구하여라.

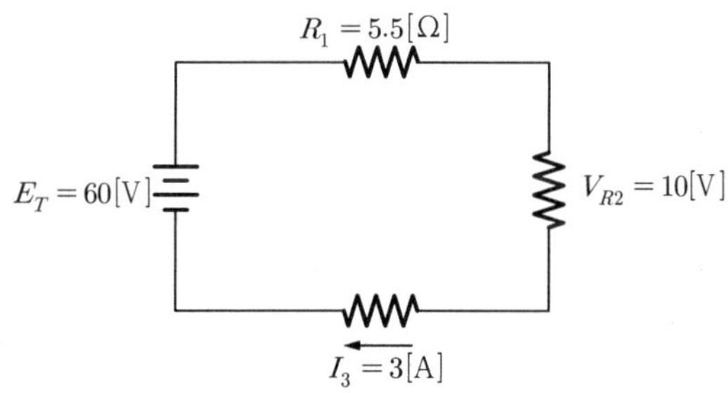

그림 2.1-21

풀이 $I_T = I_1 = I_2 = I_3 = 3[A]$

$$R_2 = \frac{V_{R2}}{I_2} = \frac{10[V]}{3[A]} = 3.3[\Omega]$$

$$V_{R1} = I_1 R_1 = (3[A])(5.5[\Omega]) = 16.5[V]$$

$$V_{R3} = E_T - (V_{R1} + V_{R2}) = 60[V] - (16.5[V] + 10[V]) = 33.5[V]$$

$$R_3 = \frac{V_{R3}}{I_3} = \frac{33.5[V]}{3[A]} = 11.17[\Omega]$$

$$R_T = R_1 + R_2 + R_3 = 5.5[\Omega] + 3.3[\Omega] + 11.17[\Omega] = 19.97[\Omega]$$

$$P_1 = I_T^2 R_1 = (3^2[\mathrm{A}])(5.5[\Omega]) = 49.5[\mathrm{W}]$$

$$P_2 = \frac{V_{R2}^2}{R_2} = \frac{10^2[\mathrm{V}]}{3.3[\Omega]} = 30.3[\mathrm{W}]$$

$$P_3 = I_T^2 R_3 = (3^2[\mathrm{A}])(11.17[\Omega]) = 100.53[\mathrm{W}]$$

$$P_T = P_1 + P_2 + P_3 = 49.5[\mathrm{W}] + 30.3[\mathrm{W}] + 100.53[\mathrm{W}] = 180.33[\mathrm{W}]$$

예제 2 정격 100[W], 80[V]와 정격 60[W], 100[V]의 두 램프를 120[V] 전원에 직렬로 연결하였다. 각 램프에서의 전압강하를 구하여라.

풀이 $P = \frac{E^2}{R}$, $R = \frac{E^2}{P}$, $R_1 = \frac{80^2[\mathrm{V}]}{100[\mathrm{W}]} = 64[\Omega]$, $R_2 = \frac{100^2[\mathrm{V}]}{60[\mathrm{W}]} = 166.7[\Omega]$

$$R_T = R_1 + R_2 = 64[\Omega] + 166.7[\Omega] = 230.7[\Omega]$$

$$I = \frac{E_T}{R_T} = \frac{120[\mathrm{V}]}{230.7[\Omega]} = 0.52[\mathrm{A}]$$

$$V_{R1} = IR_1 = (0.52[\mathrm{A}])(64[\Omega]) = 33.3[\mathrm{V}]$$

$$V_{R2} = IR_2 = (0.52[\mathrm{A}])(166.7[\Omega]) = 86.7[\mathrm{V}]$$

2.1.8 내부 저항

내부 저항(internal resistance)은 전원 내부에서 전압강하를 발생시키는 직렬로 연결된 저항을 말한다. 내부 저항에 의해 발생되는 내부 전압강하로 인해 입력 단자와 출력 단자 사이에는 전압 손실이 발생하게 된다.

그림 2.1-22는 전지의 단자전압에 대한 내부 저항 R_i의 영향을 나타낸다. R_i는 전압원 E에 직렬로 연결되어 있으므로 단자전압(E_T)은 전압원 E에서 내부 전압강하(IR_i)량을 뺀 값이 된다.

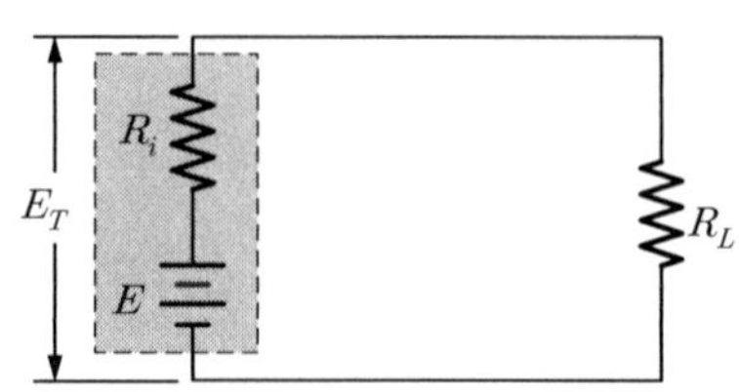

그림 2.1-22 내부 저항을 갖는 전압원

$$E_T = E - IR_i \tag{2.1.6}$$

내부 전압강하가 증가할수록 단자전압은 감소하는데 이것을 부하 효과((loading effect)라고 한다.

그림 2.1-22에서 내부 전압강하는 부하 저항 R_L이 전원 단자에 연결되었을 때 발생한다. 부하가 연결되면 단자전압은 회로의 전류에 비례하여 감소한다. 이상적인 전압원은 내부 저항이 영인 경우로 무부하 전압이 전부하 전압과 같게 된다. 그러나 실제 전원은 항상 내부 전압강하가 발생하게 된다.

$$R_i = \frac{E_{n1} - E_{f1}}{I} \tag{2.1.7}$$

R_i :내부 저항, E_{n1} :무부하 단자전압

E_{f1} :부하가 연결되었을 때의 단자전압, I:부하 전류

전압원에서의 전력 손실은 전원의 내부 저항에서 소비되는 전력이라고 정의할 수 있다. 전원의 전체 효율은 내부 손실, 출력 전력 및 입력 전력에 의해 결정되며 전력 손실은 열 형태로 발생하게 된다.

예제 1 3.5[A]의 전부하 전류가 흐를 때 35.5[V]의 무부하 전압이 34[V]로 감소한다면 그림 2.1-22에서 전원의 내부 저항은 얼마인가?

풀이 $R_i = \dfrac{E_{n1} - E_{f1}}{I} = \dfrac{35.5[\mathrm{V}] - 34[\mathrm{V}]}{3.5[\mathrm{A}]} = 0.43[\Omega]$

예제 2 예제 1에서 전원의 효율을 구하여라.

풀이 $P_{\text{out}} = E_{f1}I_{f1} = (34[\mathrm{V}])(3.5[\mathrm{A}]) = 119[\mathrm{W}]$

$P_{\text{in}} = P_{\text{out}} + P_{\text{losses}} = (34[\mathrm{V}])(3.5[\mathrm{A}]) + (1.5[\mathrm{V}])(3.5[\mathrm{A}]) = 124.25[\mathrm{W}]$

따라서 효율은 다음과 같다.

$$\eta = \left(\frac{P_{\text{out}}}{P_{\text{in}}}\right)100[\%] = \left(\frac{119[\mathrm{W}]}{124.25[\mathrm{W}]}\right)100[\%] = 95.8[\%]$$

2.1.9 퓨즈와 회로차단기

퓨즈(fuse)는 회로에 과도한 전류가 흐를 때 회로를 개방시키는 회로 보호장치이다. 퓨즈는 비교적 저온에 녹는 금속으로 제작되는데 퓨즈를 통하여 흐르는 전류가 증가할 경우 열이 발생하여 금속이 녹게 되므로 전기회로를 개방시켜 회로에 전류가 더 이상 흐르지 못하도록 한다. 그림 2.1-23은 퓨즈의 외형과 기호를 나타낸다.

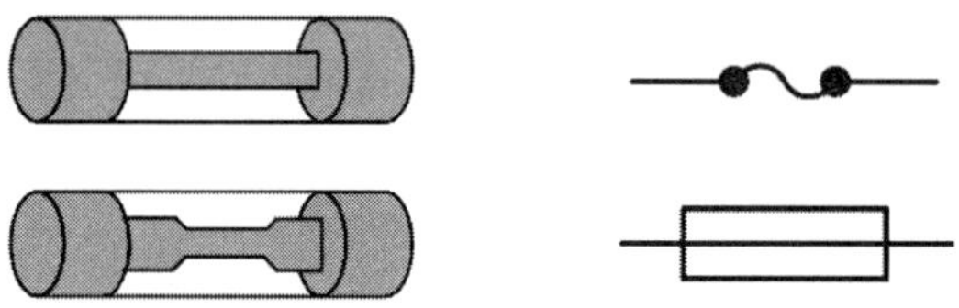

(a) 퓨즈 외형 (b) 퓨즈 기호

그림 2.1-23 퓨즈

장비를 보호하기 위해서 전류가 허용값을 초과하는 순간 퓨즈는 전원장치와 장비를 전기적으로 분리시켜야 한다. 모든 퓨즈들은 정격전류값을 가지며, 이 값을 초과하여 전류가 흐르게 되면 퓨즈 안의 도체에 열이 발생하며, 도체는 이 열로 인하여 녹게 되어 전기회로를 개방하게 된다.

그림 2.1-24는 정격전류값이 2[A]인 퓨즈에 2[A]보다 높은 전류가 흐를 경우 과전류로 인하여 퓨즈가 끊어지는 것을 나타낸다. 퓨즈가 타버리면 전원장치와 장비가 분리되어 장비를 보호하게 된다.

(a) 2[A]보다 적은 전류가 흐르면 퓨즈는 정상적으로 작동한다.

(b) 2[A]보다 큰 전류가 흐르면 퓨즈는 끊어지게 된다.

그림 2.1-24 퓨즈의 작동

퓨즈는 가열과 끊어짐을 빠르게 할 수도 있고, 또는 천천히 할 수도 있으므로 장비의 성격에 따라서 사용되는 퓨즈는 그 형태와 크기가 각각 다르게 된다. 퓨즈의 형태와 크기가 다양한 이유는 장비의 특성이 다양하기 때문이다. 어떤 장비들은 전원을 공급했을 경우 짧은 순간 전류 서지(퓨즈 정격전류를 초과하는 전류)가 발생한다. 빨리 반응하는 퓨즈를 이 장비에 사용하는 것은 적절하지 못할 것이다.

이러한 시스템은 기동 초기에만 많은 전류가 흐르게 되고, 서지가 끝나면 전류는 감소하여 허용값 이내로 떨어질 것이다. 따라서 이런 특성을 갖는 장비에는 늦게 반응하는 퓨즈가 사용된다.

그러나 어떤 장비는 짧은 순간이나마 과전류가 흐르면 손상되는 것이 있다. 이러한 장비에는 빠르게 동작하는 퓨즈를 사용해야만 한다. 또한, 퓨즈는 정격전압값을 갖는다. 퓨즈가 과전류로 인하여 타버린 후에 퓨즈에 가해지는 전압이 너무 크게 되면, 퓨즈가 타버렸다고 해도 아크가 발생하며 갑작스런 서지전류가 발생하게 되어 장비에 손상을 입히게 된다.

회로의 과전류를 방지하기 위하여 퓨즈를 사용하는데, 퓨즈는 한 번 작동하면 재사용이 불가능하다. 장비의 과전류를 방지하기 위해서 회로차단기를 사용하는데, 이것은 재사용할 수 있는 퓨즈라고 생각하면 된다.

회로차단기가 과전류에 의해 동작하면 퓨즈와 달리 회로차단기 자체는 손상되지 않으므로 수동으로 리셋을 하여 다시 사용할 수 있다. 회로차단기는 열회로 차단기, 자기회로 차단기 및 두 가지 방법을 모두 사용한 열자기 회로차단기로 나눌 수 있다.

도선에 전류가 흐르면 열이 발생하게 되는데 열회로 차단기는 이러한 전기적 가열로 인한 온도상승을 이용하는 차단기이다.

그림 2.1-25는 열회로 차단기의 구조를 보여준다. U형태의 바이메탈을 회로차단기 내

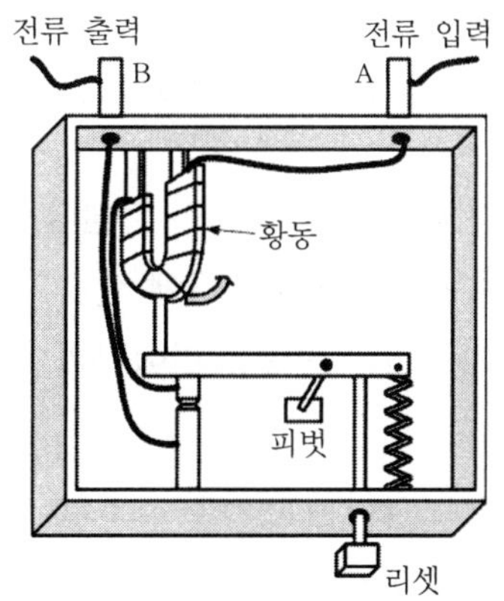

그림 2.1-25 열회로 차단기

부에 부착하는데, 이 바이메탈은 황동과 철로 이루어져 있다. A에서 입력되는 전류는 바이메탈을 지나서 기계적 접촉을 하는 접점을 지나 B로 나간다.

만약, 전류가 증가하여 회로차단기의 정격전류를 초과하게 되면 바이메탈 금속이 가열되고, 황동과 철의 열팽창 계수가 다르기 때문에 바이메탈이 그림 2.1-25의 화살표 방향으로 굽혀지게 된다. 따라서 바이메탈 연결부위도 같이 굽혀지게 되며, 피벗팔의 오른쪽은 스프링의 힘이 항상 아래 방향으로 작용하고 있으므로 접점은 떨어지게 된다.

그 결과 장비는 과전류로부터 보호받게 되는데 이러한 현상을 차단기의 트리핑(tripping)이라고 한다. 장비의 과전류 원인을 제거한 후 리셋 버튼을 누르면 차단기는 리셋되어 재사용이 가능하게 된다.

전자석은 절연된 코일을 사용하여 제작하는데, 이 코일에 전류가 흐르면 자기장이 생성된다. 자기회로 차단기는 이 전자석의 원리를 이용한 차단기이다.

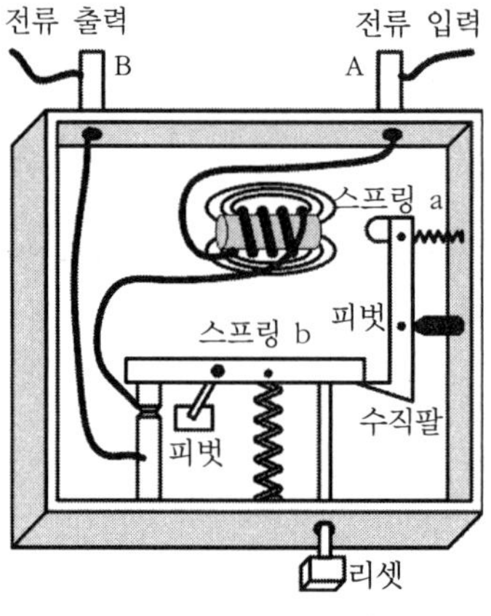

그림 2.1-26 자기회로 차단기

그림 2.1-26은 자기회로 차단기의 구조를 나타낸다. 차단기에 정격전류 이하의 전류가 흐르게 되면, 전자석은 여자가 되나 수직팔에 연결되어 있는 스프링 a의 힘을 이기지 못하게 되고, 결과적으로 전자석이 수직팔을 잡아당기지 못하게 되어 차단기는 정상적인 전류를 회로에 공급하게 된다.

만약, 회로차단기의 정격을 초과하는 전류가 흐르게 되면 전자석의 세기는 스프링 a의 힘을 이기고 수직팔을 잡아당길 만큼 강해지고, 결과적으로 수직팔의 위 부분을 잡아당기게 되고 수직팔의 아래 부분은 오른쪽으로 이동하여 수직팔의 연결 부분이 떨어지게 된다.

수평팔에는 스프링 b의 힘이 작용하고 있어 수직팔의 연결 부분이 떨어짐과 동시에 차단기는 트리핑되어 회로의 전류를 차단하게 된다. 회로의 과전류 원인을 제거한 후 리셋 버튼을 누르면 차단기는 다시 복귀되어 재사용할 수 있게 된다.

열회로 차단기는 끊어지는 속도가 느린 퓨즈와 비슷한 성질을 갖는데, 이것은 바이메탈이 가열되기 위해서는 약간의 시간지연이 필요하기 때문이다. 그러나 자기회로 차단기는 과전류가 흐르게 되면 즉시 회로를 차단시키는데, 이러한 특성은 빨리 끊어지는 퓨즈와 성질이 비슷하다.

열자기 회로차단기는 바이메탈과 전자석을 결합하여 사용하기 때문에 위에서 언급한 두 가지 차단기의 장점을 모두 가지고 있다. 전류가 정격전류나 정격전류보다 조금 작은 전류가 회로에 지속적으로 흐를 경우에는 회로차단기는 정상적으로 작동하지만 그 이상의 전류가 일정시간 흐르게 되면, 바이메탈이 가열되어 차단기는 트립되고 장비에 공급되는 전원을 차단시켜 부하를 보호하게 된다.

그리고 순간적으로 큰 과전류 서지가 발생한다면 전자석의 전자력이 크게 상승하여 바이메탈과는 상관없이 차단기를 끊어서 장비에 공급되는 전원을 차단시킨다.

2.2 병렬회로

병렬회로에는 1개 이상의 전류 경로가 존재한다. 전기 및 전자 시스템에서 병렬회로는 매우 흔하게 나타난다. 예를 들면 각 가정에서의 모든 전등과 콘센트 그리고 가전제품들은 독립적으로 사용될 수 있도록 서로 병렬로 연결되어 있다.

자동차의 경우에도 헤드라이트, 미등, 라디오 및 모든 전기 부속품들이 서로 병렬로 연결되어 있다. 다른 장치들에 영향을 미치지 않으면서 어떤 장치를 끌 수 있도록 하기 위해서도 장치를 전원에 병렬로 결선해야 한다.

2.2.1 병렬회로에서의 전압

여러 개의 가지들이 병렬로 연결되었을 때 임의의 한 가지에 걸린 전압은 다른 가지에 걸린 전압과 동일하다. 이것을 수식으로 표현하면 다음과 같다.

$$E = V_{R1} = V_{R2} = V_{R3} \tag{2.2.1}$$

부하가 전압원과 병렬로 연결되어 있을 때 부하가 개방되더라도 부하 단자에 걸린 전압은 변화되지 않는다. 그림 2.2-1(a)는 2개의 저항이 병렬로 연결된 모습을 보여준다. 그림 2.2-1(b)에서 R_2가 개방되더라도 R_2단자에 연결된 전압계의 전압값은 전원의 전압값을 나타낸다.

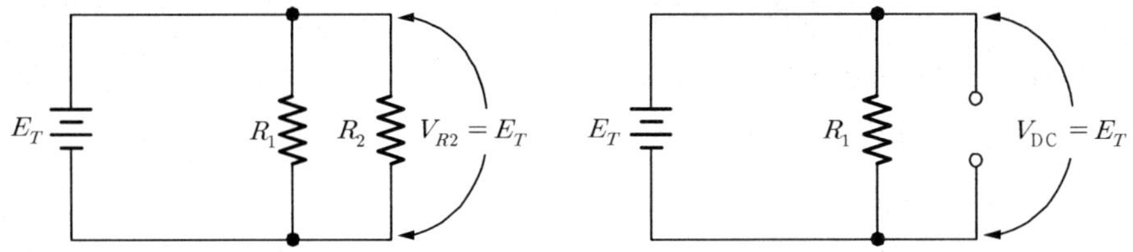

(a) 병렬 저항 (b) 개방 회로 전압

그림 2.2-1

2.2.2 병렬 저항

저항들이 병렬로 연결되기 위해서는 공동 마디를 갖도록 연결되어야 한다. 병렬로 연결된 저항은 마치 병렬로 연결된 수도관과 같다. 동일한 크기를 갖는 두 개의 수도관이 나란히 놓여 있을 때 한 개의 수도관만이 있는 경우에 비해 두 배가 되는 양의 물을 이송시킬 수 있게 된다. 마찬가지로 동일한 값을 가지는 두 개의 저항을 병렬로 연결하면 두 배의 전류를 흐르게 할 수 있다.

다른 값을 가지는 저항들을 병렬로 연결할 때 회로의 각 가지에서의 전류의 흐름에 대한 방해의 정도는 서로 다르게 된다. 큰 값의 저항은 전류의 흐름을 크게 제한하므로 작은 반경을 가지는 수도관과 같다. 역으로 작은 값의 저항은 전류의 흐름을 덜 방해하므로 큰 반경을 가지는 수도관과 같이 많은 양의 전류를 흐르게 한다.

병렬로 연결된 저항의 수가 증가함에 따라 회로에서 전류가 흐를 수 있는 경로가 증가함으로 회로의 전체 저항은 감소하게 된다. 그러므로 병렬로 연결된 전체 등가 저항값은 회로 내 개별 저항의 저항값보다 항상 작게 된다.

병렬회로는 동일한 값을 가지는 저항들이나 서로 다른 값을 가지는 저항들로 이루어지며 이러한 두 가지 형태의 병렬회로에 대한 저항값은 대부분 다음 두 개의 법칙을 사용하여 쉽게 구할 수 있다.

첫째, 단지 두 개의 저항이 병렬로 연결되어 있을 때 회로의 전체 저항값은 두 개의 저항값의 곱을 그 합으로 나눈 값으로 결정되며 이것을 수식으로 표현하면 다음과 같다.

$$R_T = \frac{R_1 R_2}{R_1 + R_2} \tag{2.2.2}$$

둘째, 동일한 값을 가지는 두 개의 저항이 병렬로 연결될 경우 저항이 한 개일 때보다 회로에 흐르는 전류는 두 배가 된다. 동일한 저항값을 가지는 저항들을 병렬로 연결할 때 전체 저항값은 다음 식과 같이 한 개의 저항값을 병렬로 연결한 저항의 개수로 나눈 값과 같아진다.

$$R_T = \frac{R_X}{N} \tag{2.2.3}$$

R_T : 병렬회로의 등가 저항, R_X : 1개의 저항값, N : 회로 내의 저항의 수

예제 1 그림 2.2-2 회로의 전체 저항값을 구하여라.

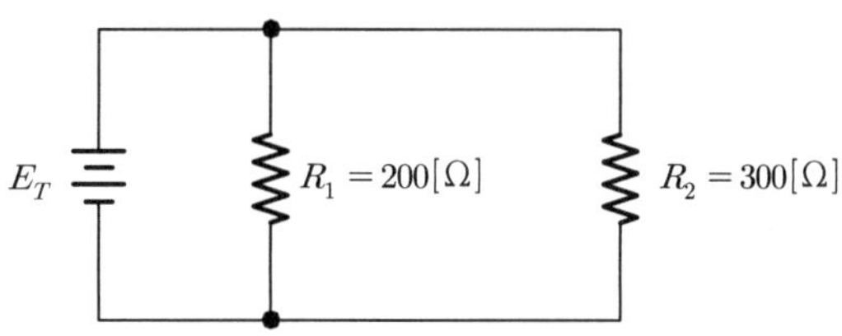

그림 2.2-2

풀이 $R_T = \frac{R_1 R_2}{R_1 + R_2} = \frac{200[\Omega] \times 300[\Omega]}{200[\Omega] + 300[\Omega]} = 120[\Omega]$

예제 2 식 (2.2.3)을 사용하여 그림 2.2-3 회로의 전체 저항값을 구하여라.

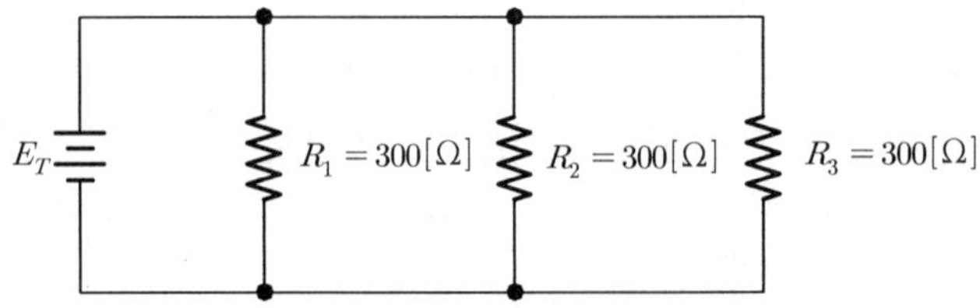

그림 2.2-3

풀이 $R_T = \frac{R_X}{N} = \frac{300[\Omega]}{3} = 100[\Omega]$

예제 3 그림 2.2-4 회로에서 동일한 저항값을 갖는 두 개의 저항이 병렬로 연결되어 있다. 이 병렬회로의 전체 저항값은 10[Ω]이다. R_1과 R_2 저항값을 구하여라.

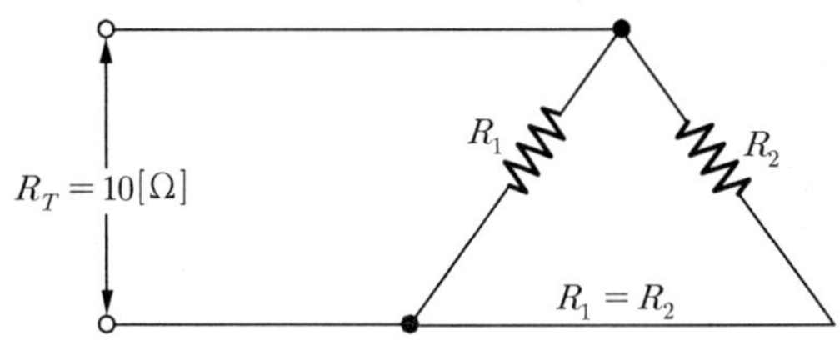

그림 2.2-4

풀이 $R_T = \frac{R_X}{N}$

$R_X = R_T N = (10[\Omega]) \times (2) = 20[\Omega]$

다른 저항값을 갖는 3개 이상의 저항을 포함한 병렬회로에서 전체 저항값을 구할 때 저항의 역인 컨덕턴스가 자주 사용된다. 컨덕턴스를 사용한 공식을 이용하면 전체 저항값의 역은 각 저항값의 역을 합한 결과와 같으며 다음 식과 같이 나타낼 수 있다.

$$\frac{1}{R_T} = \frac{1}{R_1} + \frac{1}{R_2} + \frac{1}{R_3} + \cdots + \frac{1}{R_n} \tag{2.2.4}$$

회로 또는 소자가 전류를 통과시키는 능력을 나타내는 용어로서 지멘스(S)의 단위를 갖는 컨덕턴스를 사용하는데 이것은 저항의 역수가 된다. 병렬로 연결된 저항의 수가 증가할수록 회로에 흐르는 전류의 크기는 증가하므로 저항이 회로에 병렬로 연결될 때 전체 컨덕턴스의 값은 다음 식과 같이 증가하게 된다.

$$G_T = \frac{1}{R_T} = \frac{1}{R_1} + \frac{1}{R_2} + \frac{1}{R_3} + \cdots + \frac{1}{R_n} \tag{2.2.5}$$

예제 4 식 (2.2.4)를 사용하여 그림 2.2-5 회로의 전체 저항값을 구하여라.

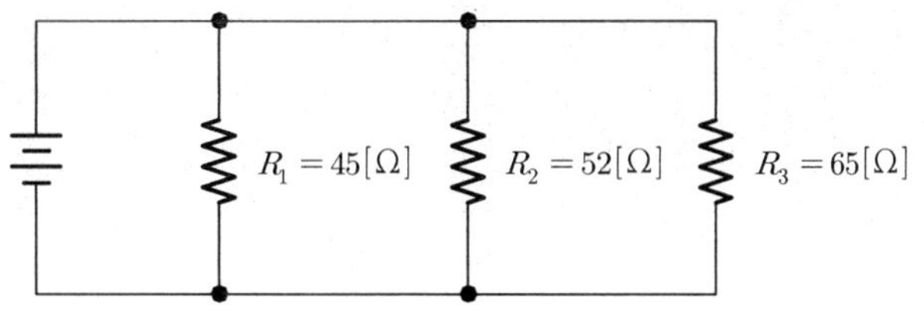

그림 2.2-5

풀이 $\frac{1}{R_T} = \frac{1}{R_1} + \frac{1}{R_2} + \frac{1}{R_3} = \frac{1}{45[\Omega]} + \frac{1}{52[\Omega]} + \frac{1}{65[\Omega]} = 0.057[\mathrm{S}]$

$R_T = \frac{1}{1/R_T} = 17.54[\Omega]$

예제 5 그림 2.2-6 회로의 전체 컨덕턴스를 구하여라.

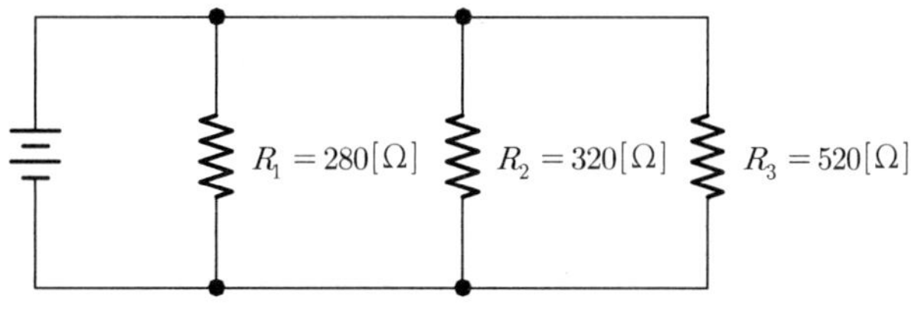

그림 2.2-6

풀이 $G_T = \frac{1}{R_T} = \frac{1}{R_1} + \frac{1}{R_2} + \frac{1}{R_3} = \frac{1}{280[\Omega]} + \frac{1}{320[\Omega]} + \frac{1}{520[\Omega]} = 8.62[\mathrm{mS}]$

2.2.3 키르히호프의 전류법칙

키르히호프(Kirchhoff)는 1845년 전압에 대한 그의 실험 결과와 더불어 임의의 마디에 들어오고 나가는 모든 전류의 대수적 합은 영이 된다는 사실을 발견하였다. 이것이 키르히호프의 전류법칙(KCL)이다. 키르히호프는 임의의 마디로 들어오는 전류를 양(+), 나가는 전류를 음(−)으로 정의하였다. 키르히호프의 전류법칙을 수식으로 표현하면 다음과 같다.

$$I_T = I_1 + I_2 + I_3 + \cdots + I_n \tag{2.2.6}$$

그림 2.2-7은 두 개의 저항을 가지는 병렬회로에서 키르히호프의 전류법칙 예를 보여준다. 회로 전체 전류 I_T가 마디로 흘러 들어가며 이 전류는 마디에서 두 전류 I_1과 I_2로 분리된다. 이것은 병렬회로에서 전체 전류는 분리되며 분리된 전류는 개개의 가능한 경로를 따라 흐르기 때문이다. 이 때 전체 전류는 각 저항의 정격전류값보다 클 수는 있지만 각 저항을 통하여 흐를 수 있는 최대 전류는 정해져 있다.

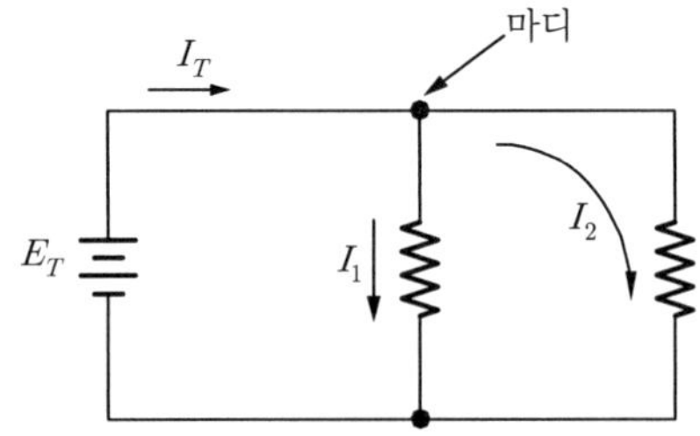

그림 2.2-7 병렬회로에서의 전류 흐름

예제 1 그림 2.2-8에서 두 개의 저항이 병렬로 연결되어 있다. 한 저항을 통하여 흐르는 전류는 650[mA], 다른 저항을 통하여 흐르는 전류는 2.3[A]이다. 회로에 공급되는 전체 전류를 구하여라.

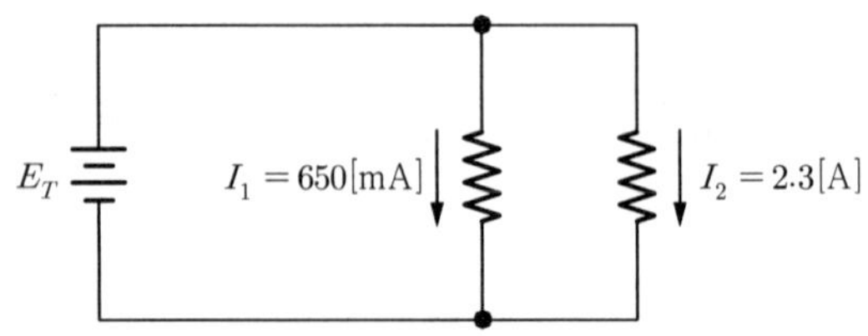

그림 2.2-8

풀이 $I_T = I_1 + I_2 = 0.65[\text{A}] + 2.3[\text{A}] = 2.95[\text{A}]$

예제 2 그림 2.2-9 회로에서 가지 전류 I_2와 전체 전류 I_T를 구하여라.

풀이 R_2의 저항값이 R_1의 두 배이므로 전류 I_1은 전류 I_2의 두 배이어야 한다. 그러므로

$$\frac{R_2}{R_1} = \frac{I_1}{I_2} = \frac{30[\Omega]}{15[\Omega]} = \frac{200[\text{mA}]}{I_2}$$

$$I_2 = \frac{I_1}{2} = \frac{200[\text{mA}]}{2} = 100[\text{mA}]$$

$$I_T = I_1 + I_2 = 200[\text{mA}] + 100[\text{mA}] = 300[\text{mA}]$$

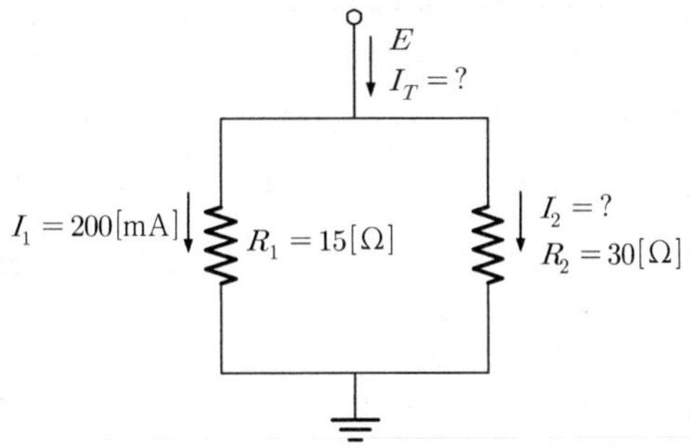

그림 2.2-9

키르히호프의 전류법칙에 의한 회로 방정식을 마디 방정식(nodal equation)이라 한다. 마디 방정식을 작성할 때 같은 방향의 전류 흐름은 더해지고 반대 방향의 전류 흐름은 빼진다.

예제 3 그림 2.2-10에서 마디 방정식을 이용하여 미지의 전류값을 구하여라.

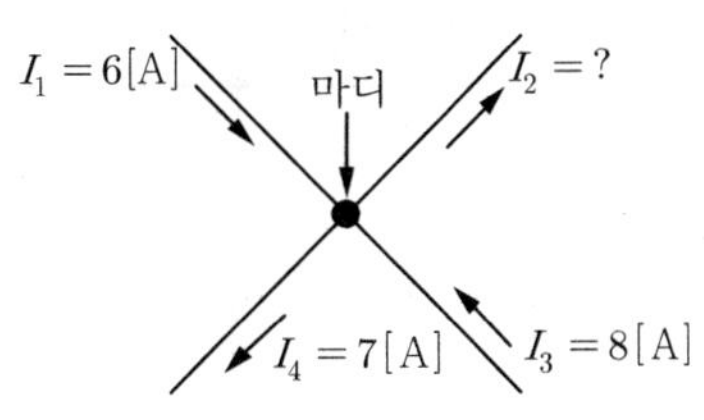

그림 2.2-10

풀이 마디로 들어오는 전류를 양, 나가는 전류를 음이라 가정하면 마디 방정식은 다음 식과 같이 된다.

$I_1 - I_2 + I_3 - I_4 = 0$

위의 식을 I_2에 대하여 정리하면 다음과 같다.

$I_2 = I_1 + I_3 - I_4 = 6\text{A} + 8\text{A} - 7[\text{A}] = 7[\text{A}]$

2.2.4 분류기

회로의 공급 전압을 모르는 상태에서 개별 저항과 전체 전류의 값으로부터 개별 가지 전류를 구하는 경우가 자주 발생한다. 이런 형태의 문제는 가지 전류가 그 가지의 저항에 반비례하여 분류된다는 사실을 이용하여 구할 수 있다. 전류는 항상 저항값이 가장 작은 경로를 따라 흐르기 때문에 전류 흐름의 방해가 가장 적은 경로의 전류가 항상 최대가 된다. 작은 값의 저항은 전류 흐름의 방해가 적으므로 병렬회로에서 작은 값의 저항은 큰 값의 저항보다 많은 전류를 통과시키게 된다. 병렬로 연결된 두 개 저항의 한쪽에 흐르는 전류의 양은 전체 전류에서 상대편 저항값을 곱한 후 두 병렬 저항값의 합으로 나눔으로써 구할 수 있고 이것을 전류분배법칙(current divider rule)이라고 한다.

그러므로 두 가지를 통하여 흐르는 전류는 다음 식과 같이 계산할 수 있다.

$$I_1 = \left(\frac{R_2}{R_1 + R_2}\right) I_T \tag{2.2.7}$$

$$I_2 = \left(\frac{R_1}{R_1 + R_2}\right) I_T \tag{2.2.8}$$

예제 1 전류분배법칙을 사용하여 그림 2.2-11의 R_1과 R_2를 통하여 흐르는 가지 전류를 구하여라.

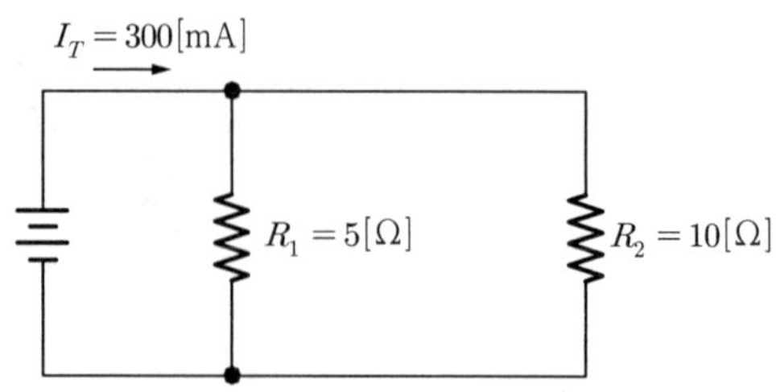

그림 2.2-11

풀이 $I_1 = \left(\dfrac{R_2}{R_1+R_2}\right)I_T = \left(\dfrac{10[\Omega]}{5[\Omega]+10[\Omega]}\right)30[\mathrm{mA}] = 20[\mathrm{mA}]$

$I_2 = \left(\dfrac{R_1}{R_1+R_2}\right)I_T = \left(\dfrac{5[\Omega]}{5[\Omega]+10[\Omega]}\right)30[\mathrm{mA}] = 10[\mathrm{mA}]$

확인 : $I_T = I_1 + I_2 = 20[\mathrm{mA}] + 10[\mathrm{mA}] = 30[\mathrm{mA}]$

식 (2.2.7)과 식 (2.2.8)은 저항이 두 개인 경우에만 적용할 수 있다. 병렬회로에 둘 이상의 가지 저항을 포함한 경우에는 다음 식을 사용하여 각 가지에 흐르는 전류를 구할 수 있다.

$$I_x = \left(\frac{R_T}{R_x}\right)I_T \tag{2.2.9}$$

I_x : 각 가지에 흐르는 전류, R_x : 각 가지의 저항

예제 2 그림 2.2-12 회로에서 저항 R_3에 흐르는 전류를 전류분배법칙을 이용하여 구하여라.

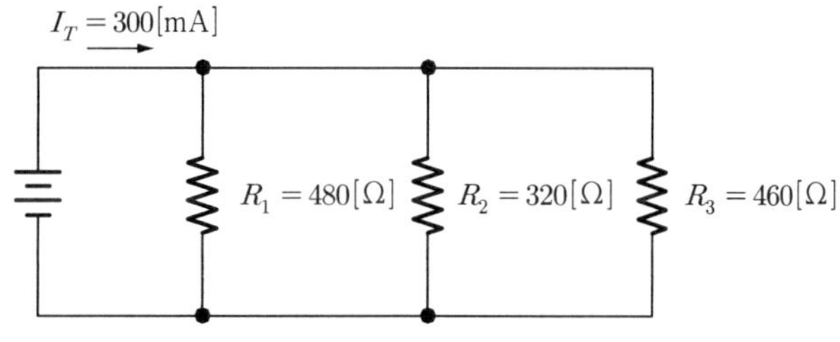

그림 2.2-12

풀이 $\dfrac{1}{R_T} = \dfrac{1}{R_1} + \dfrac{1}{R_2} + \dfrac{1}{R_3} = \dfrac{1}{480[\Omega]} + \dfrac{1}{320[\Omega]} + \dfrac{1}{460[\Omega]} = 0.007[\mathrm{S}]$

$R_T = \dfrac{1}{1/R_T} = \dfrac{1}{0.007[\mathrm{S}]} = 142.8[\Omega]$

$I_3 = \left(\dfrac{R_T}{R_3}\right)I_T = \left(\dfrac{142.8[\Omega]}{460[\Omega]}\right)300[\mathrm{mA}] = 93.13[\mathrm{mA}]$

2.2.5 병렬회로에서의 옴의 법칙

병렬회로에서도 미지의 저항, 전류 및 전압값들을 옴(Ohm)의 법칙을 사용하여 구할 수 있다. 따라서 임의의 병렬회로에서 두 값을 알면 다른 한 값을 결정할 수 있다. 예를 들면, 한 가지에서의 전류와 저항값을 알면 병렬회로의 전압값을 구할 수 있다.

병렬회로에서 각 저항에 걸리는 전압은 동일하기 때문에 그 병렬회로의 전압은 한 병렬 가지에서 미리 값을 알고 있는 저항과 전류값을 곱함으로써 구할 수 있다.

$$R_T = \frac{E}{I_T} \tag{2.2.10}$$

I_T : 모든 가지 전류의 합, E : 공급 전압, R_T : 모든 병렬 가지의 등가 저항

예제 1 그림 2.2-13 회로에서 옴(Ohm)의 법칙을 사용하여 다음을 구하여라.

(1) 전체 전압값
(2) R_2를 흐르는 전류
(3) 저항 R_3의 값

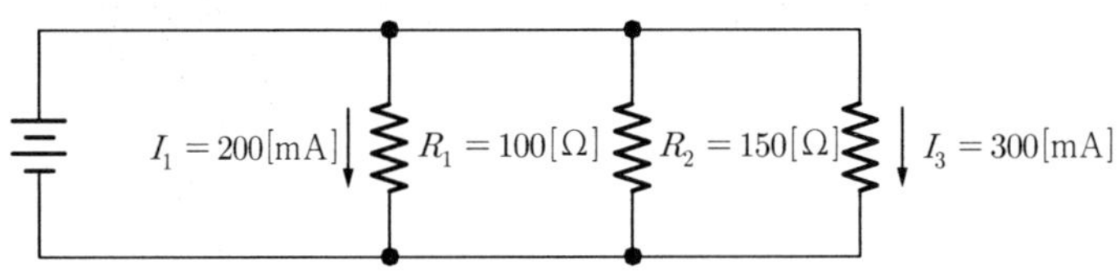

그림 2.2-13

풀이 (1) $E_T = IR_1 = (200[\text{mA}])(100[\Omega]) = 20.0[\text{V}]$

(2) $I_2 = \dfrac{E_T}{R_2} = \dfrac{20.0[\text{V}]}{150[\Omega]} = 133.3[\text{mA}]$

(3) $R_3 = \dfrac{E_T}{I_3} = \dfrac{20.0[\text{V}]}{300[\text{mA}]} = 66.6[\Omega]$

예제 2 그림 2.2-14에서 저항 R_2의 값을 구하여라.

풀이 옴(Ohm)의 법칙을 사용하면 회로의 전체 저항값은 다음과 같이 구해진다.

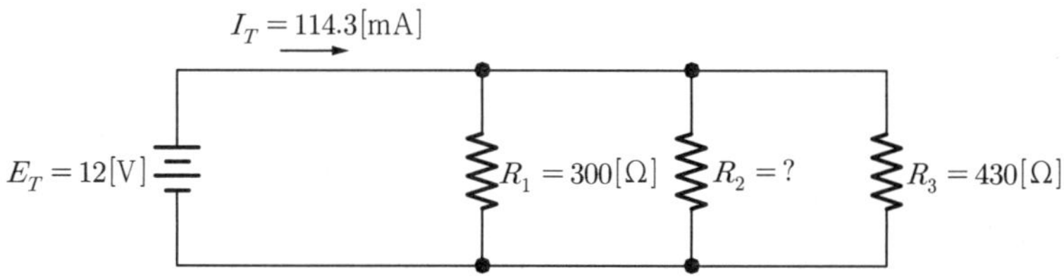

그림 2.2-14

$$R_T = \frac{E_T}{I_T} = \frac{12[V]}{114.3[mA]} = 105[\Omega]$$

따라서 저항 R_2의 값은 다음과 같이 구할 수 있다.

$$\frac{1}{R_T} = \frac{1}{R_1} + \frac{1}{R_2} + \frac{1}{R_3}$$

$$\frac{1}{R_2} = \frac{1}{R_T} - \frac{1}{R_1} - \frac{1}{R_3} = \frac{1}{105[\Omega]} - \frac{1}{300[\Omega]} - \frac{1}{430[\Omega]} = 0.00386[S]$$

$$R_2 = \frac{1}{1/R_2} = \frac{1}{0.00386[S]} = 258.7[\Omega]$$

예제 3 그림 2.2-15 회로의 가지 R_3에 흐르는 전류량을 구하여라.

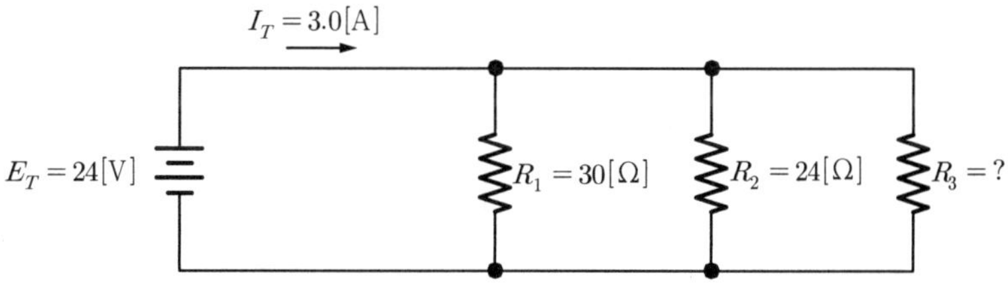

그림 2.2-15

✓풀이 각 가지에 흐르는 전류를 구하기 위해서 옴(Ohm)의 법칙을 사용한다.

$$I_1 = \frac{E}{R_1} = \frac{24[V]}{30[\Omega]} = 0.8[A],\ I_2 = \frac{E}{R_2} = \frac{24[V]}{24[\Omega]} = 1[A]$$

R_3에 흐르는 전류 I_3는 전류분배법칙을 이용하여 구할 수 있다.

$$I_T - (I_1 + I_2 + I_3) = 0$$

$$I_3 = I_T - (I_1 + I_2) = 3.0[A] - (0.8[A] + 1.0[A]) = 1.2[A]$$

2.2.6 병렬 전압원

개별 전지들을 병렬로 연결하여 하나의 전지를 만들 때 개별 전지들은 한 개 이상의 전류 경로를 제공하며 이 개별 전지에 흐르는 전류가 합쳐져 전지의 전체 전류를 형성한다. 이러한 구성은 많은 전류값이 필요한 전자회로에서 널리 사용된다. 예를 들어 그림 2.2-16은 동일한 정격 전류를 갖는 두 개의 전지를 병렬로 연결한 모습을 보여준다. 각 전지의 정격은 5[A]로서 부하 R_L에 공급되는 전체 전류는 10[A]가 된다.

전압원들은 전체 전류 및 전력의 정격을 늘리기 위해서 병렬로 연결된다. 병렬로 연결된 전압원들의 내부 저항은 감소되기 때문에 전체 전압원의 효율은 개별 전압원의 수가 더해질수록 개선된다.

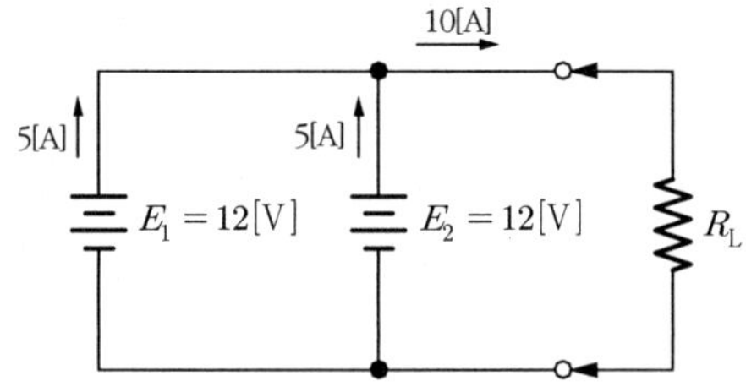

그림 2.2-16 병렬 전압원

동일한 정격 전압 및 내부 저항을 갖는 전압원만이 안전하게 병렬로 연결될 수 있다. 다른 전압값을 가지는 전압원들을 병렬로 연결해서는 안 되는데 그림 2.2-17처럼 다른 전압값을 가지는 두 개의 전압원이 병렬로 연결될 경우 전류는 큰 전압값을 가지는 전원에서 작은 전압값을 가지는 전원으로 흐른다.

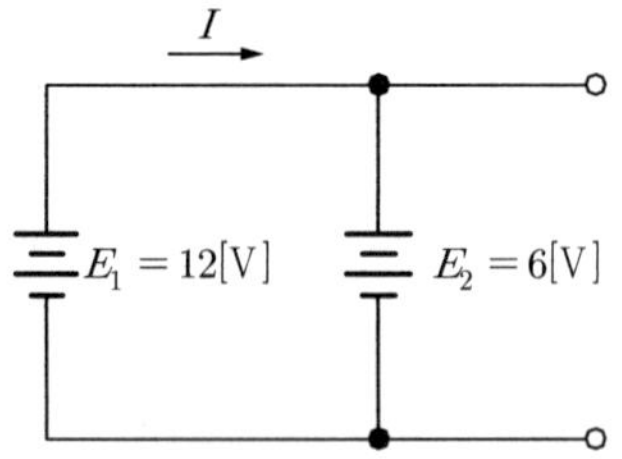

그림 2.2-17 다른 전압원을 갖는 전압원의 병렬연결

그림 2.2-17에서 전류의 흐름을 방해하는 저항 요소는 E_2가 갖는 매우 작은 내부 저항뿐이므로 본질적으로 이 회로는 6[V]의 전원이 단락 회로에 연결된 것과 같다. 전류는

화살표로 나타낸 것처럼 높은 전위를 갖는 전원으로부터 낮은 전위를 갖는 전원으로 흐를 것이다. 만일 전압원들이 동일한 정격전압을 갖고 서로 다른 내부 저항을 가진다면 내부 저항이 가장 큰 전원이 가장 적은 양의 전류를 공급할 것이다.

전지는 시간이 지남에 따라 내부 저항이 증가한다. 결과적으로 내부 저항이 증가하면 전지에 의해 공급되는 전류의 흐름은 감소한다. 전지가 방전되었다고 하는 것은 전지로부터 이용 가능한 전류가 거의 영이라는 것을 의미한다. 전지를 충전시킨다고 하는 것은 다른 전지 충전기나 다른 전원을 방전된 전지와 병렬로 연결시키는 것을 의미한다. 그러면 내부 저항이 정격치로 떨어질 때까지 전원으로부터 전류가 방전된 전지로 흘러 들어간다.

2.2.7 병렬회로에서의 전력

다른 회로에서처럼 병렬회로에서의 전력 소비는 각 저항에서 소비되는 전력의 합과 같다. 각 소자에서 소비되는 전력은 다음 식에 의해 계산될 수 있다.

$$P = EI = I^2R = \frac{E^2}{R} \tag{2.2.11}$$

병렬회로에서 가장 작은 값의 저항이 가장 많은 전류를 통과시킨다. 저항에서의 전력은 I^2R로 결정되므로 가장 값이 작은 저항이 가장 열을 많이 방출한다. 이러한 특성은 직렬회로의 경우와 반대이다. 그러나 병렬회로에서도 다음 식과 같이 전원에 의해서 공급되는 전체 전력은 다른 모든 소자에서 소비되는 전력의 합과 같게 된다.

$$P_r = P_1 + P_2 + P_3 + \cdots + P_n \tag{2.2.12}$$

예제 1 그림 2.2-18 회로에서 저항 R_1에 의해서 소비되는 전력 P_1을 구하여라.

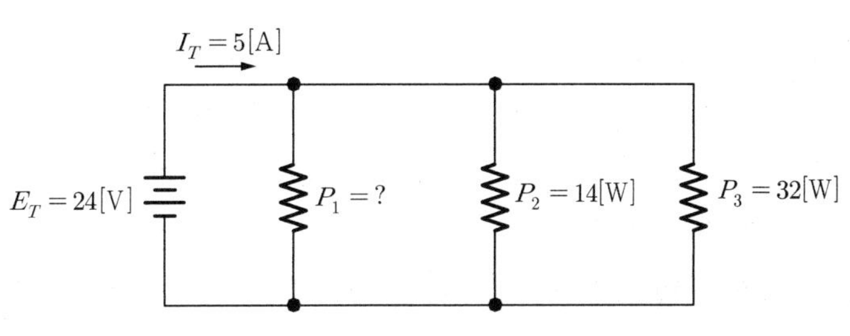

그림 2.2-18

풀이 $P_T = E_T I_T = (24[V])(5[A]) = 120[W]$

$P_1 = P_T - P_2 - P_3 = 120[W] - 14[W] - 32[W] = 74[W]$

예제 2 그림 2.2-19 회로의 각 저항에서 소비되는 전력과 회로 전체에서 소비되는 전력을 구하여라.

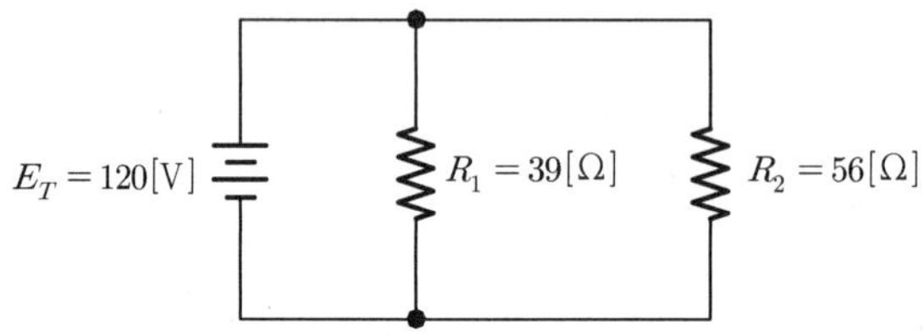

그림 2.2-19

풀이 $P_1 = \dfrac{E^2}{R_1} = \dfrac{120^2[V]}{39[\Omega]} = 369.2[W]$

$$P_2 = \frac{E^2}{R_2} = \frac{120^2[V]}{56[\Omega]} = 257.14[W]$$

$$R_T = \frac{R_1 R_2}{R_1 + R_2} = \frac{(39[\Omega])(56[\Omega])}{39[\Omega] + 56[\Omega]} = 22.99[\Omega]$$

$$P_T = \frac{E^2}{R_T} = \frac{120^2[V]}{22.99[\Omega]} = 626.35[W]$$

2.3 직-병렬회로

직렬 및 병렬 결합을 모두 포함하는 회로를 직-병렬회로라고 한다. 직-병렬회로는 회로의 일부분은 직렬회로의 특성을 다른 부분은 병렬회로의 특성을 가지고 있는 회로망으로서 정의할 수 있다. 많은 경우에 회로의 전체 직-병렬 결합은 전기적으로 등가인 단일 저항으로 대치할 수 있다. 전압, 전류 및 저항들의 값을 계산할 때 회로를 간략화시키면 계산하는 것이 용이하게 된다.

한 회로 내의 직렬로 연결된 부분에는 직렬회로의 법칙과 관계식들을 적용하고 병렬로 연결된 부분에는 병렬회로의 법칙과 관계식들을 적용한다. 직-병렬회로와 관련된 문제를 풀 때는 옴(Ohm)의 법칙을 이루는 3개의 요소 중 2개를 아는 부분들에 대해서 먼저 시작하는 것이 좋다. 직-병렬회로는 다음의 단계들을 따라 분석할 수 있다.

① 모든 병렬회로를 직렬의 등가 저항으로 간략화시킨다.
② 1개 이상의 저항을 포함한 직렬로 연결된 모든 가지들을 결합하여 하나의 저항으로 간략화시킨다.
③ 위의 결과를 이용하여 등가 회로(equivalent circuit)를 작성한다.
④ 간략화된 직-병렬회로에 대해 전체 저항, 전류 및 전압을 구한다.
⑤ 주어진 직-병렬회로에 대한 완전한 해를 구하기 위해서 등가 회로에서 구한 값들을 원래의 회로에 적용하여 요구하는 전압, 전류 및 전력을 계산한다.

2.3.1 직-병렬회로에서의 저항

직-병렬회로의 전체 또는 총 저항값을 구하기 위해서는 어떤 저항들이 직렬회로를 이루며 또 어떤 저항들이 병렬회로를 이루는지를 알 필요가 있다. 그림 2.3-1(a) 회로에서 저항 R_2와 R_3는 병렬로, R_1은 이들과 직렬로 연결되어 있다. R_2와 R_3는 병렬로 연결되어 있으므로 이 두 저항은 다음과 같이 하나의 등가 저항으로 바꿀 수 있다.

$$R_x = \frac{R_2 R_3}{R_2 + R_3}$$

그림 2.3-1(b)는 그림 2.3-1(a)에 대한 등가 회로이다. 이 회로는 두 개의 직렬로 연결된 저항 R_1과 R_x로 구성된다. 총 저항 R_T는 그림 2.3-1(c)처럼 이 두 저항값의 합이 된다.

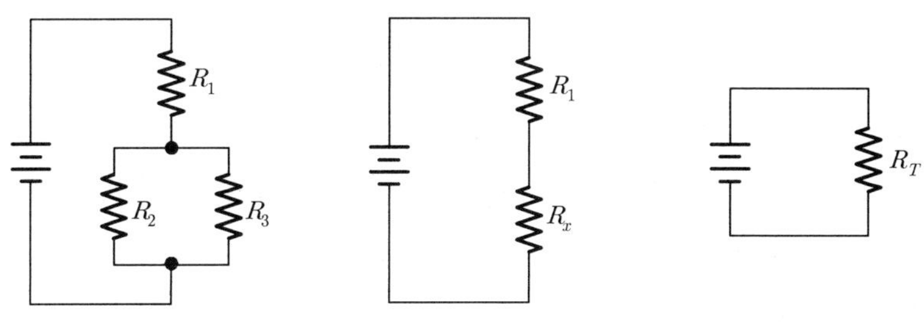

(a) 직-병렬회로 (b) 간략화된 회로 (c) 등가 회로

그림 2.3-1

$$R_T = R_1 + R_x$$

예제 1 그림 2.3-2 회로의 총 저항을 구하여라.

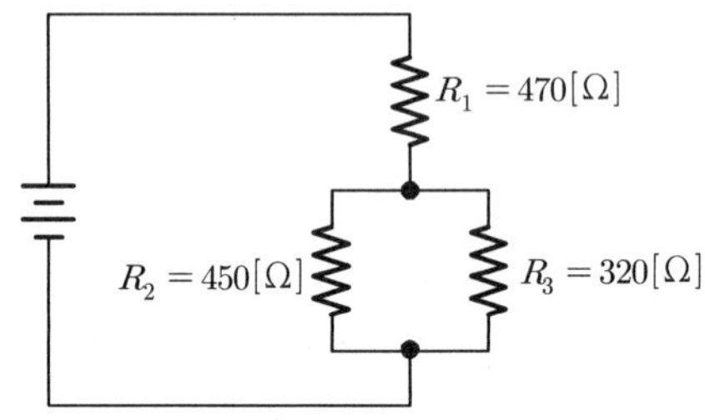

그림 2.3-2

풀이 두 병렬 저항의 등가 저항은 다음과 같다.

$$R_2 \parallel R_3 = \frac{R_2 R_3}{R_2 + R_3} = \frac{(450[\Omega])(320[\Omega])}{450[\Omega] + 320[\Omega]} = 187.01[\Omega]$$

따라서 총 저항은 이 등가 저항에 저항 R_1을 더하여 다음과 같이 구할 수 있다.

$$R_T = R_2 \parallel R_3 + R_1 = 187.01[\Omega] + 470[\Omega] = 657.01[\Omega]$$

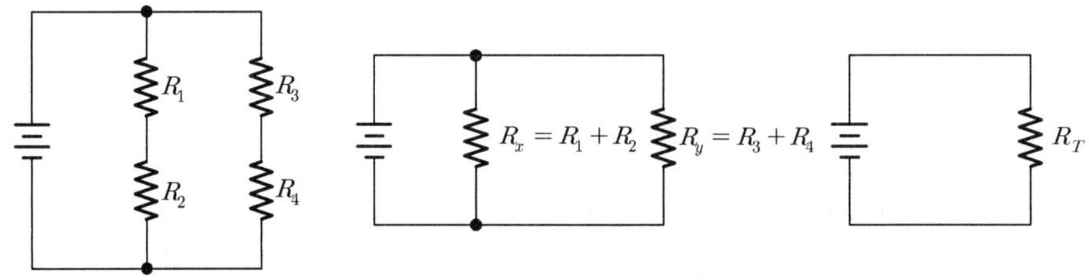

(a) 병렬로 연결된 두 직렬 회로망 (b) 간략화된 병렬회로 (c) 등가 저항

그림 2.3-3

그림 2.3-3(a)의 회로는 병렬로 연결된 2개의 직렬회로망으로 이루어져 있다. 이 회로는 저항 R_1과 R_2를, 그리고 저항 R_3와 R_4를 더함으로써 그림 2.3-3(b)와 같은 간단한 병렬회로로 바꿀 수 있다. 그리고 이것은 그림 2.3-3(c)와 같은 등가 저항 R_T로 회로 전체 저항을 나타낼 수 있다.

$$R_T = \frac{R_x R_y}{R_x + R_y}$$

예제 2 그림 2.3-4 회로의 총 저항값을 구하여라.

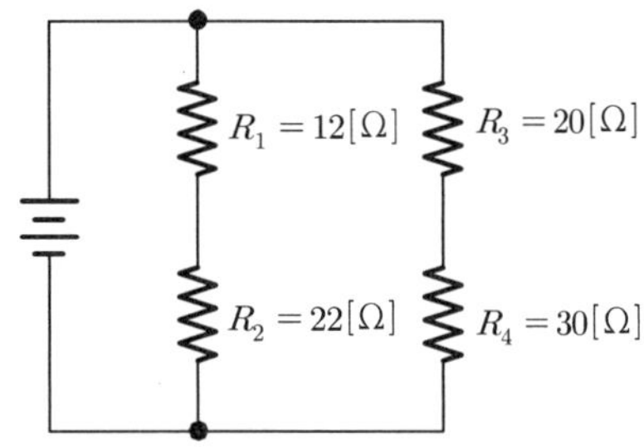

그림 2.3-4

풀이 저항 R_1과 R_2 그리고 저항 R_3와 R_4를 다음과 같이 더한다. 그러면 그림 2.3-5와 같은 간단한 병렬회로를 얻을 수 있다.

$$R_x=R_1+R_2=12[\Omega]+22[\Omega]=34[\Omega]$$
$$R_y=R_3+R_4=20[\Omega]+30[\Omega]=50[\Omega]$$

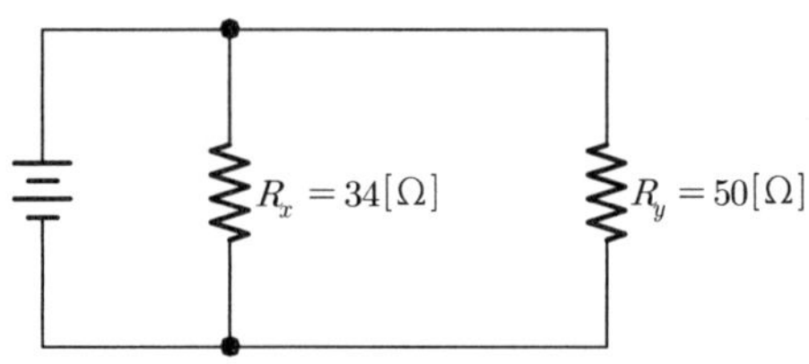

그림 2.3-5

따라서 총 저항은 다음과 같이 구할 수 있다.

$$R_T=\frac{R_xR_y}{R_x+R_y}=\frac{(34[\Omega])(50[\Omega])}{34[\Omega]+50[\Omega]}=20.24[\Omega]$$

예제 3 그림 2.3-6 회로의 총 저항값을 구하여라.

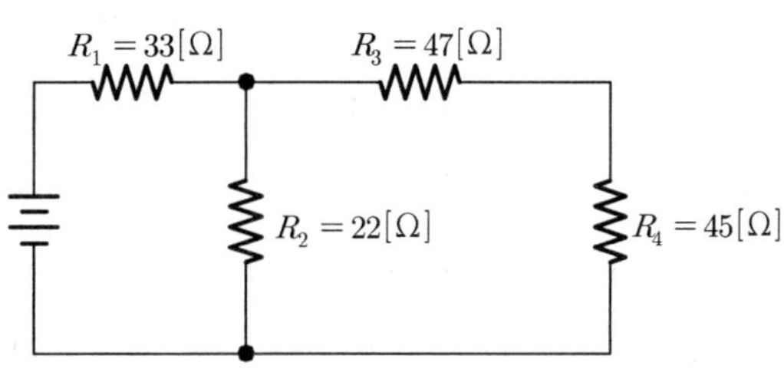

그림 2.3-6

풀이 저항 R_3와 R_4는 직렬로 연결되어 있으므로 다음과 같다.

$$R_x = R_3 + R_4 = 47[\Omega] + 45[\Omega] = 92[\Omega]$$

따라서 회로를 다시 그리면 그림 2.3-7과 같이 되고 저항 R_2와 R_x를 결합하면 등가 저항은 다음과 같이 된다.

$$R_y = \frac{R_2 R_x}{R_2 + R_x} = \frac{(22[\Omega])(92[\Omega])}{22[\Omega] + 92[\Omega]} = 17.75[\Omega]$$

$$R_T = R_y + R_1 = 17.75[\Omega] + 33[\Omega] = 50.75[\Omega]$$

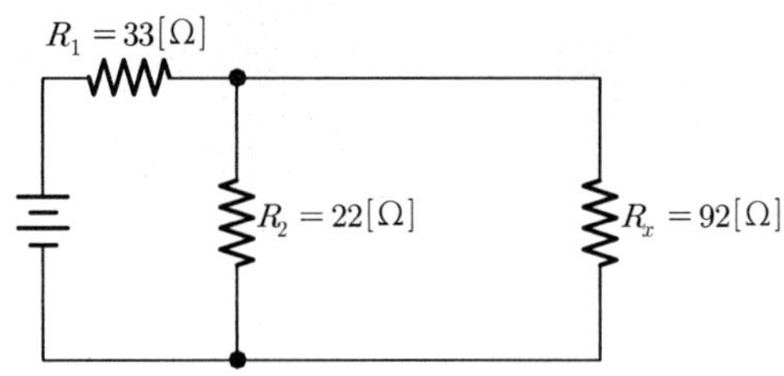

그림 2.3-7

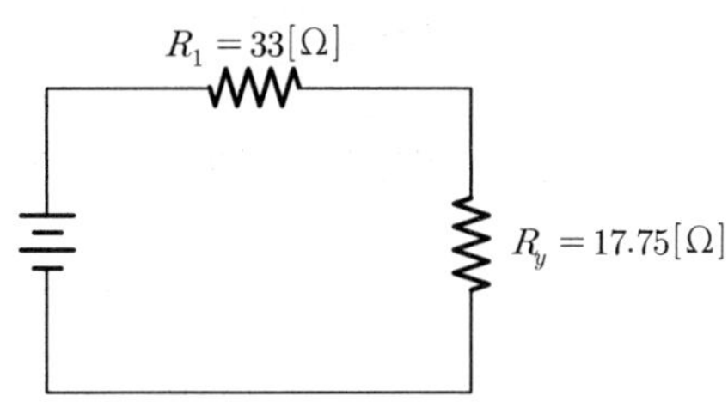

그림 2.3-8

2.3.2 직-병렬회로에서의 전류

직-병렬회로에서의 전류 흐름은 항상 키르히호프의 전류법칙을 따른다. 그림 2.3-9는 직-병렬회로에서의 전류의 흐름을 보여준다. 전체 전류는 저항 R_1을 통하여 흐르고 마디 A에서 분리되어 일부는 R_2를 통하여, 나머지는 R_3를 통하여 전체 전류가 흐르게 된다. 병렬 연결된 저항들의 묶음을 흔히 저항 뱅크(bank)라 한다.

그림 2.3-10의 회로에서는 직렬로 연결된 두 개의 저항 뱅크를 보여준다. 뱅크 A는 저항 R_1, R_2, R_3로 뱅크 B는 R_4, R_5, R_6으로 이루어져 있다. 뱅크 A는 뱅크 B와 직렬로 연결되어 있으므로 뱅크 A에 흐르는 전체 전류는 뱅크 B를 통과한다.

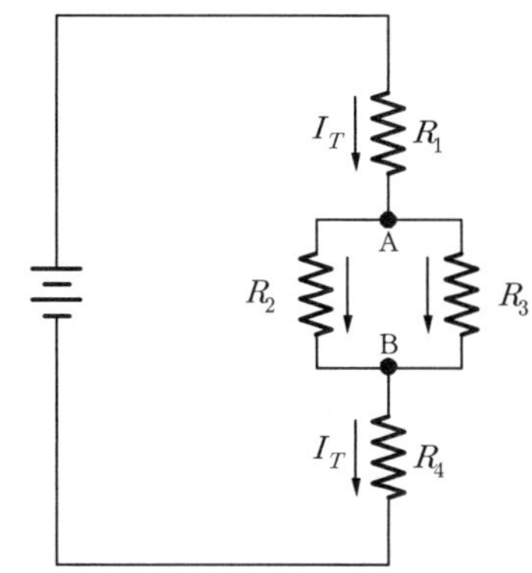

그림 2.3-9 직-병렬회로에서의 전류 흐름

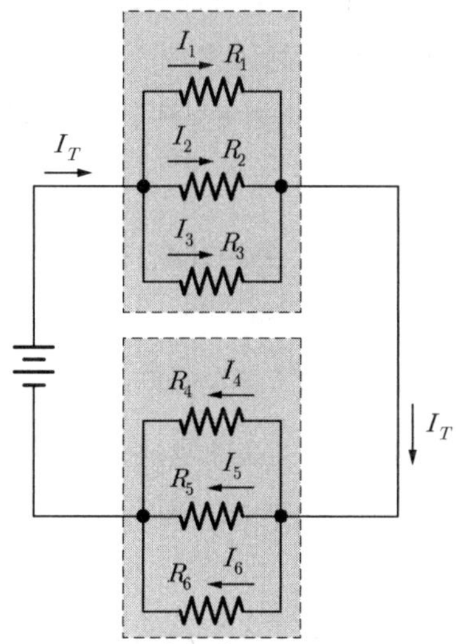

그림 2.3-10 직-병렬회로

따라서 각 병렬 뱅크에서의 전체 전류 I_T는 동일하다.

$I_T = I_1 + I_2 + I_3$ 및 $I_T = I_4 + I_5 + I_6$

예제 1 그림 2.3-11 회로의 저항 R_3와 R_1에 흐르는 전류값을 구하여라.

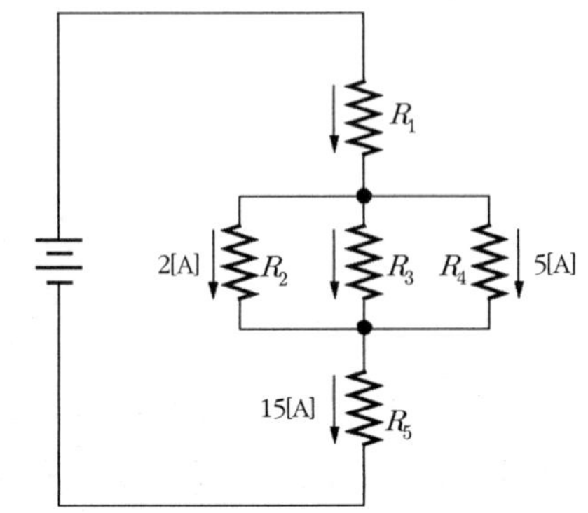

그림 2.3-11

풀이 Kirchhoff의 전류법칙에 따르면 하나의 마디로 들어가는 전류의 합은 그 마디에서 나오는 전류의 합과 같아야 한다. 그러므로 저항 R_5를 통하여 흐르는 전류는 다음 식과 같이 저항 R_1을 통하여 흐르는 전류와 동일해야만 한다.

$I_1 = I_5 = 15[\mathrm{A}]$

또한, 저항 R_2, R_3, R_4에 흐르는 총 전류는 저항 뱅크의 마디들을 출입하는 전류와 동일해야만 한다. 따라서 다음과 같이 된다.

$I_1 = I_5 = I_2 + I_3 + I_4$, $15[\mathrm{A}] = 2[\mathrm{A}] + \mathrm{I}_3 + 5[\mathrm{A}]$

이것을 I_3에 대해서 정리하면 다음과 같이 된다.

$I_3 = 15[\mathrm{A}] - (2[\mathrm{A}] + 5[\mathrm{A}]) = 8[\mathrm{A}]$

예제 2 그림 2.3-12 회로의 전류 I_A와 I_B의 값을 구하여라.

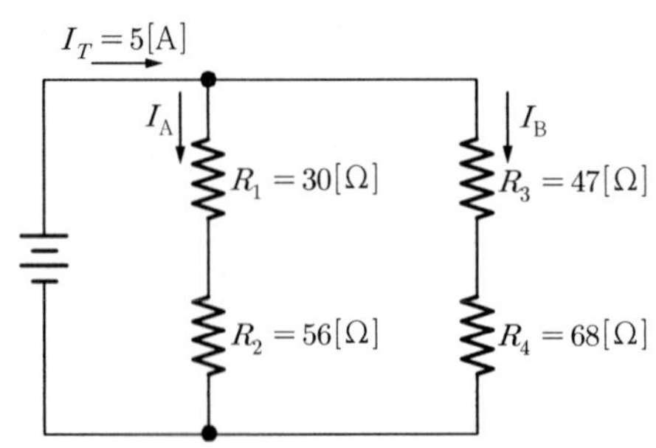

그림 2.3-12

풀이 $R_A = R_1 + R_2 = 30 + 56 = 86[\Omega]$, $R_B = R_3 + R_4 = 47 + 68 = 115[\Omega]$

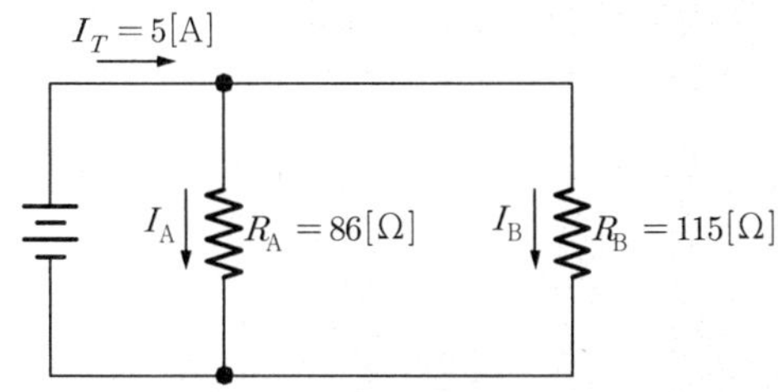

그림 2.3-13

지금 회로를 그림 2.3-13과 같이 다시 그리고 여기에 전류분배법칙을 적용하면 다음과 같이 구할 수 있다.

$$I_A = I_T\left(\frac{R_B}{R_A + R_B}\right) = 5[A]\left(\frac{115[\Omega]}{86[\Omega] + 115[\Omega]}\right) = 2.86[A]$$

$$I_B = I_T\left(\frac{R_A}{R_A + R_B}\right) = 5[A]\left(\frac{86[\Omega]}{86[\Omega] + 115[\Omega]}\right) = 2.14[A]$$

2.3.3 직-병렬회로에서의 전압

임의의 가지에 있는 개별 저항에서의 전압강하는 그 가지를 흐르는 전류에 저항값을 곱하여 얻을 수 있다. 그리고 가지 전체에 걸리는 전압은 개별 저항에서의 전압강하들의 합과 같다. 즉 그림 2.3-14의 회로에 있어서 다음 식이 성립한다.

$$E_T = V_{R1} + V_{R2} \quad \text{또는} \quad E_T = V_{R1} + V_{R3}$$

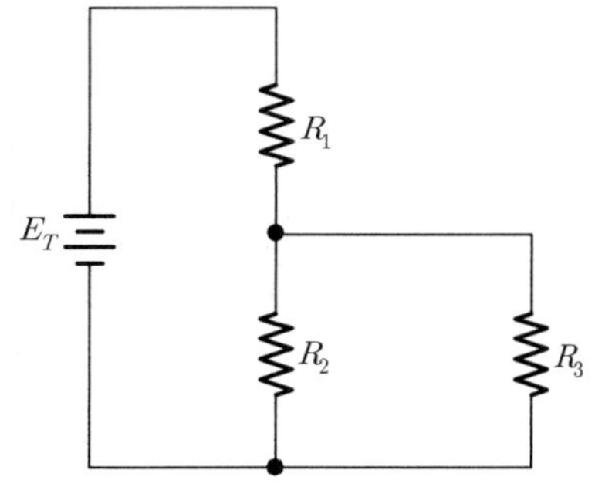

그림 2.3-14 직-병렬회로

키르히호프(Kirchhoff)의 전압법칙에 따르면 전압강하의 합은 항상 공급 전압과 같아야 한다. 그러므로 그림 2.3-14의 회로에서 저항 R_2와 R_3는 병렬로 연결되어 있으므로 전체 전압은 이 병렬 부분에서의 전압강하와 저항 R_1에서의 전압강하를 합한 것과 같게 된다. 저항값을 알고 있을 경우 전압분배법칙을 사용하면 전압강하값을 용이하게 구할 수 있다.

예제 1 그림 2.3-15의 회로에서 저항 R_1의 전압강하를 구하여라.

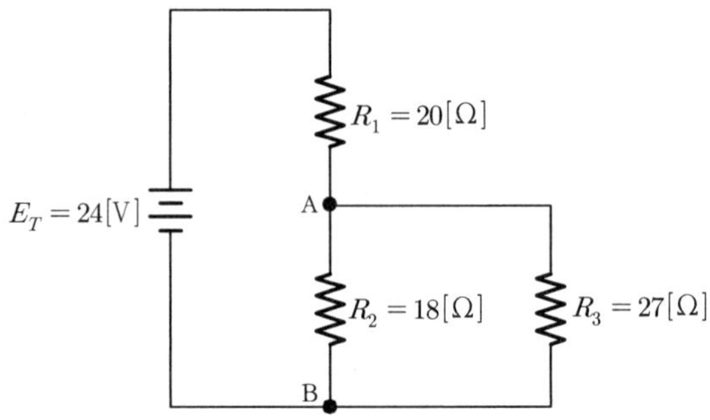

그림 2.3-15

풀이 먼저 병렬 결합된 R_2와 R_3의 등가 저항은 다음과 같이 결정된다.

$$R_{\text{AB}} = \frac{R_2 R_3}{R_2 + R_3} = \frac{(18[\Omega])(27[\Omega])}{18[\Omega] + 27[\Omega]} = 10.8[\Omega]$$

그러면 주어진 회로는 그림 2.3-16과 같이 R_1과 R_{AB}가 직렬로 연결된 간단한 회로가 된다.

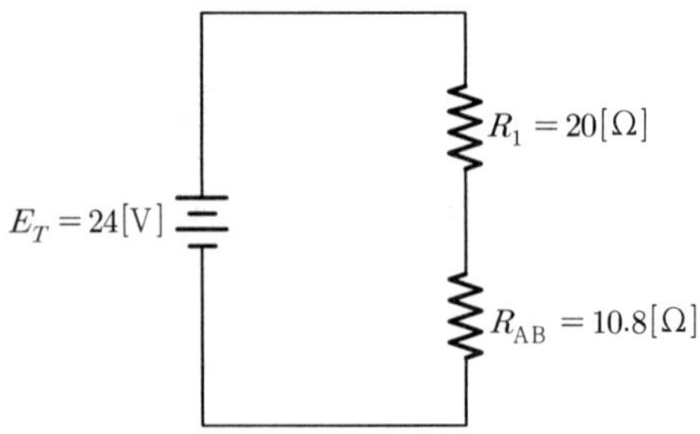

그림 2.3-16

여기에 전압분배법칙을 적용하여 다음과 같이 R_1에서의 전압강하를 구할 수 있다.

$$V_{R1} = \left(\frac{R_1}{R_1 + R_{AB}}\right)E_T = \left(\frac{20[\Omega]}{20[\Omega] + 10.8[\Omega]}\right)24[V] = 15.58[V]$$

예제 2 그림 2.3-17의 회로에서 저항 R_5에 걸리는 전압은 얼마인가?

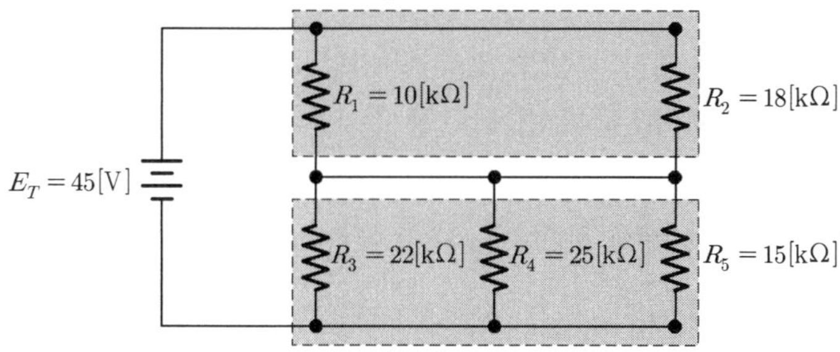

그림 2.3-17

풀이 R_A는 뱅크 A, R_B는 뱅크 B를 나타낸다.

$$R_A = \frac{R_1R_2}{R_1 + R_2} = \frac{(10[k\Omega])(18[k\Omega])}{10[k\Omega] + 18[k\Omega]} = 6.43[k\Omega]$$

$$\frac{1}{R_B} = \frac{1}{R_3} + \frac{1}{R_4} + \frac{1}{R_5} = \frac{1}{22[k\Omega]} + \frac{1}{25[k\Omega]} + \frac{1}{15[k\Omega]}$$

$$R_B = 6.57[k\Omega]$$

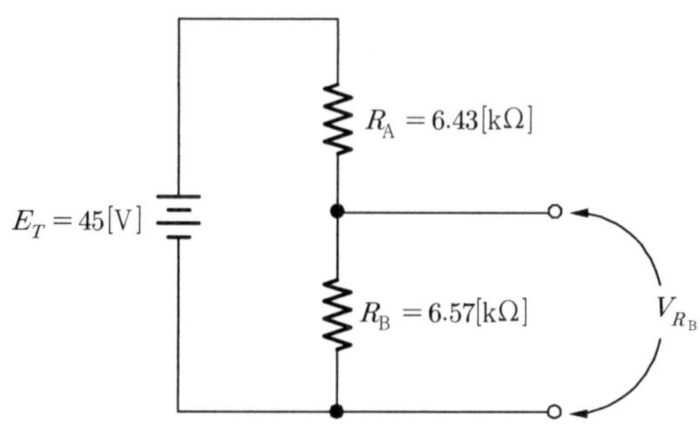

그림 2.3-18

주어진 회로를 그림 2.3-18처럼 다시 그리고 전압분배법칙을 이용하면 다음과 같이 구할 수 있다.

$$V_{R_B} = E_T\left(\frac{R_B}{R_A + R_B}\right) = 45[V]\left(\frac{6.57[k\Omega]}{6.43[k\Omega] + 6.57[k\Omega]}\right) = 22.74[V]$$

2.3.4 직-병렬회로에서의 옴의 법칙 적용

직-병렬회로에서 미지의 전압, 전류 및 저항값을 구할 때 두 값을 알면 나머지 한 값은 옴(Ohm)의 법칙을 이용하여 쉽게 구할 수 있다.

예제 1 그림 2.3-19의 회로에서 다음을 구하여라.

(a) 전체 전류
(b) 전체 전압

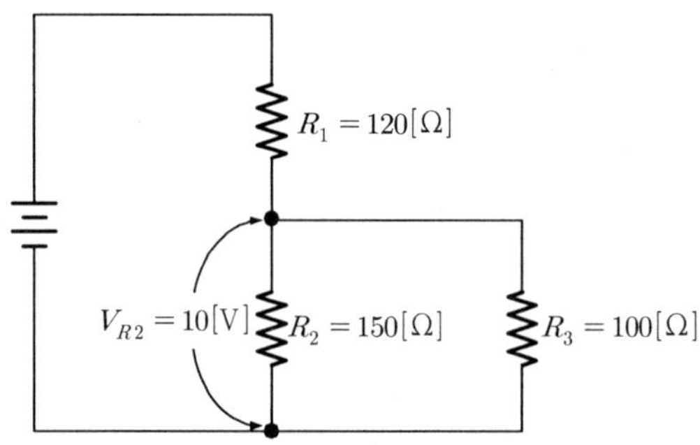

그림 2.3-19

풀이 (a) R_2와 R_3에 흐르는 전류의 합은 R_1에 흐르는 전류의 양과 같아야 한다. KCL에 따르면 전체 전류는 다음 식과 같이 된다.

$$I_T = I_1 = I_2 + I_3$$

R_2와 R_3을 통하여 흐르는 전류는 옴(Ohm)의 법칙에 의해 구해진다.

$$I_2 = \frac{V_{R2}}{R_2} = \frac{10[V]}{150[\Omega]} = 66.7[mA]$$

$$I_3 = \frac{V_{R3}}{R_3} = \frac{10[V]}{100[\Omega]} = 100[mA]$$

지금 I_2와 I_3의 값을 KCL식에 대입하면 전체 전류는 다음과 같다.

$$I_T = 66.7[\text{mA}] + 100[\text{mA}] = 166.7[\text{mA}]$$

(b) 회로를 흐르는 전체 전류는 R_1을 통하여 흐르는 전류와 같다. 전압강하 V_{R1}은 옴의 법칙을 적용하여 구할 수 있다. 일단 V_{R1}이 구해지면 전체 전압은 KVL을 적용하여 다음과 같이 구할 수 있다.

$$V_{R1} = I_1 R_1 = (166.7[\text{mA}])(120[\Omega]) = 20[\text{V}]$$

$$E_T = V_{R1} + V_{R2} = 20[\text{V}] + 10[\text{V}] = 30[\text{V}]$$

예제 2 그림 2.3-20의 회로에서 저항 R_1, R_2, R_3는 한 그룹을 이루고 저항 R_4, R_5, R_6은 다른 한 그룹을 이룬다. 저항 R_2에 흐르는 전류와 각 그룹에서의 전압강하를 구하여라.

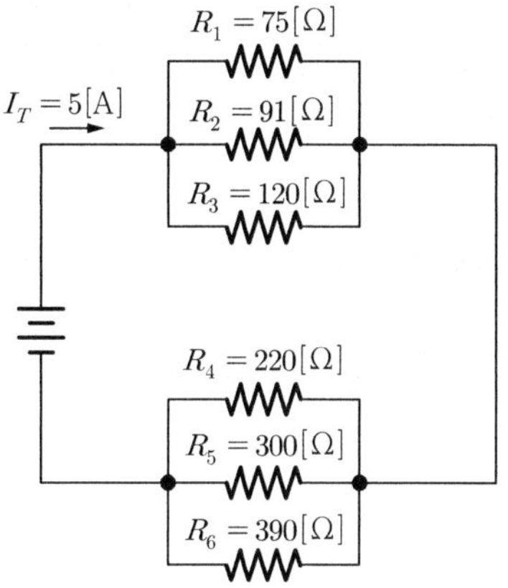

그림 2.3-20

풀이

$$\frac{1}{R_A} = \frac{1}{R_1} + \frac{1}{R_2} + \frac{1}{R_3} = \frac{1}{75[\Omega]} + \frac{1}{91[\Omega]} + \frac{1}{120[\Omega]}$$

$$R_A = 30.62[\Omega]$$

$$\frac{1}{R_B} = \frac{1}{R_4} + \frac{1}{R_5} + \frac{1}{R_6} = \frac{1}{220[\Omega]} + \frac{1}{300[\Omega]} + \frac{1}{390[\Omega]}$$

$$R_B = 95.76[\Omega]$$

지금 주어진 회로를 그림 2.3-21처럼 다시 그릴 수 있다.

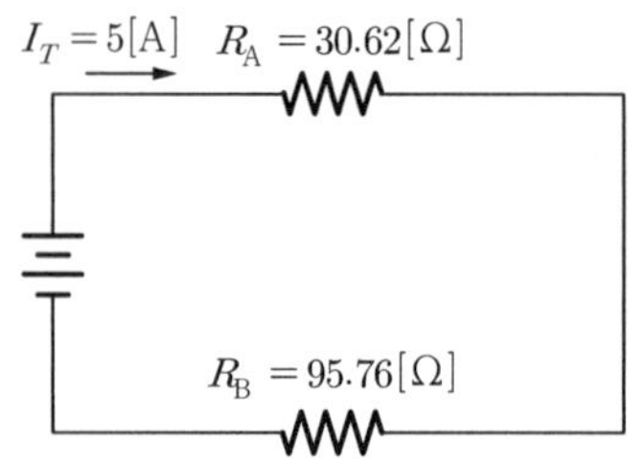

그림 2.3-21

$$E_{R_A} = I_T R_A = (5[A])(30.62[\Omega]) = 153.1[V]$$

$$E_{R_B} = I_T R_B = (5[A])(95.76[\Omega]) = 478.8[V]$$

$$I_2 = \frac{E_{R_A}}{R_2} = \frac{153.1[V]}{91[\Omega]} = 1.68[A]$$

예제 3 그림 2.3-22 회로의 전체 전류와 전체 저항값을 구하여라.

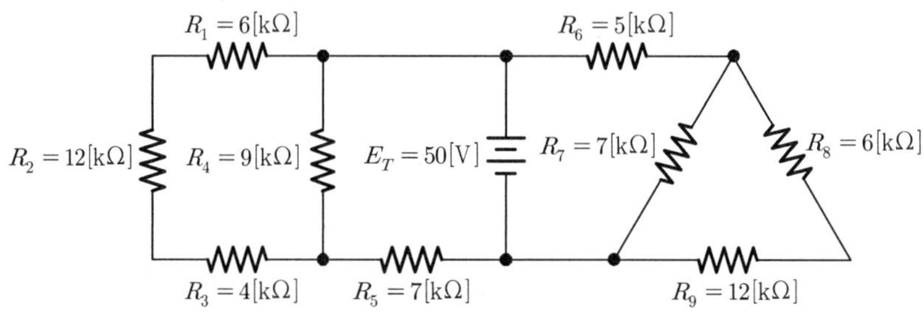

그림 2.3-22

풀이 먼저 그림 2.3-23처럼 회로를 다시 구성할 수 있다.

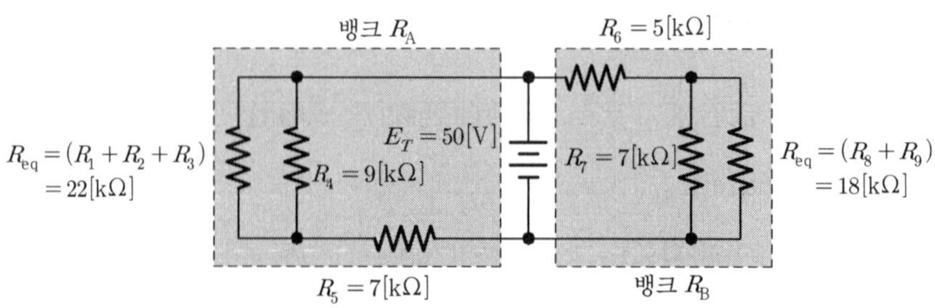

그림 2.3-23

그림에서 회로는 기본적으로 두 개의 저항 뱅크 그룹을 형성한다. 각 그룹의 등가 저항은 다음과 같이 계산된다.

$$R_A = \frac{(22[\mathrm{k}\Omega])(9[\mathrm{k}\Omega])}{22[\mathrm{k}\Omega]+9[\mathrm{k}\Omega]} + 7[\mathrm{k}\Omega] = 13.39[\mathrm{k}\Omega]$$

$$R_B = \frac{(18[\mathrm{k}\Omega])(7[\mathrm{k}\Omega])}{18[\mathrm{k}\Omega]+7[\mathrm{k}\Omega]} + 5[\mathrm{k}\Omega] = 10.04[\mathrm{k}\Omega]$$

따라서 회로를 그림 2.3-24와 같이 간략히 할 수 있고 총 저항과 전체 전류값은 다음과 같이 구할 수 있다.

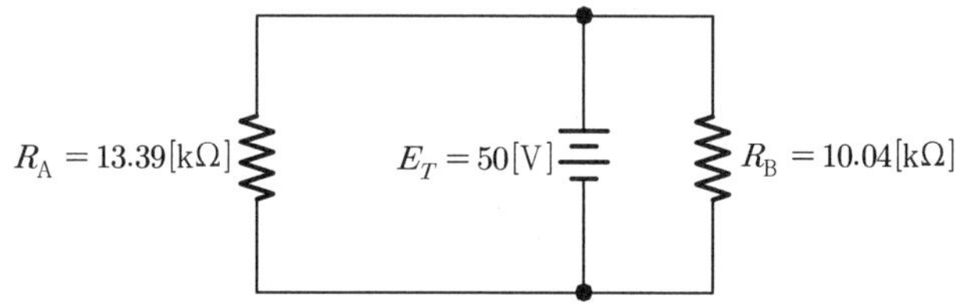

그림 2.3-24

$$R_T = \frac{R_A R_B}{R_A + R_B} = \frac{(13.39[\mathrm{k}\Omega])(10.04[\mathrm{k}\Omega])}{13.39[\mathrm{k}\Omega]+10.04[\mathrm{k}\Omega]} = 5.74[\mathrm{k}\Omega]$$

$$I_T = \frac{E_T}{R_T} = \frac{50[\mathrm{V}]}{5.74[\mathrm{k}\Omega]} = 8.71[\mathrm{mA}]$$

2.3.5 직-병렬회로에서의 전력

직-병렬회로에서의 전력은 직렬회로 및 병렬회로의 경우에서와 같은 방법으로 구할 수 있다. 임의의 회로에서 소비되는 총 전력은 항상 개별 저항들에서 소비되는 전력의 전체 합과 같다. 각 저항에서의 전력은 다음과 같은 기본적인 전력 계산식으로부터 구할 수 있다.

$$P = I^2 R \qquad P = \frac{V^2}{R} \qquad P = IV$$

그림 2.3-25의 회로에서 각 저항에서 소비되는 전력은 그 저항을 흐르는 전류의 제곱에 저항값을 곱함으로써 구할 수 있다. 이 회로의 전체 소비전력은 각 저항에서 소비되는 전력의 합과 같으며 다음 식과 같이 표현된다.

$$P_T = P_1 + P_2 + P_3$$

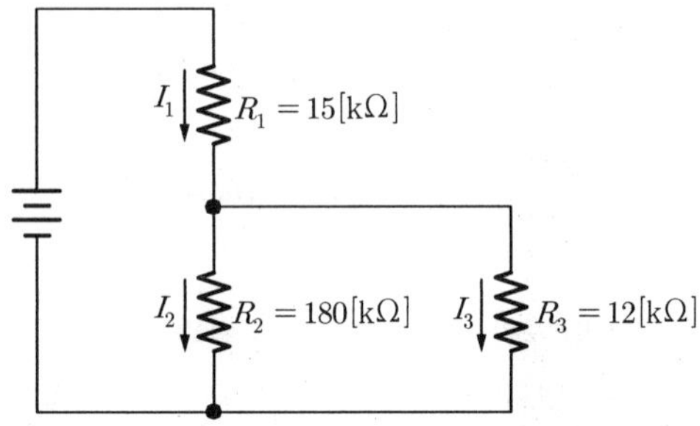

그림 2.3-25 직-병렬회로에서의 전력

예제 1 그림 2.3-25 회로에서 $I_1 = 64[mA]$, $I_2 = 4[mA]$라고 가정할 때 다음을 구하여라.

(a) 저항 R_3에서의 소비전력

(b) 회로의 총 전력

풀이 (a) 저항 R_2에 흐르는 전류는 KCL에 의해 다음과 같이 구할 수 있다.

$$I_3 = I_1 - I_2 = 64[mA] - 4[mA] = 60[mA]$$

따라서 R_3에서 소비되는 전력은 다음과 같다.

$$P_3 = I_3^2 R_3 = (60[mA])^2 (12[k\Omega]) = 43.2[W]$$

(b) $P_1 = I_1^2 R_1 = (64[mA])^2 (15[k\Omega]) = 61.44[W]$

$P_2 = I_2^2 R_2 = (4[mA])^2 (180[k\Omega]) = 2.88[W]$

$P_T = P_1 + P_2 + P_3 = 61.44[W] + 2.88[W] + 43.2[W] = 107.52[W]$

예제 2 그림 2.3-26 회로의 저항 R_4에서 소비되는 전력을 구하여라.

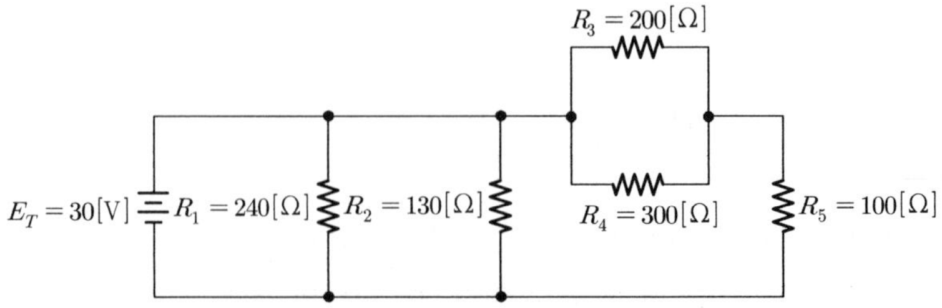

그림 2.3-26

풀이 R_4에 걸리는 전압은 전압분배법칙을 이용하여 구할 수 있다. R_3와 R_4는 병렬로 연결되어 있으므로 이 두 저항의 등가 저항값은 다음과 같이 구할 수 있다.

$$R_A = R_3 \parallel R_4 = \frac{R_3 R_4}{R_3 + R_4} = \frac{(200[\Omega])(300[\Omega])}{200[\Omega]+300[\Omega]} = 120[\Omega]$$

$$V_{R4} = \left(\frac{R_A}{R_A + R_5}\right)E_T = \left(\frac{120[\Omega]}{120[\Omega]+100[\Omega]}\right)30[V] = 16.36[V]$$

따라서 R_4에서의 소비전력은 다음과 같이 구할 수 있다.

$$P_4 = \frac{V_{R4}^2}{R_4} = \frac{(16.36[V])^2}{300[\Omega]} = 0.89[W]$$

2.3.6 부하가 연결된 분압기

분압기 회로의 주된 목적은 이용 가능한 전원장치의 전압값을 떨어뜨려 회로 내의 어떤 소자 또는 부분에 필요한 전압값을 공급해 주기 위함이다. 하나의 전원장치로부터 여러 다른 전압값을 공급할 필요가 있을 때 전원장치는 가장 높은 전압값으로 설계되고 여기에 분압기를 설치하여 필요한 전압을 공급하게 된다.

그림 2.3-27은 부하가 연결된 전형적인 분압기 회로를 보여주는데 3개의 부하가 공통의 전원에 연결되어 있다. 그리고 저항 R_3를 통하여 흐르는 전류를 종종 블리더 전류(bleeder current)라고 하는데 이 값은 전체 전류에서 부하 전류를 뺀 값이다.

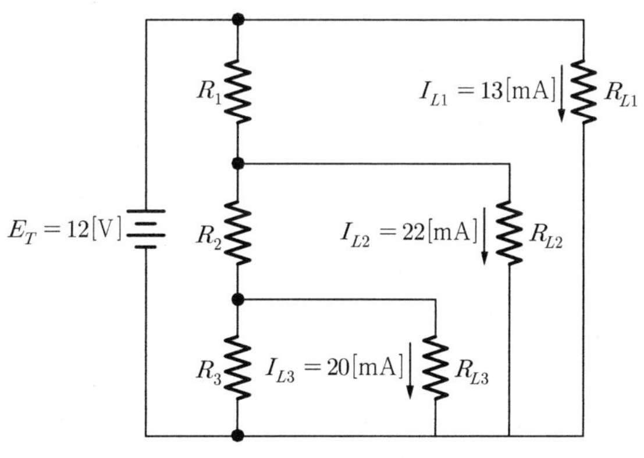

그림 2.3-27 부하가 연결된 분압기 회로

이 전류는 부하를 통하여 흐르는 전류가 아니고 단지 빠져 나가는 전류이다. 일반적으로 전체 부하의 10[%]에서 20[%] 정도인 블리더 전류는 부하가 아니라 분배기를 통하여 흐르기 때문에 손실로 간주한다. 이 전류가 너무 작으면 작은 부하 전류의 변화에도 부하 전압에 심각한 영향을 주게 되며 너무 많으면 분배기에서 많은 전력 손실이 발생하므로 비효율적인 시스템이 된다.

예제 1 그림 2.3-27에서 3개의 부하가 공통의 전원에 연결되어 있다. 3개의 부하 전압은 $V_{RL1}=12[V]$, $V_{RL2}=5[V]$, $V_{RL3}=3[V]$이고 부하 전류는 13[mA], 22[mA], 20[mA]이다. 저항 R_1, R_2, R_3의 값을 구하여라. 블리더 전류는 2[mA]로 가정한다.

풀이 R_1, R_2, R_3의 값을 결정하기 위해서는 각 저항을 통하여 흐르는 전류를 구해야만 한다. 각 저항에서의 전압강하는 키르히호프의 전압법칙에 의하여 구할 수 있다.

$$V_{R1}=E_T-V_{RL2}=12[V]-5[V]=7[V]$$

$$V_{R2}=V_{RL2}-V_{RL3}=5[V]-3[V]=2[V]$$

$$V_{R3}=V_{RL3}=3[V]$$

블리더 전류는 2[mA]로 주어져 있으므로, R_3의 값은 옴의 법칙을 사용하여 구할 수 있다.

$$R_3=\frac{V_{R3}}{I_{R3}}=\frac{3[V]}{2[mA]}=1500[\Omega]$$

키르히호프의 전류법칙에 따르면 R_2를 흐르는 전류는 R_3와 R_{L3}에 흐르는 전류의 합과 같아야만 한다.

$$I_{R2}=I_{R3}+I_{L3}=2[mA]+20[mA]=22[mA]$$

지금 R_2의 값은 옴의 법칙에 의하여 구할 수 있다.

$$R_2=\frac{V_{R2}}{I_{R2}}=\frac{2[V]}{22[mA]}=90.9[\Omega]$$

R_1을 흐르는 전류는 $I_{R2}+I_{L2}$와 같다.

$$I_{R1}=I_{R2}+I_{L2}=22[mA]+22[mA]=44[mA]$$

$$R_1=\frac{V_{R1}}{I_{R1}}=\frac{7[V]}{44[mA]}=159.1[\Omega]$$

예제 2 그림 2.3-28의 부하가 연결된 분압기 회로에서 모든 저항값을 구하여라.

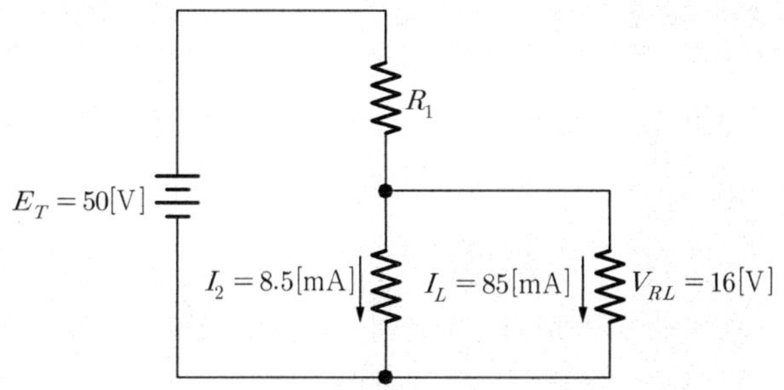

그림 2.3-28

풀이 먼저 총 전류를 구하면 다음과 같다.

$$I_T = I_1 = I_2 + I_L = 8.5[mA] + 85[mA] = 93.5[mA]$$

R_1, R_2, R_3의 값은 Ohm의 법칙에 의해 다음과 같이 구할 수 있다.

$$R_1 = \frac{V_{R1}}{I_1} = \frac{34[V]}{93.5[mA]} = 363.6[\Omega]$$

$$R_2 = \frac{V_{R2}}{I_2} = \frac{16[V]}{8.5[mA]} = 1.88[k\Omega]$$

$$R_L = \frac{V_{RL}}{I_L} = \frac{16[V]}{85[mA]} = 188.2[\Omega]$$

2.3.7 휘트스톤 브리지

전자회로에서의 가장 유용한 직-병렬 구성 중의 하나는 브리지이다. 브리지 회로는 정류기 및 계측기들을 포함한 광범위한 응용분야에서 사용된다. 이러한 계측기 중의 하나가 1850년 Charles Wheatstone에 의해 발명된 휘트스톤(Wheatstone) 브리지이다.

휘트스톤 브리지는 일반적인 저항계보다 훨씬 높은 정확도로 저항값을 측정할 수 있는 계기이다. 저항계의 정확도는 기껏해야 5[%]에서 10[%]이지만 휘트스톤 브리지는 1[%] 이상의 정확도로 0.01[Ω]부터 10[Ω]까지의 저항값을 측정할 수 있다.

그림 2.3-29는 휘트스톤 브리지 회로이다. 세 개의 가변 저항(R_1, R_3, R_4)과 미지의 저항 R_2가 다이아몬드 형태로 연결되어 있고 전지가 다이아몬드의 양쪽 끝에 걸려 있다. 그리고 검류계가 다이아몬드의 다른 양쪽 끝에 걸려 있다. 검류계(galvanometer)는 양

방향으로의 작은 전류의 흐름을 측정할 수 있고 전류의 흐름이 영일 때 가운데 눈금을 가리키도록 제작된 계기이다.

검류계의 지시치가 영을 가리킬 때까지 가변 저항들을 조정하는데 이렇게 하는 것을 브리지의 평형(balancing)이라고 한다. 브리지가 평형을 이루면 검류계를 통한 전류는 흐르지 못하게 된다. 그러므로 두 점 A와 B에서의 전위는 동일하며 $I_1 = I_3$ 그리고 $I_2 = I_4$가 된다. 그림 2.3-29에서 두 점 A와 B는 동일 전위를 가지므로 R_1과 R_2에서의 전압강하는 동일해야만 한다. 따라서 다음 두 식이 성립한다.

$$I_1R_1 = I_2R_2 \tag{2.3.1}$$

$$I_3R_3 = I_4R_4 \tag{2.3.2}$$

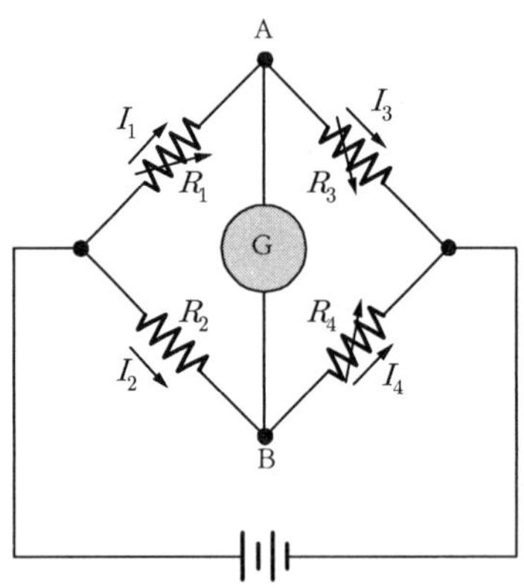

그림 2.3-29 휘트스톤 브리지

그러므로 미지의 저항 R_2와 알고 있는 저항들과의 관계식을 비례법칙을 적용하여 다음과 같이 유도해 낼 수 있다.

$$R_2 = \frac{R_1R_4}{R_3} \tag{2.3.3}$$

예제 1 그림 2.3-29의 휘트스톤 브리지에서 R_1=56[kΩ], R_4=100[kΩ]이다. 브리지의 평형을 위하여 R_3의 값이 69.66[kΩ]로 조정되었다면 이때 R_2의 값을 구하여라.

풀이 $R_2 = \frac{R_1R_4}{R_3} = \frac{(56\times10^3)(100\times10^3)}{69.66\times10^3} = 80.39[\text{k}\Omega]$

2.4 회로망 정리

전자장비의 설계나 고장 검출이 필요할 경우 임의의 동작 조건하에서 회로의 특성을 해석하는 것이 필요할 때가 있다. 회로 해석의 주목적은 회로에 인가된 전압이나 전류에 대하여 회로의 응답을 결정하는 것이다.

복합 회로(complex circuit)의 회로 해석의 경우 대부분 특정 부분의 해석만이 필요한 경우가 있다. 이러한 경우 회로의 나머지 부분을 간단한 등가 회로로 대치하는 것이 필요하게 된다. 종종 등가 회로를 하나의 전원과 하나의 저항이 직렬 혹은 병렬로 연결된 상태로 만들게 되는데 테브난의 정리와 노턴의 정리를 이용하면 이것이 가능해진다.

복합 회로는 직렬 및 병렬 소자들을 다양하게 서로 연결시켜 결합시킨 회로이다. 여러 개의 회로 방정식을 이끌어 내고 그 해를 구하는 체계적인 접근 방법으로 복합 회로에 대한 해석을 할 수 있다. 가장 일반적으로 사용되는 방법으로서는 루프 해석법(loop analysis)과 마디 해석법(nodal analysis)이 있다.

이 장에서는 저항들과 일정한 값을 갖는 전압원 및 전류원들로 이루어진 선형 회로(linear circuit)들에 대하여 살펴보기로 한다.

2.4.1 루프 해석

직-병렬회로의 문제를 푸는 하나의 방법으로서 키르히호프(Kirchhoff)의 전압 및 전류 법칙을 사용하였다. 이 법칙들은 주어진 회로를 하나의 간단한 직렬 또는 병렬회로로 변환시키지 않고 문제를 해결하였다. 루프 해석법은 키르히호프의 전압법칙을 사용하여 회로 문제를 해결하는 방법으로서 수학적으로 말하면 주어진 회로의 여러 부분에서 전류값이 미지의 양이 되는 연립 선형 방정식들로 이루어진다. 연립방정식을 푸는 3가지 방법으로는 치환, 행렬식 및 행렬에 의한 방법이 있다.

임의의 폐경로를 루프(loop)라고 하는데 항상 그렇지는 않지만 루프 내에는 전류가 흐르게 되며 흐르는 이 전류를 루프 전류라고 한다. 회로 내의 미지의 가지 전류들과 미지의 마디 전압들을 고려함으로써 전기회로를 해석할 수 있다.

루프 해석에 의해 회로 문제를 푸는 과정은 다음과 같다.

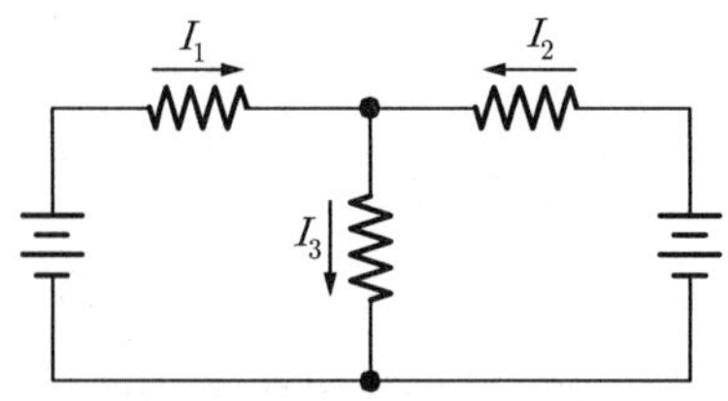

그림 2.4-1 회로의 루프 해석

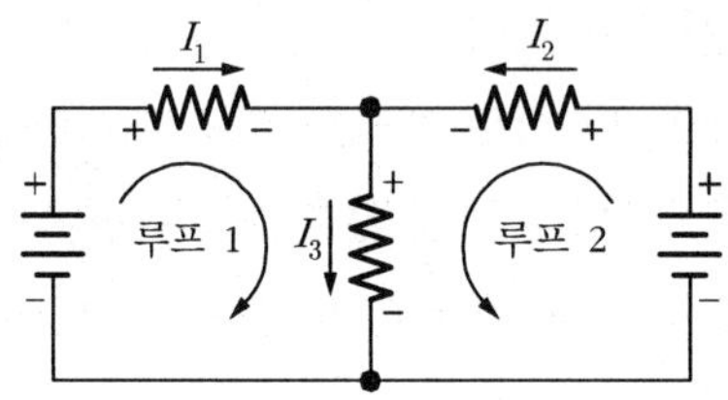

그림 2.4-2 루프 방정식 작성을 위하여 방향과 극성이 표시된 회로

① 그림 2.4-1과 같이 회로의 각 가지에 흐르는 전류의 방향을 임의로 할당한다.

② 할당된 전류의 방향에 따라 각 저항에 걸리는 전압의 극성을 표시하며 그림 2.4-2와 같이 루프를 그린다.

③ 각 루프에 대해 키르히호프의 전압법칙(KVL)을 이용하여 방정식을 작성한다. 각 소자에 대하여 루프의 방향이 (−)에서 (+)로 가면 KVL 방정식에서 전압을 더하고 루프의 방향이 (+)에서 (−)로 가면 KVL 방정식에서 전압을 뺀다.

④ 미지의 루프 전류에 대하여 연립방정식을 푼다.

예제 1 그림 2.4-3 회로의 각 저항에 흐르는 전류를 구하라.

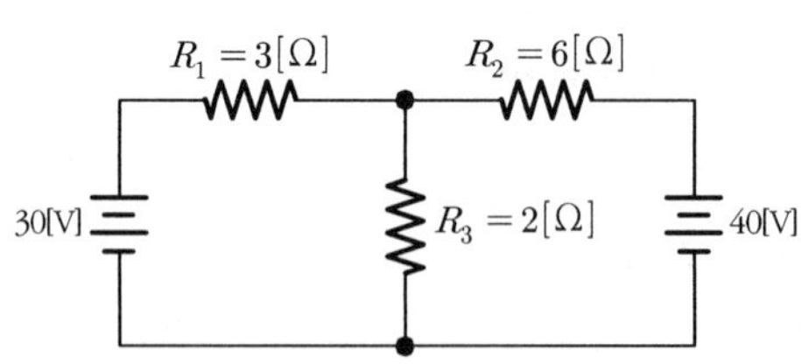

그림 2.4-3

풀이 그림 2.4-4와 같이 각 저항에 흐르는 전류의 방향을 정하고 전압의 극성을 표시하며 또한 루프를 그린다.

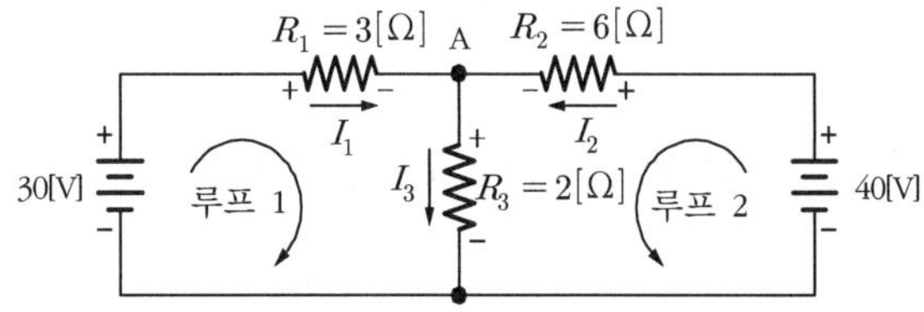

그림 2.4-4

그림 2.4-4에 대하여 루프 방정식을 작성한다. 점 A을 기준으로 루프 1 및 2에서 방정식을 작성하면 다음과 같다.

루프 1 : $30 - 3I_1 - 2I_3 = 0$

$$3I_1 + 2I_3 = 30[\text{V}]$$

루프 2 : $40 - 6I_2 - 2I_3 = 0$

$$6I_2 + 2I_3 = 40[\text{V}]$$

마디 A에 키르히호프의 전류법칙을 적용하여 다음과 같은 식을 얻을 수 있다.

$$I_3 = I_1 + I_2$$

식들을 2개의 루프 방정식에 대입하면 다음과 같다.

$$3I_1 + 2(I_1 + I_2) = 30[\text{V}]$$

$$6I_2 + 2(I_1 + I_2) = 40[\text{V}]$$

$$5I_1 + 2I_2 = 30[\text{V}]$$

$$2I_1 + 8I_2 = 40[\text{V}]$$

이 루프 방정식은 하나의 미지수를 소거함으로써 해를 구할 수 있다.

$$20I_1 + 8I_2 = 120[\text{V}]$$

$$2I_1 + 8I_2 = 40[\text{V}]$$

$$18I_1 = 80[\text{V}]$$

$$I_1 = \frac{80}{18} = 4.45[\text{A}]$$

이제 이 I_1을 어느 한쪽 방정식에 대입하면 I_2를 얻을 수 있다.

$$5(4.45) + 2I_2 = 30[\text{V}]$$

$$22.25 + 2I_2 = 30[\text{V}]$$

$$I_2 = \frac{7.75}{2} = 3.875[\text{A}]$$

I_3는 키르히호프의 전류법칙에 의해 다음과 같이 구해진다.

$$I_3 = I_1 + I_2 = 4.45 + 3.875 = 8.325[\mathrm{A}]$$

예제 2 그림 2.4-5 회로의 루프 전류 I_1, I_2 및 I_3를 구하여라.

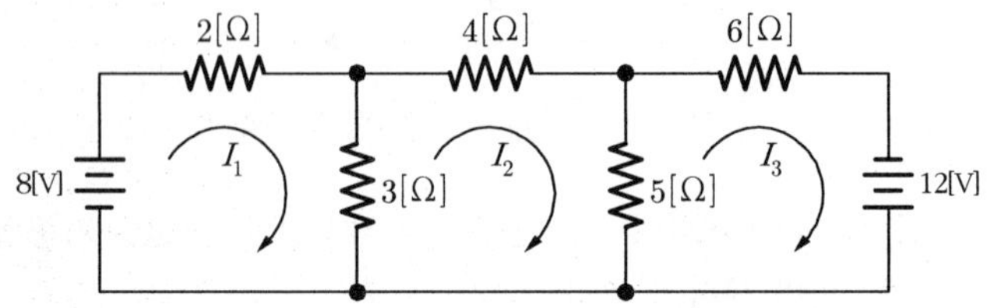

그림 2.4-5

풀이 그림 2.4-6과 같이 저항에 걸리는 전압의 극성 및 기준점들을 설정한다. 각 루프에 대해 점 A, B 및 점 C를 기준점으로 다음 방정식들을 유도한다.

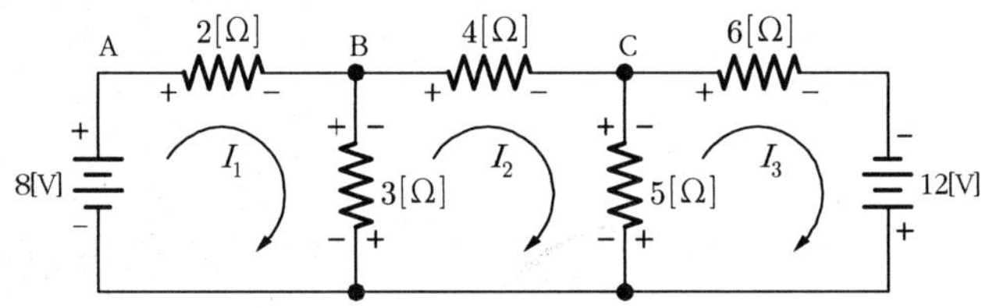

그림 2.4-6

루프 1 : $8 - 2I_1 - 3(I_1 - I_2) = 0$

$5I_1 - 3I_2 = 8[\mathrm{V}]$

루프 2 : $-3(I_2 - I_1) - 4I_2 - 5(I_2 - I_3) = 0$

$-3I_1 + 12I_2 - 5I_3 = 0$

루프 3 : $12 - 5(I_3 - I_2) - 6I_3 = 0$

$-5I_2 + 11I_3 = 12[\mathrm{V}]$

루프 1에 3을 곱하고 루프 2에 5를 곱한 후 두 방정식을 더하여 루프 1과 루프 2를 결합한다.

$15I_1 - 9I_2 = 24[\mathrm{V}]$

$-15I_1 + 60I_2 - 25I_3 = 0$

$51I_2 - 25I_3 = 24[\mathrm{V}]$

루프 1과 2의 결과를 루프 3과 결합한다. 위의 결과식에 11을 곱하고 루프 3에 25를 곱한 후 더하면 다음과 같이 된다.

$561I_2 - 275I_3 = 264[\mathrm{V}]$

$$-125I_2 + 275I_3 = 300[\mathrm{V}]$$

$$436I_2 = 564[\mathrm{V}]$$

$$I_2 = \frac{630}{436} = 1.29[\mathrm{A}]$$

이제 I_2를 루프 1에 대입하면 다음과 같다.

$$5I_1 - 3(1.29) = 8[\mathrm{V}]$$

$$5I_1 = 11.87$$

$$I_1 = \frac{11.87}{5} = 2.374[\mathrm{A}]$$

I_2를 루프 3에 대입하면 다음과 같이 된다.

$$-5(1.29) + 11I_3 = 12[\mathrm{V}]$$

$$11I_3 = 18.45$$

$$I_3 = \frac{18.45}{11} = 1.68[\mathrm{A}]$$

2.4.2 마디 해석

마디 해석법은 키르히호프의 전류법칙을 이용하여 회로 방정식을 작성하고 미지의 전압을 구한다. 마디는 두 개 이상의 소자가 접속되는 점으로서 마디 전압은 공통 기준점에 대한 임의 마디에서의 전압이 된다.

공통 기준점은 회로의 외부에 있는 점을 선택할 수도 있지만 일반적으로 주어진 회로 내에 있는 하나의 마디를 기준점으로 잡는다. 임의의 회로 중 한 마디를 접지점으로 선택하면 마디 전압의 개수는 항상 전체 마디의 수로부터 1을 뺀 수와 같게 된다.

마디 해석법을 이용할 때의 기준, 즉 접지점은 흔히 가장 많은 소자가 접속되어 있는 점을 선택한다. 많은 전자회로들은 금속 섀시 위에 설치되며 실제적으로 이곳이 접지점으로 많이 사용된다. 전력 계통과 같은 회로에서의 접지 마디는 대지가 된다. 각 경우에서 섀시 접지 또는 대지 접지점에서의 전위는 0[V]로 가정한다. 따라서 마디 전압들은 영보다 큰 값을 가지게 된다.

마디 해석법에 의해 회로 문제를 푸는 절차는 다음과 같다.

① 마디의 수를 파악한다. 그림 2.4-7 회로의 마디수는 4개이고, A, B, C 및 D로 표시되어 있다.

② 이 중 하나의 마디를 기준 마디로 사용한다. 이 경우 마디 B를 기준 마디로 정하였다. 점 C와 D는 전압원이 전압값을 결정하므로 종속 마디(dependent node)라 한다. 마디 A는 저항값의 크기 및 회로의 구성이 전압값을 결정하므로 독립 마디(independent node)라 한다. 다시 말해서 이 점에서의 전압은 전원의 전압값과 무관하게 된다. 독립 마디와 기준 마디 사이의 전압이 미지의 전압이며 그림 2.4-8에서는 V_x로 표시되어 있다.

③ 각 독립 마디에서의 전류의 방향을 파악하고 표시를 한다. 그림 2.4-9의 마디 A에 흘러 들어오고 나가는 전류들이 표시되어 있다.

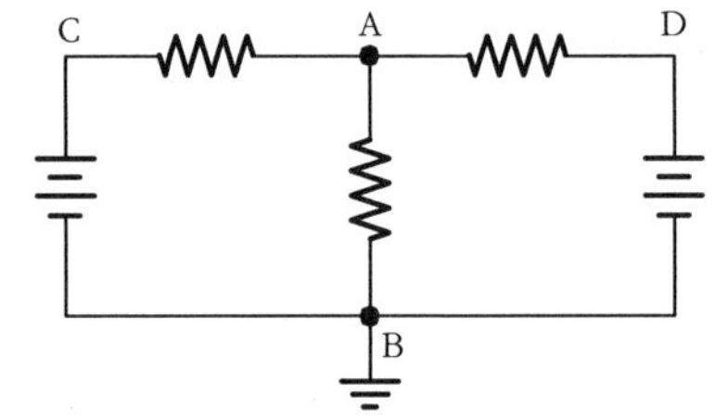

그림 2.4-7 마디 해석법 단계 1

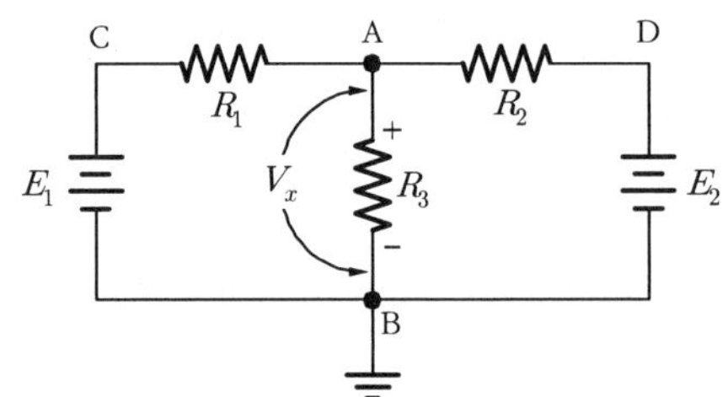

그림 2.4-8 마디 해석법 단계 2

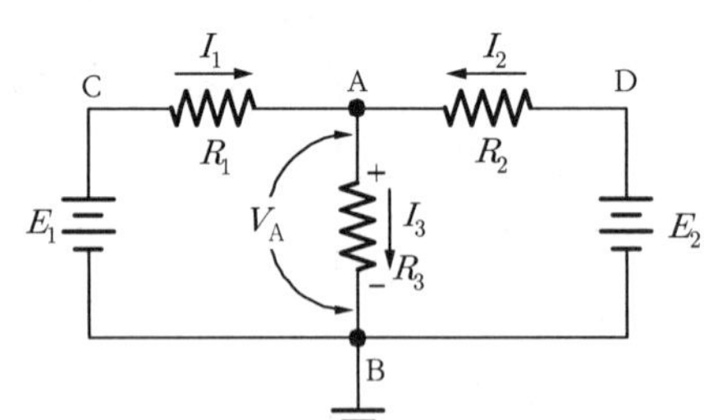

그림 2.4-9 마디 해석법 단계 3

④ 각 독립 마디에서의 방정식은 키르히호프의 전류법칙을 사용하여 작성한다.

$$I_1 + I_2 = I_3$$

⑤ 옴의 법칙을 사용하여 각 전류 방정식을 전압의 형태로 표현한다.

$$I_1 = \frac{V_{R1}}{R_1} = \frac{V_C - V_x}{R_1},\ I_2 = \frac{V_{R2}}{R_2} = \frac{V_D - V_x}{R_2},\ I_3 = \frac{V_x}{R_3}$$

예제 1 마디 해석법을 이용하여 그림 2.4-10의 회로에서 전압 V_x를 구하여라.

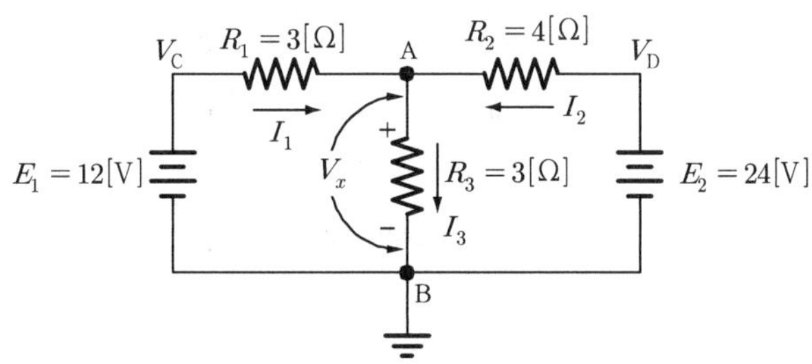

그림 2.4-10

풀이 마디 A에서 KCL을 적용하면 다음과 같다.

$$I_1 + I_2 = I_3$$

또한, 옴의 법칙을 적용하면 다음 식과 같이 된다.

$$I_1 = \frac{V_{R1}}{R_1} = \frac{V_C - V_x}{R_1} = \frac{12 - V_x}{3}$$

$$I_2 = \frac{V_{R2}}{R_2} = \frac{V_D - V_x}{R_2} = \frac{24 - V_x}{4}$$

$$I_3 = \frac{V_{R3}}{R_3} = \frac{V_x}{3}$$

옴의 법칙에 의해 얻어진 값을 KCL 방정식에 대입한다.

$$I_1 + I_2 = I_3$$

$$\frac{12 - V_x}{3} + \frac{24 - V_x}{4} = \frac{V_x}{3}$$

방정식을 V_x에 대하여 풀면 다음과 같다.

$$\left(\frac{1}{3}+\frac{1}{4}+\frac{1}{3}\right)V_x=\frac{12}{3}+\frac{24}{4}$$

$$\left(\frac{11}{12}\right)V_x=\frac{120}{12}$$

$$V_x=\frac{120}{11}=10.9[\text{V}]$$

예제 2 마디 해석법을 사용하여 그림 2.4-11 회로의 미지의 전압 V_x와 V_y를 구하여라.

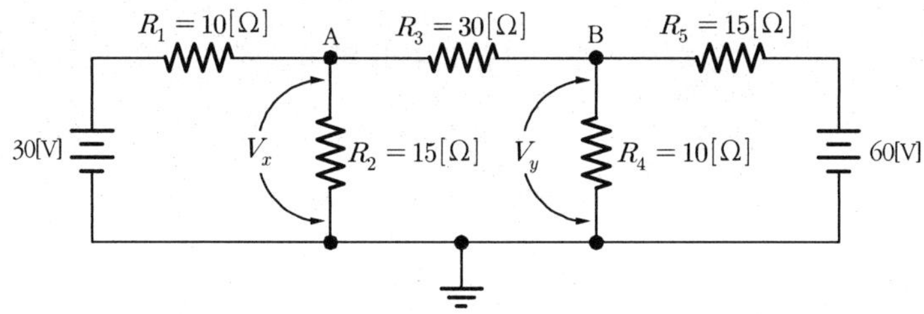

그림 2.4-11

풀이 그림 2.4-12처럼 전류의 방향을 할당하고, 독립 마디를 표시한다.

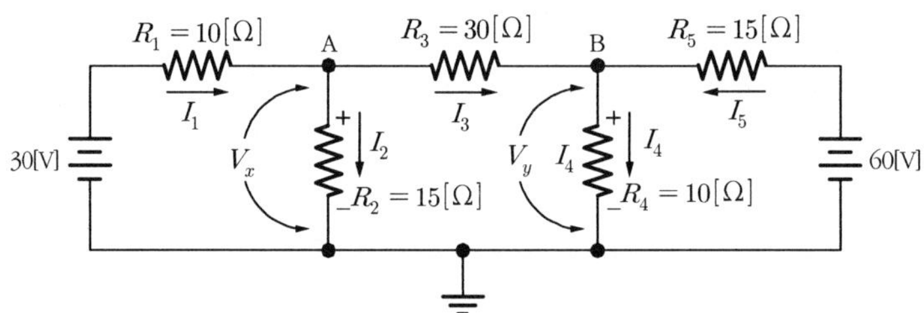

그림 2.4-12

독립 마디에서 KCL 방정식을 작성한다.

마디 A : $I_1=I_2+I_3$

마디 B : $I_4=I_3+I_5$

옴의 법칙을 사용하여 각 전류를 전압의 형태로 표현한다.

$$I_1=\frac{V_{R1}}{R_1}=\frac{30-V_x}{10},\quad I_2=\frac{V_x}{R_2}=\frac{V_x}{15},\quad I_3=\frac{V_{R3}}{R_3}=\frac{V_x-V_y}{30}$$

$$I_4=\frac{V_y}{R_4}=\frac{V_y}{10},\quad I_5=\frac{V_{R5}}{R_5}=\frac{60-V_y}{15}$$

이 식을 KCL 방정식에 대입하면 다음 식을 얻을 수 있다.

마디 A : $I_1 = I_2 + I_3$

$$\frac{30 - V_x}{10} = \frac{V_x}{15} + \frac{V_x - V_y}{30}$$

$$90 = 6V_x - V_y$$

마디 B : $I_4 = I_3 + I_5$

$$\frac{V_y}{10} = \frac{V_x - V_y}{30} + \frac{60 - V_y}{15}$$

$$120 = -V_x + 6V_y$$

마디 A에 대한 방정식에 6을 곱한 후 마디 B에 대한 방정식에 더하면 다음과 같다.

$$36V_x - 6V_y = 540$$

$$-V_x + 6V_y = 120$$

$$35V_x = 660$$

$$V_x = 18.86[\mathrm{V}]$$

V_x를 양 마디 방정식에 대입하여 V_y를 구한다.

$$6 \times 18.86 - V_y = 90$$

$$113.16 - V_y = 90$$

$$V_y = 23.16[\mathrm{V}]$$

2.4.3 테브난의 정리

전기회로 해석시에 다른 저항값들은 변하지 않은 채 회로 저항 중 한 개의 저항값만이 변동될 경우 이 저항값의 변화로 인해 회로의 전압 및 전류값이 어떻게 변동되는지를 알 필요가 자주 발생하게 된다. 이러한 형태의 문제는 루프 방정식과 행렬식에 의해서 풀 수 있지만 테브난(Thevenin) 정리를 이용하면 보다 쉽게 문제를 해결할 수 있다. 이 정리는 특히 어떤 부하와 이 부하에 전력을 공급하는 전원 시스템 사이의 관계를 연구할 때 유용하다. 왜냐하면 이 정리에 의해 전체 전원 시스템을 하나의 저항과 직렬로 연결된 하나의 등가 전원으로 대체할 수 있기 때문이다.

고정된 값을 가진 저항들과 전압 및 전류원들로 이루어진 임의의 2단자 회로는 하나의 저항과 직렬로 연결된 하나의 등가 전원으로 대치할 수 있는데 이것이 테브난의 정리이다.

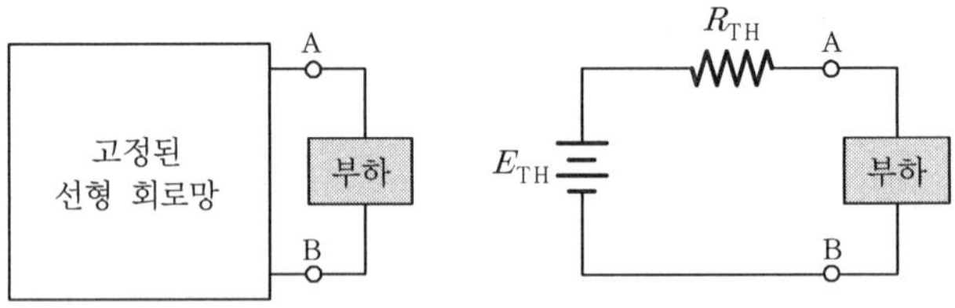

(a) 고정된 선형 회로망　　(b) 테브난 등가 회로

그림 2.4-13

그림 2.4-13(a)는 고정된 값을 가진 저항들과 전압 및 전류원들로 구성된 하나의 2단자 회로를 보여준다. 선형 회로망은 전압과 전류 사이에 정비례 관계를 갖는 소자들로 이루어진다. 그림 2.4-13(a)에 대한 테브난 등가 회로가 그림 2.4-13(b)에 도시되어 있다. 그림에서 테브난 등가 전압 E_{TH}가 테브난 등가 저항 R_{TH}와 직렬로 연결되어 있음을 볼 수 있다.

그림 2.4-13(a)에 대한 테브난 전압은 단자 A와 B 사이에 고저항의 전압계를 연결하여 측정할 수 있고, 등가 저항은 A-B 사이에 저항계를 연결하여 측정할 수 있다. 저항계의 정확한 측정을 위하여 회로 내의 전압원들은 단락시키고 전류원들은 개방시킬 필요가 있다. 테브난 정리를 적용하는 과정은 다음과 같다.

① 테브난 등가 회로를 구할 회로의 부분을 저항과 분리시킨다.
② 모든 전압원들은 단락시키고 모든 전류원들은 개방시킴으로써 테브난 등가 저항 R_{TH}를 구한다.
③ 단계 1에서 분리된 회로의 부분에 걸리는 테브난 등가 전압 E_{TH}를 구한다. 이 때 모든 전원들을 원래의 위치에 가져다 놓는다.
④ 테브난 등가 회로를 그린다. 단계 1에서 분리한 저항을 테브난 등가 회로의 단자에 연결한다. 이제 이 저항에 흐르는 전류를 옴의 법칙에 의해 구할 수 있다.

전자회로에서 매우 흔한 문제 중의 하나는 그림 2.4-14와 같이 부하가 연결된 분압기 회로에서 부하에 흐르는 전류를 구하는 문제이다. 이러한 형태의 회로는 흔히 R_3가 있는 곳에 하나의 트랜지스터가 연결되어 있고 이 트랜지스터에 흐르는 전류값을 구하게 된다.

예제 1 그림 2.4-14 회로에서 테브난의 정리를 사용하여 저항 R_3에 흐르는 전류를 구하여라.

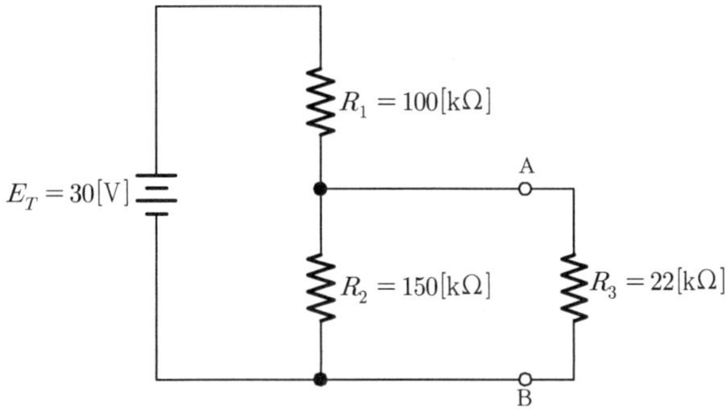

그림 2.4-14

풀이 그림 2.4-15와 같이 저항 R_3를 분리시키고 전압원을 단락시킨다.

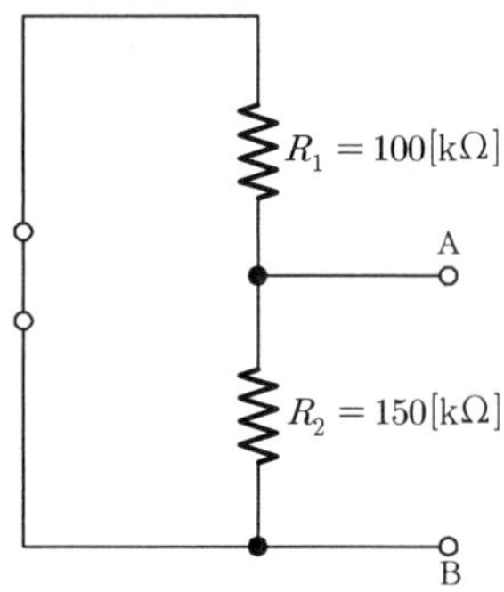

그림 2.4-15

테브난 등가 저항은 다음과 같이 결정된다.

$$R_{\text{TH}} = \frac{R_1 R_2}{R_1 + R_2} = \frac{(100 \times 10^3)(150 \times 10^3)}{(100 \times 10^3) + (150 \times 10^3)} = 60[\text{k}\Omega]$$

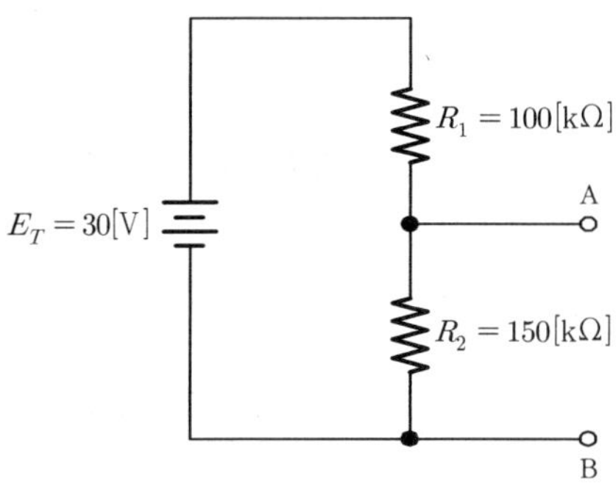

그림 2.4-16

그림 2.4-16처럼 전압원을 회로에 다시 연결시킨다.

R_3를 분리시킨 채로 회로에 흐르는 전류를 구하면 다음과 같다.

$$I=\frac{E}{R_1+R_2}=\frac{30[\mathrm{V}]}{100[\mathrm{k\Omega}]+150[\mathrm{k\Omega}]}=120[\mu\mathrm{A}]$$

단자 A-B에 걸리는 테브난 등가 전압은 저항 R_2에 걸리는 전압이다.

$$E_{\mathrm{TH}}=V_{\mathrm{AB}}=(150[\mathrm{k\Omega}])(120[\mu\mathrm{A}])=18[\mathrm{V}]$$

이제 테브난 등가 회로를 그림 2.4-17처럼 나타낼 수 있다.
22[kΩ] 저항에 흐르는 전류는 옴의 법칙에 의해 다음과 같이 구해진다.

$$I_3=\frac{E_{\mathrm{TH}}}{R_{\mathrm{TH}}+R_3}=\frac{18[\mathrm{V}]}{60[\mathrm{k\Omega}]+22[\mathrm{k\Omega}]}=220[\mu\mathrm{A}]$$

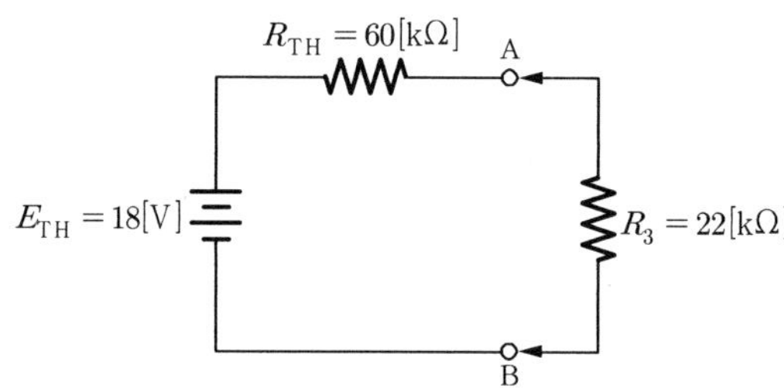

그림 2.4-17

예제 2 테브난(Thevenin)의 정리를 사용하여 그림 2.4-18의 부하 전류를 구하여라.

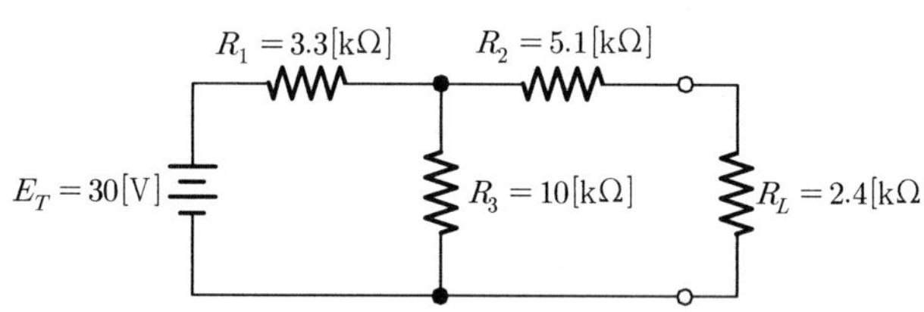

그림 2.4-18

풀이 R_L을 분리시킨 후 단자에 걸리는 전압을 구하면 다음과 같다.

$$E_{\mathrm{TH}}=\left(\frac{R_3}{R_1+R_3}\right)E_T=\left(\frac{10[\mathrm{k\Omega}]}{3.3[\mathrm{k\Omega}]+10[\mathrm{k\Omega}]}\right)30[\mathrm{V}]=22.56[\mathrm{V}]$$

전압원을 제거한 후 다음과 같이 테브난의 저항을 구한다.

$$R_{\rm TH}=\frac{R_1R_3}{R_1+R_3}+R_2=\frac{(3.3[\mathrm{k}\Omega])(10[\mathrm{k}\Omega])}{3.3[\mathrm{k}\Omega]+10[\mathrm{k}\Omega]}+5.1[\mathrm{k}\Omega]=7.58[\mathrm{k}\Omega]$$

테브난 등가 회로는 그림 2.4-19와 같고 부하 전류는 옴의 법칙에 의해 구해진다.

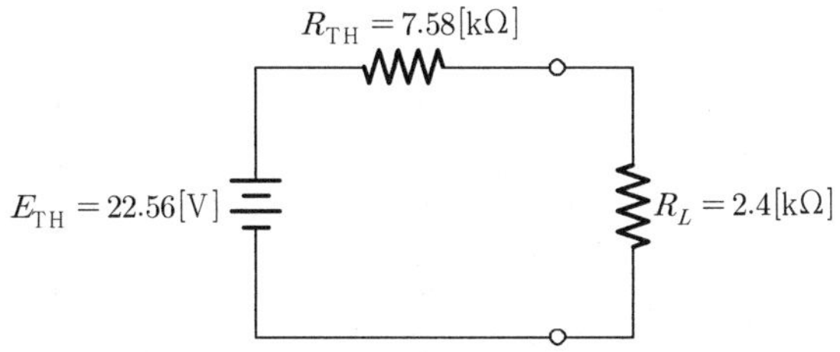

그림 2.4-19

$$I_L=\frac{E_{\rm TH}}{R_{\rm TH}+R_L}\equiv\frac{22.56[\mathrm{V}]}{7.58[\mathrm{k}\Omega]+2.4[\mathrm{k}\Omega]}=2.26[\mathrm{mA}]$$

예제 3 그림 2.4-20 회로에서 테브난 정리를 사용하여 저항 R_L에 흐르는 전류를 계산하여라.

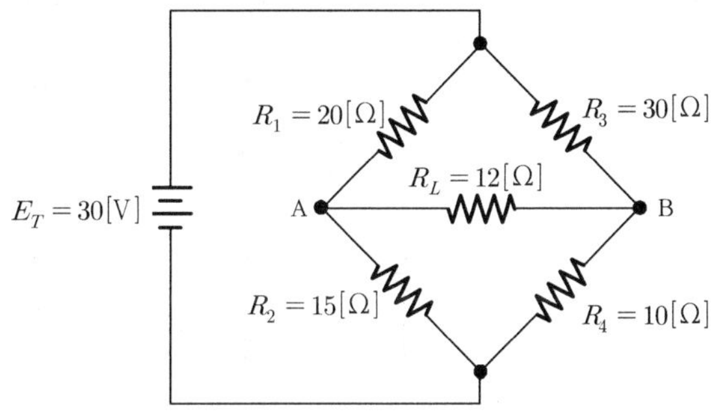

그림 2.4-20

풀이 그림 2.4-21처럼 R_L을 분리시키고 전압원을 단락시킨다.

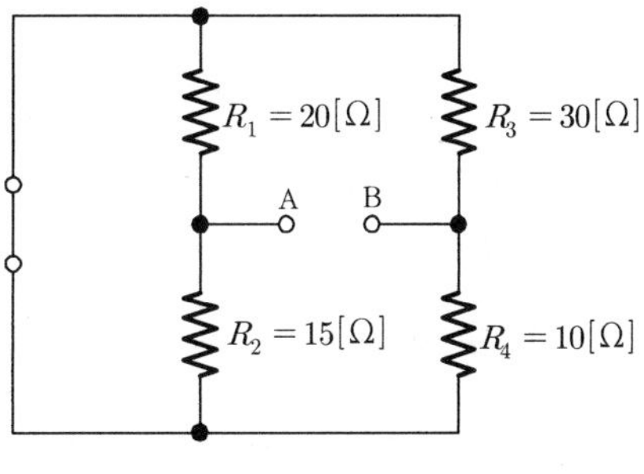

그림 2.4-21

그림 2.4-21로부터 저항 R_1과 R_2의 한쪽 끝은 점 A에서 합쳐지고 다른 쪽 끝은 단락된 전압원을 통하여 연결된다. 역시 저항 R_3과 R_4의 한쪽 끝도 점 B에서 합쳐지고 다른 쪽 끝은 단락된 전압원을 통하여 연결되어진다. 회로를 그림 2.4-22와 같이 다시 그리면 이 회로의 등가 저항이 쉽게 구해진다.

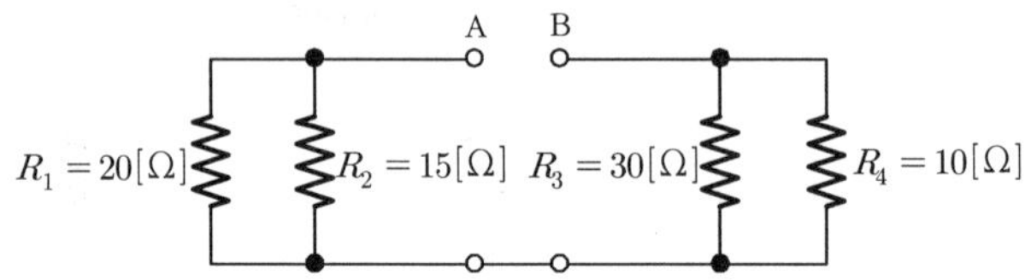

그림 2.4-22

그림 2.4-22 회로에서 A와 B사이의 등가 저항은 R_1과 R_2 또한 R_3와 R_4가 각각 병렬로 그리고 이들이 서로 직렬로 연결되어 있으므로 다음과 같이 결정된다.

$$R_{\mathrm{TH}}=\frac{R_1R_2}{R_1+R_2}+\frac{R_3R_4}{R_3+R_4}=\frac{(20[\Omega])(15[\Omega])}{20[\Omega]+15[\Omega]}+\frac{(30[\Omega])(10[\Omega])}{30[\Omega]+10[\Omega]}=16.07[\Omega]$$

그림 2.4-23처럼 그림 2.4-21의 회로에 전압원을 다시 연결시킨다.

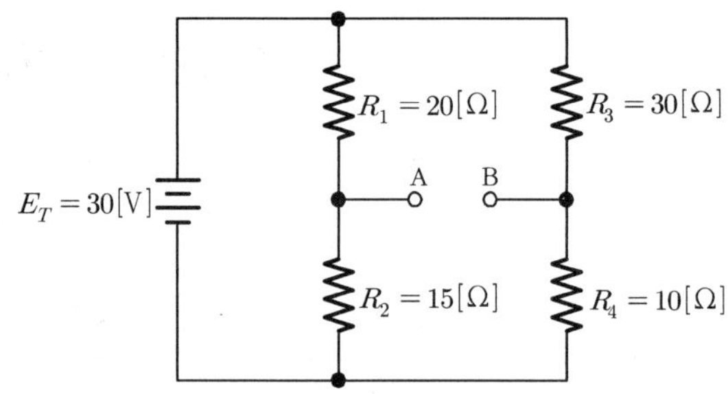

그림 2.4-23

전압분배법칙을 사용하여 저항 R_2와 R_4에 걸리는 전압을 구한다.

$$V_{R2}=\left(\frac{R_2}{R_1+R_2}\right)E_T=\left(\frac{15[\Omega]}{20[\Omega]+15[\Omega]}\right)30[\mathrm{V}]=12.86[\mathrm{V}]$$

$$V_{R4}=\left(\frac{R_4}{R_3+R_4}\right)E_T=\left(\frac{10[\Omega]}{30[\Omega]+10[\Omega]}\right)30[\mathrm{V}]=7.5[\mathrm{V}]$$

점 A와 B 사이의 전위차는 V_{R2}와 V_{R4} 사이의 전압차이다.

$$E_{\mathrm{TH}}=V_{AB}=V_{R2}-V_{R4}=12.86[\mathrm{V}]-7.5[\mathrm{V}]=5.36[\mathrm{V}]$$

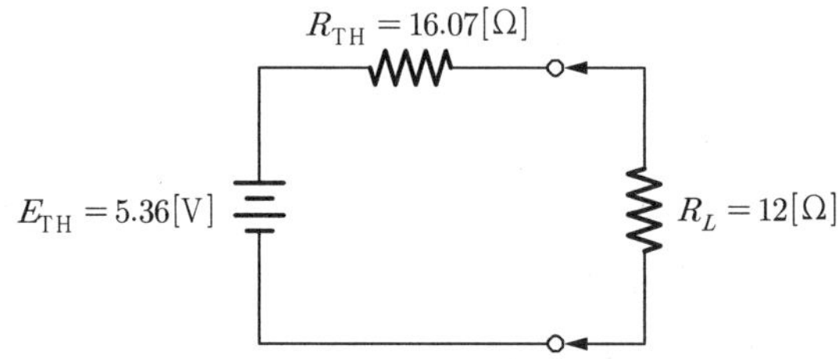

그림 2.4-24

따라서 테브난 등가 회로는 그림 2.4-24와 같이 그릴 수 있다.

그러므로 R_L에 흐르는 전류는 옴의 법칙에 의하여 다음과 같이 구할 수 있다.

$$I_{RL} = \frac{E_{TH}}{R_{TH}+R_L} = \frac{5.36[V]}{16.07[\Omega]+12[\Omega]} = 190.96[mA]$$

2.4.4 노턴의 정리

노턴(Norton)의 정리는 테브난(Thevenin)의 정리와 쌍대 관계를 가진다. 테브난의 정리는 저항과 직렬로 연결된 전압원을 구하는데 사용되지만, 노턴의 정리는 임의의 회로를 하나의 전류원과 이와 병렬로 연결된 하나의 저항으로 이루어진 등가 회로로 변환시키는 데 사용된다. 노턴의 정리는 다음과 같이 기술할 수 있다.

임의의 2단자 회로는 하나의 등가 저항과 병렬로 연결된 하나의 등가 전류원으로 대체할 수 있는데 등가 전류원의 값은 원래 회로의 단자를 단락시켰을 때 흐를 수 있는 최대 전류가 된다. 그리고 등가 병렬 저항값은 원래의 회로를 쳐다보고 측정한 저항값이다.

부하측에서 원래의 회로를 쳐다보고 측정한 저항값이란 전압원들을 제거한 후 그 내부 저항값들로 대체시키고 또한 전류원들을 개방시킨 채로 단자측에서 쳐다본 회로의 저항을 의미한다.

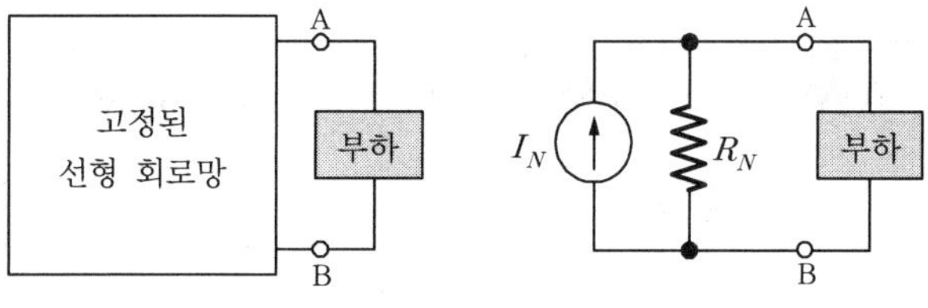

(a) 고정된 선형 회로망 (b) 노턴 등가 회로

그림 2.4-25

노턴의 정리 적용 시 그림 2.4-25(b)와 같은 노턴 등가 회로를 구하기 위해서는 등가 전류와 저항이 결정되어야만 한다. 노턴 등가 전류 I_N은 회로의 두 점 사이의 단락 회로 전류이다. 그림 2.4-25(a)는 고정된 선형 회로망으로 구성되어 있다. 그림 2.4-25(b)에서 노턴 등가 전류는 단자 A와 B를 단락시킴으로써 구해진다. 등가 저항 R_N은 고정된 회로망의 독립 전원들을 제거했을 때 단자 A-B로부터 바라본 저항이다.

예제 1 그림 2.4-26 회로에 대하여 노턴(Norton) 등가 회로를 구하여라.

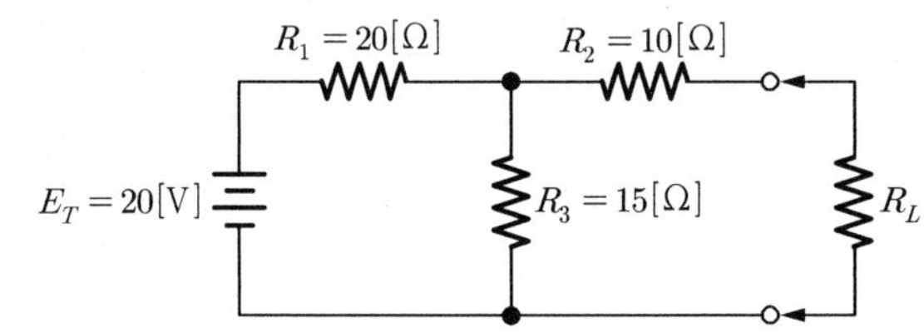

그림 2.4-26

풀이 그림 2.4-27처럼 부하를 단락시킨다. 이 경우 저항 R_2와 R_3는 병렬로 된다.

$$R_T = \frac{R_2 R_3}{R_2 + R_3} + R_1 = \frac{(10[\Omega])(15[\Omega])}{10[\Omega] + 15[\Omega]} + 20[\Omega] = 26[\Omega]$$

전체 전류는 옴의 법칙에 의해서 다음과 같이 된다.

$$I_T = \frac{E_T}{R_T} = \frac{20[V]}{26[\Omega]} = 0.77[A]$$

따라서 노턴 등가 전류는 전류분배법칙에 의해 다음과 같이 구해진다.

$$I_N = \left(\frac{R_3}{R_2 + R_3}\right) I_T = \left(\frac{15[\Omega]}{10[\Omega] + 15[\Omega]}\right) 0.77[A] = 0.462[A]$$

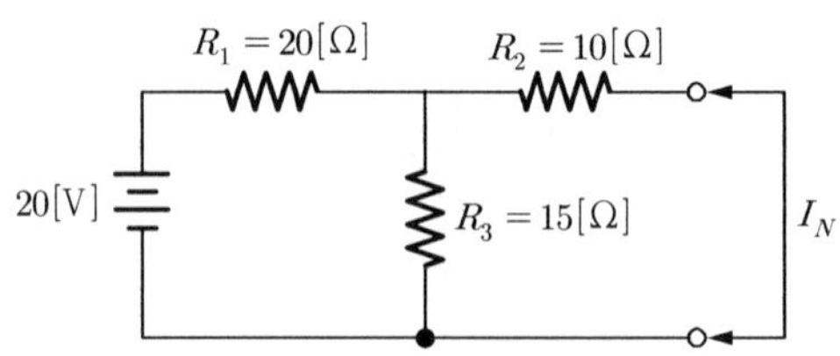

그림 2.4-27

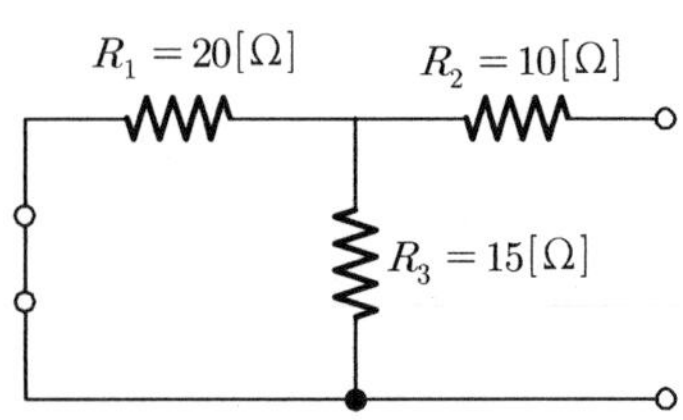

그림 2.4-28

노턴 등가 저항 R_N을 구하기 위해서 그림 2.4-28처럼 전압원을 단락시킨다. R_1과 R_3은 병렬로 그리고 R_2는 이 병렬접속 부분과 직렬로 연결되어 있다.

$$R_N = \frac{R_1 R_3}{R_1 + R_3} + R_2 = \frac{(20[\Omega])(15[\Omega])}{20[\Omega] + 15[\Omega]} + 10[\Omega] = 18.57[\Omega]$$

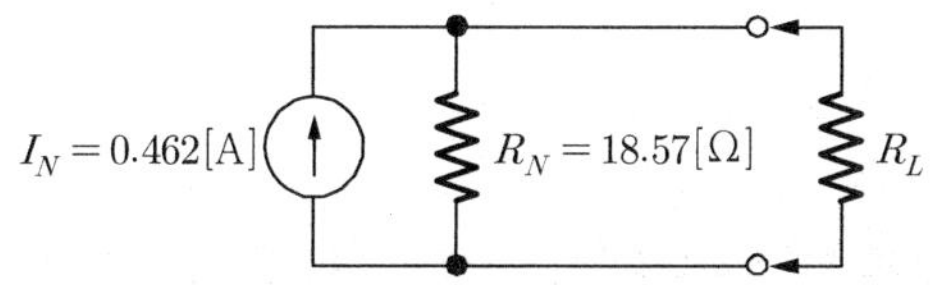

그림 2.4-29

따라서 노턴 등가 회로는 그림 2.4-29처럼 된다. 전류원들이 병렬로 연결되어 있을 때 총 전류는 각 전류원 값들의 합이 된다.

예제 2 그림 2.4-30 회로에서 저항 R_3에 흐르는 전류를 노턴(Norton)의 정리를 이용하여 구하여라.

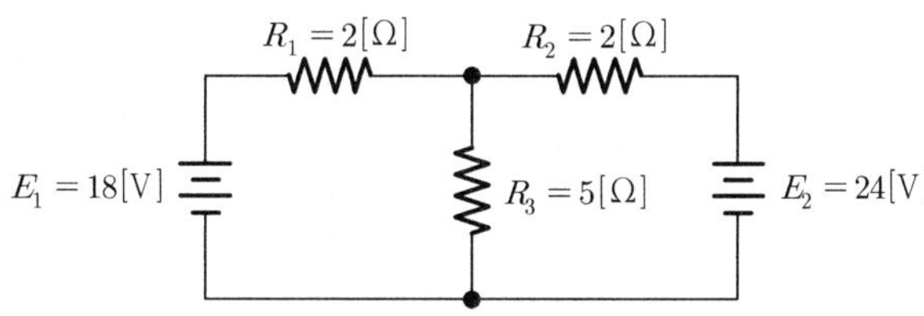

그림 2.4-30

풀이 그림 2.4-31처럼 저항 R_3을 단락시키고 전류의 방향을 화살표로 표시한다.

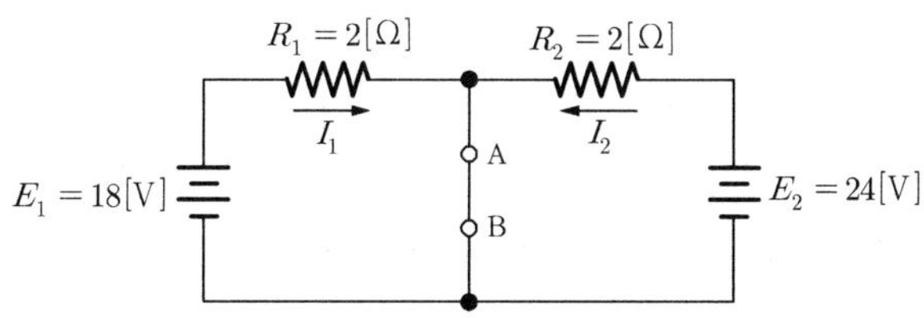

그림 2.4-31

그림 2.4-32처럼 전압원들을 전류원들로 변환시킨다.

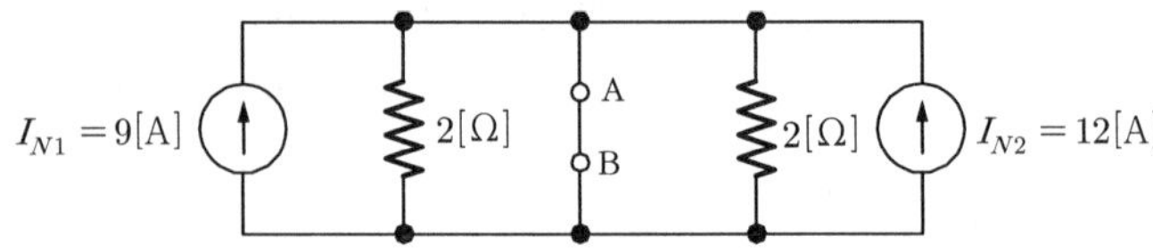

그림 2.4-32

$$I_{N1}=\frac{E_1}{R_1}=\frac{18[V]}{2[\Omega]}=9[A],\quad I_{N2}=\frac{E_2}{R_2}=\frac{24[V]}{2[\Omega]}=12[A]$$

두 전류원의 값은 합해서 하나의 전류원으로 대체할 수 있다. 또한 노턴 등가 저항은 다음과 같이 구할 수 있다.

$$I_N=I_{N1}+I_{N2}=9[A]+12[A]=21[A],\quad R_N=\frac{R_1R_2}{R_1+R_2}=\frac{(2[\Omega])(2[\Omega])}{2[\Omega]+2[\Omega]}=1[\Omega]$$

따라서 노턴 등가 회로는 그림 2.4-33과 같이 되고 R_3에 흐르는 전류는 전류분배법칙에 의해 다음과 같이 구해진다.

$$I_3=\left(\frac{R_N}{R_N+R_3}\right)I_N=\left(\frac{1[\Omega]}{1[\Omega]+5[\Omega]}\right)21[A]=3.5[A]$$

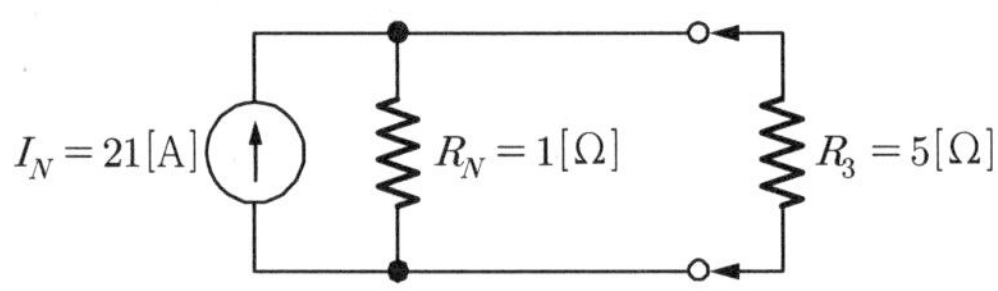

그림 2.4-33

2.4.5 전압 및 전류원의 변환

회로에 관한 문제를 풀기 위하여 테브난(Thevenin)정리와 노턴(Norton)의 정리를 사용할 때 흔히 전류원을 전압원으로 또는 전압원을 전류원으로 대체하는 것이 편리할 때가 있다. 이러한 전원의 대체를 전원 변환(source conversion)이라고 한다. 실제 전압원에 대한 단자전압은 다음 식에 의해서 결정된다.

$$V_T=E-I_LR_i$$

그리고 실제 전류원의 단자전압은 다음 식과 같이 구해진다.

$$V_T = I_T R_i - I_L R_i$$

전압원과 전류원이 같은 저항 부하에 대해 동일한 전류를 흘리게 되면 등가(equivalent)라고 말한다. 그러므로 양쪽 전원의 내부 저항의 값이 같다면 등가 전류원의 값 I_T는 다음 식과 같이 된다.

$$I_T = \frac{E}{R_i}$$

전류원에 대한 부하 전류는 전류분배법칙에 의해 다음과 같이 구해진다.

$$I_L = I_T\left(\frac{R_i}{R_L + R_i}\right)$$

그리고 전압원에 대한 부하 전류는 옴의 법칙에 의해 다음과 같이 구할 수 있다.

$$I_L = \frac{E}{R_i + R_L}$$

실제 응용에서 많은 경우 전원의 내부 저항은 무시되지만 한 전원을 다른 형태의 전원으로 변환시키기 위해서는 내부 저항을 고려해야만 한다.

예제 1 그림 2.4-34에서 전압원을 전류원으로 변환시키고 각 전원에 대한 부하 전류를 구하여라.

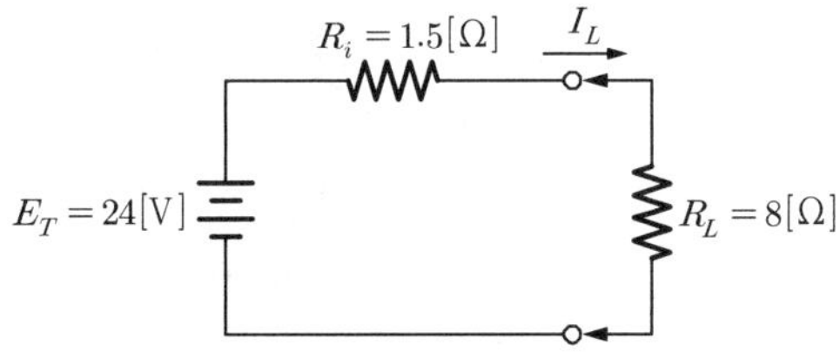

그림 2.4-34

풀이 전압원의 경우 부하 전류는 옴의 법칙에 의해 구해진다.

$$I_L = \frac{E}{R_i + R_L} = \frac{24[V]}{1.5[\Omega] + 8[\Omega]} = 2.52[A]$$

전류원의 경우 공급 전류는 옴의 법칙에 의해, 부하 전류는 전류분배법칙에 의해 각각 구해진다.

$$I_T = \frac{E}{R_i} = \frac{24[\text{V}]}{1.5[\Omega]} = 16[\text{A}]$$

$$I_L = I_T\left(\frac{R_i}{R_L + R_i}\right) = 16[\text{A}]\left(\frac{1.5[\Omega]}{8[\Omega] + 1.5[\Omega]}\right) = 2.52[\text{A}]$$

등가 전류원은 그림 2.4-35와 같다.

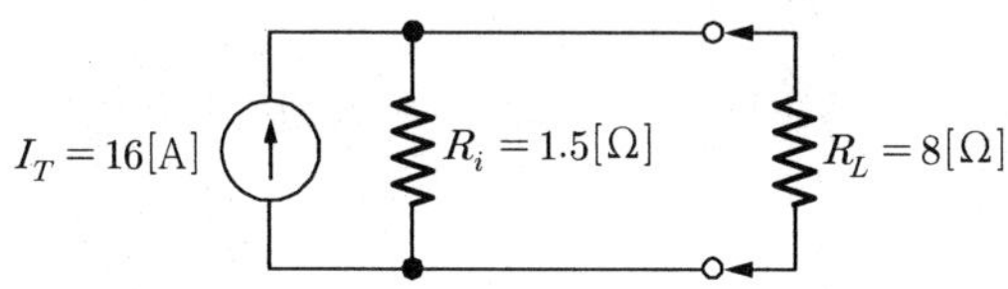

그림 2.4-35

예제 2 그림 2.4-36 회로에서 단자 A-B의 왼쪽에 대한 테브난(Thevenin) 등가 회로를 구하라.

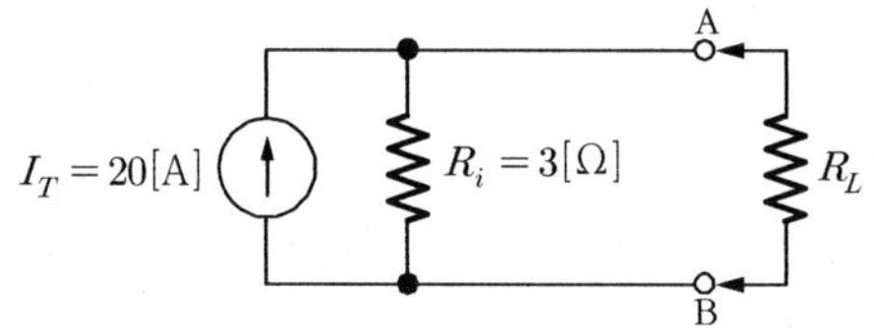

그림 2.4-36

풀이 그림 2.4-37처럼 부하를 제거하고 전류원을 개방시킨다.

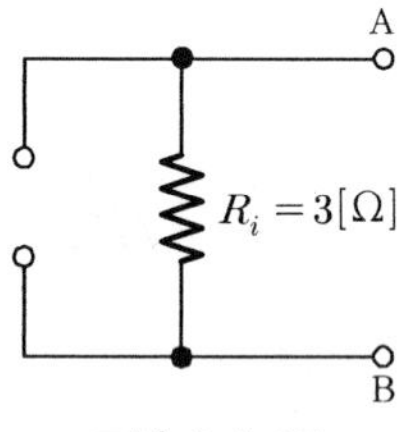

그림 2.4-37

점 A와 B 사이의 저항은 3[Ω]이고, 이것이 회로의 등가 저항이 된다.

$$R_{\text{TH}} = R_1 = 3[\Omega]$$

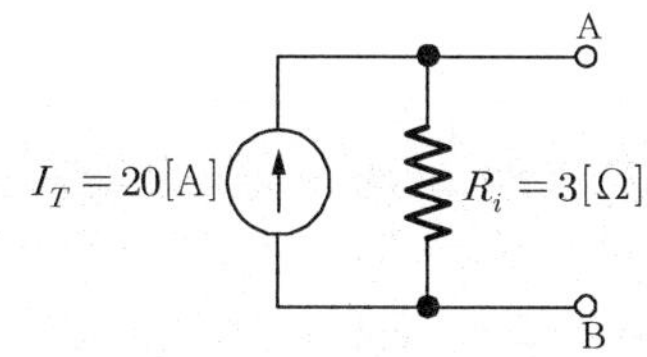

그림 2.4-38 내부 저항 R_t

그림 2.4-38처럼 전류원을 원래의 위치로 가져다 놓고 E_{TH}를 계산한다. A-B가 개방된 상태에서 회로의 전체 전류는 내부 저항 R_i를 통하여 흐를 것이다. 그러므로 단자 A-B에 걸리는 전압은 R_i에 흐르는 전류에 저항 R_i를 곱한 값이 된다.

$$E_{TH} = I_T R_i = (20[A])(3[\Omega]) = 60[V]$$

따라서 테브난의 등가 회로는 그림 2.4-39와 같다.

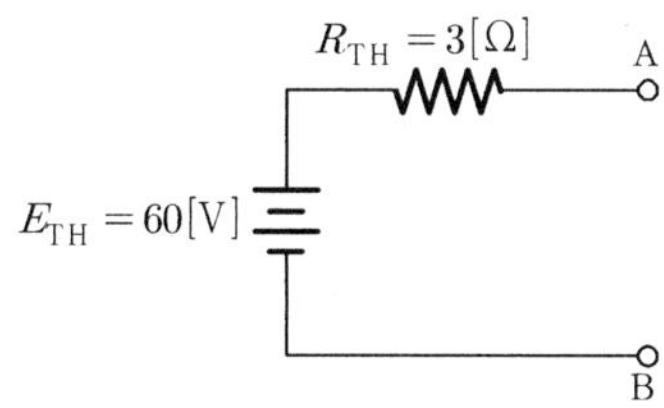

그림 2.4-39

2.4.6 밀만의 정리

밀만(Millman)의 정리는 한 개 이상의 전압원 또는 전류원을 갖는 회로에 사용된다. 본질적으로 밀만의 정리는 전원 변환 정리와 테브난(Thevenin) 및 노턴(Norton)의 정리를 결합한 것이다. 밀만의 정리는 직접 병렬로 연결된 전원들에만 적용되며 전원들 사이에 저항이 있으면 이 정리를 적용하지 못한다. 밀만의 정리를 활용하기 위해서는 먼저 모든 전압원들이 변환되어야만 한다. 일단 등가 전류원이 결정되면 원할 때는 언제든지 전압원으로 변환시킬 수 있다. 밀만의 정리는 다음과 같이 정의할 수 있다.

병렬로 연결된 일정한 값을 갖는 여러 개의 전류원들은 하나의 전류원으로 결합될 수 있다. 이 때 등가 전류원의 값은 개별 전류원 값의 대수적 합이 된다. 등가 전원의 저항값은 원래 병렬로 연결된 저항들의 등가 저항값이다.

회로 내의 모든 전원이 일정한 값을 갖는 전압원들이라면 다음 식에 의해 밀만의 등가 전압원 E_M을 결정할 수 있다.

$$E_M = \frac{\pm G_1E_1 \pm G_2E_2 \pm G_3E_3 \pm \cdots \pm G_nE_n}{G_1 + G_2 + G_3 + \cdots + G_n} \tag{2.4.1}$$

위 식에서 (+) 또는 (−) 부호는 전원들이 에너지를 같은 방향으로 공급하는지 아닌지를 나타낸다. 전원들이 같은 극성을 가지면 더해지고 역으로 반대 극성을 가지면 빼진다. 병렬로 연결된 전압원들에 대한 밀만의 등가 저항 R_M은 다음 식과 같이 구해진다.

$$R_M = \frac{1}{G_1 + G_2 + G_3 + \cdots + G_n} \tag{2.4.2}$$

여기서, E_1, E_2, ⋯ E_n은 개별 전압원들의 전압값을 나타내고 G_1, G_2, ⋯ G_n은 개별 전압원들의 컨덕턴스 값을 나타낸다.

예제 1 Millman의 정리를 사용하여 그림 2.4-40 회로에서 R_L에 걸리는 전압과 R_L을 통하여 흐르는 전류를 구하여라.

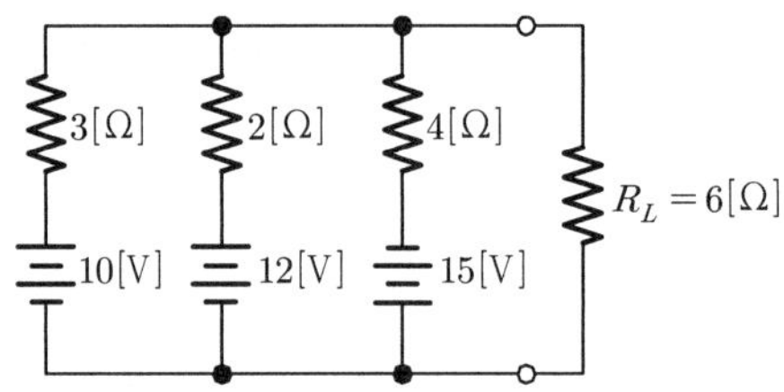

그림 2.4-40

풀이 우선 밀만의 등가 전압을 계산한다. 15[V] 전원의 극성은 10[V] 및 12[V] 전원의 극성과 반대인 극성을 가지므로 15[V] 전원은 다음 식과 같이 빼진다.

$$E_M = \frac{G_1E_1 + G_2E_2 - G_3E_3}{G_1 + G_2 + G_3} = \frac{(1/3)(10) + (1/2)(12) - (1/4)(15)}{1/3 + 1/2 + 1/4} = 5.15[\mathrm{V}]$$

다음으로 밀만의 등가 저항을 결정한다.

$$R_M = \frac{1}{G_1 + G_2 + G_3} = \frac{1}{1/3 + 1/2 + 1/4} = 0.92[\Omega]$$

이제 밀만의 등가 회로를 그림 2.4-41과 같이 그릴 수 있다.

R_L에 걸리는 전압은 전압분배법칙에 의해서 구해지고 R_L에 흐르는 전류는 옴의 법칙에 의해 구해진다.

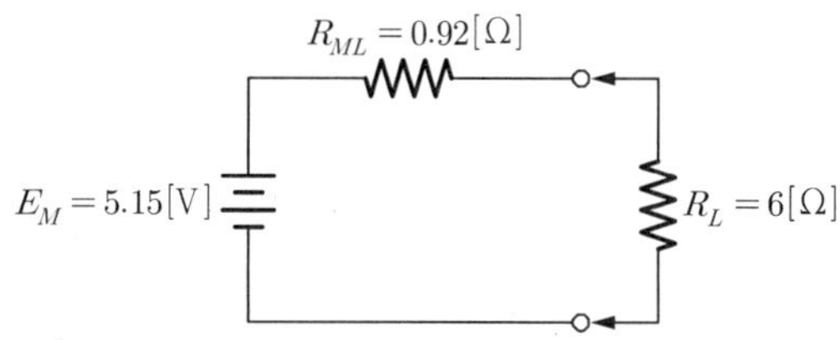

그림 2.4-41

$$V_{RL}=\left(\frac{R_L}{R_M+R_L}\right)E_M=\left(\frac{6[\Omega]}{0.92[\Omega]+6[\Omega]}\right)5.15[\mathrm{V}]=4.47[\mathrm{V}]$$

$$I_{RL}=\frac{V_{RL}}{R_L}=\frac{4.47[\mathrm{V}]}{6[\Omega]}=0.745[\mathrm{A}]$$

2.4.7 중첩의 정리

한 개 이상의 전원을 포함한 회로의 문제는 키르히호프(Kirchhoff)의 법칙에 의해서 뿐만 아니라 중첩의 정리(superposition theorem)를 이용하여 해결할 수 있다. 중첩의 정리는 직류회로의 경우 다음과 같이 기술할 수 있다.

한 개 이상의 전원을 갖는 회로에서 회로 내의 한 점에 흐르는 전류 또는 두 점 사이의 전위차는 각 전원에 의한 개별 전류 또는 개별 전압을 구하여 대수적으로 합한 것과 같다. 개별 전류 또는 개별 전압이란 해당 전원을 제외한 모든 다른 전원들을 하나의 등가 내부 저항으로 대체한 후 그 해당 전원만에 의하여 구한 전류 또는 전압을 의미한다.

각 전원에 의한 영향을 구하기 위해서 전압원들은 단락시키고 전류원들은 개방시켜야 한다. 전압원이나 전류원이 내부 저항을 가지고 있으면 전원을 제거할 때 그 내부 저항을 고려해야만 한다.

예제 1 그림 2.4-42 회로에서 중첩의 정리를 이용하여 저항 R_2에 흐르는 전류를 구하여라.

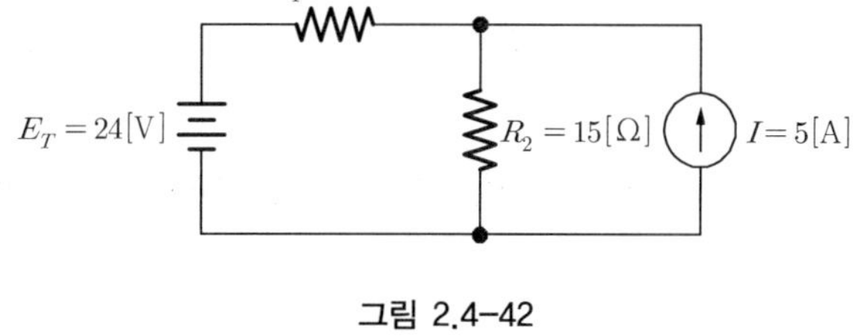

그림 2.4-42

풀이 첫 번째 단계로 그림 2.4-43처럼 전류원을 제거시킨다.

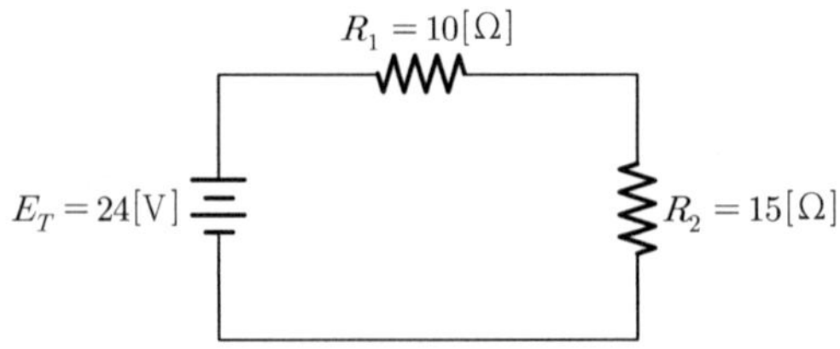

그림 2.4-43

전류원을 제거했을 때 저항 R_2에 흐르는 성분 전류 I'는 옴의 법칙을 사용하여 다음과 같이 구할 수 있다.

$$I' = \frac{E}{R_1 + R_2} = \frac{24[V]}{10[\Omega] + 15[\Omega]} = 0.96[A]$$

두 번째 단계는 그림 2.4-44처럼 전압원을 단락시킨다.

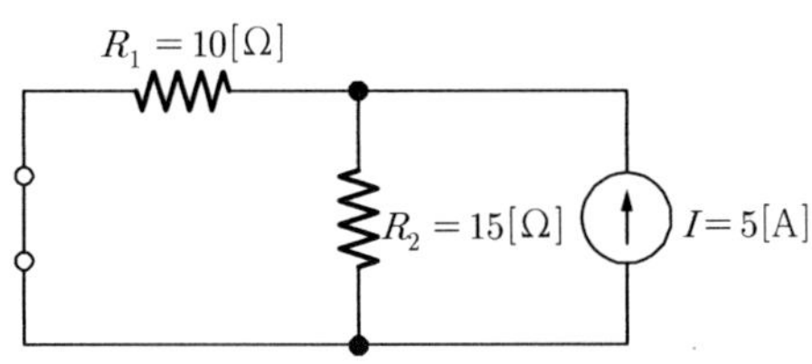

그림 2.4-44 전압원을 단락시킨 회로

전압원을 제거했을 때 저항 R_2에 흐르는 성분 전류 I''는 전류분배법칙을 사용하여 구할 수 있다.

$$I'' = \left(\frac{R_1}{R_1 + R_2}\right) I = \left(\frac{10[\Omega]}{10[\Omega] + 15[\Omega]}\right) 5[A] = 2[A]$$

전류 I'와 I''는 같은 방향이므로 저항 R_2를 통하여 흐르는 전류는 이 두 전류의 합이 된다.

$$I_{R2} = I' + I'' = 0.96 + 2 = 2.96[A]$$

예제 2 그림 2.4-45 회로에서 중첩의 정리를 사용하여 전류 I_1, I_2, I_3를 구하여라. 주어진 회로망에서 회로 소자의 값은 다음과 같다.

$R_1 = 5[\Omega]$, $R_2 = 15[\Omega]$, $R_3 = 20[\Omega]$, $E_1 = 60[V]$, $E_2 = 100[V]$

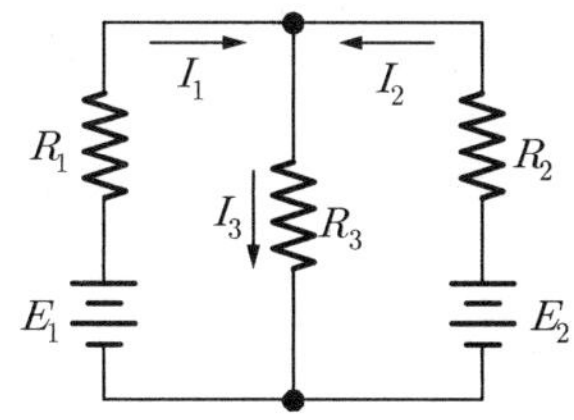

그림 2.4-45

✓풀이 우선 그림 2.4-46과 같이 전압원 E_1을 단락시킨다.

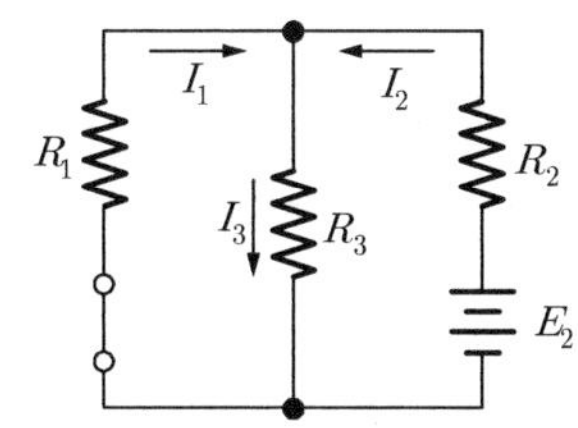

그림 2.4-46 전압원 E_1을 단락시킨 회로

$$R_1 \parallel R_3 = \frac{R_1 R_3}{R_1 + R_3} = \frac{(5[\Omega])(20[\Omega])}{5[\Omega]+20[\Omega]} = 4[\Omega]$$

$$R_T = R_1 \parallel R_3 + R_2 = 4[\Omega] + 15[\Omega] = 19[\Omega]$$

$$I_2' = \frac{E_2}{R_T} = \frac{100[\text{V}]}{19[\Omega]} = 5.263[\text{A}]$$

$$E_1 \parallel E_3 = R_1 \parallel R_3 \times I_2' = (4[\Omega])(5.263[\text{A}]) = 21.052[\text{V}]$$

$$I_1' = \frac{E_1 \parallel E_3}{R_1} = \frac{21.052[\text{V}]}{5[\Omega]} = -4.21[\text{A}]$$

$$I_3' = \frac{E_1 \parallel E_3}{R_3} = \frac{21.052[\text{V}]}{20[\Omega]} = 1.053[\text{A}]$$

이번에는 그림 2.4-47과 같이 전압원 E_2를 단락시킨다.

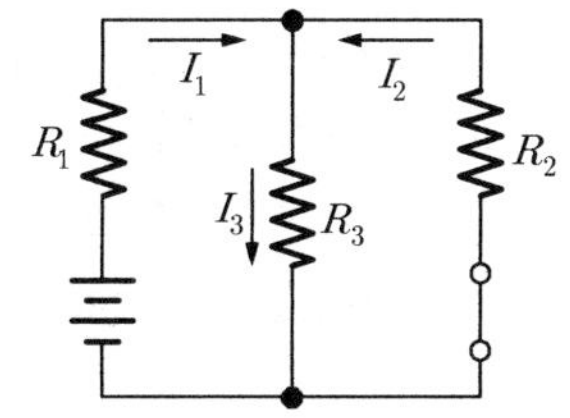

그림 2.4-47 전압원 E_2를 단락시킨 회로

$$R_2 \parallel R_3 = \frac{R_2R_3}{R_2+R_3} = \frac{(15[\Omega])(20[\Omega])}{15[\Omega]+20[\Omega]} = 8.571[\Omega]$$

$$R_T = R_2 \parallel R_3 + R_1 = 8.571[\Omega] + 5[\Omega] = 13.571[\Omega]$$

$$I_1'' = \frac{E_1}{R_T} = \frac{60[V]}{13.571[\Omega]} = 4.421[A]$$

$$E_2 \parallel E_3 = R_2 \parallel R_3 \times I_1'' = (8.571[\Omega])(4.421[V]) = 37.892[V]$$

$$I_3'' = \frac{E_2 \parallel E_3}{R_3} = \frac{37.892[V]}{20[\Omega]} = 1.895[A]$$

$$I_2'' = \frac{E_2 \parallel E_3}{R_2} = \frac{37.892[V]}{15[\Omega]} = -2.526[A]$$

따라서 총 전류는 위의 결과들을 다음과 같이 중첩하여 구할 수 있다.

$$I_1 = I_1' + I_1'' = (-4.21[A]) + 4.421[A] = 0.211[A]$$

$$I_2 = I_2' + I_2'' = 5.263[A] + (-2.526[A]) = 2.737[A]$$

$$I_3 = I_3' + I_3'' = 1.053[A] + 1.895[A] = 2.948[A]$$

예제 3 그림 2.4-48 회로에서 중첩의 정리를 사용하여 저항 R_3에 흐르는 전류를 구하여라. 주어진 회로망에서 회로 소자의 값은 $R_1 = 20[\Omega]$, $R_2 = 30[\Omega]$, $R_3 = 15[\Omega]$, $I_1 = 5[A]$, $I_2 = 10[A]$이다.

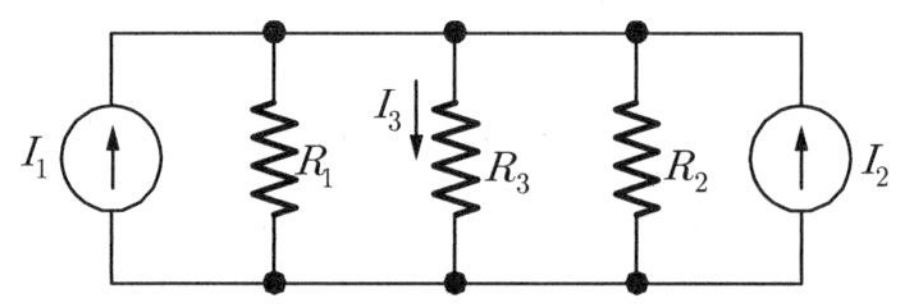

그림 2.4-48

풀이 먼저 그림 2.4-49처럼 전류원 I_2를 개방한다.

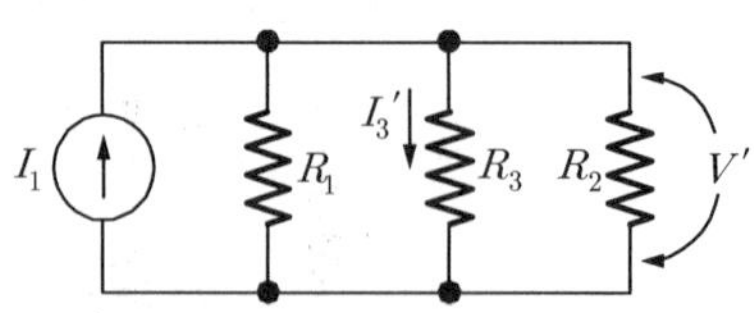

그림 2.4-49 전류원 I_2를 개방시킨 회로

$$\frac{1}{R_T}=\frac{1}{R_1}+\frac{1}{R_3}+\frac{1}{R_2}=0.15[\mathrm{S}]$$

$$R_T=6.67[\Omega]$$

$$V'=I_1R_T=(5[\mathrm{A}])(6.67[\Omega])=33.35[\mathrm{V}]$$

$$I_3'=\frac{V'}{R_3}=\frac{33.35[\mathrm{V}]}{15[\Omega]}=2.22[\mathrm{A}]$$

이번에는 그림 2.4-50처럼 전류원 I_1을 개방시킨다.

$$V''=I_2R_T=(10[\mathrm{A}])(6.67[\Omega])=66.7[\mathrm{V}]$$

$$I_3''=\frac{V''}{R_3}=\frac{66.7[\mathrm{V}]}{15[\Omega]}=4.45[\mathrm{A}]$$

그러므로 I_3에 대한 두 성분 전류를 중첩시킴으로써 해를 구할 수 있다.

$$I_3=I_3'+I_3''=2.22[\mathrm{A}]+4.45[\mathrm{A}]=6.67[\mathrm{A}]$$

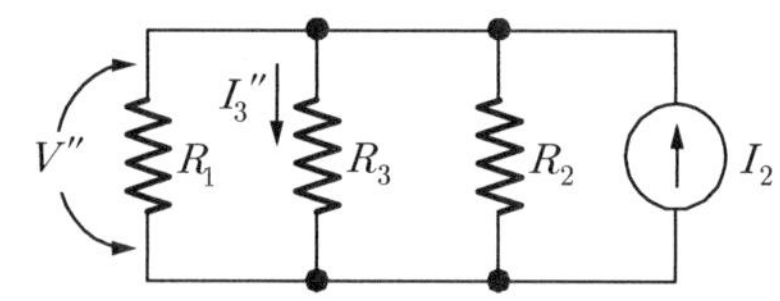

그림 2.4-50

2.4.8 최대 전력 전달의 정리

최대 전력 전달은 안테나, 전원 공급, 오디오 증폭기와 같은 전자회로에 있어서 매우 중요한 사항이며, 전자통신 시스템에서 안테나를 해석할 때 최대 전력 전달은 필수적인 요소이다. 안테나 회로는 매우 낮은 전력을 갖는 신호를 수신하게 되는데 최대한의 세기를 갖는 신호를 얻기 위하여 수신된 신호를 완전히 복원해야 한다. 결과적으로 안테나 회로는 효율성에 관계없이 전력이 최대로 전달되도록 조정되어야 한다.

부하의 저항과 전원의 저항값이 같을 때 회로는 정합되었다고 하고, 이 때 안테나와 부하 사이에 최대 전력 전달이 이루어진다. 부하 저항의 값이 전원의 내부 저항의 값과 같을 때 전원으로부터 최대 전력이 전달되며 이것을 최대 전력 전달의 정리(maximum power transfer theorem)라고 한다.

한 회로의 테브난(Thevenin) 저항은 전원이 발생할 수 있는 전력의 일부분을 흡수하므

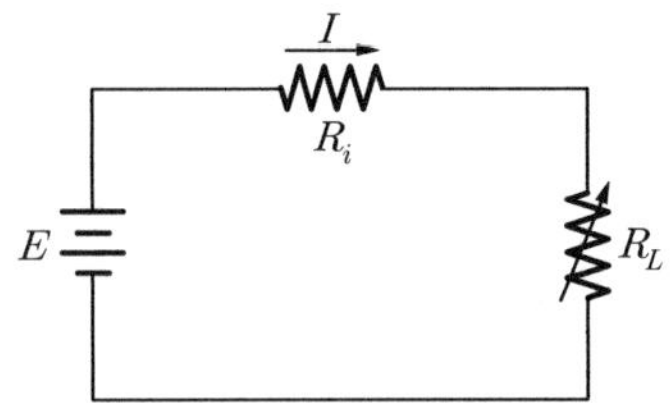

그림 2.4-51 내부 저항을 갖는 직류전원

로 전원의 내부 저항에 해당한다고 할 수 있다. 그림 2.4-51에서 임의의 값의 부하 저항 R_L에 대하여 흐르는 회로 전류의 값은 옴의 법칙으로 구할 수 있다.

$$I = \frac{E}{R_i + R_L}$$

가변 부하 저항이 0[Ω]의 위치에 있을 때(단락 회로에 해당) 전류의 값은 단지 전원의 내부 저항값에 의해서 제한된다. 전원으로부터 취할 수 있는 최대 전류값은 다음 식에 의해 결정된다.

$$I = \frac{E}{R_i}$$

부하 저항값이 증가하면 전원으로부터 흘러나오는 전류값은 감소할 것이며 동시에 부하에 걸리는 단자전압은 증가하게 된다. 전류값이 영(0)에 접근할수록 부하 단자전압은 최대값에 가까워진다. 부하에 공급되는 전력을 계산하기 위해 다음 식이 사용된다.

$$P_L = I^2 R_L = \frac{E^2 R_L}{(R_i + R_L)^2} \qquad (2.4.3)$$

부하 전력은 R_i 및 R_L 양쪽에 의존하지만 R_i는 임의의 회로에 대해서 상수값으로 간주된다. 입력 전력에 대한 출력 전력의 비, 즉 전원으로부터 부하까지의 전력 전달비는 부하 저항이 증가할수록 증가하게 된다. 전력 전달의 효율은 부하 저항값이 전원 저항값에 비해 비교적 큰 값으로 접근할 때 100[%]로 접근한다.

전력 전달에 대한 효율은 다음 식과 같이 표현된다.

$$\eta = \frac{P_L}{P_T} = \frac{I^2 R_L}{I^2 R_L + I^2 R_i} \qquad (2.4.4)$$

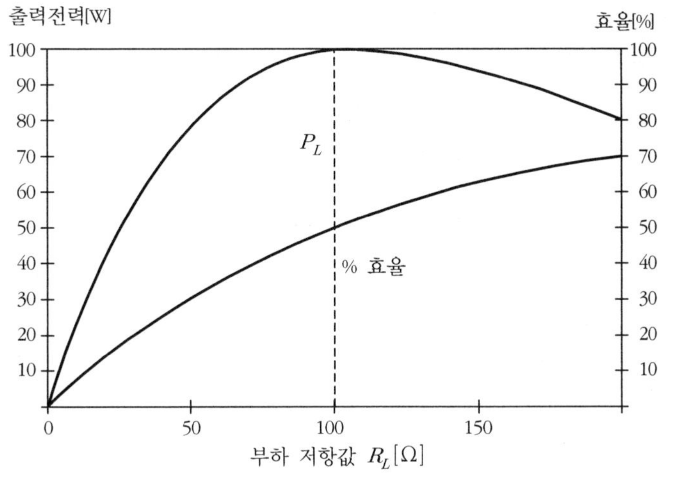

그림 2.4-52 출력 전력에 대한 부하 저항값의 영향

P_L : 부하 전력, P_T : 전원에 의해 공급되는 전력

그림 2.4-52의 그래프는 부하 저항이 0[Ω]에서 200[Ω]으로 변화할 때 부하 전력과 효율 사이의 관계를 보여준다. 전원의 저항값과 부하 저항값이 100[Ω]으로 같을 때 최대 부하 전력이 얻어진다. 그러나 최대 전력 전달이 발생하는 100[Ω]의 저항값에서 전력 전달의 효율은 50[%]에 불과하고 부하 저항값이 전원의 저항값에 비해 비교적 낮은 값으로 될수록 효율은 0에 접근한다.

높은 효율 및 최대 전력 전달 사이에서 어떤 것을 우선시 할 것인가는 매우 중대한 문제라고 할 수 있다. 회로가 큰 값의 전력을 취급하고 효율이 중요한 요소가 되는 경우에는 부하 저항값을 전원 저항값에 비해 크게 하며, 최대 전력 전달을 위해서는 전원과 부하의 저항값을 정합시킨다.

예제 1 어떤 직류 전원장치가 있다. 무부하시 단자전압은 40[V]이고, 3[A]의 전부하 전류가 흐를 때 80[W]가 부하에 공급된다. 이 경우에 대하여 다음을 구하여라.

(a) 전원장치의 내부 저항값
(b) 전부하시 부하 저항의 값
(c) 최대 전력 전달을 위한 부하 저항의 값
(d) 전부하시의 효율

풀이 (a) 전부하시의 부하 전압은 정격 전력을 정격 전류로 나눔으로써 구할 수 있다. 무부하 전압과 전부하 전압 사이의 차가 내부 저항에서의 전압강하값이 된다. 따라서 내부 저항값은 옴의 법칙에 의하여 구할 수 있다.

$$V_L = \frac{P_L}{I_L} = \frac{80[\mathrm{W}]}{3[\mathrm{A}]} = 26.67[\mathrm{V}]$$

$$V_i = V_{n1} - V_{f1} = 40[\mathrm{V}] - 26.67[\mathrm{V}] = 13.33[\mathrm{V}]$$

$$R_i = \frac{V_i}{I_L} = \frac{13.33}{3[\mathrm{A}]} = 4.44[\Omega]$$

(b) $R_L = \frac{V_L}{I_L} = \frac{26.67[\mathrm{V}]}{3[\mathrm{A}]} = 8.89[\Omega]$

(c) 최대 전력 전달을 위하여 $R_L = R_i = 4.44[\Omega]$

(d) $효율 = \left(\frac{P_L}{P_T}\right)100[\%] = \left(\frac{I^2R_L}{I^2R_L + I^2R_i}\right)100[\%] = \left(\frac{3^2 \times 8.89}{3^2 \times 8.89 + 3^2 \times 4.44}\right)100[\%]$

$= 66.69[\%]$

2.5 교류 전압과 전류

현재 전기 에너지의 95[%] 이상이 교류 전력으로 공급된다. 교류 전력을 사용하는 주된 이유는 전압의 승압 및 강압이 자유롭기 때문이다. 전압의 변동이 쉽기 때문에 발생된 교류 전압을 고전압으로 승압하여 배전하고 부하에서는 실용 전압으로 감압하여 사용하면 전력의 손실을 줄이면서 효율적으로 전력을 이송할 수 있다.

직류 전력 시스템은 이와는 반대로 발전 전압의 한계가 있고 전압의 승압이나 감압이 쉽지 않기 때문에 전력의 수송에는 교류 시스템에 비해 많은 단점을 가지고 있다.

교류 전력은 변압기를 이용하여 전압을 경제적으로 상승 또는 강하시킬 수 있다. 교류 전력을 일정 거리에 전송할 경우 필요한 도체 무게는 전송 전압의 제곱에 반비례한다. 예를 들어 전송 전압이 2배가 되면 도체의 무게는 25[%]로 감소된다.

2.5.1 사인파

사인파는 발전기와 같은 회전기기에 의해 발생되는 교류 전류의 일반적인 형태이다. 발전기 회전자의 자장이 회전할 때 발전기 전기자에는 기전력이 발생하는데 이 전압은 방향과 크기가 일정하게 변한다.

그림 2.5-1은 자계 내에서 자유로이 회전할 수 있으며 권선수가 1인 코일 AB로 구성된 기본적인 교류 발생기를 나타낸다. A로 표시된 코일의 말단부는 집전고리(slip-ring) C에 연결되어 있고 집전고리 D는 B로 표시된 코일의 말단부에 연결되어 있다. 코일의 회전 방향은 반시계 방향으로 가정한다.

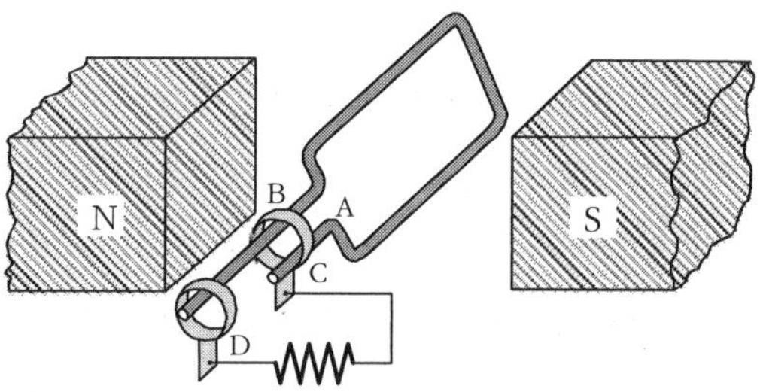

그림 2.5-1 간단한 교류 발전기

회전이 시작되는 순간 도체 A와 B는 자계에 평행으로 움직이기 시작하고 도체들이 자계를 관통하지 않으므로 전압이 유기되지 않다가 코일이 계속 회전함에 따라 도체들은 자계를 관통해 지나가기 시작하며 코일에 전압이 유기된다.

코일이 180°에 도달할 때 도체는 다시 한 번 자속에 평행으로 움직여서 유기 전압은 영이 된다. 반시계 방향의 회전이 계속됨에 따라 도체 A와 B는 원래 운동방향의 반대방향으로 자계를 가로질러 움직인다. 도체의 반전으로 인해 두 번째 180° 회전 동안 반대 극성을 갖는 기전력이 발생하게 된다. 따라서 코일이 1회전하게 되면 유기 전압은 한 방향으로 영(0)에서부터 최대값으로 상승하고 반대 방향으로는 영을 통과하여 최대값으로 감소하여 결국 영으로 다시 돌아오게 된다.

이와 같은 종류의 전압을 교류 기전력이라 하는데 임의의 주어진 시간에서의 이 기전력의 값을 순시값이라 하고 문자 e로 표시하며, e가 가질 수 있는 가장 큰 값을 최대값 혹은 첨두값 E_P라 한다. 전류의 순시값은 문자 i로 표시하고 첨두 혹은 최대 전류는 I_P로 표시한다. 사인파의 피크-피크(E_{P-P})값은 $2E_P$가 된다. 수평축을 따라 360° 회전을

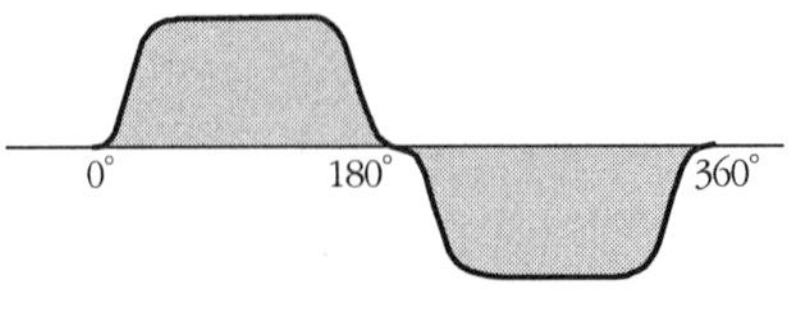

그림 2.5-2 그림 2.5-1 코일에 의한 전압 파형

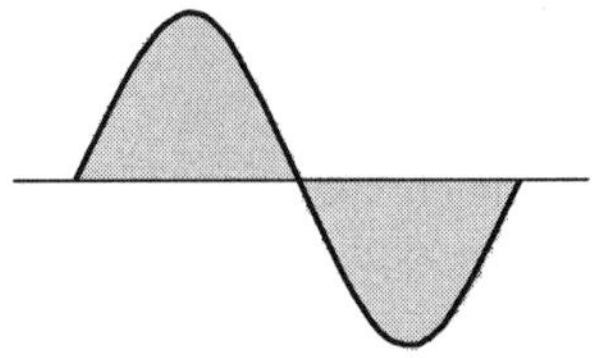

그림 2.5-3 정현 파형

하는 단일 코일에 발생하는 전압을 나타내면 그림 2.5-2와 유사한 파형이 얻어진다.

그러나 상용 교류 발전기의 경우 전기자에는 몇 개의 권선들이 직렬로 연결되어 있기 때문에 발생된 교류 기전력의 파형은 그림 2.5-3의 사인 파형과 매우 유사하게 된다.

사인파에서 순시값을 결정하기 위해서는 삼각함수를 알아야 한다. 삼각함수들은 직각삼각형의 한 각의 크기가 변화할 때 달라지는 직각삼각형 변들의 길이와 밀접한 관계를 갖는다. 기본적인 직각삼각형을 그림 2.5-4에 나타내었다.

각 θ의 사인(sine)은 각과 마주보는 맞은 편 변의 길이를 빗변의 길이로 나눈 것이며 빗변은 가장 긴 변으로서 직각과 마주보는 변이다. 사인 파형은 삼각형에서 한 각의 값이 변동할 때 삼각형 변의 길이 비를 이용하여 연속적으로 그 값을 그린 것이다.

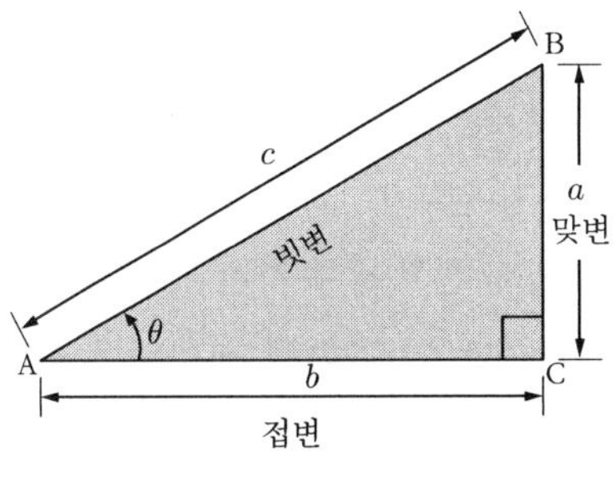

$$\text{sine of } \theta = \frac{\text{맞변}}{\text{빗변}} = \frac{a}{c}$$

그림 2.5-4 사인 함수의 정의

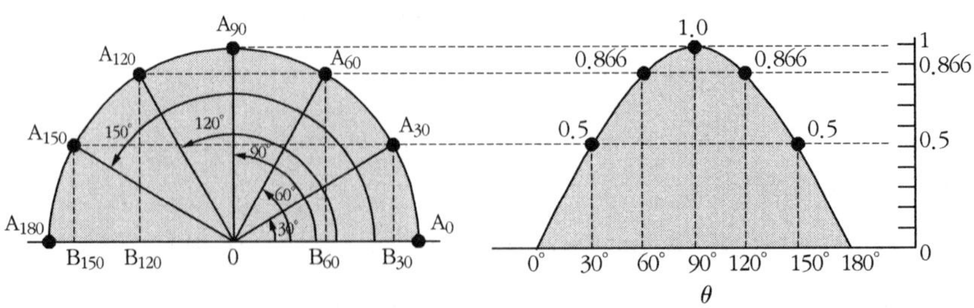

그림 2.5-5 첫 번째 180° 동안 사인파와 회전 전기자 사이의 관계

사인 파형을 쉽게 얻기 위해 단위 빗변을 사용한 사인파를 그림 2.5-5에 나타내었다. 그림에서 단위 빗변이 회전함에 따라 위치하는 단위 빗변의 끝점 A가 사인을 나타내며 이 값은 오른쪽 그래프처럼 θ에 대응하는 값으로 투영되어 그릴 수 있다.

그림 2.5-5는 첫 번째 180° 동안 30° 간격의 단위 빗변의 회전을 나타낸다. 회전하는 빗변 0A의 길이가 1이므로 수직선 AB의 길이가 사인이 된다. 예를 들어 삼각형 $0A_{30}B_{30}$을 고려하면 이때의 사인은 $\sin 30° = 0.5$가 되는데 이 값은 오른쪽에 도시된 값처럼 선 $A_{30}B_{30}$의 길이가 된다.

2.5.2 사인파의 극성

사인파는 실제로 양전압과 음전압의 동등한 조합을 나타낸다. 이 전압의 극성은 신호가 영축을 교차할 때 변한다. 사인파가 영선(zero line) 아래에 위치할 때는 음극성으로 간주되며 영선 위에 위치할 때는 양극성으로 간주된다.

그림 2.5-6은 저항에 연결된 교류 전원을 나타낸다. 사인파가 0~180° 사이의 양인 경우 전류는 전원의 아래에서 위로 흐른다. 결국 저항에서는 점 A에서 점 B로 전류가 흐른다.

그림 2.5-7은 다음의 180° 동안 교류회로에서의 전류 방향을 나타낸다. 현재 교류 전원의 위는 음이며 저항에서의 전류는 점 B에서 점 A로 흐른다. 따라서 저항에서의 전류 흐름은 매 180°마다 반전 혹은 교번된다.

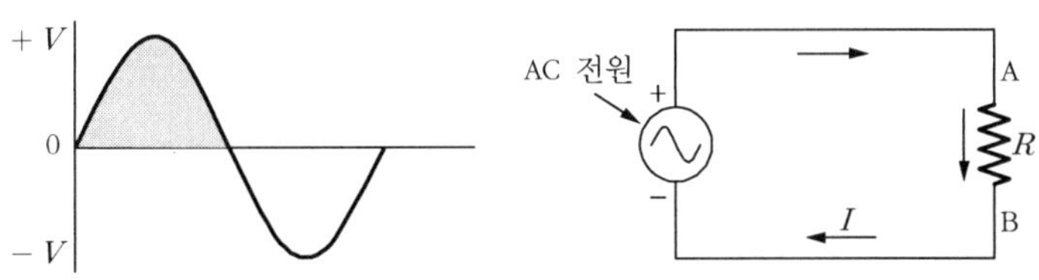

그림 2.5-6 양의 교번 동안의 전류 흐름의 방향

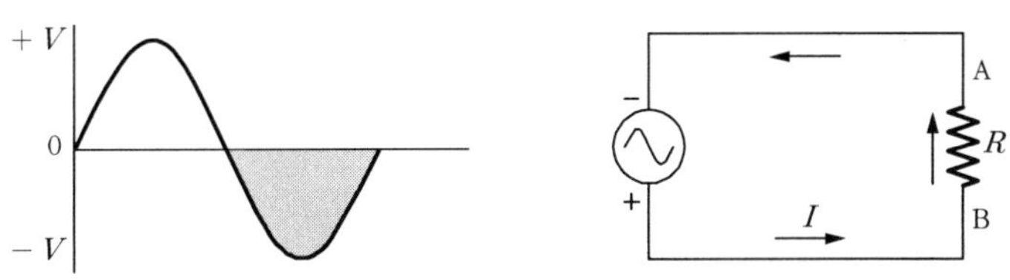

그림 2.5-7 음의 교번 동안의 전류 흐름의 방향

2.5.3 라디안 단위와 각속도

전기기기 회전자의 경우 회전자의 각속도를 고려해야 할 경우가 있다. 각변위의 시간에 따른 변화율을 각속도(angular velocity)라고 하는데 예를 들어 바퀴의 각속도는 바퀴가 얼마나 빨리 회전하는가의 척도가 된다. 만약 바퀴가 1분에 1000번 회전한다면 바퀴의 각속도는 1000[rpm](revolution per minute)이 된다. 각속도의 기호는 그리스 문자 ω를 사용하여 나타낸다.

각속도는 분당 회전수 혹은 초당 회전수로 정의할 수 있지만 전자회로에서는 초당 라디안(radians per second)이 흔히 사용된다. 라디안은 각속도를 계산하는 데 편리한 단위이므로 교류회로에서의 각도는 종종 도(degree)보다는 라디안으로 측정된다. 도체의 회전각이 각도 대신 라디안으로 측정되었다면 완전한 1회전은 2π 라디안을 나타낸다. 도체가 1초에 이동하는 각은 다음과 같이 표현할 수 있다.

$$\text{각속도}(\omega) = \text{라디안}/\text{초} \tag{2.5.1}$$

라디안의 정의를 그림 2.5-8에 나타내었다. 1라디안은 호의 반경 r과 길이가 동일한 원호에 대응하는 각이다. 이렇게 하면 360°에 대응하는 라디안의 크기는 2π가 된다. 달리 말하면 2π라디안은 360°가 되며 이로부터 1라디안의 각도값은 360°를 2π로 나눔으로써 구할 수 있다.

$$1\text{라디안} = \frac{360}{2\pi} = \frac{180}{\pi} = 57.3^{\circ} \tag{2.5.2}$$

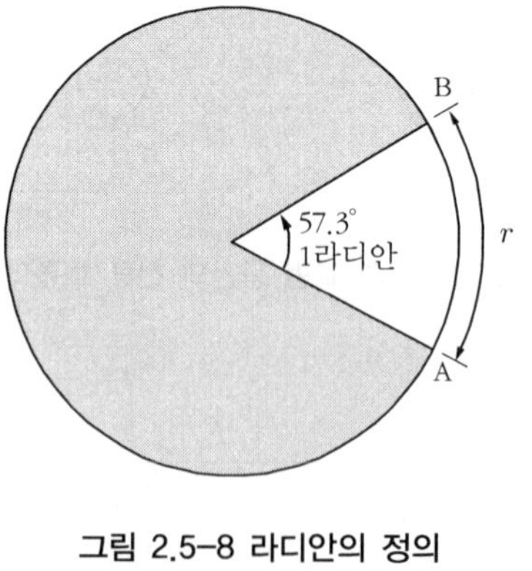

그림 2.5-8 라디안의 정의

예제 1 단일 루프의 도체가 완전하게 3회전한다면 도체는 몇 라디안을 이동하였는가?

풀이 1회전 = 360° = 2π[rad], 3회전 = 6π[rad]=18.85[rad]

예제 2 2.5라디안을 각도로 변환하여라.

풀이 $\text{도 단위의 각} = \frac{\text{라디안} \times 180}{\pi} = \frac{2.5 \times 180}{\pi} = 143.24°$

예제 3 코일이 230° 회전하였다. 이 각은 라디안으로 얼마인가?

풀이 $\text{라디안} = \frac{\text{도} \times \pi}{180} = \frac{230\pi}{180} = 4.01[\text{rad}]$

2.5.4 주파수

도체가 자극의 N극과 S극을 완전히 통과함으로써 발생되는 전압파를 1사이클(cycle)이라 한다. 따라서 전압의 1사이클은 전기자(armature)가 전기각으로 360° 회전을 완료할 때마다 발생하게 된다. 초당 사이클의 수를 교류 전압 혹은 전류의 주파수 f로 정의하며 단위는 헤르츠(Hz)를 사용한다. 1 헤르츠는 초당 1사이클(1[cycle/s])과 같다.

교류 계기는 올바른 동작을 위해 정해진 주파수와 정해진 전류 및 전압이 필요하므로 교류의 주파수는 중요하다. 또한 전자회로에서의 주파수도 오디오, 라디오 및 비디오 시스템의 연구에 중요하다.

가청 주파수는 인간의 귀가 들을 수 있는 주파수로서 이 주파수의 범위는 대략 20[Hz]에서 18,000[Hz]까지가 된다. 가청 스펙트럼에서 주파수는 피치(pitch)와 관련되는데 낮은 피치를 갖는 주파수는 저음의 음색과 유사하고 높은 피치를 갖는 주파수는 고음 음색을 나타낸다.

라디오와 텔레비전 송신소는 음파와 광파를 전기적 임펄스로 변환한다. 그리고 이 신호들은 고주파 교류 형태를 사용하여 송신된다. 교류 신호는 공간에서 자계와 전계를 발생하는데 이러한 자계와 전계를 무선파(radio wave)라 한다. 일반적인 무선파의 주파수는 초당 수십만 혹은 수백만 사이클이 되지만 일반적으로 30[kHz]와 500[GHz] 사이의 값을 가지게 된다. 주파수들의 단위는 다음과 같다.

1[kHz] = 1[kilo Hertz] = 1000[c/s]

1[MHz] = 1[Mega Herts] = 1×10^6[c/s]

1[GHz] = 1[Giga Herts] = 1×10^9[c/s]

1[THz] = 1[Tera Herts] = 1×10^{12}[c/s]

무선파를 송신할 때 전자파의 주파수는 음성 주파수보다 훨씬 높게 된다. 이 주파수는 송신소의 반송 주파수(carrier frequency)라 한다.

2.5.5 주 기

한 사이클의 변화에 필요한 시간을 파형의 시간 주기(time period)라 한다. 주기는 파가 완전한 사이클을 완료하는데 걸리는 시간으로서 기호는 문자 T를 사용한다.

주기 파형(periodic waveform)은 정해진 패턴을 되풀이하여 반복하게 되는데 그림 2.5-9에 전형적인 주기 파형들을 도시하였다. 파의 주기는 주파수에 반비례한다.

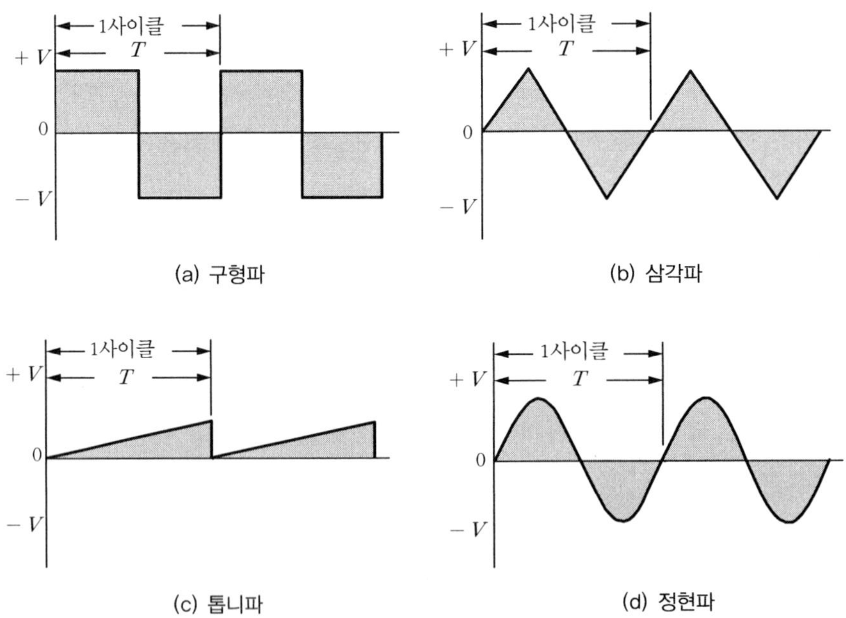

그림 2.5-9 주기 파형

$$f = \frac{1}{T} \tag{2.5.3}$$

예제 1 신호가 2000[kHz]의 주파수를 가질 때 1 사이클이 완료하는데 걸리는 시간은 얼마인가?

풀이 $f = \frac{1}{T}$, $T = \frac{1}{f} = \frac{1}{2.0 \times 10^6} = 0.5[\mu s]$

예제 2 신호가 150[μs]의 시간 주기를 가질 때 주파수를 계산하여라.

풀이 $f = \frac{1}{T} = \frac{1}{150 \times 10^{-6}} = 6.67[\text{kHz}]$

2.5.6 파 장

무선파가 1사이클의 시간에 진행하는 거리를 파장(wave length)이라고 한다. 파장의 기호는 그리스 문자 λ(lambda)를 사용한다. 무선파는 광속(300,000,000[m/s])으로 진행하므로 파의 주파수를 안다면 1사이클의 시간에 파가 진행하게 될 거리를 다음 식에 의해 구할 수 있다.

$$\lambda = \frac{300,000,000}{f} \tag{2.5.4}$$

λ : 파장, f : 주파수

예제 1 1500[kHz]의 주파수를 갖는 AM 무선파의 파장은 얼마인가?

풀이 $\lambda = \frac{300,000}{1500[\text{kHz}]} = 200[\text{m}]$

예제 2 85.55[MHz]의 주파수를 갖는 텔레비전 비디오 반송파의 파장은 얼마인가?

풀이 $\lambda = \frac{300}{85.55[\text{MHz}]} = 3.51[\text{m}]$

음파의 속도는 무선파에 비해 매우 낮다. 음파의 속도는 공기의 온도에 따라 변화하게 되며 일반적으로 340[m/s]의 속도로 공기속을 진행한다.

예제 3 240[Hz]의 주파수로 저음 화자에 의해 발생되는 음파의 파장은 얼마인가?

풀이 $\lambda = \frac{340[m/s]}{f} = \frac{340[m/s]}{240[Hz]} = 1.42[m]$

2.5.7 사인파의 순시값

사인파에서 360° 혹은 2π라디안은 완전한 1사이클을 의미한다. 예를 들어 사인파의 주기가 0.3초이면 한 사이클에서 1°는 0.3/360=0.833[ms]가 된다. 순시값은 특정각에서의 $\sin\theta$의 값이며 임의의 점에서 사인파의 순시값 e는 사인파의 첨두값 E_P와 시간에 대응되는 각에서의 사인값의 곱과 같다.

방정식 형태로 나타내면 전압의 순시값은 다음과 같다.

$$e = E_P \sin\theta \tag{2.5.5}$$

전류의 순시값을 계산하기 위해서는 다음 식이 사용된다.

$$i = I_P \sin\theta \tag{2.5.6}$$

수학에서는 첨두값을 진폭이라고 하며 θ는 편각이라 한다. 진폭은 전자회로에서 수직축의 전압 혹은 전류의 최대값을 결정하기 위해 사용된다.

예제 1 $I_P = 2.5[A]$인 경우 25°에서 정현 전류의 순시값은 얼마인가?

풀이 $i = I_P \sin\theta = 2.5[A] \sin 25° = 1.06[A]$

전압의 순시값을 라디안 단위로 나타내면 다음 식과 같다.

$$e = E_P \sin\omega t \tag{2.5.7}$$

ω : 각속도, t : 시간

2π라디안은 1사이클을 나타내므로 전압의 순시값은 다음과 같이 나타낼 수 있다.

$$e = E_P \sin 2\pi ft \tag{2.5.8}$$

ω는 초당 라디안으로 표시되므로 사인함수를 사용할 때 라디안을 각도로 변환하는 것이 종종 필요하게 된다.

예제 2 1.5[kHz] 주파수를 갖는 교류 파형의 최대 전압이 110[V]이다. 57[μs]에서 전압의 순시값을 계산하여라(t=0에서 전압은 0이고 이후에는 양의 방향으로 증가한다고 가정한다).

풀이 $e = E_p \sin\omega t = 110\sin[2\pi(1.5\times10^3)(57\times10^{-6})] = 110\sin 0.54[\mathrm{V}]$

여기서 0.54는 라디안 단위이고 이것을 각도로 바꾸어 주면 된다.

$e = 110\sin(0.54\times57.3) = 56.56[\mathrm{V}]$

예제 3 800[Hz] 사인파 신호의 최대 진폭은 40[V]이다. 양의 피크값에 도달하기 40[μs] 전에서의 신호의 순시값은 얼마인가?

풀이 우선 신호의 주기를 계산한다.

$T = 1/f = 1250[\mu\mathrm{s}]$

다음으로 마이크로 초당의 각도를 계산한다.

$1250[\mu\mathrm{s}] = 360°$
$1[\mu\mathrm{s}] = 0.288°$
$40[\mu\mathrm{s}] = 40\times0.288° = 11.52°$

사인파 양의 최대값이 90°에서 발생하므로 최대값 이전의 11.52°는 다음과 같다.

$90° - 11.52° = 78.48°$
$e = E_P\sin\omega t = 40\sin 78.48° = 39.19[\mathrm{V}]$

2.5.8 사인파의 평균값과 실효값

사인 파형의 순시값은 일정하게 변하며 한 사이클당 양 및 음의 최대값을 가진다. 사인파의 평균값은 연속된 등간격의 값들을 더한 합을 더한 값의 개수로 나눔으로써 구할 수 있으며, 양의 반주기와 음의 반주기는 형태와 크기가 동일하므로 사인파의 정확한 평균값 혹은 중간값은 영이 된다. 따라서 사인파의 평균값을 계산할 경우에는 반주기만의 평균을 사용하게 된다.

그림 2.5-10 그래프의 평균값을 구해보자. 우선 파형의 반주기 파를 3° 간격으로 나눈다. 각 3°로 구분(segment)된 면적은 동일한 시간 간격을 의미하고 따라서 전체 사인파의 평균값은 모든 구분된 면적의 평균이 된다. 180°까지의 모든 각에 대한 사인값을 더하여 더한 값의 개수로 나누면 이 평균은 0.637이 되며 피크값은 1이 된다.

$$\text{평균값} = 0.637 \times \text{피크값} = \frac{2}{\pi} \times E_P \tag{2.5.9}$$

그림 2.5-11(a)는 최대 순시값이 $\sqrt{2}$ 혹은 1.414[A]이며 rms값이 1[A]인 교류 사인파를 보여준다. 완전한 1사이클의 파를 고려하면 음의 전류와 양의 전류가 같으므로 평균값은 영이 된다.

이 전류를 측정하기 위해 직류 전류계를 연결하면 직류 전류계는 영을 가리키게 될 것이다. 왜냐하면 직류 계기가 전압과 전류의 평균값을 나타내기 때문이다.

따라서 교류 전류의 평균값이 아닌 다른 개념의 값이 필요한데 이런 경우 실효값을 사용하게 된다. 교류 전류의 실효값은 직류 전류와 동일한 비율로 순수 저항에서 열을 발생하게 하는 전류를 의미한다.

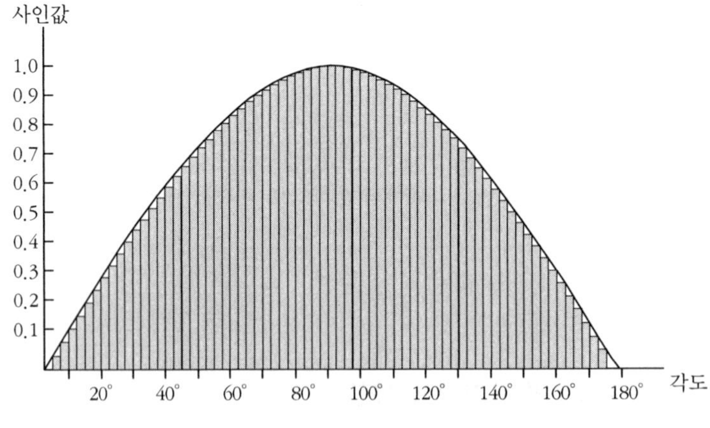

그림 2.5-10 평균값을 결정하기 위한 곡선 아래 면적을 적분하는 방법

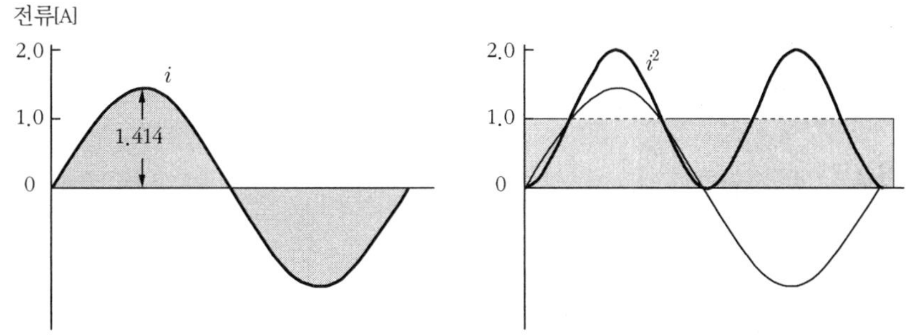

(a) 사인파의 최대값 (b) 전류 제곱파와 전열 효과 부분

그림 2.5-11

전열 효과는 전류의 제곱(I^2R)에 따라 변한다. 그림 2.5-11(b)는 그림 2.5-11(a)의 전류파와 이의 제곱값을 함께 보여준다. 원래 전류파의 최대값이 1.414 혹은 $\sqrt{2}$ 암페어이므로 새로운 파형의 최대값은 1.414^2이 된다.

그림 2.5-11(b)의 제곱 파형은 원래 파의 두 배인 주파수를 가지며 영축 위로 1.0[A] 떨어진 위치에 수평 대칭축을 가진다. 이 제곱파의 제곱근은 1.0[A]의 평균값을 가지며 이것은 전류파 세로 좌표의 제곱들의 평균이 된다. 이 전류값이 저항을 통해 흐르게 되면 1사이클 동안의 전열 효과는 그림 2.5-11(b)의 그늘진 직사각형의 면적에 비례하게 된다. 이 값을 전류의 실효값 혹은 rms(root-mean-square)값이라 한다.

따라서 직류 전류와 동일한 비율로 열을 발생하는 교류 전류의 사인파는 1.414의 최대값을 가진다. 최대값에 대한 rms의 비는 다음과 같이 구해진다.

$$E = \left(\frac{1}{1.414}\right)E_P = 0.707E_P = \frac{E_P}{\sqrt{2}} \tag{2.5.10}$$

$$I = 0.707I_P \tag{2.5.11}$$

일반적으로 사용하는 교류의 전압 및 전류값은 주로 실효값으로 나타낸다.

예제 1 교류 전압의 실효값(rms)이 110[V]이다. 피크 전압은 얼마인가?

풀이 $E_P = \dfrac{E}{0.707} = \dfrac{110[\text{V}]}{0.707} = 155.59[\text{V}]$

예제 2 220[V]인 교류 사인파가 100[Ω] 저항과 연결되어 있다. 저항을 통해 흐르는 전류의 피크값과 실효값(rms)을 계산하여라.

풀이

$$E_P = \frac{E}{0.707} = \frac{220[\mathrm{V}]}{0.707} = 311.2[\mathrm{V}]$$

$$I_P = \frac{E_P}{R} = \frac{311.2[\mathrm{V}]}{100[\Omega]} = 3.1[\mathrm{A}]$$

$$I = \frac{E}{R} = \frac{220[\mathrm{V}]}{100[\Omega]} = 2.2[\mathrm{A}]$$

예제 3 피크-피크값이 100[V]인 전압을 갖는 신호의 실효값(rms) 전압을 계산하여라.

풀이

$$E_{P-P} = 100[\mathrm{V}],\ E_P = \frac{1}{2}E_{P-P} = 50[\mathrm{V}]$$

$$E = 0.707E_P = (0.707)(50) = 35.35[\mathrm{V}]$$

교류회로에서의 전력은 전류와 전압의 실효값을 이용하여 계산한다. 그리고 교류를 해석할 경우 평균값과 실효값의 상호 관계를 이용할 경우가 발생하는데 이것은 파형률(form factor)이라는 용어를 사용하며 다음과 같이 정의된다.

$$\text{파형률} = \frac{\text{실효값}}{\text{평균값}} \tag{2.5.12}$$

그러므로 사인파에 대한 파형률은 다음과 같다.

$$\frac{\text{실효값}}{\text{평균값}} = \frac{E_P/\sqrt{2}}{(2/\pi)E_P} = \frac{\pi}{2\sqrt{2}} = 1.11 \tag{2.5.13}$$

2.5.9 위상 관계

교류 전압에 의해 회로에 전류가 흐를 때 전류는 인가된 전압과 동일한 기본 주파수(fundamental frequency)로 교번한다. 그림 2.5-12는 진폭은 다르지만 동일한 주파수로 교번하는 전압과 전류 파형을 나타낸다. 이러한 두 파형을 동상(in phase)이라고 하고 정현 전압을 순수 저항 회로에 인가하면 이와 같은 결과를 얻을 수 있다.

그러나 정현 전압을 순수한 저항이 아닌 인덕터가 포함된 회로에 인가하면 회로 전압과 회로 전류는 동상이 되지 않고 둘 사이에 위상차(out of phase)가 발생한다.

그림 2.5-13은 60°의 위상 변위를 갖는 전류와 전압 파형을 보여준다. 그림 2.5-13의 전류 파형은 전압에 비해 60°늦게 출발하므로 전류는 전압보다 60°만큼 위상이 늦다(lag)라고 말한다. 일반적으로 인덕터를 많이 포함하는 회로의 전류 위상은 전압의 위상보다 늦는다. 전류의 위상이 전압의 위상보다 앞서는 경우 전류는 전압보다 위상이 앞선다(lead)라고 말한다. 커패시터가 많은 회로의 전류 위상은 전압의 위상보다 빠르게 된다.

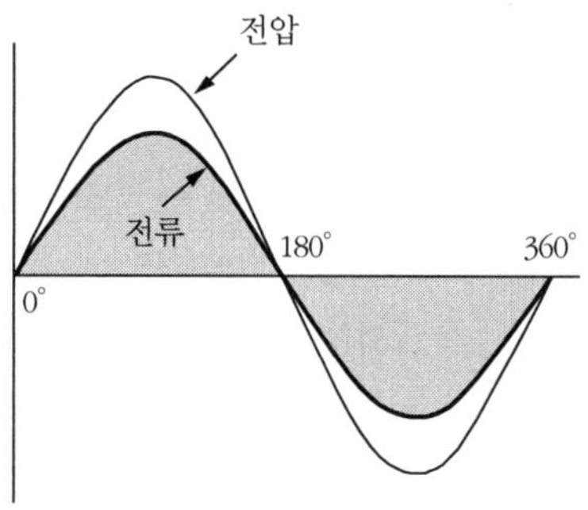

그림 2.5-12 동상인 전류와 전압 파형

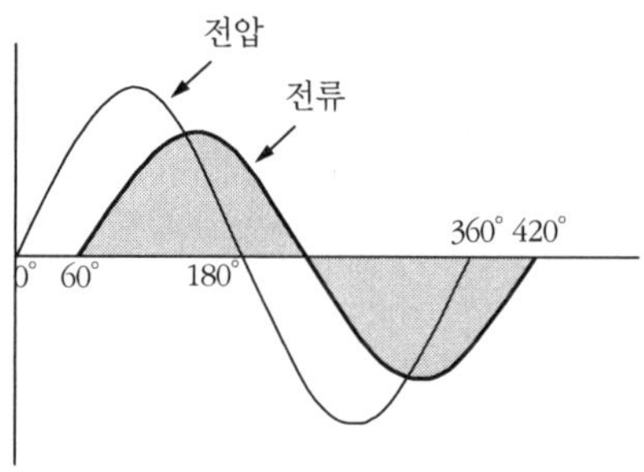

그림 2.5-13 위상 변위가 60°인 전압과 전류 파형

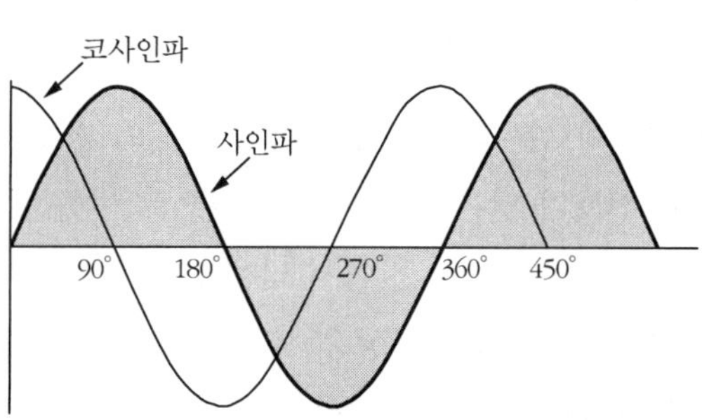

그림 2.5-14 사인파와 코사인파 사이의 변위

회로의 전류와 전압이 동상일 때 이들은 같은 시각에 사이클이 시작 및 종료되므로 두 파의 시간 차이는 영이 된다. 회로의 전류와 전압의 위상이 어긋났을 때 위상 변위는 대개 위상각(phase angle)이라 하는 전기각 단위로 표현된다. 그림 2.5-13에서 전류는 전압보다 60°만큼 위상이 늦으며 이것은 위상각이 60°임을 의미한다.

삼각법에 의한 사인 및 코사인값들은 코사인의 경우 사인값들로부터 90°만큼 각이 이동한 것을 제외하고는 코사인의 값과 사인값이 같게 된다. 따라서 코사인파는 90°만큼 이동된 사인파가 된다. 그림 2.5-14는 사인파와 코사인파 사이의 관계를 설명해준다.

2.5.10 비정현 파형

비정현 파형들의 위상 관계는 사인파들의 경우와 상당히 달라질 수 있다. 방형파(square wave), 삼각파 혹은 톱니파와 같은 파형들을 주기 파형(periodic waveform)이라 한다. 비록 모든 비정현 주기 파형이 다른 주파수들의 사인파들로 구성되며 이들 주파수의 합이 되지만 모양은 정현파와 다르게 된다.

삼각파, 톱니파, 펄스파 및 방형파는 비정현파에 포함된다. 전자회로에서는 비정현파를 많이 사용하게 되는데 이와 같은 것들에는 텔레비전 신호, 음악 및 디지털 데이터 신호 등이 있다. 방형파는 증폭기의 주파수 응답을 결정하기 위해 사용되며 또한 논리회로에서 클록과 소스 신호로서 사용된다. 삼각파는 증폭기의 과부하 혹은 클리핑(clipping)점을 결정하는 데 사용될 수 있다.

펄스파는 가장 흔한 비정현 파형의 하나이다. 그림 2.5-15와 같은 펄스파는 비교적 짧은 지속시간(duration)을 갖는 신호이다. 이상적인 펄스 신호는 완전한 구형이며 이 신호는 순간적으로 한 값에서 다른 값으로 변한다. 원래의 값과 새로운 값의 차이를 펄스 진폭(pulse amplitude)이라 하며 신호가 새로운 값에 머무르는 시간의 길이를 펄스폭(pulse width)이라 한다.

사실 실제의 펄스는 새로운 값에 도달하거나 원래의 값으로 되돌아오는 데는 어느 정도의 시간이 걸린다. 신호가 낮은 값에서 높은 값으로 변하는데 필요한 시간을 상승 시간(rise time)이라 하며, 신호가 높은 값에서 낮은 값으로 되는데 필요한 시간을 하강 시간(fall time)이라 한다. 전자회로에서 상승 시간은 신호가 최대 진폭의 90[%]에 도달하는 데 필요한 시간으로 정의되며 하강 시간은 최대값의 10[%]로 하강하는 데 필요한 시간을 말한다.

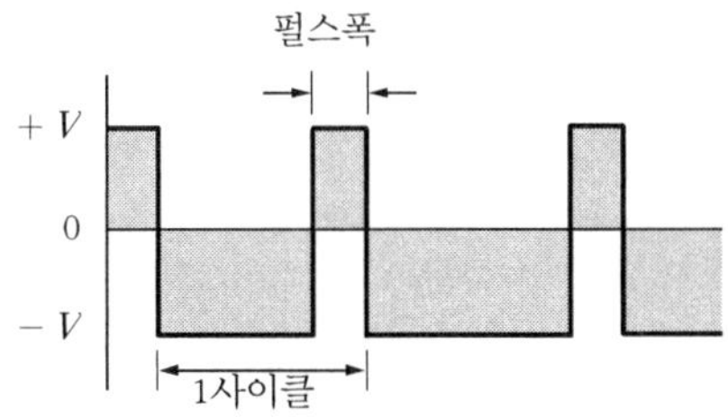

그림 2.5-15 펄스파

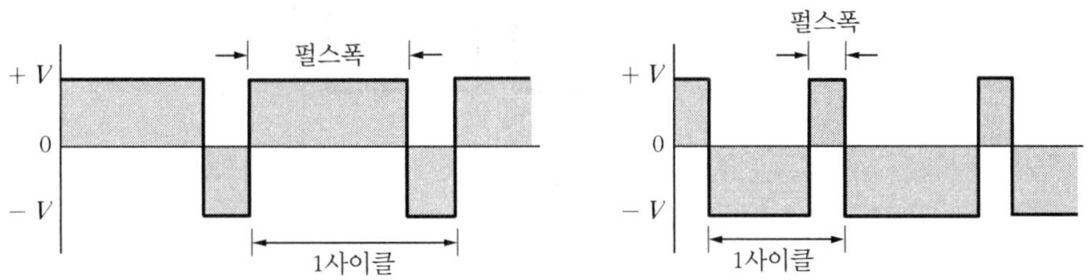

(a) 높은 듀티 사이클 (b) 낮은 듀티 사이클

그림 2.5-16 펄스파

펄스가 발생하는 주파수를 펄스 반복률(Pulse Repetition Rate : PRR)이라 한다. 펄스 지속 시간은 매우 짧으므로 주로 마이크로 초단위로 측정되고 반복률은 1초에 발생하는 펄스의 개수가 된다. 연속된 펄스의 군(group)을 펄스열(pulse train)이라 하고, 펄스열의 모든 펄스들이 형태가 동일하고 동일한 간격을 유지하면 신호는 주기적이라고 간주된다.

펄스 파형의 듀티 사이클(duty cycle)은 1사이클 주기에 대한 펄스폭의 비를 의미하며 다음 식으로 나타낼 수 있다.

$$\text{듀티 사이클} = \left(\frac{t_w}{T}\right)100[\%] \tag{2.5.14}$$

t_w : 펄스폭, T : 1사이클의 주기

그림 2.5-16(a)는 양의 값이 지속되는 펄스폭이 사이클의 50[%] 이상으로 높은 비율을 차지하므로 높은 듀티 사이클을 나타내며 그림 2.5-16(b)는 양의 값이 지속되는 펄스폭이 사이클의 50[%] 미만으로 낮은 비율을 가지므로 낮은 듀티 사이클을 나타낸다.

예제 1 그림 2.5-17의 비정현파에 대해 다음을 계산하여라.

(a) 주기
(b) 주파수
(c) 듀티 사이클

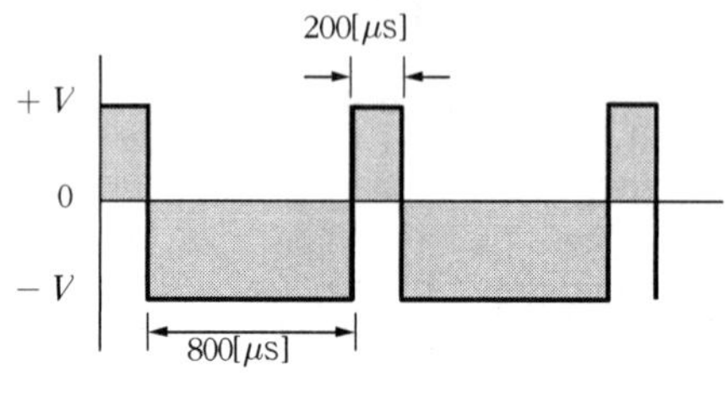

그림 2.5-17

풀이 (a) $T = 200[\mu s] + 800[\mu s] = 1000[\mu s]$

(b) $f = \dfrac{1}{T} = \dfrac{1}{1000[\mu s]} = 1[\text{kHz}]$

(c) 듀티사이클 $= \left(\dfrac{t_w}{T}\right)100[\%] = \left(\dfrac{200[\mu s]}{1000[\mu s]}\right)100\% = 20[\%]$

펄스의 평균값은 듀티 사이클에 피크-피크 전압을 곱하여 기준선 값을 더함으로써 구해진다. 기준선은 펄스 전압의 최소 하한값을 나타낸다. 펄스 전압이 양 혹은 음일 수 있기 때문에 기준선은 음, 양 혹은 영일 수 있다. 방정식으로 나타내면 다음과 같다.

$$V_{\text{avg}} = \text{기준선 값} + (\text{듀티 사이클})(E_{P-P}) \tag{2.5.15}$$

예제 2 그림 2.5-18 펄스파의 평균값을 계산하여라.

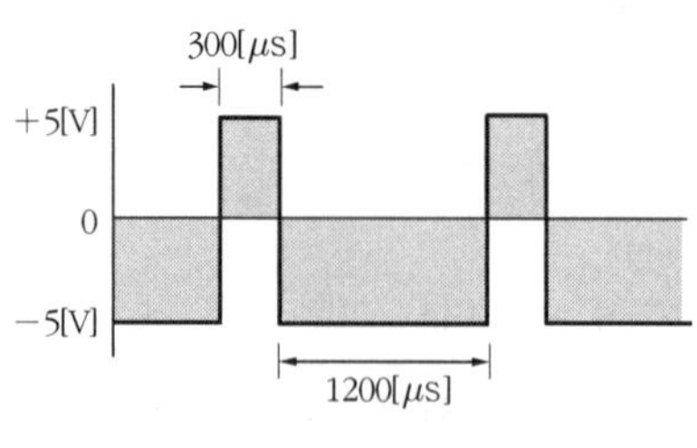

그림 2.5-18

풀이 듀티 사이클 $= \frac{t_w}{T} = \frac{300[\mu s]}{1500[\mu s]} = 0.2$

$E_{P-P} = 10[V]$

$E_{avg} =$ 기준선 값 $+$ (듀티 사이클)$(E_{P-P}) = -5[V] + (0.2)(10[V]) = -3[V]$

듀티 사이클이 정확히 50[%]이면 양의 펄스가 반주기와 같으므로 펄스는 방형파로 간주된다. 그림 2.5-19는 전형적인 방형파를 나타낸다. 기본적으로 방형파는 동일한 펄스 폭과 펄스 사이의 동일한 시간 간격을 갖는 펄스들의 열(train)을 갖는다. 파의 양의 부분과 음의 부분이 같으므로 1사이클에 대한 평균값은 영이 되고 DC 성분은 없게 된다.

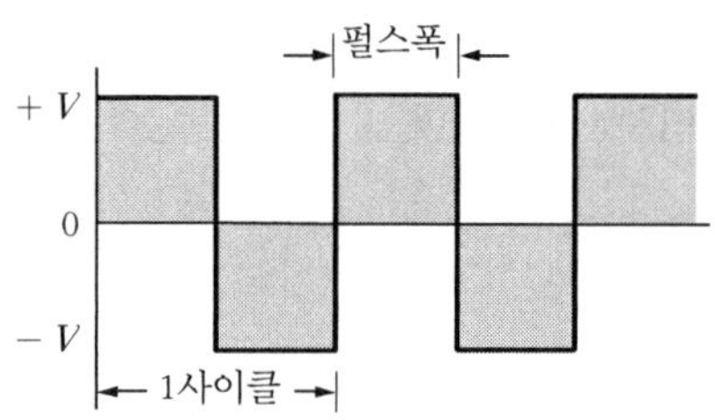

그림 2.5-19 방형파

그림 2.5-20은 삼각파를 보여준다. 삼각파는 일정한 비율로 한 레벨로부터 다른 레벨로 변하는 주기적 램프(ramp) 파형으로 정의될 수 있다. 전체 주기에 대한 파형의 평균값은 영이 된다.

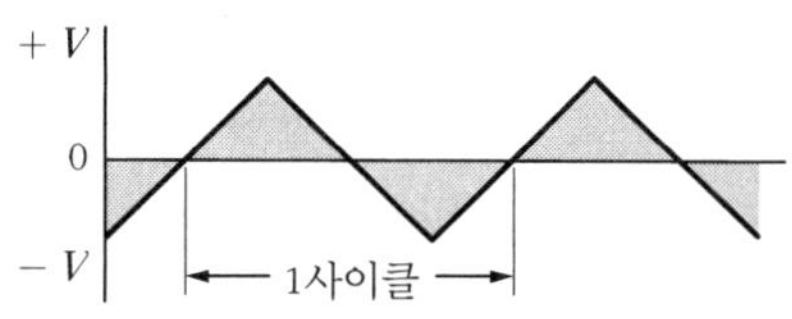

그림 2.5-20 삼각파

그림 2.5-21의 톱니파는 두 개의 램프 전압으로 구성되는 또 다른 파형이다. 이 파도 각 반사이클에 대한 면적이 같으므로 DC 성분을 가지지 않으며 평균값은 영이 된다. 톱니파는 음극선 오실로스코프, 텔레비전 수신기와 전자 트리거 회로에서 광범위하게 사용된다.

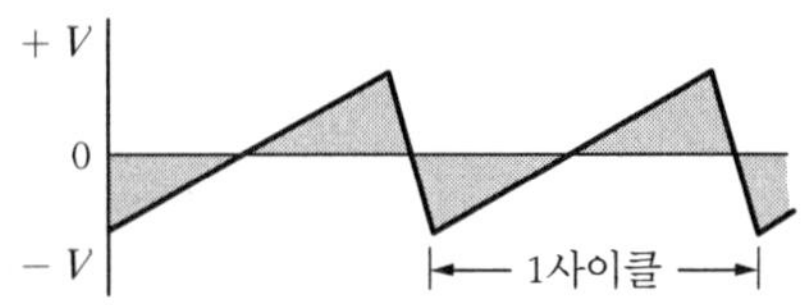

그림 2.5-21 톱니파 사이클

푸리에(Fourier) 급수를 사용하면 반복적으로 발생하는 비정현파를 수학적으로 완전하게 해석할 수 있게 된다. 시간 주기가 T인 주기 함수들은 기본 주파수 $f=1/T$의 정수배인 주파수들을 갖는 정현파들의 무한 합으로 표현된 푸리에 급수로 나타낼 수 있다.

비정현파의 주기가 2π가 된다면 이 파는 푸리에 급수를 이용하여 여러 다른 주파수들의 사인 및 코사인파들과 직류항으로 불리우는 상수항으로 표현할 수 있다. 직류항은 완전한 1사이클에 대한 파의 평균값이다.

2.5.11 고조파 주파수

전자회로에서 고조파(harmonics)라는 용어는 기본 혹은 전원 주파수보다 높은 주파수를 갖는 성분들을 의미한다. 기본 사인파는 일반적으로 고조파에 비해 진폭이 더 크다. 전자 증폭기가 음악 등을 재생할 경우에는 고조파 없이 신호를 증폭해야만 양호한 음색을 감상할 수 있게 된다. 음량 조절이 정해진 값 이상으로 증가될 때 고조파 왜곡(harmonic distortion)이라 하는 청취 가능한 왜곡이 발생하며 이러한 경우 잡음이 발생하게 된다.

방형파와 같은 비정현 파형들은 기본 주파수뿐 아니라 다수의 홀수 고조파를 갖는다. 이러한 주파수들을 충분한 개수로 조합하면 방형파의 형태를 만들어 낼 수 있다. 전압과 전류의 고조파는 푸리에 급수 해석 방법에 의해 구할 수 있는데 주어진 파 주파수의 정수배인 주파수를 갖는 다른 파이다.

예를 들어 기본 주파수의 2배인 주파수를 갖는 고조파를 제2고조파(second harmonic)라고 한다. 전원 주파수가 60[Hz]이면 다음의 관계가 성립한다.

기본 주파수=60[Hz]

제 2 고조파 주파수=120[Hz]

제 3 고조파 주파수=180[Hz]

제 4 고조파 주파수=240[Hz]

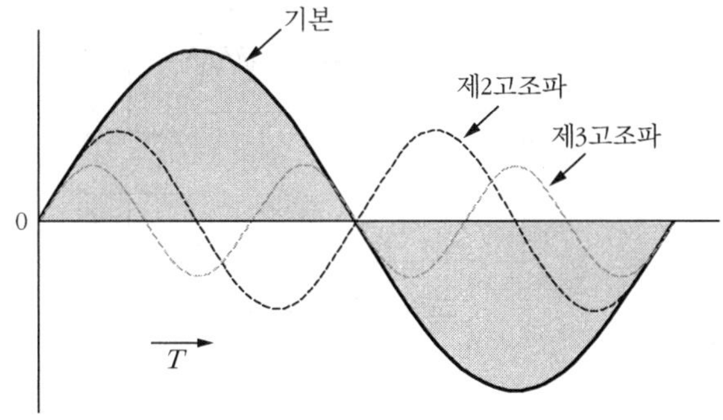

그림 2.5-22 기본, 제2 및 제3 고조파 사이의 관계

기본 주파수와 제2 및 제3고조파 사이의 관계는 그림 2.5-22와 같다.

고조파는 파형정형(waveshaping) 회로에서와 같이 필요에 의해 임의로 발생되어지는 고조파와 왜곡과 같이 원하지 않는 간섭(interference)에 의해 발생하는 고조파가 있다. 고조파 중 작은 차수의 고조파는 전자 부품과 기기에 악영향을 미칠 수 있다.

고조파는 사이리스터(thyristor)와 같은 반도체 스위치의 온(on)과 오프(off)의 반복적인 스위칭 작용에 의해 발생되는데 이러한 고조파는 입력 사인파를 왜곡시키고 진폭을 감소시킴으로써 전자기기를 손상시킬 수 있다. 고조파는 또한 부하 사인파의 영교차점(zero crossing point)을 이동시킬 수 있으며 이로 인해 열손실을 증가시켜 시스템의 효율을 감소시킬 수 있다.

2.6 커패시턴스와 커패시터

두 도체 평판 사이에 절연체인 유전체(dielectric)를 넣은 상태에서 두 도체 사이에 전압을 인가하면 유전체에 응력이 발생한다. 지나치게 높은 전압을 인가하면 과도한 응력이 발생하여 유전체의 절연이 파괴되고 두 도체 사이에 스파크가 발생하게 되는데 이것을 절연파괴(breakdown)라고 한다. 절연파괴 시점부터는 절연체에 전류가 흐르기 시작한다.

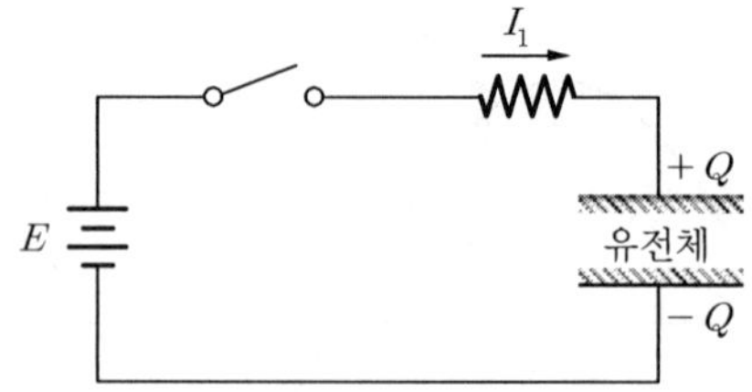

그림 2.6-1 유전체 회로

그림 2.6-1은 유전체 회로를 보여준다. 처음에는 평행평판이 전하를 띠고 있지 않다가 스위치를 닫으면 평행평판으로 전하가 움직이게 되어 평행평판에 음전하가 공급된다. 전원의 전압에 의해 공급된 음전하와 반대편의 양전하의 전기적인 인력에 의해 평행평판 사이에는 전하가 저장되며, 이 작용은 평행평판 사이의 전위차가 전압원의 전위차와 같을 때까지 지속적으로 발생한다. 처음 스위치를 닫았을 때 전원에서 평행평판으로 과도한 전하가 이동하는 것을 방지하기 위해 회로에 저항이 삽입되어 있다.

그림 2.6-2는 충전된 두 평판과 유전체에 발생되는 전계를 보여주는데 이것이 커패시터(capacitor)이다.

커패시턴스는 커패시터가 평판에 전하를 축적할 수 있는 능력의 척도를 나타낸다. 전계의 전체 세기는 전체 전기력선의 수 혹은 유전속(dielectric flux)을 사용하여 표현되는데 그리스 기호 Ψ를 사용하여 유전속을 나타낸다.

전하의 단위는 쿨롬(Coulomb)을 사용한다. 그리고 전하 사이에 작용하는 힘은 다음 식으로 표현된다.

$$F=\frac{kQ_1Q_2}{d^2} \tag{2.6.1}$$

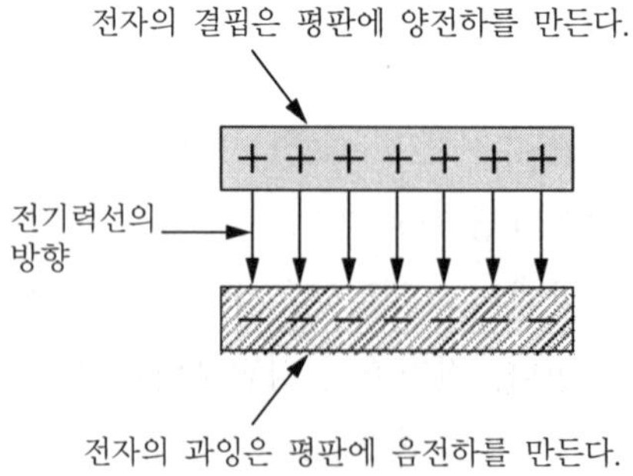

그림 2.6-2 두 전하 표면 사이의 정전계

여기서 F는 두 전하 사이에 발생하는 힘, Q는 전하, k는 물체가 위치한 공간의 물질에 따르는 상수 및 d는 두 전하 사이의 거리를 나타낸다. 비례상수 k는 쿨롬 상수라고 하는데 $k=1/4\pi\varepsilon_0$를 종종 사용한다. 여기서 ε_0는 자유공간의 유전율이다.

SI 단위계에서 쿨롬은 전하의 단위로 정의된다. 전자 6.24×10^{18}개를 하나의 단위로 묶어 1쿨롬이라고 하며 $k=9.0\times10^9[\text{N}\cdot\text{m}^2/\text{C}^2]$를 쿨롬 상수로 사용한다.

예제 1 크기가 각각 4[μC]인 두 전하가 6[cm] 간격으로 떨어져 있다. 두 전하 사이의 반발력을 구하여라.

풀이 $F=\dfrac{kQ_1Q_2}{d^2}=\dfrac{(9.0\times10^9)(4\times10^{-6})^2}{(0.06[\text{m}])^2}=40[\text{N}]$

전하는 쿨롬으로 측정되고 쿨롬은 전속(electric flux)의 단위로 종종 사용된다. 따라서 일정한 쿨롬을 갖는 커패시터는 평판 사이에서 또한 일정한 전속을 갖는다.

$$\text{전속 } \Psi=Q \tag{2.6.2}$$

전하 Q가 커지면 단위면적당 확산 혹은 종료되는 전속선의 수가 더 많아진다. 따라서 전하가 2배가 되면 단위면적당 2배의 전속선이 발생하게 된다.

전계의 전하 유기 능력을 전속밀도(electric flux density)라고 하며 D로 표기한다. 식 (2.6.2)는 전속이 커패시터의 양판을 가로질러 균일하게 분포될 때마다 전속밀도는 일정하게 된다는 사실을 내포하고 있다. 커패시터 표면 사이의 전하 분포에 기인하는 전속밀도는 다음과 같다.

$$D=\frac{\Psi}{A}=\frac{Q}{A} \tag{2.6.3}$$

A : 평판의 면적[m^2], D : 전속밀도[C/m^2], Q : 전하[C]

그림 2.6-2 평판 사이의 거리가 감소되면 평판 사이의 반발력은 증가하는데 이것은 인가전압을 증가시키지 않고도 전속을 증가시킬 수 있음을 의미한다. 따라서 전속은 평판들 사이의 거리에 반비례한다고 말할 수 있다.

2.6.1 비유전율(유전체 상수)

비유전율(relative permittivity) 혹은 유전체 상수(dielectric constant)는 물질이 유전속의 발생을 위해 얼마나 적합한지를 나타내는 척도가 되며 기호는 ε_r을 사용한다.

진공의 비유전율은 1이며 평판 사이에 진공대신 다른 물질을 사용한다면 진공에 비해 더 많은 전기력선이 발생되는데 이 정도에 따라 비유전율이 결정된다. 비유전율은 진공의 절대 유전율 ε_0에 대한 물질의 절대 유전율 ε의 비로서 무차원이며 식 (2.6.4)로 나타낼 수 있다. 표 2.6-1에 물질의 유전체 상수를 나타내었다.

$$\varepsilon_r = \frac{\text{물질이 유전체로 사용된 경우에 발생하는 전속}}{\text{진공이 유전체로 사용된 경우에 발생하는 전속}} = \frac{\varepsilon}{\varepsilon_0} \tag{2.6.4}$$

표 2.6-1 유전체 상수

물 질	전형적인 유전체 상수
진 공	1.0
공 기	1.0006
세라믹(저손실)	5.0~570
세라믹(고손실)	600~10,000
유 리	4.4~10.0
운 모	5.5
마일러(mylar)	3.0
종 이	4.0~60
파라핀	2.1~2.5
플라스틱	2.1~4.5
자 기	5.7
고 무	2.5
물	81.0
나 무	2.5~7.7

2.6.2 절연내력

절연내력(dielectric strength)은 절연파괴가 발생하는 단위두께당의 전압으로 정의된다. 따라서 절연내력은 절연파괴를 일으키는 전계의 세기가 된다. 표 2.6-2에 대표적인 물질들의 절연내력을 나타내었다.

표 2.6-2 절연내력

물 질	내력([V/mm])
공기	787
기름	12,764
세라믹	39,370
종이	49,213
합성수지	59,055
유리	78,740
백운모	90,000~120,000

유전체에 의해 분리된 두 도체 사이에는 커패시턴스가 존재한다. 공기 혹은 절연체라면 어떤 것이든지 유전체로 사용될 수 있다. 모든 종류의 케이블에서 두 선 사이에 커패시턴스는 존재하며 금속 섀시, 인쇄 회로 기판에서 인접 도체 사이 혹은 반대쪽 도체 사이, 심지어 트랜지스터의 컬렉터, 베이스와 이미터 사이에도 커패시턴스는 존재할 수 있다. 이와 같이 원하지 않는 곳에 발생하는 커패시턴스를 표유(stray) 커패시턴스라고 하는데 표유 커패시턴스는 도체를 가능한 한 멀리 떨어져 있게 함으로써 최소화할 수 있다.

평판 양단에 1[V]의 전위차가 발생하고 이때 1[C]의 전하가 양 평판에 축적되었다면 이 커패시터는 1패럿(1[F])의 커패시턴스를 가지게 된다. 패럿(farad)은 19세기 영국의 화학자이며 물리학자인 Micheal Faraday의 이름을 따서 명명되었다. 패럿의 단위는 상당히 큰 값이므로 실제 응용시에는 마이크로 패럿이 흔히 사용된다.

커패시턴스를 식으로 나타내면 다음과 같다.

$$C=\frac{Q}{V} \quad (C: \text{커패시턴스[F]},\ Q: \text{전하[C]},\ V: \text{전위차[V]}) \qquad (2.6.5)$$

예제 1 220[V]의 전압을 인가하여 3[C]을 저장하는 경우 커패시턴스는 얼마인가?

풀이 $C=\frac{Q}{V}=\frac{3[\mathrm{C}]}{220[\mathrm{V}]}=0.014[\mathrm{F}]$

예제 2 30[μF]의 커패시턴스가 상당한 시간 동안 500[V] 전원의 양단에 연결되었다. 얼마나 많은 전하가 저장되었는가?

풀이 $Q=CV=(30\times10^{-6}[\mathrm{F}])(500[\mathrm{V}])=0.015[\mathrm{C}]$

예제 3 1000[μF]의 커패시턴스가 0.015[C]의 전하를 유지하고 있다. 커패시터 양단의 전압은 얼마인가?

풀이 $V = \dfrac{Q}{C} = \dfrac{0.015[\text{C}]}{1000 \times 10^{-6}[\text{F}]} = 15[\text{V}]$

커패시터의 커패시턴스를 결정하는 세 가지 요인은 다음과 같다.

① 평판의 실효 면적, 면적이 크면 커패시턴스는 더 커지게 된다.
② 평판 사이의 거리
③ 유전체의 성질

위와 같은 세 가지 요인들로부터 다음의 관계가 유도된다.

$$C = \frac{\varepsilon_0 \varepsilon_r A}{d} \tag{2.6.6}$$

C : 커패시턴스[F], ε_r : 유전체 상수(비유전율), ε_0 : 진공의 유전율
d : 평판 사이의 거리[m], A : 평판 면적[m^2]

진공의 유전율 ε_0는 8.85×10^{-12}[farads/m]이다. 평판의 면적이 증가되거나 평판 사이의 거리가 감소되거나 혹은 ε_r이 증가되도록 유전체를 바꾸면 커패시턴스는 더 커지게 된다.

예제 4 그림 2.6-3에 나타낸 커패시터의 커패시턴스는 얼마인가?

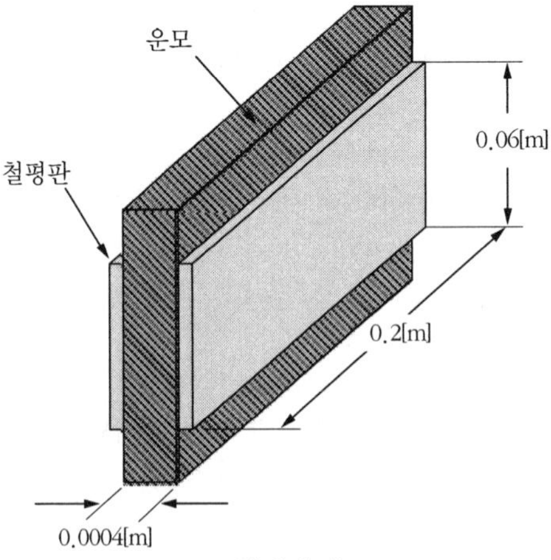

그림 2.6-3

✔풀이 $A = l \times \omega = 0.06 \times 0.2 = 0.012[\mathrm{m}^2]$, ε_r(표 2.6-1로 부터)$=5.5$

$$C = \frac{(8.85 \times 10^{-12})(\varepsilon_r)A}{d} = \frac{(8.85 \times 10^{-12})(5.5)(0.012[\mathrm{m}^2])}{0.0004} = 1.46 \times 10^{-9}[\mathrm{F}] = 1.46[\mathrm{nF}]$$

예제 5 500[pF] 커패시터의 두 평판 사이에 자기 유전체를 사용하였다. 각 평판의 면적이 $3 \times 10^{-4}[\mathrm{m}^2]$이었다면 이때의 유전체의 두께는 얼마인가?

✔풀이 표 2.6-1로부터 $\varepsilon_r = 5.7$이다.

$$C = \frac{\varepsilon_0 \varepsilon_r A}{d}$$

$$d = \frac{\varepsilon_0 \varepsilon_r A}{C} = \frac{(8.85 \times 10^{-12})(5.7)(3 \times 10^{-4}[\mathrm{m}^2])}{500 \times 10^{-12}[\mathrm{F}]} = 30.267 \times 10^{-6}[\mathrm{m}] = 30.267[\mu\mathrm{m}]$$

2.6.3 누설전류

커패시터에서 누설전류(leakage current)는 유전체의 결함으로 커패시터를 통해 흐르는 직류 전류 혹은 한 평판에서 다른 평판으로의 표면 경로를 통해 흐르는 직류 전류로 정의된다. 누설전류값은 작은 값을 가지며 유전체 절연저항에 반비례하여 변하게 된다.

유전체가 이상적이라면 저항값이 무한대이다. 하지만 실제의 모든 유전체는 누설저항이라는 저항값을 가진다.

그림 2.6-4에 커패시터의 누설저항이 도시되어 있다. 누설저항 때문에 커패시터에 충전된 전하는 시간이 흐름에 따라 점차 감소하게 된다. 대부분의 전기 및 전자회로에서 커패시터의 누설저항값은 상당히 큰 값을 가지며 따라서 누설저항이 회로에 미치는 영향은 무시할 수 있다.

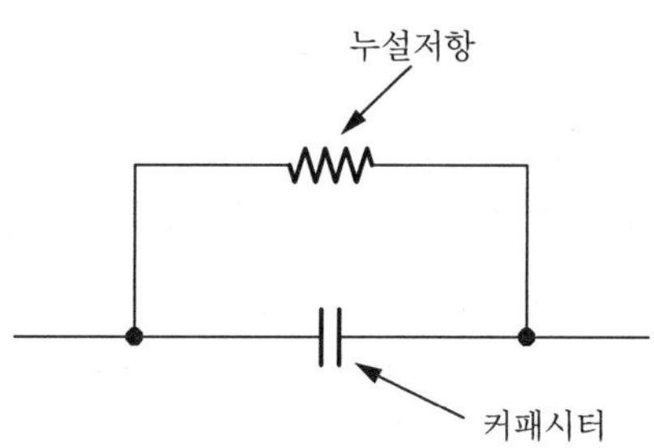

그림 2.6-4 커패시터의 누설저항

커패시터에 인가된 전압과 누설전류를 곱하면 전력 손실을 구할 수 있다. 누설전류값이 크면 급속한 전하 손실의 원인이 될 뿐만 아니라 커패시터를 과열시킨다. 커패시터의 방열계수(dissipation factor)는 커패시터 손실에 의해 결정된다. 여기에서의 손실은 누설저항에 의한 것뿐만이 아니라 유전체 히스테리시스(dielectric hysteresis)가 원인인 전력 손실 모두를 포함한다.

2.6.4 커패시터의 종류

커패시터는 그 모양과 크기가 다양하다. 일반적으로 커패시터는 유전체로 구성되어 있으며 크게 고정형과 가변형으로 나눌 수 있다. 고정형과 가변형 커패시터의 기호를 그림 2.6-5에 나타내었다. 커패시터의 기호 중 휘어진 부분은 낮은 전압에 연결된 부분을 나타낸다.

(a) 고정형 (b) 가변형

그림 2.6-5 커패시터

1. 고정형 커패시터

커패시턴스를 임의로 조정할 수 없는 커패시터를 고정형이라고 한다. 고정형 커패시터에서 가장 일반적으로 사용하는 것은 종이, 플라스틱, 운모, 세라믹, 유리 및 전해질이다.

종이 커패시터는 알루미늄 박막과 습기를 배제하기 위해 왁스 또는 송진이 묻은 둘둘 말린 크라프트지 유전체로 구성되어 있다. 종이 커패시터의 커패시턴스는 일반적으로 약 0.0005~2[μF]까지의 값을 갖는다.

종이 커패시터의 다른 형태는 기름으로 채워진 커패시터이다. 이런 커패시터는 일반적으로 높은 커패시턴스 값(1.0[μF] 이상)을 가지며 정격전압은 400~5000[V]이다. 주로 금속상자 안에 설치되어 있으며 높은 전압이 인가될 때는 단자에 세라믹 절연체를 사용한다.

플라스틱 박막 커패시터는 종이 커패시터와 그 구성이 비슷하다. 플라스틱은 고온에 강하며 종이 커패시터에 비해 더 안정적이다. 플라스틱 커패시터의 단점은 일정한 커패시턴스와 정격전압에 대해 종이 커패시터보다 비용이 많이 든다는 것이다.

운모 커패시터는 주로 수신부와 송신부의 RF 회로에 사용된다. 운모는 잘 알려진 절연체이다. 따라서 고전압이 사용되는 곳에 이 커패시터가 많이 사용된다. 운모 커패시터는 비용이 많이 들기 때문에 0.05[μF] 이상의 커패시턴스를 갖는 것에는 좀처럼 사용되지 않는다.

세라믹 커패시터에는 은판이 부착된 세라믹 판을 사용한다. 도입선은 전극을 통해 판에 연결되어 있으며 판과 유전체 전판에 절연 코팅이 되어 있다. 이 커패시터는 수 [pF]에서 약 2[μF] 사이의 커패시턴스 값을 갖는다.

유리는 1950년대에 커패시터의 유전체로서 가장 먼저 사용되었다. 이 유형의 커패시터는 매우 작은 손실과 높은 안전성 및 신뢰성을 갖는다. 유리 커패시터의 커패시턴스는 0.01[F]까지 정도이고 6000[V]의 인가전압에서도 견딜 수 있다.

전해질 커패시터는 1[F]에서 수천 [F] 사이의 커패시턴스가 요구되는 곳에 사용되는데 커패시터에 인가되는 전압은 오직 직류 전압이어야만 한다. 전해질 커패시터는 전해질과 유전체에 의해 분리된 두 개의 평판으로 구성되어 있다. 두 판 중 하나는 산화되어 있고 이 산화물이 유전체를 구성하게 된다. 이 커패시터는 유전체를 구성할 때 내부의 화학작용에 의존하므로 유전체를 유지하기 위해 전류를 흘려주어야 한다.

전해질 커패시터에는 양극과 음극표시가 되어 있다. 따라서 커패시터 인가전압은 커패시터 극성에 맞추어 주어야 하며, 만일 커패시터 인가전압의 극성이 틀리게 연결되면 소자에 흐르는 전류가 유전체를 형성하는 전류와 반대 방향이 되어 유전체 산화물을 파괴하여 커패시터를 단락되게 한다. 이것은 전해질 커패시터의 폭발을 야기할 수도 있다.

2. 가변형 커패시터

가변형 커패시터는 유전체로 주로 공기를 사용한다. 커패시턴스 값은 고정판과 이동판의 거리를 변화시켜 조절한다. 고정판은 고정자(stator)라 하고 이동판은 회전자(rotor)라고 한다. 높은 전압이 인가될 경우 가변형 커패시터의 판 사이의 공간은 증가하게 된다. 또 다른 가변형 커패시터의 유형은 트리머(trimmer) 또는 패딩(padding) 커패시터이다.

이 커패시터는 운모로 된 유전체로 분리된 두 개 이상의 판으로 구성되어 있다. 나사가 설치되어 있어서 나사를 조이면 판은 유전체를 압축하게 된다. 유전체를 압축함으로써 유전체의 두께가 줄어들게 되고 커패시턴스는 증가한다.

2.6.5 커패시터의 색 코드

마일러(mylar)나 운모로 만들어진 커패시터에는 인가되는 전압, 저항력, [pF] 단위의 커패시턴스 값 등을 나타내는 색 코드를 가지고 있다. 색 코드를 사용하여 커패시터의 값을 표시하는 방법은 저항에서 색 코드를 사용하는 것과 유사하다. 첫 번째 2개 숫자는 유효 숫자를 나타내며, 세 번째 숫자는 십진수의 승수를 나타내고 네 번째 숫자는 허용오차를 그리고 다섯 번째 숫자는 커패시터의 정격전압을 나타낸다. 표 2.6-3에 커패시터의 색 코드를 나타내었다.

표 2.6-3 커패시터의 색 코드

색 상	유효숫자	십진수의 승수	허용오차([%])	정격전압
검정색	0	10^0	±20	–
갈색	1	10^1	±1	100
적색	2	10^2	±2	200
오렌지색	3	10^3	±3	300
노란색	4	10^4	±4	400
녹색	5	10^5	±5	500
파란색	6	10^6	±6	600
보라색	7	10^7	±12.5	700
회색	8	–	±30	800
흰색	9	0	±10	900
금색	–	10^{-1}	±5	1,000
은색	–	10^{-2}	±10	2,000
무색	–	–	±20	–

예제 1 갈색, 검정색, 오렌지색, 적색, 금색의 색 밴드를 갖는 커패시터 정격값은 얼마인가?

풀이 유효숫자는 10, 승수는 1000, 허용오차는 2[%]이고, 정격전압은 1000[V]이다. 따라서 커패시터는 1000[V]에서 10,000[pF] ±2[%]의 정격을 가진다.

2.6.6 RC 회로에서의 과도현상

저항값과 커패시턴스를 가지는 회로를 RC 회로라 한다. 파형 생성이나 타이밍을 포함하는 다양한 응용분야에서 이 RC 회로가 사용되는데 이 회로에 사용되는 저항은 일반적으로 커패시터 충전 전류를 제한하기 위해 커패시터에 직렬로 연결하여 사용된다.

과도(transient)란 하나의 정상 상태에서 다른 정상 상태로 변할 때의 중간 상태를 의미하는 말이다. 정상 상태에서의 커패시터 전하와 커패시터 양단의 전압은 일정하고 시간에 따라 변하지 않는다. 커패시터의 에너지는 순간적으로 변화하지 않기 때문에 방전된 상태에서 충전된 상태로 커패시터 상태가 변화할 때에는 충전하기 위한 일정한 시간이 필요하게 된다. 커패시터의 과도상태는 완전히 충전된 상태와 방전된 상태 사이의 상태로서 전류와 전압이 지수적으로 증가 또는 감소하는 상태가 된다.

그림 2.6-6에 두 개의 전형적인 지수 곡선을 도시하였다. 여기서 x는 시간 또는 주파수와 같은 수평 부분을 나타내고 y는 전류와 전압 같은 수직 부분을 나타낸다. 그림 2.6-6(a)에서 수직 부분의 지수적 감소는 다음 식으로 나타낼 수 있다.

$$y = e^{-x} \qquad (2.6.7)$$

e : 2.71828, x : 시간 함수 y : 전류와 전압같은 수직 성분

그림 2.6-6(b)의 지수적 증가 곡선은 다음 식으로 표현된다.

$$y = 1 - e^{-x} \qquad (2.6.8)$$

그림 2.6-6의 두 곡선은 정해진 점에서 시작하지만 일정한 최종값을 갖지 않는다. 그러나 대부분의 경우 곡선은 100[%]까지 증가하고 0[%]까지 감소한다고 간주할 수 있다.

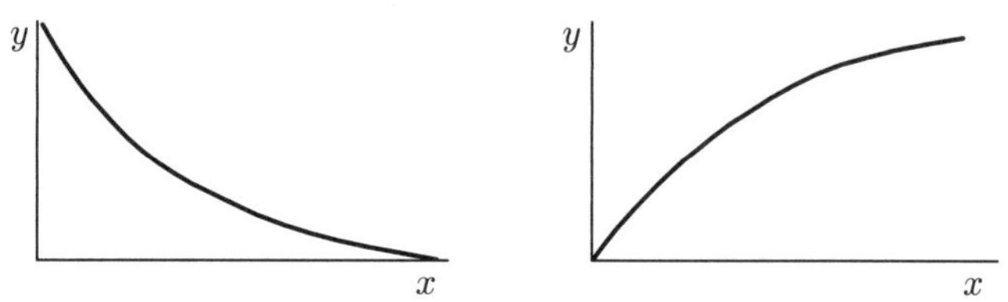

(a) 지수적 감소 (b) 지수적 증가

그림 2.6-6

그림 2.6-7은 스위치를 통해 직류 전원과 연결된 커패시터와 저항을 보여준다. 스위치가 위치 A에 있을 때 커패시터는 충전되고 스위치가 위치 B에 있을 때 커패시터는 방전된다. 스위치가 열려 있으면 커패시터의 양판 사이의 전위차는 없게 되고 따라서 전하도 없게 된다.

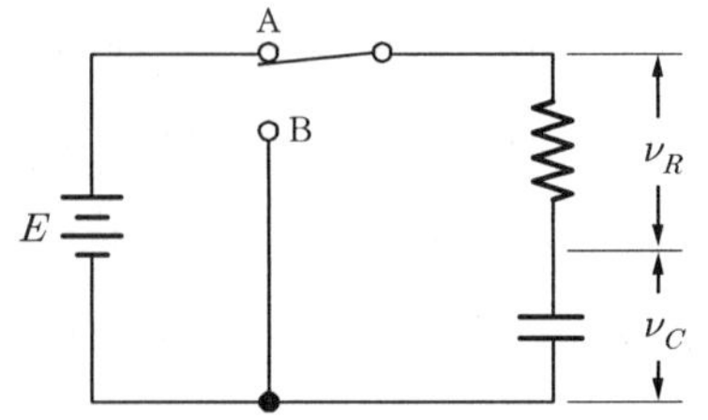

그림 2.6-7 스위치로 연결된 RC 회로

스위치가 위치 A에 있을 때 커패시터는 충전되기 시작한다. 초기에(시간=0) 전류 흐름을 제한하는 것은 저항이다. 따라서 전류는 순간적으로 최대값에 도달한다. 스위치가 닫히는 순간 전원의 음극으로부터 나오는 전자는 커패시터의 아래 판에 축적된다. 아래 판은 음극이 되고, 반면에 위판은 전원의 양극단으로부터 양극으로 충전된다.

양판 사이에 전위차가 존재하게 되는데 이 전압은 회로에 인가된 전압과 반대가 된다. 이러한 전압을 역기전력(counter emf)이라 한다.

그림 2.6-8에 커패시터 충전 곡선과 방전 곡선을 도시하였다. 곡선 A에서 역기전력의 값이 최대값의 63[%]에 도달하는 데 걸리는 시간을 시정수라 하는데, 이것은 곡선 B에서 역기전력의 값이 최대값의 37[%]로 감소하는 데 걸리는 시간과 같다. 시정수 값은 그리스 문자 τ로 나타내는데 그림 2.6-8의 곡선으로부터 시정수의 5배의 시간 후에 커패시터는 최대값 1[%] 이내로 충전되고 최소값 1[%] 이내로 방전된다는 것을 알 수 있다.

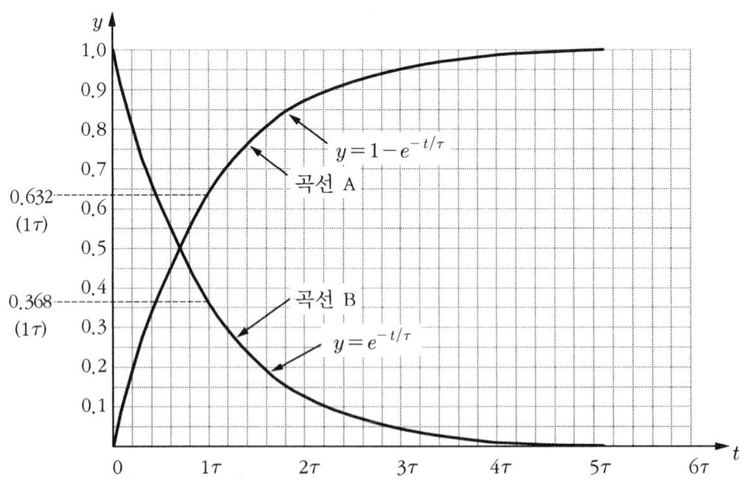

그림 2.6-8 일반적인 시정수 곡선

그림의 그래프가 지수 곡선이므로 커패시터는 결코 100[%] 또는 0[%]로 충전되거나 방전할 수 없다. 시정수의 6배 시간 후에도 커패시터는 충전 곡선에서 99.75[%]에 머무르고 방전 곡선에서는 0.25[%]에 머무르게 된다. 초 단위의 시정수 값은 회로의 옴 단위 저항값과 패럿 단위의 커패시턴스 값을 곱한 것과 같으며 식으로 나타내면 다음과 같다.

$$\tau = RC \tag{2.6.9}$$

τ : 시간, C : 커패시턴스 값, R : 저항값

예제 1 0.001[μF]의 커패시터와 45[kΩ]의 저항을 갖는 직렬회로에서 시정수 값을 구하여라.

풀이 $\tau = RC = (45 \times 10^3[\Omega])(0.001 \times 10^{-6}[\text{F}]) = 45[\mu\text{s}]$

저항과 커패시턴스를 갖는 회로에서 충전될 경우 커패시터의 순간 전압은 다음 식으로 나타낼 수 있다. 국제전기전자기술자협회(IEEE)는 시간에 따라 변하는 양을 기호화하기 위해 소문자 기호의 사용을 권장하고 있다.

$$v_c = E(1 - e^{-t/\tau}) \tag{2.6.10}$$

v_c : 시간 t에서의 커패시터 전압, E : 공급 전압,

e : 2.71828의 값을 갖는 지수상수, t : 충전 시간 및 τ는 시정수

예제 2 그림 2.6-9 회로의 커패시터는 초기에 방전된 상태라고 가정한다. 스위치가 닫히고 81.6[ms] 후에 커패시터에 인가되는 전압을 구하여라.

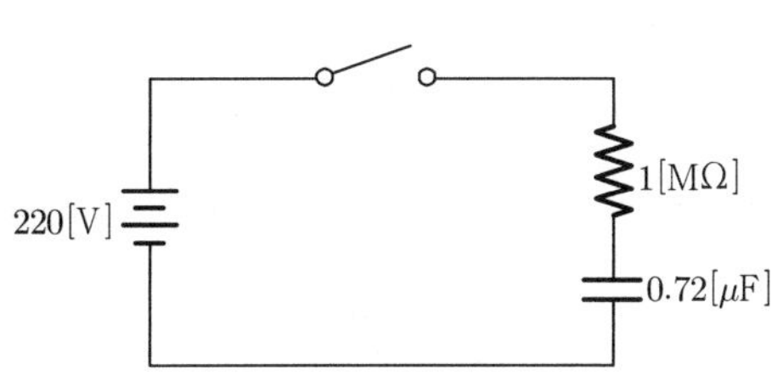

그림 2.6-9

풀이 $\tau = RC = (1 \times 10^6[\Omega])(0.72 \times 10^{-6}[\text{F}]) = 0.72[\text{s}]$

$v_c = E(1 - e^{-t/\tau}) = 220(1 - e^{-0.0816/0.72}) = 23.57[\text{V}]$

다음 식은 커패시터에 인가되는 전압이 특정한 값에 도달하기까지 걸리는 시간을 계산하는 데 이용된다.

$$t = -\tau \ln\left(1 - \frac{v_c}{E}\right) \tag{2.6.11}$$

E : 초기 전압값

v_c : 결정된 시간에 대한 충전 곡선의 한 점에서의 전압 및 τ는 시정수

예제 3 그림 2.6-9는 $R = 1[\mathrm{M\Omega}]$, $C = 0.72[\mu\mathrm{F}]$ 그리고 $E = 220[\mathrm{V}]$인 회로를 나타낸다. 스위치가 닫힌 후 커패시터에 인가되는 전압이 83.5[V]까지 상승하는 데 걸리는 시간을 구하여라.

풀이 $\tau = RC = (1 \times 10^6[\Omega])(0.72 \times 10^{-6}[\mathrm{F}]) = 0.72[\mathrm{s}]$

$$t = -\tau \ln\left(1 - \frac{v_c}{E}\right) = -0.72[\mathrm{s}] \ln\left(1 - \frac{83.5[\mathrm{V}]}{220[\mathrm{V}]}\right) = 0.34[\mathrm{s}]$$

예제 4 $55[\mathrm{k\Omega}]$의 저항이 $20[\mu\mathrm{F}]$의 커패시터와 직렬로 연결되어 있다. 회로에 50[V]의 전원이 인가되고 커패시터는 초기에 완전히 방전되어 있었다고 가정한다. 회로 스위치가 닫힐 경우 다음을 각각 구하여라.

(a) 회로의 시정수
(b) $t = 2.5$초일 때 커패시터에 충전되는 전압
(c) $t = 2.5$초일 때 커패시터의 전하
(d) 전압이 27.3[V]까지 상승하는데 걸리는 시간

풀이 (a) $\tau = RC = (55 \times 10^3[\Omega])(20 \times 10^{-6}[\mathrm{F}]) = 1.1[\mathrm{s}]$

(b) $v_c = E(1 - e^{-t/\tau}) = 50[\mathrm{V}](1 - e^{-2.5/1.1}) = 44.85[\mathrm{V}]$

(c) $C = \dfrac{Q_c}{v_c} \quad Q_c = Cv_c = (20 \times 10^{-6}[\mathrm{F}])(44.85[\mathrm{V}]) = 897[\mu\mathrm{C}]$

(d) $t = -\tau \ln\left(1 - \dfrac{v_c}{E}\right) = -1.1 \ln\left(1 - \dfrac{27.3[\mathrm{V}]}{50[\mathrm{V}]}\right) = 0.87[\mathrm{s}]$

그림 2.6-10에서 스위치가 위치 A에 있을 때 커패시터에는 전원의 전압이 인가된다. 스위치가 위치 B에 있을 때 커패시터는 전원의 역할을 하고 저항으로 축적되어 있던 에

너지를 방출한다. 스위치가 위치 A에 있을 때 커패시터는 충전되고 위치 B에 있을 때 커패시터는 방전된다.

커패시터의 극성은 방전과 충전시 같게 유지되지만 저항의 극성은 스위치가 위치 A에서 위치 B로 변할 때 반대가 된다. 5배의 시정수 시간 후에 커패시터는 완전히 방전된 것으로 간주된다. 커패시터가 완전히 충전되고 스위치가 위치 B로 변하면 커패시터는 방전을 시작하고 그 양단의 전압은 감소하는데 다음의 식을 따라 감소한다.

$$v_c = Ee^{-t/\tau} \tag{2.6.12}$$

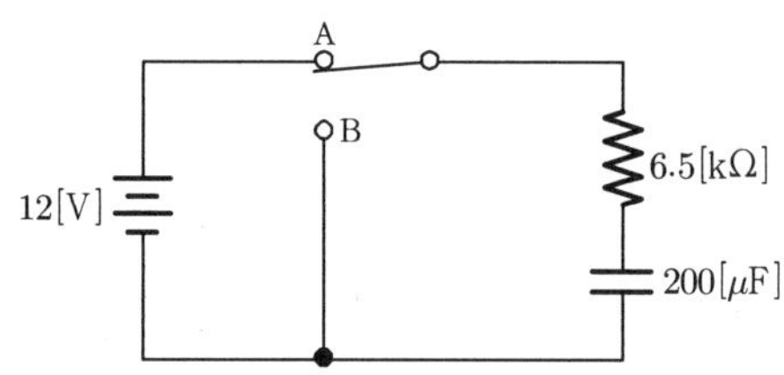

그림 2.6-10

예제 5 그림 2.6-10 회로에는 200[μF]의 커패시턴스와 6.5[kΩ]의 저항이 12[V]의 전원에 연결되어 있다. 커패시터가 충분히 충전되고 스위치가 위치 B로 이동한다면 스위치가 위치 B에서 1초 동안 있은 후 커패시터 양단에 걸리는 전압을 구하여라.

풀이 $\tau = RC = (6.5 \times 10^3[\Omega])(200 \times 10^{-6}[\mathrm{F}]) = 1.3[\mathrm{s}]$

$v_c = Ee^{-t/\tau} = 12e^{-1/1.3} = 5.56[\mathrm{V}]$

RC 회로에서 전압이 감소하여 어떠한 값에 도달하는 시간은 다음 식에 의해 구해진다.

$$t = \tau \ln\left(\frac{E}{v_c}\right) \tag{2.6.13}$$

E : 초기 전압값, v_c : 결정된 시간에 대한 감소 곡선의 한 점에서의 전압

예제 6 10[μF]의 커패시터가 50[V]의 값으로 충전되고 1[kΩ]의 저항으로 방전된다. 전압이 20[V]에서 15[V]로 감소하는데 걸리는 시간을 구하여라.

풀이 $\tau = RC = (1\times10^3[\Omega])(10\times10^{-6}[\mathrm{F}]) = 0.01[\mathrm{s}]$

$t = \tau \ln\left(\frac{E}{v_c}\right) = 0.01\ln\left(\frac{20[\mathrm{V}]}{15[\mathrm{V}]}\right) = 2.88[\mathrm{ms}]$

2.6.7 커패시터에 의해 저장되는 에너지

이상적인 커패시터에 전원 전압이 인가되면 회로의 전압원은 커패시터를 충전시키기 위해 에너지를 소모하게 된다. 충전시키는 전원이 커패시터와 분리되면 에너지는 커패시터의 양판 사이에 저장된 상태로 남게 되는데 커패시터에 저장된 에너지는 정전계 형태로 저장된다.

커패시터가 충전될 경우 임의의 시간에 양판 사이의 전압은 지수함수적으로 증가한다. 주어진 충전 시간 동안에 커패시터에 전달되는 총 에너지는 평균 전압에 의해 결정된다. 전압은 충전 전류와 함께 균등한 비율로 증가하므로 평균 전압은 최종 전압의 절반이 된다. 커패시터에 저장되는 에너지는 다음 식을 이용하여 구할 수 있다.

$$W = \frac{Cv_c^2}{2} \tag{2.6.14}$$

W : 저장 에너지, C : 커패시턴스, v_c : 커패시터 양단의 전압

예제 1 24[V]의 전압이 커패시터에 인가될 때 150[μF]의 커패시터에 저장되는 에너지는 얼마인가?

풀이 $W = \frac{Cv_c^2}{2} = \frac{(150\times10^{-6}[\mathrm{F}])(24[\mathrm{V}])^2}{2} = 0.0432[\mathrm{J}]$

2.6.8 직렬과 병렬 커패시터

커패시터는 회로에 직렬 혹은 병렬로 연결될 수 있다. 커패시터의 합성값은 각 개별값의 합일 수도 있으며(병렬연결인 경우), 가장 작은 커패시턴스보다 더 작은 값일 수도 있다(직렬연결의 경우).

직렬로 커패시터가 연결된 회로는 저항이 직렬로 연결된 회로와 유사하다. 직렬 용량성 회로에서는 동일한 전류가 회로의 각 부분을 통해 흐르며 인가된 전압은 각 커패

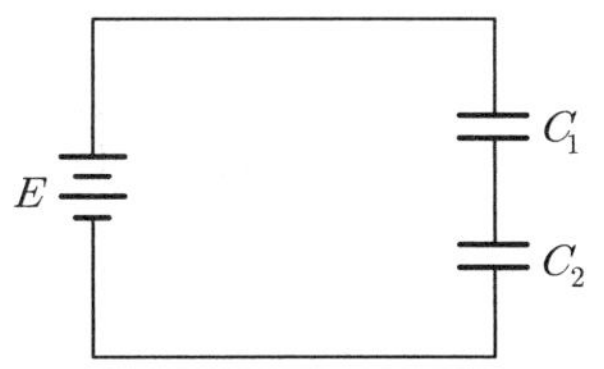

그림 2.6-11 직렬 커패시터

시터를 통해 분압된다.

커패시터가 직렬로 연결될 때 각 평판에서의 전하량은 같아야 한다. 그림 2.6-11에서 볼 수 있듯이 회로의 전하는 커패시터의 양판 사이를 통과할 수 없고 따라서 전하는 회로의 모든 부분에서 동일하다. 방정식 형태로 나타내면 다음과 같다.

$$Q = Q_1 = Q_2 = \cdots = Q_n$$

$$C = \frac{Q}{V}, \quad V = \frac{Q}{C}, \quad V_T = \frac{Q}{C_T} = \frac{Q}{C_1} + \frac{Q}{C_2}$$

마지막 식을 Q로 나누면 다음 식이 된다.

$$C_T = \frac{1}{1/C_1 + 1/C_2} \tag{2.6.15}$$

직렬 커패시터에 대한 식 (2.6.15)는 병렬 저항의 전체 저항에 대한 식과 유사하다. 두 개의 직렬 커패시터에 대하여 전체 커패시턴스는 다음과 같이 구할 수 있다.

$$C_T = \frac{C_1 C_2}{C_1 + C_2} \tag{2.6.16}$$

예제 1 그림 2.6-12의 회로에서 다음을 각각 구하여라.

(a) 전체 커패시턴스
(b) 각 커패시터에서의 전압

풀이 (a) 커패시턴스는 식 (2.6.15)로부터 계산된다.

$$\frac{1}{C_T} = \frac{1}{C_1} + \frac{1}{C_2} + \frac{1}{C_3} = \frac{1}{20[\mu\text{F}]} + \frac{1}{30[\mu\text{F}]} + \frac{1}{50[\mu\text{F}]} = 0.05 \times 10^6 + 0.033 \times 10^6 + 0.02 \times 10^6$$

$$C_T = \frac{1}{1.03 \times 10^5} = 9.71[\mu\text{F}]$$

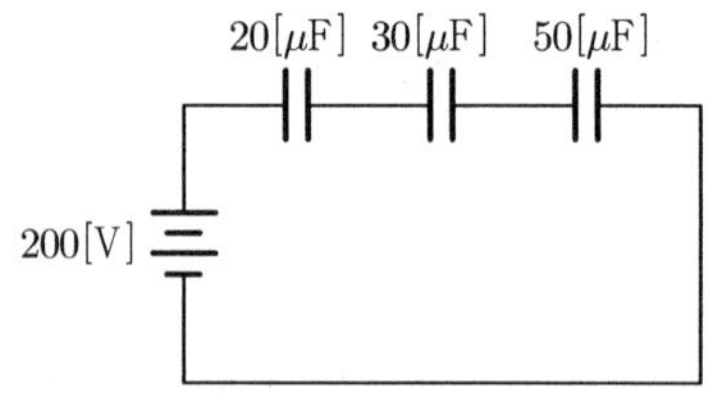

그림 2.6-12

(b) $Q_1 = Q_2 = Q_3 = Q = C_T V_T = (200[\mathrm{V}]) \times (9.71 \times 10^{-6}[\mathrm{F}]) = 19.42 \times 10^{-4}[\mathrm{C}]$

$$V_1 = \frac{Q_1}{C_1} = \frac{19.42 \times 10^{-4}[\mathrm{C}]}{20 \times 10^{-6}[\mathrm{F}]} = 97.1[\mathrm{V}]$$

$$V_2 = \frac{Q_2}{C_2} = \frac{19.42 \times 10^{-4}[\mathrm{C}]}{30 \times 10^{-6}[\mathrm{F}]} = 64.7[\mathrm{V}]$$

$$V_3 = \frac{Q_3}{C_3} = \frac{19.42 \times 10^{-4}[\mathrm{C}]}{50 \times 10^{-6}[\mathrm{F}]} = 38.8[\mathrm{V}]$$

커패시터가 병렬로 연결될 때 각 커패시터의 한쪽 판은 전원의 한 극에 연결되고 각 커패시터의 다른 판은 전원의 다른 극에 연결된다.

그림 2.6-13에서 볼 수 있듯이 커패시터의 모든 음극판은 함께 연결되고 모든 양극판도 함께 연결되어 있기 때문에 회로의 전체 커패시턴스 값은 각 판의 면적의 합과 같은 판 면적을 갖는 커패시터의 커패시턴스와 같게 된다. 커패시터들을 병렬로 연결하면 효율적으로 판의 면적이 증가되며 결과적으로 커패시턴스는 증가하게 된다.

병렬 연결된 커패시터 회로의 경우 전체 전하는 각 커패시터 전하의 합이 된다.

$$Q_T = Q_1 + Q_2 + Q_3 + \cdots + Q_n, \quad Q_1 = C_1 V_1, \quad Q_2 = C_2 V_2, \quad Q_3 = C_3 V_3$$

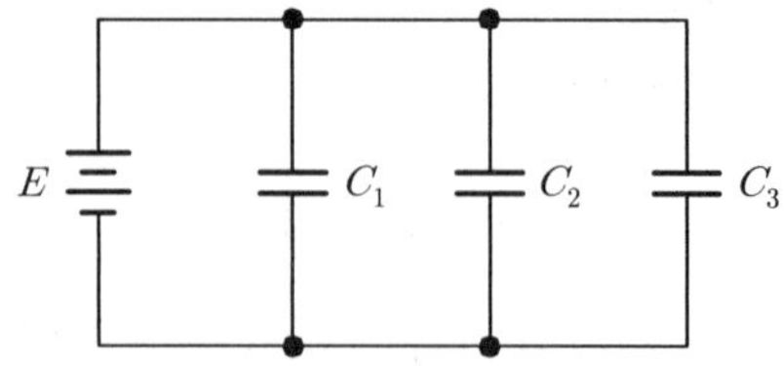

그림 2.6-13 병렬 커패시터

$$V_T = V_1 = V_2 = V_3,$$
$$Q_T = C_T V_T = Q_1 + Q_2 + Q_3 = C_1 V_T + C_2 V_T + C_3 V_T$$

마지막 식을 V_T로 나누면 전체 병렬 커패시턴스에 대한 식을 얻게 된다. 이 식은 다음과 같다.

$$C_T = C_1 + C_2 + C_3 + \cdots + C_n \tag{2.6.17}$$

예제 2 그림 2.6-14 회로에서 다음을 구하여라.

(a) 전체 커패시턴스
(b) 각 커패시터의 전하
(c) 각 커패시터의 전압

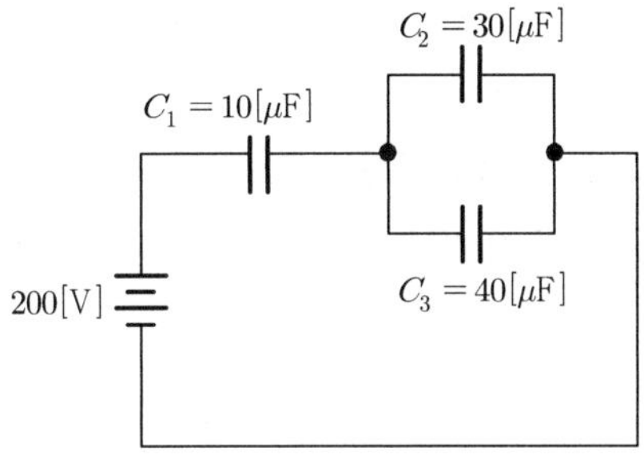

그림 2.6-14

풀이 (a) $C_T = \dfrac{(10[\mu F])(70[\mu F])}{10[\mu F]+70[\mu F]} = \dfrac{700[\mu F]}{80[\mu F]} = 8.75[\mu F]$

(b) $Q_T = C_T V_T = (8.75 \times 10^{-6}[F])(200[V]) = 17.5 \times 10^{-4}[C]$

이것은 C_1에서의 전하값이다. C_2와 C_3에 대해 풀기 위해서는 우선 커패시터 전압을 구하는 것이 필요하다.

(c) $V_1 = \dfrac{Q_1}{C_1} = \dfrac{17.5 \times 10^{-4}}{10 \times 10^{-6}[F]} = 175[V]$

$V_2 = V_3 = V_T - V_1 = 200[V] - 175[V] = 25[V]$

커패시터 C_2와 C_3에서의 전하는 다음과 같이 구할 수 있다.

$Q_2 = C_2 V_2 = (30 \times 10^{-6}[F])(25[V]) = 7.5 \times 10^{-4}[C]$

$Q_3 = C_3 V_3 = (40 \times 10^{-6}[F])(25[V]) = 10 \times 10^{-4}[C]$

2.7 인덕턴스와 인덕터

2.7.1 전자기 유도

1831년 Micheal Faraday는 자기장 내의 도체가 자속선을 가로질러 움직이면 도체 양단에 전압이 유도된다는 것을 발견하였다. 그림 2.7-1은 자기장 내에서 움직이는 도체에 발생하는 전류를 보여준다. 자기장을 쇄교하는 도체의 속도가 증가되거나 자기장의 세기가 증가하면 유도되는 전압의 크기도 증가하게 된다.

자기장은 항상 도체에 흐르는 전류와 직각 방향으로 존재하게 된다. 이와는 반대로 기전력은 자기장의 변화에 따른 자속선의 방향에 직각 방향으로 발생하는데 이 기전력을 유기기전력(induced emf)이라고 한다. 도체와 자기장 사이의 기계적 움직임에 의한 유도 전압을 발생 전압(generated voltage)이라 한다.

전자기 유도는 회로에 결속된 자속의 변화가 있을 때 전기회로에서 유도 또는 발생되는 전압과 관련이 있다. 다음의 4가지 요소에 따라 발생되는 유기기전력의 크기가 달라진다.

① 도체의 권선수
② 자기장의 세기
③ 코일과 자기장 사이의 상대적 속도
④ 도체가 자기장을 통과하는 각도

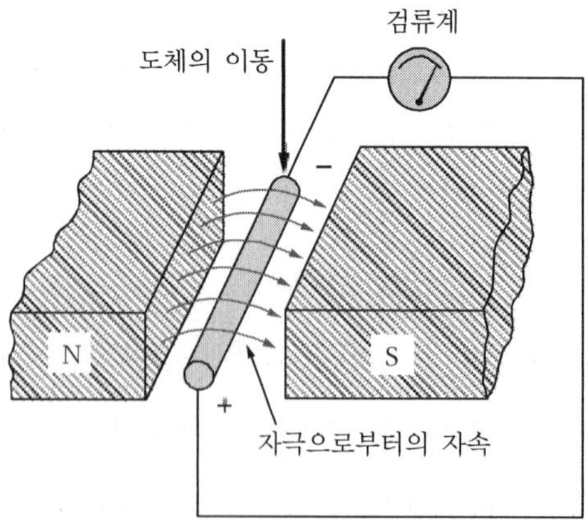

그림 2.7-1 자기장을 통과하는 도체

2.7.2 패러데이의 법칙

패러데이(Faraday)의 법칙에 의하면 코일에 연결된 자속이 변할 때 자속의 변화율에 비례하는 전압이 코일에 유도된다. 유기 전압의 크기는 자속 쇄교의 시간당 변화율에 비례하는데 자속과 전기 회로가 두 개의 사슬처럼 연결되었을 때 자속의 쇄교는 존재하게 된다. 도체에 전류가 흐르면 도체 주변에 자속이 발생한다. 이때 도체의 권선수와 이 권선에 쇄교하는 자속수의 곱을 자속 쇄교(linkage)라고 한다.

자속 쇄교의 예를 그림 2.7-2에 나타내었다. 그림 2.7-2(a)는 전류가 흐르는 두 개의 도체 사이의 자속 쇄교를 나타낸다. 두 개의 코일로 구성된 자기 회로의 일부를 나타내는 그림 2.7-2(b)에서는 전류가 흐르는 코일에 의해 발생하는 자속이 서로 쇄교한다. 그림 2.7-2(c)는 전동기에서의 자속 쇄교를 보여주며 그림 2.7-2(d)는 U자 형태의 영구 자석에 의해 발생하는 자속과 고정된 코일 사이의 자속 쇄교를 보여준다.

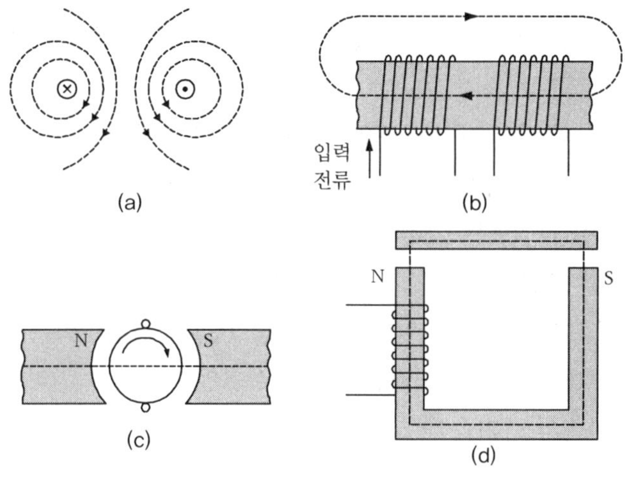

그림 2.7-2 자속 쇄교의 예

2.7.3 렌츠의 법칙

전자기 유도로 인한 유기기전력에 의해 발생하는 전류는 회로에 흐름으로써 또 다른 유기기전력을 발생하는데 이 발생 기전력에 의해 회로 전류의 흐름이 방해를 받게 된다. 회로에서의 유기기전력은 항상 그 회로의 전류량 변화를 방해하는 특성을 가지는데 이것을 렌츠(Lenz)의 법칙이라 한다.

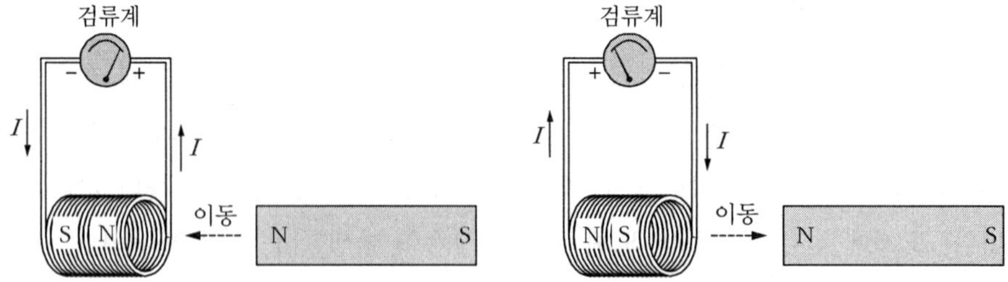

(a) 코일에 N극 이동

(b) 코일에서 N극 분리

그림 2.7-3 유기기전력

이 법칙은 그림 2.7-3과 같이 막대자석, 코일 및 검류계를 이용하여 증명할 수 있다. 자석의 N극이 코일로 가까이 이동하면 코일에는 기전력이 유도되고 검류계에 회로 전류가 흐르게 된다. 전류의 방향은 막대자석의 N극 주변에 N극의 전자기장을 형성하는 방향으로 흐르게 된다. 그러므로 전자기장의 방향은 코일에 삽입되는 막대자석의 N극과 반대방향이 된다.

그림 2.7-3(b)와 같이 자석을 코일에서 분리하면 코일에 흐르는 전류의 방향은 반대가 된다. 따라서 전자기장의 방향은 막대자석의 방향과 같게 된다. 만일 코일에 자속 쇄교가 발생하지 않으면 코일에는 기전력이 발생하지 않는다.

그림 2.7-4의 코일은 열린 스위치를 통해 전원에 연결되어 있다. 스위치를 닫으면 코일에 전류가 흐르게 되는데 코일의 전류가 증가함에 따라 자속은 증가하게 되고 코일의 자속 쇄교도 증가하게 된다. 이러한 동작으로 코일 자체에 기전력이 유도되는데 이 기전력의 크기는 자속의 증가율과 코일의 권선수에 의해 결정된다.

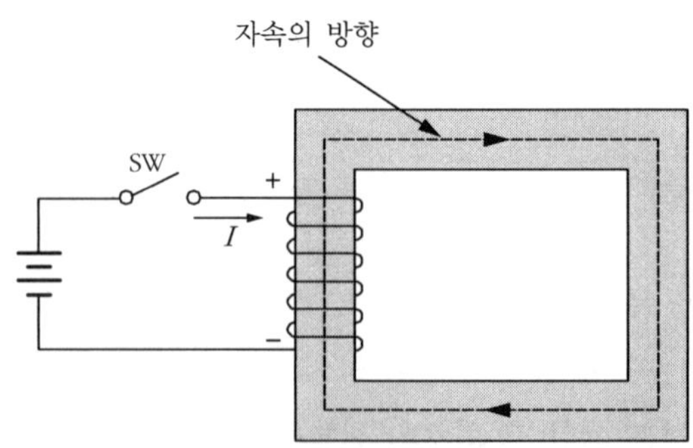

그림 2.7-4 역기전력의 원리

역기전력이라 불리는 이 유기 전압은 전류의 증가를 방해하므로 회로 전류값이 신속히 증가하는 것을 방해한다. 이러한 역기전력은 코일 내부의 전류 변화에 의해 발생하기 때문에 자기 유도라고도 한다. 자기장이 강한 코일은 높은 자기 인덕턴스 값을 갖는다. 높은 투자율을 갖는 코어에 권선을 많이 감음으로써 강한 자기장을 얻을 수 있다.

2.7.4 자기 인덕턴스

인덕턴스는 회로에 흐르는 전류량의 변화를 방해하는 성질을 말한다. 자기 인덕턴스는 코일 자체 내에서 전압을 유도하는 인덕터의 능력이며 이것 역시 회로의 전류 흐름을 방해하는 성질이 있다.

인덕턴스의 단위는 헨리([H])이다. 초당 1암페어의 전류 변화율이 평균 1볼트의 전압을 유도할 때 그 회로는 1[H]의 자기 인덕턴스 값을 갖는다. 인덕턴스를 나타내는 기호는 영문 대문자 L이 사용된다. 코일의 길이가 그 직경보다 크고 자기 경로의 투자율이 상수이면 코일의 인덕턴스는 다음 식으로 구할 수 있다.

$$L = \frac{\mu N^2 A}{l} \tag{2.7.1}$$

μ : 자기 경로의 투자율, N : 코일의 권선수, A : 면적, l : 코일의 길이

예제 1 철주조 코어의 권선수가 1300이다. 코어의 단면적은 1.0[cm^2]이고 평균 경로 길이는 18.5[cm] 이다. 전류가 흐르는 코일의 비투자율이 1000일 경우 이 코일의 인덕턴스 값을 구하여라.

풀이 자유공간의 투자율은 $\mu_0 = 4\pi \times 10^{-7}$[H/m]이다.

$$\mu = \mu_r \mu_0 = (1000)(4\pi \times 10^{-7})$$

$$L = \frac{\mu N^2 A}{l} = \frac{(1 \times 10^3)(4\pi \times 10^{-7})(1300)^2(0.01)^2}{0.185} = 1.15[\text{H}]$$

2.7.5 상호 인덕턴스

두 개의 코일 권선을 가까이 하고 한쪽 코일의 전류량을 변화시키면 다른 코일의 권선을 쇄교하는 자속의 변화가 발생하고 이것에 의해 코일에 유기기전력이 발생되는데 이러한

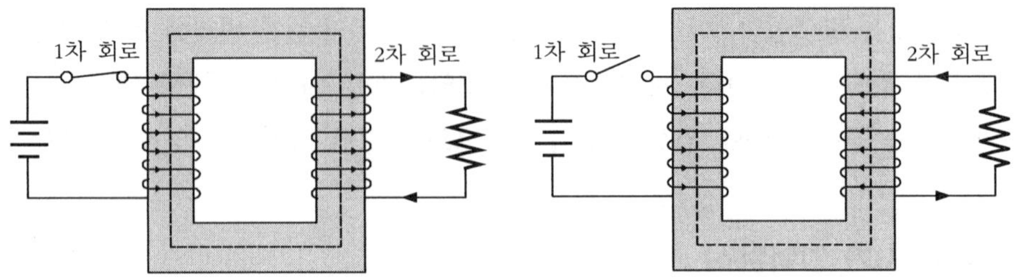

(a) 스위치가 닫힌 후 (b) 스위치가 열린 후

그림 2.7-5 1차 회로의 전류에 따른 2차 권선의 전류

현상을 상호 인덕턴스 작용이라고 한다.

상호 인덕턴스의 예가 그림 2.7-5(a)에 나타나 있다. 직류 전원 및 코일과 직렬로 연결된 스위치가 닫힐 때 철 코어에 자기장이 발생되는데 이 자기장은 2차 코일에 감긴 철 코어와 쇄교한다. 자속이 최소값에서 최대값으로 증가하는 동안 2차 코일에 기전력이 유도되는데 이 기전력을 상호 유기기전력이라 한다. 2차 코일 전류의 방향은 스위치가 닫힐 때 자속의 증가를 억제하는 기전력이 유기되도록 흐른다.

회로의 스위치가 열릴 때 자기장을 유지시키던 전원이 회로에서 분리된다. 따라서 자속의 크기는 최대값에서 최소값으로 감소하고 이 기간 동안 2차 코일에 기전력이 발생한다. 이 기전력에 의해 전류는 그림 2.7-5(b)에 표시된 방향으로 흐르게 된다.

두 개의 인접한 코일의 상호 인덕턴스는 코어 물질의 투자율, 각 코일의 권선수, 코일의 물리적 형태 및 결합상수와 같은 요소에 의해 결정된다. 결합상수 k는 두 개의 자기회로 사이에 발생하는 자속 결합의 정도를 나타내는 상수로서, 두 코일 사이에 최대의 자속 결합이 존재할 때 하나의 코일에 의해 발생하는 자속이 다른 코일을 모두 관통하게 되며 이때의 결합상수는 1이 된다.

실제의 자속 결합은 완벽하지 않지만 두 개의 코일이 폐쇄된 하나의 철 코어에 감겨져 있다면 결합상수는 1이라고 가정한다. 그러나 두 개의 코일이 서로 분리된 철 코어에 감겨져 있다면 결합상수는 양 코일 사이의 거리와 축과 코일의 각도에 따라 달라진다.

그림 2.7-6은 서로 분리된 철 코어에 감긴 두 개의 코일을 보여준다. 코일 B는 코일 A의 중심에 코일 A와 직각으로 놓여 있다. 이렇게 놓이면 코일 B의 윗부분과 아랫부분에 유도되는 기전력은 크기가 같고 방향이 반대가 되어 코일 B에 유도되는 총 기전력은 영이 된다.

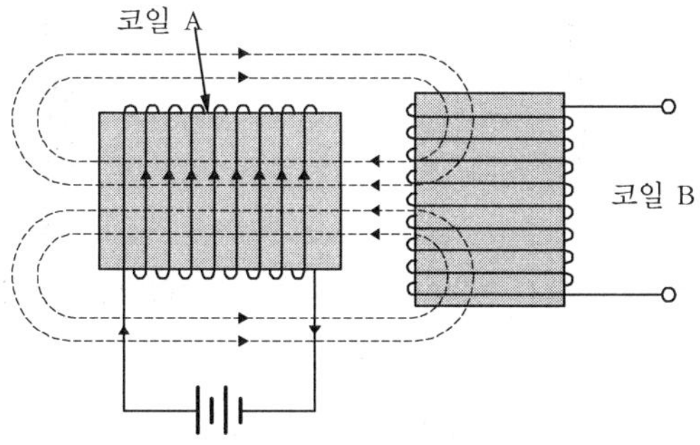

그림 2.7-6 결합 정도의 효과

두 개의 코일 L_1과 L_2 사이의 상호 인덕턴스는 각 코일의 인덕턴스와 결합상수 k의 항으로 다음과 같이 나타낼 수 있다.

$$M = k\sqrt{L_1 L_2} \tag{2.7.2}$$

M : 상호 인덕턴스, k : 결합상수, L : 인덕턴스

예제 1 두 개의 코일이 7.5[mH]와 5[mH]의 인덕턴스 값을 갖는다. 두 개의 코일이 0.9의 결합상수를 가지고 결합되어 있을 때 상호 인덕턴스 값을 구하여라.

풀이 $M = k\sqrt{L_1 L_2} = 0.9\sqrt{(7.5[\text{mH}])(5[\text{mH}])} = 5.51[\text{mH}]$

2.7.6 인덕터의 종류

모든 인덕터는 코어 주변에 일정 길이의 도체를 감아서 제작한다. 인덕터의 코어로는 주로 철 코어와 공기 코어를 사용한다.

공심(air-core) 인덕터는 코어에 자성체 물질을 사용하지 않고 섬유 유리, 베이크라이트, 경질 고무 또는 플라스틱 등에 코일을 권선하여 제작한다. 공심 인덕터의 기호가 그림 2.7-7에 나타나 있다.

그림 2.7-7 공심 인덕터

그림 2.7-8 철심 인덕터

철심 인덕터는 철과 다른 물질과의 다양한 합금 코어를 사용하여 제작한다. 그림 2.7-8에 철심 인덕터의 기호를 도시하였다.

철심 인덕터의 손실은 주로 와전류(eddy current)에 의해 발생한다. 와전류 손실은 변화하는 자기장에 의해 코어에 전류가 발생함으로써 생긴다. 이 와전류 손실을 줄이기 위해 코어를 얇은 판으로 적층하여 제작한다.

철심 인덕터는 히스테리시스 손실도 발생한다. 히스테리시스 손실은 자기장의 방향이 연속적으로 바뀌는 자성 물질에서 발생한다. 인덕터에 전류가 증가할 때 완전히 자성을 잃은 철 코어는 자화가 진행되지만 그 경향이 비선형적이다. 따라서 인덕터 전류가 영으로 감소하더라도 자화는 영이 되지 않으며 잔여의 자성이 코어에 남아 있게 된다.

와전류 손실과 히스테리시스 손실은 열손실로 간주된다. 히스테리시스 손실은 철에서 자기 영역의 교번 동작에 의한 열손실이고, 와전류 손실도 철에서 유도되는 교류 전력에 의한 열손실이다. 두 손실 모두 철심 인덕터에서 자기장이 교번함으로써 발생한다.

인덕터는 고정형과 가변형으로 분류될 수 있다. 고정형 인덕터는 인덕턴스 값이 고정되어 있고 가변형 인덕터는 분기형 코일, 가동형 코어 또는 슬라이더를 사용하여 인덕턴스 값을 변경할 수 있다. 분기형 코일은 감긴 코일의 한 점에 분기점을 설치하여 제작한다. 인덕턴스 값은 권선의 고정된 한 말단부와 분기점을 선택함으로써 변경할 수 있다.

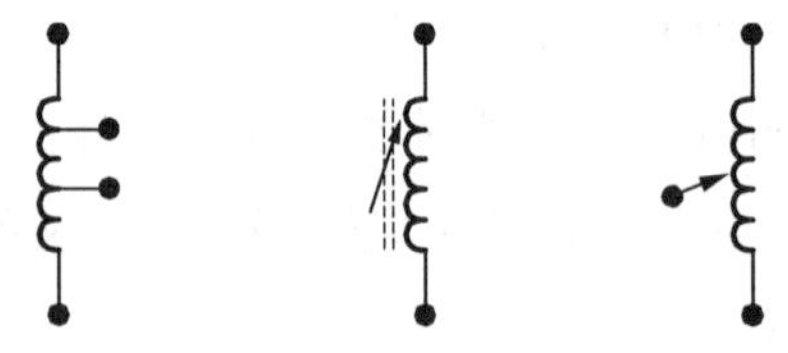

(a) 분기형 코일 (b) 가동형 코어 (c) 슬라이더

그림 2.7-9 인덕터 기호

가동형 코어 인덕터는 코어가 권선 안팎으로 이동될 수 있도록 만들어진다. 공기층의 길이가 증가함에 따라 저항값 또한 증가한다. 가동형 코어 인덕터를 사용하는 회로를 투자율 동조회로라고 한다. 슬라이더 인덕터는 미끄럼선 브리지(slide wire bridge)와 동일한 원리로 동작한다. 미끄럼 접점(sliding contact)을 사용하여 인덕턴스 값을 변화시킨다. 가변형 인덕터의 3가지 유형이 그림 2.7-9에 나타나 있다.

2.7.7 인덕터의 직렬연결

인덕터를 직렬로 연결하면 저항의 직렬연결 때와 같이 회로의 인덕턴스 값이 증가한다. 그러므로 회로 전체 인덕턴스 값은 인덕터 각각의 인덕턴스 값의 합과 같다. 이를 수식으로 표현하면 다음과 같다.

$$L_T = L_1 + L_2 + L_3 + \cdots + L_n \tag{2.7.3}$$

그림 2.7-10은 기자력(mmf)이 더해지도록 직렬 연결되어 있는 두 개의 인덕터를 보여준다. 각각에 순작용을 하는 두 개 코일의 인덕턴스는 1차 코일의 인덕턴스와 2차 코일의 인덕턴스에 두 코일의 상호 인덕턴스 값을 더함으로써 구할 수 있다. 이를 수식으로 표현하면 다음과 같다.

$$L_a = L_1 + L_2 + 2k\sqrt{L_1 L_2} \tag{2.7.4}$$

L_a : 회로의 전체 인덕턴스, L : 코일의 인덕턴스, k : 결합상수

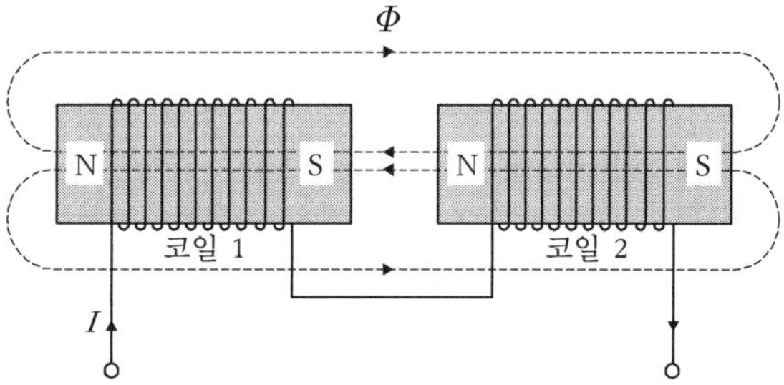

그림 2.7-10 순작용 자속을 갖는 두 개의 직렬연결 코일

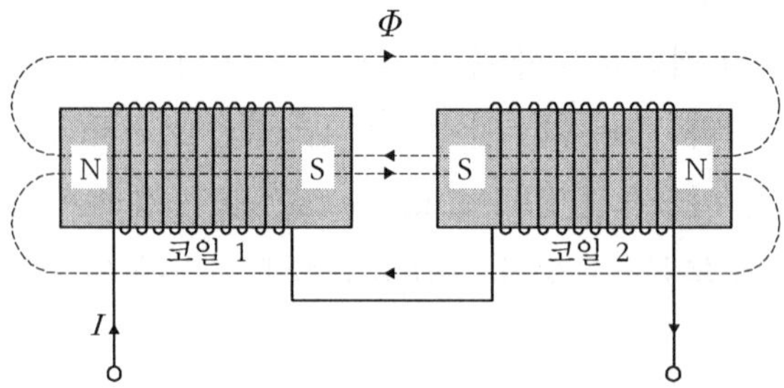

그림 2.7-11 역작용 자속을 갖는 2개의 직렬연결 코일

그림 2.7-11의 인덕터는 서로 반대 방향의 자속을 가진다. 서로 반대 방향의 자속으로 연결된 두 코일의 인덕턴스는 다음의 방법으로 계산할 수 있다.

$$L_0 = L_1 + L_2 - 2k\sqrt{L_1 L_2} \qquad (2.7.5)$$

식 (2.7.4)와 식 (2.7.5)를 결합하면 다음과 같다.

$$L_a - L_0 = 4M$$

M : 상호 인덕턴스

그러므로 순작용 직렬연결과 역작용 직렬연결에서 두 개의 직렬연결된 코일의 상호 인덕턴스 값은 다음 식으로 구할 수 있다.

$$M = \frac{L_a - L_0}{4} \qquad (2.7.6)$$

예제 1 50[mH]의 인덕터와 30[mH]의 인덕터가 순작용 직렬연결되어 있다. 결합상수가 0.8일 경우 이 회로의 인덕턴스 값을 구하여라.

풀이 $L_a = L_1 + L_2 + 2k\sqrt{L_1 L_2} = 50[\text{mH}] + 30[\text{mH}] + 2[0.8\sqrt{(50[\text{mH}])(30[\text{mH}])}] = 141.97[\text{mH}]$

예제 2 18[H]의 인덕터와 15[H]의 인덕터가 역작용 직렬연결되어 있다. 이 두 코일의 상호 인덕턴스가 10[H]일 경우 결합상수와 이 회로의 인덕턴스 값을 구하여라.

풀이 $M = k\sqrt{L_1 L_2}$

$$k = \frac{M}{\sqrt{L_1 L_2}} = \frac{10}{\sqrt{(18)(15)}} = 0.61$$

$$L = L_1 + L_2 - 2(k\sqrt{L_1 L_2}) = 18[\text{H}] + 15[\text{H}] - 2[0.61\sqrt{(18[\text{H}])(15[\text{H}])}] = 12.95[\text{H}]$$

순간적인 자속 방향은 도트를 사용하여 나타낸다. 도트를 사용하면 코일 감김과 자속 경로를 표시할 필요 없이 코일에 의해 발생하는 자속의 방향을 알 수 있게 된다. 도트가 표시되어 있으면 자속이 들어가는 방향이 됨을 나타낸다. 서로 결합된 코일의 같은 위치에 도트가 표시되어 있으면 이들의 연결은 순작용 직렬연결이 된다. 그러나 서로 결합된 코일에서 도트가 반대로 표시되어 있으면 이들의 연결은 역작용 직렬연결이 된다.

그림 2.7-12는 순작용 및 역작용 상호 자속에 관한 도트 법칙을 나타내는 것이다.

(a) 순작용 상호 자속 (b) 역작용 상호 자속

그림 2.7-12 결합된 코일의 도트 규약

2.7.8 병렬 인덕터

인덕터가 회로에 병렬로 연결되어 있으면 저항이 병렬로 연결된 경우와 같은 방법으로 회로의 전체 인덕턴스 값을 구할 수 있다. 이것을 식으로 나타내면 다음과 같다.

$$\frac{1}{L_T} = \frac{1}{L_1} + \frac{1}{L_2} + \frac{1}{L_3} + \cdots + \frac{1}{L_n} \tag{2.7.7}$$

병렬인 두 개의 인덕터 사이에 상호 인덕턴스가 없는 경우 다음의 식으로 총 인덕턴스 값을 구할 수 있다.

$$L_T = \frac{L_1 L_2}{L_1 + L_2} \tag{2.7.8}$$

병렬로 연결된 두 개의 인덕터 사이에 상호 인덕턴스가 존재할 때에는 다음 식을 사용하여 회로의 전체 인덕턴스를 구한다.

$$L_T = \frac{L_1 L_2 (1-k^2)}{L_1 + L_2 - 2(k\sqrt{L_1 L_2})} \qquad (2.7.9)$$

예제 1 40[H] 인덕터와 25[H] 인덕터가 병렬로 연결되어 있다. 결합상수가 0.5이라면 이 회로의 인덕턴스 값은 얼마인가?

풀이 $L_T = \frac{L_1 L_2 (1-k^2)}{L_1 + L_2 - 2(k\sqrt{L_1 L_2})} = \frac{(40)(25[1-(0.5)^2])}{40+25-[2(0.5)\sqrt{(40)(25)}]} = 22.47[\mathrm{H}]$

2.7.9 유도 시정수

인덕터에 기전력이 인가되면 회로에 전류가 흐르는데 회로 전류는 급격히 증가하지 못하고 천천히 증가하게 된다. 인덕턴스와 저항을 포함하는 직류회로의 경우 회로 전류가 영에서 최대값으로 증가하는 데 걸리는 시간은 유도성 시정수(inductive time constant)에 따른다. 유도성 시정수는 직렬연결된 인덕턴스와 저항 양단에 기전력이 인가된 후 LR 회로의 전류가 최종값의 63.2[%]로 상승하는 데 걸리는 초단위의 시간이다.

시정수는 인덕턴스에 비례하고 저항에 반비례한다. 용량성 회로의 시정수와 마찬가지로 유도성 회로의 시정수는 기호 τ로 표시한다. 저항과 인덕턴스의 값을 알고 있다면 시정수는 다음 식을 사용하여 계산할 수 있다.

$$\tau = \frac{L}{R} \qquad (2.7.10)$$

τ : 전류가 최종값의 63.2[%]에 도달하는데 걸리는 시간

L : 회로의 인덕턴스, R : 회로의 저항

예제 1 10[Ω]의 저항이 0.35[H]의 인덕터와 직렬로 연결되어 있다. 회로의 전류가 최종값의 63.2[%]에 도달하는 데 필요한 시간은 얼마인가?

풀이 $\tau = \frac{L}{R} = \frac{0.35[\mathrm{H}]}{10[\Omega]} = 0.035[\mathrm{s}]$

용량성 회로에서는 저항 곱하기 커패시턴스가 회로의 시정수였다. 유도성 회로의 시정수는 인덕턴스 값을 저항으로 나누면 그 값을 구할 수 있다. 그림 2.7-13은 일반적인 시정수 곡선인데 이 곡선은 RC 회로와 RL 회로에 모두 적용 가능하다.

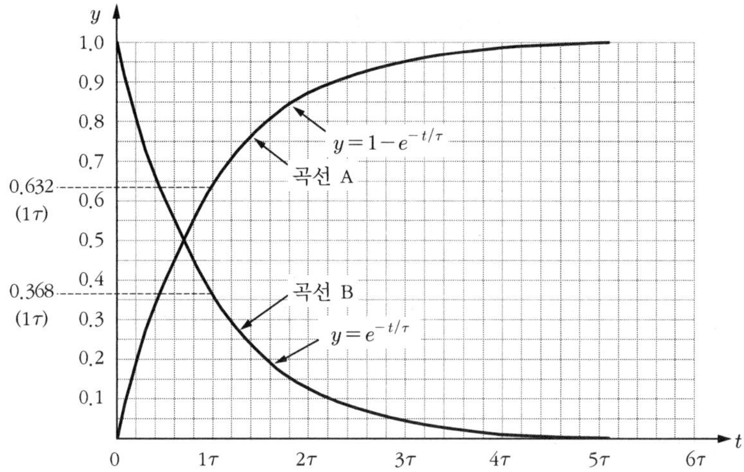

그림 2.7-13 일반적인 시정수 곡선

2.7.10 *RL* 회로에서의 과도현상

그림 2.7-14는 RL 직렬회로를 보여준다. 스위치가 닫힌 후 임의의 시간에 코일에 흐르는 전류에 대한 수학적인 방정식은 키르히호프의 전압법칙을 적용함으로써 구할 수 있다.

$$E = v_R + v_L$$

여기서 v_R과 v_L은 각각 저항과 코일 양단의 순간 전압강하이다.
v_R에 iR을 대입함으로써 키르히호프의 전압법칙은 다음과 같이 나타낼 수 있다.

$$E = iR + v_L$$

전류는 저항과 인덕터에 동일한 값이 흐르므로 방정식은 다음과 같이 된다.

$$i_L = \left(\frac{E}{R}\right)[1 - e^{-t(R/L)}] \tag{2.7.11}$$

i_L : 시간 t에서의 순간 전류, E : 공급 전압, R : 저항, e : 2.71828,
t : 전류가 흐른 시간, L : 인덕턴스

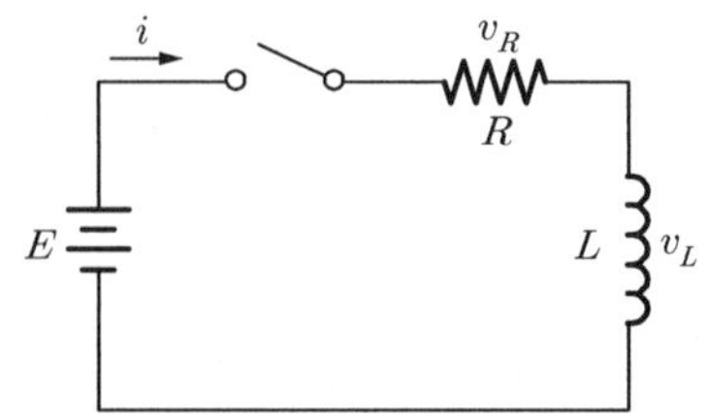

그림 2.7-14 RL회로

예제 1 그림 2.7-14 회로의 인덕턴스는 10[H], 저항값은 2[kΩ]이며 전원의 전압은 20[V]이다. 스위치가 닫힌 후 $t=6$[ms]에서의 전류값을 구하여라.

풀이 $i_L=\left(\frac{E}{R}\right)[1-e^{-t(R/L)}]=\frac{20}{2\times10^3}[1-e^{-0.006(2000/10)}]=6.99[\mathrm{mA}]$

RC 회로에서 커패시터 전압은 시정수의 5배 시간이 흐르면 최종값에 도달하는데 RL 회로에서의 인덕터 전류도 동일하다. 만약 저항이 일정하게 유지되고 인덕턴스 값이 감소되면 시정수는 감소한다. 그리고 인덕턴스 값이 커지면 시정수는 커지는데 따라서 i_L이 최종값에 도달하는 데 시간은 더 걸리게 된다.

저항만을 포함하는 회로에서 전원이 순간적으로 분리되면 회로 전류는 순간적으로 영이 된다. 그러나 유도성 회로에서 스위치가 열렸을 경우에는 회로 전류는 바로 영으로 떨어지지 못하고 일정시간이 걸려야 회로 전류는 영이 된다. RL 회로의 전류 감소값을 계산하기 위한 식은 다음과 같다.

$$i_L=I(e^{-t/\tau}) \tag{2.7.12}$$

I : 회로의 정상 상태 전류값, τ : 시정수

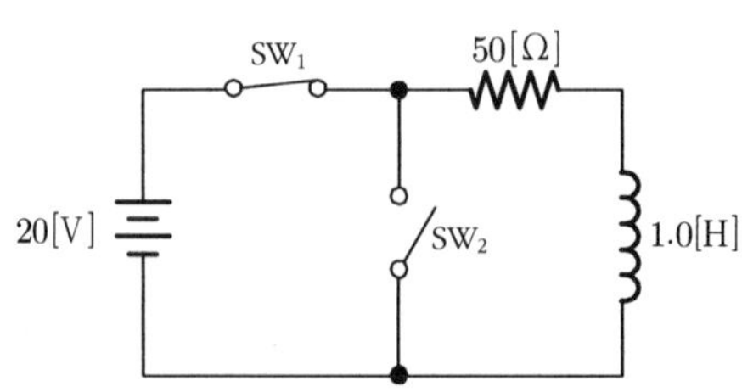

그림 2.7-15

전류는 감쇠지수이기 때문에 시정수는 전류가 원래 값의 36.8[%]로 감쇠하는 데 필요한 시간이다.

예제 2 그림 2.7-15의 회로에서 저항은 50[Ω], 코일은 1.0[H] 및 회로 전압은 20[V]이다. 스위치 SW_1은 매우 오랜 시간 동안 닫혀 있었다고 가정한다. 스위치 SW_1이 열리고 SW_2가 닫힌 후 25[ms]가 지난 후에 회로에 흐르는 전류를 구하여라.

풀이 전류는 옴의 법칙에 의해 구해진다.

$$I = \frac{E}{R} = \frac{20[\mathrm{V}]}{50[\Omega]} = 0.4[\mathrm{A}]$$

$$\tau = \frac{L}{R} = \frac{1.0[\mathrm{H}]}{50[\Omega]} = 20 \times 10^{-3}[\mathrm{s}]$$

$$i_L = I(e^{-t/\tau}) = 0.4(e^{-0.025/0.02}) = 114.6[\mathrm{mA}]$$

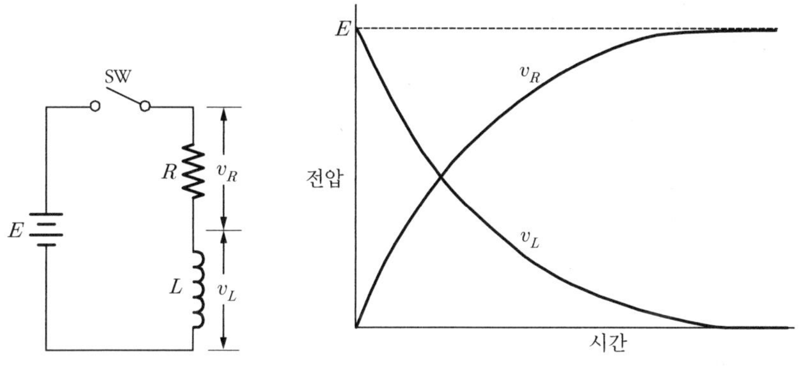

(a) RL 회로 (b) 기전력이 가해진 후 시간에 따른 전압의 변화

그림 2.7-16

RL 회로에서 코일 양단의 전압은 순간적으로 변할 수 있다. 그림 2.7-16은 직렬로 연결된 인덕턴스와 저항 양단의 전압을 보여준다. 스위치가 닫히는 순간에는 역기전력 때문에 회로에 흐르는 전류는 영이 된다. 따라서 회로에는 전류가 흐르지 않기 때문에 저항 양단의 전압은 영이 된다. 그러므로 회로의 전체 전압이 인덕턴스 양단에 걸리게 된다.

인덕터 양단의 전압은 점차 감소하기 시작하고 저항 양단의 전압은 증가하게 되는데 전류가 정상 상태에 도달할 때 저항 양단의 전압은 최대가 된다. 이때의 인덕터 양단 전압은 영이 된다. RL 회로에서 인덕터 양단의 전압을 계산하기 위해 다음 식을 사용한다.

$$v_L = E(e^{-t/\tau}) \tag{2.7.13}$$

예제 3 그림 2.7-15의 RL 회로는 50[Ω] 저항과 1.0[H] 코일로 구성된다. 20[V]의 기전력이 회로에 인가된다면 스위치 SW_1이 닫히고 SW_2가 열린 후 0.02[s]가 지난 후에 인덕터 양단에 걸리는 전압은 얼마인가?

풀이 $\tau = \dfrac{L}{R} = \dfrac{1.0[\mathrm{H}]}{50[\Omega]} = 0.02[\mathrm{s}]$

$v_L = E(e^{-t/\tau}) = 20(e^{-0.02/0.02}) = 7.36[\mathrm{V}]$

인덕터 양단의 전압이 시간에 따라 감소하는 동안 저항 양단의 전압은 지수적으로 증가한다. 저항 양단의 전압은 회로를 통해 흐르는 전류에 비례한다. RL 회로의 저항에 걸리는 전압은 다음 식을 이용하여 구한다.

$$v_R = E(1 - e^{-t/\tau}) \tag{2.7.14}$$

예제 4 예제 3에서 주어진 값을 이용하여 저항 양단의 전압을 구하여라.

풀이 $\tau = \dfrac{L}{R} = \dfrac{1.0[\mathrm{H}]}{50[\Omega]} = 0.02[\mathrm{s}]$

$v_L = E(e^{-t/\tau}) = 20(e^{-0.02/0.02}) = 7.36[\mathrm{V}]$

$E = v_R + v_L$

$v_R = E - v_L = 20[\mathrm{V}] - 7.36[\mathrm{V}] = 12.64[\mathrm{V}]$

혹은 $v_R = E(1 - e^{-t/\tau}) = 20(1 - e^{-0.02/0.02}) = 12.64[\mathrm{V}]$

전압의 지수적 감쇠 기간 동안 곡선의 임의의 점에서의 시간은 인덕터와 커패시터 모두 동일한 방정식을 사용하여 계산된다.

$$t = \tau \ln\left(\frac{E}{v_L}\right)$$

예제 5 RL 회로의 시정수가 8.0[ms]이다. 전압이 25[V]의 초기값에서 15[V]로 감쇠하는 데 필요한 시간을 구하여라.

풀이 $t=\tau \ln\left(\frac{E}{v_L}\right)=(8[\mathrm{ms}])\ln\left(\frac{25[\mathrm{V}]}{15[\mathrm{V}]}\right)=4.09[\mathrm{ms}]$

2.7.11 자계에 저장되는 에너지

코일에 의해 자계가 발생되는 동안 전원에 의해 공급되는 에너지의 일부는 자계에 저장된다. 전류가 증가하는 동안 공급된 에너지의 나머지는 자석에 있는 코일에서 열로 소모된다. 자계가 발생되고 전류가 정상 상태에 도달한 후 전자석에 감긴 코일에 유입되는 모든 에너지는 열로서 소모되고 이 자기장을 유지하는 데 추가적인 에너지는 필요하지 않다. 임의의 전류값에 대해 자계에 저장되는 에너지는 다음 식으로 표현된다.

$$W=\frac{LI^2}{2} \tag{2.7.15}$$

L : 인덕턴스[H], I : 전류[A], W : 저장 에너지[J]

2.8 교류회로

이 절에서는 저항, 인덕터 및 커패시터가 교류 전원 공급장치에 연결되었을 때의 해석에 대해 알아본다. 저항만을 포함하는 교류회로에서는 전류와 전압의 위상이 서로 일치한다. 그러나 만약 회로에 인덕터만이 존재하면 전류는 전압보다 위상이 90°만큼 뒤지게 된다. 이것은 회로의 전류 흐름을 방해하는 옴(Ohm) 단위의 유도성 리액턴스 때문이다.

그리고 교류회로에 커패시터만이 연결되어 있을 경우 전류는 전원 전압보다 위상이 90°만큼 앞서게 되는데 이것은 옴 단위의 용량성 리액턴스 때문이다. 이러한 회로의 전류, 전압, 저항 및 리액턴스 사이의 관계는 옴의 법칙을 사용하여 분석할 수 있다.

교류회로에서 전류 흐름을 방해하는 것은 저항과 리액턴스인데 이 교류 전류의 흐름을 방해하는 것을 임피던스라고 한다. 회로의 임피던스는 옴으로 표시되고 그 기호는 문자 Z를 사용한다.

2.8.1 페이저

교류회로 문제를 풀 때 페이저를 사용하는 것이 편리한 경우가 있다. 페이저는 전압이나 전류와 같은 양들을 표현하기 위해 교류회로에서 사용되는 복소수이다. 페이저와 벡터라는 용어는 종종 혼용되지만 이 두 측정값 사이에는 근본적인 차이점이 있다. 벡터는 크기와 방향을 갖는 양으로 정의된다. 벡터양은 화살표로 정의되는데 그 길이는 크기를 표시하고 방향은 힘이 가해지는 방향을 표시한다.

그림 2.8-1에 나타낸 것과 같이 물리적인 힘은 벡터로 편리하게 표현할 수 있다. 만일 200[N]의 힘과 300[N]의 힘이 직각으로 가해지면 힘의 합은 그림과 같다. 이 힘과 200[N]의 힘 사이의 각은 θ가 된다.

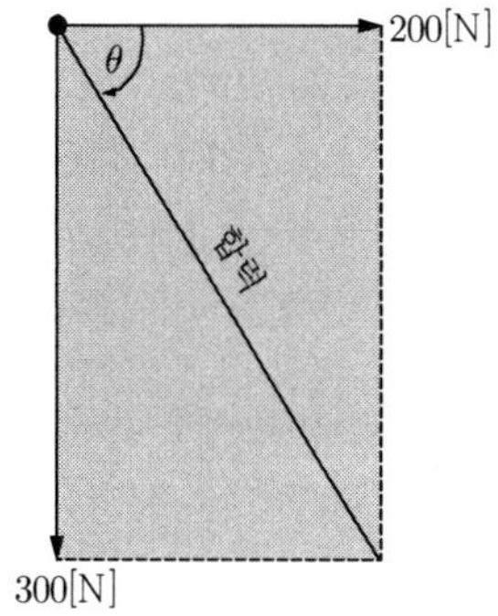

그림 2.8-1 벡터 힘의 표시

전류와 전압을 표현하기 위해 교류회로에서도 비슷한 방법이 사용된다. 엄격히 말하면 교류 전압과 전류는 크기와 방향만으로 정해질 수 없으므로 벡터는 아니다. 교류 전류와 전압 사이의 관계는 시간을 고려한 복소 대수학을 사용하여 구하는데, 복소 대수학은 이차원 복소 평면에 관한 문제들을 해결하는데 사용된다. 선형 대수를 사용하는 벡터와 시간 영역에서의 교류값들 사이의 혼동을 피하기 위해서 이러한 전류와 전압 벡터는 페이저라는 용어를 사용하여 표현된다.

페이저들은 항상 고정된 크기를 가지므로 순시값을 나타내지 못하고 실효값을 사용하여 값을 나타내게 된다. 그리고 페이저는 전류나 전압의 전체 주기에 걸쳐 값을 나타내지 못하고 어떤 각에서의 값만을 나타낼 수 있다.

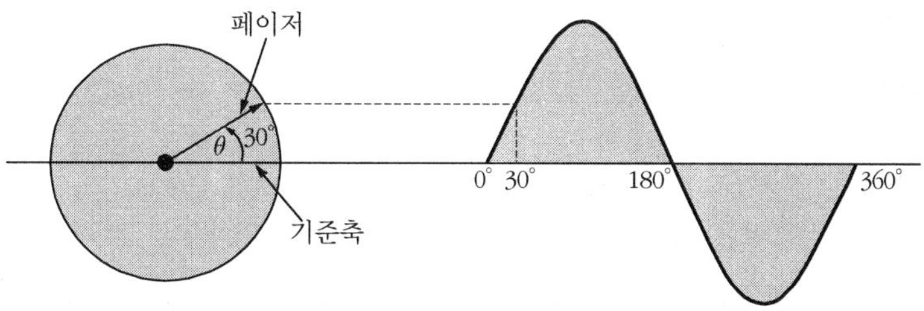

그림 2.8-2 회전 페이저로부터의 순시값

페이저도는 각각의 양에 대한 여러 페이저로 나타낼 수 있다. 각 페이저는 공통 원점을 기준으로 작성되는데 그림 2.8-2는 여러 페이저 중 하나의 페이저를 나타낸다. 수평축은 기준축이며 이 축 위에 놓여 있는 페이저는 기준 페이저가 된다. 페이저가 기준 축으로부터 반시계 방향으로 회전할 때 위상각 θ는 양의 값을 갖고 페이저가 시계 방향으로 회전하면 θ는 음의 값을 갖는다.

정현파 전압이 순수 저항에 가해지면 회로의 전류도 정현파가 되며 전류의 위상은 전압과 동상을 이룬다. 그림 2.8-3은 이것을 설명하는 그림인데 여기서 전압과 전류가 대문자를 사용하여 표시되었다. 페이저 양은 실효값을 사용하며 통상 굵은 대문자를 사용하여 그 값을 표현한다.

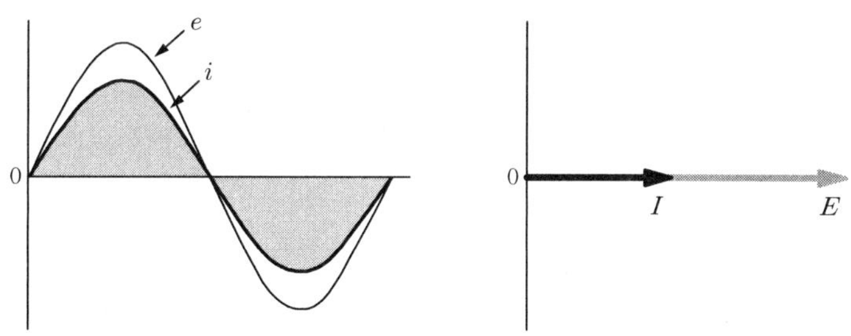

(a) 순수 저항 회로의 전류와 전압 관계 (b) 순수 저항 회로의 페이저도

그림 2.8-3

전압과 전류의 순시값은 통상 소문자로 표현한다. 순간 전압강하는 소문자 v로, 전압원은 e로 표현하며 순간 전류는 소문자 i로 나타낸다. 순시값과 페이저를 사용하여 값을 나타내는 방법은 다음 식과 같다.

$$e = 141.4\sin(\omega t + 30^{\circ})$$
$$E = 100\angle 30^{\circ}\,[\mathrm{V}]$$

E : 전압의 실효값, $\angle$: 위상각

그림 2.8-4(a)는 전류의 위상이 전압보다 90° 만큼 앞서는 경우의 페이저 도를 보여준다. 그리고 전류의 위상이 전압보다 90° 뒤지는 회로에 대한 페이저도는 그림 2.8-4(b)에 도시되어 있다. 두 가지의 페이저도에서 기준 페이저는 모두 전류가 된다.

전류나 전압을 기준 페이저로 정하는 것은 임의로 각 개인이 정할 수 있으나 페이저도를 직렬회로에 적용할 경우에는 전류를 기준 페이저로 사용하는 것이 보통이다. 그 이유는 직렬회로의 모든 부분에서 전류값은 동일하기 때문이다. 따라서 이와는 반대로 병렬회로에서는 통상 전압을 기준 페이저로 사용한다.

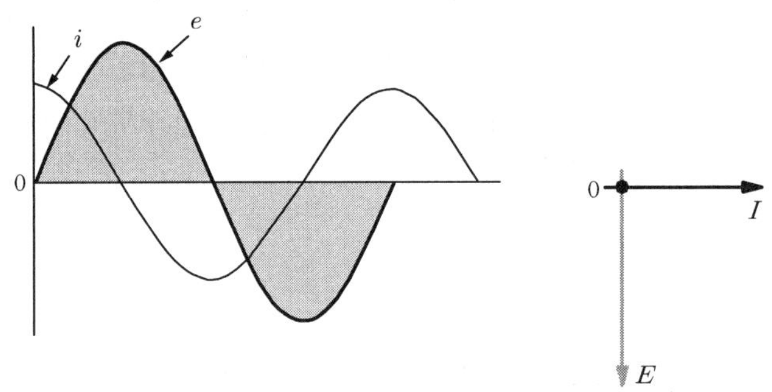

(a) 순수 용량성 회로의 전류와 전압 관계

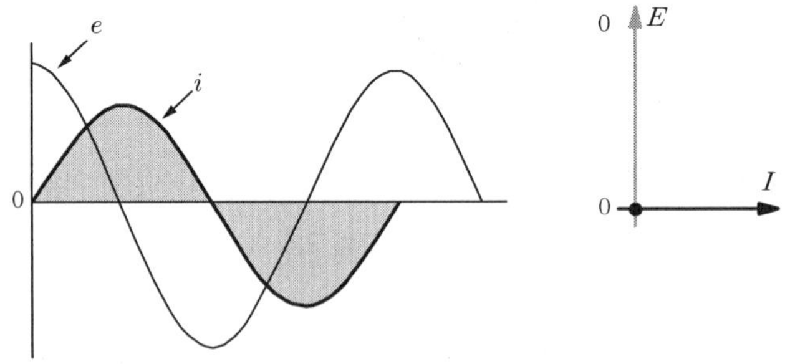

(b) 순수 유도형 회로의 전류와 전압 관계

그림 2.8-4

2.8.2 교류회로의 저항

가장 간단한 교류회로는 저항만을 갖는 회로이다. 전압과 전류 사이의 관계는 옴(Ohm)의 법칙으로 구할 수 있으며 이러한 회로의 전압은 전원 전압과 저항에 걸리는 전압강하밖에 없다.

그림 2.8-5는 정현파 전압이 저항에 가해진 경우를 나타내며 순간 회로 전류를 구하는데 사용되는 방정식은 다음과 같다.

$$i = I_m \sin\omega t = I_m \sin 2\pi f t \qquad (2.8.1)$$

f : 주파수, I_m : 최대 전류값

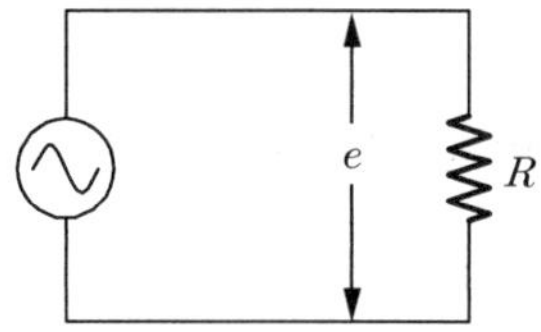

그림 2.8-5 교류 전원에 연결된 저항 부하

그림 2.8-6에 전류와 전압 파형을 도시하였다. 저항을 통과하는 전류로 인한 전압강하양과 회로에 인가된 전원전압은 동일하게 된다.

$$e = IR = I_m \times R \sin\omega t \qquad (2.8.2)$$

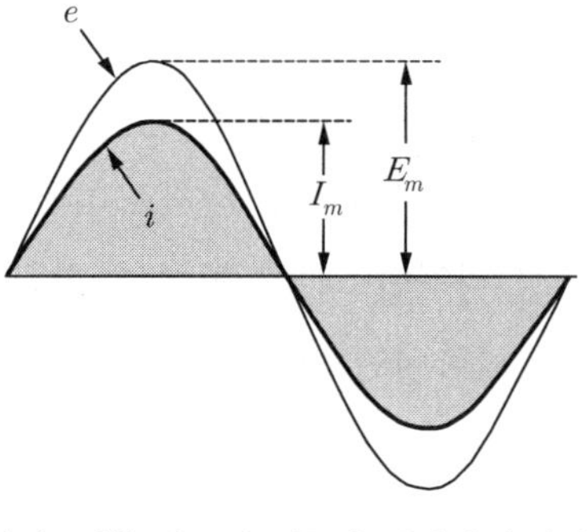

그림 2.8-6 순수 저항 회로의 전류와 전압의 순간값과 페이저 값

그림 2.8-6을 통하여 전압 파형과 전류 파형은 둘 다 정현파이며 동일한 주파수를 갖는 것을 알 수 있다. 각 90° 지점에서 $\sin\omega t = 1$이 되며 전류와 전압은 동시에 그 최대 양의 값을 갖는다. 전류 파형과 전압 파형이 동상이므로 이들의 값을 표현하는 페이저도 동상이 된다.

그림 2.8-7(a)의 전류 페이저와 전압 페이저는 그들의 최대값을 나타낸다. 그리고 그림 2.8-7(b)의 페이저는 실효값이다.

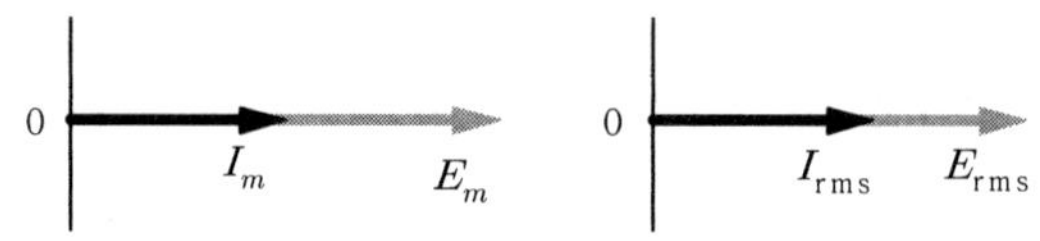

(a) 전압 및 전류 최대값 페이저도 (b) 전압 및 전류의 실효값 페이저도

그림 2.8-7

예제 1 그림 2.8-5의 회로에 인가된 전원전압은 $e = 20\sin(377t)$이다. 다음을 계산하여라.

(a) $t = 0.002$[s]에서 전압의 순시값

(b) 1200[Ω]의 저항에 대한 전류의 실효값

풀이 (a) $e = 20\sin[(377)(0.002)(57.3)] = 13.692[\text{V}]$

(b) $I = \dfrac{E}{R} = \dfrac{(0.707)(20[\text{V}])}{1200[\Omega]} = 11.783[\text{mA}]$

2.8.3 유도성 리액턴스

값이 변하는 전류가 흐르면 인덕터에는 회로 전압과 반대가 되는 전압이 발생한다. 이것을 자기 유도 전압 또는 역기전력이라 부른다. 코일은 역기전력을 발생함으로써 회로 전류의 변화를 방해하므로 코일을 리액티브(reactive)라고도 한다. 코일의 회로 전류 흐름을 반대하는 특성을 유도성 리액턴스라고 하며 기호로는 옴단위의 X_L을 사용한다.

유도성 리액턴스를 식으로 나타내면 다음과 같다.

$$X_L = 2\pi f L \tag{2.8.3}$$

X_L : 유도성 리액턴스, f : 주파수, L : 인덕턴스

예제 1 600[Hz], 15[H] 코일의 유도성 리액턴스를 계산하여라.

풀이 $X_L = 2\pi fL = 2\pi(600[\mathrm{Hz}])(15[\mathrm{H}]) = 56.5[\mathrm{k}\Omega]$

예제 2 실효 전류가 250[mA]일 때 인덕터에 걸리는 실효 전압은 600[V]이다. 회로의 주파수는 60[Hz]라면 인덕터의 인덕턴스는 얼마인가?

풀이 $X_L = \dfrac{E}{I} = \dfrac{600[\mathrm{V}]}{0.25[\mathrm{A}]} = 2400[\Omega]$, $L = \dfrac{X_L}{2\pi f} = \dfrac{2400[\Omega]}{2\pi(60)} = 6.4[\mathrm{H}]$

예제 3 5[H] 인덕터에 걸리는 순간 전압은 $e = 4\sin 150t$이다. $t = 20[\mathrm{ms}]$일 때 순간 전류를 계산하여라.

풀이 $X_L = 2\pi fL = \omega L = 150(5) = 750[\Omega]$

$$I_m = \frac{E_m}{X_L} = \frac{4[\mathrm{V}]}{750[\Omega]} = 0.005[\mathrm{A}]$$

순수 유도성 회로에서 i는 e보다 90° 뒤진다.

$$i = I_m \sin(\omega t - 90°) = 0.05\sin[150(0.02)(57.3) - 90°] = 49.5[\mathrm{mA}]$$

두 개나 그 이상의 직렬연결 인덕터의 총 리액턴스를 계산하기 위해서는 다음 식을 사용한다.

$$X_{LT} = X_{L1} + X_{L2} + \cdots + X_{Ln} \tag{2.8.4}$$

그리고 두 개만의 병렬연결 인덕터의 리액턴스는 다음 방정식이 사용된다.

$$X_{LT} = \frac{X_{L1}X_{L2}}{X_{L1} + X_{L2}} \tag{2.8.5}$$

두 개나 그 이상의 병렬연결 인덕터의 리액턴스를 구하기 위해서는 다음 식이 사용된다.

$$\frac{1}{X_{LT}} = \frac{1}{X_{L1}} + \frac{1}{X_{L2}} + \frac{1}{X_{L3}} + \cdots + \frac{1}{X_{Ln}} \tag{2.8.6}$$

예제 4 그림 2.8-8 회로에서 X_{LT}, I_T, V_{L1}, V_{L2}의 값을 구하라.

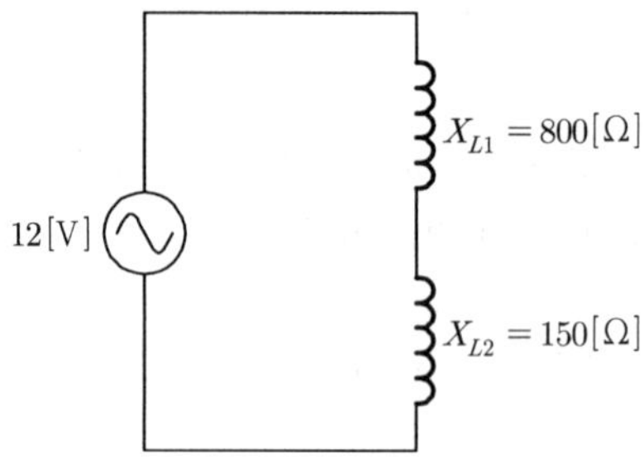

그림 2.8-8

풀이 $X_{LT}=X_{L1}+X_{L2}=800+150=950[\Omega]$

$$I_T=\frac{V_T}{X_{LT}}=\frac{12[\mathrm{V}]}{950[\Omega]}=12.6[\mathrm{mA}]$$

$$V_{L1}=I_TX_{L1}=(12.6[\mathrm{mA}])(800[\Omega])=10.08[\mathrm{V}]$$

$$V_{L2}=I_TX_{L2}=(12.6[\mathrm{mA}])(150[\Omega])=1.89[\mathrm{V}]$$

예제 5 그림 2.8-9 회로의 X_{LT}, I_{L1}, I_{L2} 및 I_T를 계산하여라.

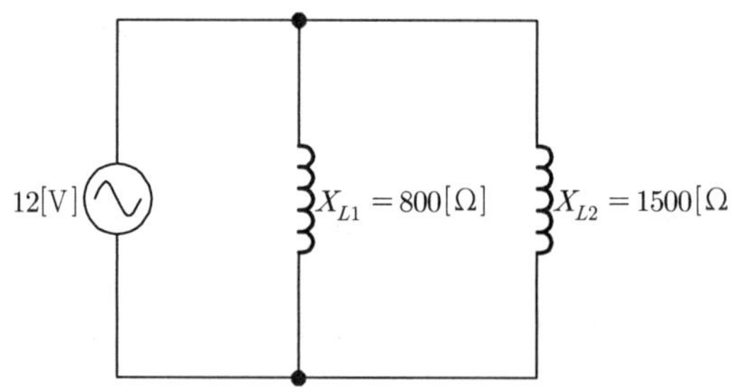

그림 2.8-9

풀이 $X_{LT}=\dfrac{X_{L1}X_{L2}}{X_{L1}+X_{L2}}=\dfrac{(800[\Omega])(1500[\Omega])}{800[\Omega]+1500[\Omega]}=521.74[\Omega]$

$$I_{L1}=\frac{12[\mathrm{V}]}{800[\Omega]}=15[\mathrm{mA}]$$

$$I_{L2}=\frac{12[\mathrm{V}]}{1500[\Omega]}=8[\mathrm{mA}]$$

$$I_T=I_{L1}+I_{L2}=15[\mathrm{mA}]+8[\mathrm{mA}]=23[\mathrm{mA}]$$

2.8.4 용량성 리액턴스

커패시터는 전기장의 형태로 에너지를 저장하는 전기소자로서 단위는 커패시턴스를 사용한다.

직류회로에서의 커패시터는 전압이 그 양단에 가해질 때 충전되고 단락되면 방전되는 특성을 갖는다. 만약 커패시터 양단에 교류 전압이 가해진다면 마찬가지로 전압이 주기적으로 충전되고 방전되며 전원의 주파수와 동일한 교류 전류를 회로에 흘려보낸다.

그림 2.8-10(a)와 같이 교류 기전력이 커패시터에 가해지면 임의의 순간에 커패시터 충전 전압은 전원의 전압과 동상이 된다. 가해지는 전압은 교류이므로 커패시터는 먼저 한 방향으로 충전되고 그 다음에 다른 방향으로 충전되며 회로에 교류 전류를 흘릴 것이다. 정현파의 첫 번째 90°까지 커패시터 충전 전압은 증가한다.

정현파 90°에서 커패시터의 충전 전압은 최대이지만 전류는 영(0)이 되어 회로에는 전류가 흐르지 않게 된다. 정현파 90°에서 180° 사이에는 커패시터 충전 전압은 감소하고 커패시터에 충전된 전압이 회로에 방전되기 시작한다. 커패시터의 방전이 시작되면 회로 전류는 전원 전압에 반대 방향으로 흐르게 된다. 정현파 180°에서 270°사이에는 커패시터가 반대 방향으로 충전되고 회로 전류는 전원의 방향으로 흐르게 된다. 정현파 주기의 최종 90°지점에서 커패시터는 다시 방전되고 회로 전류는 인가전압에 반대 방향으로 흐른다. 그림 2.8-10(c)는 회로 전류와 전압의 페이저도이다.

순수 인덕터 회로와 마찬가지로 순수 커패시터 회로는 저항 성분이 없는 회로이다. 커패시터 양단에 인가되는 실효 전압에 대한 실효 전류의 비를 용량성 리액턴스라고 부르며 기호 X_C를 사용하여 이것을 표현한다. 용량성 리액턴스는 옴으로 측정되며 회로 전류의 흐름을 방해하는 특성을 갖는다. 커패시터의 리액턴스는 커패시턴스와 각속도에 반비

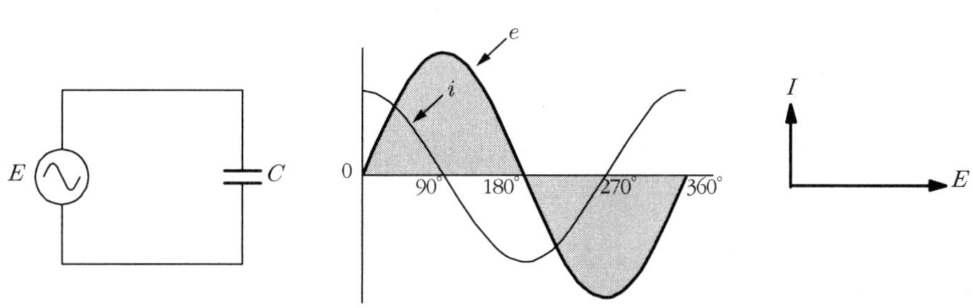

(a) (b) (c)

그림 2.8-10 교류회로에서 커패시턴스의 영향

례하여 변한다. 용량성 리액턴스는 다음 식으로 나타낼 수 있다.

$$X_C = \frac{1}{2\pi f C} \tag{2.8.7}$$

X_C : 용량성 리액턴스, f : 주파수 C : 커패시턴스

예제 1 100[μF]의 커패시터가 주파수 60[Hz]를 갖는 100[V] 교류 전원에 연결되어 있다. 다음을 구하여라.

(a) 용량성 리액턴스
(b) 회로에 흐르는 전류

풀이 (a) $X_C = \frac{1}{2\pi f C} = \frac{1}{2\pi(60[\text{Hz}])(100\times10^{-6}[\text{F}])} = 26.53[\Omega]$

(b) $I = \frac{E}{X_C} = \frac{100[\text{V}]}{26.53[\Omega]} = 3.77[\text{A}]$

예제 2 50[Hz]에서 200[Ω]의 리액턴스를 갖는 커패시터가 있다. 60[Hz]에서의 리액턴스는 얼마인가?

풀이 만일 한 주파수에서의 리액턴스를 알 수 있다면 다른 주파수에서의 리액턴스는 두 주파수의 비율로 리액턴스를 구할 수 있다. 용량성 리액턴스와 주파수는 반비례한다.

$$\frac{X_{C1}}{X_{C2}} = \frac{f_2}{f_1}, \quad X_{C2} = X_{C1}\frac{f_1}{f_2} = 200[\Omega]\frac{50[\text{Hz}]}{60[\text{Hz}]} = 167[\Omega]$$

두 개나 그 이상의 직렬연결 커패시터의 총 리액턴스를 구하기 위해서는 다음 식을 사용한다.

$$X_{CT} = X_{C1} + X_{C2} + X_{C3} + \cdots + X_{Cn} \tag{2.8.8}$$

그리고 두 개나 그 이상의 병렬연결 커패시터의 총 커패시턴스를 구하기 위해서는 다음 식을 사용한다.

$$\frac{1}{X_{CT}} = \frac{1}{X_{C1}} + \frac{1}{X_{C2}} + \frac{1}{X_{C3}} + \cdots + \frac{1}{X_{Cn}} \tag{2.8.9}$$

예제 3 그림 2.8-11의 회로에서 X_{CT}, I_T, V_{C1} 및 V_{C2}의 값을 구하여라.

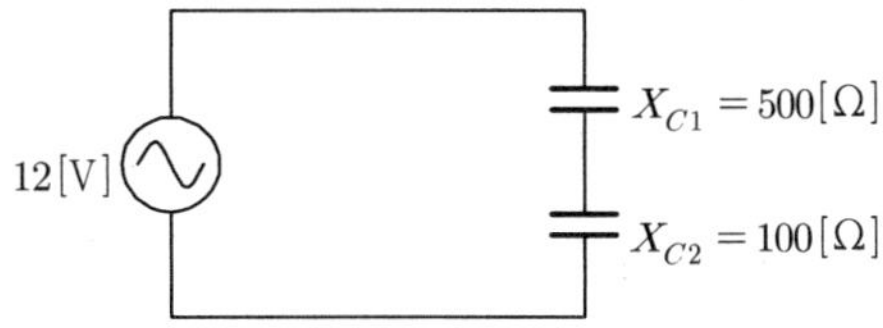

그림 2.8-11

풀이 $X_{CT} = X_{C1} + X_{C2} = 500[\Omega] + 100[\Omega] = 600[\Omega]$

$$I_T = \frac{E}{X_{CT}} = \frac{12[\mathrm{V}]}{600[\Omega]} = 0.02[\mathrm{A}]$$

$$V_{C1} = I_T X_{C1} = (0.02[\mathrm{A}])(500[\Omega]) = 10[\mathrm{V}]$$

$$V_{C2} = I_T X_{C2} = (0.02[\mathrm{A}])(100[\Omega]) = 2[\mathrm{V}]$$

예제 4 그림 2.8-12 회로의 X_{CT}, I_T, I_{C1} 및 I_{C2}의 값을 구하여라.

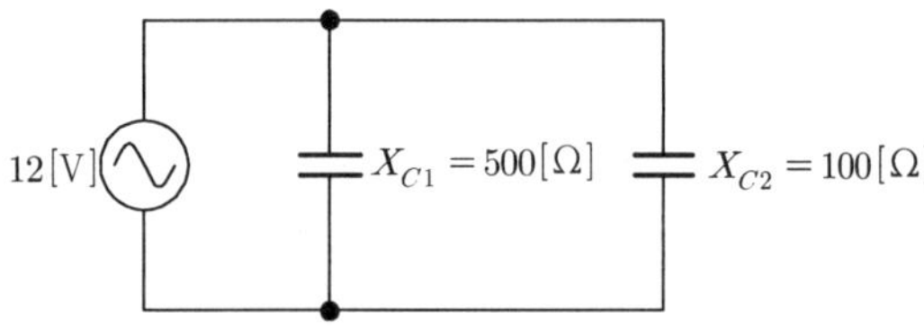

그림 2.8-12

풀이 $$X_T = \frac{X_{C1} X_{C2}}{X_{C1} + X_{C2}} = \frac{(500[\Omega])(100[\Omega])}{500[\Omega] + 100[\Omega]} = 83.333[\Omega]$$

$$I_{C1} = \frac{12[\mathrm{V}]}{500[\Omega]} = 0.024[\mathrm{A}]$$

$$I_{C2} = \frac{12[\mathrm{V}]}{100[\Omega]} = 0.12[\mathrm{A}]$$

$$I_T = I_{C1} + I_{C2} = 0.024[\mathrm{A}] + 0.12[\mathrm{A}] = 0.144[\mathrm{A}]$$

2.8.5 임피던스

임피던스는 교류회로에서 전류의 흐름을 방해하는 성질이다. 임피던스는 완전히 저항값만을 갖거나 또는 리액턴스만을 가질 수도 있으나 일반적으로 저항과 리액턴스의 결합값을 갖는다. 임피던스를 나타내는 기호는 Z이며 단위는 옴이다. 교류회로의 전류는 회로에 걸린 전압에 비례하며 회로의 임피던스에 반비례한다. 이것을 식으로 표현하면 다음과 같다.

$$Z = \frac{E}{I} \tag{2.8.10}$$

임피던스의 크기는 전압과 전류 비율이므로, 임피던스 각은 전압과 전류의 위상각 차를 의미한다.

예제 1 교류 부하에 인가된 전압과 전류는 각각 $110\angle 45°[V]$ 및 $25\angle 30°[A]$이다. 이 회로의 임피던스를 구하여라.

풀이 $Z = \frac{E}{I} = \frac{110\angle 45°[V]}{25\angle 30°[A]} = 4.4\angle 15°[\Omega]$

교류회로에 저항과 리액턴스가 모두 포함되어 있을 때 전체 전압강하는 저항에 의한 전압강하와 리액턴스에 의한 전압강하의 페이저 합과 같다.

$$IZ = \sqrt{(IR)^2 + (IX)^2} \tag{2.8.11}$$

전류 I를 제거하면 다음 식과 같게 된다.

$$Z = \sqrt{R^2 + X^2} \tag{2.8.12}$$

임피던스, 저항 및 리액턴스는 시간에 대해 불변이므로 이들은 벡터도로 표현할 수 있다. 벡터도는 일반적으로 페이저도와 구별하기 위해 직삼각형 형태로 그려진다. 저항, 리액턴스 및 임피던스를 포함하는 벡터도를 임피던스 삼각도라 하는데 이것은 회로 해석에서 매우 유용하게 사용된다. 임피던스 삼각도의 두 가지 예가 그림 2.8-13에 도시되어 있다.

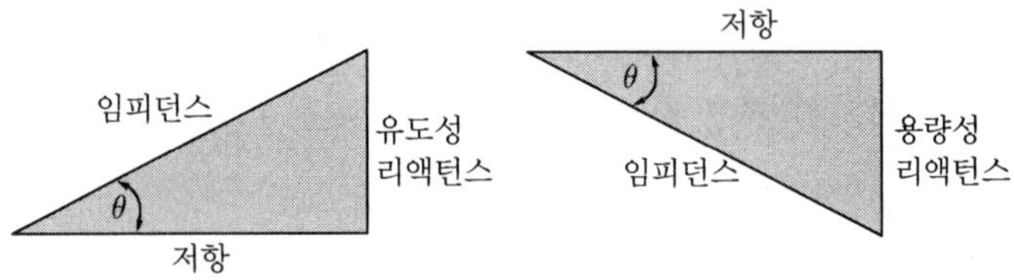

(a) 직렬회로의 저항과 유도성 리액턴스 (b) 직렬회로의 저항과 용량성 리액턴스

그림 2.8-13 임피던스 삼각도

그림 2.8-13(a)의 임피던스 삼각도는 인덕턴스와 저항이 직렬로 연결된 회로를 나타내는 반면에 그림 2.8-13(b)는 커패시턴스와 저항이 직렬로 연결된 것을 보여준다. 이 두 회로의 리액티브(reactive) 요소들은 종축에 표시된다. 따라서 만일 한 회로에 커패시턴스와 인덕턴스가 동시에 존재하는 경우 이 두 요소의 값들은 서로 감소된다.

임피던스 삼각도의 위상각 θ는 전압과 전류의 위상각차이며 다음 식과 같다.

$$\theta = \tan^{-1}\frac{X}{R} \qquad (2.8.13)$$

2.8.6 직렬 RL 회로

그림 2.8-14(a)는 저항과 인덕턴스의 직렬회로를 보여준다. 이 회로의 페이저도는 그림 2.8-14(b)에 나타내었다. 전류값은 직렬회로의 모든 부분에서 같으므로 전류 위상을 기준 위상으로 잡는다. 저항에 걸린 전압 V_R의 위상은 저항을 통해 흐르는 전류의 위상과 항상 같다.

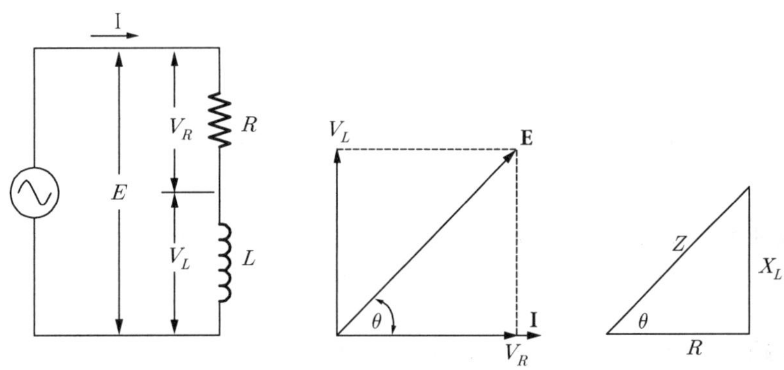

(a) 직렬 RL 회로 (b) 페이저 선도 (c) 임피던스 삼각도

그림 2.8-14

인덕턴스에 걸린 전압은 전류보다 90°만큼 앞서므로 위상 V_L은 기준 위상보다 90°앞서 나타내었다. 인가된 전압 E는 두 개의 전압 요소 V_R과 V_L의 합으로 나타낼 수 있다. 그림 2.8-14(c)는 임피던스 삼각도를 나타낸다.

Z, X_L 및 R로 형성된 삼각도는 E, V_L 및 V_R로 형성된 삼각도와 매우 유사하다. 이러한 형태의 회로에서 임피던스는 저항과 유도성 리액턴스의 벡터 합이 된다. 또한, 임피던스 삼각도로부터 다음을 알 수 있다.

$$\theta = \sin^{-1}\frac{X_L}{Z} = \cos^{-1}\frac{R}{Z} = \tan^{-1}\frac{X_L}{R} \tag{2.8.14}$$

$$X_L = Z\sin\theta \tag{2.8.15}$$

$$R = Z\cos\theta \tag{2.8.16}$$

$$X_L = R\tan\theta \tag{2.8.17}$$

예제 1 100[Ω] 저항과 0.4[H] 코일을 포함하는 직렬 RL 회로에 60[Hz], 17[V]의 전압이 인가된다면 저항과 인덕터에 걸리는 전압은 얼마인가?

풀이 $X_L = 2\pi fL = 2\pi(60[\text{Hz}])(0.4[\text{H}]) = 150.8[\Omega]$

$Z = \sqrt{R^2 + X_L^2} = \sqrt{(100[\Omega])^2 + (150.8[\Omega])^2} = 180.94[\Omega]$

$\theta = \tan^{-1}\frac{X_L}{R} = \tan^{-1}\frac{150.8[\Omega]}{100[\Omega]} = 56.45°$

임피던스각 56.45°는 전압이 전류를 앞서는 각과 동일하다.

$V_R = 17\cos 56.45° = 9.395[\text{V}]$

$V_L = 17\sin 56.45° = 14.168[\text{V}]$

예제 2 2.5[H] 코일과 600[Ω] 저항이 60[Hz], 24[V]의 전원에 직렬로 연결되어 있다. 회로에 인가된 전압에 대한 전류의 크기와 위상을 구하여라.

풀이 $X_L = 2\pi fL = 2\pi(60[\text{Hz}])(2.5[\text{H}]) = 942.48[\Omega]$

$\theta = \tan^{-1}\frac{X_L}{R} = \tan^{-1}\frac{942.48[\Omega]}{600[\Omega]} = 57.52°$

$$Z = \sqrt{R^2 + X_L^2} = \sqrt{(600[\Omega])^2 + (942.48[\Omega])^2} = 1117.26[\Omega]$$

$$I = \frac{E}{Z} = \frac{24\angle 0°[\mathrm{V}]}{1117.26\angle 57.52°[\Omega]} = 21.481\angle -57.52°[\mathrm{mA}]$$

2.8.7 병렬 RL 회로

저항과 인덕터가 병렬로 연결된 회로에서 각 가지에 대한 전압은 동일하고 전류는 각 요소의 저항값에 반비례한다. 그림 2.8-15는 전형적인 병렬 RL 회로를 보여주는데 이 회로의 임피던스는 다음 식에 의해 구할 수 있다.

$$Z = \frac{RX_L}{\sqrt{R^2 + X_L^2}} \tag{2.8.18}$$

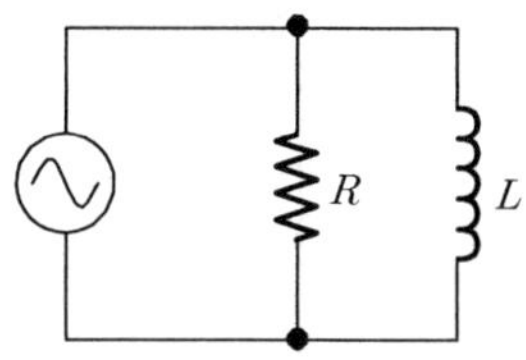

그림 2.8-15 병렬 RL 회로

교류 공급전압과 전류 사이의 위상각은 다음과 같다.

$$\theta = \tan^{-1}\frac{R}{X_L}$$

예제 1 그림 2.8-16 회로에 대한 임피던스와 위상각을 구하여라.

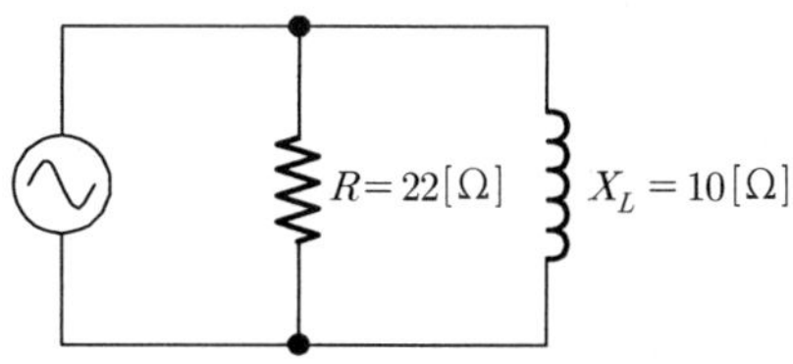

그림 2.8-16

풀이 $Z = \dfrac{RX_L}{\sqrt{R^2+X_L^2}} = \dfrac{(22[\Omega])(10[\Omega])}{\sqrt{(22[\Omega])^2+(10[\Omega])^2}} = 9.104[\Omega]$

$\theta = \tan^{-1}\dfrac{R}{X_L} = \tan^{-1}\dfrac{22[\Omega]}{10[\Omega]} = 65.56°$

순수 인덕터만의 회로에서는 전류가 전압보다 90° 뒤지며 저항을 통해 흐르는 전류는 전압과 동상이 된다. 그림 2.8-17은 병렬로 연결된 저항과 인덕터에 대한 벡터도를 보여준다. 이 벡터도에서 인가된 전압과 저항을 통해 흐르는 전류는 동상임을 알 수 있다.

그리고 인덕터를 통해 흐르는 전류 I_L은 저항을 통해 흐르는 전류보다 90° 뒤지는 것을 알 수 있다. 총 전류는 I_R과 I_L의 위상 합으로 구할 수 있다. 만일 I_R과 I_L의 크기가 같다면 총 전류는 인가전압과 −45°의 각도차를 가지게 된다.

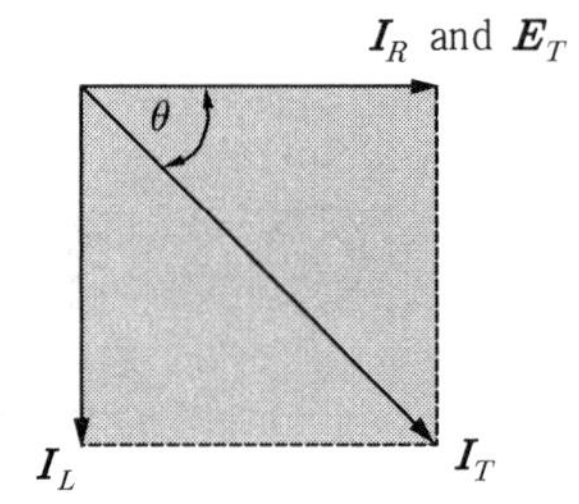

그림 2.8-17 병렬 RL 회로에서 전류에 대한 페이저 선도

2.8.8 직-병렬 RL 회로

회로에 저항과 인덕터가 직-병렬로 연결되어 있는 회로에 대해 생각해 보자. 직-병렬 RL 회로의 전류, 전압 및 임피던스 값을 계산하기 위해서는 직렬 RL회로와 병렬 RL회로에 대한 기본적인 사전 지식이 필요하다.

직-병렬 교류회로 문제를 해결하기 위해서는 병렬회로 부분을 직렬 등가 회로로 대체하거나 직렬회로 부분을 병렬 등가 회로로 대체할 필요가 있다. 동일 인가전압에 대해서 원래의 병렬회로에서와 똑같은 크기와 위상각을 갖는 회로 전류가 흐르는 회로를 병렬회로에 대한 등가 직렬회로라 한다.

그림 2.8-18(a)는 병렬로 연결된 저항과 리액턴스를 보여준다. 그림 2.8-18(b)와 같이 이 두 요소가 직렬로 연결되면 원래 병렬로 연결된 회로와 동일한 결과를 나타내는 저항값 R_S와 리액턴스 값 X_S를 구할 수 있다.

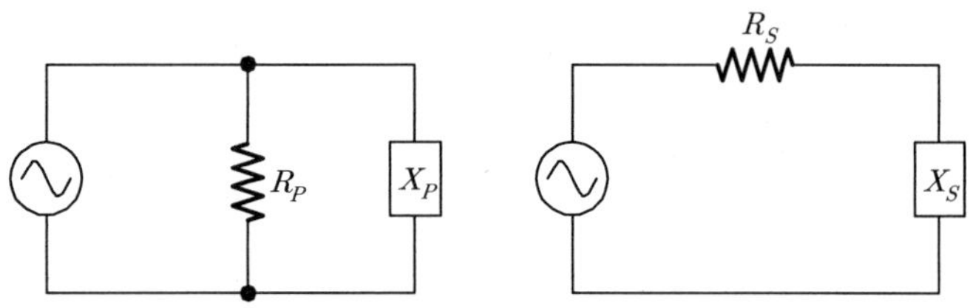

(a) 병렬회로 (b) 등가 직렬회로

그림 2.8-18

$$R_S = \frac{R_P X_P^2}{R_P^2 + X_P^2} \tag{2.8.19}$$

$$X_S = \frac{X_P R_P^2}{R_P^2 + X_P^2} \tag{2.8.20}$$

예제 1 6[Ω] 저항과 8[Ω] 리액턴스가 포함된 병렬회로로 대체할 수 있는 직렬 등가 회로의 저항값과 리액턴스 값을 구하여라.

풀이

$$R_S = \frac{R_P X_P^2}{R_P^2 + X_P^2} = \frac{(6[\Omega])(8[\Omega])^2}{(6[\Omega])^2 + (8[\Omega])^2} = 3.84[\Omega]$$

$$X_S = \frac{X_P R_P^2}{R_P^2 + X_P^2} = \frac{(8[\Omega])(6[\Omega])^2}{(6[\Omega])^2 + (8[\Omega])^2} = 2.88[\Omega]$$

병렬회로와 등가 직렬회로 사이의 선전류값과 위상각을 정합시키려면 두 회로의 전체 임피던스 Z 값과 회로의 위상각 θ는 동일해야 한다.

$$R_S = Z_T \cos\theta, \qquad X_S = Z_T \sin\theta$$

예제 2 그림 2.8-19 회로에 대해 다음을 구하여라.

(a) 전체 저항값
(b) 전체 유도성 리액턴스 값
(c) 전체 임피던스 값

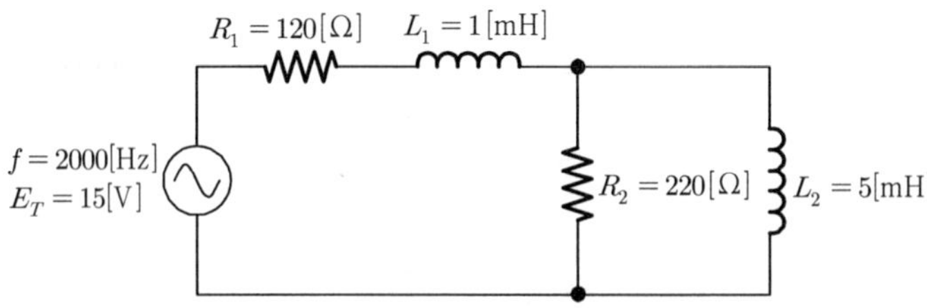

그림 2.8-19

풀이 이 회로는 병렬회로 부분을 등가 직렬회로로 바꿀 수 있다.

(a) 먼저 유도성 리액턴스를 구하면 다음과 같다.

$$X_{L1} = 2\pi f L_1 = 2\pi(2000[\text{Hz}])(1\times 10^{-3}[\text{H}]) = 12.566[\Omega]$$

$$X_{L2} = 2\pi f L_2 = 2\pi(2000[\text{Hz}])(5\times 10^{-3}[\text{H}]) = 62.83[\Omega]$$

R_2와 X_{L2}에 대한 등가인 저항은 다음과 같다.

$$R_{eq} = \frac{R_2 X_{L2}^2}{R_2^2 + X_{L2}^2} = \frac{(220[\Omega])(62.83[\Omega])^2}{(220[\Omega])^2 + (62.83[\Omega])^2} = 16.59[\Omega]$$

전체 저항은 R_1과 R_{eq}의 합과 같다.

$$R_T = R_1 + R_{eq} = 120[\Omega] + 16.59[\Omega] = 136.59[\Omega]$$

(b) 회로의 병렬 부분에 대한 등가 직렬 유도성 리액턴스 및 전체 리액턴스는 다음과 같다.

$$X_{\text{eq}} = \frac{X_{L2}\, R_2^2}{R_2^2 + X_{L2}^2} = \frac{(62.83[\Omega])(220[\Omega])^2}{(220[\Omega])^2 + (62.83[\Omega])^2} = 58.09[\Omega]$$

$$X_{LT} = X_{L1} + X_{eq} = 12.566[\Omega] + 58.09[\Omega] = 70.656[\Omega]$$

(C) 전체 임피던스는 피타고라스 정리를 사용하여 다음과 같이 구해진다.

$$Z_T = \sqrt{R_T^2 + X_{LT}^2} = \sqrt{(136.59\Omega)^2 + (70.656\Omega)^2} = 153.78[\Omega]$$

2.8.9 직렬 RC 회로

저항과 커패시터를 포함하는 교류 직렬회로에서 회로에 인가된 전압의 위상은 회로 전류보다 90° 뒤지게 된다. 그림 2.8-20(b)의 페이저도는 이러한 관계를 보여준다. 그림에서 전류의 위상이 기준으로 사용되었다.

저항과 커패시터 양단에 걸리는 전압을 벡터적으로 합하면 회로에 인가된 회로 전압을 구할 수 있다. 회로 전압과 회로 전류간의 위상차이는 V_C와 V_R의 비율에 따라 변하게 된다. 회로의 인가전압 값은 피타고라스 정리를 사용하여 구할 수 있다.

$$E = \sqrt{V_R^2 + V_C^2} \tag{2.8.21}$$

그림 2.8-20(c)의 임피던스 삼각도는 그림 2.8-20(b) 페이저도에서 E, V_R 및 V_C에 의해 구성되는 삼각도와 유사하다. 이 회로의 임피던스는 저항과 용량성 리액턴스의 벡터 합이 된다.

$$-\theta = \sin^{-1}\frac{X_C}{Z} = \cos^{-1}\frac{R}{Z} = \tan^{-1}\frac{X_C}{R} \tag{2.8.22}$$

$$X_C = Z\sin\theta \tag{2.8.23}$$

$$R = Z\cos\theta \tag{2.8.24}$$

$$X_C = R\tan\theta \tag{2.8.25}$$

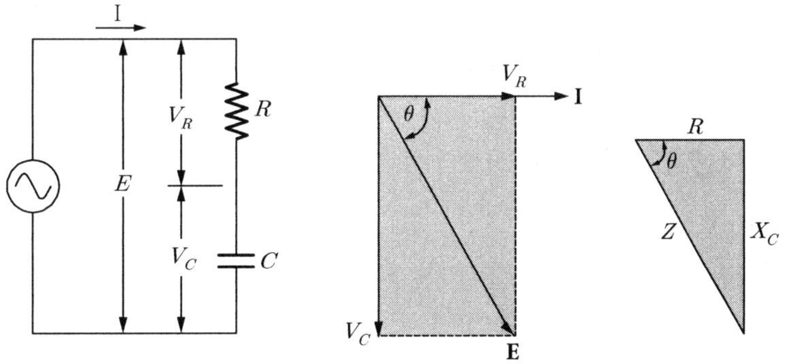

(a) 직렬 RC 회로 (b) 페이저 선도 (c) 임피던스 삼각형

그림 2.8-20

예제 1 60[Hz], 2200[V] 전원 양단에 50[Ω]의 저항이 50[μF] 커패시터와 직렬로 연결되어 있다. 다음을 구하여라.

(a) 임피던스
(b) 전류

풀이 (a) $X_C=\dfrac{1}{2\pi fC}=\dfrac{1}{2\pi(60[\text{Hz}])(50\times10^{-6}[\text{F}])}=53.05[\Omega]$

$Z=\sqrt{(50[\Omega])^2+(53.05[\Omega])^2}=72.9[\Omega]$

(b) $I=\dfrac{E}{Z}=\dfrac{2200[\text{V}]}{72.9[\Omega]}=30.2[\text{A}]$

예제 2 회로 내의 전류를 30[mA]로 제한하기 위해 1200[Ω] 저항에 직렬로 연결된 커패시터의 커패시턴스 값을 구하여라. 전원 전압은 60[Hz], 120[V]이다.

풀이 $Z=\dfrac{E}{I}=\dfrac{120[\text{V}]}{30[\text{mA}]}=4000[\Omega]$

$X_C=\sqrt{Z^2-R^2}=\sqrt{(4000[\Omega])^2-(1200[\Omega])^2}=3815.76[\Omega]$

$X_C=\dfrac{1}{2\pi fC},\qquad C=\dfrac{1}{2\pi fX_C}=\dfrac{1}{2\pi(6[\text{Hz}])(3815.76[\Omega])}=0.695[\mu\text{F}]$

2.8.10 병렬 *RC* 회로

저항과 용량성 리액턴스가 병렬로 연결되었을 때 저항에 흐르는 전류는 가해진 전압과 동상이고 커패시턴스에 흐르는 전류는 가해진 전압보다 90° 앞선다.

전자회로에서는 병렬 *RC* 회로의 주파수나 커패시턴스를 변화시킨 응용 회로를 많이 사용한다. 용량성 리액턴스와 주파수는 반비례하므로 용량성 리액턴스는 고주파에서 값이 작아지고 주파수가 영에 접근하면 값은 무한대가 된다. 병렬 *RC* 회로의 임피던스와 위상각은 다음 식을 사용하여 구할 수 있다.

$$Z=\frac{RX_C}{\sqrt{R^2+X_C^2}} \tag{2.8.26}$$

$$-\theta=\tan^{-1}\frac{R}{X_C} \tag{2.8.27}$$

예제 1 그림 2.8-21 그림의 임피던스와 위상각을 구하여라.

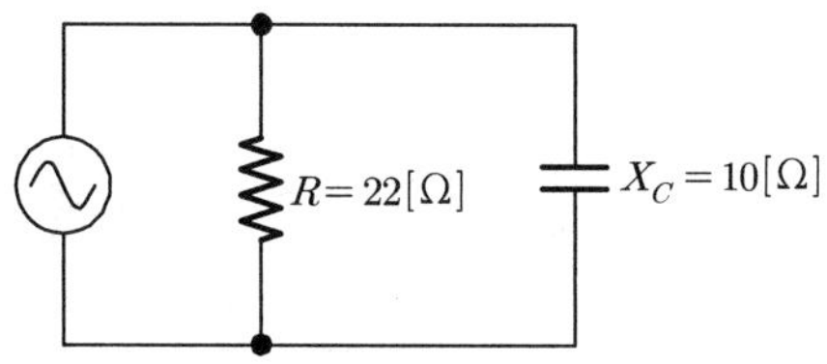

그림 2.8-21

풀이 $Z=\dfrac{RX_C}{\sqrt{R^2+X_C^2}}=\dfrac{(22[\Omega])(10[\Omega])}{\sqrt{(22[\Omega])^2+(10[\Omega])^2}}=9.1[\Omega]$

$\theta=-\tan^{-1}\dfrac{R}{X_C}=-\tan^{-1}\dfrac{22[\Omega]}{10[\Omega]}=-65.6°$

모든 병렬회로에서 각 요소에 걸린 전압은 일정하고 전체 전류는 각 전류의 합이 된다. 그림 2.8-22는 병렬 RC 회로의 전류를 표현하는 페이저도를 나타낸다. 저항 전류 I_R은 인가전압과 동상이고 용량성 전류 I_C는 인가전압보다 위상이 90° 앞선다. 총 전류 I_T는 저항과 용량성 전류의 페이저 합이 된다. 병렬 RC 회로에서 총 전류는 피타고라스 정리로 구할 수 있다.

$$I_T=\sqrt{I_R^2+I_C^2} \tag{2.8.28}$$

위상각은 다음의 방정식으로 구할 수 있다.

$$\theta=\tan^{-1}\frac{I_C}{I_R} \tag{2.8.29}$$

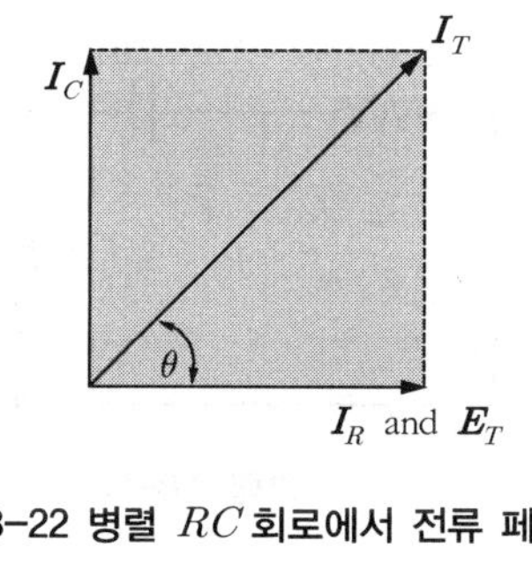

그림 2.8-22 병렬 RC 회로에서 전류 페이저도

예제 2 그림 2.8-23 회로의 각 가지에 흐르는 전류값, 총 전류 및 위상각을 구하여라.

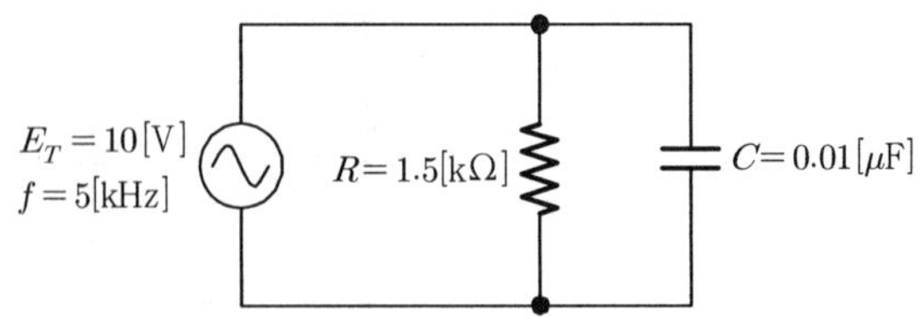

그림 2.8-23

풀이 $X_C = \dfrac{1}{2\pi f C} = \dfrac{1}{2\pi(5000[\text{Hz}])(0.01[\mu\text{F}])} = 3.18[\text{k}\Omega]$

$$I_R = \frac{E_T}{R} = \frac{10[\text{V}]}{1.5[\text{k}\Omega]} = 6.67[\text{mA}]$$

$$I_C = \frac{E_T}{X_C} = \frac{10[\text{V}]}{3.18[\text{k}\Omega]} = 3.14[\text{mA}]$$

$$I_T = \sqrt{I_R^2 + I_C^2} = \sqrt{(0.667[\text{mA}])^2 + (0.314[\text{mA}])^2} = 7.37[\text{mA}]$$

$$\theta = \tan^{-1}\frac{I_C}{I_R} = \tan^{-1}\frac{3.15[\text{mA}]}{6.67[\text{mA}]} = 25.28°$$

2.8.11 직-병렬 RC 회로

직-병렬 RC 회로를 해석하는 규칙은 모든 직-병렬회로에 동일하게 적용된다. 많은 경우 병렬로 연결된 요소들을 등가 직렬 값이나 그 역으로 변환하는 것이 가능하다.

예제 1 그림 2.8-24 직-병렬 RC 회로의 총 용량성 리액턴스, 총 저항 및 총 임피던스를 구하여라.

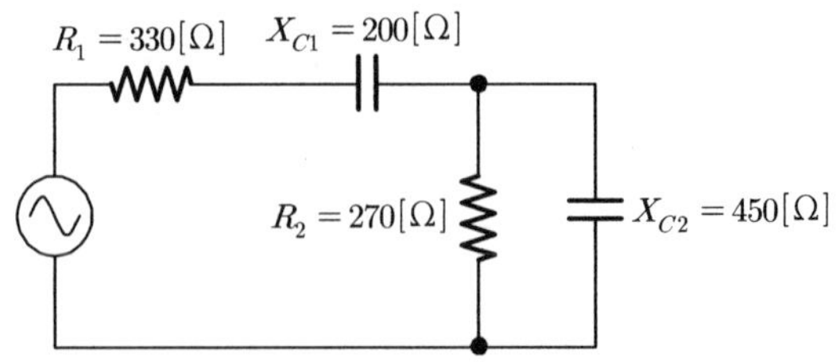

그림 2.8-24

풀이 먼저 병렬 요소 R_2와 X_{C2}를 등가 직렬회로로 변환한다.

$$R_{eq}=\frac{R_2X_{C2}^2}{R_2^2+X_{C2}^2}=\frac{(270[\Omega])(450[\Omega])^2}{(270[\Omega])^2+(450[\Omega])^2}=198.53[\Omega]$$

$$X_{eq}=\frac{X_{C2}R_2^2}{R_2^2+X_{C2}^2}=\frac{(450[\Omega])(270[\Omega])^2}{(270[\Omega])^2+(450[\Omega])^2}=119.12[\Omega]$$

회로는 직렬회로로 다시 그릴 수 있으며 총 저항과 리액턴스는 각 값들을 더함으로써 얻을 수 있다.

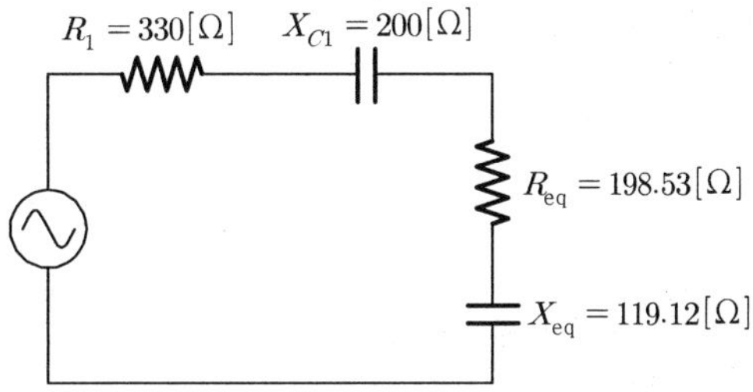

그림 2.8-25

$$X_{CT}=X_{C1}+X_{eq}=200[\Omega]+119.12[\Omega]=319.12[\Omega]$$

$$R_T=R_1+R_{eq}=330[\Omega]+198.53[\Omega]=528.53[\Omega]$$

$$Z_T=\sqrt{R_T^2+X_{CT}^2}=\sqrt{(528.53[\Omega])^2+(319.12[\Omega])^2}=617.4[\Omega]$$

2.8.12 직렬 RLC 회로

그림 2.8-26(a)와 같이 교류회로에 저항, 인덕터 및 커패시터가 직렬로 연결되어 있을 때 회로의 인가전압 값은 저항 사이에서의 전압강하와 리액턴스 사이의 전압강하량을 벡터적으로 더하여 구할 수 있다. 총 리액턴스 전압은 용량성 리액턴스 전압 V_C와 유도성 리액턴스 전압 V_L 간의 차이가 되며 가해진 전압과 위상각은 다음 식으로 표현된다.

$$E=\sqrt{V_R^2+(V_L-V_C)^2} \tag{2.8.30}$$

$$\theta=\tan^{-1}\frac{(V_L-V_C)}{V_R} \tag{2.8.31}$$

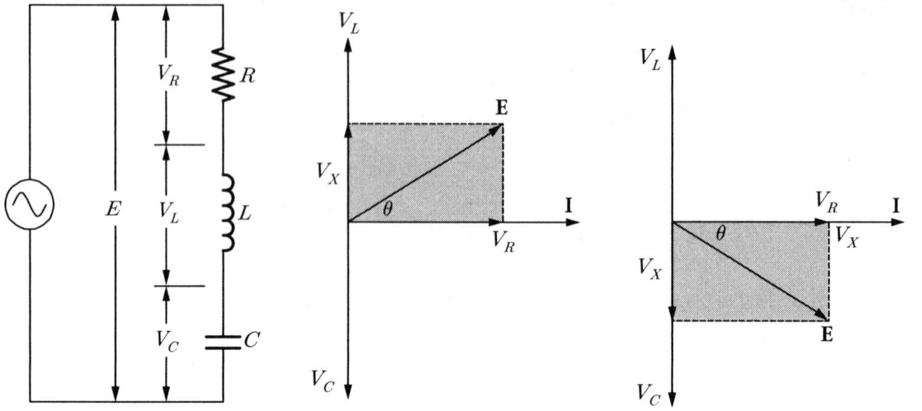

(a) 직렬 RLC 회로 (b) $X_L > X_C$ (c) $X_C > X_L$

그림 2.8-26

그림 2.8-26(b)의 페이저도는 V_L이 V_C 보다 큰 회로를 나타낸 것이다. 전류 I가 기준축이며 V_R과 I는 동상이고 V_X는 I보다 위상이 90°앞선다. V_L이 V_C 보다 크기 때문에 총 리액티브 전압 V_X는 유도성 리액턴스 전압이 된다.

그림 2.8-26(c)는 V_C가 V_L보다 큰 경우의 페이저도이다. 이때의 V_X는 I보다 위상이 90°뒤지게 되고, V_C가 V_L보다 크기 때문에 총 리액티브 전압 V_X는 용량성 리액턴스 전압이 된다.

그림 2.8-27(a)의 임피던스 삼각도는 $X_L > X_C$인 직렬회로의 경우이고 그림 2.8-27(b)는 $X_C > X_L$인 직렬회로의 임피던스 삼각도이다. 전체 또는 등가 리액턴스는 다음 식으로 나타낼 수 있다.

$$X = X_L - X_C \tag{2.8.32}$$

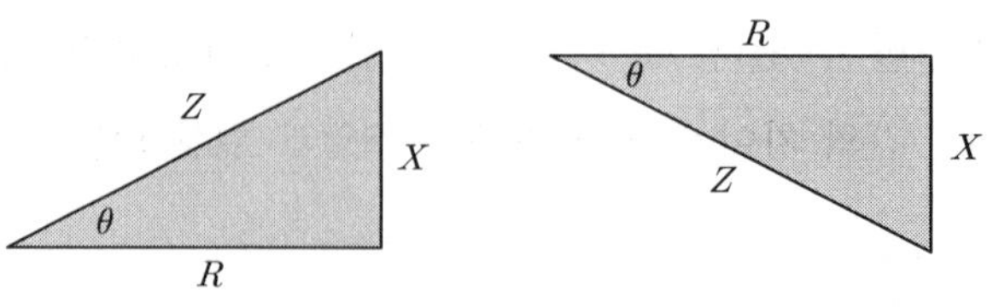

(a) $X_L > X_C$ (b) $X_C > X_L$

그림 2.8-27 직렬 RLC 임피던스 삼각도

직렬 RLC 회로에서는 총 임피던스가 유도성이건 용량성이건 상관없이 저항과 리액턴스의 벡터합으로 구할 수 있다.

$$Z = \sqrt{R^2 + X^2} \tag{2.8.33}$$

$$\theta = \tan^{-1}\frac{X}{R} \tag{2.8.34}$$

예제 1 그림 2.8-28 회로에서 다음을 구하여라.

(a) 회로의 임피던스와 위상각
(b) 전체 전류
(c) V_R, V_L 및 V_C 값

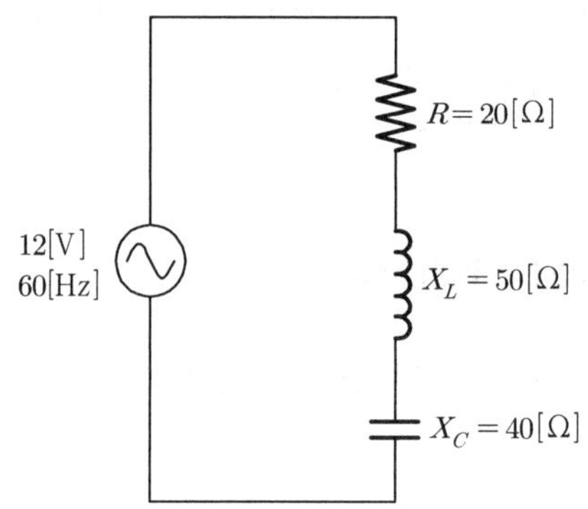

그림 2.8-28

풀이 (a) $X = X_L - X_C = 50[\Omega] - 40[\Omega] = 10[\Omega]$

$$Z = \sqrt{R^2 + X^2} = \sqrt{(20[\Omega])^2 + (10\Omega])^2} = 22.36[\Omega]$$

$$\theta = \tan^{-1}\frac{X}{R} = \tan^{-1}\frac{10[\Omega]}{20[\Omega]} = 26.57°$$

(b) $I_T = \frac{E_T}{Z} = \frac{12[V]}{22.36[\Omega]} = 536.67[mA]$

(c) $V_R = IR = (536.67[mA])(20[\Omega]) = 10.73[V]$

$V_L = IX_L = (536.67[mA])(50[\Omega]) = 26.83[V]$

$V_C = IX_C = (536.67[mA])(40[\Omega]) = 21.47[V]$

예제 1의 전압들은 키르히호프(Kirchhoff)의 전압법칙을 만족하지 않는 것처럼 보인다. 하지만 이것은 교류 전압이 크기뿐만 아니라 전압 사이에 위상 차이가 발생하기 때문이다. 세 개의 전압강하량은 위상각을 고려하여 벡터적으로 합하면 회로의 인가전압과 같은 값을 가지게 된다.

예제 2 0.3[H]의 코일, 0.5[μF]의 커패시터 및 500[Ω]의 저항이 직렬로 연결되어 있다. 회로의 주파수가 600[Hz]일 때 회로의 임피던스와 위상각을 구하여라.

풀이 $X_L = 2\pi f L = 2\pi(600[\text{Hz}])(0.3[\text{H}]) = 1130.4[\Omega]$

$$X_C = \frac{1}{2\pi f C} = \frac{1}{2\pi(600[\text{Hz}])(0.5\times 10^{-6}[\text{F}])} = 530.8[\Omega]$$

$$X = X_L - X_C = 1130.4[\Omega] - 530.8[\Omega] = 599.6[\Omega]$$

$$Z = \sqrt{R^2 + X^2} = \sqrt{(500[\Omega])^2 + (599.6[\Omega])^2} = 780.7[\Omega]$$

$$\theta = \tan^{-1}\frac{X}{R} = \tan^{-1}\frac{599.6[\Omega]}{500[\Omega]} = 50.2°$$

2.8.13 어드미턴스와 서셉턴스

직류회로에서 저항의 역수를 다루었는데 저항의 역수는 컨덕턴스로서 다음과 같이 표현된다.

$$G = \frac{1}{R}$$

G : 컨덕턴스[S], R : 저항[Ω]

교류회로에서는 주어진 소자 또는 회로에 전류가 흐를 수 있는 정도를 어드미턴스라고 하고 지멘스 단위로 측정하며 기호는 Y로 표현한다. 어드미턴스는 임피던스의 역수로 정의되며 벡터량이 된다.

$$Y = \frac{1}{Z} \tag{2.8.35}$$

Y : 어드미턴스[S], Z : 임피던스[Ω]

리액턴스의 역수를 서셉턴스(기호는 B)라고 하는데 이것을 사용하여 어드미턴스를 나타내면 다음 식과 같다.

$$Y = \sqrt{G^2 \pm B^2} \tag{2.8.36}$$

Y : 어드미턴스[S], G : 컨덕턴스[S] B : 서셉턴스[S]

어드미턴스 회로의 위상각은 다음 식과 같다.

$$\theta = \tan^{-1}\frac{B}{G} \tag{2.8.37}$$

식 (2.8.36)에서 (+) 기호는 용량성 서셉턴스 B_C를 의미하고 (−) 기호는 유도성 서셉턴스 B_L 을 의미한다. 저항이 병렬로 연결되어 있을 때 전체 컨덕턴스는 다음과 같이 계산한다.

$$G_T = G_1 + G_2 + G_3 + \cdots + G_n \tag{2.8.38}$$

그리고 병렬회로에서 전체 서셉턴스 값은 다음과 같이 구할 수 있다.

$$B_T = B_1 + B_2 + B_3 + \cdots + B_n \tag{2.8.39}$$

각 병렬 가지의 어드미턴스를 알면 전체 어드미턴스는 다음 식에 의해 구할 수 있다.

$$Y_T = Y_1 + Y_2 + Y_3 + \cdots\ Y_n \tag{2.8.40}$$

옴(Ohm)의 법칙을 적용하여 임피던스를 갖는 교류회로를 해석할 수 있으며 어드미턴스를 포함하는 회로에서 전류를 계산하기 위한 식은 다음과 같다.

$$I = EY \tag{2.8.41}$$

병렬 교류회로 해석 시 임피던스 삼각형과 비슷한 어드미턴스 삼각도를 이용할 수 있다. 그림 2.8-29(a)는 컨덕턴스와 용량성 서셉턴스를 갖는 어드미턴스 삼각도를 보여주며 컨덕턴스와 유도성 서셉턴스를 포함하는 어드미턴스 삼각도는 그림 2.8-29(b)와 같다.

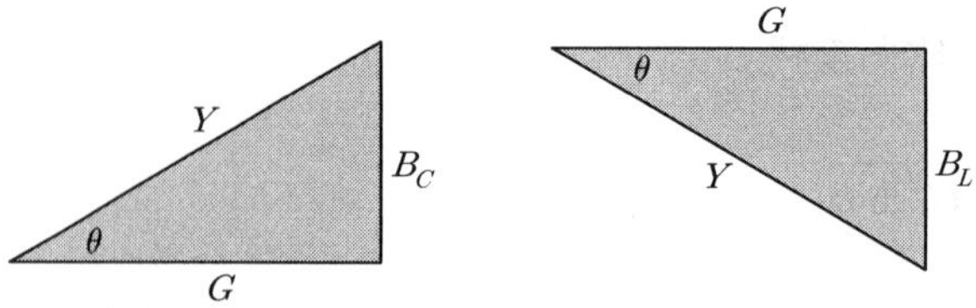

(a) 용량성 서셉턴스 (b) 유도성 서셉턴스

그림 2.8-29 어드미턴스 삼각도

예제 1 그림 2.8-30 병렬회로의 전체 어드미턴스와 위상각을 구하여라.

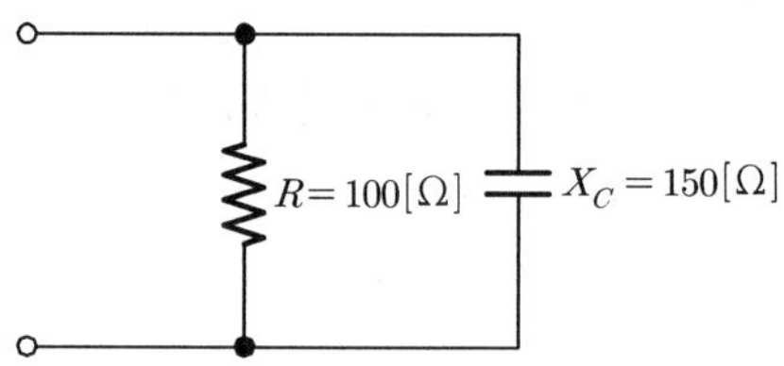

그림 2.8-30

풀이

$$G=\frac{1}{R}=\frac{1}{100[\Omega]}=0.01[\mathrm{S}]$$

$$B_C=\frac{1}{X_C}=\frac{1}{150[\Omega]}=0.0067[\mathrm{S}]$$

$$Y_T=\sqrt{G^2+B^2}=\sqrt{(0.01[\mathrm{S}])^2+(0.0067[\mathrm{S}])^2}=0.068[\mathrm{S}]$$

$$\theta=\tan^{-1}\frac{B}{G}=\tan^{-1}\frac{0.0067[\mathrm{S}]}{0.01[\mathrm{S}]}=33.82°$$

2.8.14 병렬 RLC 회로

그림 2.8-31(a)에 있는 병렬회로는 세 개의 가지 부하를 가지고 있고 모든 소자에 인가되는 전압은 전원 전압인 E가 된다. 페이저도는 전압을 기준으로 전류 위상을 표시하는 것만 다르고 회로 해석 방법은 직렬 RLC 회로와 같다. 그림 2.8-31(b)의 페이저도는 회로 세 개 소자에 흐르는 전류 사이의 관계를 보여준다. 순수 저항에 흐르는 전류 I_R의 위상은 전원의 위상과 동상이다.

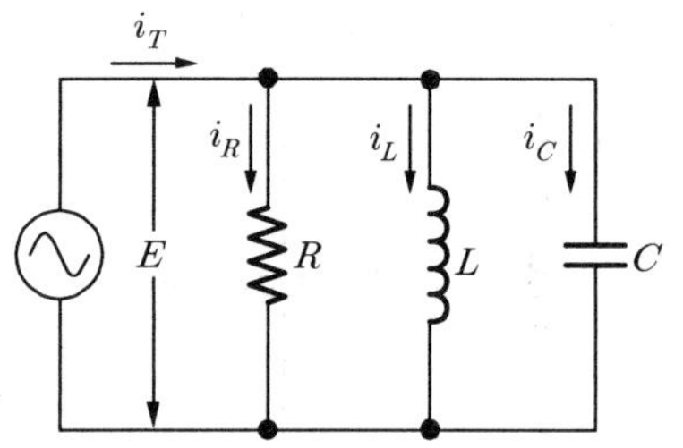

(a) 병렬 RLC 회로

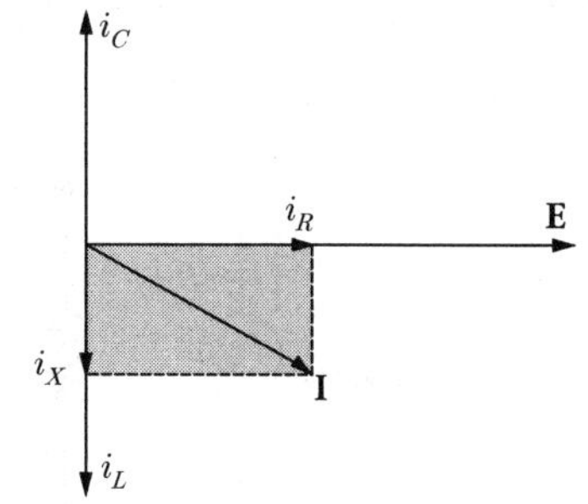

(b) $I_L > I_C$ 페이저도

그림 2.8-31

그러나 유도성 전류인 I_L의 위상은 전원 전압의 위상에 90° 뒤지고 용량성 전류인 I_C는 90° 앞서게 된다. 병렬회로를 해석하는 순서는 다음과 같다.

① 각 가지 임피던스를 구한다.
② 각 가지 전류를 구한다.
③ 전류의 페이저도를 그린다.
④ 전체 동상 전류 또는 저항을 구한다.
⑤ 전체 리액턴스 전류를 구한다.
⑥ 전체 전류를 결정한다. 일단 개개의 가지 전류가 구해지면 전체 전류는 피타고라스 정리에 의해 구할 수 있다.
⑦ 회로의 임피던스를 구한다. 전체 임피던스는 전체 전류와 회로 전압을 이용하여 옴의 법칙을 적용하여 구할 수 있다.

용량성 리액턴스와 유도성 리액턴스를 모두 포함하는 병렬회로에서 회로의 어드미턴스, 컨덕턴스 및 서셉턴스를 각각 구하는 것이 편리할 경우가 있다. 개개의 가지 전류를 알고 있을 때 전체 전류의 위상각을 알아내기 위해서 다음 식을 사용할 수 있다.

$$I_T = \sqrt{I_R^2 + I_X^2} \tag{2.8.42}$$

$$\theta = \tan^{-1}\frac{I_X}{I_R} \tag{2.8.43}$$

예제 1 그림 2.8-32 회로의 I_R, I_L, I_C 및 I_T를 구하여라. 그리고 회로 전압과 전체 전류 사이의 위상각을 구하여라.

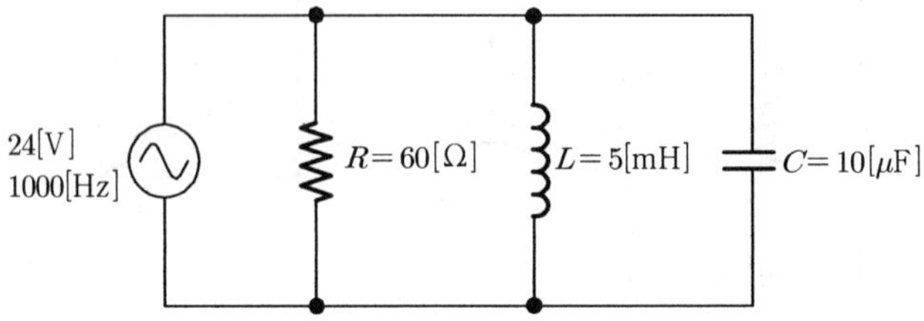

그림 2.8-32

풀이 $X_L = 2\pi fL = 2\pi(1000[\text{Hz}])(5\times10^{-3}[\text{H}]) = 31.42[\Omega]$

$$X_C = \frac{1}{2\pi fC} = \frac{1}{2\pi(1000[\text{Hz}])(10\times10^{-6}[\text{F}])} = 15.92[\Omega]$$

$$I_R = \frac{E}{R} = \frac{24[\text{V}]}{60[\Omega]} = 0.4[\text{A}],\quad I_L = \frac{E}{X_L} = \frac{24[\text{V}]}{31.42[\Omega]} = 0.76[\text{A}]$$

$$I_C = \frac{E}{X_C} = \frac{24[\text{V}]}{15.92[\Omega]} = 1.51[\text{A}]$$

I_L과 I_C는 서로 180°의 위상차를 가지므로 전체 무효전류 I_X는 I_L과 I_C의 차로 구할 수 있다.

$$I_X = I_C - I_L = 1.51[\text{A}] - 0.76[\text{A}] = 0.75[\text{A}]$$

$$I_T = \sqrt{I_R^2 + I_X^2} = \sqrt{(0.4[\text{A}])^2 + (0.75[\text{A}])^2} = 0.85[\text{A}]$$

전체 전류의 위상각을 구하면 다음과 같다.

$$\theta = \tan^{-1}\frac{I_X}{I_R} = \tan^{-1}\frac{0.75[\text{A}]}{0.4[\text{A}]} = 61.93°$$

예제 2 그림 2.8-33 회로의 저항은 700[Ω], 용량성 리액턴스는 1000[Ω] 및 유도성 리액턴스는 1200[Ω]이다. 다음 값을 구하여라.

(a) 서셉턴스
(b) 컨덕턴스
(c) 어드미턴스
(d) 총 전류

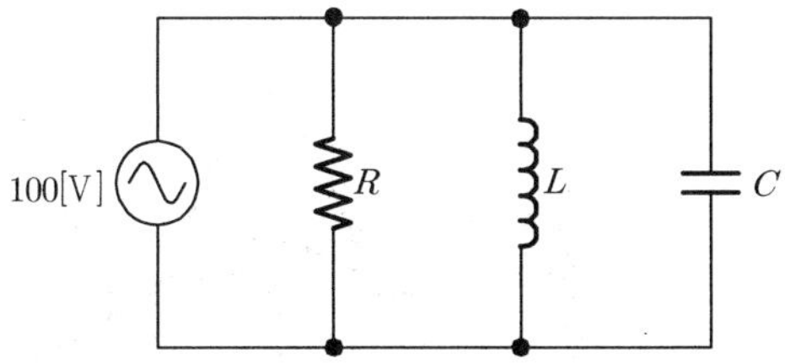

그림 2.8-33

풀이 (a) $G = \dfrac{1}{R} = \dfrac{1}{700[\Omega]} = 1.43[\mathrm{mS}]$

(b) $B_C = \dfrac{1}{X_C} = \dfrac{1}{1000[\Omega]} = 1.0[\mathrm{mS}]$

$B_L = \dfrac{1}{X_L} = \dfrac{1}{1200[\Omega]} = 0.83[\mathrm{mS}]$

$B_T = B_C - B_L = 1.0[\mathrm{mS}] - 0.83[\mathrm{mS}] = 0.17[\mathrm{mS}]$

(c) $Y = \sqrt{G^2 + B^2} = \sqrt{(1.43\mathrm{mS})^2 + (0.17\mathrm{mS})^2} = 1.44[\mathrm{mS}]$

(d) $I = EY = (100[\mathrm{V}])(1.44[\mathrm{mS}]) = 144[\mathrm{mA}]$

2.8.15 교류회로에서의 전력

직류회로에서의 전력은 전압과 전류의 곱으로 구할 수 있다. 교류회로에서는 전류가 전압과 동상일 경우에 전압과 전류의 곱으로 전력을 구할 수 있다. 그러나 전류가 전압과 동상이 아닐 경우에는 전압과 전류의 곱만으로 회로의 전력을 구할 수 없다.

리액턴스를 포함하는 교류회로에서 회로에 흐르는 전류의 위상은 가해진 인가전압의 위상보다 앞서거나 뒤지게 된다. 그러므로 교류회로의 전력을 계산하기 위해서는 회로 전류와 회로 전압 사이의 위상 차이를 고려해야만 한다.

교류회로에서 부하에 전달되고 부하에서 소비되는 전력은 전력계로 측정할 수 있는데 이 전력이 유효전력이다. 유효전력은 전압과 전류의 곱에 위상각의 코사인을 곱하면 얻을 수 있다. 단상 교류회로의 평균전력 또는 유효전력은 다음 식을 통해 구할 수 있다.

$$P = E_{\mathrm{rms}} \times I_{\mathrm{rms}} \times \cos\theta \quad \text{또는} \quad P = \frac{E_m \times I_m}{2} \times \cos\theta \tag{2.8.44}$$

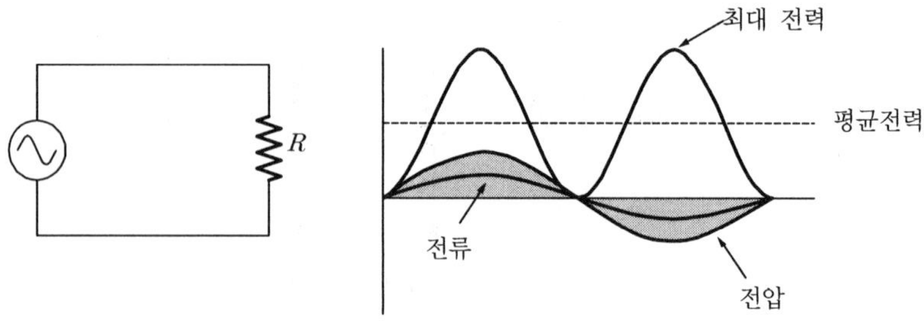

(a) 교류 저항 회로 (b) 전류, 전압 및 전력간의 위상 관계

그림 2.8-34

그림 2.8-34(a)는 교류 전원과 저항을 보여준다. 그림 2.8-34(b)는 시간에 따라 저항에서 소비되는 전력과 전압 및 전류가 어떻게 변하는지를 보여준다. 전력은 영에서 최대값 사이에서 변하며 전원의 두 배에 해당하는 주파수를 갖는다.

또한, 저항 소자에서 소모되는 전력은 유효전력이며 수평의 점선은 평균전력을 나타내는데 이는 최대 순시전력의 절반이 된다. 평균전력은 전원에서 공급하는 교류전력의 등가 직류전력이다.

순수한 저항 회로에서는 전압과 전류가 동상이므로 $\theta = 0°$이며 다음과 같다.

$$P = E_{\mathrm{rms}} \times I_{\mathrm{rms}} \times \cos 0° = E \times I \times 1 \tag{2.8.45}$$

그림 2.8-35(a)는 순수 인덕터만이 회로에 연결된 교류회로를 보여준다. 그림 2.8-35(b)에서 전압과 전류의 곱은 기준 축을 교차하게 된다. 전원 1/4주기 동안 에너지는 인덕터에 공급되며 나머지 1/4주기 동안은 인덕터에 저장되었던 에너지가 다시 전원

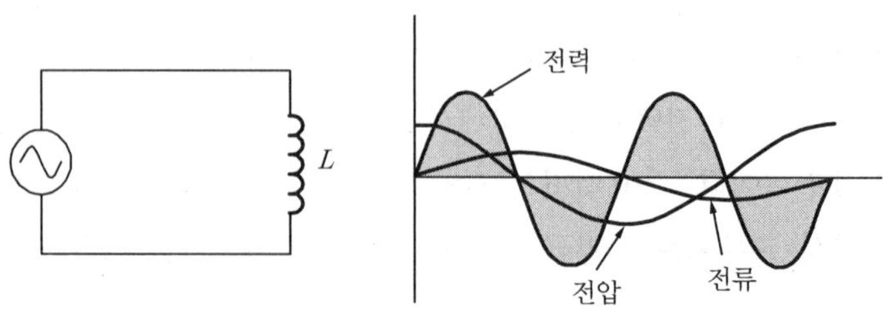

(a) 교류 인덕터 회로 (b) 전압, 전류 및 전력 사이의 위상 관계

그림 2.8-35

으로 돌아온다.

결국 이상적인 인덕터에서 소모되는 전체 전력은 영이 된다. 하지만 실제 인덕터는 작은 내부 저항을 갖기 때문에 한 주기 동안 열손실이 발생하게 된다. 저장소자라고도 불리는 인덕터는 전기 에너지를 받아 자기장 형태로 공간에 에너지를 저장하고 다시 저장되었던 에너지를 회로에 반환하게 된다.

순수 인덕터만의 회로에서는 전압이 전류에 90° 앞선다. 따라서 평균전력은 다음과 같이 계산된다.

$$P = E_{\mathrm{rms}} \times I_{\mathrm{rms}} \times \cos(90°) = E \times I \times 0 = 0 \tag{2.8.46}$$

그림 2.8-36(a)는 교류 전압원에 연결된 커패시터를 보여준다. 그림 2.8-36(b)는 그림 2.8-36(a) 회로에서의 전류, 전압 및 순수 전력에 대한 파형을 보여준다. 인덕터와 마찬가지로 커패시터는 전원 1/4주기 동안 에너지를 저장하고 다른 1/4주기 동안 에너지를 회로에 환원하는 에너지 저장소자이다.

순수 커패시터 회로에서 전압은 전류보다 90° 뒤진다. 그리고 평균전력은 다음 식과 같다.

$$P = E_{\mathrm{rms}} \times I_{rms} \times \cos(-90°) = E \times I \times 0 = 0 \tag{2.8.47}$$

순수 커패시터 회로에서 평균전력은 또한 영이 된다.

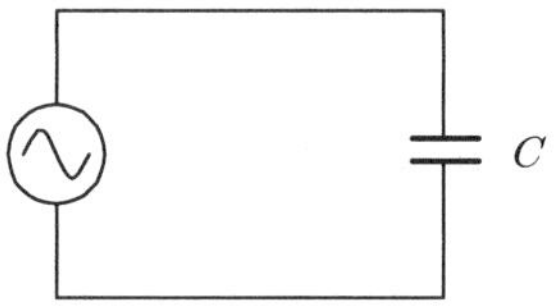

(a) 교류 커패시터 회로

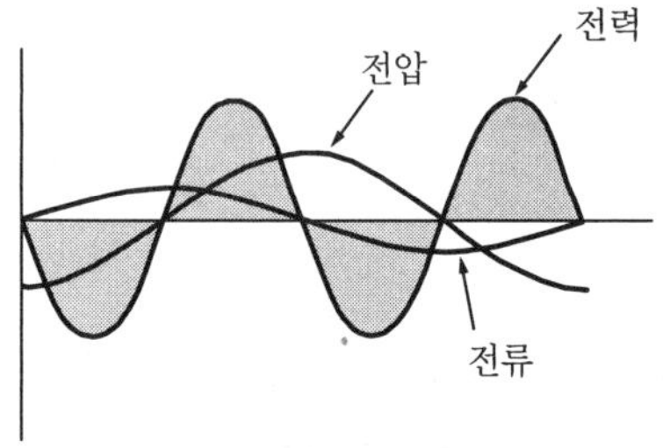

(b) 전압, 전류 및 전력 사이의 위상 관계

그림 2.8-36

예제 1 그림 2.8-37 회로의 평균 소모전력을 구하여라.

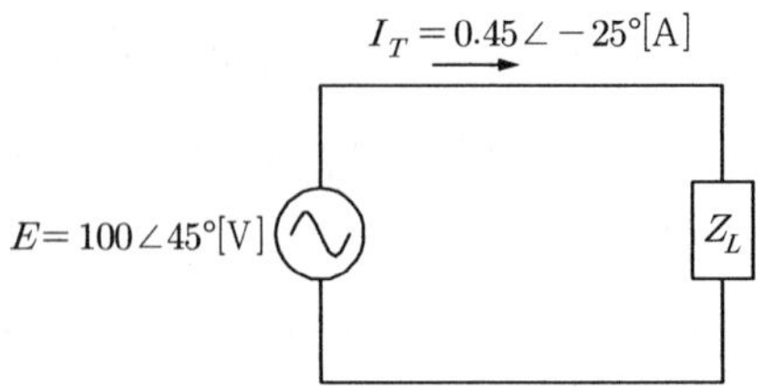

그림 2.8-37

풀이 그림 2.8-38의 페이저도는 회로에 인가된 공급 전압과 회로에 흐르는 전류 사이의 위상각 관계를 보여주는 그림으로서 공급 전압과 회로 전류 사이의 위상각 차이는 70°이다. 따라서 다음 식으로 전력을 계산할 수 있다.

$$\theta = 45° - (-25°) = 70°$$

$$P = EI\cos\theta = (100[\mathrm{V}])(0.45[\mathrm{A}])\cos 70° = 15.4[\mathrm{W}]$$

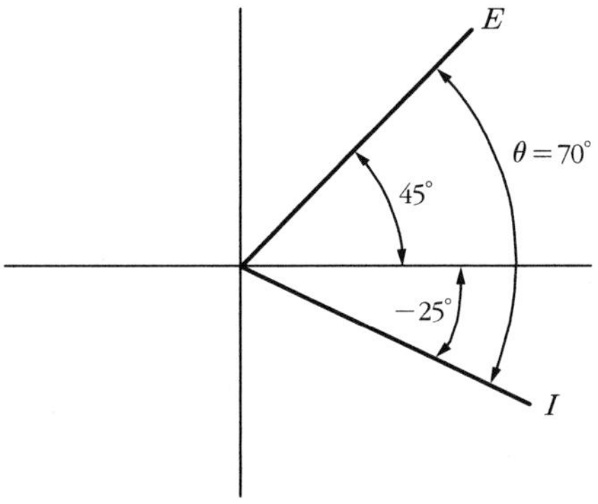

그림 2.8-38

예제 2 순시 전압 $e = 110\sin(t+60°)$[V]와 순시 전류 $i = 200\sin(t+80°)$[A]를 갖는 회로에서 소모되는 평균전력을 구하여라.

풀이 $E_m = 110\angle 60°$A

$I_m = 200\angle 80°$A

$\theta = 60° - 80° = -20°$

$$P = \frac{E_m \times I_m}{2}\cos\theta = \frac{110[\mathrm{V}] \times 200[\mathrm{A}]}{2}\cos(-20°) = 10336.6[\mathrm{W}]$$

전압과 전류의 곱을 피상전력이라고도 한다. 이것은 볼트-암페어(Volt-Ampere, [VA]) 단위를 가지며 다음 식으로 표현할 수 있다.

$$S = EI \tag{2.8.48}$$

예제 3 750[mA]의 부하 전류와 50[V]의 실효 전압을 갖고 위상각 차이가 30°인 교류회로가 있다. 다음을 구하여라.

(a) 실제 전력
(b) 피상전력

풀이 (a) $P = EI\cos\theta = (50[\mathrm{V}])(750[\mathrm{mA}])\cos 30° = 32.48[\mathrm{W}]$
(b) $S = EI = (50[\mathrm{V}])(750[\mathrm{mA}]) = 37.5[\mathrm{VA}]$

실제 전력과 피상전력의 비를 회로의 역률(Power Factor : PF)이라고 한다.

$$\mathrm{PF} = \frac{\text{실제전력}}{\text{피상전력}} = \frac{EI\cos\theta}{EI} = \cos\theta \tag{2.8.49}$$

식 (2.8.49)는 역률이 $\cos\theta$와 같음을 보여준다. 이러한 이유로 위상각을 종종 역률각이라고도 한다. 전류의 위상이 전압의 위상보다 뒤지는 인덕터 회로에서 역률은 지상역률(lagging power factor)이 되고, 전류의 위상이 전압의 위상보다 앞서는 커패시터 회로에서의 역률은 진상역률(leading power factor)이 된다.

역률은 전류와 전압이 서로 얼마나 위상차가 나느냐에 달려 있다. 그러므로 회로의 역률은 회로에서 저항과 리액터의 상대적인 크기로 결정되며 임피던스를 알고 있다면 역률은 임피던스에 대한 저항의 비이므로 역률 또한 알 수 있다.

$$\mathrm{PF} = \frac{R}{Z} \tag{2.8.50}$$

순수 리액터 회로에서 전압과 전류는 서로 90°의 위상차를 갖고 소모되는 전력은 영이다. 커패시터와 인덕터는 전력을 소모하지 않고 전력을 저장했다가 방출하는 소자이다. 이러한 리액터 소자의 전압과 전류의 곱을 무효전력(reactive power)이라 하고 Q로 표시하는데 이것은 리액터 소자에 저장되고 환원되는 에너지양에 비례한다.

유효전력과 무효전력을 구분하기 위해 유효전력은 와트로 표시하고 무효전력은 볼트-

암페어-리액티브 또는 바(VAR)로 표시한다.

무효전력은 다음과 같이 구할 수 있다.

$$Q = I^2 X \text{ 또는 } Q = E_{\mathrm{rms}} \times I_{\mathrm{rms}} \times \sin\theta \tag{2.8.51}$$

예제 4 500[Hz]의 전원으로부터 3.8[A]가 유도되는 20[μF] 커패시터의 무효전력을 구하여라.

풀이 $X_C = \dfrac{1}{2\pi f C} = \dfrac{1}{2\pi(500[\mathrm{Hz}])(20\times10^{-6}[\mathrm{F}])} = 15.92[\Omega]$

$Q = I^2 X_C = (3.8[\mathrm{A}])^2(15.92[\Omega]) = 229.9[\mathrm{VAR}]$

피상전력에 대한 유효전력의 비는 직각 삼각형의 변으로 그릴 수 있는데 유효전력은 각 θ에 이웃하는 변이고 피상전력은 빗변이 된다. 유효전력은 수평축에 놓이고 무효전력은 수직축에 그려진다. 이러한 삼각형을 전력 삼각도라고 하며 이것을 그림 2.8-39에 도시하였다.

두 전력 삼각도는 직렬회로로 간주하여 기준 위상을 전류로 잡는다. 하지만 기준 위상으로 전압을 잡는 병렬회로 전력 삼각도의 리액터 성분은 그림 2.8-39와는 반대 방향으로 그려진다. 직렬회로의 전력 삼각도는 임피던스 삼각도와 일치하는 반면 병렬회로의 전력 삼각도는 어드미턴스 삼각도와 일치한다.

저항과 인덕터가 직렬로 연결된 전력 삼각도는 그림 2.8-39(a)에 도시되어 있고 저항과 커패시터가 직렬로 연결된 전력 삼각도는 그림 2.8-39(b)에 도시되어 있다. 회로에 유도성 전력과 용량성 전력이 모두 포함되면 전력 삼각도의 리액터 성분은 각 소자에 전달되는 무효전력 간의 차에 의해 구할 수 있다. 그림 2.8-39의 직각 삼각형에서 피타고라스 정리는 다음과 같이 사용된다.

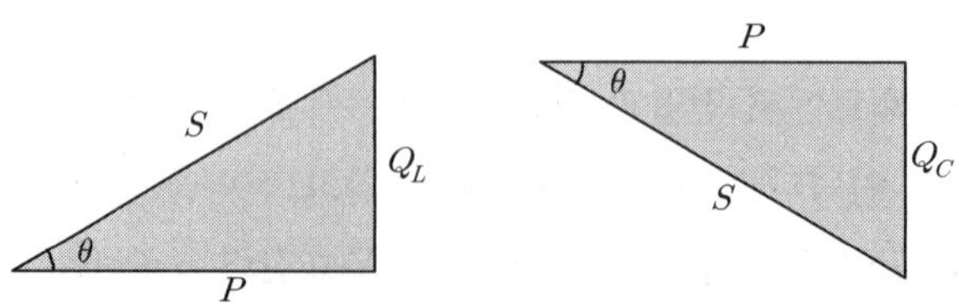

(a) 저항과 인덕터의 직렬연결 (b) 저항과 커패시터의 직렬연결

그림 2.8-39 전력 삼각도

$$S = \sqrt{P^2 + Q^2} \tag{2.8.52}$$

S : 피상전력[VA], P : 유효전력[W], Q : 무효전력[VAR]

θ는 회로의 역률을 나타내므로 전력 삼각도는 역률에 관련된 문제를 해결하는데 매우 유용하다.

교류회로의 피상전력은 유효전력과 무효전력에 대하여 피타고라스 정리를 사용하여 구할 수 있다.

직렬 또는 병렬회로를 해석할 경우 전체 유효전력, 무효전력 및 피상전력은 간단히 각 가지의 유효전력, 무효전력 및 피상전력의 합을 구함으로써 얻을 수 있다.

역률을 향상시키기 위해 설치하는 장치를 역률 보정장치라고 한다. 유도성 부하에 대한 역률 보정은 병렬 부하로 커패시터를 연결하면 된다. 커패시터 회로의 위상이 앞선 전류는 인덕터 부하에 위상 지연 전류를 공급하고 따라서 회로 전류를 감소시키는 역할을 한다.

2.9 공 진

공진은 어떤 구조물에 가해진 외부 힘의 주파수와 그 구조물의 고유 진동수가 같을 때 발생하는 물리적 현상이다. 외부 힘의 주파수가 그 고유 주파수와 같을 때 진동의 에너지와 진폭은 증가한다.

전자회로에서의 공진은 자계(운동)에 저장된 에너지와 전계(전위)에 저장된 에너지의 흐름에 의해 발생한다. 공진은 공진 주파수라고 알려져 있는 유일한 하나의 주파수에서 발생하는데 인덕터와 커패시터 양측의 전류 또는 전압 위상이 크기는 같고 방향이 반대일 경우 발생한다.

공진은 저항과 커패시터 및 인덕터를 포함하는 직렬회로나 병렬회로에 발생할 수 있다. 회로에서 유도성 리액턴스와 용량성 리액턴스의 값이 같을 때 공진이 발생하는데 공진주파수 이상이거나 또는 이하인 신호들을 제거시키는데 사용할 수 있다.

공진을 이용하면 특정한 주파수만을 선별할 수 있는데 이러한 선택 특성은 선택도로 알려져 있으며 회로가 원하는 신호 주파수는 허용하고 원치 않는 신호 주파수는 제거하는 정도와 관련이 있다.

2.9.1 직렬 교류회로에서의 공진

유도성 리액턴스 X_L과 용량성 리액턴스 X_C가 같을 때 직렬 교류회로는 공진한다. 이 상태에서 전체 리액턴스 X는 영이 되며 임피던스는 그 회로의 저항과 같게 된다. 공진회로에서 전류와 전압간의 위상각은 $0°$ 이므로 직렬 교류회로에서 전류값은 회로망이 공진 상태에 있을 때 최대 크기에 도달하게 된다. 공진은 주어진 회로에서 하나의 주파수에서만 발생하며 그 이외의 주파수에서 회로는 유도성이거나 용량성이 된다.

직렬 공진 회로에서는 특정 주파수를 갖는 전류가 흐를 경우에만 회로 임피던스 값이 낮아진다. 전압의 크기가 일정한 값으로 고정되어 있는 상태에서 공급된 전압의 주파수를 조정하여 회로에 최대 전류가 발생하도록 할 경우 그 회로는 공진되었다고 말한다.

그림 2.9-1 회로의 임피던스는 다음과 같다.

$$Z = \sqrt{R^2 + (X_L - X_C)^2}$$

유도성 리액턴스는 주파수에 비례하고 용량성 리액턴스는 주파수에 반비례하여 변하기 때문에 교류회로의 임피던스는 주파수에 따라 변하게 된다. 주파수와 리액턴스 간의 관계는 다음 식으로 표현된다.

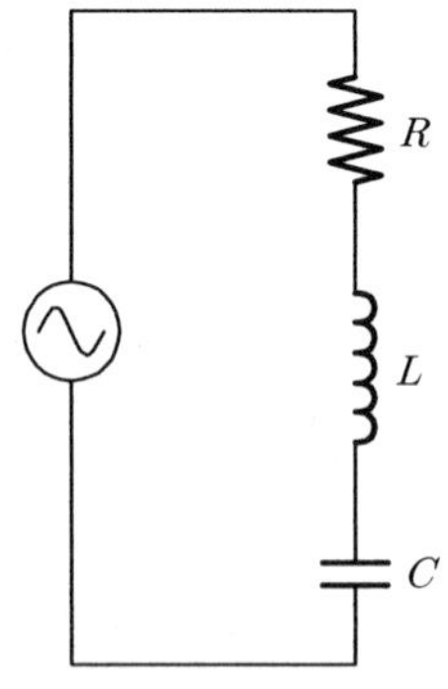

그림 2.9-1 직렬 RLC 회로

$$X_L = \omega L = 2\pi f L, \quad X_C = \frac{1}{\omega C} = \frac{1}{2\pi f C}$$

공진 주파수에서 유도성 리액턴스와 용량성 리액턴스는 서로 상쇄된다. X_L은 그림 2.9-2에 나타난 것처럼 주파수에 비례하지만 X_C는 주파수에 반비례하기 때문에 곡선의 그래프 값을 갖는다.

따라서 총 리액턴스는 그림의 점선과 같아진다. 총 리액턴스 값이 기준 축과 교차되는 점이 공진주파수 f_r이다. $X_L = X_C$일 경우 공진이 발생하는데 이때의 방정식은 다음과 같다.

$$2\pi f_r L = \frac{1}{2\pi f_r C}, \qquad f_r = \frac{1}{2\pi\sqrt{LC}} \tag{2.9.1}$$

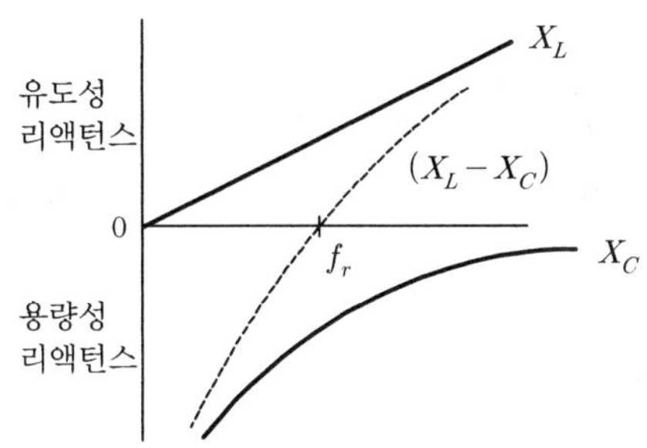

그림 2.9-2 공진 주파수 곡선

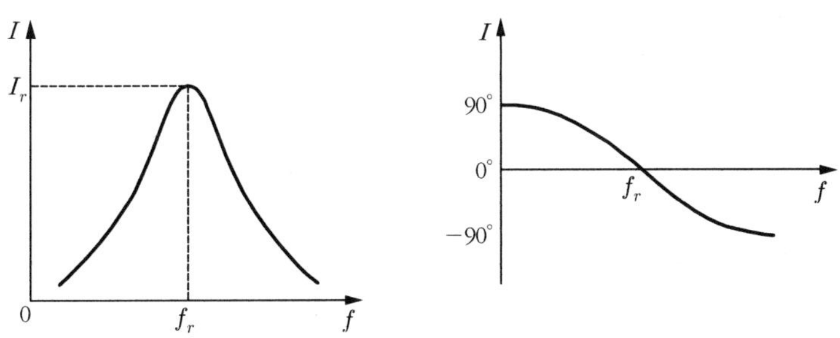

(a) 진폭-주파수 응답 (b) 위상-주파수 응답

그림 2.9-3 직렬회로에 대한 응답 곡선

그림 2.9-3은 직렬회로의 주파수 응답 곡선이다. 그림 2.9-3(a)는 직렬회로에 대한 진폭-주파수 응답 곡선으로서 공진 주파수에서 회로 전류의 진폭이 최대값으로 상승함을 나타내고 있다. 공진 주파수(f_r) 이하에서 회로의 임피던스는 용량성이고 공진 주파수 이상에서 회로의 임피던스는 유도성이 된다.

그림 2.9-3(b)는 직렬회로에 대한 위상-주파수 응답 곡선이다. 공진 주파수 이하에서 전류의 위상은 공급 전압의 위상보다 앞서게 되며 공진 주파수 이상에서 전류의 위상은 공급 전압의 위상보다 늦어지게 된다.

공진 주파수에서는 리액턴스의 영향이 없어지므로 회로는 저항만을 가진 회로처럼 생각할 수 있다. 이때 회로 전류의 위상은 공급 전압의 위상과 동상이 되며 공진 전류는 옴의 법칙으로 구할 수 있다.

$$I_r = \frac{E}{R}$$

예제 1 110[V] 직렬 RLC 회로가 있다. 저항은 1000[Ω], 인덕턴스는 0.4[H], 커패시턴스는 0.06[μF]일 경우 이 회로의 공진 주파수를 구하여라.

풀이 $f_r = \frac{1}{2\pi\sqrt{LC}} = \frac{1}{2\pi\sqrt{(0.4[\text{H}])(0.06\times 10^{-6}[\text{F}])}} = 1027.34[\text{Hz}]$

예제 2 20[mH]의 인덕턴스, 30[Ω]의 저항 및 커패시터가 직렬로 연결되어 공진 상태에 있다. 회로 전압은 25[V], 주파수는 500[Hz]일 경우 다음을 구하여라.

(a) 회로가 공진 상태가 되는 커패시턴스의 값
(b) 공진 주파수에서의 전류

풀이 (a) $f_r = \frac{1}{2\pi\sqrt{LC}}$

$$C = \frac{1}{4\pi^2 f_r^2 L} = \frac{1}{4\pi^2(500[\text{Hz}])^2(0.020[\text{H}])} = 5.06[\mu\text{F}]$$

(b) $I_r = \frac{E}{R} = \frac{25[\text{V}]}{30[\Omega]} = 0.83[\text{A}]$

공진 회로에 저장된 에너지는 일정한 값을 갖는다. 비록 커패시터 전계에 저장된 에너지가 시간에 따라 영에서 최대값까지 변하고 인덕터 자계에 저장된 에너지도 시간에 따라 변하더라도 공진 회로에 저장된 총 에너지는 시간에 따라 변하지 않는다.

공진 주파수는 커패시터와 인덕터가 가진 에너지의 방출과 흡수가 교대로 일어나는 주파수로서 인덕터나 커패시터에 에너지 공급이 필요 없는 주파수를 말한다. 이때 외부 회로는 공진 회로의 저항에서 발생하는 열손실만큼 에너지를 공급해 준다.

2.9.2 직렬회로에서의 Q

공진 회로에서 커패시터와 인덕터의 무효전력과 공진 회로의 유효전력의 비를 Q 인자라고 한다. 만일 공진 회로가 최소의 에너지 손실로 원하는 에너지를 저장할 수 있다면 좋은 성능의 공진 회로라고 볼 수 있다. Q인자는 회로에 의해 손실되는 에너지양과 비교하여 회로에 저장되는 에너지양을 나타낸다. 손실이 낮을수록 Q인자는 커지게 된다.

$$Q = 2\pi \frac{\text{저장되는 최대 에너지}}{\text{주기당 손실되는 에너지}}$$

그림 2.9-4는 직렬로 연결된 커패시터, 인덕터 및 저항 양단의 전압강하를 나타내고 있다. 공급 주파수가 변함에 따라 전압 V_C, V_L 및 V_R은 변한다. 공진 주파수에서 V_R은 최대값을 가지는데 그 값은 공급 전압과 같아진다. 그림에서 알 수 있듯이 커패시터 전압(V_C)은 공진 주파수(f_r) 이하에서 최대값을 가지며 인덕터 전압(V_L)은 공진 주파수(f_r) 이상의 값에서 최대값을 갖는다.

회로의 Q인자는 선택도라고도 하며 특정 그룹의 주파수만을 선택하는 동조회로의 능력을 나타내기도 한다. 직렬 공진 회로에서 인덕터에 의한 Q인자는 다음 식을 이용하여 구한다.

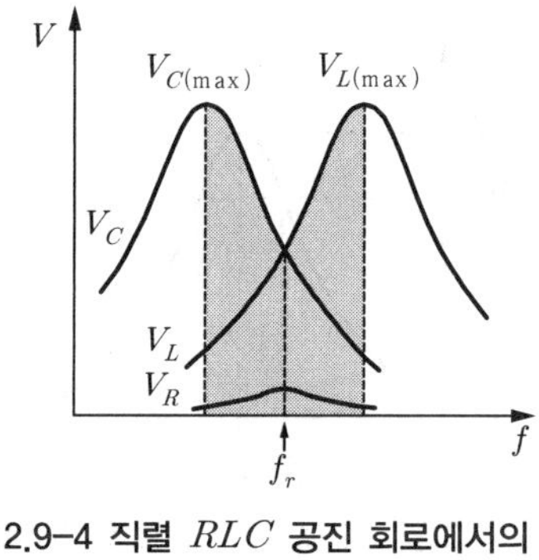

그림 2.9-4 직렬 RLC 공진 회로에서의 전압 관계

$$Q = \frac{X_L}{R} = \frac{\omega_s L}{R} \tag{2.9.2}$$

Q : 감도지수, X_L : 공진 주파수에서의 유도성 리액턴스

R : X_L과 직렬로 연결된 저항

직렬 공진 회로에서 커패시터에 의한 Q인자는 다음 식을 이용하여 구할 수 있다.

$$Q = \frac{X_C}{R} = \frac{1}{\omega_s CR} \tag{2.9.3}$$

저항, 인덕터 및 커패시터에 의한 직렬-공진 회로에서의 Q인자는 다음 식으로 나타낸다.

$$Q = \frac{1}{R}\sqrt{\frac{L}{C}} \tag{2.9.4}$$

예제 1 직렬 공진 회로가 10[Ω]의 내부 저항을 갖는 800[μH]의 인덕턴스와 0.05[μF]의 커패시터로 구성되어 있다고 하자. 회로의 Q인자를 구하여라.

풀이 $Q = \frac{1}{R}\sqrt{\frac{L}{C}} = \frac{1}{10[\Omega]}\sqrt{\frac{(800\times 10^{-6}[\text{H}])}{(0.05\times 10^{-6}[\text{F}])}}) = 12.6$

2.9.3 공진 회로의 대역폭

회로가 공진 상태에 있을 때 최대값의 70.7[%]와 같거나 큰 경우의 주파수 범위를 대역폭(BW)이라고 한다.

직렬 공진 회로의 주파수 응답 곡선이 그림 2.9-5에 나타나 있다. 공진 상태에서 전류

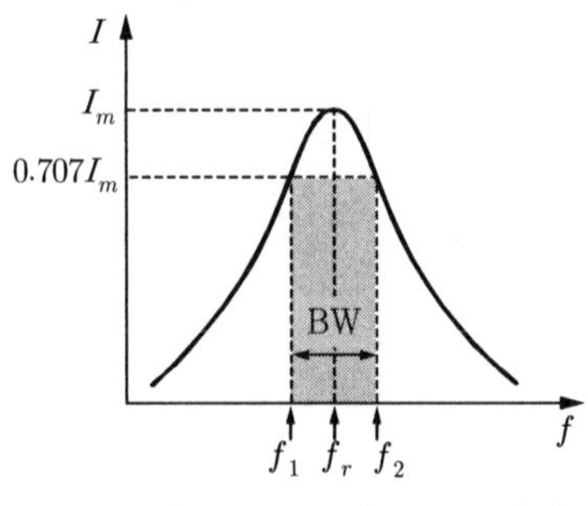

그림 2.9-5 공진 회로의 대역폭

는 최대값을 가지며 전류가 최대값의 0.707배로 강하될 때 회로의 전력은 최대값의 50[%]로 감소한다. 최대 전류의 0.707배에 있는 곡선상의 두 주파수를 대역 또는 반전력(half-power) 주파수라 부른다. 이 주파수들은 그림의 f_1과 f_2로서 종종 공진 회로의 임계 주파수 또는 차단 주파수라고 한다. f_1은 하위 반전력 주파수이며 f_2는 상위 반전력 주파수이다. 반전력 관계는 다음과 같이 유도된다.

$$P_m = (I_m)^2 R$$

$$P_{f1} = (0.707 \times I_m)^2 R = 0.5 (I_m)^2 R = 0.5 P_m \tag{2.9.5}$$

공진 주파수는 임계 주파수를 이용하여 다음과 같이 구할 수 있다.

$$f_r = \sqrt{f_1 f_2} \tag{2.9.6}$$

대역폭은 다음 식과 같이 나타낼 수 있다.

$$\mathrm{BW} = f_2 - f_1 \tag{2.9.7}$$

대역폭은 또한 다음 식을 이용하여 공진 주파수와 특성 인자의 항으로 구할 수 있다.

$$\mathrm{BW} = \frac{f_r}{Q} \tag{2.9.8}$$

예제 1 그림 2.9-6 회로의 공진 주파수에서 대역폭을 구하여라.

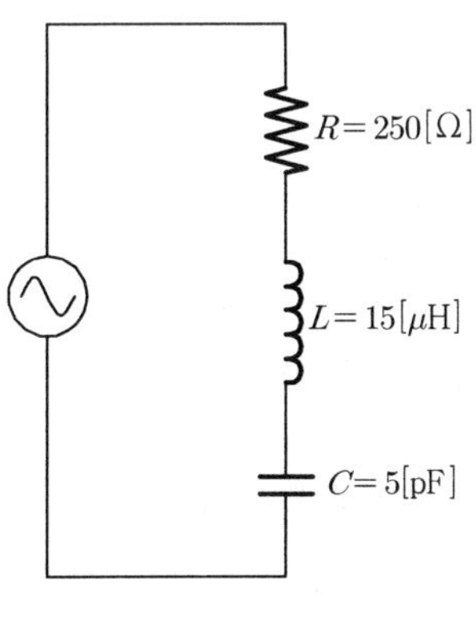

그림 2.9-6

풀이 $f_r = \frac{1}{2\pi\sqrt{LC}} = \frac{1}{2\pi\sqrt{(15\times10^{-6}[\text{H}])(5\times10^{-12}[\text{F}])}} = 18.38[\text{MHz}]$

$X_L = 2\pi f_r L = 2\pi(18.38\times10^6[\text{Hz}])(15\times10^{-6}[\text{H}]) = 1732[\Omega]$

$Q = \frac{X_L}{R} = \frac{1732[\Omega]}{250[\Omega]} = 6.93$

$\text{BW} = \frac{f_r}{Q} = \frac{18.38\times10^6[\text{Hz}]}{6.93} = 2.65[\text{MHz}]$

예제 2 그림 2.9-6 회로의 공급 전압이 50[V]라면 반전력 주파수들에서 회로의 전력손실을 구하여라.

풀이 $Z_r = R = 250[\Omega]$

$I = \frac{E}{Z_T} = \frac{50[\text{V}]}{250[\Omega]} = 0.2[\text{A}]$

$P_{f1} = \frac{1}{2}P_m = \frac{1}{2}I_m^2 R = \left(\frac{1}{2}\right)(0.2[\text{A}])^2(250[\Omega]) = 5[\text{W}]$

예제 3 어떤 직렬 공진 회로가 있다. 회로 저항은 2.5[kΩ], 반전력 주파수는 각각 40[kHz]와 135[kHz]라면 다음의 값을 구하여라.

(a) 대역폭
(b) 공진 주파수

풀이 (a) $\text{BW} = f_2 - f_1 = 135[\text{kHz}] - 40[\text{kHz}] = 95[\text{kHz}]$

(b) $f_r = \sqrt{f_1 f_2} = \sqrt{(135[\text{kHz}])(40[\text{kHz}])} = 73.5[\text{kHz}]$

2.9.4 병렬 교류회로에서의 공진

직렬회로에 공진이 발생하면 그 회로에 흐르는 전류값은 최대가 된다. 그러나 병렬회로에 공진이 발생하면 회로에 흐르는 전류는 최소값을 갖게 된다.

병렬 공진 회로의 임피던스는 유도성 리액턴스와 용량성 리액턴스가 같을 때 가장 높은 값을 갖는데 이것은 직렬 공진 회로의 경우와 반대가 된다. 회로가 병렬 공진 상태가 되면 높은 임피던스로 인해 회로에 흐르는 전류값은 감소하지만 회로의 주파수가 공진 주파수보다 크거나 작아질 때는 공진시보다 회로 임피던스는 낮아진다.

병렬 공진 회로는 에너지 저장 장치와 같다고 생각할 수 있다. 이론적으로 회로 저항을 무시할 수 있다면 인덕터와 커패시터 사이에는 에너지의 손실 없이 무한히 반복되는 에너지의 저장 및 방출이 일어나게 되는데 공진 주파수에서의 이러한 에너지 저장 및 방출을 플라이휠 효과(flywheel effect)라 한다.

병렬 공진 회로의 예를 그림 2.9-7에 나타내었다. 저주파수에서는 용량성 리액턴스가 유도성 리액턴스보다 더 크며 따라서 더 많은 전류가 인덕터를 따라 흐른다. 이와 반대로 고주파수에서는 유도성 리액턴스가 높은 저항값을 갖게 되고 더 많은 전류는 커패시터를 통해 흐르게 된다. 공진 주파수에서는 두 리액턴스 값이 같게 되고 그 결과 공진 시 인덕터 및 커패시터에 흐르는 전류값은 같게 된다. 만약 두 전류가 크기는 같고 전류의 방향이 서로 반대 방향이라면 두 전류는 서로를 상쇄시킬 수 있을 것이다.

그림 2.9-7 회로는 인덕터와 커패시터에 에너지를 저장하기 때문에 종종 탱크 회로라 불린다. 만일 그림 2.9-7에 있는 저항이 제거된다면 순수한 커패시터와 병렬로 연결된 순수한 인덕터만이 회로에 있게 된다.

이러한 상황에서는 두 리액턴스에 흐르는 전류는 같지만 방향이 반대이기 때문에 공진점에서의 전류는 영이 될 것이다. 이 회로의 직렬 등가 임피던스를 구하면 그 값은 무한대가 된다. 병렬 공진 회로의 임피던스 식은 다음과 같이 표현된다.

$$Z_r = \frac{X_L \times X_C}{R} = \frac{L}{RC} \tag{2.9.9}$$

여기서 Z_r은 공진점에서의 입력 임피던스이다.

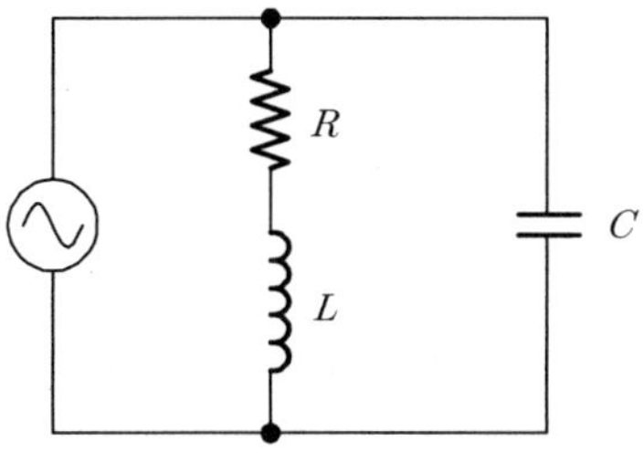

그림 2.9-7 병렬 공진 회로

회로 임피던스의 크기는 공진 주파수보다 크거나 작은 주파수에서 가파르게 줄어든다. 병렬 공진 회로의 공진 주파수는 직렬 공진 회로에서와 같은 방법으로 계산된다.

$$f_r = \frac{1}{2\pi\sqrt{LC}}$$

예제 2 그림 2.9-8 회로에서 다음을 구하여라.

(a) 공진 주파수
(b) 총 임피던스
(c) 공진점에서의 선전류

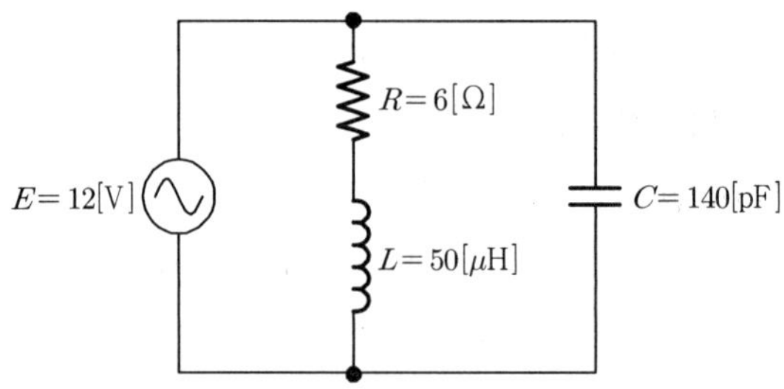

그림 2.9-8

풀이 (a) $f_r = \frac{1}{2\pi\sqrt{LC}} = \frac{1}{2\pi\sqrt{(50\times10^{-6}[\mathrm{H}])(140\times10^{-12}[\mathrm{F}])}} = 1.90[\mathrm{MHz}]$

(b) $Z_r = \frac{L}{RC} = \frac{50\times10^{-6}[\mathrm{H}]}{(6[\Omega])(140\times10^{-12}[\mathrm{F}])} = 59.52[\mathrm{k\Omega}]$

(c) $I = \frac{E}{Z_r} = \frac{12[\mathrm{V}]}{59.52\times10^{3}[\Omega]} = 0.20[\mathrm{mA}]$

병렬 RLC 회로에 대한 주파수 응답 곡선을 그림 2.9-9에 나타내었다. 그림 2.9-9(a)에서 볼 수 있듯이 임피던스는 공진점에서 최대값 Z_r을 갖는다. 공진점 이하의 주파수에서 병렬회로는 유도성이며 공진점 이상의 주파수에서 병렬회로는 용량성이 된다. 그림 2.9-9(b)를 통해 회로 전류는 공진점에서 최소값 I_r을 갖는다는 것을 알 수 있다.

RLC 병렬 공진 회로에서 전원 전압에 의해 회로에 흐르는 전류값은 전적으로 회로의 저항에 의해 결정된다.

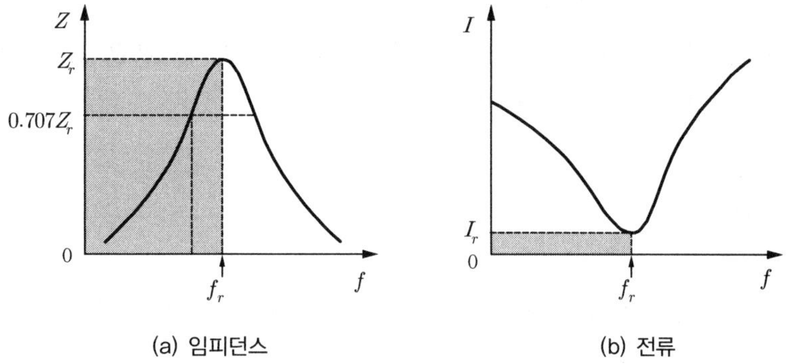

그림 2.9-9 병렬 공진 회로 주파수 응답 곡선

하지만 용량성과 유도성 전류는 어떤 크기로도 회로에 흐를 수 있는데 그 값들의 위상이 반대이기 때문에 순시값은 영이 된다. 그러므로 병렬 공진 회로에서 용량성과 유도성 전류는 전체 회로 전류보다 상당히 클 수 있으며 이로 인해 병렬 공진 회로의 특성인자(Q)를 전류 배율인자(current magnification factor)라고 부르기도 한다.

그림 2.9-10에서 볼 수 있듯이 병렬 공진 회로의 저항값에 따라 대역폭과 선택도는 명확하게 달라진다. 높은 저항값을 갖는 응답 곡선은 낮은 저항값을 갖는 병렬 공진 회로에 비해 대역폭은 좁게 되며 선택도는 더 커지게 된다. 점 f_1과 f_2는 높은 저항 회로의 차단 주파수를 나타내며 반면에 f_1'와 f_2'는 낮은 저항 회로의 차단 주파수를 나타낸다.

병렬 공진 회로의 대역폭은 직렬 공진 회로에서와 같은 방법으로 측정된다. 직렬에서와 같이 병렬 공진 회로는 공진점에서 최대 전력값을 가지며 공진 주파수 이상과 이하에서 각각 반전력 주파수를 갖는다.

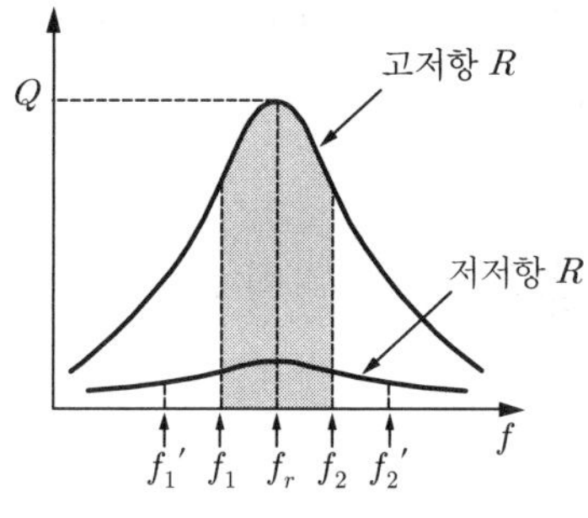

그림 2.9-10 저항값에 따른 대역폭과 선택도

병렬 공진 회로의 저항(R_P)은 공진 회로의 주파수 응답 특성을 개선하는데 사용할 수 있다. 병렬 저항값을 증가시킴으로써 Q값을 증가시키고 대역폭은 감소시킬 수 있는데 이것을 식으로 나타내면 다음과 같다.

$$Q = \frac{R_P}{X_L} \tag{2.9.10}$$

Q : 감도지수, R_P : 인덕터와 커패시터에 병렬로 연결된 저항

X_L : 유도성 리액턴스

예제 2 그림 2.9-11 회로에서 다음을 구하여라.

(a) 공진 주파수

(b) 회로의 Q

(c) 대역폭

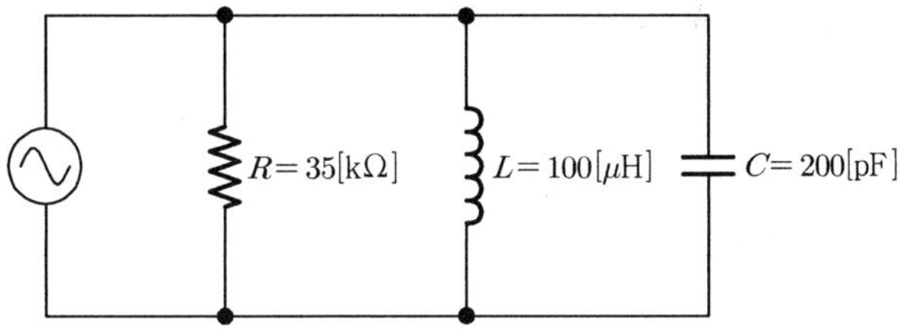

그림 2.9-11

풀이 (a) $f_r = \frac{1}{2\pi\sqrt{LC}} = \frac{1}{2\pi\sqrt{(100[\mu H])(200[pF])}} = 1.125[MHz]$

(b) $X_L(\text{공진}) = 2\pi f_r L = 2\pi(1.125[MHz])(100[\mu H]) = 707[\Omega]$

$$Q = \frac{R_P}{X_L} = \frac{35[k\Omega]}{707[\Omega]} = 49.5$$

(c) $BW = \frac{f_r}{Q} = \frac{1.125[MHz]}{49.5} = 22.73[kHz]$

2.10 결합회로와 필터 회로

결합은 하나의 회로에서 다른 회로까지 에너지 전달의 한 방법을 말하고 필터는 원하지 않는 신호를 제거하거나 여과하는 장치를 말한다. 그러나 결합과 필터링 용어는 종종 혼용되어 사용하기도 한다. 즉, 결합회로는 종종 주파수를 여과시키는 데 사용되며 필터 회로는 종종 회로들을 결합하는 데 사용된다.

회로들을 서로 결합하는 데 사용되는 소자에는 커패시터, 인덕터, 저항 및 변압기 등이 있다. 만일 두 회로가 한 회로에서 다른 회로로의 에너지 전달이 일어나는 공통 임피던스를 갖는다면 이 두 회로는 "결합되었다"라고 말한다. 공통 임피던스는 커플러라고 하는데 이는 전자회로 사이에서 전력의 최적 전달을 위해 사용되는 소자이다.

2.10.1 직접 결합

결합의 종류에는 직접 결합과 간접 결합이 있다. 직접 결합된 회로는 입력 회로의 전류가 공통 임피던스를 통해 흘러 들어가 전압을 강하시킨다. 이 전압강하는 회로의 출력 전압을 나타낸다. 직접 결합은 회로 조정(coupling tuning)이 일어나지 않기 때문에 광대역 주파수 응답으로 특징지어진다. 그림 2.10-1은 세 가지의 전형적인 직접 결합회로를 보여준다.

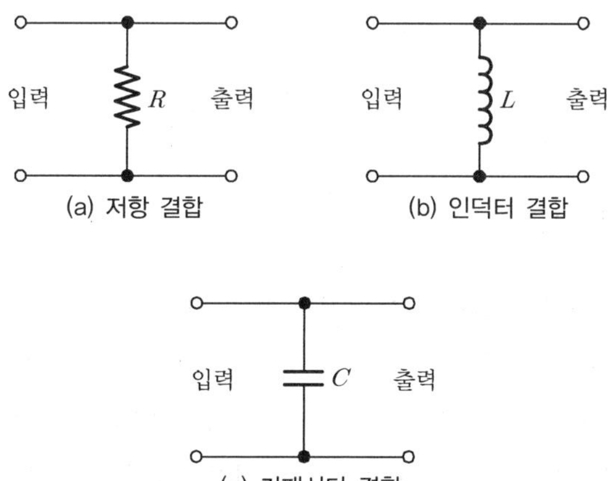

그림 2.10-1 직접 결합회로의 세 가지 예

그림 2.10-1(b)의 유도성 결합회로에서 주파수가 증가하면 전달된 에너지의 비율도 증가한다. 그러나 그림 2.10-1(c)의 용량성 결합회로에서 주파수가 증가하면 전달된 에너지의 비율은 감소한다.

직접 결합회로는 한 회로로부터 다른 회로로 모든 주파수를 전달하는 데 사용될 수 있다. 직류 신호나 초저주파 신호를 증폭시킬 필요가 있을 때 주로 직접 결합회로가 사용된다. 직접 결합은 신호의 교류와 직류 성분을 모두 전송시키는데 교류 성분만 통과시킬 필요가 있는 경우에는 간접 결합을 사용한다.

2.10.2 용량성 결합

커패시터는 회로의 직접 결합 및 간접 결합에 모두 사용할 수 있다. 커패시터가 전원과 부하 사이에 직렬로 연결된 경우 직류 전압은 저지되지만 교류 신호는 커패시터를 통해 전달된다. 그림 2.10-2는 커패시터와 저항을 이용한 간접 결합의 한 예를 보여준다. 만일 결합 커패시터의 리액턴스가 저항보다 작다면 실제로 모든 교류 입력 전압이 저항에 걸리게 된다. 일반적으로 용량성 결합이 발생하려면 커패시터 X_C는 저항 R의 10[%]보다 작아야 한다.

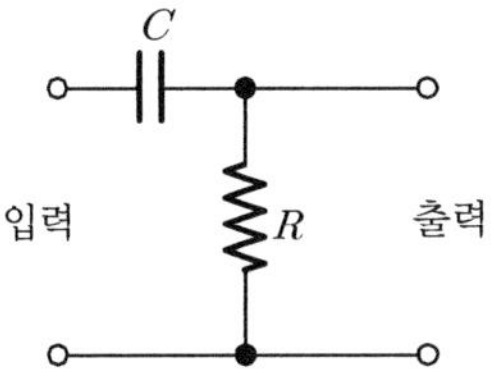

그림 2.10-2 용량성 결합회로

2.10.3 변압기 결합

변압기를 이용해 결합된 회로들은 입력과 출력 사이에 물리적인 접촉이 없으므로 간접 결합이 된다. 이러한 간접 결합회로는 1차 권선의 교류 자계에 의해 에너지가 전송되는데 1차 권선 자계의 자속은 2차 권선과 쇄교하여 출력 회로의 전압을 유도한다.

그림 2.10-3(a)는 변압기 결합회로를 나타낸다. 그리고 그림 2.10-3(b) 파형은 직류 전압 전원과 교류 전압 전원을 결합한 파형을 보여준다.

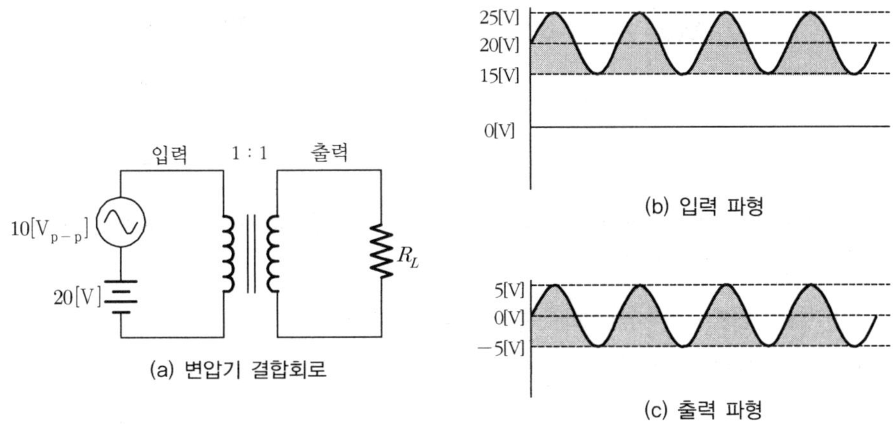

그림 2.10-3

그림 2.10-3(c)의 출력 파형은 변압기 출력 파형을 나타내는데 변압기 결합도 역시 직류 전압을 저지시키고 교류 신호만을 통과시키는 것을 알 수 있다.

2.10.4 필터 회로

필터는 특정 대역의 주파수를 저지하거나 통과시킬 때 사용되며 능동 필터와 수동 필터로 나눌 수 있다. 수동 필터는 저항, 커패시터 및 인덕터를 사용하며 증폭소자는 포함하지 않는다. 필터는 항상 손실이 발생하기 때문에 수동 필터는 입력과 같거나 더 큰 출력을 낼 수 없다.

능동 필터는 트랜지스터나 연산 증폭기 등의 증폭 소자를 사용하며 매우 낮은 회로 손실값을 갖는다.

입력 신호 중 어떤 주파수 성분이 출력 신호로 통과되느냐에 따라 필터는 4가지 유형으로 분류될 수 있다. 4가지 유형은 저역 통과 필터, 고역 통과 필터, 대역 통과 필터 및 대역 저지 필터이다.

2.10.5 저역 통과 필터

저역 통과 필터는 차단 주파수 또는 임계 주파수 f_c까지는 일정한 출력 전압을 발생시키고 f_c보다 큰 주파수들은 차단하는 필터로서 저항, 인덕터 및 커패시터들의 조합으로

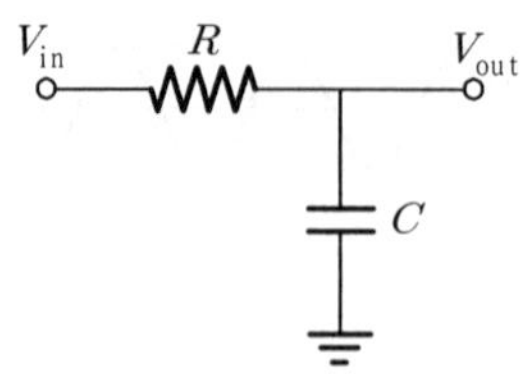

그림 2.10-4 RC 저역 통과 필터

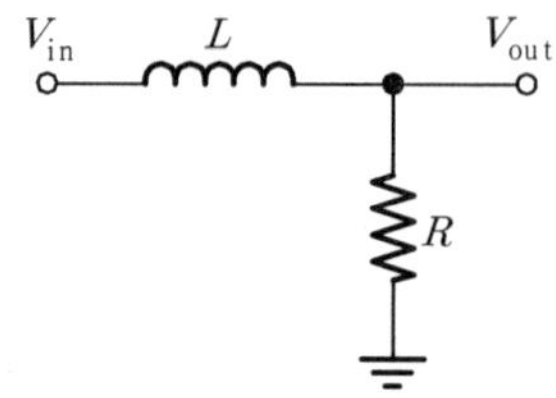

그림 2.10-5 RL 저역 통과 필터

설계된다. 그림 2.10-4는 RC 회로를 사용한 기본적인 저역 통과 필터를 보여준다. 저주파에서 X_c는 R보다 크고 대부분의 입력 신호는 출력단에 나타난다. 차단 주파수는 X_c가 R과 같을 때 발생하는데 이 주파수에서 출력 전압은 입력 전압의 0.707배가 된다.

그림 2.10-5는 인덕터와 저항을 사용한 저역 통과 필터를 보여준다. 이 회로에서 인덕터는 저주파 대역에서 단락되고 회로의 대부분의 출력 전압은 저항 R에 걸린다. 그러나 고주파 대역에서 입력은 개방되고 대부분의 입력 신호는 인덕터에 의해 차단된다. 따라서 RL 회로는 저주파를 통과시키고 고주파는 저지하게 된다.

저역 통과 필터의 차단 주파수는 다음 식으로부터 구할 수 있다.

$$f_c = \frac{1}{2\pi RC}[\text{Hz}] \tag{2.10.1}$$

$$f_c = \frac{R}{2\pi L}[\text{Hz}] \tag{2.10.2}$$

예제 1 그림 2.10-6 회로의 차단 주파수를 구하여라.

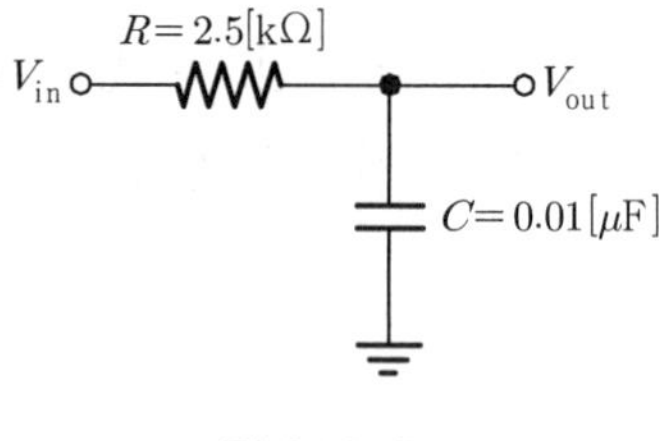

그림 2.10-6

풀이 $f_c = \frac{1}{2\pi RC} = \frac{1}{2\pi(2500[\Omega])(0.01\times10^{-6}[\text{F}])} = 6.37[\text{kHz}]$

예제 2 그림 2.10-7 회로의 차단 주파수를 구하여라.

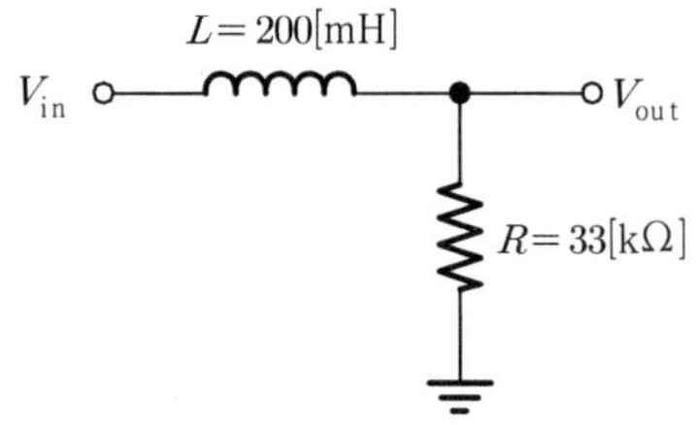

그림 2.10-7

풀이 $f_c = \dfrac{R}{2\pi L} = \dfrac{33[\text{k}\Omega]}{2\pi(200\times 10^{-3}[\text{H}])} = 26.26[\text{kHz}]$

2.10.6 고역 통과 필터

고역 통과 필터는 차단 주파수보다 큰 주파수들은 출력하고 차단 주파수보다 작은 주파수들은 차단시키는 필터로서 저역 통과 RC 필터의 두 회로 소자를 서로 교환함으로써 그림 2.10-8과 같은 고역 통과 필터 회로를 얻을 수 있다.

$$f_c = \frac{1}{2\pi RC}$$

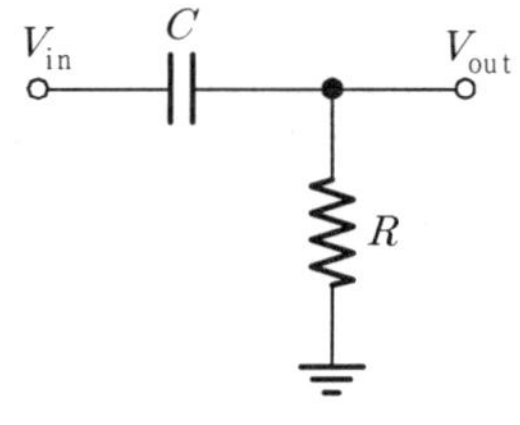

그림 2.10-8 RC 고역 통과 필터

용량성 리액턴스는 저주파 대역에서 크고 고주파 대역에서 작다. 그림 2.10-8에 있는 커패시터는 결합 커패시터와 같은 역할을 수행하며 RC 고역 통과 필터의 차단 주파수는 RC 저역 통과 필터에서 사용된 것과 같은 방정식을 사용하여 구할 수 있다.

그림 2.10-9는 RL 고역 통과 필터의 한 예를 보여준다. 이 회로에서는 고주파에서 높은 값의 유도성 리액턴스가 존재한다. 그 결과 고주파는 인덕터에 매우 큰 출력 전압을 유도시킨다. 저주파에서 X_L은 작아지므로 저주파들은 효과적으로 차단된다.

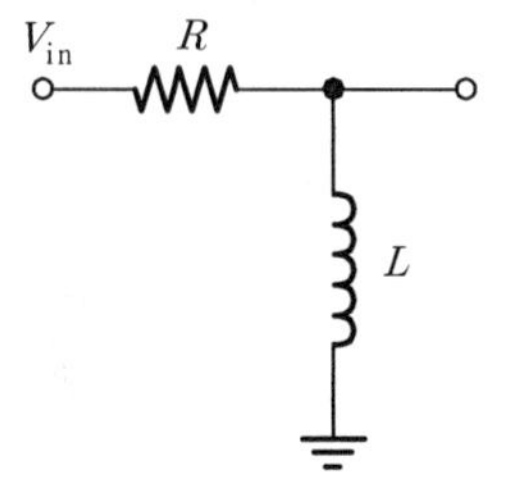

그림 2.10-9 RL 고역 통과 필터

차단 주파수 f_c는 저역 통과 필터와 같이 다음 식으로 구할 수 있다.

$$f_c = \frac{R}{2\pi L}$$

예제 1 저항값이 2[kΩ]일 경우 2000[Hz]의 차단 주파수를 갖는 RL 고역 통과 필터에서 인덕턴스 값은 얼마인가?

풀이 $f_c = \frac{R}{2\pi L}$, $L = \frac{R}{2\pi f_c} = \frac{2000[\Omega]}{2\pi(2000[\text{Hz}])} = 159.2[\text{mH}]$

2.10.7 대역 통과 필터

대역 통과 필터는 특정 대역의 주파수를 출력하는 회로를 말한다. 대역 통과 필터는 저역 통과 필터와 고역 통과 필터를 결합한 회로와 등가이며 그림 2.10-10에 대역 통과 필터의 응답 곡선을 나타내었다.

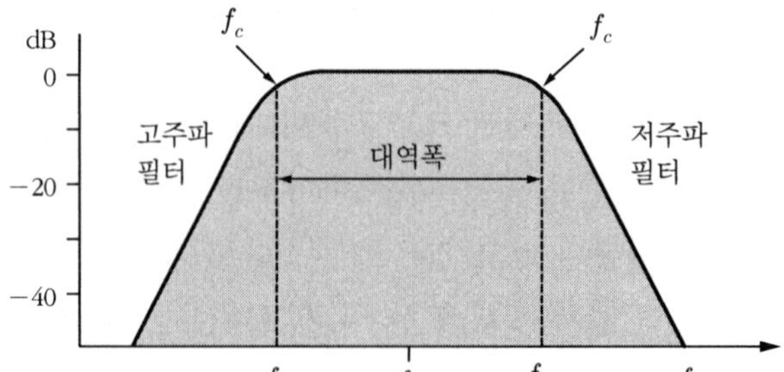

그림 2.10-10 대역 통과 필터의 응답 곡선

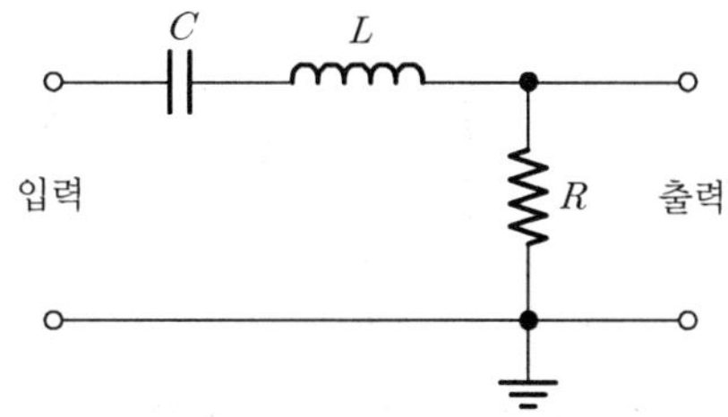

그림 2.10-11 직렬 공진 대역 통과 필터

통과 대역 또는 대역폭은 f_2와 f_1의 차로 구할 수 있으며 공진 주파수 f_r에서 유도성 리액턴스(X_L)과 용량성 리액턴스(X_C)의 값은 같고 출력 전압은 입력 신호와 같게 된다.

그림 2.10-11은 직렬 공진의 한 예인 대역 통과 필터를 보여준다. 공진 시 회로의 임피던스는 최소값이 되며 회로의 임피던스는 주파수가 공진 주파수보다 증가하거나 감소하면 증가하게 된다. 그러므로 공진에 가까운 주파수만이 통과하게 되고 다른 모든 주파수들은 회로의 높은 임피던스 때문에 차단된다.

그림 2.10-11 회로에 대한 공진 주파수는 다음 식으로 구할 수 있다.

$$f_r = \frac{1}{2\pi\sqrt{LC}}$$

예제 1 그림 2.10-12 회로의 공진 주파수와 대역폭을 구하여라.

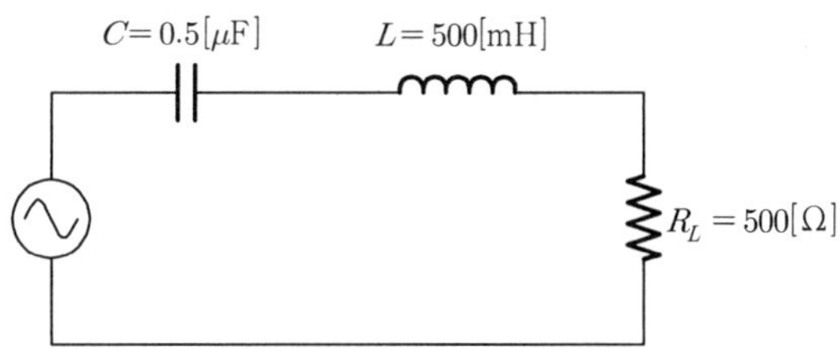

그림 2.10-12

풀이 $f_r = \frac{1}{2\pi\sqrt{LC}} = \frac{1}{2\pi\sqrt{(500[\mathrm{mF}])(0.5[\mu\mathrm{F}])}} = 318.31[\mathrm{Hz}]$

직렬 공진 회로의 Q인자를 계산하면

$$Q = \left(\frac{1}{R}\right)\sqrt{\frac{L}{C}} = \left(\frac{1}{500[\Omega]}\right)\sqrt{\frac{500[\mathrm{mH}]}{0.5[\mu\mathrm{F}]}} = 2,\ \mathrm{BW} = \frac{f_r}{Q} = \frac{318.31[\mathrm{Hz}]}{2} = 159.16[\mathrm{Hz}]$$

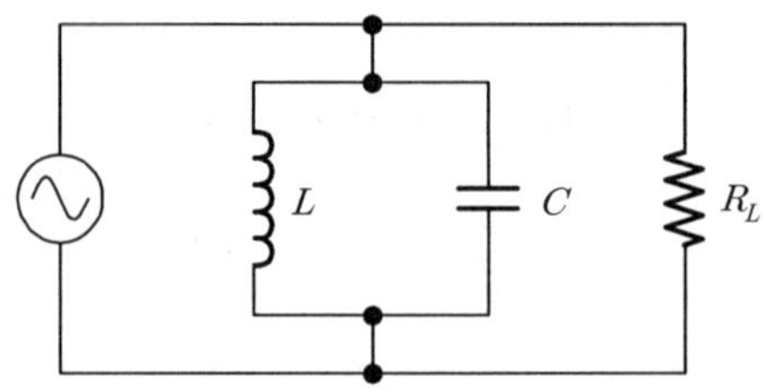

그림 2.10-13 병렬 공진 대역 통과 필터

그림 2.10-13은 대역 통과 필터로 사용된 병렬 공진 회로를 보여준다. 병렬 공진 회로의 임피던스는 공진 주파수에서 최대값이 된다. 공진이 발생하면 병렬 LC 회로의 높은 임피던스로 인해 전류는 부하 저항만을 통해 흐르게 된다. 따라서 공진에 가까운 주파수만이 통과하게 되고 다른 모든 주파수들은 LC 회로의 임피던스가 낮아지게 되어 차단된다.

예제 2 어떤 병렬 공진 대역 통과 필터의 차단 주파수 하한값은 5.5[kHz]이고 상한값은 7.5[kHz]일 경우 이 필터의 대역폭과 공진 주파수를 구하여라.

풀이 $BW = f_{c1} - f_{c2} = 7.5[kHz] - 5.5[kHz] = 2[kHz]$

$$f_r = \sqrt{f_{c1} f_{c2}} = \sqrt{(7.5kHz)(5.5kHz)} = 6.42[kHz]$$

2.10.8 대역 저지 필터

대역 저지 필터는 특정 대역 내의 주파수 신호는 차단시키고 그 이외의 주파수는 통과시키는 필터이다. 대역 저지 필터는 대역 통과 필터와 마찬가지로 저역 통과 필터와 고역 통과 필터의 조합으로 구성될 수 있다. 그림 2.10-14와 같이 대역 저지 필터는 저역 통과

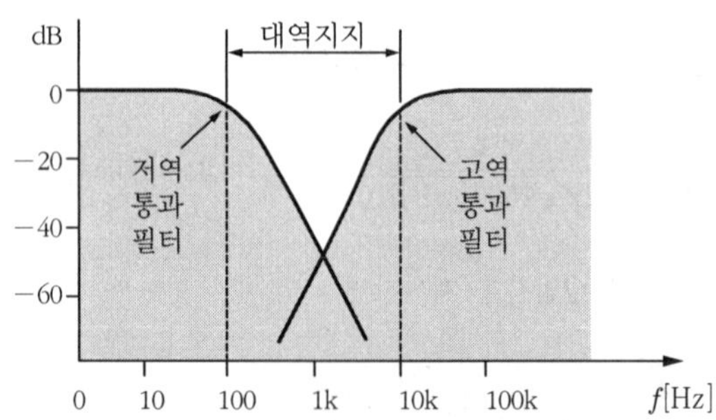

그림 2.10-14 대역 저지 필터의 응답 곡선

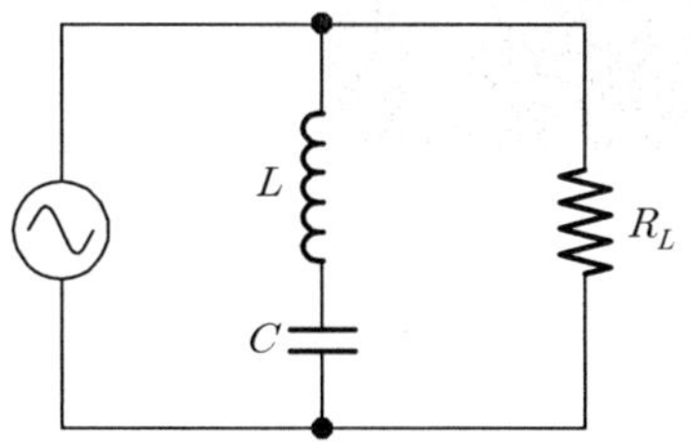

(a) 직렬 공진

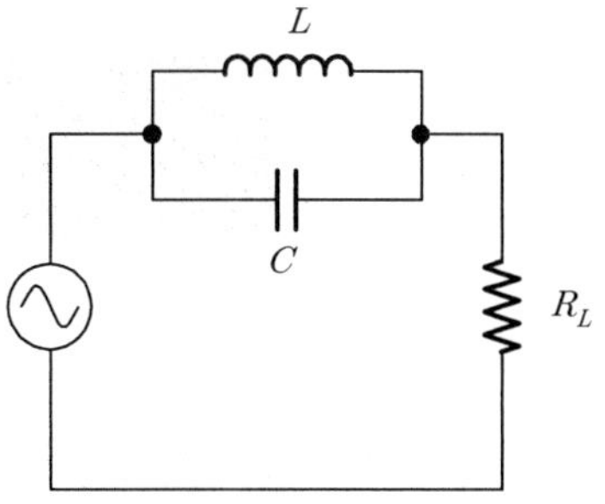

(b) 병렬 공진

그림 2.10-15 공진 대역 저지 필터

필터의 차단 주파수가 고역 통과 필터의 차단 주파수보다 작도록 설계된다. 이 응답 곡선에서는 대역 저지 필터가 100[Hz]에서 10[kHz] 사이의 주파수를 차단하는 것을 보여준다.

그림 2.10-15(a)는 직렬 공진 대역 저지 필터의 한 예를 보여준다. 직렬 공진 LC 회로가 부하 저항에 병렬로 연결되면 LC 회로의 낮은 임피던스로 회로 전류는 거의 모두 LC 회로로 흐르게 되어 회로의 출력은 나가지 못하게 된다. 공진 주파수 전후의 주파수에서는 LC 회로가 높은 임피던스 값을 가지므로 회로 전류는 부하 저항을 통해 흐르게 된다.

그림 2.10-15(b)는 병렬 공진 대역 저지 필터를 보여준다. 이 회로에서 병렬 LC 회로가 공진 상태가 되면 임피던스는 매우 큰 값이 되며 부하 저항에는 전류가 흐르지 못하게 된다. 그러나 임피던스 값은 공진 주파수 전후의 주파수에서는 감소하여 다른 모든 신호들은 필터를 통과하게 된다.

예제 1 그림 2.10-16 회로의 공진 주파수를 구하여라.

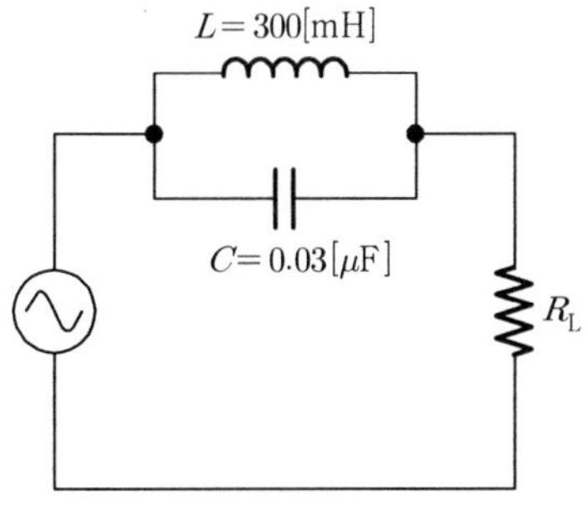

그림 2.10-16

풀이 $f_r = \dfrac{1}{2\pi\sqrt{LC}} = \dfrac{1}{2\pi\sqrt{300[\text{mH}] \times 0.03[\mu\text{F}]}} = 1.678[\text{kHz}]$

연습문제

1. 아래 회로의 전체 저항값을 구하라.

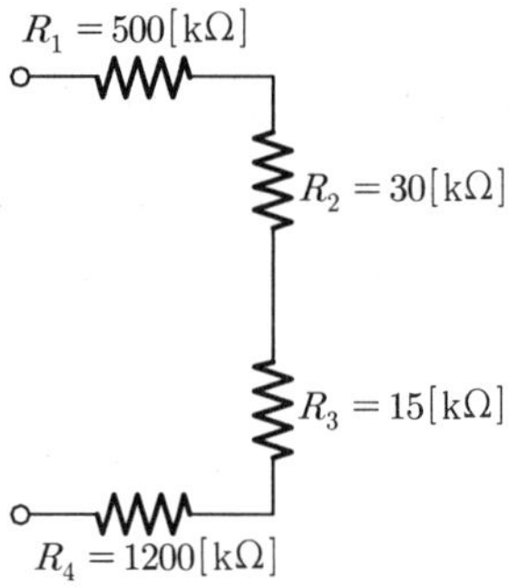

2. 아래 회로에서 회로에 흐르는 전류값을 구하여라.

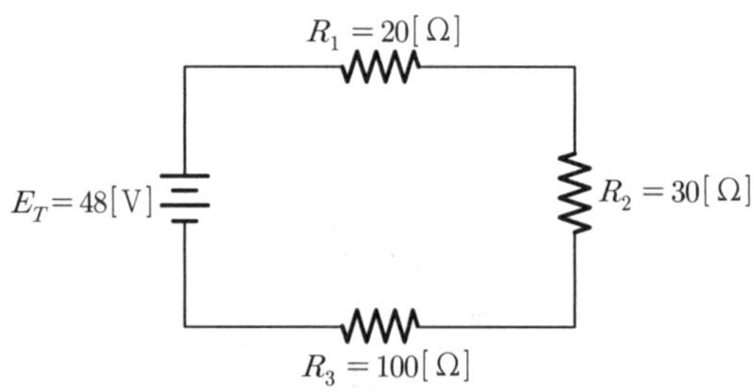

3. 아래 회로에서는 세 개의 저항을 직렬로 연결하였다. 저항값은 각각 $R_1 = 200[\Omega]$, $R_2 = 350[\Omega]$, $R_3 = 500[\Omega]$이고 회로의 인가전압은 200[V]이다. R_2에서의 전압강하는 얼마인가?

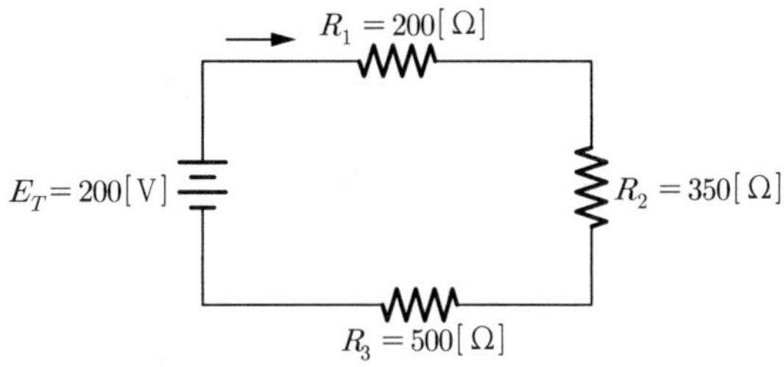

4. $R_1 = 2.5[k\Omega]$, $R_2 = 3.3[k\Omega]$, $R_3 = 5.6[k\Omega]$, $R_4 = 7.1[k\Omega]$의 저항 4개가 직렬로 연결된 회로가 있다. R_2에서의 전압강하가 8.5[V]일 때 회로 전체에 인가된 전압의 크기는 얼마인가?

5. 아래 회로에서 전압강하 V_{R2}를 구하여라.

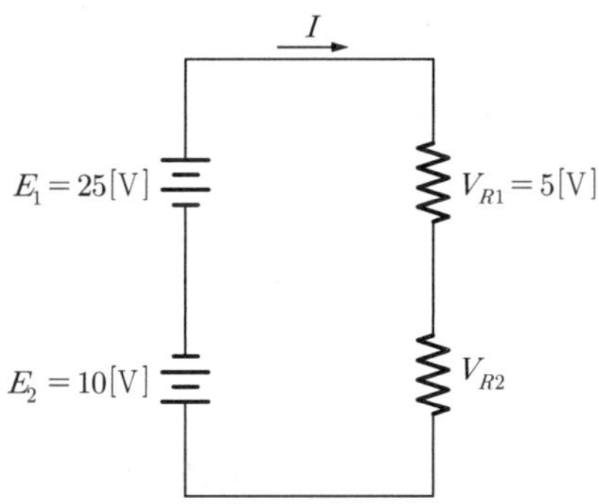

6. 아래 회로의 각 저항에서 소비되는 전력과 전체 전력을 구하여라.

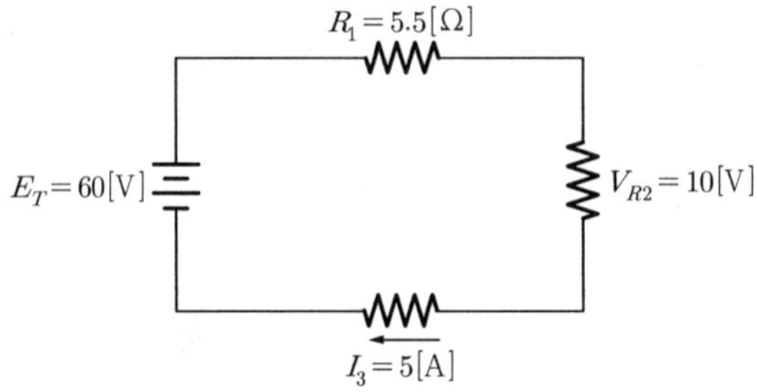

7. 정격 120[W], 80[V]와 정격 70[W], 100[V]의 두 램프를 120[V] 전원에 직렬로 연결하였다. 각 램프에서의 전압강하를 구하여라.

8. 3.5[A]의 전부하 전류가 흐를 때 37[V]의 무부하 전압이 33[V]로 감소한다면 아래 그림에서 전원의 내부 저항은 얼마인가?

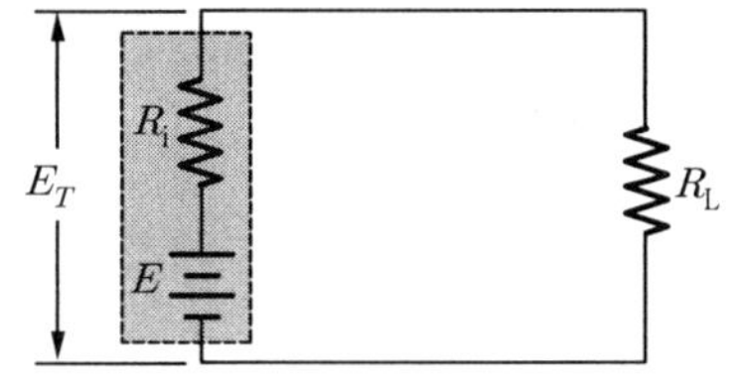

9. 문제 8에서 전원의 효율을 구하여라.

10. 아래 회로에서 동일한 저항값을 갖는 두 개의 저항이 병렬로 연결되어 있다. 이 병렬회로의 전체 저항값은 30[Ω]이다. R_1과 R_2 저항값을 구하여라.

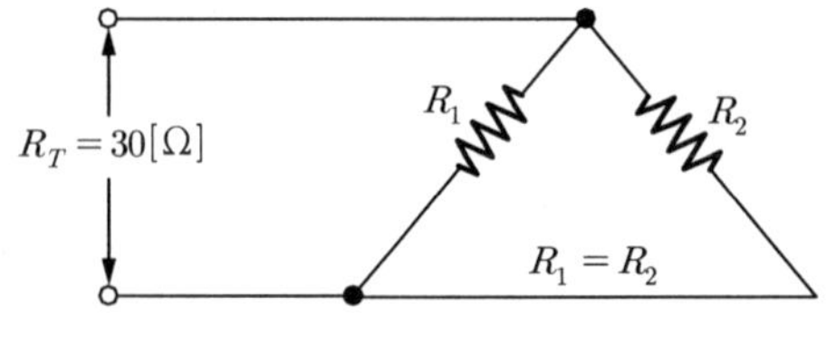

11. 아래 회로의 전체 저항값을 구하여라.

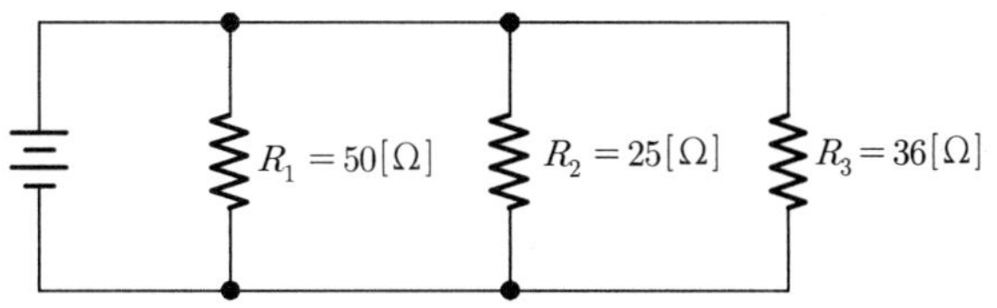

12. 아래 회로에서 가지 전류 I_2와 전체 전류 I_T를 구하여라.

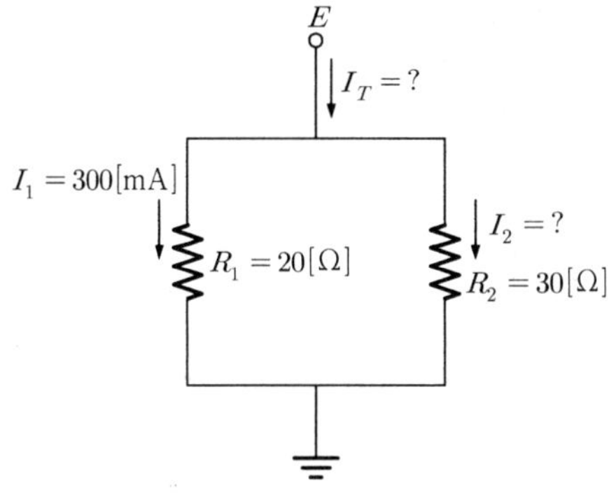

13. 전류분배법칙을 사용하여 아래 그림의 R_1과 R_2를 통하여 흐르는 가지 전류를 구하여라.

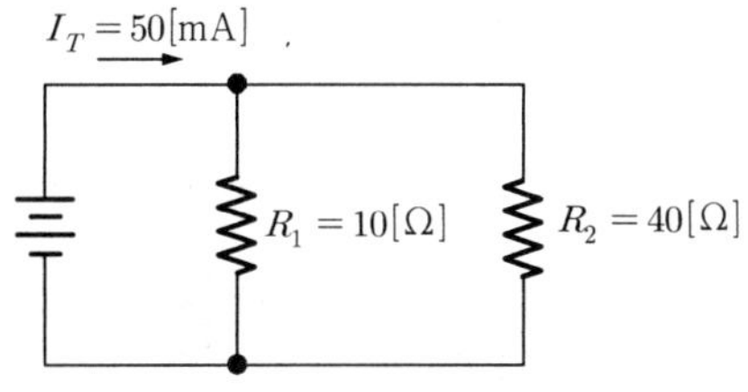

14. 아래 회로에서 옴의 법칙을 사용하여 다음을 구하여라.

(1) 전체 전압값

(2) R_2를 흐르는 전류

(3) 저항 R_3의 값

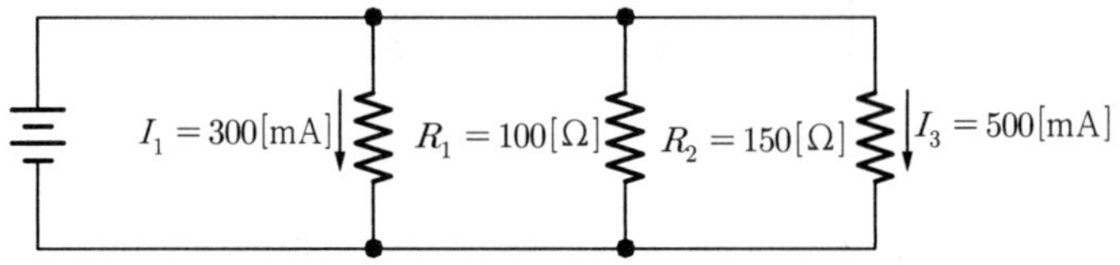

15. 아래 회로에서 저항 R_2의 값을 구하여라.

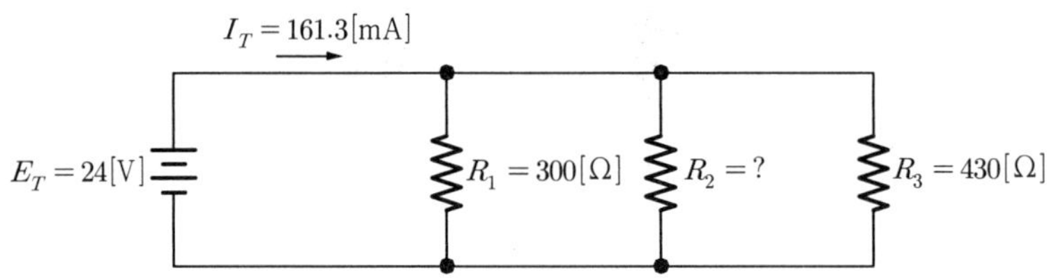

16. 아래 회로의 가지 R_3에 흐르는 전류량을 구하여라.

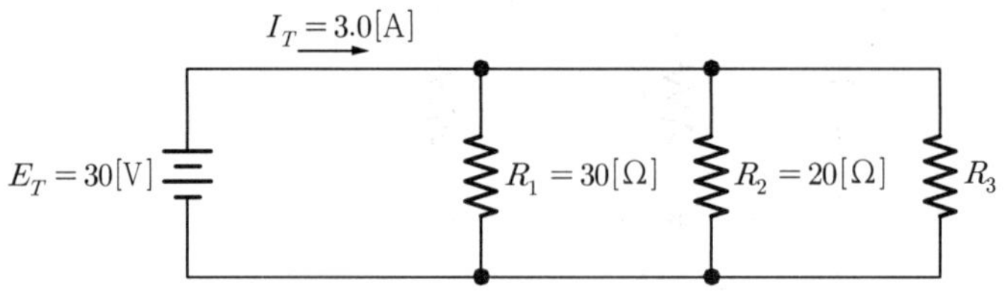

17. 아래 회로의 총 저항값을 구하여라.

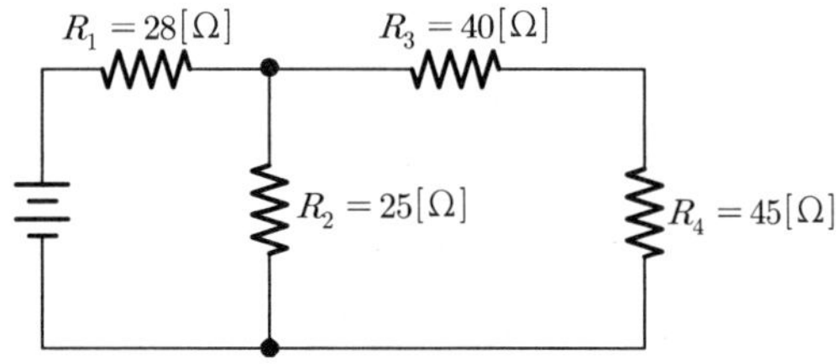

18. 아래 회로에서 저항 R_5에 걸리는 전압은 얼마인가?

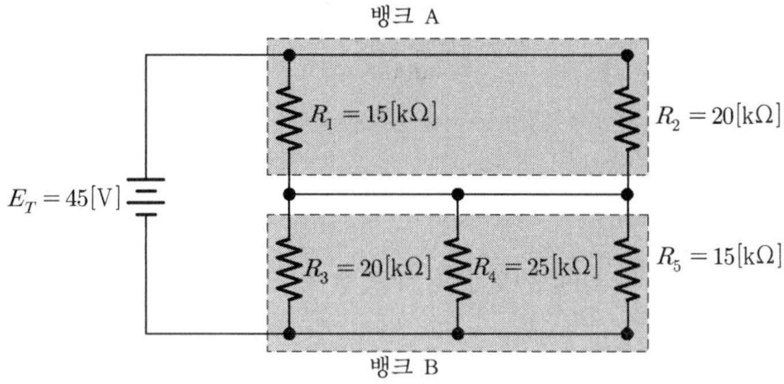

19. 아래의 회로에서 다음을 구하여라.

(a) 전체 전류
(b) 전체 전압

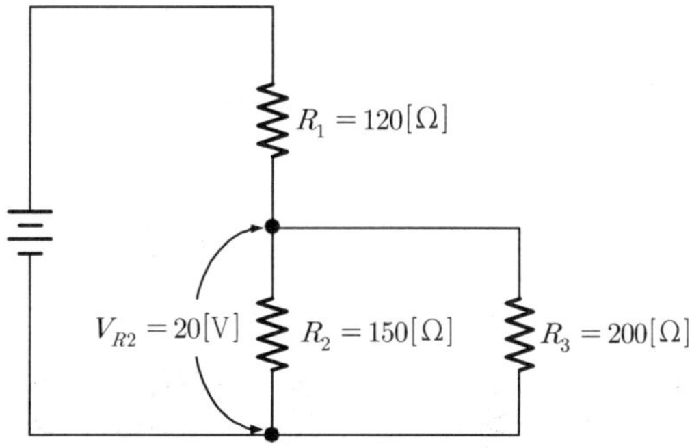

20. 아래의 회로에서 저항 R_1, R_2, R_3는 한 그룹을 이루고 저항 R_4, R_5, R_6은 다른 한 그룹을 이룬다. 저항 R_2에 흐르는 전류와 각 그룹에서의 전압강하를 구하여라.

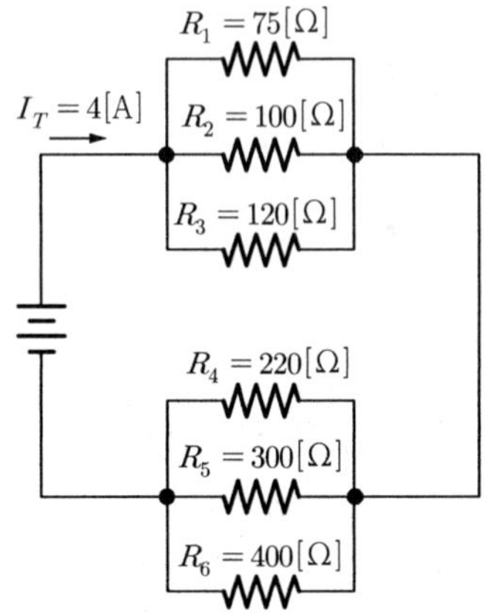

21. 아래 회로의 전체 전류와 전체 저항값을 구하여라.

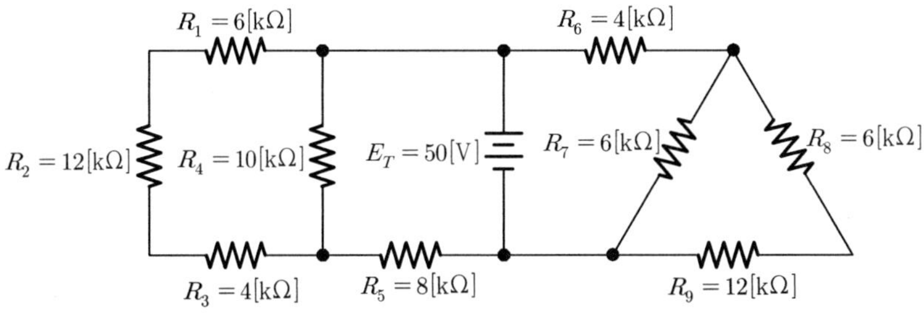

22. 아래 회로의 저항 R_4에서 소비되는 전력을 구하여라.

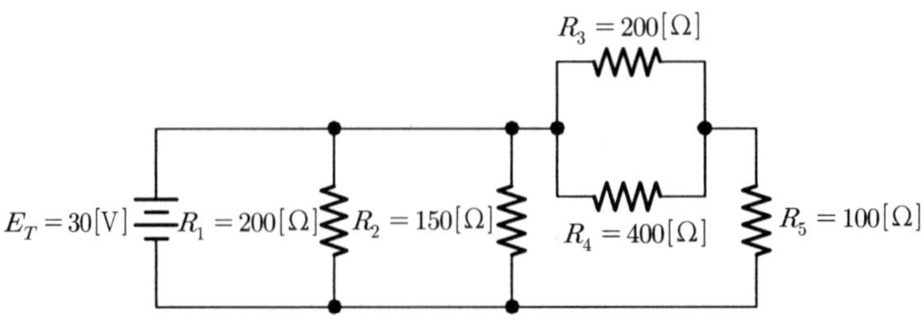

23. 아래 회로의 부하가 연결된 분압기 회로에서 모든 저항값을 구하여라.

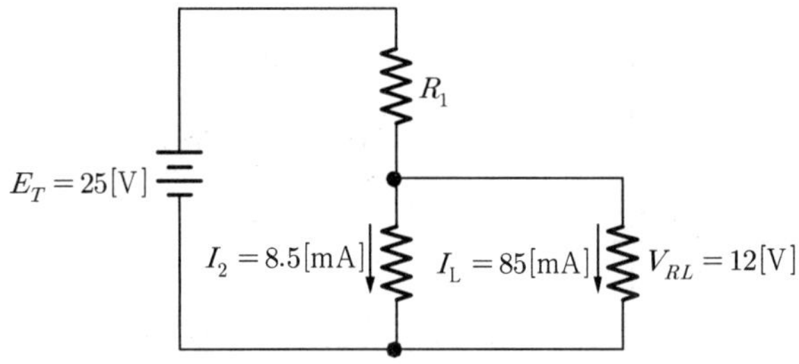

24. 아래 회로의 루프 전류 I_1, I_2 및 I_3를 구하여라.

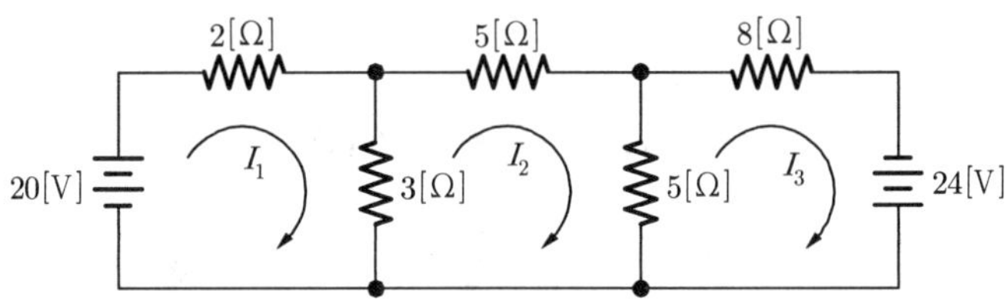

25. 마디 해석법을 사용하여 아래 회로의 미지의 전압 V_x와 V_y를 구하여라.

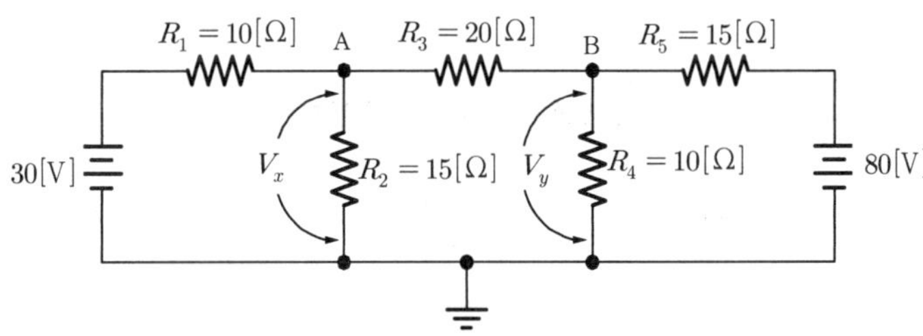

26. 테브난(Thevenin)의 정리를 사용하여 아래 회로의 부하 전류를 구하여라.

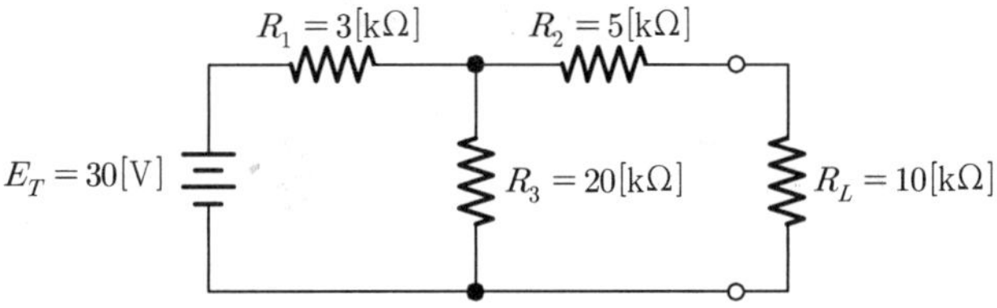

27. 아래 회로에서 테브난(Thevenin) 정리를 사용하여 저항 R_L에 흐르는 전류를 계산하여라.

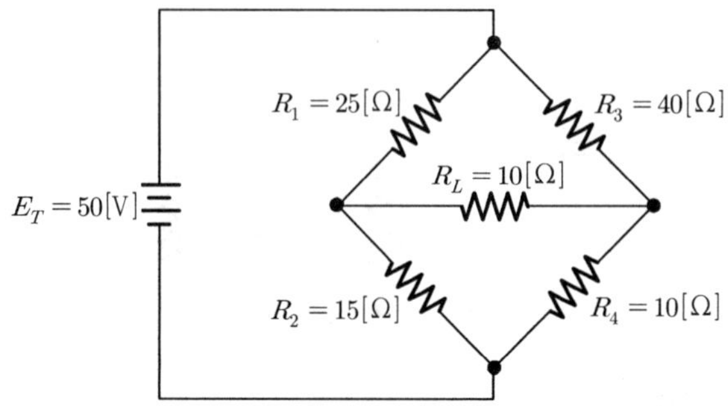

28. 노턴(Norton) 등가 회로를 사용하여 저항 R_L에 흐르는 전류를 구하여라.

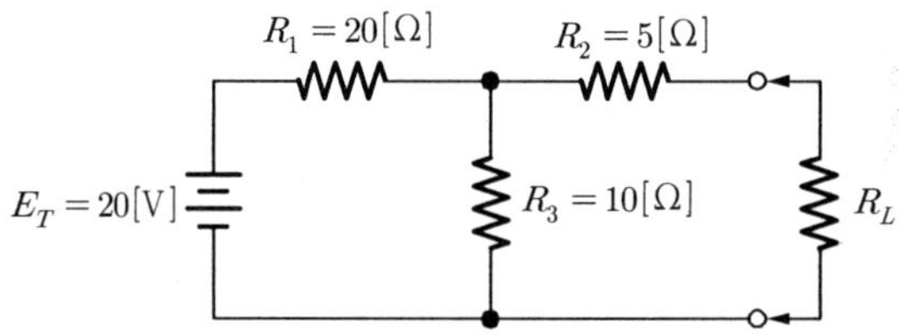

29. 아래 회로에서 저항 R_3에 흐르는 전류를 노턴(Norton)의 정리를 이용하여 구하여라.

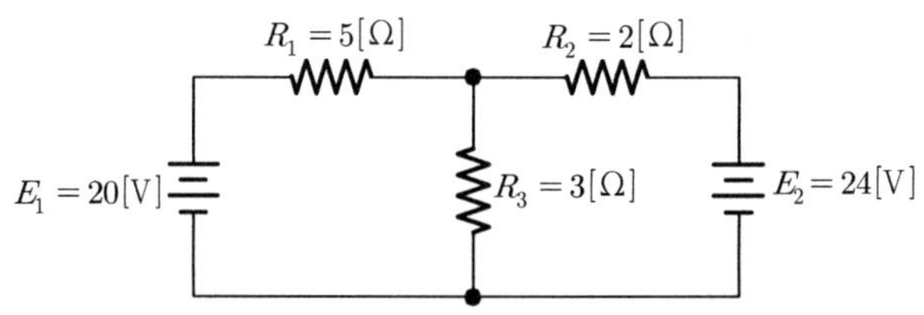

30. 아래 회로에서 전압원을 전류원으로 변환시킨 후 부하 전류를 구하여라.

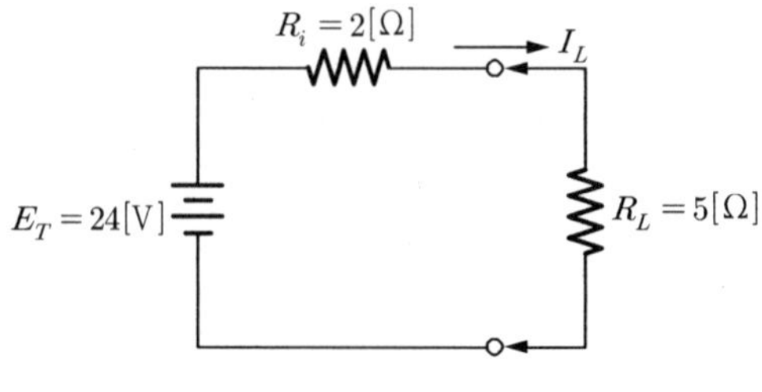

31. 아래 회로에서 단자 A-B의 왼쪽에 대한 테브난(Thevenin) 등가 회로를 구하라.

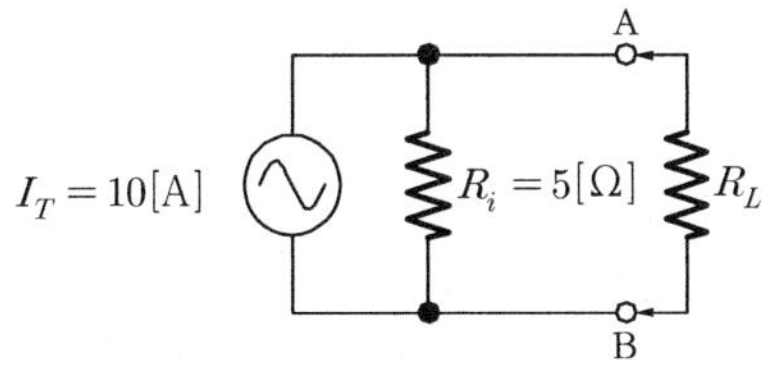

32. Millman의 정리를 사용하여 아래 회로에서 R_L에 걸리는 전압과 R_L을 통하여 흐르는 전류를 구하여라.

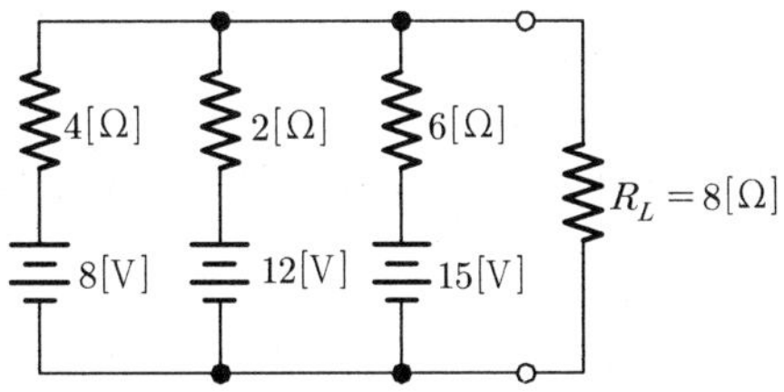

33. 아래 회로에서 중첩의 정리를 이용하여 저항 R_2에 흐르는 전류를 구하여라.

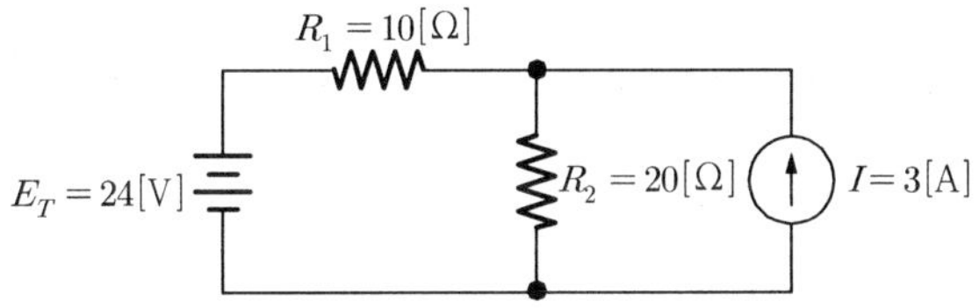

34. 아래 회로에서 중첩의 정리를 사용하여 전류 I_1, I_2, I_3를 구하여라. 주어진 회로망에서 회로 소자의 값은 $R_1 = 5[\Omega]$, $R_2 = 10[\Omega]$, $R_3 = 20[\Omega]$, $E_1 = 50[V]$, $E_2 = 80[V]$이다.

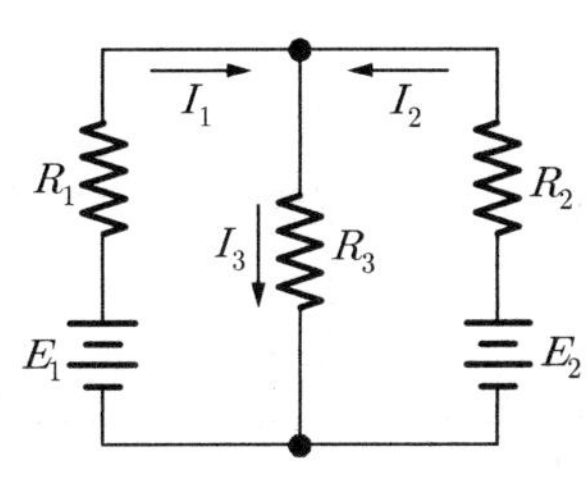

35. 어떤 직류 전원장치가 있다. 무부하시 단자전압은 40[V]이고, 3[A]의 전부하 전류가 흐를 때 100[W]가 부하에 공급된다. 이 경우에 대하여 다음을 구하여라.

(a) 전원장치의 내부 저항값
(b) 전부하시의 부하 저항의 값
(c) 최대 전력 전달을 위한 부하 저항의 값
(d) 전부하시의 효율

36. 2000[kHz]의 주파수를 갖는 AM 무선파의 파장은 얼마인가?

37. 340[Hz]의 주파수로 저음 화자에 의해 발생되는 음파의 파장은 얼마인가?

38. 500[Hz] 사인파 신호의 최대 진폭은 50[V]이다. 양의 피크값에 도달하기 40[μs] 전에서의 신호의 순시값은 얼마인가?

39. 110[V]인 교류 사인파가 50[Ω] 저항과 연결되어 있다. 저항을 통해 흐르는 전류의 피크값과 실효값(rms)을 계산하여라.

40. 아래의 비정현파에 대해 다음을 계산하여라.

(a) 주기
(b) 주파수
(c) 듀티 사이클

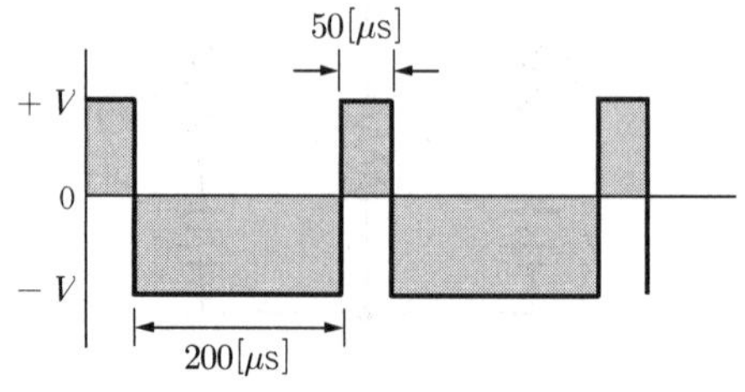

41. 4,000[μF]의 커패시턴스가 0.025[C]의 전하를 유지하고 있다. 커패시터 양단의 전압은 얼마인가?

42. 아래 회로의 커패시터는 초기에 방전된 상태라고 가정한다. 스위치가 닫히고 81.6[ms] 후에 커패시터에 인가되는 전압을 구하여라.

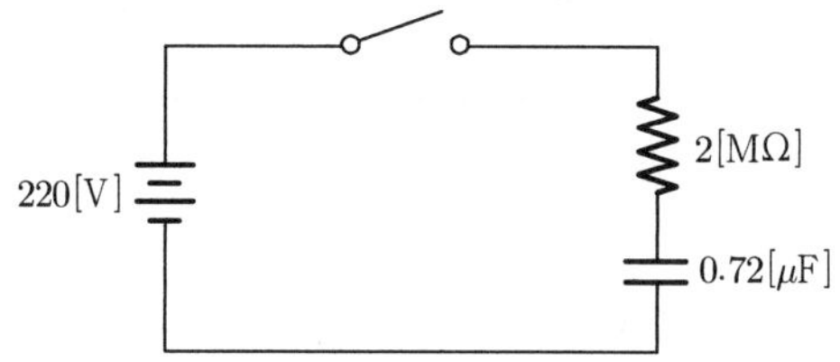

43. 아래 회로에는 300[μF]의 커패시턴스와 3.0[kΩ]의 저항이 12[V]의 전원에 연결되어 있다. 커패시터가 충분히 충전되고 스위치가 위치 B로 이동한다면 스위치가 위치 B에서 1초 동안 있은 후 커패시터 양단에 걸리는 전압을 구하여라.

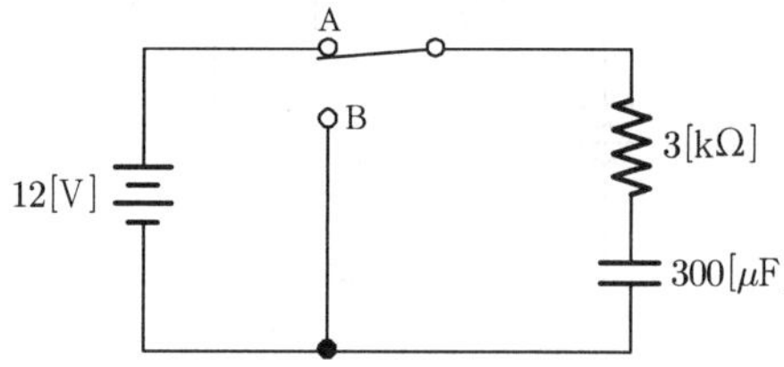

44. 10[μF]의 커패시터가 50[V]의 값으로 충전되고 1[kΩ]의 저항으로 방전된다. 전압이 30[V]에서 10[V]로 감소하는데 걸리는 시간을 구하여라.

45. 아래 회로에서 다음을 각각 구하여라.

(a) 전체 커패시턴스

(b) 각 커패시터에서의 전압

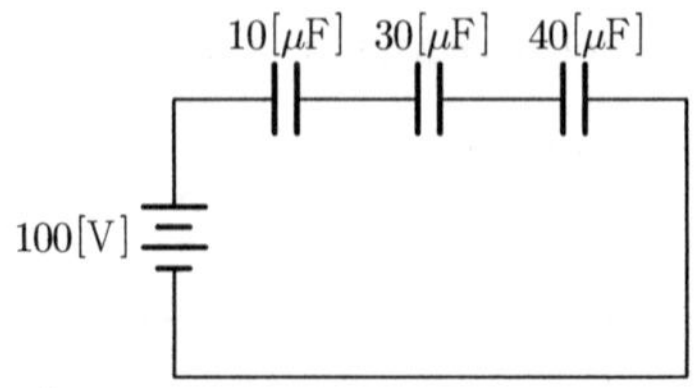

46. 아래 회로에서 다음을 구하여라.

(a) 전체 커패시턴스

(b) 각 커패시터의 전하

(c) 각 커패시터의 전압

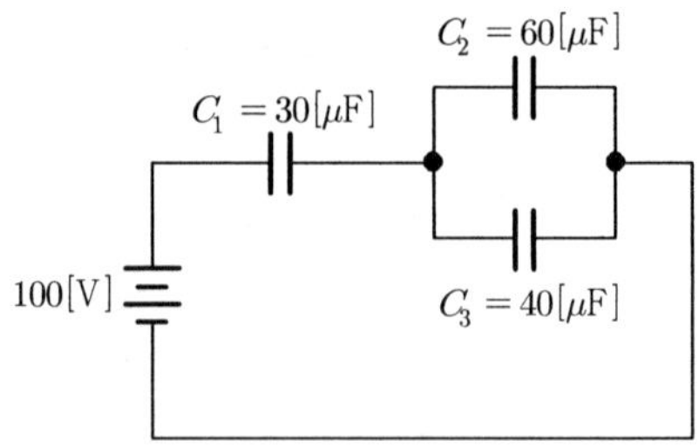

47. 철주조 코어의 권선수가 1,200이다. 코어의 단면적은 2.0[cm^2]이고 평균 경로 길이는 20[cm]이다. 전류가 흐르는 코일의 비투자율이 1,500일 경우 이 코일의 인덕턴스 값을 구하여라.

48. 두 개의 코일이 6[mH]와 7.5[mH]의 인덕턴스 값을 갖는다. 두 개의 코일이 0.9의 결합상수를 가지고 결합되어 있을 때 상호 인덕턴스 값을 구하여라.

49. 20[Ω]의 저항이 0.5[H]의 인덕터와 직렬로 연결되어 있다. 회로의 전류가 최종값의 63.2[%]에 도달하는 데 필요한 시간은 얼마인가?

50. 아래 회로의 인덕턴스는 20[H], 저항값은 5[kΩ]이며 전원의 전압은 20[V]이다. 스위치가 닫힌 후 $t=4$[ms]에서의 전류값을 구하여라.

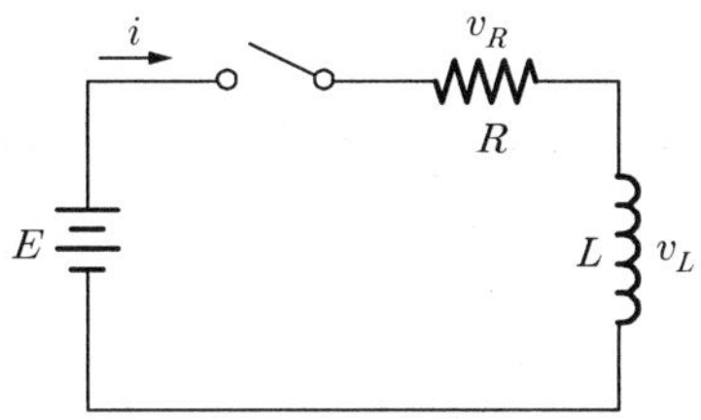

51. 아래 회로에서 저항은 100[Ω], 코일은 2.0[H] 및 회로 전압은 20[V]이다. 스위치 SW_1은 매우 오랜 시간 동안 닫혀 있었다고 가정한다. 스위치 SW_1이 열리고 SW_2가 닫힌 후 30[ms]가 지난 후에 회로에 흐르는 전류를 구하여라.

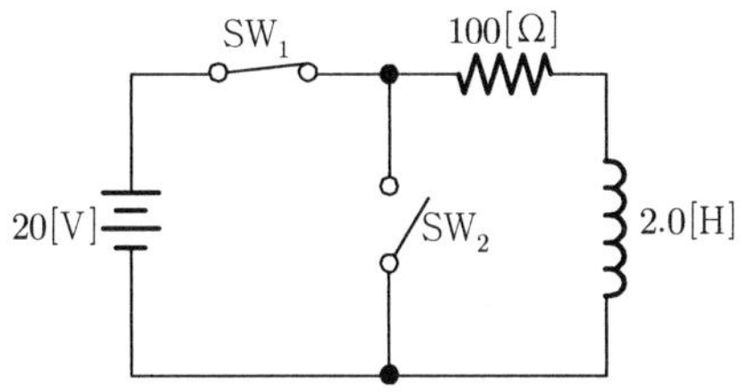

52. 실효 전류가 200[mA]일 때 인덕터에 걸리는 실효 전압은 60[V]이다. 회로의 주파수는 60[Hz]라면 인덕터의 인덕턴스는 얼마인가?

53. 4[H] 인덕터에 걸리는 순간 전압은 $e=10\sin 250t$이다. $t=50$[ms]일 때 순간 전류를 계산하여라.

54. 450[μF]의 커패시터가 주파수 60[Hz]를 갖는 220[V] 교류 전원에 연결되어 있다. 다음을 구하여라.

(a) 용량성 리액턴스
(b) 회로에 흐르는 전류

55. 교류 부하에 인가된 전압과 전류는 각각 $220\angle 60°$[V] 및 $50\angle 30°$[A]이다. 이 회로의 임피던스를 구하여라.

56. 200[Ω] 저항과 0.5[H] 코일을 포함하는 직렬 RL 회로에 60[Hz], 24[V]의 전압이 인가된다면 저항과 인덕터에 걸리는 전압은 얼마인가?

57. 아래 회로에 대한 임피던스와 위상각을 구하여라.

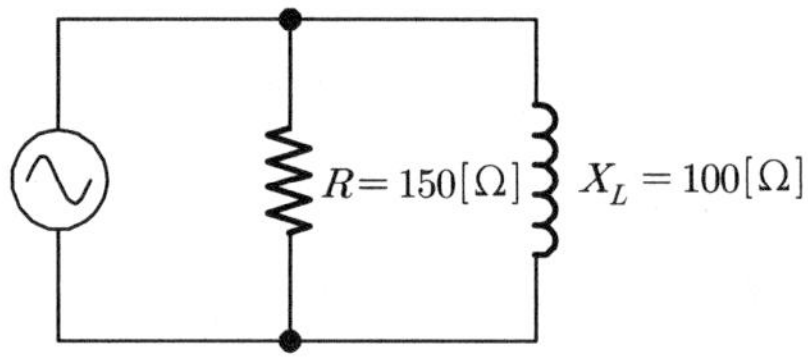

58. 아래 회로에 대해 다음을 구하여라.

(a) 전체 저항값
(b) 전체 유도성 리액턴스 값
(c) 전체 임피던스 값

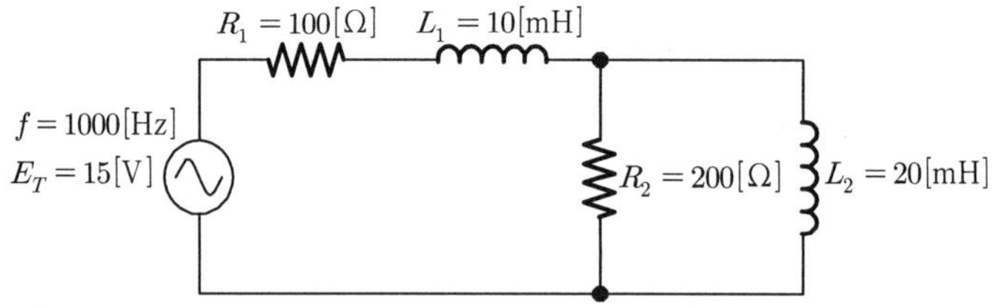

59. 아래 회로의 각 가지에 흐르는 전류값, 총 전류 및 위상각을 구하여라.

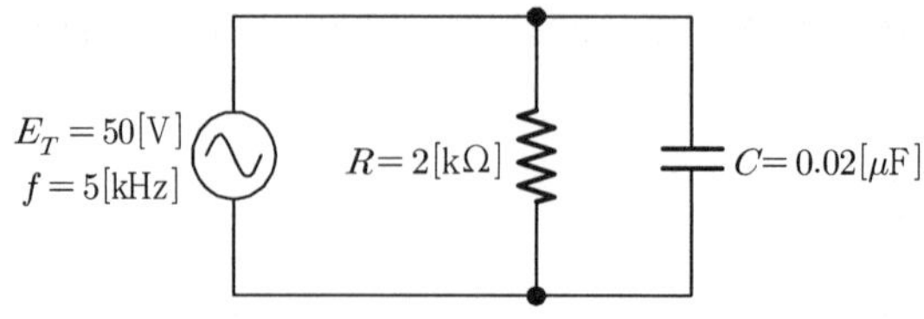

60. 아래 직-병렬 RC 회로의 총 용량성 리액턴스, 총 저항 및 총 임피던스를 구하여라.

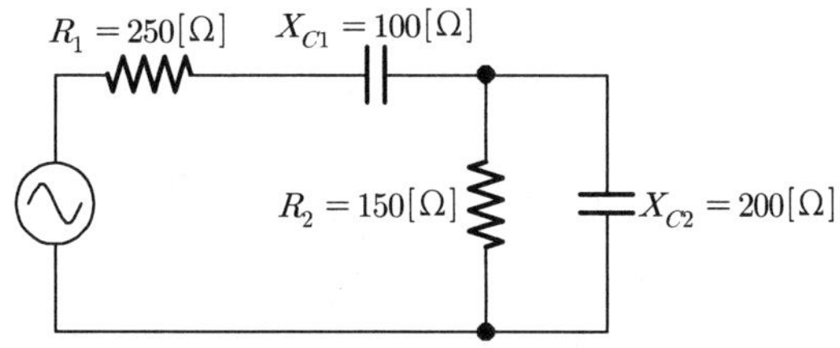

61. 아래 회로에서 다음을 구하여라.

(a) 회로의 임피던스와 위상각
(b) 전체 전류
(c) V_R, V_L 및 V_C 값

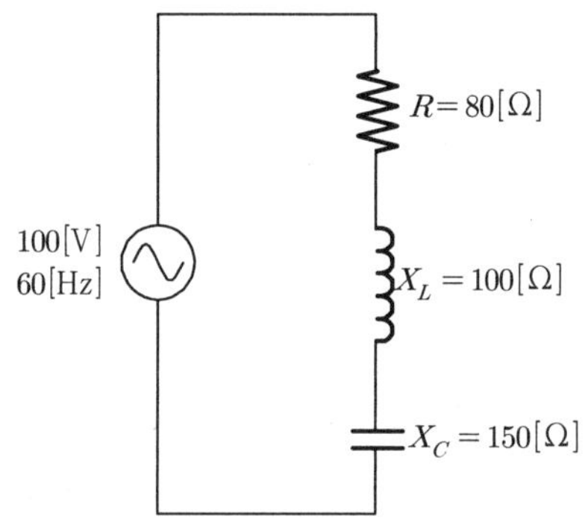

62. 0.2[H]의 코일, 1.5[μF]의 커패시터 및 500[Ω]의 저항이 직렬로 연결되어 있다. 회로의 주파수가 500[Hz]일 때 회로의 임피던스와 위상각을 구하여라.

63. 아래 회로에서 I_R, I_L, I_C 및 I_T를 구하여라. 그리고 회로 전압과 전체 전류 사이의 위상각을 구하여라.

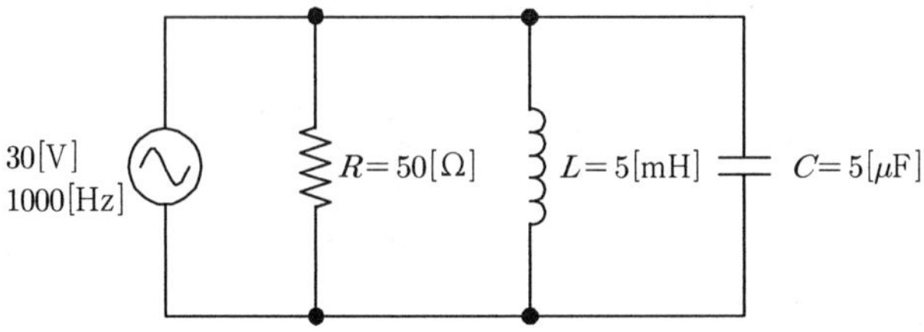

64. 15[A]의 부하 전류와 200[V]의 실효 전압을 갖고 위상각이 30° 인 교류회로가 있다. 다음을 구하여라.

(a) 실제 전력
(b) 피상 전력

65. 직렬 RLC 회로의 저항은 500[Ω], 인덕턴스는 0.1[H], 커패시턴스는 0.2[μF]일 경우 이 회로의 공진 주파수를 구하여라.

66. 10[mH]의 인덕턴스, 50[Ω]의 저항 및 커패시터가 직렬로 연결되어 공진 상태에 있다. 회로 전압은 25[V], 주파수는 1000[Hz]일 경우 다음을 구하여라.

(a) 회로가 공진 상태가 되는 커패시턴스의 값
(b) 공진 주파수에서의 전류

67. 아래 회로의 공진 주파수에서 대역폭을 구하여라.

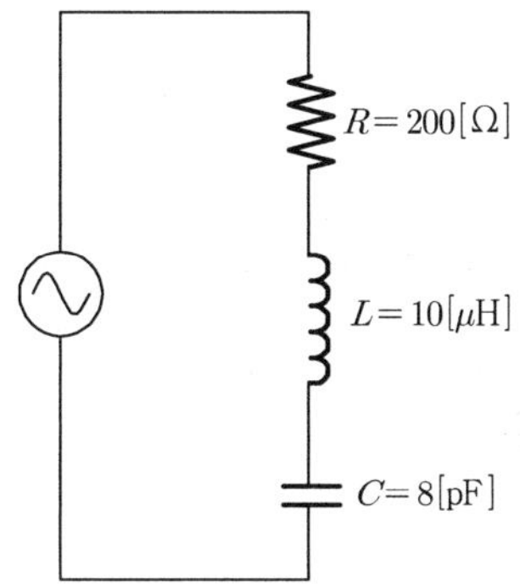

68. 위의 회로의 공급 전압이 100[V]라면 반전력 주파수들에서 회로의 전력손실을 구하여라.

69. 어떤 직렬 공진 회로가 있다. 회로 저항은 1.5[kΩ], 반전력 주파수는 각각 80[kHz]와 150[kHz]라면 다음의 값을 구하여라.

(a) 대역폭
(b) 공진 주파수

70. 아래 회로에서 다음을 구하여라.

(a) 공진 주파수
(b) 총 임피던스
(c) 공진점에서의 선전류

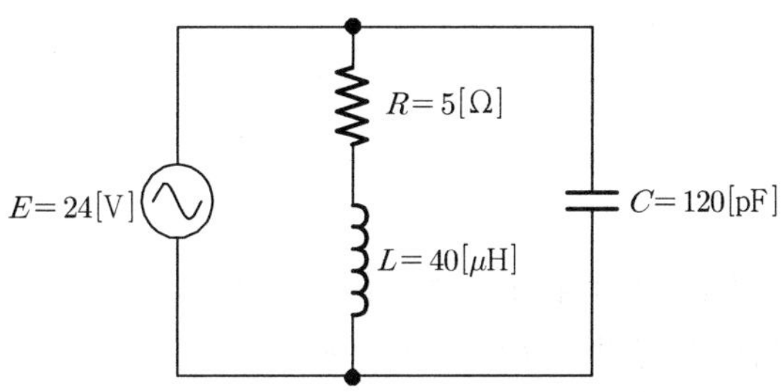

71. 아래 회로에서 다음을 구하여라.

(a) 공진 주파수
(b) 회로의 Q
(c) 대역폭

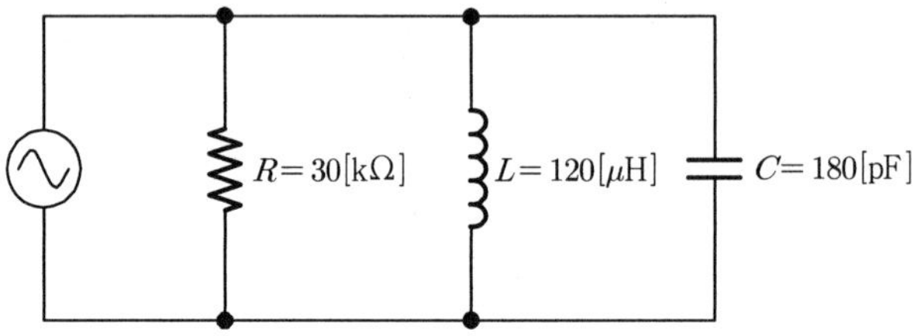

72. 아래 회로의 차단 주파수를 구하여라.

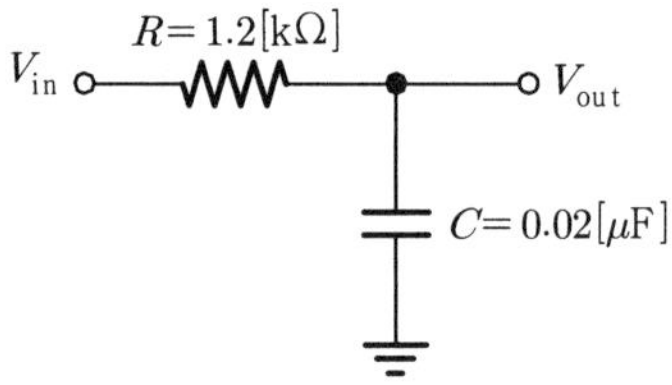

73. 아래 회로의 차단 주파수를 구하여라.

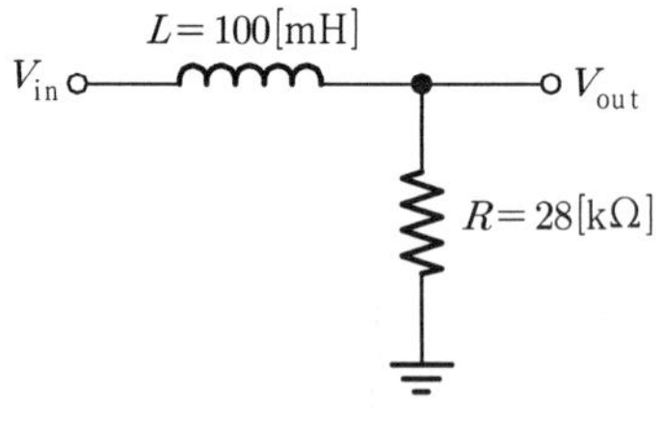

74. 어떤 병렬 공진 대역 통과 필터의 차단 주파수 하한값은 8[kHz]이고 상한값은 12.5[kHz]일 경우 이 필터의 대역폭과 공진 주파수를 구하여라.

제 3 장

전기기기

3.1 직류전동기

3.1.1 직류기의 원리

1. 플레밍의 법칙

(1) 플레밍의 오른손법칙

그림 3.1-1과 같이 자속밀도 B[T]의 자기장 내에서 직각인 방향으로 길이 l[m]의 도체를 속도 v[m/s]로 이동시키면 도체에는 다음 식으로 표시되는 기전력 E[V]가 유도된다.

$$E = vBl\,[\mathrm{V}] \tag{3.1.1}$$

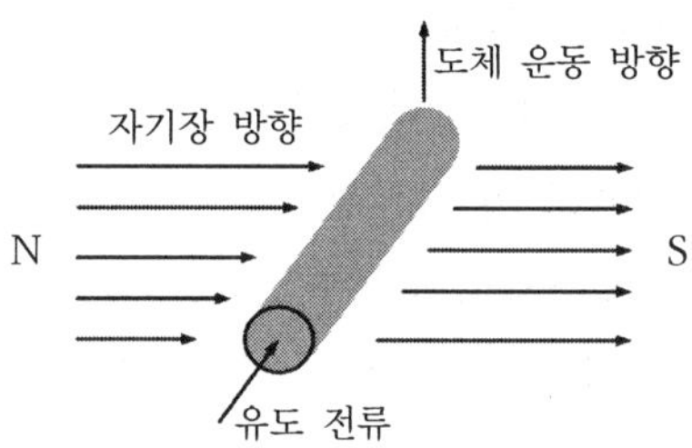

그림 3.1-1 플레밍의 오른손법칙

(2) 플레밍의 왼손법칙

그림 3.1-2와 같이 자속밀도 B[T]의 자기장 내에 자기장과 직각인 방향으로 놓여있는 길이 l[m]의 도체에 i[A]의 전류가 흐르면 도체에는 다음 식과 같은 힘이 발생한다.

$$F = i\,B\,l\,[\mathrm{N}] \tag{3.1.2}$$

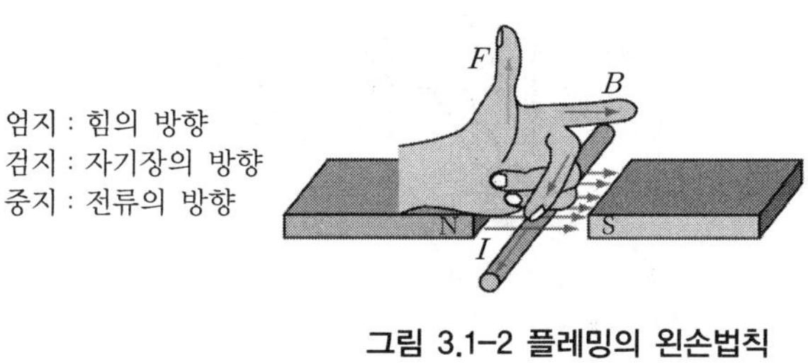

그림 3.1-2 플레밍의 왼손법칙

2. 직류전동기의 개요

초창기의 전기 시스템은 직류 시스템을 사용했지만 교류를 사용하는 것이 유리하다는 것이 밝혀지면서 1890년대부터는 점차 교류 시스템을 채용하게 되었고 전력 시스템의 변화로 인해 사용하는 전기기기도 직류기에서 교류기로 자연스럽게 바뀌게 되었다.

교류 시스템은 직류 시스템에 비해 전력의 발생, 송전 및 배전에서 많은 장점을 가지고 있다. 하지만 전력 시스템이 교류 시스템으로 바뀐 지금에도 상당히 많은 분야에서 직류전동기를 사용하고 있다. 전력 시스템으로 직류전력 시스템은 거의 사용하고 있지 않지만 직류전동기는 왜 지금까지 많이 사용되는 것일까?

오늘날 직류전동기가 많이 사용되는 데에는 몇 가지 이유가 있다. 그 한 가지는 아직 승용차, 트럭, 항공기 등에서 직류 시스템을 사용하고 있기 때문에 직류전동기를 사용해야만 한다. 또한, 광범위한 속도제어가 필요한 시스템에도 직류전동기가 사용된다. 전력전자의 발전으로 정류기 및 인버터 등이 광범위하게 사용되기 전에는 직류전동기가 속도제어용 전동기로서는 최고의 성능을 나타냈다.

직류가 공급되지 않는 교류 시스템에서도 반도체소자를 이용한 정류기나 초퍼를 이용해서 필요한 직류전력을 만들고 이 직류전력을 사용하여 직류전동기를 원하는 속도로 제어할 수 있다. 현재는 반도체소자로 구동되는 교류전동기가 가변속 구동 시스템에 더 많이 사용되지만 아직도 상당히 많은 분야에서 직류전동기가 속도제어용 전동기로서 사용되고 있다.

3. 직류전동기의 원리

그림 3.1-3과 같이 자극 N, S 사이에 코일을 설치하고 코일에 그림과 같은 방향으로 전류를 흘리면 플레밍의 왼손법칙에 따라 2개의 코일변에 힘이 작용하여 코일에 회전력

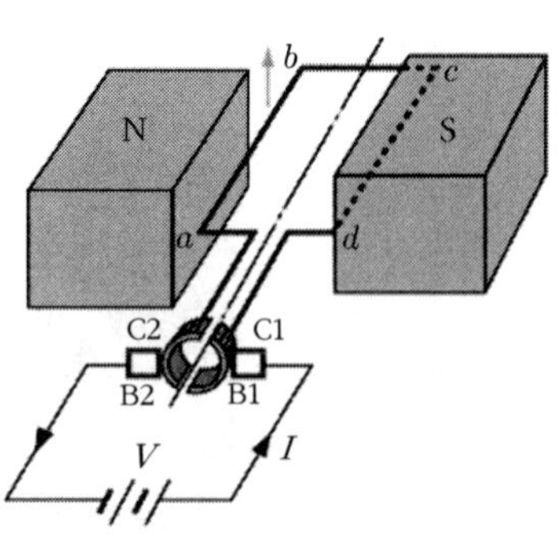

그림 3.1-3 직류전동기의 원리

이 발생하고 그 결과 코일은 화살표 방향으로 회전하게 된다.

그림 3.1-3의 코일변에는 코일이 회전하여도 항상 같은 방향의 전류가 흐르게 된다. 그림에서 코일이 180° 회전하면 정류자편 C1, C2는 코일과 같이 회전하나 브러시 B1과 B2는 같은 자리에 위치하고 있기 때문에 코일변에는 항상 그림에 표시한 방향의 전류가 흐르게 되어 N극 쪽의 코일변에서는 위쪽 방향으로 힘을 발생시키고 S극 쪽의 코일변에는 아래 방향으로 향하는 힘을 발생시킨다. 따라서 코일에는 항상 같은 방향으로 회전력이 발생하여 코일은 일정한 방향으로 회전을 지속한다.

3.1.2 직류기의 구조

1. 자 극

자극에는 자속을 발생시키는 계자극과 정류 특성을 개선하기 위해 설치한 보극이 있다. 계자극은 0.8~1.6[mm]의 강판을 성층해서 만든다.

계자극에는 공극의 자속을 전기자 주변에 적당히 분포시키기 위한 자극편과 자속을 발생시키는 계자권선이 설치되어 있다.

계자권선에는 여자방식에 따라서 분권권선과 직권권선이 있으며 이들 권선에 직류전류를 인가하여 자기장을 형성하게 된다.

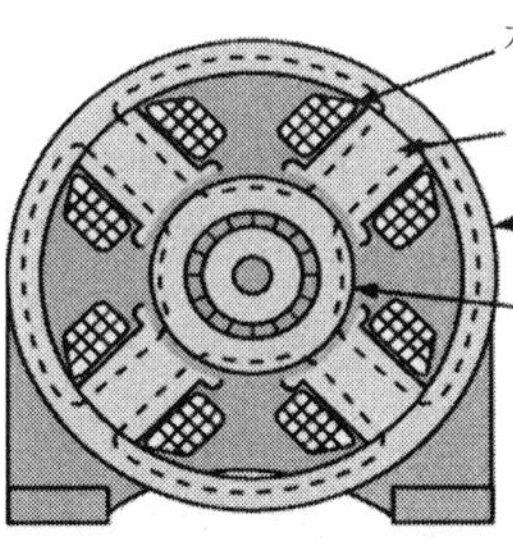

그림 3.1-4 계 자

2. 계 철

계철은 주강제 또는 연강판을 구부려서 용접하여 조립한 것을 사용한다. 대형인 경우 공작이나 운반이 쉽도록 상하 두 개의 부분으로 분할하여 제작하며 볼트로 체결하여 조립하기도 한다.

연강판으로 만든 것은 주강제보다 가볍고 상대적으로 비투자율이 높으며 기계적 강도도 크므로 비교적 대형 전동기에 많이 사용된다.

3. 전기자

전기자는 슬롯을 갖는 전기자 철심과 전기자 권선 및 정류자로 구성된다. 전기자 철심은 두께 0.35 또는 0.5[mm]의 규소강판의 표면을 엷게 절연한 것을 적층하여 사용한다. 슬롯은 개방 슬롯과 반폐 슬롯이 있는데 소형기에서는 반폐 슬롯이 채용되지만 일반적으로 개방 슬롯을 많이 이용한다.

그림 3.1-5와 같이 상하 2층으로 하여 코일변의 도체를 하나씩 슬롯 안에 넣으며 절연을 한다. 그리고 코일이 원심력에 의해 슬롯에서 튀어나오는 것을 방지하기 위해서 쐐기를 사용하여 코일을 고정시킨다.

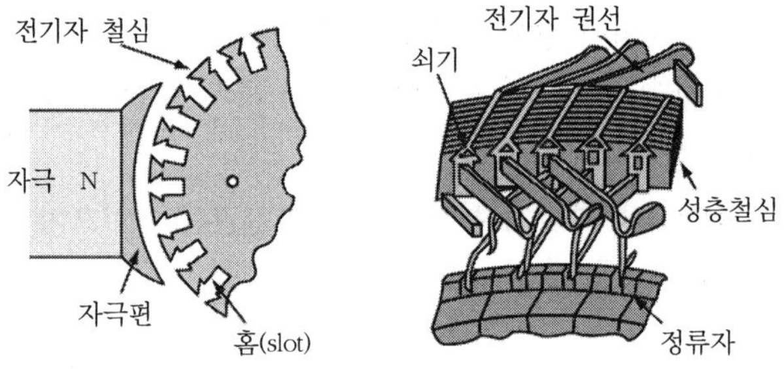

(a) 전기자 철심 (b) 전기자 권선

그림 3.1-5 전기자의 모양

4. 정류자

정류자는 정류자편과 두께 0.5~1.2[mm]의 절연용 마이카판을 교차로 배열하여 원통형으로 조립되고 그림 3.1-6과 같이 정류자편이 원심력에 의해 튀어나오지 않도록 V형으로 가공하여 정류자통에 볼트로 체결하여 고정시킨다.

정류자는 운전 중 항상 브러시와 접촉하여 마찰이 생길 뿐만 아니라 불꽃 등에 의해 과열될 수 있으므로 전기적으로나 기계적으로 견고하게 만들어져야 한다.

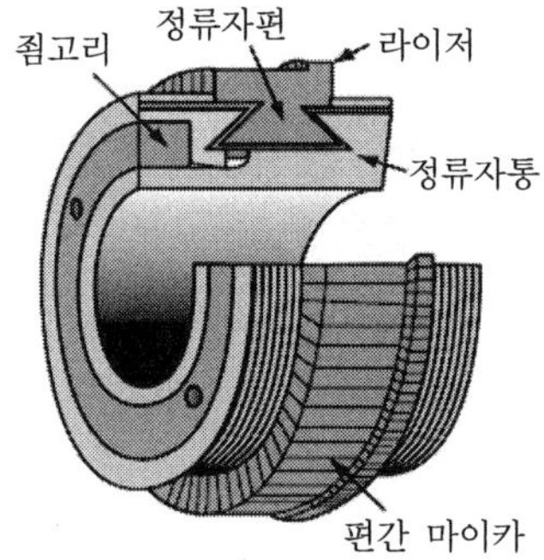

그림 3.1-6 V형 정류자의 단면도

5. 브러시

브러시는 정류자면과 접촉하여 전기자 권선에 전류를 흘려주는 역할을 하는 것으로 흑연을 주재료로 사용한 탄소를 전기로 속에서 열처리하여 많이 사용한다. 고속용 전동기는 천연 흑연으로 만든 브러시를 주로 사용하고 저전압용 전동기는 금속을 주성분으로 하고 여기에 흑연을 배합한 금속 흑연 브러시를 이용한다.

브러시 홀더는 브러시와 정류자면과의 접촉을 원활히 하고 브러시를 바른 위치에 유지하며 스프링에 의하여 100~150[g/cm^2] 정도의 압력으로 정류자면에 접촉시키는 장치이다. 전철용은 강한 진동이 발생할 경우에도 접촉을 유지하도록 하기 위해 350~450[g/cm^2] 정도의 접촉압력을 가한다.

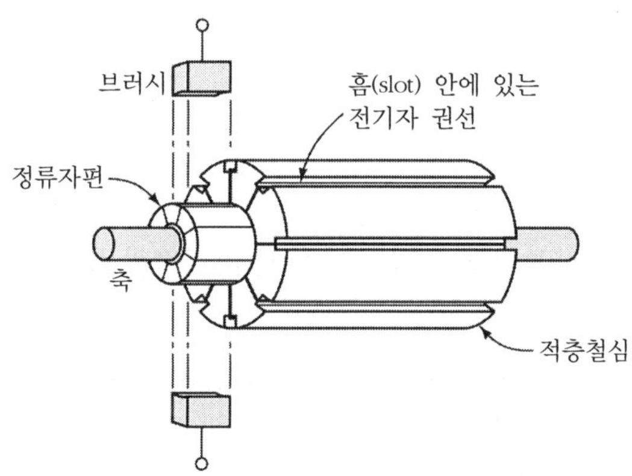

그림 3.1-7 정류자 및 브러시

6. 공 극

공극이란 자극편과 전기자 철심 사이의 간격을 말한다. 공극이 좁을수록 계자권선의 기자력은 작아도 되지만 공극이 너무 좁으면 직류기의 특성이 나빠지고 기계적인 고장이 생기기 쉬워지므로 소형기에서는 3[mm] 정도, 중대형기에서는 6~8[mm] 정도 공극을 둔다.

7. 축과 베어링

전기자의 축은 양질의 연동으로 만들고 베어링은 소형기에서는 베어링 브래킷, 대형기에서는 베어링 스탠드를 사용한다. 축은 베어링으로 지지되며 축에 황동제 오일링을 설치하여 축 회전시 윤활유가 공급되도록 한 직류기도 있다.

3.1.3 전기자 권선법

전기자 권선에는 일반적으로 고상권으로 한 2층권이 많이 사용된다. 대용량기와 특수한 용도에는 단층권을 이용하는 경우도 있다. 고상권은 귀갑형(거북의 등딱지 모양과 비슷한 육각형)으로 성형한 코일을 전기자 표면에 고상으로 분포시켜 감는 권선법이다.

2층권은 1개의 슬롯 안에 상하 2층으로 코일변을 넣어서 감는 방법이며 단층권은 1개의 슬롯안에 1개의 코일변을 넣어 감는 방법이다. 또한 고상권은 권선의 방법에 따라서 중권과 파권 두 가지 방법이 있다.

1. 중 권

중권은 그림 3.1-8과 같이 귀갑형 코일의 코일변을 2층권으로 하는 방법이다. 중권에서는 같은 방향으로 기전력이 가해지도록 코일들이 직렬 접속되며 직렬로 접속된 코일의 수를 직렬 코일수라 하고 이들 코일에 유도된 기전력의 총합이 직류기의 유도기전력이 된다.

중권에서는 극수와 같은 수의 직렬회로를 병렬로 접속하여 브러시를 통해 입출력 단

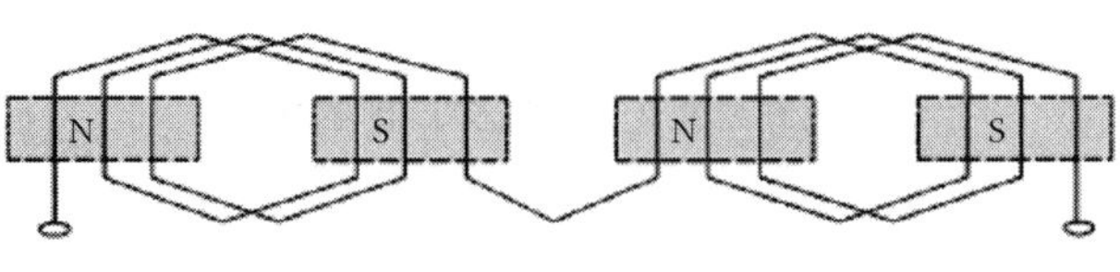

그림 3.1-8 중권

자에 접속된다. 따라서 하나의 직렬회로에 흐르는 전류값에 극수를 곱한 전류값이 전기자에 흐르는 총 전류값이 되며 이러한 이유 때문에 중권은 대전류의 직류기에 사용된다.

2. 파 권

파권은 그림 3.1-9와 같이 한 권선마다 앞 방향으로 감아 나아가며 모든 슬롯에 코일변이 들어가도록 하는 권선법이다. 파권은 전체 권선의 반이 직렬 코일수로 되므로 유기기전력은 이들 코일에 유도된 기전력의 총합이고 병렬회로 수는 2가 된다.

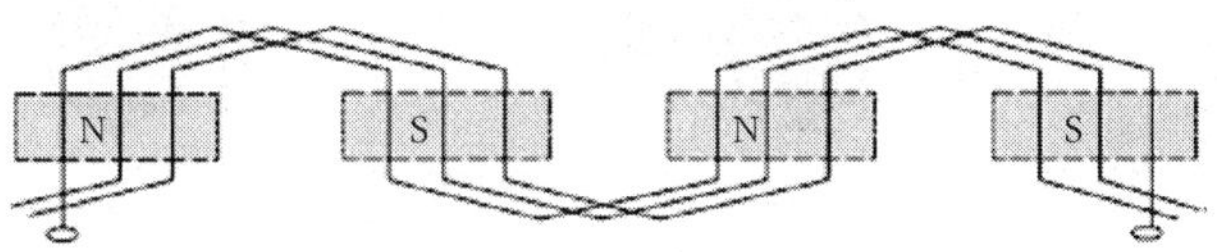

그림 3.1-9 파 권

3. 균압환

중권에서는 공작상의 이유로 공극의 자속밀도가 고르지 못한 경우가 많으며 계자 기전력이 다르게 발생하여 각 병렬회로의 유도전압이 균일하지 못하게 되는 수가 많다. 이런 현상이 발생하면 브러시를 통해 횡류가 흘러 권선이 과열될 우려가 있다. 따라서 중권에서는 전기적으로 동일조건이 되는 점, 즉 등전위가 되는 점을 연결해서 병렬회로의 전압이 균일하게 되도록 하는데 이를 위해 연결한 선을 균압환 또는 균압권선이라고 한다.

3.1.4 직류전동기의 특성과 종류

직류전동기는 직류발전기와 구조가 같으며 전동기 종류도 계자권선과 전기자 권선의 접속방식에 따라 다음과 같이 분류할 수 있다.

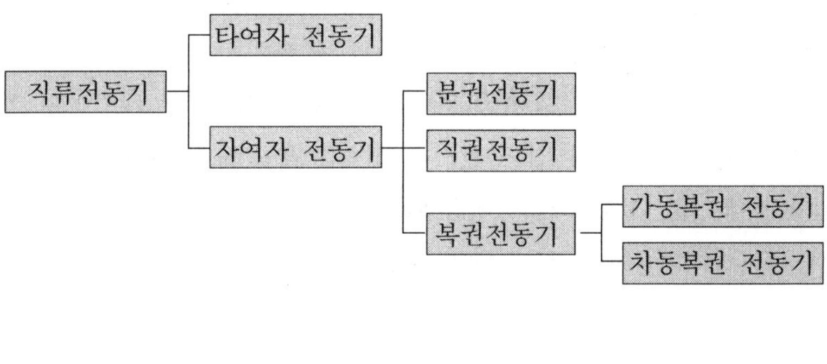

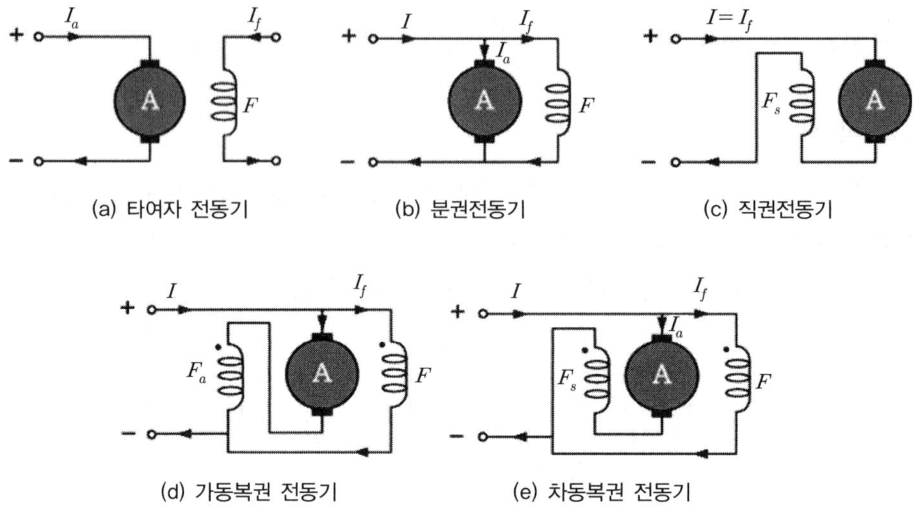

A : 전기자, F : 계자 코일, F_s : 직권 계자 코일

I : 전류, I_a : 전기자 전류, I_f : 계자전류

그림 3.1-10 직류전동기의 종류

그림 3.1-10은 이들 각종 전동기의 접속도를 나타낸 것이다.

1. 타여자 전동기

타여자 전동기는 그림 3.1-11과 같이 계자전류 I_f를 별도의 여자 전원에서 흘릴 수 있도록 접속하는 방식이다. 직류전동기의 속도 N[rpm]은 다음 식과 같이 나타낼 수 있다.

$$N = k\frac{V - I_a R_a}{\Phi}[\text{rpm}] \tag{3.1.3}$$

k : 상수, V : 전기자 전압, I_a : 전기자 전류 R_a : 전기자 저항

타여자 전동기에서는 여자전류 I_f, 즉 자속 Φ는 일정하므로 회전속도 N은 $V - I_a R_a$에 거의 비례한다. 타여자 전동기는 전기자 전압의 변화에 의해서 정, 역회전으로 속도를 광범위하게 제어할 수 있으므로 대형 압연기, 엘리베이터 등에 사용되고 일그너 방식, 워드 레너드 방식의 주전동기에 많이 사용된다.

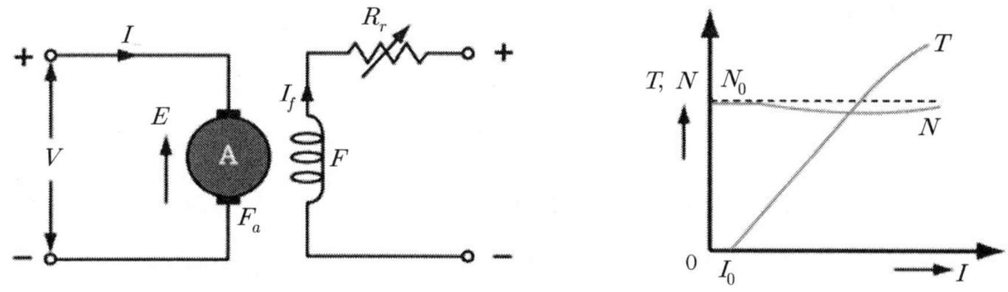

(a) 타여자 전동기 접속도 (b) 타여자 전동기 속도 토크 곡선

그림 3.1-11 타여자 전동기

2. 자여자 전동기

(1) 분권전동기

분권전동기는 그림 3.1-10(b)에서 볼 수 있듯이 단자전압 V와 계자전류 I_f를 일정하게 유지하면 자속 Φ도 일정한 값을 가지게 되고 부하가 증가하면 I_aR_a가 증가하여 속도 N은 감소한다. 그리고 부하 전류 $I = I_a + I_f \fallingdotseq I_a$의 관계를 가지므로 타여자 전동기와 비슷한 속도특성을 나타내며 이러한 특성을 그림 3.1-12에 나타내었다.

분권전동기는 계자 저항기로 쉽게 속도제어를 할 수 있으므로 정속도 및 가속도 전동기로 공작기계, 압연기, 펌프 등에 많이 사용되었다. 하지만 현재는 이를 대신하여 3상 유도전동기가 더 많이 사용되고 있는 실정이다.

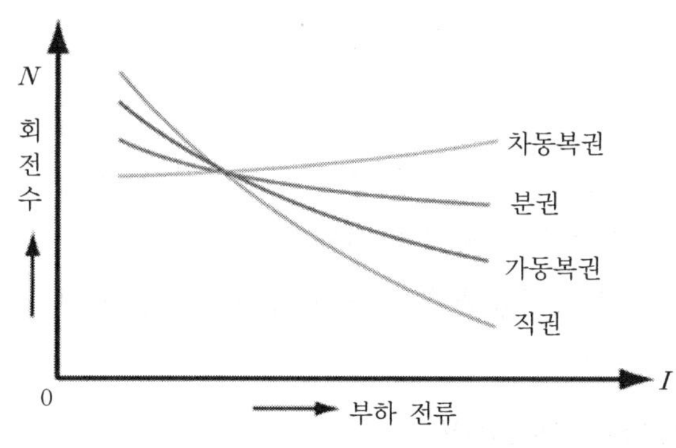

그림 3.1-12 직류전동기의 속도특성 곡선

(2) 직권전동기

직권전동기는 그림 3.1-10(c)와 같이 계자권선과 전기자 권선이 직렬로 접속되어 있으므로 부하 전류 I와 전기자 전류 I_a 및 계자전류 I_f가 모두 같게 된다. 부하 전류가 작게 흐르는 영역에서는 부하 전류 I와 자속 Φ가 거의 비례하지만 부하 전류가 점점 커지면 자기포화로 인하여 자속 Φ의 증가는 둔화된다. 따라서 직권전동기의 속도특성은 전류가 작은 범위에서는 쌍곡선이 되며 전류가 큰 범위에서는 쌍곡선이 아닌 직선 형태가 된다.

직권전동기는 부하가 증가함에 따라 속도가 현저하게 감소하는 가변속도 전동기이며 부하가 감소하면 속도가 갑자기 상승하고 무부하가 되면 속도가 매우 높아져서 무구속 속도가 되므로 매우 위험한 상태에 처하게 된다.

따라서 직권전동기로 다른 기계를 운전하려면 치차 등으로 반드시 부하를 인가하여 전동기를 운전하여야 하며 벨트 같은 것으로 부하를 구동시키면 벨트가 벗겨져 무부하가 발생할 수 있으므로 주의하여야 한다. 직권전동기는 부하에 따라 자동적으로 속도가 증감되므로 전기철도, 크레인, 권상기 등에 사용한다.

(3) 가동복권 전동기

가동복권 전동기는 그림 3.1-10(d)와 같이 직권 계자 자속과 분권 계자 자속이 합해지도록 접속된 전동기이다. 가동복권 전동기의 속도특성은 그림 3.1-12와 같이 분권 전동기와 직권전동기의 중간 특성을 가지게 된다. 이와 같은 특징으로 공작기계, 권상기, 압연 보조용 등의 전동기로 사용된다.

(4) 차동복권 전동기

차동복권 전동기는 그림 3.1-10(e)와 같이 직권 계자 기자력이 분권 계자 기자력을 상쇄하도록 접속된 전동기이다. 차동복권 전동기는 부하 전류가 증가함에 따라 자속이 감소하여 속도를 상승시키는 작용을 하여 속도저하를 보상해준다.

3.1.5 직류전동기의 기동제어

기동할 때 전동기에 전원전압이 직접 인가되는 전전압 기동을 하게 되면 기동 초기에는 역기전력이 작기 때문에 큰 기동전류가 흐르게 된다. 직입기동 시 기동전류는 정격전류의 10~40배로 상당히 크기 때문에 전력 계통에 큰 전압강하를 일으키며 접속된 부하에 악영향을 미친다. 또한 전동기에는 전기자 권선 손상, 정류 악화, 브러시 손상 등을 가져온다.

그리고 기동 토크가 극단적으로 크게 되기 때문에 부하의 관성이 큰 경우 축에 큰 비틀림 응력이 작용하여 축을 파손시키기도 하며 부하로 연결된 각종 기계가 급격히 가속되기 때문에 기기가 큰 충격을 받아서 파손되는 일도 있다. 이와 같은 악영향을 감소시키기 위해 전전압 기동은 작은 출력의 전동기에만 적용하고 대부분의 경우 기동전류를 억제하는 기동방법을 채용하고 있다.

1. 저항기동법

저항기동법은 그림 3.1-13에 나타낸 바와 같이 전기자 회로에 직렬로 기동저항기 R을 접속하여 속도의 상승에 따라 저항을 감소시키면서 기동하고 최종적으로 $R=0[\Omega]$으로 하여 전동기를 운전시키는 방법이다.

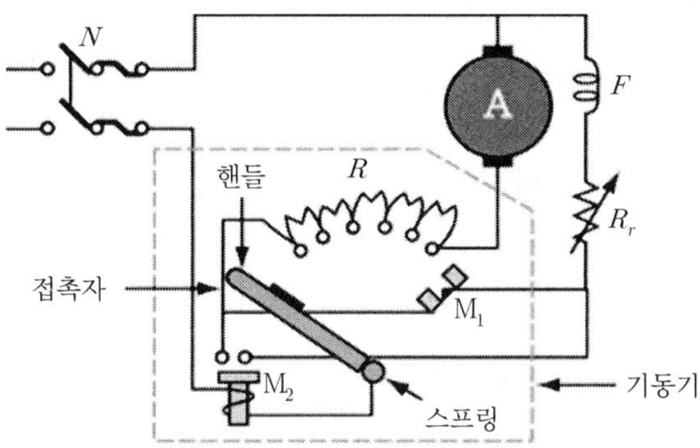

그림 3.1-13 직류전동기의 저항기동법

2. 감압기동법

기동시 전원전압을 낮추어서 기동전류를 제한하는 기동방법이다. 전압을 영에서부터 점점 높여서 전동기를 기동시키는 방법으로 기동저항은 필요하지 않게 된다. 또 전기철도에서 사용되고 있는 직-병렬 제어(series parallel control)는 기동의 전반은 두 대의 전동기를 직렬로 전원에 연결하고 후반은 각 전동기를 병렬로 연결하여 전전압을 가하는 방법이다. 이 방법은 기동 초기에 전동기 한 대당 인가되는 전압이 전전압의 반이므로 감압기동의 일종이다. 이 방식은 기동 초기에 전원으로부터 취하는 전류가 처음부터 병렬로 기동시킬 때의 반으로 되고 또 기동시의 전력손실도 약 반으로 되는 이점이 있다.

3.1.6 직류전동기의 속도제어

1. 속도제어의 개념

전동기의 속도 및 토크 특성을 변화시켜 부하의 속도 및 토크 특성과의 평형점을 제어하여 속도를 조정하는 방법을 속도제어라고 한다. 속도제어에는 정속도제어와 가변속도제어가 있으나 평형점을 이동시킨다는 견지에서 목적이 다를 뿐 본질적으로 같은 것이다.

2. 직류 타여자 전동기와 분권전동기의 속도제어

(1) 계자제어법

단자전압 V를 일정하게 유지하고 계자전류 I_f를 제어하여 자속 Φ를 가변시킴으로써 속도를 제어하는 방법을 계자제어법이라고 한다. 이 방법은 일반적으로 속도를 상승시키는 경우에 이용한다. 이 속도제어법은 계자전류가 전기자 전류에 비해서 상당히 작고 제어가 용이하므로 작은 전류를 제어하여 큰 동력을 제어할 수 있는 특징이 있다.

그러나 전동기의 계자에서 발생하는 자기장은 포화특성을 갖기 때문에 입력의 변화에 대한 출력, 즉 속도특성의 직선성은 좋지 않다. 또한 계자권선의 인덕턴스가 크기 때문에 속도제어 응답이 느리다.

전동기 속도는 계자전류를 감소시켜 자속을 약하게 할수록 높게 되나 자속을 지나치게 약화시키면 전기자 반작용의 영향을 받아서 전동기가 불안정하게 되고 속도가 크게 맥동하며 정류를 악화시키기 때문에 이러한 특성을 고려하여 제어할 필요가 있다. 이러한 특성 때문에 일반적으로 속도제어 범위를 1 : 2 정도로 유지한다. 이 방식에 의해 전기자 전류를 일정하게 제어하면 회전수에 관계없이 정출력 특성을 갖게 되는데 이와 같은 운전을 정출력 구동이라고 한다.

(2) 저항제어법

계자자속을 일정하게 유지하고, 전기자 회로에 전기자와 직렬로 가변저항을 접속하여 전기자에 걸리는 전압을 변화시켜 속도를 제어하는 방법으로서 속도를 정격속도보다 낮은 범위에서 제어하는 경우에 사용된다. 이 방법은 가변 저항기만으로 간단히 속도제어가 가능하나 가변 저항기는 노치 또는 접점으로 구성되어 단계적으로 저항을 절환하기 때문에 제어가 불연속적이다.

하지만 전력용 트랜지스터를 가변 저항요소로 이용하는 경우에는 연속적 제어가 가능하다. 이 속도제어법은 부하 토크가 클 때는 약간의 저항변화로 속도를 용이하게 변화시킬 수 있지만 경부하시에는 저항의 변화에 대해서 속도의 변화가 작고 속도제어 범위가 좁으며 제어저항의 저항 손실이 크므로 효율이 좋지 않은 속도제어 방법이다.

(3) 전압제어법

(가) 워드 레너드 방식

전압제어 방식의 대표적인 것으로서 그림 3.1-14에 나타낸 워드 레너드 방식이 있다. 이것은 그림에 나타낸 바와 같이 타여자 전동기 M의 전기자에 가하는 가변전압 전원으로서 타여자 발전기 G를 이용하며, 발전기의 계자저항 R_f에 의해서 전압을 조절하여 전동기의 속도를 가변시키는 방법이다. 이 경우 발전기를 구동하는 전동기로는 유도전동기 또는 동기전동기가 사용된다. 또한 발전기 계자회로의 절환 스위치 S를 역방향으로 절환하면 발생전압의 극성이 역으로 되기 때문에 전동기 M을 역전시킬 수 있다.

이 방법에 의한 전압제어는 전동기의 계자자속을 최대로 일정하게 유지한 채 전기자에 인가되는 전압을 변화시켜 속도제어를 행하지만 속도를 더욱 상승시켜서 속도조정 범위를 확대시키기 위해서는 전기자 전류를 일정하게 유지시키고 전동기의 계자저항기를 조정하여 약계자 제어를 함께 병행한다. 이 경우 전압제어 범위에서는 정토크 구동제어가 되며 계자제어 범위에서는 정출력 구동제어가 된다.

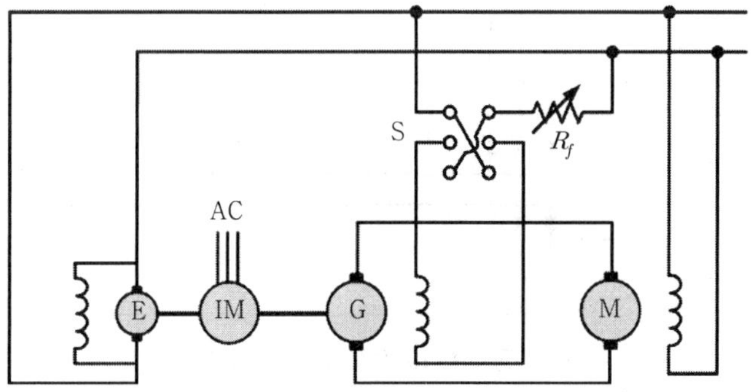

그림 3.1-14 워드 레너드 방식

전동기가 부하에 의해 가속되어 속도가 상승하는 경우에는 전동기 M의 유도기전력이 발전기 G의 유도기전력보다 크게 되어 전기자 전류가 반대로 흘러 전동기 M이 발전기 역할을 하게 되고 발전기 G가 전동기화된다. 이 때문에 구동용 전동기가 발전기화되어 전력을 교류전원에 반송하고 전동기 M에는 전기적인 부하가 걸려 속도가 떨어지는 방향으로 제동작용이 발생한다. 이와 같은 제동작용을 회생제동이라고 한다.

워드 레너드 방식의 변형으로서 발전기 구동용 전동기로 권선형 유도전동기를 사용하고 그 축에 큰 플라이휠을 설치한 일그너 방식이 있다. 이 방식은 전동기 M의 부하가 급증한 경우 발전기 G에 갑자기 큰 부하 증가를 일으키기 때문에 발전기 구동용 전동기가 감속하여 전류가 증가하므로 전동기가 접속된 계통의 전압강하를 일으키는 등의 악영향이 생긴다. 이 영향을 경감시키기 위해 급격한 부하 증가가 있는 경우 플라이휠에 축적되어 있는 운동에너지를 방출하여 갑자기 증가한 부하에 필요한 에너지를 공급함으로써 발전기 구동용 전동기의 속도변화를 억제하는 방법이다.

(나) 정지 레너드 방식

사이리스터 소자의 제조기술 진보에 의해서 워드 레너드 방식의 전동발전기 대신에 사이리스터 변환회로를 이용하여 워드 레너드 방식과 같이 원활한 속도제어, 정역운전, 전력의 회생을 가능하게 한 방식을 정지 레너드 방식이라고 한다. 이 방식은 그림 3.1-15에 나타낸 바와 같이 2조의 사이리스터 정류회로를 각각 역방향으로 접속하여 사용한다.

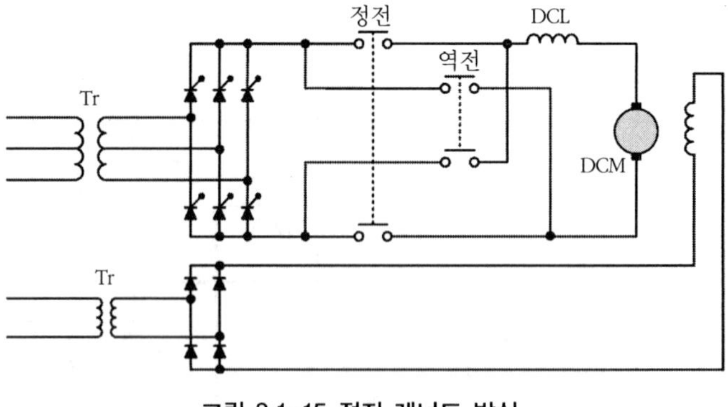

그림 3.1-15 정지 레너드 방식

(다) 직류 초퍼 방식

인가 전압을 사이리스터 초퍼로 개폐하여 전동기에 인가되는 평균전압을 조절하여 전압제어를 하는 방법을 직류 초퍼 방식이라고 한다.

3. 직권전동기의 속도제어

(1) 계자제어법

직권전동기의 계자기자력은 전기자 전류에 의해 발생한다. 따라서 직권전동기의 계자제어를 위해서는 계자전류를 바꾸어 주어야 하는데 여기에는 세 가지 방법이 있다.

첫째는 계자권선에 탭을 설치하여 탭을 절환시켜 직권 권선의 권수를 변하게 하는 방법, 둘째는 병렬저항을 설치하여 그 저항값을 변화시키는 방법, 셋째는 초퍼로 병렬저항의 도통기간을 조절하여 전기자 전류를 분류시켜 계자권선에 흐르는 전류를 변하게 하는 방법이다.

초퍼를 이용하는 방법에서 전동기가 경부하 상태라면 초퍼에 걸리는 전압이 낮게 되고 사이리스터 초퍼를 이용하는 경우는 초퍼 동작이 원활하지 못할 수도 있기 때문에 제어범위에 제한을 받는다.

탭 절환 방식은 특별히 계자제어를 목적으로 제작한 전동기 외에는 사용할 수 없고 또한 제어가 단계적으로 되며 탭 절환으로 전기자 전류도 변동되기 때문에 이 제어방식은 잘 사용되지 않는다.

계자권선에 병렬저항을 이용하는 방식은 약계자 상태로 속도를 상승시키는 것이 가능하며 정격속도 이하의 범위로 제어하는 경우는 사전에 강계자로 전동기의 계자전류를 분류하여 제어하여야 한다. 이 방법은 분류저항의 저항 손실 때문에 전체 효율이 악화되며 또한 사이리스터 초퍼를 분로에 이용하는 것은 무접점화를 가능하게 하지만 제어범위가 좁고 경부하 때에 제어불능으로 되어 제어범위가 상당히 좁다는 결점이 있다.

(2) 저항제어법

저항제어법은 전기자에 직렬로 가변저항을 연결함으로써 전기자 전류를 제어하여 속도를 변화시키는 방법이다. 이 방법은 가장 간단한 제어방식으로서 많이 사용되고 있는 방법이나 전동기가 경부하 상태인 경우 부하 토크의 변동에 의한 속도변동이 커서 정밀도가 높은 속도제어에 그다지 유효한 방법은 못된다. 또한 저항기에 전기자 전류가 흐르기 때문에 저항 손실이 크고 효율이 좋지 않게 된다.

(3) 전압제어법

가변전압 전원은 사이리스터 위상제어 정류회로, 사이리스터 다중위상제어회로, 사이리스터 직류 초퍼 등이 사용된다. 전압제어법에 직-병렬 제어와 저항제어를 병용하여 속도를 제어하는 방법이 전차용 전동기의 속도제어에 사용된다. 이 방법은 비교적 안정한 속도제어가 가능하며 전동기가 경부하의 경우에도 전압을 저감시켜 안정된 운전이 가능하다.

4. 복권전동기의 속도제어

계자제어, 저항제어, 전압제어로 속도제어가 가능하나 일반적으로 제어범위는 크지 않기 때문에 속도제어에 잘 사용되지 않는다.

3.1.7 직류전동기의 역전법

직류전동기를 역전시키는 방법은 자극 또는 전기자 회로 중 한 쪽의 극성을 반대로 하면 된다. 전기자 회로의 접속을 반대로 하여 극성을 변화시키는 경우는 전기자 반작용의 방향이 반대로 되므로 보극 및 보상권선의 접속도 반대로 하여야 한다. 또한 복권전동기의 경우 자극의 극성을 반대로 할 때는 분권 권선과 직권 권선 모두 극성이 반대로 접속되어야 한다. 그렇지 않으면 가동에서 차동복권으로 변동된다.

3.1.8 직류전동기의 제동

1. 기계제동(마찰제동)

기계적 제동은 마찰 브레이크를 이용하여 제동하는 방법으로서 마찰 브레이크의 조작에는 수동에 의한 것, 전자석에 의해서 조작하는 것, 공기압 또는 유압기구를 이용하여 조작하는 것 등이 있다. 마찰제동의 경우 축에 취부한 제동륜에 브레이크편을 넣어 제동하는 것이 많으나, 접촉면의 속도가 빠르면 발열로 인하여 브레이크 편이 파손되기 때문에 고속에서는 전기적인 발전제동, 역전제동 및 회생제동을 이용하고 저속으로 된 경우에 기계적인 마찰제동을 이용하여 감속 또는 정지하는 방법이 일반적으로 사용되고 있다.

2. 발전제동

전동기의 운전 중에는 발전기의 작용에 의해서 역기전력이 발생하므로 전동기를 전원에서 차단하면 전동기는 역기전력의 방향으로 기전력이 유도되는 발전기가 된다. 따라서 그림 3.1-16(b)와 같이 전기자의 양단에 저항(제동저항) R을 연결하여 그 전기적 에너지를 소비할 회로를 만들면 결국 전기자축의 기계적 회전운동에 제동을 가하게 된다. 전동기를 전원에서 차단할 때 계자권선은 전원에 그대로 연결해 두고 전기자만을 전원에서 차단하여 그 양단에 제동저항을 연결하면 그림 3.1-16(b)와 같이 연결했을 경우보다 계자자속이 크므로 제동력도 크게 된다.

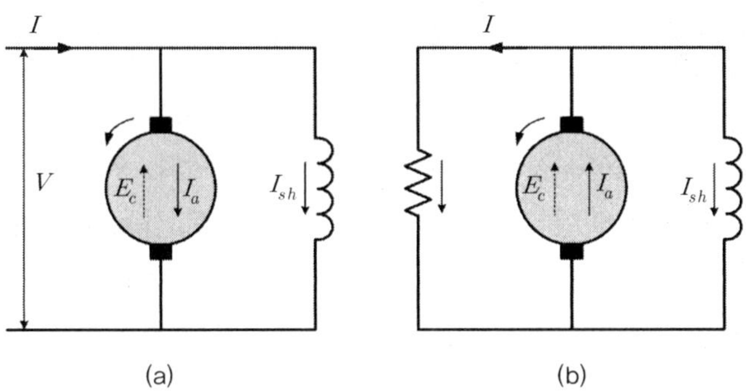

그림 3.1-16 분권전동기의 발전제동법

이와 같이 전동기가 가지고 있는 회전에너지를 전기에너지로 변환하여 회로 중의 저항에서 열에너지로 발산시키는 제동법을 발전제동이라 한다.

3. 역전제동

직류전동기를 급속히 정지시키는 방법으로 이 제동방법이 사용된다. 전동기가 운전 중 정지하려면 전동기를 역전시키도록 전원 회로를 접속하여 회전속도를 급속히 감속시키고 역방향으로 회전하기 전에 전동기를 전원에서 분리시켜 기계적인 마찰제동으로 전동기를 정지시킨다. 기계적인 마찰제동 투입 시기는 전동기의 감속정도를 검출하여 자동적으로 투입되는 방법이 사용된다.

4. 회생제동

승강기의 하강시 또는 전차가 언덕을 내려가는 경우에는 전동기가 부하에 의해서 가속된다. 이 경우에 전동기의 유도기전력을 전원전압보다 높게 하면 전동기는 발전기로서 동작하여 회생제동이 된다.

분권전동기의 경우에는 전동기로 사용하고 있을 때와 같은 접속 상태로 회생제동을 할 수 있으나 직권과 복권전동기에서는 직권 권선의 접속을 반대로 하여야 한다. 사이리스터 회로를 이용하는 것은 다이오드와 사이리스터를 바꾸어 회로를 재구성하여야 한다.

3.1.9 직류전동기의 정격과 손실

1. 직류전동기의 정격

전동기의 전압, 전류, 속도 등에는 일정한 한도가 있다. 이러한 한도를 넘어서면 손실이 증가하거나 효율이 나빠지는 등 좋지 않은 현상이 생긴다. 따라서 이들의 제한 범위 내에서 발휘할 수 있는 최대 출력에 적절한 여유를 두고 또한 효율도 고려하여 정한 출력, 전압, 전류, 속도, 온도 등을 그 기계의 정격이라 한다. 이 정격값들은 보통 명판에 기재하여 전동기에 취부되어 있다. 정격에는 연속적으로 사용하는 데 적합한 연속 정격과 짧은 시간 동안만 사용할 때 적용되는 단시간 정격이 있다. 보통의 기계는 연속 정격으로 하지만 기중기용이나 전차용 전동기에는 단시간 정격의 것이 많다.

2. 직류전동기의 손실

모든 전기기기에는 전기적 에너지가 기계적 에너지로 변환될 경우 일부 에너지의 손실이 발생하는데 이를 크게 나누면 다음과 같다.

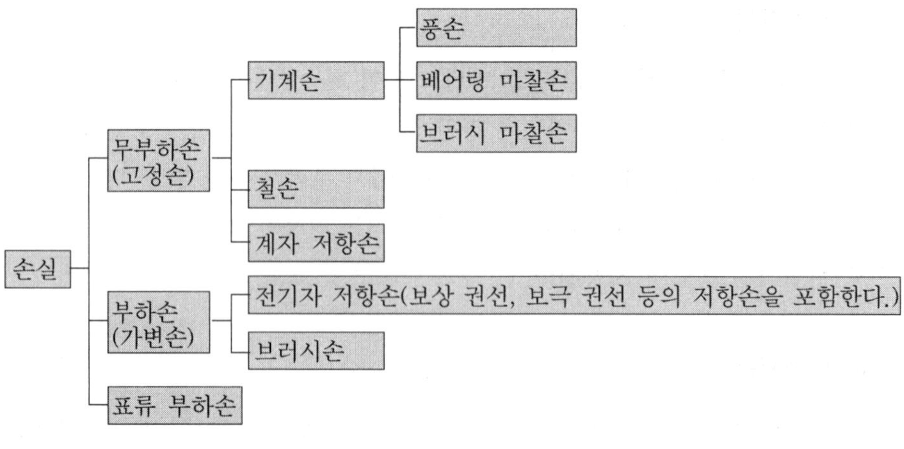

무부하손은 부하의 변화에 관계없이 거의 일정한 손실로서 고정손이라고도 하는데 기계손, 철손 등이 이에 해당된다. 부하손은 전동기 부하의 크기에 따라 변화하므로 가변손이라고도 하며 동손 등이 이에 해당된다.

3.1.10 특수 직류전동기

1. 프린트 전동기

영구자석 방식의 전동기이며 전기자권선은 프린트 배선이 된다. 전기자에 철심을 사용하지 않으므로 회전체의 관성 모멘트가 작고 속응성이 뛰어나다.

전기자 철심을 사용한 보통의 전동기에서는 계자의 자계 방향은 회전축에 수직이 되며 따라서 전기자 도체는 회전축에 평행으로 배치된다. 이에 반해 프린트 전동기에서는 계자의 자계방향을 회전축에 평행하게 되도록 영구자석의 N극과 S극을 배치한 형식도 있다. 이 형식은 프린트 배선의 전기자 도체가 회전축에 수직방향이 된다.

2. 컵형 직류 서보 전동기

전기자 도체를 회전축에 수직으로 배치하면 회전체의 지름이 커져 고속 운전 등에 적합하지 않게 된다. 회전체의 지름을 작게 하고, 또 관성 모멘트가 작도록 고안된 것이 컵형 직류 서보 전동기로서 전기자는 한쪽이 중공 컵형 구조로 되어 있다.

3. 미너셔 전동기

속응성을 크게 하기 위해서는 가속 토크를 크게 함과 동시에 회전체의 관성 모멘트를 작게 해야 한다. 관성 모멘트는 회전체 구성물질의 비중에 비례하고 회전체 지름의 제곱에 비례한다. 물질의 비중이 작도록 고안된 것이 프린트 전동기이며, 회전체 지름을 작게 하여 관성 모멘트를 줄인 전동기가 미너셔 전동기이다. 미너셔 전동기의 공극은 보통의 전동기보다 커지므로 자기저항이 커지고 자속을 어느 일정 값으로 유지하기 위해서는 계자 부분이 커지게 된다.

4. 마이크로 전동기

건전지 등으로 구동되도록 제작한 초소형 전동기로서 입력 3[W] 이하, 최대 치수 50[mm] 이내의 전동기이다. 계자는 영구자석을 주로 사용하며 브러시와 정류자 간의 마찰손실이 작아지도록 설계되어 있다.

3.1.11 직류전동기의 취급방법

직류전동기를 최초로 운전하거나 오랜 휴지기간이 경과한 후 혹은 수리나 정비 등의 목적으로 분해 조립 후 전동기를 운전하려면 다음과 같은 사항들을 확인하여야 한다.

1. 외관 및 구조검사

① 터미널, 각종 센서 및 모든 볼트는 정확히 부착되어 있는가?
② 모든 브러시는 제 위치에 있는가?
③ 스프링은 일정한 압력으로 작용하고 있으며 브러시는 홀더 내에서 자유롭게 움직일 수 있는가?
④ 정류자 표면이 오염되지는 않았는가?
⑤ 축을 돌려보았을 때 전기자가 자유롭게 회전하며 이상한 소음이 나지는 않는가?

2. 절연 및 결선확인

① 절연저항은 양호한가?
② 전기자와 계자 단자 사이 및 외함 사이에 DC 500[V] 절연저항계를 인가하여 1[MΩ] 이상이 되는가?
③ 전기적 결선은 결선도에 따라 정확하고 견고하게 되어 있는가?

3. 시운전 중 점검

① 베어링에 이상소음은 없는가?
② 정류자와 브러시 사이의 정류 불꽃 상태는 양호한가?
③ 이상 진동은 없는가?

4. 운전 중의 점검사항

① 정류자의 표면 피막상태는 양호한가?
② 광택이 나고 고르게 형성된 피막은 정류작용을 돕고 브러시의 마모를 줄여주므로 정류자 표면을 연마할 필요는 없다.

③ 만일 피막의 상태가 불량하거나 흑화한 경우는 피막을 완전히 제거한 후 새로이 피막을 형성하여야 한다. 이때 정류자 표면의 선삭과 언더커팅 작업은 매우 주의를 요하는 작업이므로 숙련공에 의해 실시되어야 하며, 선반의 회전속도는 최소 200[rpm] 이상으로 작업하여야 한다.

④ 정류자 표면의 손상이 경미한 경우에는 가는 사포(#400) 또는 유연성 연마석으로 표면을 연마하고 이때 표면에 해로운 흠집이 생기거나 정류자편간이 단락되도록 하여서는 안 된다.

⑤ 브러시 수명 센서가 있는 경우에는 이 센서의 신호에 의해 교체하도록 하며 센서가 없는 경우 브러시의 길이가 15[mm] 이내로 되면 전체를 교체하여야 한다.

3.2 동기전동기

3.2.1 동기전동기의 원리

1. 회전자계

그림 3.2-1(a)와 같은 2극기에서 각 상의 권선수 n인 3상 전기자 권선에 최대 전류 I_m의 3상 교류전류를 흘리면 각 상의 최대 기자력은 $F_m = nI_m$ [At]로 되며, 각 상의 권선면에 수직으로 다음과 같은 기자력 f_a, f_b, f_c가 발생된다. 이들의 시간적 관계를 나타내면 그림 3.2-1(b)와 같이 된다.

$$\left.\begin{aligned} f_a &= F_m \sin\omega t \\ f_b &= F_m \sin\left(\omega t - \frac{2}{3}\pi\right) \\ f_c &= F_m \sin\left(\omega t - \frac{4}{3}\pi\right) \end{aligned}\right\} \quad (3.2.1)$$

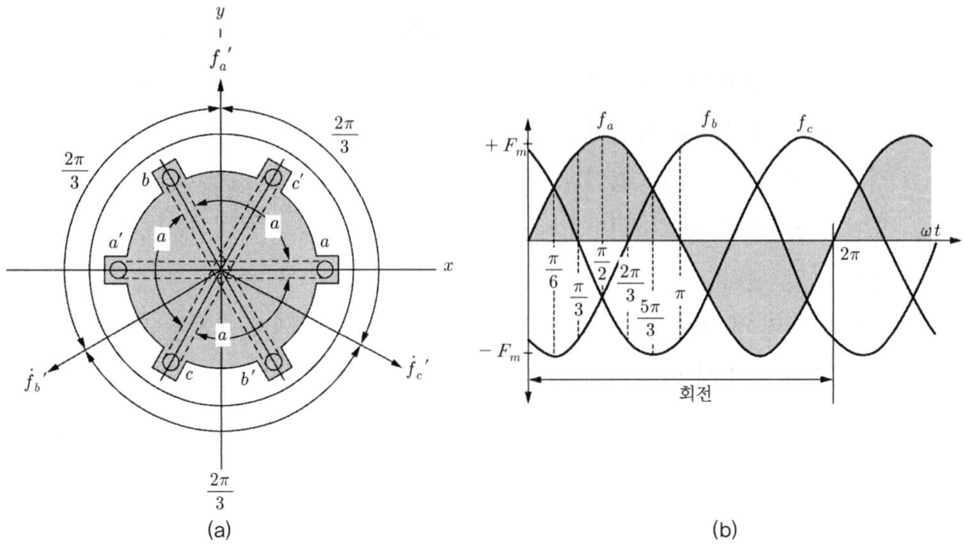

그림 3.2-1 3상 권선의 기자력

식 (3.2.1)은 각 상 기자력의 시간적 변화를 나타내고 있으나 이들 기자력의 방향은 그림 3.2-1(a)와 같이 공간적으로 $2\pi/3$ 만큼 다르며, f_a', f_b', f_c'로 표시되는 방향을 정방향으로 하여 변화한다. 이 시간적 변화 등을 고려하여 합성 기자력 F를 구하면 다음 식이 된다.

$$
\begin{aligned}
F &= f_a' + f_b' + f_c' \qquad (3.2.2)\\
&= jF_m \sin\omega t + \left[F_m \sin\left(\omega t - \frac{2}{3}\pi\right)\sin\left(-\frac{2}{3}\pi\right) + jF_m \sin\left(\omega t - \frac{2}{3}\pi\right)\cos\left(-\frac{2}{3}\pi\right)\right]\\
&\quad + \left[F_m \sin\left(\omega t - \frac{4}{3}\pi\right)\sin\left(-\frac{4}{3}\pi\right) + jF_m \sin\left(\omega t - \frac{4}{3}\pi\right)\cos\left(-\frac{4}{3}\pi\right)\right]\\
&= \frac{3}{2}F_m(\cos\omega t + j\sin\omega t) = \frac{3}{2}F_m e^{j\omega t}
\end{aligned}
$$

즉, $(3/2)F_m$의 일정 기자력이 동기속도로 회전함을 알 수 있다. 이것을 $\omega t = \pi/6$마다 각상 기자력 벡터를 합성해서 그림으로 나타내면 그림 3.2-2와 같다. 그림에서 합성기자력 F는 일정치 $F = (3/2)F_m$을 유지하며 동기속도로 회전한다. 이와 같이 동기속도로 회전하는 자계를 회전자계라고 한다.

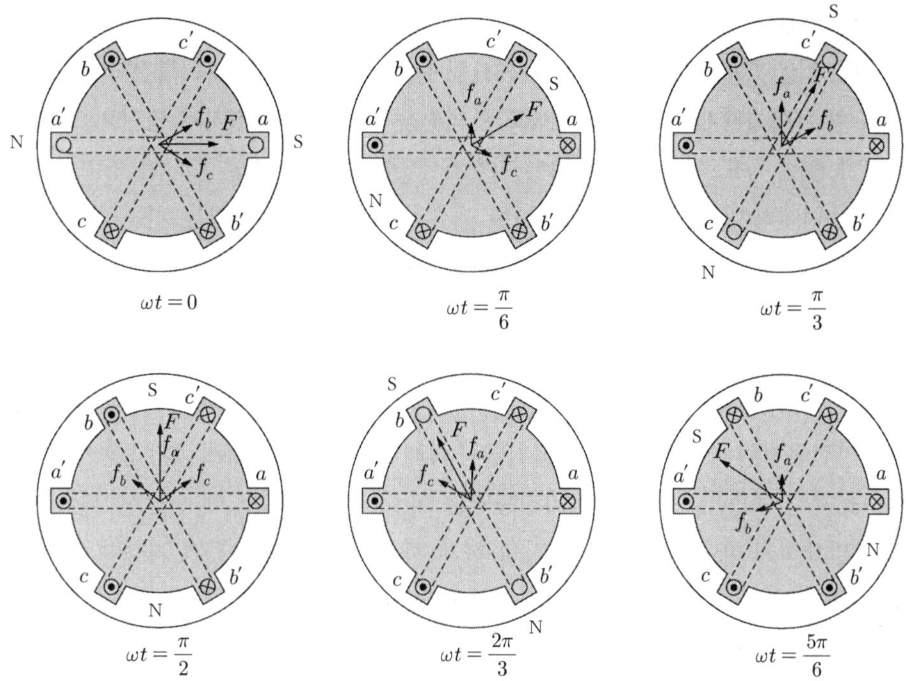

그림 3.2-2 회전자계

2. 동기전동기의 원리

그림 3.2-2에 나타낸 회전자계 중 그림 3.2-3과 같이 자극을 갖는 회전자를 배치하여 동기속도까지 가속하면 회전자계와 회전자 자극 사이에 흡입력이 작용하여 회전자가 회전을 계속한다. 이 상태에서의 회전자는 회전자계와 자극 사이에 작용하는 힘만으로 토크를 만든다.

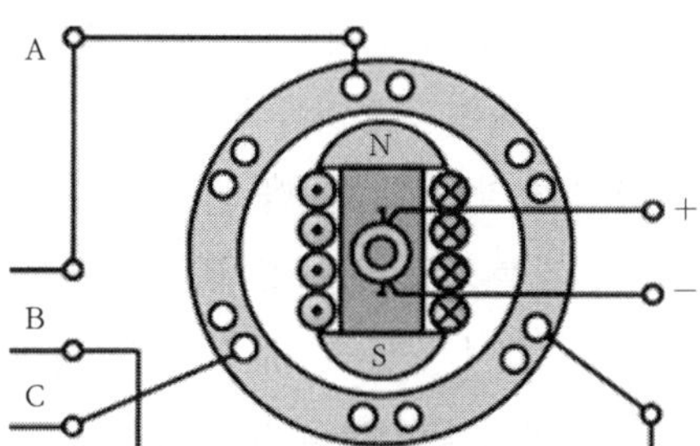

그림 3.2-3 동기전동기의 원리

만일 회전자를 가속하지 않고 정지한 상태로 배치하면 회전자계와 회전자 자극 사이에 흡입력이 생겨 토크를 발생하나 회전자는 관성으로 인하여 바로 회전하지 못한다. 회전자 주위로 회전자계는 빠른 동기속도로 회전하기 때문에 회전자계 방향의 토크와 역방향 토크가 빠른 속도로 서로 반복하여 회전자에 발생하므로 평균 토크가 영(0)으로 되어 회전자는 회전하지 못하게 된다. 이러한 이유 때문에 동기전동기는 기동시에 임의의 수단에 의해 동기속도 가까이까지 회전자를 가속할 필요가 있다.

3.2.2 동기전동기의 구조

동기전동기의 구조는 동기발전기의 구조와 같고 원리적으로 동기발전기는 그대로 동기전동기로 사용할 수 있다. 동기전동기는 회전자가 동기속도에 도달하였을 경우부터 토크를 발생하기 때문에 전동기 동작을 하게 하기 위해서는 전동기 기동시 어떠한 방법으로 회전자를 동기속도 근처까지 가속하여야 한다. 전동기 기동시의 가속방법에 따라서 다음과 같은 구조의 전동기가 있다.

1. 돌극형 동기전동기

돌극형 동기전동기는 가장 보편적으로 사용되는 동기전동기로서 돌극형 동기발전기와 같은 구조의 자극편에 제동권선을 설치한 것과 다상권선을 설치한 것이 있다. 제동권선은 기동시에 유도전동기의 농형회전자 도체와 같은 작용을 하며 유도전동기로 기동시켜 동기속도 가까이까지 속도를 상승시키는 작용을 한다.

동기속도 가까이 속도가 상승한 경우에 계자권선을 직류로 여자시키면 회전자 자극과 회전자계 사이의 흡입력에 의해서 회전자는 회전자계와 같은 속도의 동기속도로 회전하게 된다. 이러한 의미에서 제동권선을 기동권선이라고도 하며 또한 이 제동권선은 전동기가 동기속도로 운전 중 부하변동에 대응하여 전동기를 안정된 상태로 운전할 수 있도록 해준다.

다상권선을 설치한 것은 자극편 앞쪽에 슬롯을 만들어 권선을 배치하고 이것에 기동저항을 접속하여 권선형 유도전동기를 기동하는 것처럼 기동한다. 동기속도 근처까지 가속된 경우 계자권선을 직류로 여자하며, 전동기 운전 중에 다상권선은 단락시켜 둔다. 이 방식은 기동시 기동저항을 접속하여 권선형 유도전동기의 저항기동법과 같은 기동특성을 가지므로 기동전류를 제한하여 높은 토크로 기동할 수 있다. 이 방식의 전동기를 권선형 기동 동기전동기라고 한다.

2. 원통형 동기전동기

회전자를 원통형으로 하여 회전자 권선을 기동시에는 권선형 유도전동기처럼 되도록 접속하고 동기속도 근처로 된 경우에 직류 여자로 절환하여 동기전동기로 운전한다. 이러한 원통형 회전자 구조의 전동기는 권선형 유도전동기로 기동되기 때문에 기동 토크가 크고 주로 고속기에 사용된다.

3.2.3 동기전동기의 특성

1. 부하특성

동기전동기의 부하특성은 두 가지로 나눌 수 있다. 첫째는 전동기에 공급되는 전압과 계자전류를 일정히 유지하면서 출력과 전기자 전류의 관계를 구한 것이며, 둘째는 전동기 출력과 역률의 관계를 구한 것이다. 동기전동기의 부하특성을 그림 3.2-4에 나타낸다.

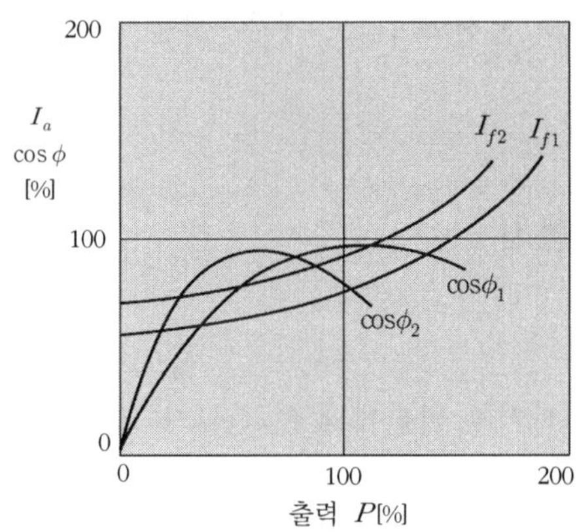

그림 3.2-4 부하특성

2. 위상특성

공급전압과 부하를 일정하게 유지하면서 계자전류와 전기자 전류의 관계를 구한 특성을 위상특성 곡선이라고 하며 그림 3.2-5에 나타내었다. 즉, 계자전류를 영에서 점차 증가시키면 뒤진 역률에서 1에 가깝게 되기 때문에 전기자 전류는 그에 따라 감소하고 역률이 1인 점에서 최소가 된다.

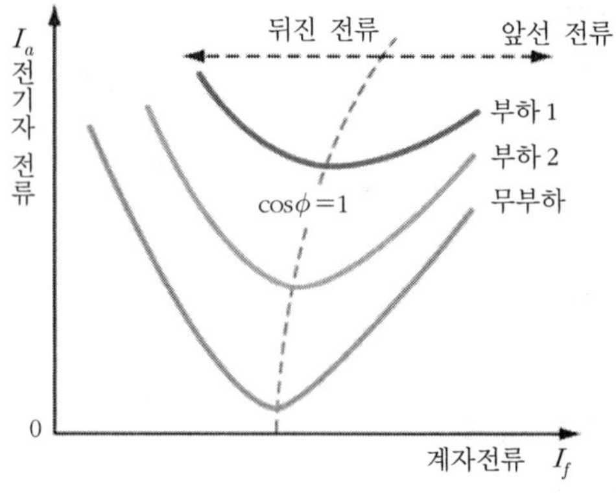

그림 3.2-5 위상특성 곡선

계자전류를 더욱 증가시키면 앞선 역률이 되어 역률이 저하하기 때문에 전기자 전류도 증가한다. 이 특성곡선은 V형태를 취하므로 동기전동기의 V곡선이라고도 한다. 이 곡선에서 부하가 증가할수록 V곡선은 위로 이동한다. 이 특성에서 알 수 있는 바와 같이 동기전동기는 같은 부하상태로 운전되더라도 계자전류를 조정함으로써 개선시키는 것이 가능하다.

3.2.4 특수 동기전동기

1. 반작용 전동기

돌극형 동기전동기는 전기자 권선에 늦은 전류가 흐르면 전기자 반작용에 의해 자화작용을 받는다. 이와 같이 회전자가 돌극형인 경우에는 자극은 직류여자를 하지 않아도 여자되므로 전기자 권선에 의한 회전자계와의 사이에 토크가 발생하여 회전자는 회전한다.

이 원리에 의해서 직류여자 권선을 필요로 하지 않고, 돌극성 때문에 토크가 생겨서 동기속도로 회전하는 동기전동기를 반작용 전동기라고 한다. 이 전동기는 토크, 역률 및 효율이 나쁘기 때문에 소출력의 정속도 전동기로서 수차발전기의 조속기 구동용, 공업계기, 기록계기의 차트지 이송 등에 사용된다.

2. 히스테리시스 전동기

히스테리시스손이 큰 재료로 평활한 원통 형의 히스테리시스링을 만들어 그림 3.2-6과 같이 회전자를 구성하여 고정자의 회전자계 중에 두면 회전자의 자기 히스테리시스 때문에 회전자 자속이 늦은 위상으로 되어 고정자 회전자계와의 사이에 흡인력이 생기고 토크가 발생하여 회전한다. 이와 같이 자기 히스테리시스 특성을 응용하여 토크를 발생시키는 전동기를 히스테리시스 전동기라고 한다. 이 전동기는 구조적으로 대출력 전동기로 제작하기가 곤란하기 때문에 수 [W]에서 20[W] 정도의 소형기기에 이용된다.

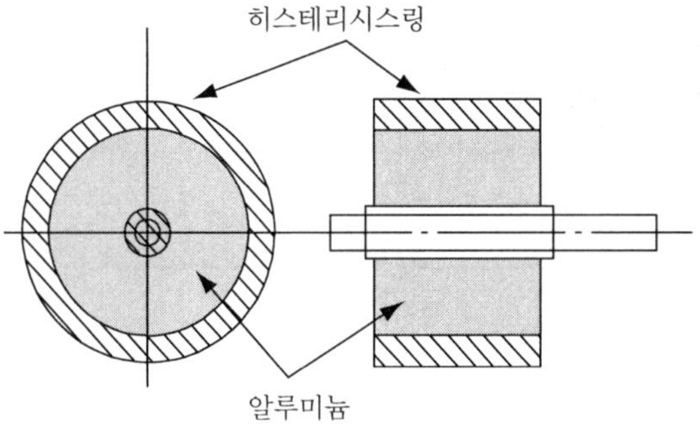

그림 3.2-6 히스테리시스 전동기의 회전자

3. 펄스 전동기

펄스 전동기는 수 개의 고정자 여자권선에 펄스 입력신호를 가하면 회전자가 펄스 수에 비례한 각도만큼 회전하여 입력신호의 주파수에 비례한 속도로 회전하는 전동기이다. 이 전동기는 입력 펄스에 의해서 동작하기 때문에 위치검출과 속도검출을 하지 않아도 개루

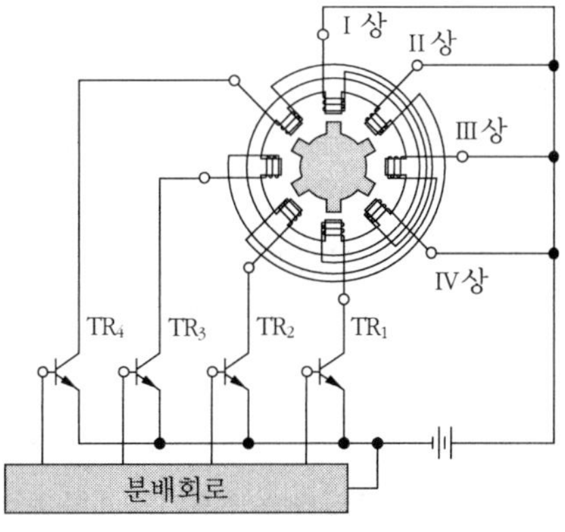

그림 3.2-7 펄스 전동기의 동작원리

프 위치제어와 속도제어가 가능하다. 따라서 컴퓨터 발달에 따른 디지털 제어용 전동기로서 중요한 위치를 점하고 있다. 펄스 전동기는 VR형, PM형 및 HB형이 있다. 기본적인 원리는 같기 때문에 4상식 VR형 펄스 전동기에 대해서 동작원리를 설명한다.

4상식 VR형 펄스 전동기는 그림 3.2-7과 같이 8개의 극을 갖는 고정자와 6개의 돌극치를 갖는 회전자로 되어 있다. 분배회로에서의 펄스 신호에 의해 트랜지스터 TR_1~TR_4를 그림 3.2-8에 나타낸 순서로 온, 오프시켜 각 상의 극을 여자한다.

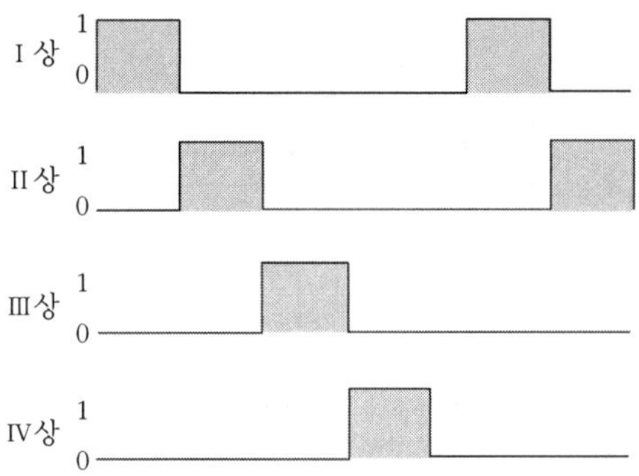

그림 3.2-8 펄스 입력신호

TR_1을 온시키면 Ⅰ상이 여자되어 회전자의 피치 1과 4가 Ⅰ상에 흡인되어 그림 3.2-9(a)의 위치로 된다. TR_1이 오프하고 TR_2를 온시키면 Ⅱ상에 회전자의 피치 2와 5가 흡인되어 시계 방향으로 스텝상으로 회전하여 그림 (b)의 위치로 이동한다. 마찬가지로 TR_2를 오프하고 TR_3를 온시키면 그림 (c)의 위치로 회전하여 정지한다. 그리고 트랜지스터 온, 오프 순서를 반대로 하면 회전자는 반대 방향으로 회전한다. 이것이 펄스 전동기의 동작원리이다.

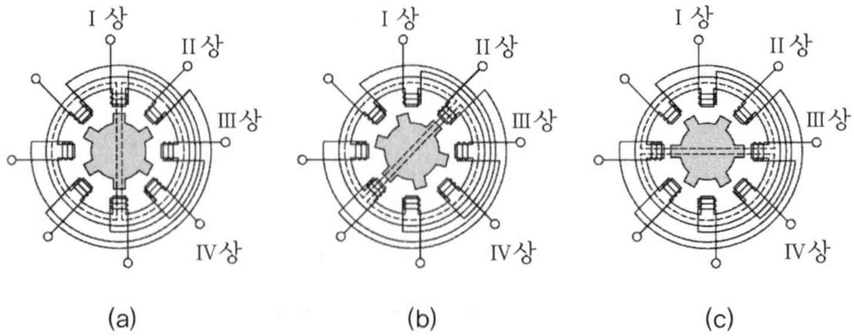

(a) (b) (c)

그림 3.2-9 펄스 전동기의 스텝 동작

4. 릴럭턴스 전동기

릴럭턴스 전동기는 리액션(reaction) 전동기라고도 불리는 유도형 동기전동기이다. 이 전동기의 외관과 구조는 일반 유도전동기와 유사하지만 회전자의 표면에 고정자의 극수와 같은 돌극이 있어 전기자 반작용에 의하여 회전자극이 만들어진다. 고정자 권선에 3상 교류를 인가하면 유도전동기로 기동, 가속되어 동기속도에 이르면 동기 인입되어 동기전동기로 운전을 계속하게 된다. 릴럭턴스 전동기는 유도전동기와 같이 3상 및 단상 전동기가 있다. 그림 3.2-10에 릴럭턴스 전동기의 회전자 코어의 단면을 예시한다.

릴럭턴스 전동기의 특징은 동기속도로 운전되므로 속도의 변동 없이 정속도 특성을 유지할 수 있고 동기 인입시까지의 특성이 유도전동기와 유사하므로 주파수제어를 할 수 있다. 그리고 유도전동기와 같은 단순한 구조로 견고하며 유지, 보수가 용이하지만 회전자의 돌극 구조로 인하여 토크의 코깅현상이 있어 회전자 코어의 적층시 스큐를 주고 기동전류가 정격전류의 700~800[%]로 매우 크고 효율 및 역률이 나쁘다.

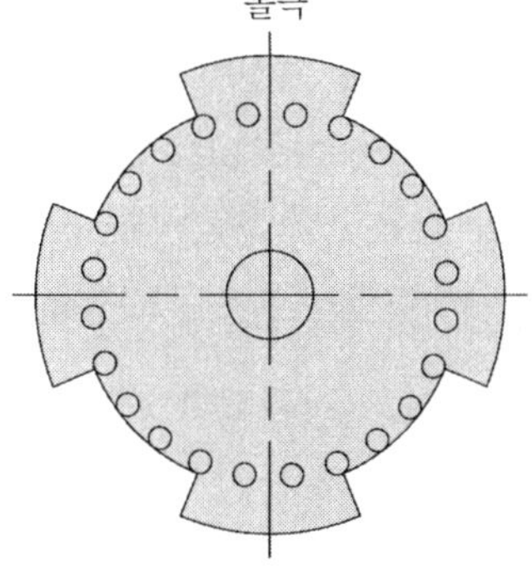

그림 3.2-10 릴럭턴스 전동기의 회전자 코어

5. 워렌 전동기

워렌 전동기는 미국의 워렌(Warren)이라는 사람이 고안한 전동기로 2극의 셰이딩코일형 히스테리시스 전동기와 감속 기어를 조립한 전동기(그림 3.2-11)이다. 회전자는 탄소강이나 텅스텐강의 박판을 적층하여 만들고 구조가 간단하여 대량으로 생산하기에 적합하다. 주로 타이머 등 1~2[W]급의 미소동력용으로 사용한다.

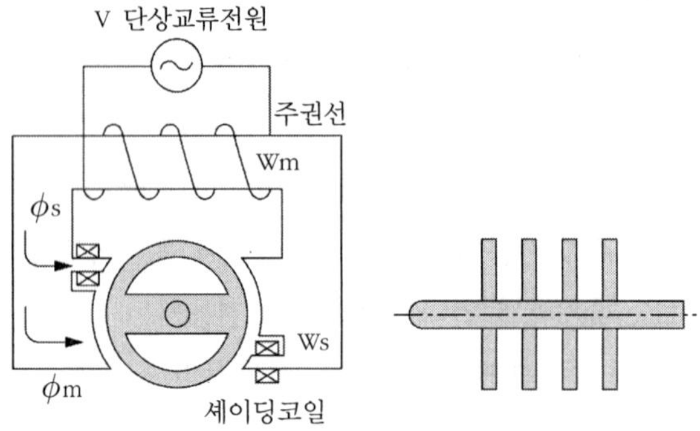

그림 3.2-11 워렌 전동기

6. 인덕터 전동기

인덕터 전동기(inductor motor)는 회전자에 기어 모양의 영구자석 인덕터가 있어 고정자권선의 자속회전을 따라 회전하는 극수가 많은 저속의 동기전동기이다. 그림 3.2-12와 같이 회전자 중 사선으로 표시된 부분은 영구자석이며 그 외주에 기어 모양의 돌극을 붙여 자극을 분할하고 있다. 고정자를 보면 고정자의 돌극수는 회전자의 기어수와 다르게 되어 있고 각각의 돌극에 감겨진 권선은 우회전의 회전자계를 발생하도록 2상의 권선으로 되어 있어 주로 콘덴서에 의해 2상의 전압이 인가된다.

그림 3.2-12에는 8개의 고정자 돌극과 10개의 회전자 기어수를 가지고 있다. 지금 고정자 권선 1이 N, 3이 S와 같이 여자되었을 때 2상 여자이므로 2, 4는 무여자가 된다. 그러면 1은 A에 흡인되고 3은 C, D와 반발하게 된다. 다음 상이 여자되면 2는 B에 흡인, 4는 D와 반발하기 시작한다. 다시 2, 4만 여자되고 1, 3이 무여자일 때에 B는 2와 일치하

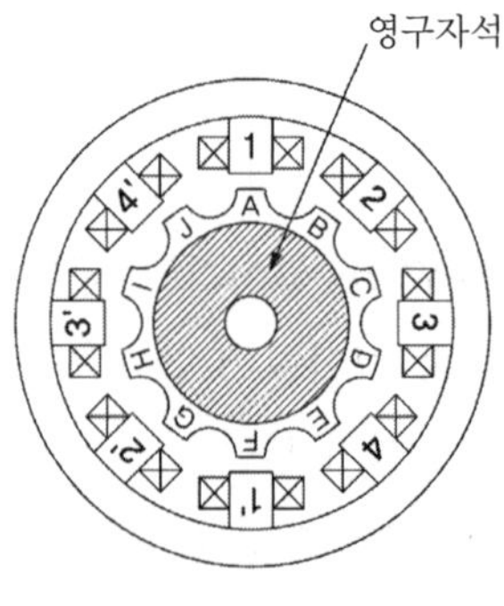

그림 3.2-12 인덕터 전동기

는 위치까지 회전하게 된다. 이러한 순서로 회전자는 고정자전원이 1사이클 변하는 동안 회전자 기어의 1피치만큼 회전하게 된다.

인덕터 전동기는 저속도, 고토크로 회전하는 동기전동기이다. 기동 및 정지가 순간적으로 이루어지기 때문에 주로 수 [W]급의 시한장치로 계측기류에 사용되며, 단상 교류전원을 콘덴서에 의해 2상 전원으로 변환하여 사용한다. 그리고 토크의 코깅 현상이 큰 특징이 있다.

3.3 유도전동기

3.3.1 유도전동기 이론

1. 유도전동기의 기본 원리

유도전동기는 전동기 중에서 가장 많이 사용되는 것으로 가정용 및 농업용으로는 단상 유도전동기가 많이 사용되고, 공장 등에서 큰 동력을 필요로 할 경우에는 3상 유도전동기가 많이 사용된다. 유도전동기는 구조가 간단하고 튼튼하며 가격이 싸고 취급이 간편하고 운전이 쉽기 때문에 매우 널리 사용된다. 유도전동기의 기본 원리는 1824년에 D.F. Arago에 의한 아라고 원판 실험에서 비롯되었다.

직선 도체를 평등 자장 내에서 자속의 방향과 직각으로 이동시키면 직선도체에는 기전력이 유도되며 이 기전력은 플레밍의 오른손법칙에 의한 방향으로 발생한다. 또한 평등자장 내에 고정시킨 U자형 도체에 직류 전원을 접속하고 그 위에 직선도체를 자유롭게 이동하도록 설치한 뒤 U자형 도체에 전류를 흘리면 직선도체에는 플레밍 왼손법칙에 의한 힘이 작용한다. 유도전동기의 회전 원리는 이 두 가지 현상의 조합인데 이것을 위한 실험이 아라고 원판 실험이다.

그림 3.3-1과 같이 비자성체인 알루미늄 또는 구리 원판을 N, S 자석 사이에 설치하고 자석을 시계방향으로 회전시킬 때 알루미늄 원판은 자석보다 약간 늦은 속도로 같은 방향으로 회전한다. 그 이유는 플레밍의 오른손법칙에 의하여 알루미늄 원판에 기전력이 유도되어 점선과 같이 와전류가 흐르기 때문이다. 곧이어 이 와전류와 자석의 자속에 의

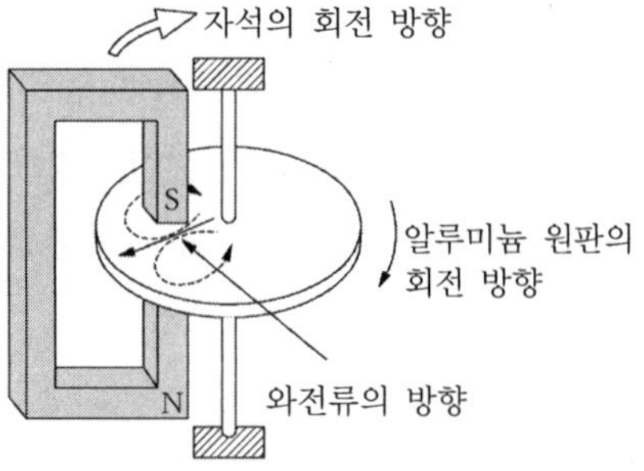

그림 3.3-1 아라고 원판

하여 플레밍의 왼손법칙에 따라 알루미늄 원판은 시계 방향으로 힘을 받아 회전하게 된다. 이때 원판은 자석보다 빨리 회전할 수 없는데 만일 원판이 자석과 같은 속도로 회전하면 자석과 원판간의 상대 속도가 없어져서 와전류가 유도되지 않기 때문이다. 즉 원판이 회전하려면 반드시 자석보다 느리게 회전하여야 한다. 이 원리를 이용하여 그림 3.3-2와 같은 회전기기 모델을 고안하였다.

그림에서와 같이 회전자의 표면을 구리 또는 알루미늄으로 만든 후 자석 N, S를 N_s의 속도로 회전시키면 플레밍의 오른손법칙에 의하여 회전자 표면에 전류 i_s가 흐르게 되고 이 전류 i_s와 자속 ϕ 사이에는 플레밍의 왼손법칙에 따라 회전자에 전자력 f가 발생하여 N의 속도로 회전하게 된다. 이때 $N_s > N$이 되는데 이것이 유도전동기의 기본 특성이다. 고정자 자석을 회전시킬 수는 없기 때문에 실제로는 3상 교류를 고정자에 사용하여 회전자계를 발생시켜 전동기를 운전하며 회전자 내부에 사용하는 도체 재료로는 구리 등을 사용한다.

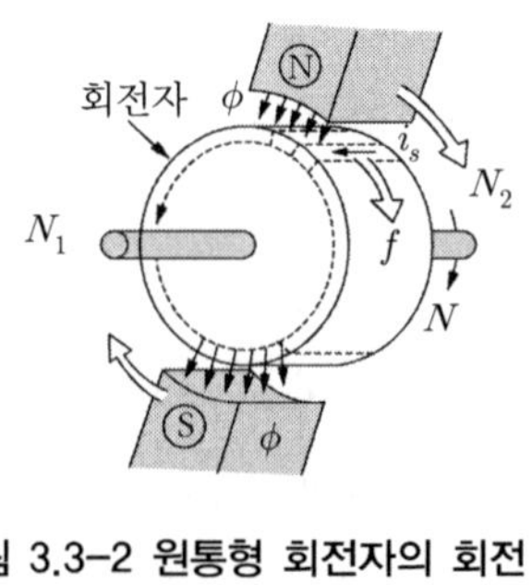

그림 3.3-2 원통형 회전자의 회전 원리

2. 회전 자기장

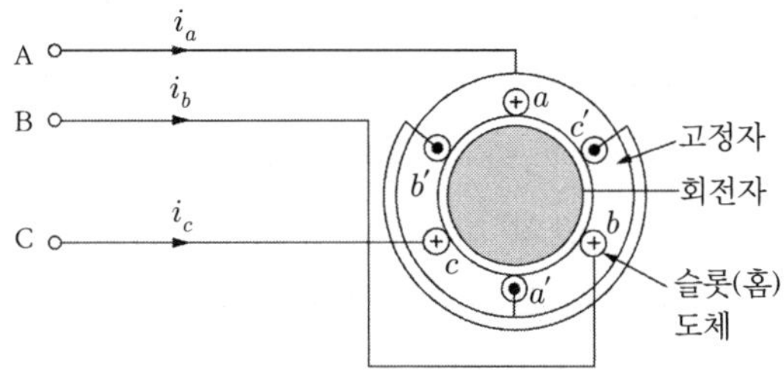

그림 3.3-3 3상 교류 전원의 코일 배치

유도전동기의 회전자에 토크를 발생시키려면 전동기 고정자에 전기적으로 회전하는 회전 자기장이 필요하다. 회전 자기장은 그림 3.3-3과 같이 고정자 철심에 감겨 있는 권선에 3상 교류 전원을 인가할 경우 발생하게 된다. 그림 3.3-3과 같이 고정자 철심에 슬롯을 만들고 슬롯에 절연된 코일 aa', bb', cc'의 3개 코일을 $2\pi/3$[rad] 간격으로 배치한다.

이때 코일의 3단자 $a'b'c'$는 서로 접속시키고 abc 단자에 3상 교류 전압을 인가한다. 이때 코일 a, b, c에 3상 전류 i_a, i_b, i_c가 흐르게 되면 이 전류들에 의해 그림 3.3-4와 같이 2극의 합성 자기장이 발생되며 이 자기장은 시간 경과에 따라 그림과 같은 방향으로 변하게 된다.

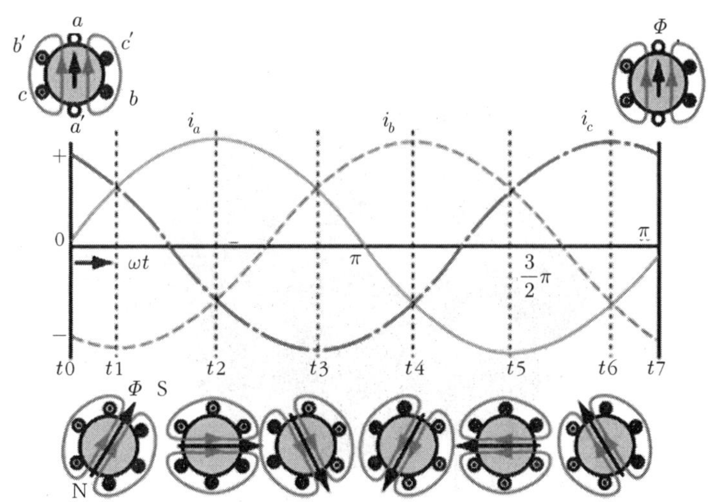

그림 3.3-4 3상 교류에 의한 회전 자기장

이때 합성 자기장은 시간이 지남에 따라 시계의 회전 방향과 같은 방향으로 회전하는데 이것은 자석을 회전시키는 것과 같은 효과를 나타내기 때문에 이와 같이 회전하는 합성 자기장을 회전 자기장이라고 한다. 회전 자기장은 교류의 1주기 동안에 고정자 내부를 1회전하게 되며, 주파수 f[Hz]의 교류에 의해 만들어지는 회전 자기장의 회전수는 f[rps]가 된다. 또한 1분 동안의 회전수 N[rpm]은 $N = f \times 60$[rpm]이 된다.

그림 3.3-3에서 고정자 슬롯을 6개로 설명하였지만 실제로 슬롯 수는 훨씬 많아 24개 또는 36개가 사용되며 이들 고정자 권선의 형성에 따라 2극, 4극, 6극, 8극 등의 다극으로 만들 수 있다. 따라서 이때 만들어지는 회전 자기장의 극수를 p라고 하면 회전 자기장은 교류 파형의 1주기마다 $2/p$ 회전하게 되므로 1분 동안의 회전수 N_s[rpm]은 다음과 같이 된다.

$$N_s = \frac{120f}{p}[\text{rpm}] \qquad (3.3.1)$$

이와 같은 회전 자기장의 회전수 N_s를 동기속도라고 하는데 동기속도는 전원의 주파수와 극수에 따라 결정이 된다.

3.3.2 유도전동기의 구조

유도전동기의 고정자 구조는 동기전동기와 동일하지만 회전자의 구조는 서로 다르다.

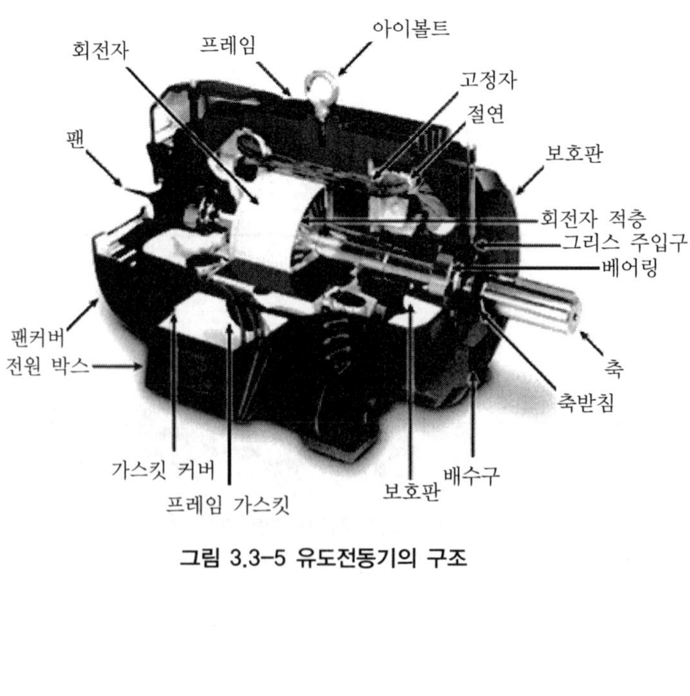

그림 3.3-5 유도전동기의 구조

그림 3.3-5는 전형적인 유도전동기의 구조를 보여주고 있으며 고정자의 구조는 동기기의 고정자와 같다. 고정자 안쪽에 놓이는 유도기의 회전자는 두 가지 종류가 있다. 하나는 농형 회전자이고 나머지 하나는 권선형 회전자이다.

그림 3.3-6은 농형 유도전동기의 회전자를 나타낸다. 농형 유도전동기의 회전자는 회전자 표면에 슬롯을 만들고 도체 바를 슬롯에 나란히 넣어 그 양단을 단락환으로 연결한 구조를 가지고 있다. 회전자의 이런 모양이 마치 다람쥐나 햄스터가 뛰어노는 쳇바퀴처럼 생겼기 때문에 이러한 회전자를 농형 회전자라고 한다.

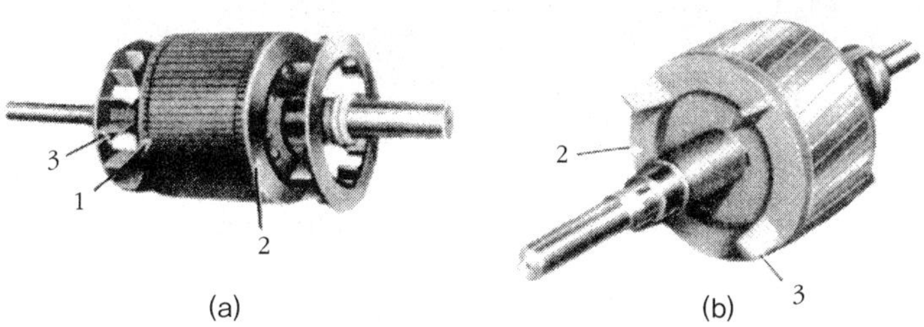

1 : 2차 도체 2 : 단락환 3 : 통풍날개

그림 3.3-6 농형 회전자

또 다른 형태의 회전자는 권선형 회전자(그림 3.3-7)이다. 권선형 회전자에는 고정자 권선과 같은 형태의 3상 권선이 감겨져 있다. 이 3상 권선은 대개 Y결선으로 연결되어 있고 3상 회전자 권선의 한쪽 끝은 회전자 축의 슬립링에 연결되어 있다. 회전자 권선은 슬립링 위에 놓인 브러시를 통해 단락되어 있다.

따라서 권선형 회전자를 가진 유도전동기는 고정자의 브러시를 통해 회전자 전류를 측정할 수 있고 외부저항을 회전자 회로에 삽입할 수도 있다. 전동기의 토크·속도 특성을 변경하기 위해서 이러한 특징을 이용할 수 있다. 권선형 유도전동기는 농형 유도전동기보다 더 비싸며 브러시나 슬립링의 마모 때문에 유지비도 더 많이 소요된다.

그림 3.3-7 권선형 회전자

그림 3.3-8과 3.3-9는 농형 유도전동기와 권선형 유도전동기의 구조를 나타내고 있다.

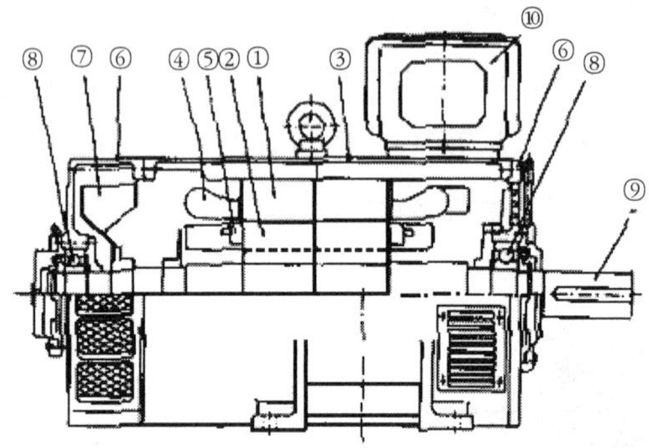

① 고정자 철심
② 회전자 철심
③ 프레임
④ 고정자 권선
⑤ 회전자 도체
⑥ 브래킷
⑦ 통풍날개
⑧ 축받이
⑨ 축
⑩ 단자박스

그림 3.3-8 농형 유도전동기의 구조

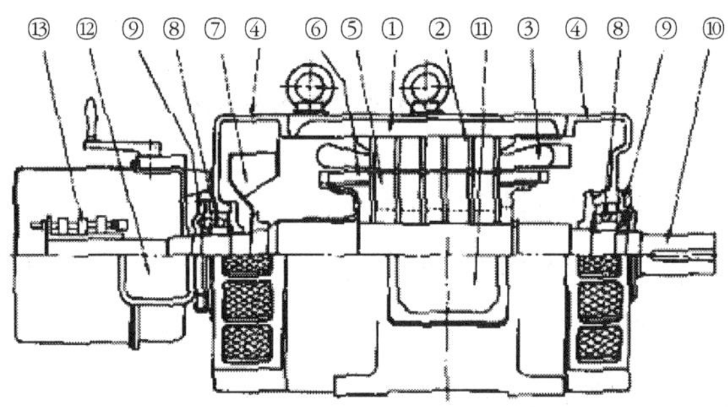

① 프레임 ② 고정자 철심 ③ 고정자 권선 ④ 브래킷 ⑤ 회전자 철심
⑥ 회전자 권선 ⑦ 통풍날개 ⑧ 베어링 ⑨ 베어링메탈 ⑩ 축
⑪ 1차 단자박스 ⑫ 2차 단자박스 ⑬ 집권장치

그림 3.3-9 권선형 유도전동기의 구조

1. 3상 유도전동기의 구조

(1) 고정자

(가) 고정자틀

고정자틀은 전동기 전체를 지탱하는 것으로 내부에 고정자 철심이 부착되어 있다. 주철제로 제작하거나 대형에서는 중량을 감소시키기 위하여 압연 강판으로 만들기도 한다. 성층한 철심의 두께가 큰 경우에는 적당한 간격으로 폭 10[mm] 정도의 통풍 덕트를 만든다.

(나) 고정자 철심

고정자 철심은 그림 3.3-10(a) 및 (b) 같이 두께 0.35~0.5[mm] 정도의 규소 강판을 성층하여 만든다. 고정자 철심의 홈에는 그림 (c)와 같은 반폐 홈, 개방 홈 등이 있으며 반폐 홈은 저압 전동기에 개방 홈은 고압 전동기에 주로 사용한다.

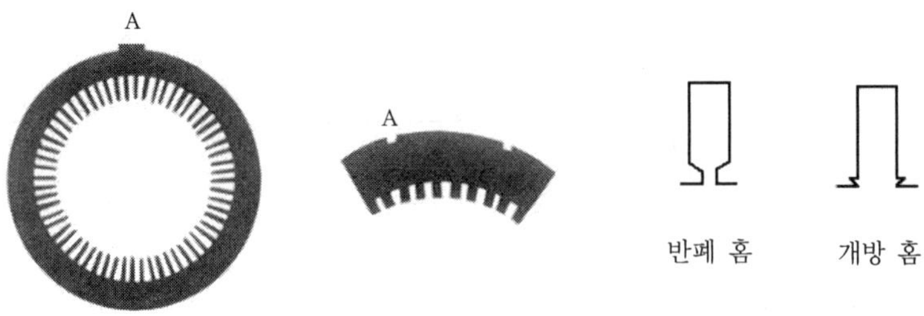

(a) 소형과 중형 고정자용　(b) 대형 고정자용　(c) 고정자 홈

그림 3.3-10 고정자 철심

(다) 고정자 권선

고정자 권선(그림 3.3-11)은 3상 권선이며 2층권으로 배치하고 극수는 4극이 보통이며 고정자 홈 수는 24개나 36개를 사용한다. 이때 고정자 권선은 Y결선과 Δ결선의 두 가지 방법(그림 3.3-12)을 이용하여 접속한다.

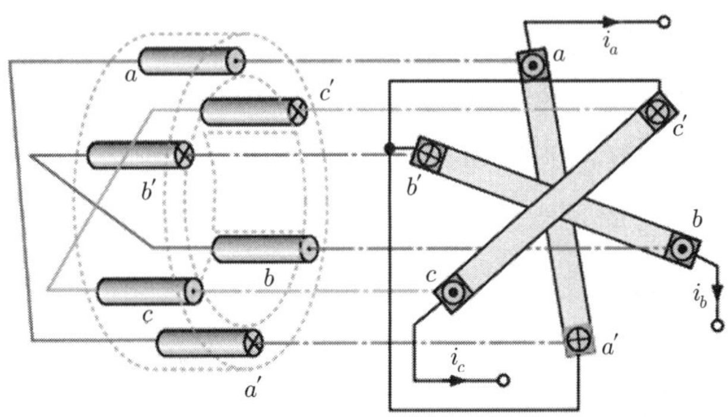

그림 3.3-11 고정자 권선

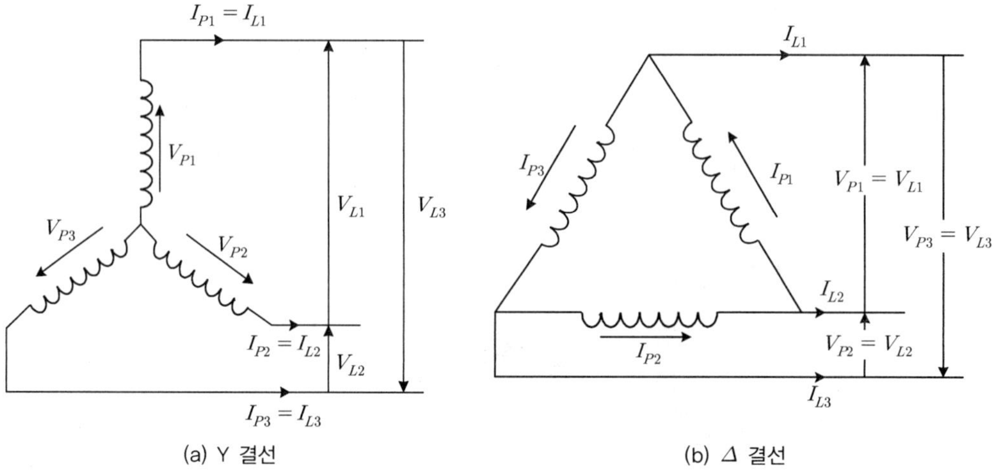

그림 3.3-12 고정자 권선의 3상 결선 방법

(2) 회전자

3상 유도전동기의 회전자는 회전자 철심, 회전자 권선, 축의 세 부분으로 되어 있으며 특히 회전자의 구조에 따라 농형 회전자와 권선형 회전자로 분류한다.

(가) 농형 회전자

그림 3.3-13은 3상 농형 유도전동기의 구조를 간략화한 그림이다. 농형 회전자는 회전자 철심의 홈을 원형이나 반폐형으로 만들고 그 속에 같은 단면을 가진 나동봉을 넣어서 양끝을 단락환으로 용접하여 전기적으로 접속시킨다.

회전자 도체의 재료로는 소형 전동기에서는 구리 대신에 알루미늄 주물로 도체, 단락환, 통풍 날개를 하나로 주조한 알루미늄 다이캐스트 방법이 많이 사용된다.

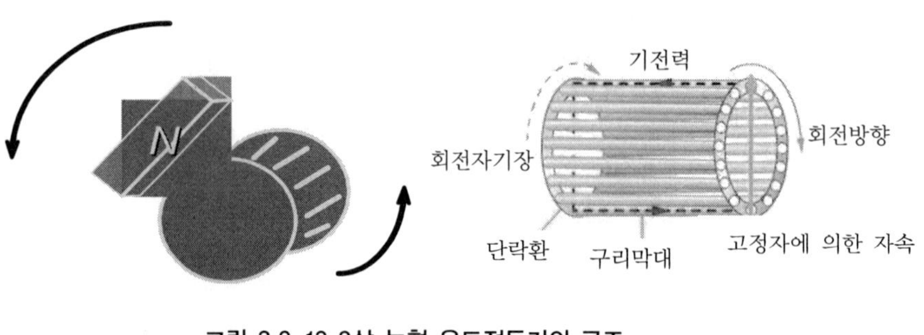

그림 3.3-13 3상 농형 유도전동기의 구조

농형 유도전동기는 회전자의 구조가 간단하고 튼튼하며 취급이 용이하고 운전시의 성능은 우수하나 기동시 매우 큰 기동전류가 흘러 공급 전원에 나쁜 영향을 끼친다. 농형 회전자는 보통 회전시 소음발생을 억제하기 위해 홈이 축 방향에 나란하지 않고 조금 경사진 형태를 취한다.

(나) 권선형 회전자

권선형 회전자의 회전자 철심 구조는 고정자 철심과 거의 비슷하나 홈의 모양은 반폐형으로 이 홈 속에 구리 도체를 넣어서 고정자 권선과 같이 3상 결선을 한다. 권선형 회전자의 권선은 소형기일 때는 고정자 권선과 같이 2층권으로 감지만 대형기일 경우에는 큰 전류가 흐르므로 막대 모양의 평각 구리선을 홈 속에 넣고 그 양끝을 구부려 납땜을 한다. 그림 3.3-14는 3상 권선형 유도전동기의 내부구성도를 나타내고 있다.

그림 3.3-14 권선형 유도전동기의 내부구성도

권선형 회전자의 권선은 대개 Y결선으로 접속하여 각 단자는 각각 3개의 슬립링에 접속시키고 그림 3.3-15와 같이 슬립링에 항상 접촉되어 있는 브러시를 통해서 기동 저항기와 연결한다.

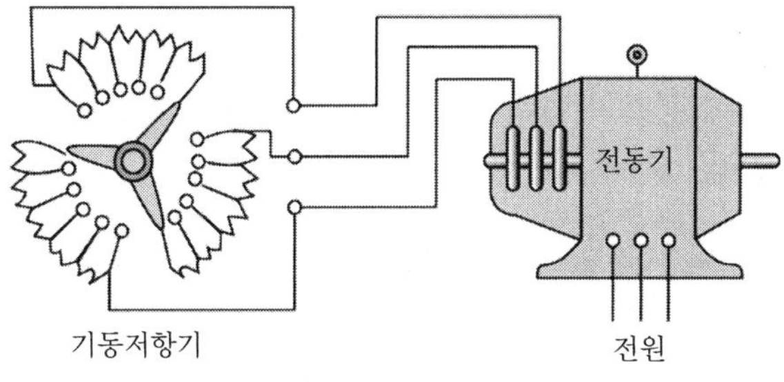

그림 3.3-15 3상 권선형 유도전동기의 기동 방법

권선형 유도전동기의 회전자는 슬립링과 브러시를 통하여 기동 저항기에 접속하여야 하므로 구조가 복잡하고 운전이 어렵다. 그러나 기동 저항기를 사용하여 기동시의 기동 전류를 감소시킬 수 있고 속도조정도 자유로이 할 수 있는 이점이 있다.

2. 3상 유도전동기의 회전속도와 슬립

그림 3.3-16과 같은 3상 유도전동기의 세 단자 A, B, C에 3상 교류 전압을 가하면 고정자 권선에 전류가 흐르고 이 전류에 의하여 고정자 내부에는 2극의 회전자속이 생기게 된다. 이 회전 자속이 회전자의 도체를 통과함으로써 회전자 도체에 유도 전류가 흐르게 되고 이 유도 전류와 회전자속의 곱에 비례하는 토크가 발생하여 결국 회전자는 회전 자기장과 같은 방향으로 회전하게 된다.

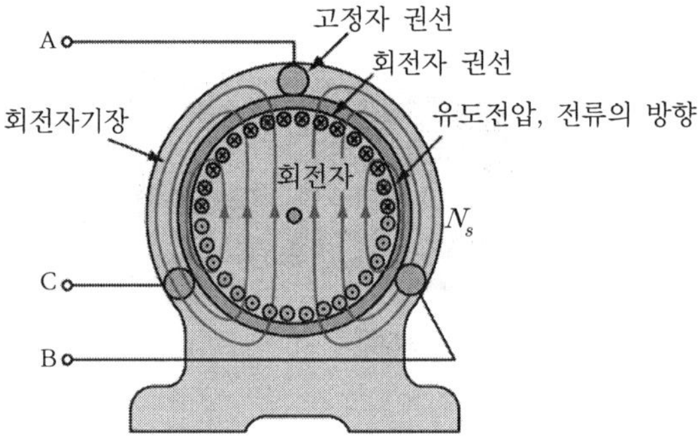

그림 3.3-16 3상 유도전동기의 자속 분포

만일 회전자의 속도가 점차 증가하여 동기속도에 가까워질수록 회전자기장과 회전자 속도 차는 감소하게 되므로 자속이 도체를 끊는 횟수도 줄어들어 결국 회전자 도체에 흐르는 전류도 감소하므로 회전자에 발생되는 토크도 감소한다. 결국 전동기는 부하 토크와 평형을 유지할 수 있는 속도로 회전을 계속하게 된다.

유도전동기에서는 회전자가 계속 회전을 하기 위하여 회전자 속도가 동기속도보다 약간 작아야 한다. 여기서 회전 자기장의 속도인 동기속도를 N_s[rpm], 유도전동기의 회전자속도를 N[rpm]이라고 하면 다음 식과 같이 슬립을 표현할 수 있다.

$$s = \frac{N_s - N}{N_s} \tag{3.3.2}$$

즉, 슬립이란 동기 속도에 대한 전부하에서의 회전자 속도 감소분의 비율을 의미한다.

슬립 s는 $0 < s < 1$ 범위의 값을 갖는데 슬립이 커지면 회전자의 속도는 감소하고, 슬립이 작아지면 회전자의 속도는 증가하게 된다. 유도전동기가 정지해 있을 때는 $s = 1$ 이 되고 무부하일 때는 $s \fallingdotseq 0$ 이 된다. 일반적으로 유도전동기의 슬립은 매우 작은데 전부하에서의 슬립은 소형기에서는 5~10[%] 정도, 중형 및 대형기에서는 2.5~5[%] 정도가 된다. 같은 정격일 때는 권선형이 농형보다 슬립이 약간 크다.

3. 3상 유도전동기의 운전

유도전동기는 기동시에 매우 큰 기동전류가 흐르게 되므로 직접 전동기에 전전압을 인가하여 기동하면 여러 가지 문제점이 발생하게 된다. 이것을 방지하기 위하여 여러 가지 기동 방법이 이용되고 있다.

(1) 3상 농형 유도전동기의 기동 방법

(가) 전전압 기동법

5[kW] 이하의 소용량 농형 유도전동기는 기동장치를 따로 쓰지 않고 직접 정격전압을 인가하기 때문에 정격전류의 약 4~6배 정도의 기동전류가 흐르지만 용량이 작기 때문에 직접 전전압을 가하여도 지장이 없다. 이것을 전전압 기동이라 한다.

(나) $\text{Y}-\Delta$ 기동법

농형 유도전동기의 용량이 5~15[kW] 정도되면 전전압 기동 대신에 $\text{Y}-\Delta$ 기동기를 사용하여 기동한다. 그림 3.3-17과 같이 기동시에는 고정자 권선을 Y 결선으로 하여 기동하고 정상 속도에 가까워지면 개폐기를 Δ 결선 쪽으로 전환한다.

이 방법에 의하여 기동시에는 고정자 각 상의 권선에는 정격전압의 $1/\sqrt{3}$ 의 전압이 가해지므로 상전류는 Δ 결선으로 기동할 때의 $1/\sqrt{3}$ 이 되며 기동전류는 전부하 전류의 200~250[%] 정도로 제한된다. 그러나 토크는 전압의 제곱에 비례하므로 기동 토크도 1/3로 감소하고 전동기에 흘러들어가는 선전류도 1/3로 감소한다.

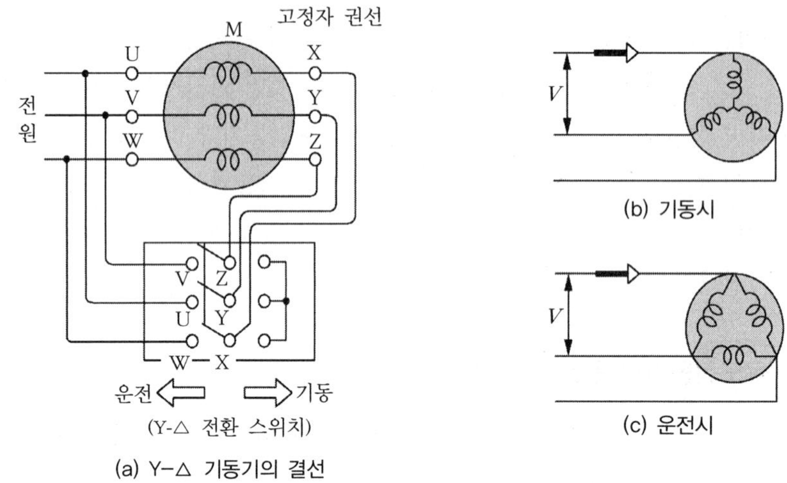

그림 3.3-17 Y－Δ 기동법

(다) 기동 보상기법

약 15[kW] 정도의 농형 유도전동기를 기동할 때 기동전류를 제한하기 위하여 그림 3.3-18과 같은 3상 단권 변압기를 사용하여 기동 전압을 낮추어서 기동전류를 제한할 수 있는데 이 장치를 기동보상기라고 한다.

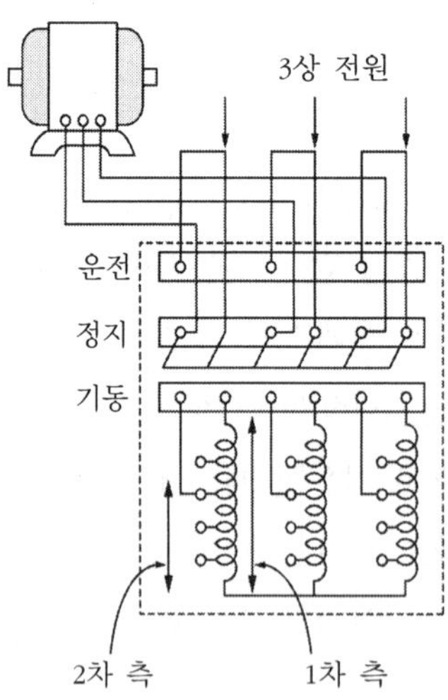

그림 3.3-18 기동보상기에 의한 기동

그림 3.3-18과 같이 정격전압의 40~85[%]의 범위 안에서 2~4개의 탭을 내어 전동기의 용도에 따라 이들 탭 중에서 적당한 것을 1개 골라 이용한다. 우선 핸들을 기동 측으로 닫으면 기동보상기의 1차 측이 전원에, 2차 측이 전동기에 접속되어 저전압이 전동기 권선에 가해짐으로 기동한다. 전동기가 일정한 속도에 이르렀을 때 핸들을 운전 측으로 돌려 전동기에 전전압을 가해 주는 동시에 기동보상기를 회로에서 떼어 낼 수 있는 기동 방식이다.

(라) 리액터 기동법

유도전동기를 전전압으로 기동하면 기동전류가 지나치게 많이 흐르므로 Y－Δ 기동 방법과 마찬가지로 기동전류를 제한하려고 할 때에 이 방법이 쓰인다. 그림 3.3-19와 같이 전동기의 1차 쪽에 직렬로 철심이 든 리액터를 접속하는 방법이며 기동한 다음 리액터가 감소하는 정도에 따라 전동기의 단자전압이 높아지고 토크도 높아지게 된다.

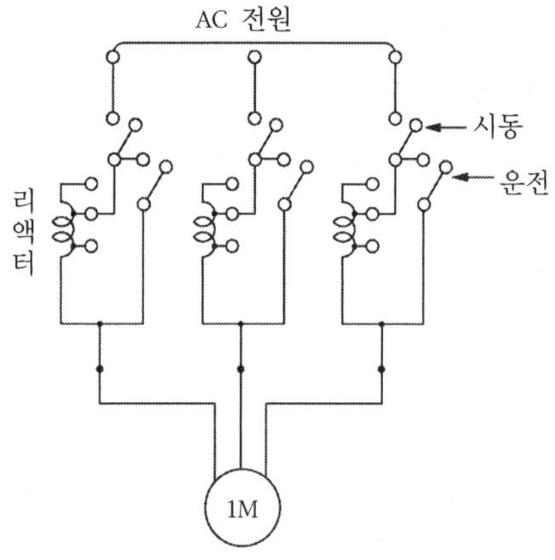

그림 3.3-19 리액터 기동법

(2) 권선형 유도전동기의 기동 방법

3상 유도전동기를 기동할 때는 기동전류를 되도록 제한하고 기동 중의 토크를 충분히 크게 하여 전동기를 가속시킨다. 그러나 농형 유도전동기를 기동시키는 경우에 보통 1차 쪽에 인가해 주는 전압을 낮추어서 기동시키기 때문에 기동 토크가 감소하게 된다.

그러나 권선형 유도전동기의 경우에는 그림 3.3-20과 같이 전동기의 2차 회로에 슬립링을 접속하고 기동저항기를 슬립링에 연결한다. 기동저항기를 조절함으로써 기동시에 전동기에 흐르는 기동전류를 제한하고 적당한 기동 토크를 발생하게 한다.

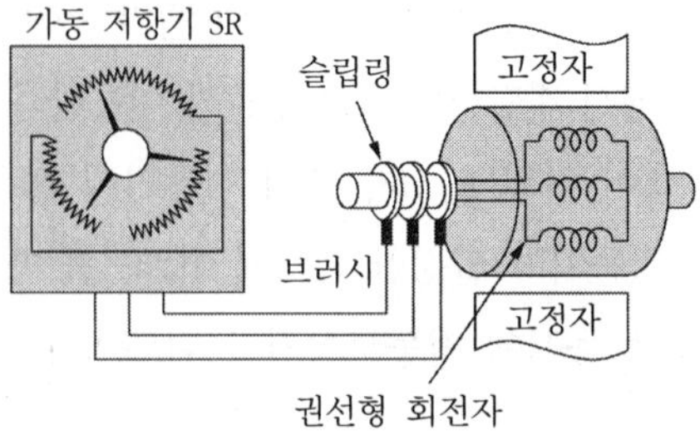

그림 3.3-20 권선형 유도전동기의 기동 방법

(3) 3상 유도전동기의 회전 방향 변경

일정한 방향으로 회전시켜 사용하는 전동기의 회전 방향은 전동기에 부하가 연결되어 있는 반대 측에서 볼 때 시계 방향을 표준으로 하고 있다. 그러나 3상 유도전동기를 운전 중에 반대 방향으로 회전시켜야 할 경우도 많이 발생한다.

이럴 경우에는 그림 3.3-21과 같이 3개의 전원 단자 중 임의로 2선만을 바꾸어 접속하면 유도전동기는 역회전하게 된다. 그 이유는 고정자 권선에 흐르는 3상 교류의 상회전이 반대가 되어 발생되는 회전 자기장의 방향이 바뀌게 되기 때문이다.

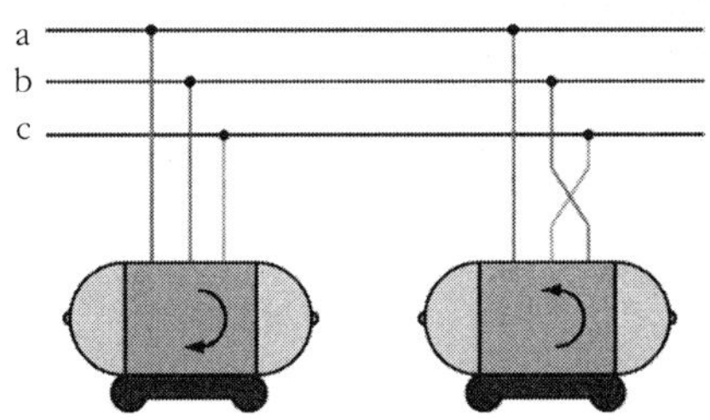

그림 3.3-21 3상 유도전동기의 역회전 방법

3.3.3 유도전동기의 속도제어

1. 2차 저항제어

권선형 유도전동기의 2차 회로에 가변저항을 접속하고 비례추이를 이용해서 속도제어를 하는 방법이다. 2차 삽입저항을 크게 하면 그림 3.3-22에 나타낸 T_{M1}, T_{M2} ⋯ T_{M8}과 같이 속도 토크 특성이 비례추이 한다. 이 때문에 부하의 속도 토크 특성을 T_L이라 하면 평형점이 P_1, P_2 ⋯ P_8과 같이 변화해서 속도가 2차 삽입저항의 증가에 따라서 감소한다.

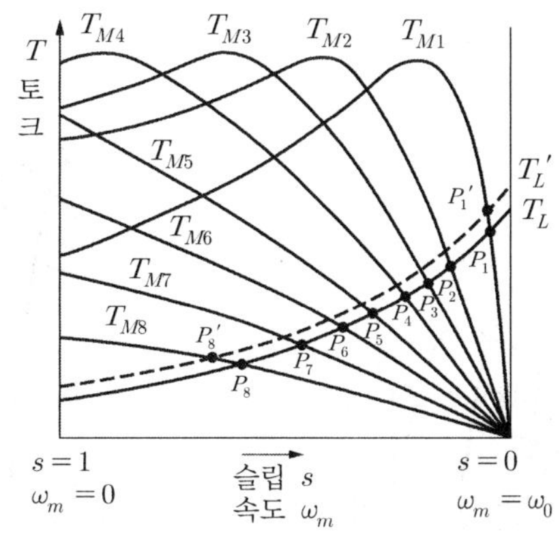

그림 3.3-22 2차 저항제어 특성

2차 삽입저항은 소용량 전동기에서는 표면형의 노치식 저항기, 중대형 전동기에서는 금속 저항기가 사용된다. 최근에는 2차 회로에 사이리스터 위상제어회로를 접속하는 방법과 사이리스터 초퍼 회로를 접속하여 등가적으로 2차 저항을 변하게 하는 방법이 사용되고 있다.

그림 3.3-22에서 P_1과 P_8로 운전하고 있는 경우에 부하의 속도 토크 특성이 T_L에서 T_L'로 변화하면 평형점은 각각 P_1', P_8'로 이동된다. P_1에서 P_1'로 이동한 경우는 슬립이 상대적으로 작은 범위에 있기 때문에 부하변동에 따른 속도변동이 작으나 슬립이 큰 범위에서는 속도변동이 크게 된다.

이 때문에 2차 저항 제어법은 동기속도의 약 40[%]보다 빠른 범위의 제어에 이용되며 이보다 작은 속도범위의 제어에는 잘 적용하지 않는다.

2. 주파수 제어

전원 주파수를 변화시키면 동기속도는 주파수에 비례하여 변화하며 그림 3.3-23(a)와 같이 최대 토크는 거의 주파수에 반비례해서 증가하게 된다. 그림 (a)의 상태에서도 부하 토크와의 평형점을 P_1, P_2, P_3, P_4로 변화시켜 속도를 변화시킬 수 있으나, 자기회로의 자속은 주파수에 반비례하여 변화하기 때문에 주파수를 낮게 하여 저속으로 하면 철심의 자속밀도가 상당히 높게 되고 철손과 자화전류가 현저하게 증가하게 되어 파손될 염려가 있다.

이 때문에 자속은 전압에 비례하므로 전압과 주파수의 비 V/f 값을 일정하게 유지하

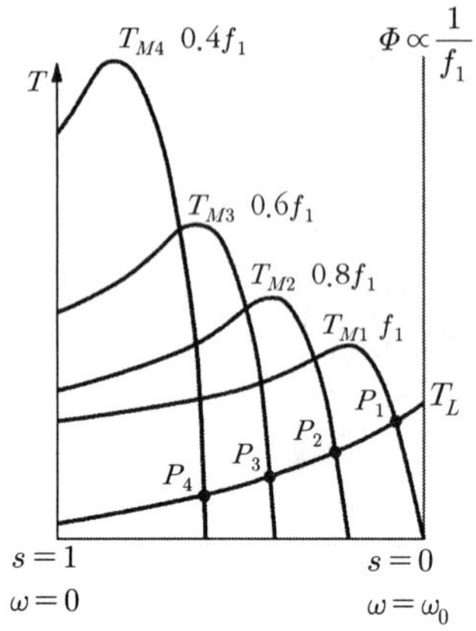

(a) V_1 일정, f_1 가변

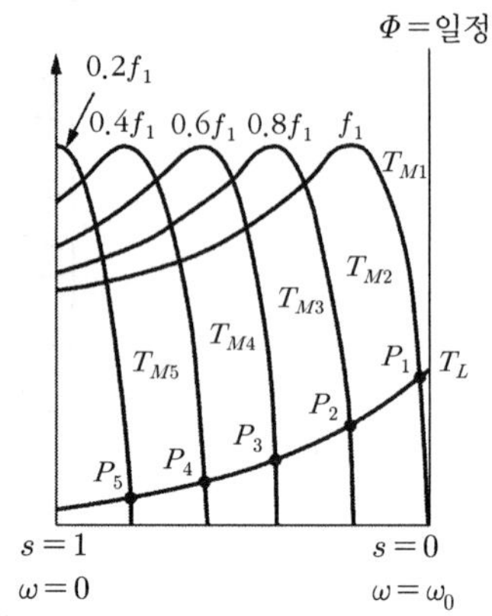

(b) $\frac{V_1}{f_1}$ 일정

그림 3.3-23 속도 토크 특성

면서 주파수를 변하게 하는 방법을 사용한다.

이와 같이 하면 속도 · 토크 특성은 그림 3.3-23(b)와 같이 최대 토크가 거의 일정하게 속도 제어를 할 수 있으며 자속이 일정하게 유지되기 때문에 자화전류가 거의 일정하게 유지되어 철손도 감소한다. 또한 그림 (b)와 같이 부하 토크와의 평형점을 P_1, P_2 ⋯ P_5와 같이 이동시켜 원활한 속도제어가 가능하다.

가변주파수 전원으로서는 사이리스터 인버터와 트랜지스터 인버터가 많이 이용되는데 최근 마이컴 제어에 의한 사이리스터 인버터와 트랜지스터 인버터가 비교적 저가이기 때문에 앞으로 많이 이용될 것으로 생각된다.

3. 극수변환

동기속도는 극수에 반비례하여 변화하기 때문에 권선의 접속을 바꾸어 극수를 변하게 함으로써 의해 전동기 속도를 변화시킬 수 있다. 이 방법에는 극수가 다른 2개의 권선을 준비하는 경우와 단일권선을 설치하여 접속을 변화시켜 극수를 바꾸는 방법이 있다.

단일권선으로 극수를 바꾸는 경우는 극수비 1 : 2이고 표 3.3-1과 같이 절환하는 방법이 있다. 이 방법은 속도의 안정성은 좋으나 단계적인 변속이 되며, 다양한 속도를 얻는 것은 어렵지만 경제적인 속도제어법이다.

표 3.3-1 단일 권선에 의한 극수 변환법

극수 / 종류	$2P$(저속 : ω_0)	P(고속 : $2\omega_0$)	특성
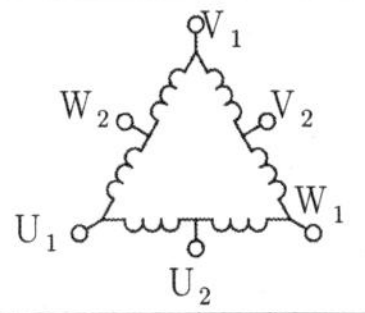	$U_1V_1W_1$을 전원에 $U_2V_2W_2$을 개방 1Δ	$U_1V_1W_1$을 단락 $U_2V_2W_2$을 전원에 2Y	정토크 특성
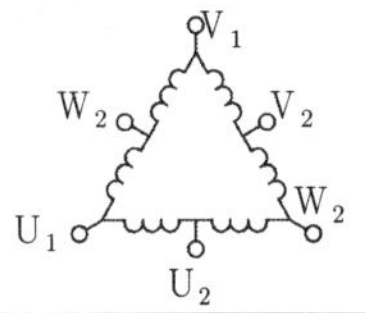	$U_1V_1W_1$을 전원에 $U_2V_2W_2$을 단락 2Y	$U_1V_1W_1$을 개방 $U_2V_2W_2$을 전원에 1Δ	정출력 특성
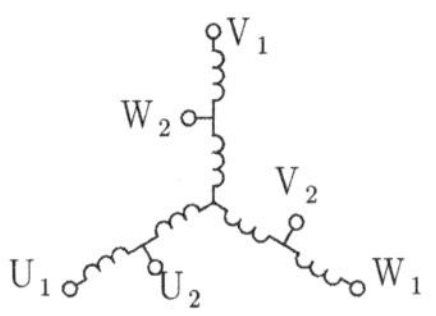	$U_1V_1W_1$을 전원에 $U_2V_2W_2$을 개방 1Y	$U_1V_1W_1$을 단락 $U_2V_2W_2$을 전원에 2Y	출력 ∝ 속도

4. 전압제어법

유도전동기의 토크는 전압의 제곱에 비례하기 때문에 단자 전압을 조정하여 속도제어를 할 수 있다. 전압을 변화시키는 경우의 속도 토크 특성은 그림 3.3-24와 같이 된다. 그림 (a)는 보통 농형 유도전동기를 전압제어한 경우이고, 그림 (b)는 고저항 농형 유도전동기를 전압제어한 경우의 특성을 나타낸 것이다. 그림에서 알 수 있듯이 일반적인 유도전동기에서는 최대 토크에서의 슬립보다 작은 슬립 범위 내에서만 속도제어가 가능하므로 제어되는 범위는 좁다.

고저항 농형으로 하면 제어범위는 높게 되나 회전속도가 낮게 된다. 또한 전압을 낮게 하면 할수록 부하변동에 따른 속도변동은 크게 되기 때문에 허용 속도변동에 의해서 제어범위의 제한을 받는다.

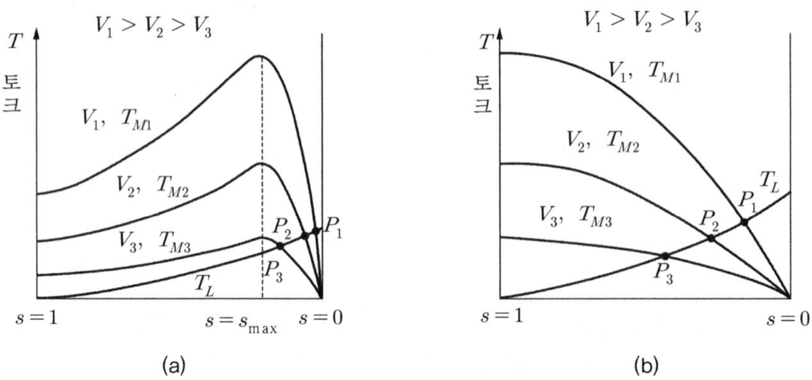

그림 3.3-24 유도전동기의 전압제어 특성

5. 2차 여자방식

2차 저항제어는 그림 3.3-25(a)와 같이 2차 회로에 제어저항을 접속하여 속도제어를 수행하지만 제어저항에 의한 손실전력으로 효율이 나쁜 결점이 있다. 저항 손실이 회수되도록 2차 제어저항 대신에 그림 (b)와 같이 2차 제어저항에서 생기는 전압강하와 같은 전압을 공급하는 전력회수용 기기를 접속하면 전동기 내부의 상태에는 변화가 없기 때문에 2차 손실 전력을 회수하면서 2차 저항제어의 경우와 같은 특성의 속도제어를 수행하는 것이 가능하다. 이와 같은 속도제어방식을 2차 여자방식이라고 한다.

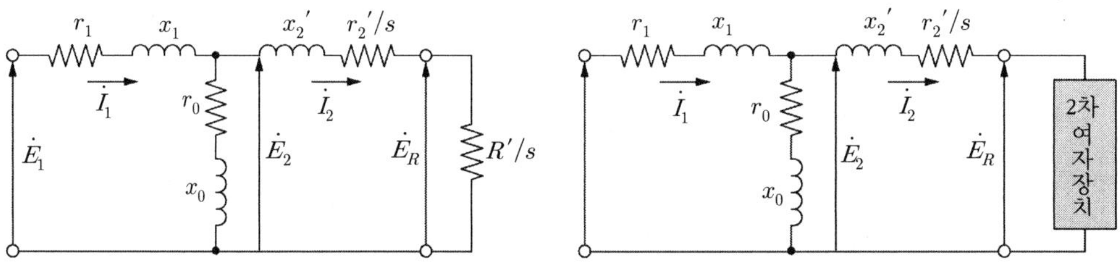

(a) 2차 저항제어의 등가회로 (b) 2차 여자 제어의 등가회로

그림 3.3-25 2차 저항제어와 2차 여자 제어의 등가회로

이 방식의 대표적인 것으로 흡수한 전력을 유도전동기의 축에 동력으로서 반환하는 크레머 방식과 회수전력을 전원으로 반송하는 세르비어스 방식이 있다. 두 방식 모두 2차 손실 전력회수장치로서 회전기를 이용하나, 최근에는 사이리스터 응용기술의 진보에 따라 이들 기기의 일부 또는 전체를 사이리스터 장치로 치환한 정지 크레머 방식, 정지

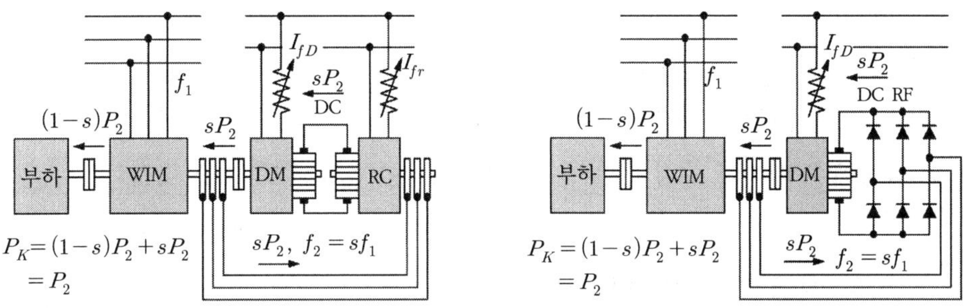

(a) 크레머 방식 (b) 정지 크레머 방식

그림 3.3-26 크레머 방식

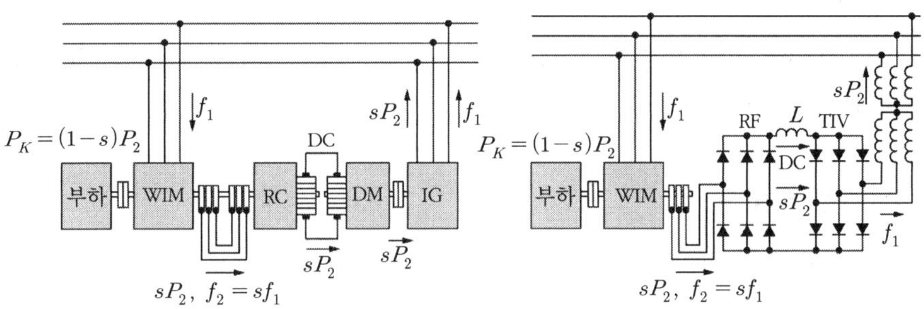

(a) 세르비어스 방식 (b) 정지 세르비어스 방식

그림 3.3-27 세르비어스 방식

세르비어스 방식이 많이 사용되고 있다. 그림 3.3-26에 크레머 방식과 정지 크레머 방식, 그림 3.3-26에 세르비어스 방식과 정지 세르비어스 방식을 나타내었다.

크레머 방식은 2차 손실전력 sP_2를 회전변류기 RC 또는 정류기 RF로 직류전력으로 변환하여 권선형 유도전동기 WIM과 직결한 직류전동기 DM에 가하는 방법이다. 이 방법에서는 2차 손실전력 sP_2를 회수해서 DM에 가하기 때문에 WIM과 DM의 출력이 부하에 전달된다. 즉, $P_k=(1-s)P_2+sP_2=P_2$로 되어 슬립에 관계없이 출력이 일정하게 되기 때문에 정출력 특성을 갖는다.

세르비어스 방식은 2차 손실전력 sP_2를 회전변류기 RC로 직류전력으로 변환하여 직류전동기 DM에 공급하고 DM과 직결한 유도발전기 IG를 운전하여 이 전력을 전원에 반송하는 방법이다. 그리고 sP_2를 정류기 RF에 의해 직류로 변환하고 그 직류전력을 사이리스터 인버터 TIV에서 전원주파수와 같은 주파수의 교류전력으로 변환하여 변압기를 통해서 이 전력을 전원에 반환하는 방법이 정지 세르비어스 방식이다. 이 경우 2차 손실 전력 sP_2는 전원에 반환되고 부하에는 $P_k = (1-s)P_2$의 동력이 가해지게 되며 이 동력은 속도에 비례하여 증감하기 때문에 이 방식은 정토크 특성을 갖는다.

3.3.4 유도전동기의 제동법

전동기의 제동법에는 제동목적에 따라 정지제동과 운전제동이 있으며 이들 목적을 달성하기 위해 마찰제동, 발전제동, 역전제동, 회생제동 등이 이용된다.

1. 마찰 제동

수동 브레이크, 전자 브레이크, 유압 브레이크 등을 이용해서 기계적으로 제동하는 방법이다.

2. 발전 제동

운전중인 3상 유도전동기의 1차 측에 그림 3.3-28과 같이 직류전압을 인가하면 고정자에는 공간적으로 고정된 직류자계가 생긴다. 이것에 대해 회전자는 회전하기 때문에 회전자 도체는 자속을 끊어서 기전력이 유도되고 전동기는 회전 전기자형 교류발전기가 된다.

권선형 회전자의 경우 2차 저항을 변화시키는 것이 가능하기 때문에 제동 토크의 조정이 가능하므로 원활하게 넓은 범위에 걸쳐 제동할 수 있다. 이 때문에 이 방식은 권선형 유도전동기의 제동에 널리 사용된다. 제동 토크는 직류 인가 전압에 의해서도 변동이 가능하다.

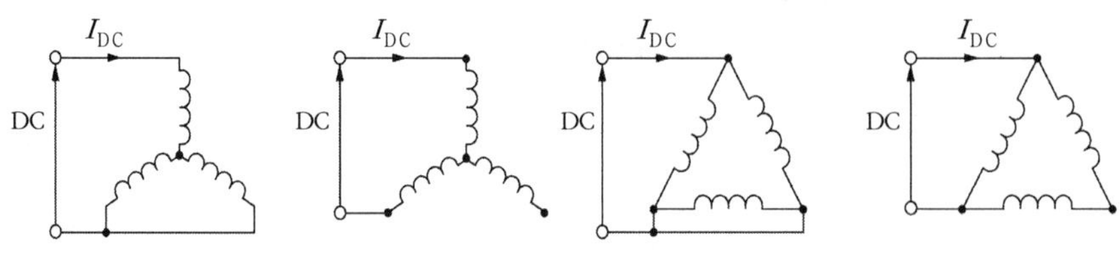

그림 3.3-28 3상 유도전동기의 발전 제동

3. 역상 제동

3상 유도전동기를 운전하고 있는 경우 세 개의 단자 중 임의의 두 단자 접속을 바꾸면 회전자계의 방향이 반대로 되어 역상제동이 되며 이 방법으로 전동기를 효과적으로 급제동할 수가 있다. 역상제동시 정방향으로 전부하 운전하고 있는 상태에서 정지하기까지의 사이에 발생하는 손실은 기동시에 발생하는 손실과 비교하여 약 3배 정도 더 많이 발생한다. 즉, 기동시의 약 3배 가까이 열량이 발생하므로 농형 회전자의 경우 상당한 온도상승이 일어나기 때문에 주의를 요한다. 권선형 회전자인 경우는 2차 외부저항을 접속하여 그림 3.3-29와 같이 비례추이를 이용하여 제동을 효과적으로 할 수 있다.

농형 회전자의 경우 제동 토크를 조정하는 데에는 1차 저항법을 이용하나 전동기 단자의 인가전압을 조정하려면 감압 전압법을 이용하여도 좋다.

역상제동을 이용하여 급속하게 전동기를 정지시키는 경우에는 전동기의 역전을 방지하기 위해 전동기가 역전하기 바로 직전에 전동기를 전원에서 분리시켜 기계적 제동을 사용하여 정지시킨다.

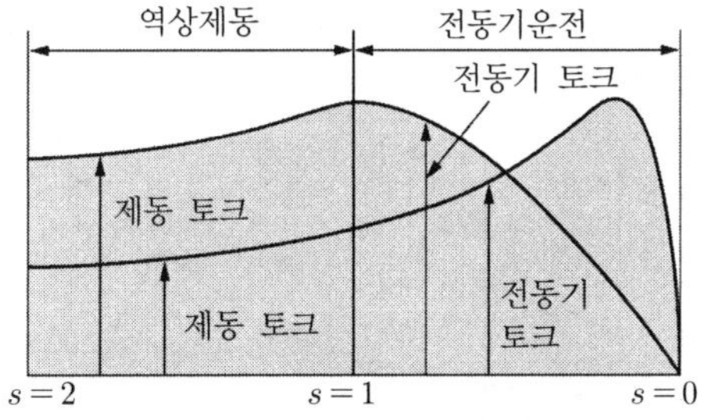

그림 3.3-29 역상 제동과 제동 토크

4. 회생 제동

유도전동기가 동기속도 이상의 속도로 회전하면 전동기의 속도 토크 특성은 그림 3.3-30과 같이 변화하고 유도발전기로서 동작하여 전동기에는 음(-)의 토크가 발생한다. 이러한 이유로 유도전동기로 중력부하를 전동기의 정회전 방향으로 하강시키는 경우 만일 전동기가 중력부하에 의해 가속되어 동기속도보다 빠르게 회전하는 경우에는 전동기에 큰 제동력이 작용하며 따라서 전동기 속도는 동기속도 부근의 속도를 유지하면서 중력부하를 하강시키는 것이 가능해진다.

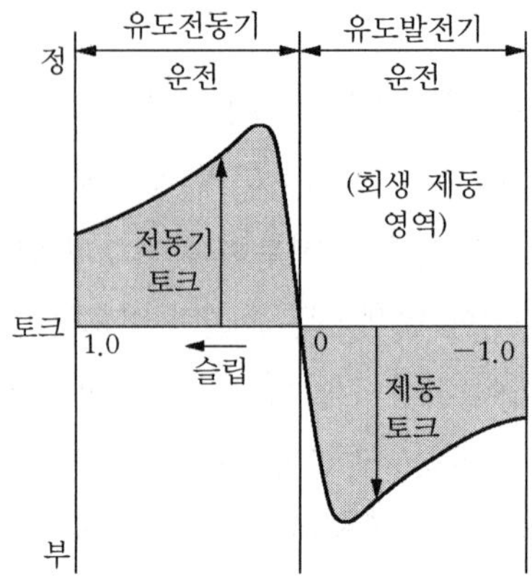

그림 3.3-30 회생 제동

회생 제동의 응용으로 그림 3.3-31과 같이 제동하는 방법이 있다. 이 방법은 극수변환 전동기에서 극수를 적게 하여 운전하다가 전동기를 제동하고자 할 경우 극수를 많게 조작하여 전동기를 유도발전기 영역으로 진입시켜 전동기에 제동 토크가 발생하도록 하는 제동 방법이다. 이 방법을 사용하여 전동기를 전기적으로 제동하는 것이 가능해진다.

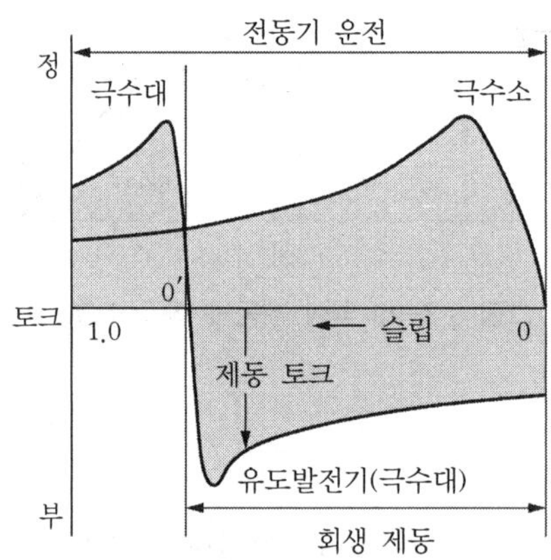

그림 3.3-31 회생 제동의 응용

3.3.5 단상 유도전동기

1. 구 조

보통 소형 전동기라고 하면 1마력 이하의 출력을 발생시키는 전동기를 말한다. 3상 유도전동기는 3상 교류 전원을 공급받을 수 있는 공장이나 대형 빌딩 등에서 큰 동력용으로 사용되고 단상 유도전동기는 가정이나 농어촌 등에서 소용량 전동기로서 사용된다. 단상 유도전동기의 구조를 그림 3.3-32에 나타내었다.

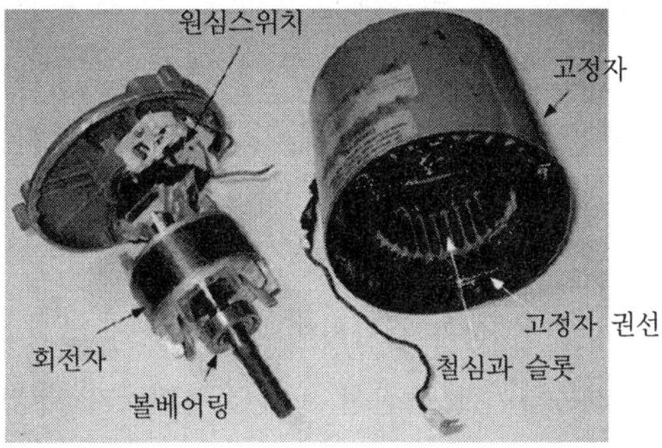

그림 3.3-32 단상 유도전동기의 구조

고정자는 단상으로 권선되어 있고 회전자는 농형으로 제작되어 있다. 그런데 고정자에 단상 교류를 인가하면 단상 권선에는 회전 자기장이 발생되지 않고, 단지 교번 자기장만이 발생되는데 이 교번 자기장에 의해서는 회전자에 기동 토크가 발생되지 않는다. 그러므로 단상 유도전동기를 기동하기 위해서는 적절한 방법을 사용하여 전동기 기동시 회전자에 기동 토크를 발생시키는 것이 필요한데 이 전동기 기동 방법에 따라 단상 유도전동기를 여러 가지 종류로 나눌 수 있다.

2. 종류와 특성

(1) 분상 기동형 단상 유도전동기

분상 기동형 단상 유도전동기는 세탁기, 냉장고, 소형 공작 기계, 펌프 등에 널리 사용되는 단상 유도전동기로서 그림 3.3-33에 그 회로도를 나타내었다. 이 전동기는 고정자 철심에 주권선 M과 보조권선 A가 전기적으로 $\pi/2$[rad]만큼의 간격을 두고 감겨져 있다. 주권선은 보통 굵은 도체를 사용하고 보조권선은 가는 도체를 사용하는데 이 보조권선에는 원심력 스위치 CS를 장착시켜 주권선과 병렬로 접속한다.

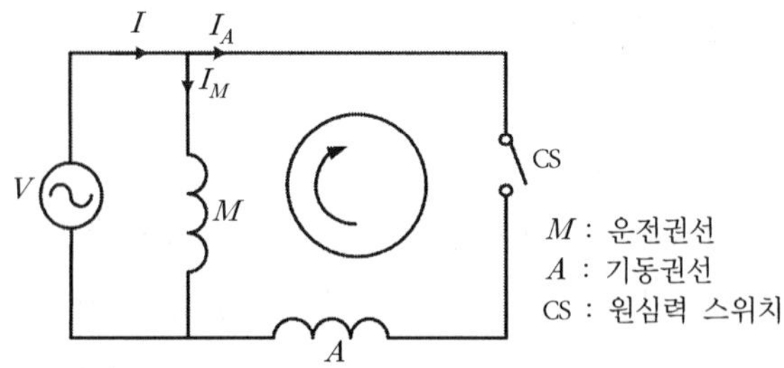

그림 3.3-33 분상 기동형 단상 유도전동기

전동기에 단상 교류전압을 인가하면 리액턴스가 큰 주권선 M에는 공급된 전압 V보다 위상이 상당히 뒤진 전류 I_M이 흐르고, 리액턴스는 작고 저항이 큰 보조권선 A에는 공급 전압보다 위상이 조금 뒤진 전류 I_A가 흐른다. 따라서 전류 I_M과 I_A사이에 위상차가 생기고 회전 자기장이 유발됨으로써 회전자에 기동 토크가 발생하여 전동기는 회전하게 된다.

전동기의 회전자 속도가 점차 증가하여 동기속도의 약 70 ~ 80[%] 정도에 도달되면 원심력 스위치 CS가 작동하여 보조권선 A의 전기회로가 개방되어 주권선 M에 의하여 전동기는 계속 회전을 하게 된다. 이 전동기 기동법은 종래에 가장 널리 사용된 방법이었지만 기동 토크가 작고 원심력 스위치의 설치로 인해 전동기 부피가 커지고 기동시에 전동기로 큰 전류가 흐르기 때문에 보통 200[W] 이하의 소용량에 사용되고 있다.

(2) 콘덴서 기동형 단상 유도전동기

콘덴서 기동형 단상 유도전동기는 그림 3.3-34와 같이 전동기 외함에 기동용 콘덴서가 별도로 부착되어 있다. 회로도는 콘덴서 C와 원심력 스위치 CS를 기동권선 A와 직렬로 접속하고 주권선 M과는 병렬로 접속한다.

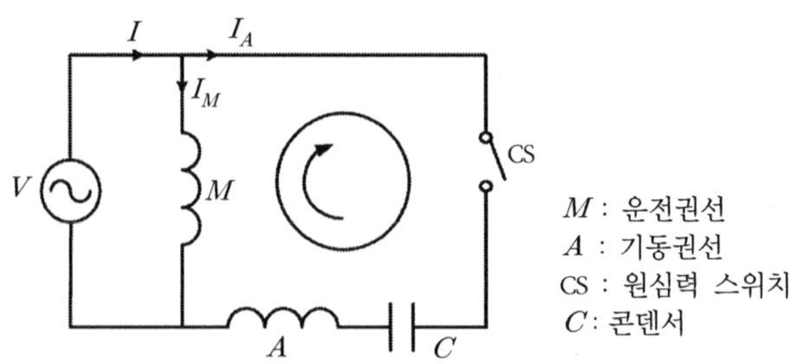

그림 3.3-34 콘덴서 기동형 단상 유도전동기

이 병렬회로에 단상 교류전압 V를 인가하면 그림과 같이 기동 권선 A에 흐르는 전류 I_A는 콘덴서 때문에 공급된 전압보다 위상이 앞선 전류가 되고 주권선 M에 흐르는 전류 I_M은 공급된 전압보다 위상이 뒤진 전류가 된다. 따라서 전류 I_A와 I_M 사이에 약 90° 만큼의 위상차가 생기므로 회전 자기장이 발생되며 전동기의 회전자에 기동 토크가 발생되어 전동기가 회전한다.

분상 기동형과 마찬가지로 회전자 속도가 동기속도의 약 70~80[%] 정도에 도달되면 원심력 스위치 CS가 작동하여 기동 권선 A의 회로를 개방하고 주권선 M만으로 전동기를 계속 회전시키게 된다. 이 전동기는 분상 기동형에 비하여 기동전류가 작고 기동 토크는 크기 때문에 기동 특성이 양호하여 200[W] 이상의 가정용 펌프, 송풍기 또는 소형의 공작기계 등에 널리 사용된다.

(3) 영구 콘덴서형 단상 유도전동기

영구 콘덴서형 단상 유도전동기는 앞의 콘덴서 기동형에서 원심력 스위치를 제거하여 기동시나 운전시에 항상 콘덴서가 기동권선과 직렬로 접속되도록 한 전동기이며 이를 그림 3.3-35에 나타내었다. 이 전동기는 기동 이후의 정상 운전시에도 계속하여 콘덴서를 사용하게 되며 이 콘덴서는 콘덴서 기동형 단상 유도전동기에서 사용한 것보다 정전 용량이 작기 때문에 큰 기동 토크를 발생시키지는 않지만 원심력 스위치가 없기 때문에 전동기 구조가 간단해지고, 역률이 좋기 때문에 큰 기동 토크를 요구하지 않는 선풍기나 세탁기 등에 널리 사용된다.

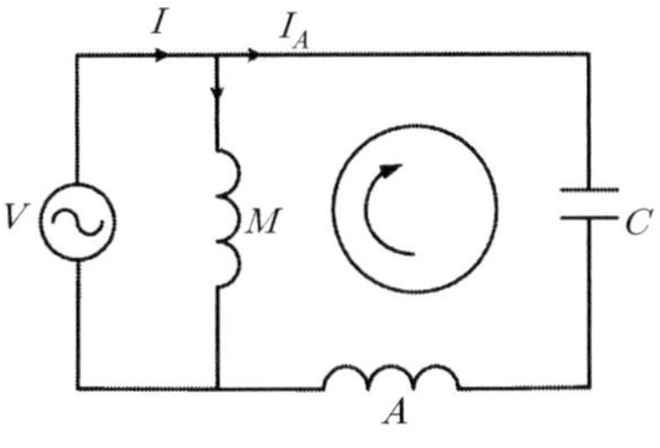

그림 3.3-35 영구 콘덴서용 단상 유도전동기

(4) 셰이딩 코일형 단상 유도전동기

셰이딩 코일형 단상 유도전동기는 그림 3.3-36과 같이 회전자는 농형이고 고정자 철심이 조금 분할된 돌극을 포함하는 전동기이다. 이 돌극에는 셰이딩 코일이라고 하는 구

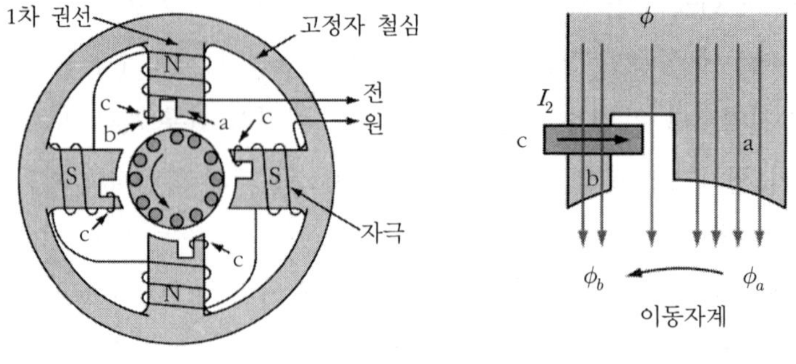

(a) 구조 (b) 자극의 구조

그림 3.3-36 셰이딩 코일형 단상 유도전동기

리 단락고리 C가 끼워져 있는데 그림 (b)에 그 구조를 자세히 나타내고 있다. 고정자 권선에 단상 교류전압을 인가하면 자극에는 자속 ϕ[Wb]가 생기고 이 자속 ϕ는 ϕ_a와 ϕ_b로 나누어진다.

여기서 자속 ϕ_b는 셰이딩 코일을 통과하게 되며, 이로 인하여 셰이딩 코일에는 이 자속보다 위상이 $\pi/2$[rad]만큼 뒤진 유도기전력이 발생하고 단락 전류가 흐르게 된다. 이 단락 전류는 자속 ϕ_b의 변화를 방해하는 방향으로 작용하므로 ϕ_b는 ϕ_a보다 시간적으로 늦게 변화하고, 회전자 주변에는 공극을 따라 a부분에서 b부분으로 향하는 이동 자기장이 생긴다. 이 이동 자기장 내에 놓여 있는 2차 도체에는 유도기전력이 발생하고 이로 인한 2차 전류와 자속에 의해 전동기 회전자에 기동 토크가 발생한다.

셰이딩 코일형 전동기는 기동 토크가 매우 작고 운전 중에도 셰이딩 코일에 전류가 계속 흐르므로 효율과 역률이 매우 나쁘다. 그러나 구조가 간단하고 견고하기 때문에 전축용 전동기나 소형 선풍기 등 출력이 수십[W] 이하의 소형 전동기로서 사용된다.

3.3.6 특수 유도전동기

1. 리니어 유도전동기

최근 각광을 받고 있는 리니어 전동기는 직류기, 교류기 등의 회전기를 직선으로 전개한 것이며 대표적인 것이 리니어 유도전동기가 있다. 리니어 유도전동기는 그림 3.3-37(a)와 같이 회전형의 유도전동기를 A-A'의 부분으로 고정자와 회전자를 잘라서 그림 (b)와 같이 직선상으로 펼친 것으로 회전자계를 직선진행 자계로 하여 직선동작을

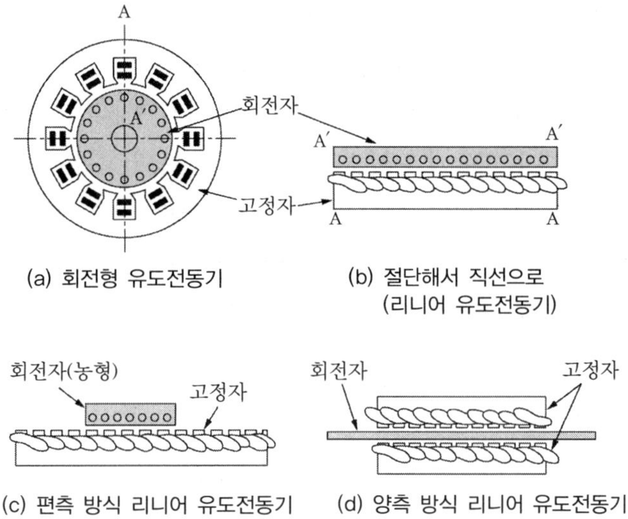

그림 3.3-37 리니어 유도전동기

시키도록 한 것이다. 리니어 유도전동기의 종류는 고정자와 회전자의 상대적 길이, 고정자를 그림 (c), (d)와 같이 편측만으로 하거나 양측에 두는가에 따라서 여러 가지 조합법이 있다.

2. 2상 서보 전동기

2상 서보 전동기는 2상 농형 유도전동기와 동작원리가 동일하며 그림 3.3-38과 같이 전기각으로 직교한 2권선 중 1개의 여자권선 W_M은 콘덴서 C를 통하여 전원에 접속되어 있고 거의 일정한 전압 V_M이 가해지고 있다.

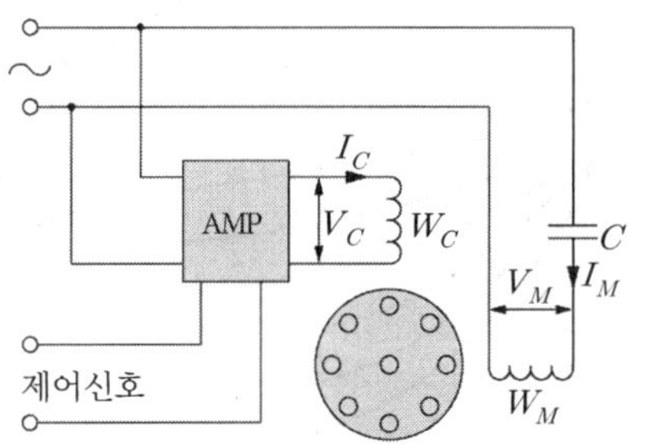

그림 3.3-38 2상 서보 전동기

다른 하나의 제어권선 W_C에는 증폭기를 통하여 V_M과 90° 위상차가 있는 전압 V_C가 가해진다. 증폭기를 통해 출력 전압 V_C의 크기를 바꿀 수 있으며 이를 이용하여 전동기의 속도를 제어할 수 있다. 또한 V_C의 극성을 바꾸면 자계의 회전방향도 반대가 된다.

서보 전동기는 제어용 전동기로 사용하기 때문에 기동정지가 빈번하게 되므로 안정한 동작이 요구된다. 따라서 회전자 저항을 크게 하고 슬립 $s=1\sim0$의 범위에서 속도 토크 특성이 수하특성이 되도록 한다. 회전자는 농형 회전자를 이용하며 빠른 응답특성을 얻을 수 있도록 그림 3.3-39와 같이 드러그컵형 회전자가 많이 이용된다.

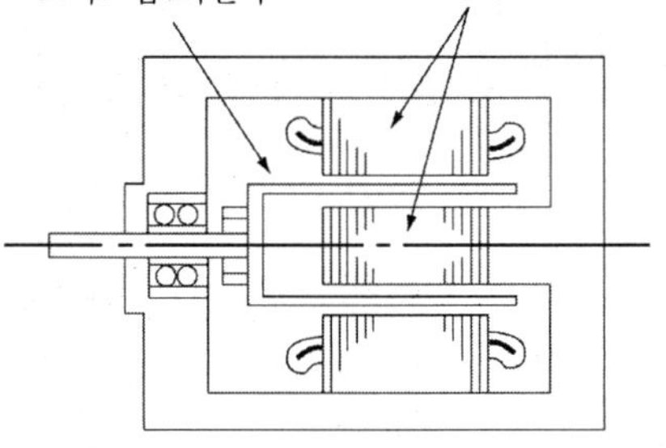

그림 3.3-39 드러그컵형 서보 전동기

2상 서보 전동기의 속도 토크 특성을 나타내면 그림 3.3-40과 같이 된다. 전동기 운전인 제1상한과 역전운동인 제3상한에서 수하특성을 가지며 제어전압이 영인 경우에는 제동특성을 나타내고 안정하게 운전되도록 설계되어 있다.

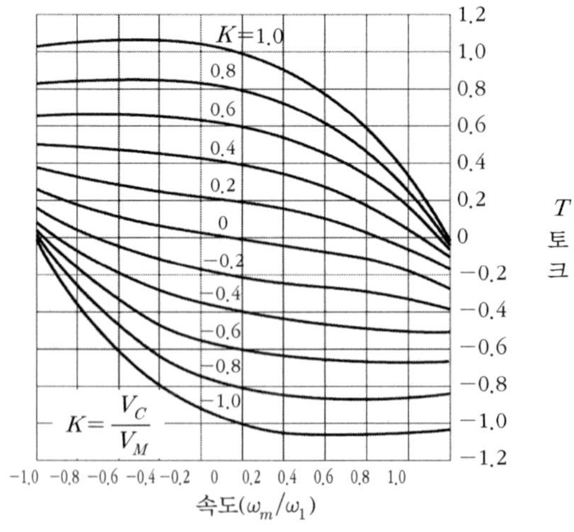

그림 3.3-40 2상 서보 전동기의 속도 토크 특성

3.4 직류발전기

1. 직류발전기의 구조

직류발전기의 주요 부분은 전기자, 계자, 정류자이며 직류발전기 각 부분의 명칭을 표시하면 그림 3.4-1과 같다.

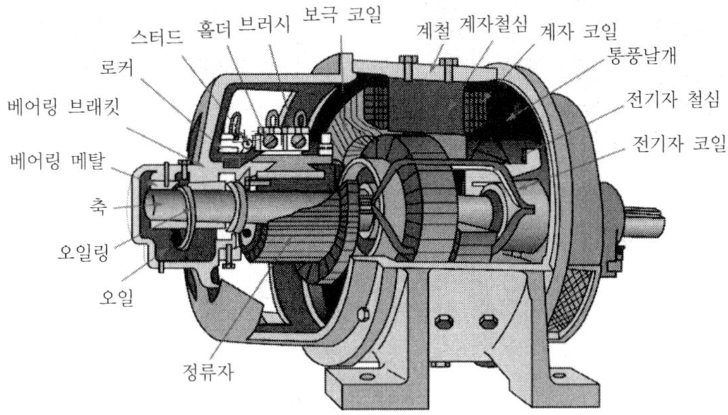

그림 3.4-1 직류기의 각 부 명칭

2. 직류발전기의 원리

외부에서 기계적인 동력을 사용하여 직류발전기를 회전시킬 때 직류전력을 얻을 수 있는 기본 원리를 그림 3.4-2에 나타낸다.

자극 N, S 사이에 전기자 코일 aa'를 위치시키고 도체의 두 끝을 브러시 B_1, B_2에 연결하여 반시계 방향으로 회전시키면 도체 aa'는 자속을 절단하게 되므로 플레밍의 오른손법칙에 의하여 이들 도체에는 기전력이 유도되어 도체의 외부 단자에 일정한 방향으로 전압이 발생된다.

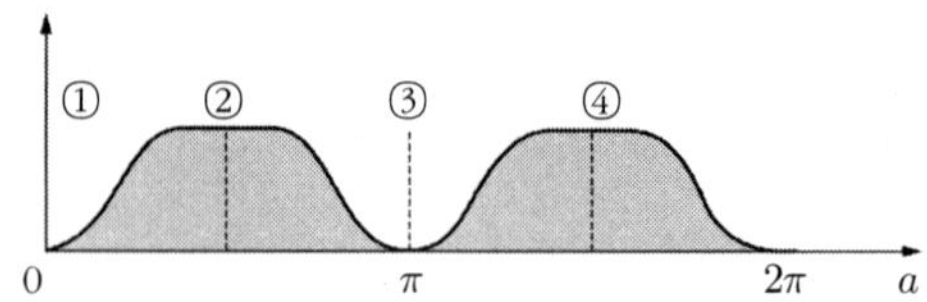

(a) 직류 파형

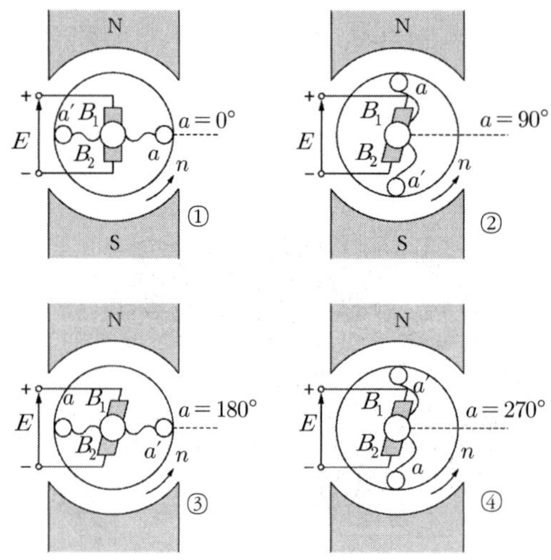

(b) 전기자의 회전 위치

그림 3.4-2 직류발전기의 기본 원리

3. 직류발전기의 종류와 특성

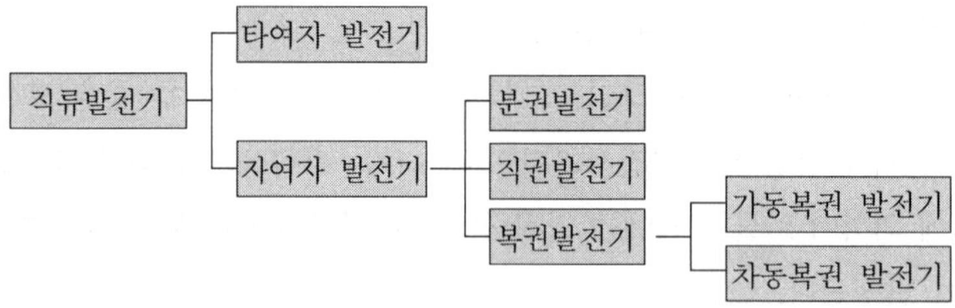

(1) 타여자 발전기

타여자 발전기는 그림 3.4-3과 같이 별도의 직류전원에서 계자 전류 I_f를 흘려줌으로써 자속을 발생하는 여자 방식으로 특별한 경우에만 쓰이는 방식이다.

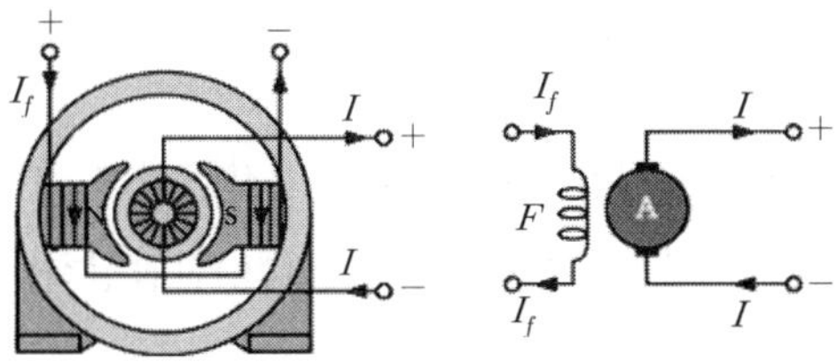

그림 3.4-3 타여자 발전기

(2) 자여자 발전기

(가) 분권발전기

분권발전기는 그림 3.4-4와 같이 계자권선과 전기자 권선이 병렬로 접속된 구조이며 계자권선은 권수가 많고 저항이 높다. 전기자 전류 I_a와 단자 전압 V 및 유도기전력 E 사이에는 다음의 관계가 있다.

$$V = E - I_a R_a \,[\mathrm{V}] \tag{3.4.1}$$

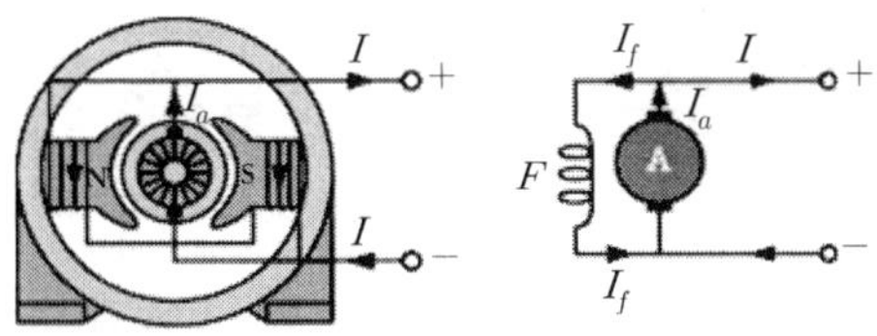

그림 3.4-4 분권발전기

(나) 직권발전기

직권발전기는 그림 3.4-5와 같이 계자권선 F_s와 전기자 권선 A가 직렬로 접속된 발전기이며, 계자권선은 권수가 적고 저항이 낮으며 부하 전류에 의하여 여자된다. 직권발전기는 부하 전류에 의하여 여자가 되기 때문에 무부하인 경우에는 전압이 발생되지 않고, 부하를 접속할 경우 부하 전류 I가 증가될 때 유도기전력 E도 증가하여 단자전압 V도 다음 식으로 증가한다.

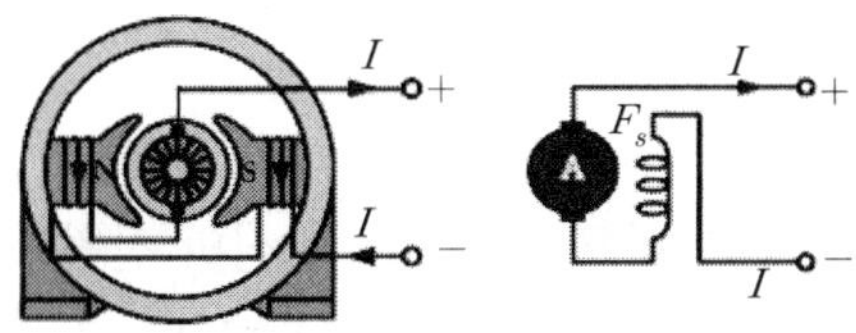

그림 3.4-5 직권발전기

$$V = E - I(R_a + R_s) - e_a - e_b[\mathrm{V}] \tag{3.4.2}$$

여기서 R_a는 전기자 권선의 저항, R_s는 직렬 계자권선의 저항, e_a는 전기자 반작용에 의한 전압강하, e_b는 브러시와 그 접촉저항에 의한 전압강하이다.

(다) 복권발전기

① 가동복권 발전기 : 가동복권 발전기는 그림 3.4-6과 같이 권선이 접속된 것으로 전기자와 직렬로 접속되어 있는 직권 계자권선 F_s에 의한 기자력이 분권 계자의 기자력에 합해지도록 권선이 감겨 있는 방식이다. 가동복권 발전기에서는 단자전압을 부하의 증감에 관계없이 거의 일정하게 유지할 수 있다.

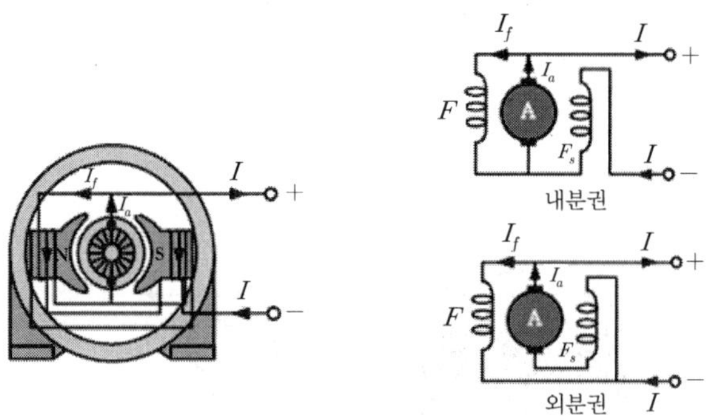

(a) 구조 (b) 접속도

그림 3.4-6 복권발전기

② 차동복권 발전기 : 차동복권 발전기는 분권 계자의 기자력이 직권 계자의 기자력에 의해 감소되게 한 것으로서 발전기에서는 단자전압이 부하의 증가에 따라 현저하게 강하하고 부하 저항을 어느 정도 감소시켜도 전류는 일정하게 된다. 이와 같은 특성을 수하 특성이라 하고 정전류원을 만드는데 사용한다. 이 발전기는 수하 특성을 가지므로 전기용접기 등의 전원으로 사용한다.

4. 직류발전기의 용도

(1) 타여자 발전기의 용도

전압을 변화시키는 것이 용이하므로 레너드 방식의 전원으로 이용된다. 그 외 화학공업용 직류전원, 대형 발전기의 여자기 등에 이용된다.

(2) 분권발전기의 용도

여자전류를 필요로 하지 않으므로 일반적인 직류 전원으로 사용된다. 또한, 부하 전류에 의한 수하특성이 있기 때문에 전지충전용 전원에 적용하고 있다. 발전기의 여자기에도 이용된다.

(3) 직권발전기의 용도

부하 전류를 중단시키면 단자전압이 상승하는 특성을 이용하여 승압기에 이용된다.

(4) 복권발전기의 용도

평복권발전기는 부하 전류에 의한 전압변동이 작기 때문에 일반적인 직류 전원과 여자기로서 이용된다. 과복권 발전기는 광산, 전차 등과 같이 장거리 급전선에 전력을 공급하는 경우 부하 전류의 증가에 따른 전압강하를 보상하여 급전할 수 있는 전원으로서 이용된다.

차동복권 발전기는 수하특성을 이용하여 아크 회로 등과 같이 회로가 단락하여도 단자전압의 강하에 의해 전류가 거의 일정하게 유지되는 특성이 요구되는 부하의 전원으로 이용된다.

5. 직류발전기의 병렬운전

(1) 병렬운전하는 목적

① 부하가 변동하는 경우 한 대의 대용량 발전기로 전력을 공급하면 경부하시에 효율이 저하하기 때문에 두 대 이상의 발전기를 부하에 따라서 단독 또는 병렬운전하여 고효율화를 도모하기 위해서 발전기를 병렬운전한다.

② 발전기 고장을 대비하여 예비기를 준비할 경우 예비기의 용량을 작게 할 수 있다.

③ 한 대의 발전기로는 용량이 부족할 때 부족분을 공급하기 위해서 발전기를 병렬운전한다.

(2) 병렬운전을 하기 위한 필요조건

① 각 발전기 양단자의 극성이 같아야 한다.

② 각 발전기 전부하 단자전압이 같아야 한다.

③ 각 발전기 외부 특성곡선이 수하특성을 나타내야 한다.

④ 이상적으로는 각 발전기의 무부하 전압이 같아야 한다.

3.5 동기발전기

3.5.1 동기발전기의 원리

교류발전기를 사용하여 기전력을 발생하는 방법에는 회전 전기자법과 회전 계자법이 있다. 그림 3.5-1(a)는 회전 전기자법에 의한 교류기전력 발생 원리를, 그림 (b)는 회전 계자법에 의한 교류 기전력 발생 원리를 나타낸다.

회전 전기자법의 원리는 그림 3.5-1(a)와 같이 고정자 권선에 직류 전류를 흘려 평등 자기장을 만들고 회전자 도체를 일정 속도로 회전시키면 도체에는 교류기전력이 유도된다. 이 유도기전력은 슬립링과 브러시를 통하여 외부 회로에 접속된다.

회전 계자법의 원리는 그림 3.5-1(b)와 같이 회전자 도체에 슬립링과 브러시를 통하여 직류 전류를 흐르게 하고, 회전자 도체를 일정 속도로 회전시키면 고정자 권선에는 교류 기전력이 유도되며 이 유도기전력은 직접 외부 회로로 접속된다. 교류기전력은 두 가지 방법에 의해서 만들어질 수 있지만 실제로는 계자를 회전시키는 방법, 즉 회전 계자형 교류발전기가 교류전력을 발생하는 장치로 주로 사용된다.

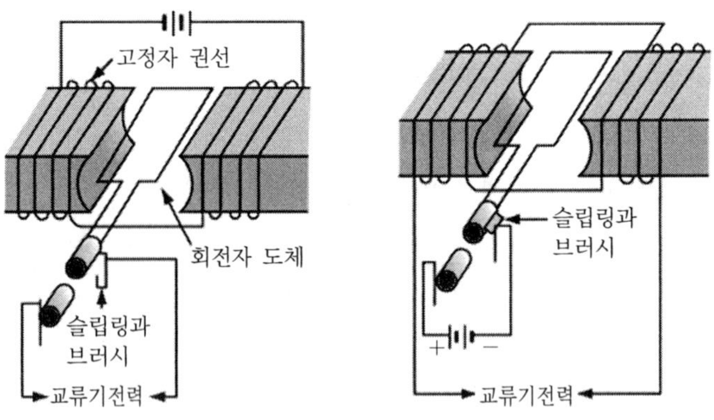

(a) 회전 전기자법　　　　(b) 회전 계자법

그림 3.5-1 교류발전기에 의한 기전력 발생 방법

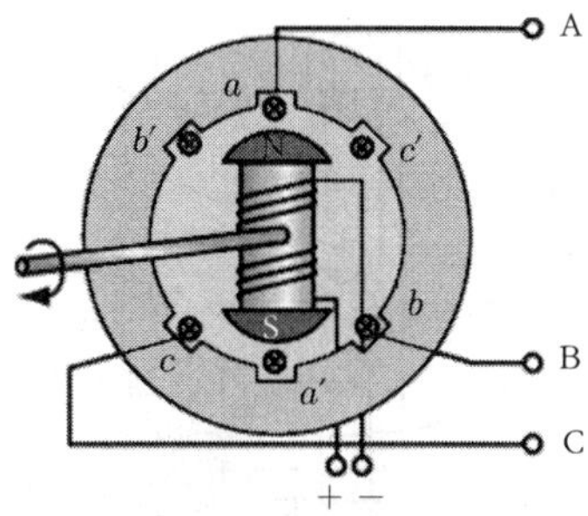

그림 3.5-2 3상 교류 기전력 발생

교류 발생 원리에 의하여 3상 교류기전력을 발생시키기 위해서는 그림 3.5-2와 같이 고정자 철심의 홈에 3개의 권선 aa', bb', cc'를 $2\pi/3$[rad] 전기각도 차이가 나도록 배치시킨 다음 회전자를 회전시키면 되는데 이렇게 발전기를 회전시킴으로써 단자 A, B, C에는 각각 120° 위상차가 있는 3상 교류가 발생한다.

2. 동기발전기의 구조

동기발전기는 고정자와 회전자로 구성되어 있으며 발전기로는 회전 계자형이 많이 사용되고 있는데, 그 이유는 고정자 권선이 정지되어 있으므로 큰 전류를 외부로 쉽게 흘려보낼 수 있고 절연 또한 용이하기 때문이다.

고정자는 전기자 철심과 전기자 권선 등으로 구성되어 있고 회전자는 자극 철심과 계자 철심 등으로 구성되어 있다. 그리고 회전자 축을 위치시키는 방법에 따라 횡축형과 종축형이 있는데 횡축형은 고속 회전의 소형기에 사용하고 종축형은 저속회전의 대형기에 사용된다.

(1) 수차발전기

수차발전기는 원동기 역할을 담당하는 수차의 회전수 특성상 분당 수백 회전수의 저속이 많이 사용되기 때문에 50[Hz], 60[Hz]의 주파수를 얻기 위해서 발전기 회전자의 극수를 상당히 많게 하여야 한다. 이 때문에 일반적인 회전기에 비해 축방향 길이에 대한 회전자 직경이 크게 된다. 수차발전기는 낙차를 유효하게 이용하기 위해 수직축형이 많이 이용되며 수평축형은 축 높이가 그다지 높지 않는 고속 소용량기에 많이 사용된다.

그림 3.5-3은 수직축형 수차발전기의 구조를 나타낸 것이다.

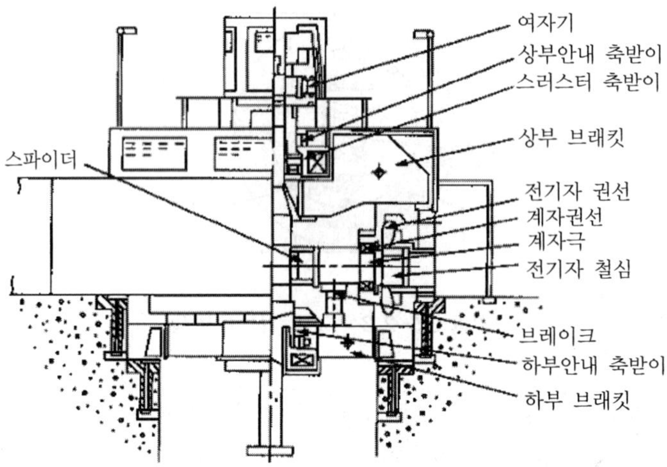

그림 3.5-3 수직축형 동기발전기

고정자의 전기자 철심은 두께 0.35[mm]의 규소강판을 고정자 프레임의 안쪽에 포개어 성층 철심으로 제작하고 성층한 방향의 두께 50~100[mm] 마다 10~15[mm] 폭 정도의 통풍 덕트를 설치한다.

전기자 권선은 소형기에는 환동선을 이용하나 중형기 이상에서는 평각선을 이용한다. 권선의 피복은 A종 절연으로 할 경우에는 2중면권이 주로 이용되고 B종 절연에서는 석면, 유리섬유, 마이카 종이 등을 이용한다.

권선에는 주로 2층권을 이용하고 접속은 Y접속이 Δ 접속에 비해 상전압이 $1/\sqrt{3}$ 배가 되므로 절연이 용이하며 순환전류가 흐르지 않고 중성점을 이용할 수 있는 이점이 있어 대부분 Y결선을 사용한다.

회전자는 축에 취부한 스파이더에 계자권선을 부착한 자극철심을 더브테일 홈안에 끼워서 구성한다. 자극철심은 두께 1.6 ~ 3.2[mm]의 강판을 포개어 성층철심으로 하는 경우에 철심의 양쪽에 끝판을 대고 리벳 또는 볼트로 죈다.

계자권선은 소형기에서는 환동선 또는 평각선을 이용하나 중형기 이상에서는 나동선을 사용하며 권선 사이를 절연지 및 내열성 석면을 사용하여 절연한다. 또한 난조방지를 위해 제동권선을 설치한다. 제동권선은 자극편의 두부에 슬롯을 설치하여 동 또는 황동 도체를 넣어서 양단을 단락환으로 접속하여 만든다.

계자권선의 여자방식에는 발전기축에 직결 또는 별도로 설치한 여자기에서 슬립링을 통해 여자하는 직류 여자기 방식, 교류여자기 출력을 반도체 정류기로 정류하여 계자권

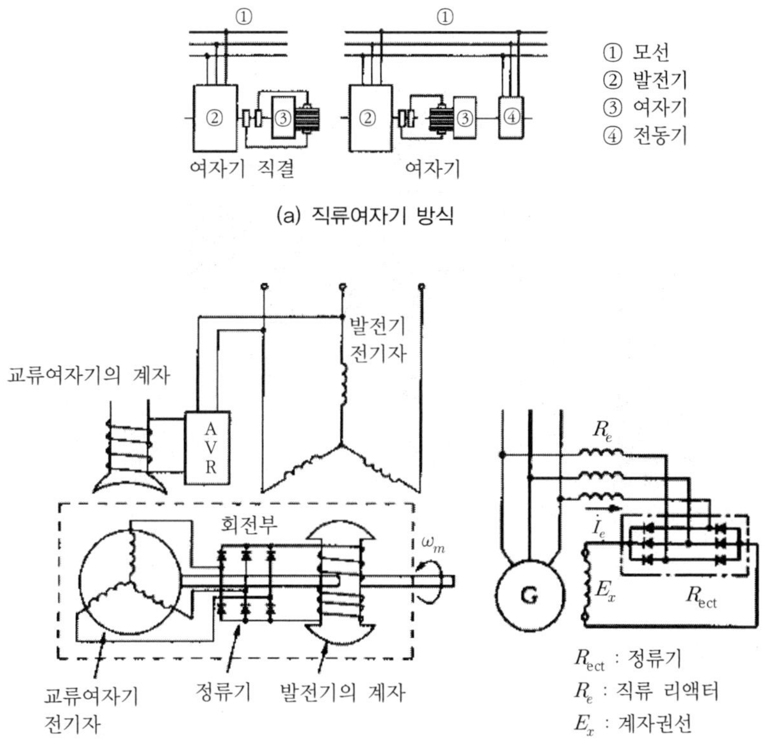

(a) 직류여자기 방식

(b) 브러시리스 여자방식 (c) 자여방식

그림 3.5-4 교류발전기의 여자방식

선에 인가하는 브러시리스 여자기 방식, 발전기가 발전한 전력의 일부를 반도체 정류기로 정류하여 계자권선에 인가하는 자여방식이 있다.

자여방식의 발전기를 자여교류 발전기라고 부르고 있다. 이들 여자 시스템의 개념도를 나타내면 그림 3.5-4와 같다.

근래 240[rpm] 이하의 저속기에는 그림 3.5-5에 나타낸 우산형 발전기가 널리 채용되고 있다. 우산형 발전기는 그림과 같이 스러스터 축받이를 회전자 스파이더의 하부에 설치하여 우산을 지지하도록 회전자를 지지하는 구조로 되어 있다.

이러한 구조에 의해 상부 안내 축받이를 생략할 수 있으며 발전기를 경량화하고 발전기의 높이를 낮출 수 있기 때문에 발전기의 가격을 저감시키는 동시에 발전소 건물의 높이를 낮게 하여 발전소 건설비를 경감할 수 있다.

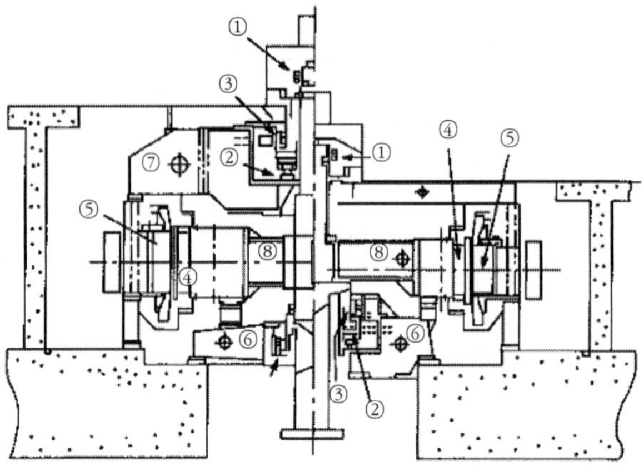

① 여자기용 슬립링 ② 스러스터 축받이 ③ 안내축받이 ④ 자극
⑤ 고정자 철심 ⑥ 하부 브래킷 ⑦ 상부 브래킷 ⑧ 스파이더

그림 3.5-5 우산형 발전기와 보통형 발전기의 비교

(2) 터빈 발전기

터빈 발전기는 증기터빈 또는 가스터빈으로 구동되는 발전기로서 터빈은 고속이고 효율이 좋기 때문에 대부분의 경우 원통형의 2극기를 사용한다.

터빈 발전기에서는 50[Hz] 전원용으로 3,000[rpm], 60[Hz] 전원용으로 3,600[rpm]의 고속으로 발전기 회전자를 구동하여야 하므로 원심력을 작게 하기 위해 회전자 직경을 작게 하고 상대적으로 축방향 길이를 길게 한 그림 3.5-6과 같은 원통형 회전자를 사용한다.

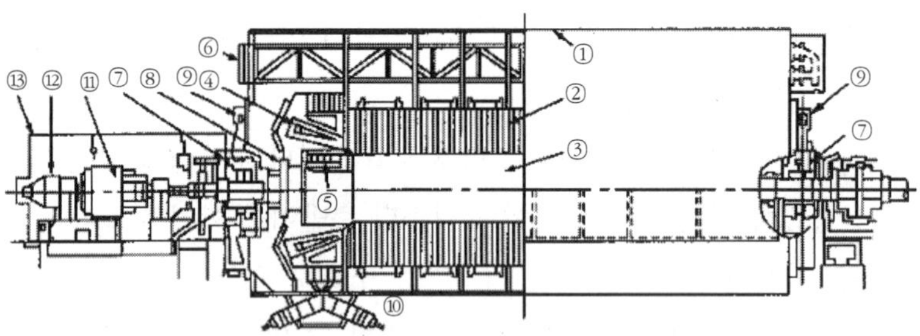

① 고정자 프레임 ② 고정자 ③ 고정자 ④ 고정자 코일 ⑤ 고정자 코일 ⑥ 가스냉각기
⑦ 축받이 메탈 ⑧ 블로우도 ⑨ 브래킷 ⑩ 부심 ⑪ 주여자기 ⑫ 부여자기 ⑬ 여자기 커버

그림 3.5-6 터빈 발전기의 구조

고정자는 발전기가 축방향으로 길어지기 때문에 냉각이 곤란하게 되어 전기자 철심에는 철손실이 작은 규소 강판을 적층하여 구성하게 된다. 전기자 권선은 통풍만으로는 냉각효과가 떨어지기 때문에 슬롯에 통풍 덕트를 설치하여 냉각매체로 수소를 사용하는 수소냉각 방식이 많이 사용된다.

회전자는 특수강을 이용하여 계자철심과 계철 부분을 일체화한 구조의 원통형 회전자로 하고 계자권선은 원통형 회전자 위에 설치한 슬롯에 넣는다. 회전자도 가늘고 길어서 냉각이 곤란하므로 통풍 덕트를 설치한다.

(3) 엔진 발전기

엔진 발전기는 디젤 엔진 또는 가솔린 엔진 등의 엔진에 의해서 구동되는 발전기로서 취급이 간단하고 기동하는 데 소요되는 준비시간이 짧아 비상용 전원, 낙도, 벽지의 지역 전원 등의 소용량 전원용 발전기로 많이 사용된다.

엔진은 피스톤의 왕복운동에 의한 동력을 토크로 변환하기 때문에 1회전 중의 축토크가 균일하지 않고 맥동한다. 엔진 발전기에서는 이러한 맥동을 경감시키기 위해 회전자를 적당한 플라이휠 효과를 갖는 구조로 제작한다.

3. 동기발전기의 병렬운전 조건

① 병렬운전하는 발전기의 기전력 크기와 파형이 같아야 한다.
② 병렬운전하는 발전기의 기전력 주파수가 일치하여야 한다.
③ 병렬운전하는 발전기의 기전력 위상이 일치하여야 한다.
④ 병렬운전하는 발전기의 속도특성이 하강특성이고 용량에 따른 백분율 속도특성이 거의 일치하여야 한다.

4. 유도자형 고주파 발전기

유도가열, 고주파 유도전기로, 초음파 응용기기용의 전원으로서 고주파 전원이 필요한데 일반적인 구조의 발전기에서는 500[Hz] 정도가 한계이고 그 이상의 주파수를 얻는 것은 구조적으로 무리이다. 이들 전원용 발전기로 그림 3.5-7에 나타낸 바와 같이 유도자형 고주파 발전기가 사용된다.

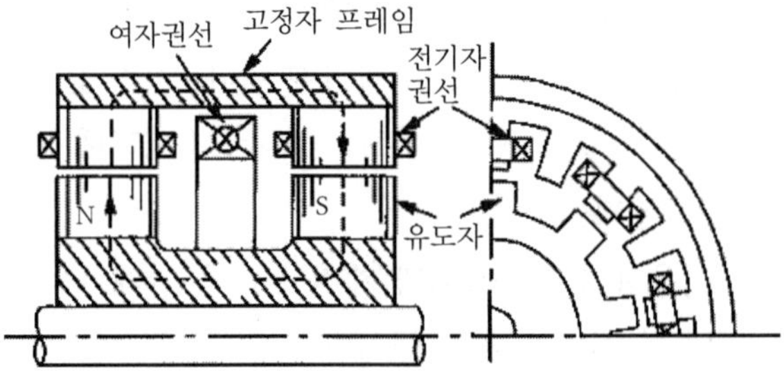

그림 3.5-7 유도자형 고주파 발전기

이 발전기는 그림 3.5-7과 같이 고정자의 중앙에 정지한 여자권선을 설치하고 직류 여자하여 한 방향의 자속을 만든다. 회전자는 유도자라 부르며 유도자가 회전하면 전기자 권선을 설치한 돌극 부분과 유도자 돌기극 사이의 자기저항이 변화하기 때문에 전기자 권선의 쇄교자속수가 유도자의 회전에 따라서 맥동하여 변화한다.

이 맥동은 유도자 돌기극의 1극 피치 진행하는 사이에 1회 맥동하기 때문에 유도자의 돌기극수를 P, 회전수를 N[rpm]이라고 하면 전기자 권선에는 기전력이 유도되며 이 기전력의 주파수는 다음 식으로 주어진다.

$$f = \frac{PN}{60}[\mathrm{Hz}] \tag{3.5.1}$$

그림 3.5-7에서 알 수 있는 바와 같이 여자권선, 전기자 권선은 고정되어 정지하고 있고 유도자만 회전하기 때문에 고속으로 운전하는 것이 용이하며, 돌기극의 수도 많게 할 수가 있기 때문에 용이하게 고주파를 발생시킬 수 있다.

3.6 유도발전기

유도전동기를 전원에 접속한 채 회전자에 외부로부터 기계적인 힘을 가해 동기속도 이상으로 가속하여 슬립 $s<0$의 영역에서 전동기를 운전시키면 회전자 권선은 1차 전원에 의해 발생된 회전자계 자속을 자르고 유도전압 및 2차 전류의 방향이 반대가 되기 때문에

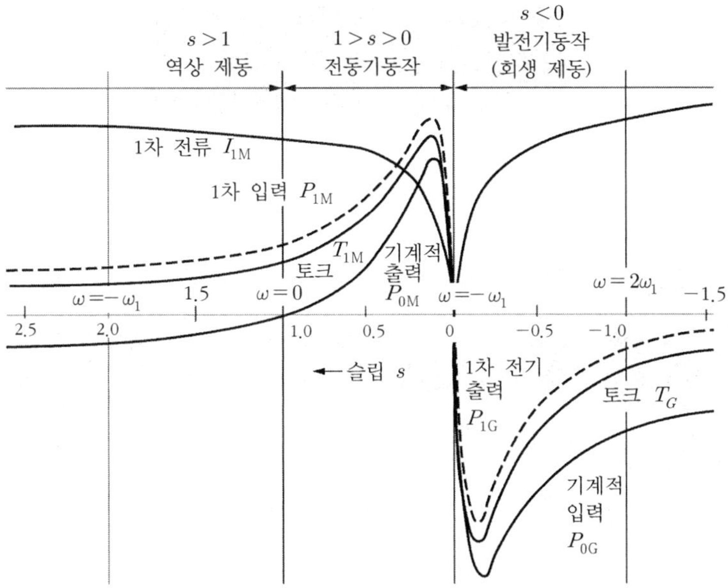

그림 3.6-1 유도발전기의 특성

2차 전류에 의한 토크의 방향이 회전자의 회전 방향과 반대 방향이 된다. 그 결과 외부에서 가한 기계적 에너지가 전기적 에너지로 변환되어 유도발전기로서 동작한다. 주된 특성을 슬립에 관해 표현하면 그림 3.6-1과 같이 된다.

그림 3.6-1에서 알 수 있듯이 발전기 영역에서는 외부 힘에 의해 동기속도를 약간 넘은 경우에 큰 발전기 출력이 얻어지고 동시에 큰 기계적 입력을 필요로 하며 큰 제동력이 발생함을 알 수 있다.

또한 유도전동기는 기계적 부하에 의해 전동기가 가속되어 동기속도를 넘는다면 동기속도를 초과한 속도에서 큰 제동력이 작용하여 회생제동이 행해지는 것을 알 수 있다. 이 방식의 발전기는 농형 유도전동기를 이용하는 것이 가능하며 보수도 용이하고 안정도도 크기 때문에 대전력 계통에 접속하는 소용량의 수력발전용 발전기로서 이용된다.

연습문제

1. 자속밀도 0.3[T]의 자기장에 자기장과 직각인 방향으로 길이 0.5[m]의 도체가 있을 때 도체를 자기장에 수직인 방향으로 속도 1[m/s]로 도체를 이동시키면 도체에는 몇 [V]의 기전력이 유도되는가?

2. 자속밀도 0.8[T]의 자기장에 자기장과 직각인 방향으로 길이 0.5[m]의 도체가 있을 때 도체에 1.2[A]의 전류가 흐르면 도체에 발생하는 힘은 얼마가 되는가?

3. 전기자 저항이 0.04[Ω]인 50[HP], 220[V], 1200[rpm]의 분권 직류전동기가 있다. 그리고 이 전동기의 계자회로 전체 저항은 50[Ω]이다. 이 전동기에 200[A]의 전류가 입력된다면 전기자 전류는 얼마가 흐르게 되는가?

4. 1100[rpm]으로 운전중인 분권 직류전동기가 있다. 이때 전동기에 흐르는 계자전류는 6[A]였다. 만약 계자전류가 5[A]로 감소한다면 전동기의 회전수는 얼마가 되는가?
   단, 전기자 전류는 일정하다고 가정한다.

5. 전기자 저항이 0.03[Ω]인 타여자 직류전동기가 있다. 이 전동기가 일정 토크 및 자속상태에서 전기자 전압 220[V], 전기자 전류 100[A]로 1000[rpm]으로 회전하고 있다. 만약 전기자 전압이 180[V]로 감소한다면 전동기의 회전속도는 얼마가 되는가?

6. 40[HP], 220[V], 1100[rpm]인 분권 직류전동기의 정격 전기자 전류는 160[A], 정격 계자전류는 4.5[A]이다. 회전자를 구속하였을 경우 10[V]의 전기자 전압에서 160[A]의 전기자 전류가 흐르고 220[V]의 계자전압은 4.5[A]의 계자전류를 형성한다. 이 전동기의 전기자 저항과 계자 저항값을 각각 구하여라.

7. 6극 3상 유도전동기가 주파수 60[Hz]인 전원에 연결되어 있다. 전부하에서 슬립이 4[%]라면 전부하 운전속도는 얼마인가?

8. 8극 3상 유도전동기가 있다. 전원 주파수 60[Hz]에서 855[rpm]으로 회전하고 있다면 이 전동기의 슬립은 얼마인가?

9. 극수 6, 회전수 1200[rpm]의 교류발전기와 병렬 운전되는 발전기가 있다. 이 발전기의 극수가 10이라고 할 때 이 교류발전기의 회전수는 몇 [rpm]이 되어야 하는가?

10. 10극 교류발전기가 있다. 발전기 출력전압의 주파수를 60[Hz]로 하려면 발전기를 구동시키는 원동기를 초당 얼마의 회전수로 운전하여야 하는가?

제 4 장

전기응용

4.1 계측기

어떤 양이 기준량 단위의 몇 배가 되는가를 구하는 조작을 계측이라고 하며, 전기적인 양을 계측하는 것이 전기계측이다. 전기계측에는 전압, 전류, 주파수, 저항, 리액턴스, 자속 등의 전기자기량의 측정과 온도, 압력, 유량, pH 등의 물리량이나 화학량을 전기적인 양으로 변환하여 이들을 전기적 방법으로 측정하는 전기응용 측정 등이 있다. 전기계측기를 동작원리에 의해서 분류하면 가동코일형, 가동철편형, 전류력계형, 정전형, 유도형, 열전형, 정류형 등 여러 가지 형이 있다.

4.1.1 가동코일계기

영구자석에 적당한 자극편 및 철심을 설치하고 그 사이에 코일을 삽입한 형태의 계기를 가동코일계기(moving-coil instrument)라 한다.

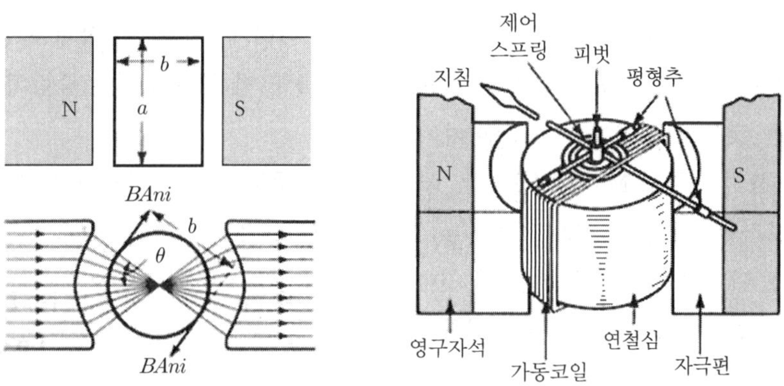

그림 4.1-1 가동코일계기의 원리와 가동부

계기의 갭 자속밀도 B, 코일의 길이 a, 폭 b, 권수 n, 코일에 흐르는 전류가 i일 때 자속밀도 B가 갭 내에서 일정하고 자계 방향이 전류 i와 직각이라면 이때 발생하는 구동 토크는 다음과 같이 된다.

$$Babni = BAni \tag{4.1.1}$$

여기서, $A(=ab)$는 코일의 면적이다. 따라서, 이 토크가 스프링에 의해 발생하는 제어 토크와 같게 되는 점에서 지침이 정지하게 된다. 제어 토크는 회전각 θ에 비례하기 때문에 이것을 $\tau\theta$라 하면 회전각 θ와 전류 i사이에는 다음과 같은 관계가 있다.

$$BAni = \tau\theta \tag{4.1.2}$$

$$\theta = \frac{G}{\tau}i, \quad G = BAn \tag{4.1.3}$$

식 (4.1.3)에서 지침의 흔들림(θ)은 전류 i에 비례하는 것을 알 수 있다.

일반적으로 가동코일계기의 코일은 관성(inertia)을 지니고 있어서 1[Hz] 이상의 빠른 동작에는 적응이 불가능하기 때문에 그 이상 높은 주파수의 교류에는 반응하지 않는다.

바꿔 말하면 이 형식의 계기는 평균값을 지시하는 계기이며 실제적인 면에서는 직류용이라 해도 무방하다. 식 (4.1.3)에서 알 수 있는 바와 같이 이 눈금은 균등눈금으로 되어 있다.

또한, 이 형의 계기감도는 G에 비례하고 τ에 반비례하기 때문에 권수 n을 크게 하거나 B가 큰 강한 자석을 사용하고 제어 스프링을 약하게 하여 τ를 작게 하면 전류감도는 높아진다. 그리고 감도는 A에도 비례하지만 A를 크게 하면 코일의 중량이 증가하고 자석도 큰 것을 사용해야 하므로 한계가 있다.

영구자석은 주로 MK강, 신KS강, Alnico 등의 주조 자석이 사용된다. 이러한 주조 자석의 보자력은 20,000~80,000[A/m] 정도로 크기 때문에 그림 4.1-2와 같이 길이를 짧게 하고 단면적을 크게 한 형태의 것이 자석에너지를 효율적으로 이용하는 점에서 유리하다. 그림 4.1-2(b)는 내부 자석형이다.

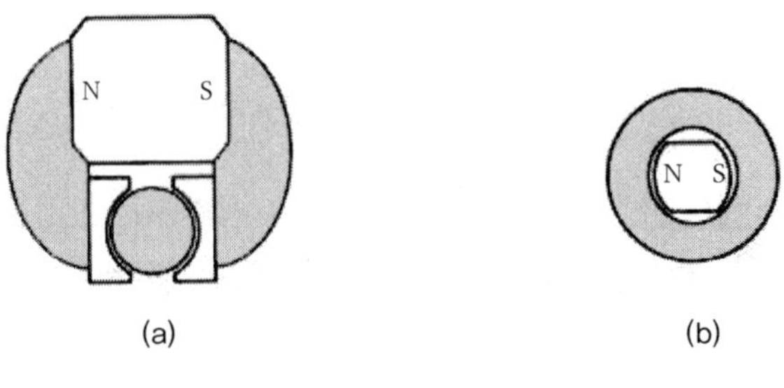

그림 4.1-2 각종 자기회로의 형태

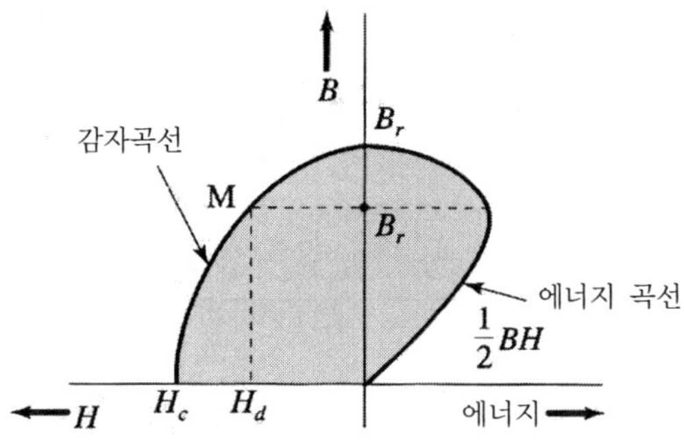

그림 4.1-3 영구자석의 감자곡선

영구자석의 감자곡선은 그림 4.1-3과 같지만 계기의 자기회로에는 코일을 삽입하기 위해 반드시 갭을 설치해야 한다. 이상과 같은 이유로 갭의 자속밀도를 B_r로 할 수는 없다. 그림 4.1-3에 나타낸 에너지의 최대점인 M에서 동작하고 있는 것이 바람직하다. 그렇게 하기 위해서 주조자석은 굵고도 짧은 형이 된다. 영구자석에는 그림 4.1-2와 같이 자석편이나 철심을 부착한다. 갭의 자속밀도는 0.2~0.4[T] 정도이다.

가동코일을 전류계로 사용하는 경우 50[mA] 정도 이하라면 제어 스프링을 통해서 직접적으로 가동코일에 전류를 흘리지만 이것을 초과하는 경우에는 직접 가동코일에 전류를 흘릴 수 없으므로 측정전류를 분류기에 흘리고 50[mV] 정도의 전압강하를 통해 밀리볼트계(milivoltmeter)로 측정한다. 이 경우에 분류기는 망가닌으로 제작되어 있어서 온도계수는 영(0)이라고 생각해도 되지만, 가동코일은 동선으로 감겨져 있기 때문에 온도계수는 밀리볼트계의 온도계수에 영향을 준다. 그러므로 적절한 방법으로 온도계수를 보상해야 한다. 예를 들면 그림 4.1-4와 같이 온도가 변화해도 가동코일 R_1에 흐르는 전류 i는 일정하게 되도록 접속한다.

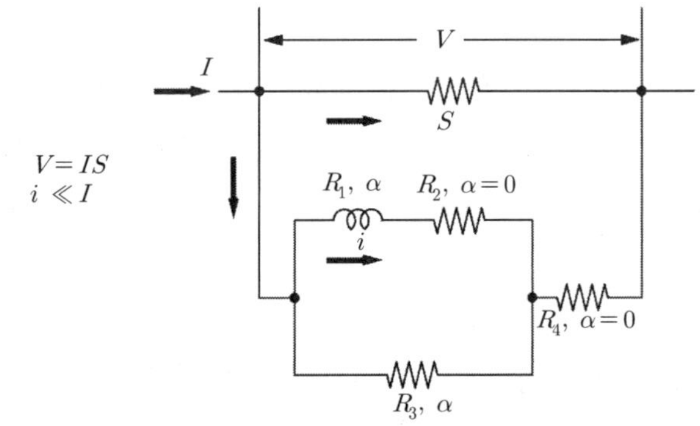

그림 4.1-4 밀리볼트계의 온도계수 보상법

그림 4.1-4에서 R_2와 R_4는 망가닌으로 온도계수는 영(0)이며 R_1, R_3는 동선으로 온도계수는 α 이다. 온도가 t[K]상승한 경우를 생각하면 i와 t의 사이에는 다음과 같은 관계가 성립한다.

$$\frac{V}{i} = R_1(1+\alpha t) + R_2 + \frac{(R_1+R_3)(1+\alpha t)+R_2R_4}{R_3(1+\alpha t)} \tag{4.1.4}$$

위 식의 우변에서 t에 의해 변화하는 부분은 다음과 같다.

$$R_1\alpha t + \frac{R_2R_4}{R_3(1+\alpha t)} \fallingdotseq \frac{R_2R_4}{R_3} + \alpha t\left(R_1 - \frac{R_2R_4}{R_3}\right)$$

또한, i가 t에 관계없이 일정하기 위해서는 다음과 같은 조건이 만족하도록 R_1, R_2, R_3, R_4를 결정하면 된다.

$$R_1R_3 = R_2R_4 \tag{4.1.5}$$

서미스터(thermistor)는 부(−)의 온도계수를 가지고 있으므로 이것을 그림 4.1-5와 같이 배열하고 계기의 온도계수를 보상한다.

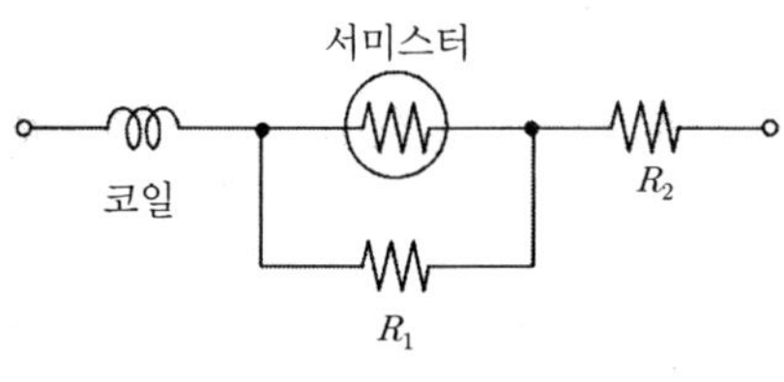

그림 4.1-5 서미스터에 의한 온도계수 보상

전압계로서 사용할 경우는 코일에 흐르는 전류가 수십 [μA]에서 수 [mA]가 되도록 직렬저항을 삽입한다. 코일의 저항 R_1, 온도계수 α, 직렬저항이 R_s이고 그 온도계수가 0일 때 가해지는 전압 V, 코일에 흐르는 전류가 i라 하면 i와 t 사이에는 다음과 같은 관계가 성립된다.

$$\frac{V}{i} = R_1(1+\alpha t) + R_s = (R_1+R_s)\left(1+\frac{R_1}{R_1+R_s}\alpha t\right) \tag{4.1.6}$$

따라서, 온도계수는 $R_1\alpha/(R_1+R_s)$가 되고 $R_1 \ll R_s$이면 온도에 의한 변화는 무시할 수가 있다. V가 큰 경우는 R_s가 크게 되어서 이런 조건이 만족되지만 밀리볼트계와 같이 V가 작고 따라서 R_s가 작아지는 경우는 그림 4.1-4와 4.1-5와 같은 방법으로 보상을 해야 한다. 온도에 의해 영향을 받는 것은 저항 이외에도 있다.

식 (4.1.2)의 B나 τ도 온도에 의해 변화하지만 이런 온도계수는 동선의 저항 온도계수에 비해서 1자리가 작고 모두가 부(-)이기 때문에 식 (4.1.3)에서 분명하듯이 i와 θ의 관계에 대해서는 서로 상쇄하는 방향이다.

그러나 이러한 변화는 0이 아니기 때문에 다음과 같은 방법으로 B의 온도계수를 조정하는 경우도 있다. 그림 4.1-6과 같이 갭에 병렬로 정자강 자기분로편을 부착시킨다. 정자강은 상온에서 온도가 상승하면 투자율이 현저하게 감소하고 분로하는 자속의 비율이 감소되어서 갭의 자속을 일정하게 유지한다.

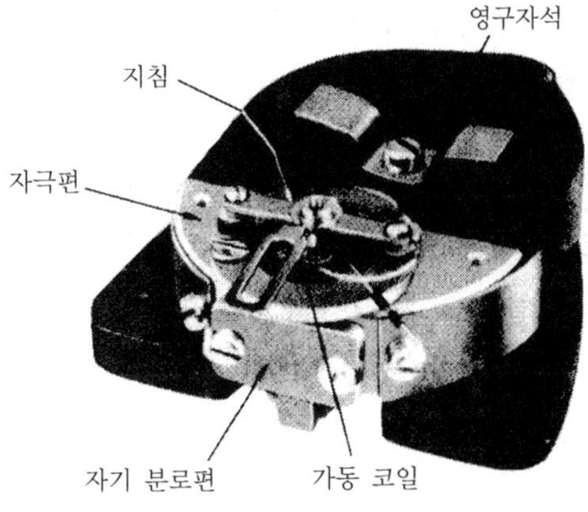

그림 4.1-6 자기 분로편

가동코일형 계기는 분류기나 직렬 저항을 전환해서 다중 범위로 할 수가 있다. 그림 4.1-7은 그 일례이다. 가동코일계기는 토크와 가동 부분 중량의 비가 가장 크고 감도가 높고 소비전력이 작아서 지시형 계기 중에서는 성능면에서 가장 우수하다. 하지만 이 계기는 직류에만 사용이 가능하므로 교류의 경우에는 적당한 방법으로 직류로 변환해서 측정한다(정류계기, 열전형계기, 전자전압계 등). 또한 교류 전력도 적당한 전자회로를 통해 직류 전류로 변환하여 측정할 수가 있다.

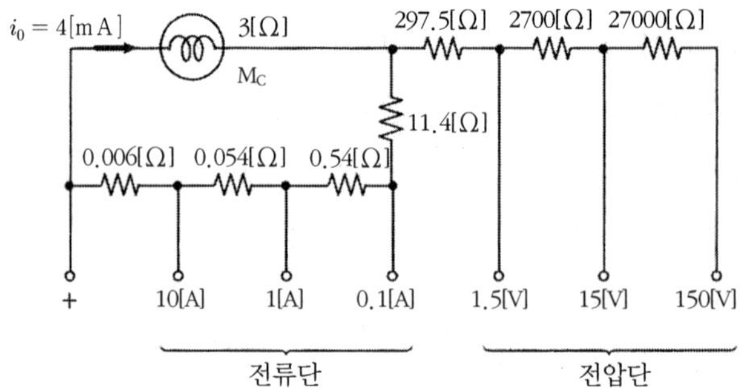

그림 4.1-7 다중 범위 계기의 접속

4.1.2 유도형 계기

회전자계 또는 이동자계 내에 도체를 놓으면 도체에 와전류가 흐르기 때문에 와전류와 자계 간에 작용하는 힘을 구동 토크로 사용할 수 있다. 이런 원리를 응용한 것이 유도형 계기(induction type instrument)이며 교류전용 계기로서 사용된다.

도체에 흐르는 와전류의 크기는 자계의 세기에 비례하기 때문에 구동 토크는 전류의 제곱에 비례하여 실효값을 직접 나타낸다. 또한, 와전류는 주파수에도 비례하므로 토크도 주파수에 비례하게 되어 이러한 계기는 일반적으로 주파수 특성이 그다지 좋지 않다.

1. 회전자계형(rotating field type)

이 계기의 회전자계 또는 회전자속을 만들려면 그림 4.1-8과 같이 한다.

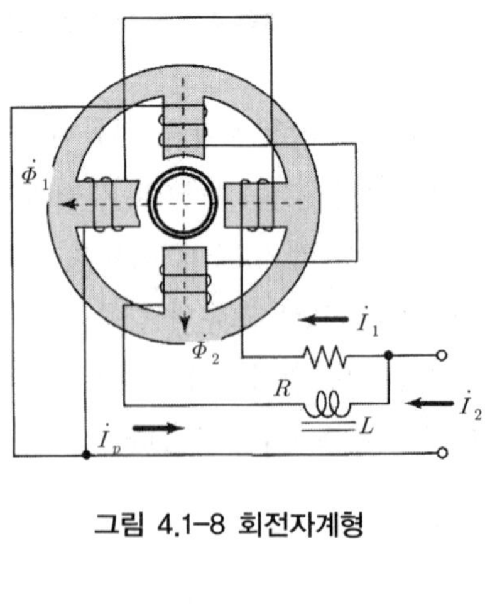

그림 4.1-8 회전자계형

그림 4.1-8과 같이 서로 직각 방향의 자속 Φ_1, Φ_2를 만들고 그 자속의 위상은 Φ_2가 Φ_1보다 ϕ만큼 뒤지게 한다.

Φ_1, Φ_2를 각속도 ω로 반시계 방향으로 회전하는 벡터 Φ_a와 시계 방향으로 회전하는 벡터 Φ_b로 분해하여 생각할 수가 있다. Φ_a, Φ_b의 크기는 다음 식으로 주어진다.

$$\Phi_a^2 = \left(\frac{\Phi_1}{2}\right)^2 + \left(\frac{\Phi_2}{2}\right)^2 + \frac{\Phi_1 \Phi_2}{2}\sin\phi \tag{4.1.7}$$

$$\Phi_b^2 = \left(\frac{\Phi_1}{2}\right)^2 + \left(\frac{\Phi_2}{2}\right)^2 - \frac{\Phi_1 \Phi_2}{2}\sin\phi$$

이 회전자계 속에 알루미늄제 원통을 놓으면 원통면에 각각 $\omega\Phi_a$, $\omega\Phi_b$에 비례한 기전력이 생겨서 와전류가 흐르게 된다. 그 와전류 회로의 임피던스를 $r+j\omega l$이라 하고 $\cos\alpha = r/\sqrt{r^2+\omega^2 l^2}$이라 하면 Φ_a가 원통면을 관통하고 전류와 Φ_a 사이의 위상각은 α이기 때문에 이 양자간에 발생하는 토크 T_a는 반시계 방향이고 그 크기는 다음 식으로 표시된다.

$$T_a = \frac{k\omega\Phi_a^2\cos\alpha}{\sqrt{r^2+\omega^2 l^2}} \tag{4.1.8}$$

여기서, k는 계기에 의해서 정해지는 상수이다. 마찬가지로 Φ_b와 그것에 기인한 전류에 의해서 발생하는 토크 T_b는 시계 방향이고 그 크기는 다음 식으로 표시된다.

$$T_b = \frac{kr\omega\Phi_b^2}{r^2+\omega^2 l^2} \tag{4.1.9}$$

따라서, T_a와 T_b를 합성한 토크 T는 다음과 같은 식이 된다.

$$T = T_a - T_b = \frac{kr\omega(\Phi_a^2 - \Phi_b^2)}{r^2+\omega^2 l^2} = \frac{kr\omega\Phi_1\Phi_2\sin\phi}{r^2+\omega^2 l^2} \tag{4.1.10}$$

2. 이동자계형(shifting field type)

이동자계를 사용할 경우 Φ_1, Φ_2가 평행하여 금속판을 관통하고 있고 그림 4.1-9의 벡

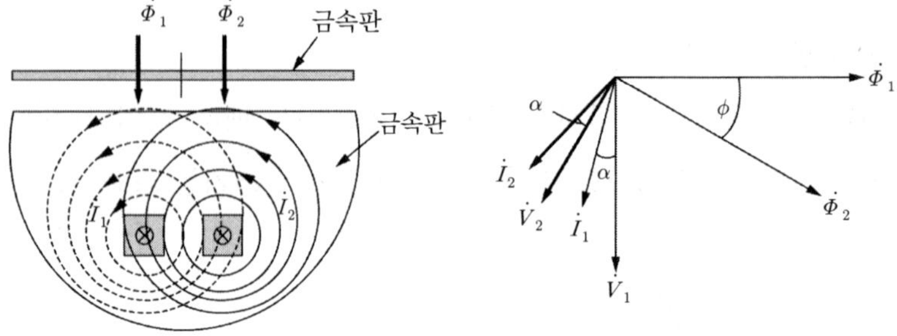

그림 4.1-9 이동자계형

터도와 같이 Φ_2가 Φ_1보다 ϕ만큼 위상이 뒤져 있다면 자속은 마치 Φ_1에서 Φ_2로 이동하는 것 같이 보인다. Φ_1에 의해 금속판에 흐르는 와전류 I_1은 Φ_1보다 위상이 $(90° + \alpha)$만큼 뒤진다. 와전류가 흐르는 회로의 임피던스는 $r + j\omega l$이 되고 $\cos\alpha = r/\sqrt{r^2+\omega^2 l^2}$ 가 된다. 마찬가지로 I_2는 Φ_2보다 $(90° + \alpha)$만큼 뒤진다.

토크는 Φ_2와 I_1 및 Φ_1과 I_2 사이의 위상각인 $(90° - \phi + \alpha)$및 $(90° + \phi + \alpha)$에 따라 발생한다. 그리고 Φ_1이 있는 곳의 I_2와 Φ_2가 있는 곳의 I_1은 방향이 반대이기 때문에 토크의 방향도 반대가 된다. 토크는 양자의 차가 되어 다음 식으로 표시된다.

$$T = \frac{k'\omega\Phi_1\Phi_2[\cos(90° - \phi + \alpha) - \cos(90° + \phi + \alpha)]}{\sqrt{r^2+\omega^2 l^2}} \qquad (4.1.11)$$

$$= \frac{2k'\omega\Phi_1\Phi_2\cos\alpha\sin\phi}{\sqrt{r^2+\omega^2 l^2}} = \frac{2k' r\omega\Phi_1\Phi_2\sin\phi}{r^2+\omega^2 l^2}$$

여기서 k'는 계기의 구조에 따라 정해지는 상수이지만 $2k' = k$라 놓으면 식 (4.1.11)은 식 (4.1.10)과 완전히 같게 된다.

제어 토크는 다른 형식의 계기와 마찬가지로 와권 스프링을 이용하지만 제동 토크는 영구자석의 자속 내에서 알루미늄 원판이 회전할 때 발생하는 와전류에 의한 자기 제동을 사용하는 경우가 많다.

그림 4.1-8은 회전자계형 전류계의 예로서 회전 원통에 발생하는 와전류 사이에서 토크를 발생시킨다. 즉, 그림 4.1-8에서 I_1, I_2는 각각의 저항, 인덕턴스를 통해서 흐르기 때문에 거의 90°의 위상차가 생긴다.

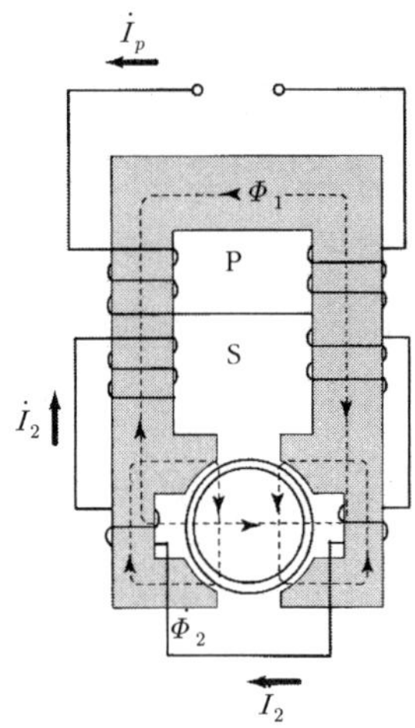

그림 4.1-10 변성기형

또한, 그림 4.1-10은 변성기형(transformer type)의 예로서 1차 코일에 측정 전류 I_p를 흘리면 2차 전류 I_2가 흐른다. I_p와 I_2에서 공통적으로 발생하는 자속 Φ_1과 I_2에서 발생하는 자속 Φ_2는 서로 직각으로 거의 90°의 위상차가 발생한다.

이동자계형 전류계의 대표적인 예는 그림 4.1-11과 같은 셰이딩 코일형(shading coil type)이다. 전류 I_p가 흐르면 자속 Φ가 발생하고 이것에 의해서 셰이딩 코일에는 전압 V_s가 유도된다. 이 V_s 때문에 단락된 코일에는 전류 I_s가 흐르지만 이 I_s를 상쇄시키는 $-I_s$와 여자전류 I_0의 합이 1차 전류 I_p가 된다. 또한, Φ는 Φ_1과 Φ_2로 나뉘어지지만 그 중에 단락 권선을 설치한 코어의 자속 Φ_2는 그림 4.1-11과 같이 위상이 늦어지므로 Φ_1, Φ_2는 이동자계를 형성하고 알루미늄 원통에 토크를 발생시킨다.

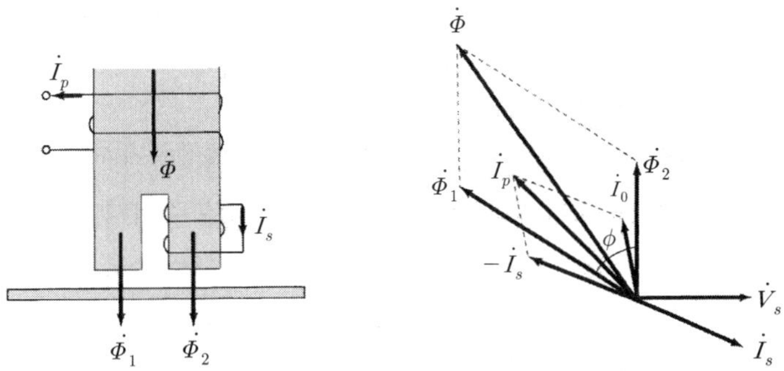

그림 4.1-11 셰이딩 코일형

유도형 계기를 전압계로 사용하려면 코일을 가는 선으로 여러 번 감고 직렬 저항을 삽입한다. 셰이딩 코일형은 주 코일을 가는 선으로 여러 번 감고 직접적으로 전압을 가한다. 이 경우 주회로는 거의 인덕턴스만으로 되므로 $\omega\Phi$는 가해진 전압에 비례하여 주파수 특성이 양호하게 된다.

식 (4.1.10)에서 알 수 있는 바와 같이 구동 토크는 $\Phi_1 \Phi_2 \sin\phi$에 비례하기 때문에 전력계로 사용할 수가 있다. 즉, 부하 전류 I로 Φ_1을 만들고 부하 전압 V로 Φ_2를 만들지만 Φ_2를 V보다 90° 늦게 하면 다음 식이 되므로 전력 $VI\cos\phi$를 지시할 수가 있다.

$$\omega\Phi_1\Phi_2\sin\phi = \omega\Phi_1\Phi_2\cos\phi \tag{4.1.12}$$

또한, Φ_2를 V보다 90° 늦게 하려면 인덕턴스 L을 통해서 I_2를 흘리면 된다. 이 경우에 $\phi\Phi_2 \propto V$가 되므로 주파수에 의한 오차도 작아진다.

유도형 계기는 가동 부분이 간단할 뿐만 아니라 견고하고 전류 도입의 필요성이 없으며 토크가 크다는 것 등의 이점이 있으나, 주파수나 온도 등의 영향을 받기 쉽다는 결점이 있어서 주로 사용 주파수가 정해져 있는 배전반용 계기, 특히 광각도 계기에 사용된다. 그러나 이 형이 많이 사용되고 있는 것은 지시기보다는 오히려 교류 전력량계이다.

4.1.3 진동편형 주파수 계기

고유 진동수가 조금씩 다른 다수의 얇은 강판을 정렬시키고 이들의 강판에 교류 전류에 의한 교번자계를 가하면 강판의 고유 진동수는 교번자계의 주파수와 동일할 경우에 강판이 공진하여 크게 진동한다.

공진점에서 0.25[Hz] 어긋나면 진폭은 60[%] 정도로 감소되기 때문에 공진한 강판을 분별할 수가 있다. 이러한 구조를 가지고 있는 것을 진동편형 주파수계(vibrating reed type frequency meter)라 한다.

진동시키는 힘은 작용하는 자속의 제곱에 비례한다. 따라서, 그림 4.1-12(a)와 같이 영구자석에 의한 일정 자속 Φ와 교번 자속 $\Phi'\sin\omega t$를 중첩시킨 경우의 힘은 다음 식에 비례한다.

$$(\Phi + \Phi'\sin\omega t)^2 = \Phi^2 + \frac{1}{2}\Phi'^2 + 2\Phi\Phi'\sin\omega t - \frac{1}{2}\Phi'^2\cos 2\omega t \tag{4.1.13}$$

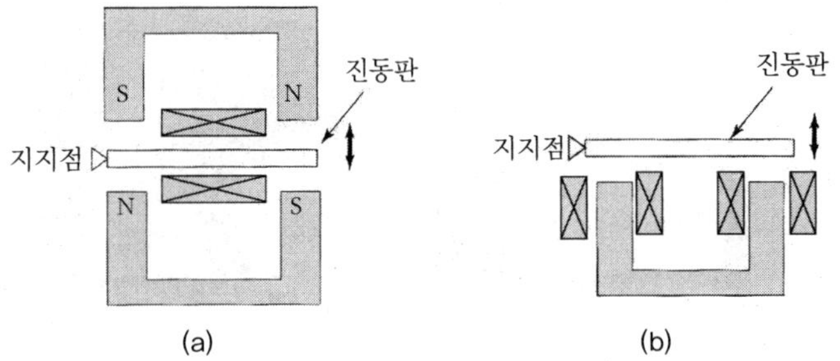

그림 4.1-12 진동편형 주파수계

또한, $\Phi > \Phi'$ 이면 주로 진동에 참여하는 것은 우변의 제3항이고 기전력의 주파수는 전원 주파수에 비례한다. 그리고 그림 4.1-12(b)와 같이 교번자속 $\Phi'\sin\omega t$ 만이 작용할 경우는 다음 식과 같이 되므로 전원 주파수의 2배인 주파수의 기전력이 작용한다.

$$\Phi'^2\sin\omega t = \frac{1}{2}\Phi'^2 - \frac{1}{2}\Phi'^2\cos 2\omega t \qquad (4.1.14)$$

이 형의 주파수계는 전압이나 파형의 영향을 받지 않는 것이 이점이지만 진동편의 스텝이 0.5[Hz] 혹은 1[Hz] 정도로 되기 때문에 지시가 계단적으로 되는 경우와 변화에 대해서 지시는 속응하지 못하는 것 등의 결점이 있다. 그래서 일반적으로 상용 주파수 정도의 주파수계로서 사용되고 있다.

4.1.4 적산계기

1. 적산계기 일반

어떤 시간 내의 전류, 전력, 무효전력 등을 적산해서 측정하는 계기를 적산계기(integrating meter)라 한다. 예를 들면 전류를 적산하면 전기량(쿨롬)이 얻어지고 와트를 적산하면 에너지(줄)가 얻어진다. 이 경우 적산계기에 사용되는 단위로서는 보통 쿨롬, 줄 등의 대신에 암페어시(Ah), 와트시(Wh) 등이 사용된다.

대부분의 적산계기는 가동 부분이 원판으로 되어 있어서 이것을 피적산량의 크기에 비례한 속도로 회전시키고 그 회전을 적산하는 기구이다. 이 적산을 표시하는 장치를 계량장치(register)라 하며 기어의 조합으로 원판의 회전수를 체감해서 지침 또는 숫자 휠(number-wheel)에 전달하는 작용을 한다.

(a) (b)

그림 4.1-13 전력량계의 계량장치

원판의 회전을 지침에 전달하는 것을 지침형(pointer type)이라 한다. 이것은 그림 4.1-13(a)와 같이 1자리마다 회전 방향이 반대로 되어 있기 때문에 읽기가 곤란한 결점이 있으나 마찰이 일정하므로 정밀급 계기에는 이 형이 채택되고 있다.

또한, 그림 (b)와 같이 회전을 숫자 휠에 전달하는 것을 현자형(cyclometer type)이라 하고 이것은 읽기가 용이하다는 이점이 있으므로 가정용으로 많이 사용된다. 다만 숫자 절반가량이 가려지지 않도록 하기 위해 기어를 약진형으로 하기 때문에 기어가 약진할 때 토크가 필요하게 된다. 또한, 기어비를 시험하기 위해 최하위에 약진형이 아닌 시험 다이얼이 설치되어 있다.

적산계기는 검침의 편의를 위해 옥외에 설치되는 경우가 많고 유효기간 중에 장해가 발생하지 않은 내구성을 가져야 하므로 외함은 철, 알루미늄, 유리 등으로 제작되고 있다. 적산계기로 가장 널리 사용되고 있는 것은 전력량계(watthour meter)이지만 직류 적산전류계, 무효전력량계 등도 사용된다.

전력 거래에 사용되는 계기는 거래용 계기(supply meter)라 불리지만 이 중에는 나중에 설명하는 최대 수용 전력계(maximum demand power meter)도 포함되어 있다. 이 거래용 계기를 전력거래에 사용할 경우는 계량법에 따라 검정에 합격한 것이어야 한다. 그리고 검정 유효기간은 형에 따라 5~10년으로 정해져 있다.

2. 직류 적산계기

직류 적산계기는 전지의 충방전, 전기화학 공정, 전기철도 등에서 사용되며 발전기형과 전동기형이 있다.

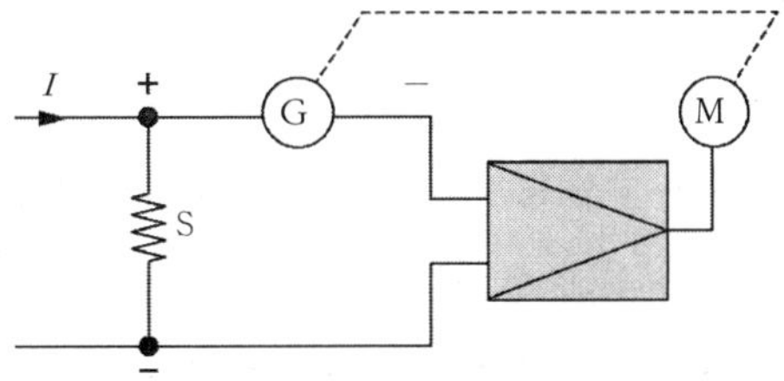

그림 4.1-14 발전기형 적산전류계

발전기형은 그림 4.1-14와 같이 측정 전류 I를 분류기 S에 흘리고 그 전압강하와 자석식 직류 발전기 G의 기전력과의 차를 증폭해서 전동기 M을 회전시킨다. 이 때, 증폭기의 증폭률이 크면 이 차는 매우 작아지기 때문에 "0"으로 가정할 수가 있다. 발전기의 발생 전압은 회전수에 비례하므로 이 회전수를 적산하는 것에 의해 적산 전류값을 구할 수가 있다.

전동기형은 직류 전동기의 회전수는 측정 전류 또는 측정 전력에 비례하는 원리를 이용한 것이다. 그림 4.1-15는 수은 전동기형 전력량계로 베이클라이트제의 수은조에 수은을 채우고 그 속에서 구리원판을 회전시키는 것이다.

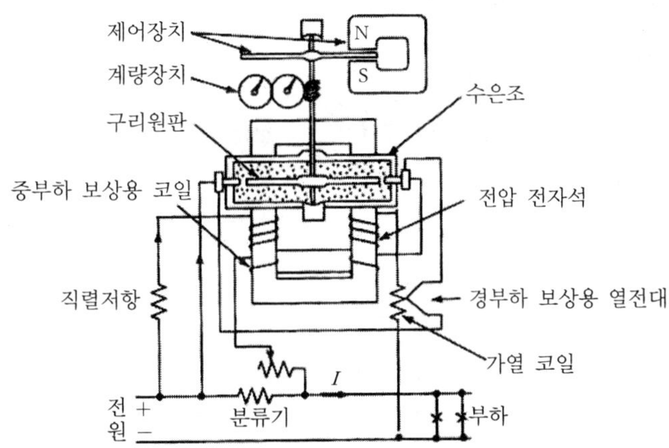

그림 4.1-15 수은 전동기형 직류 전력량계

3. 교류 전력량계

교류 전력량계로서 일반적으로 사용되고 있는 것은 유도형 계기인 이동자계형이다.

유도형 계기에서 전력 $VI\cos\phi$에 비례한 구동 토크를 발생시키는 원리는 $\Phi_1 \propto I$, $\Phi_2 \propto V/\omega$, $\Psi = 90° - \phi$가 되도록 하면 된다.

이동자계를 만드는 철심 구조의 예를 나타내면 그림 4.1-16과 같이 된다. 그림에서 C_p는 전압 철심, W_p는 전압 코일, C_c는 전류 철심, W_c는 전류 코일로서 W_c에는 부하 전류 I가 흘러서 전류 자속 Φ_1을 만든다. W_p는 권수가 많고 순인덕턴스에 가까우므로 부하 전압보다 거의 90° 뒤진 코일 전류 I_p에 의해서 전압 자속 Φ_2를 발생한다.

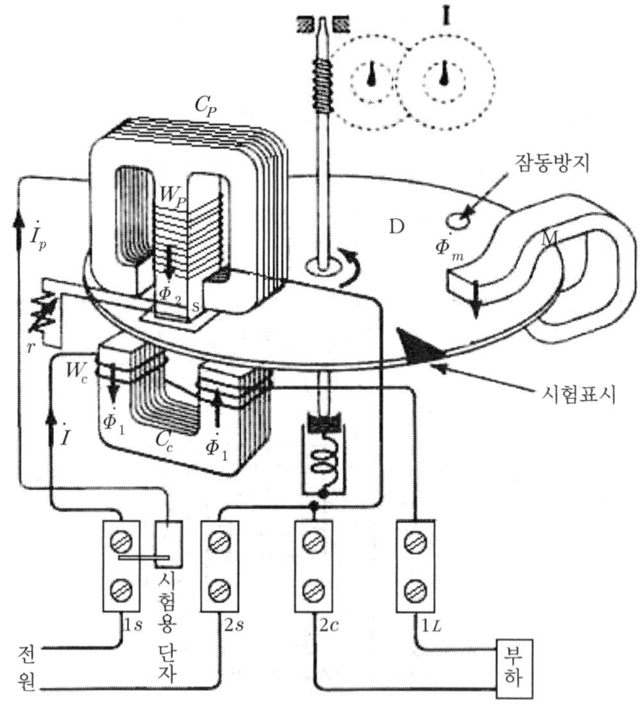

그림 4.1-16 유도형 적산전력량계

Φ_1, Φ_2의 관계에 대해서는 그림 4.1-17과 같이 되어 이동자계가 발생한다. 다만 W_p의 저항이나 철손 때문에 실제로 Φ_2가 뒤지는 위상각은 $(90° - \beta_1)$으로 90°보다 작으므로 이 β_1을 보상하기 위해 전압 철심에 위상 조정장치(phase regulator)를 설치한다. 이것

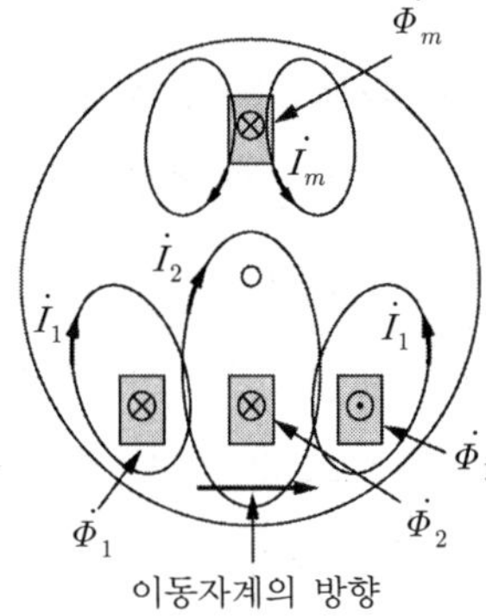

그림 4.1-17 원판의 와전류

은 전압 철심의 중앙에 있는 다리에 코일 S를 설치하고 이 코일상의 저항 r의 값을 조정하는 것이다. 이 위상 조정장치에 의해 Φ_2가 뒤지는 각도를 β_2라 하면 V와 Φ_2 사이의 각도는 $(90° - \beta_1 + \beta_2)$가 되므로 구동 토크 T_d는 $VI\cos(\phi + \beta_1 - \beta_2)$가 된다.

또한, 그림 4.1-16과 그림 4.1-17에서 알루미늄 원판 D는 영구자석 M의 자속 Φ_m을 끊어서 회전하기 때문에 그 회전속도를 n이라 하면 그 부분에 발생하는 와전류는 $n\Phi_m$에 비례하고 M에 의해서 발생하는 토크 T_c는 $n\Phi_m^2$에 비례한다. 따라서 $T_d = T_c$이면 원판은 가속되지 않고 일정 속도로 회전하기 때문에 다음 식이 된다.

$$k_d VI\cos(\phi + \beta_1 - \beta_2) = k_m n\Phi_m^2 \qquad (4.1.15)$$

또한, $\beta_1 = \beta_2$이면 전력과 회전속도 사이에는 다음과 같은 관계가 성립된다.

$$n = \frac{k_d VI\cos\phi}{K_m \phi_m^2} \qquad (4.1.16)$$

따라서, 회전속도 n은 전력 $VI\cos\phi$에 비례한다.

그러나 식 (4.1.16)은 이상적인 경우이며 실제로는 여러 가지의 토크가 작용해서 오차가 발생한다. 즉, 원판은 Φ_m 이외에 Φ_1, Φ_2도 끊으면서 회전하기 때문에 Φ_m에 의해서 발생하는 토크의 경우와 마찬가지로 Φ_1, Φ_2에 의해 토크 $k_1 n\Phi_1^2$, $k_2 n\Phi_2^2$이 발생한다. 이러한 토크는 모두 원판을 감속시키는 방향으로 작용하므로 Φ_1 또는 Φ_2가 증가하면 부(−)의 오차가 증가한다.

Φ_1은 부하 전류 I에 비례하므로 중부하의 경우에는 $k_1 n \Phi_1^2$이 부(−)의 오차가 발생한다. 이 오차를 감소시키기 위해서는 Φ_1을 작게 하고 Φ_2를 크게 해서 원판의 회전속도 n을 작게 해야 한다. 또한, 전류 철심에 중부하로 포화하는 자기 분로를 설치하고 Φ_1을 I에 비례하는 이상으로 증가시켜서 이 오차를 보상할 수가 있다. Φ_2는 전압 V에 비례하므로 선간 전압이 상승하면 $k_2 n \Phi_2^2$에 의해서 역시 부(−)의 오차가 발생한다.

또한, 원판이 회전하면 마찰 토크 T_f가 발생한다. 이것은 특히 경부하에서 현저하기 때문에 이것을 보상하는 토크를 가해야 한다. 이런 토크를 부여하는 장치를 경부하 보상 장치(light-load compensator)라 하며 그림 4.1-16의 Q가 이것에 해당한다. 이것은 전압 철심 다리의 하부에 동의 단락환을 장치한 것으로 이것을 다리 중심에서 약간 회전 방향으로 비켜두면 그림 4.1-11에서 설명한 셰이딩 코일(shading coil)의 경우와 같이 이동자계가 생겨서 토크를 발생시킨다. 그래서 동환의 위치를 조정하면 마찰 토크를 제거할 수가 있다.

그러나 이 경부하 조정 토크도 Φ_2^2에 비례하므로 전압이 상승하면 무부하에서도 이 토크만으로 원판을 회전시킬 염려가 있다. 이것을 잠동(creeping)이라 하며, 이것을 방지하기 위해서는 원판에 잠동방지의 구멍(hole)을 뚫는다. 이 구멍이 철심의 밑에 오면 와전류의 흐름이 방해가 되고 토크가 줄어서 거기에서 정지하게 되어 있다. 그러나 잠동방지가 지나치게 강하면 원판을 기동하는 경우에 필요한 기동 전류가 커진다. 식 (4.1.15)에서 $(\beta_1 - \beta_2)$가 0이 아닌 경우에 발생하는 오차 ε은 다음 식으로 표시된다.

$$\varepsilon = (\beta_2 - \beta_1)\tan\phi \tag{4.1.17}$$

주파수 특성은 주파수가 높아지면 식 (4.1.11)에 나타낸 바와 같이 원판 와전류 회로의 인덕턴스 영향에 의해 오차가 부(−)로 된다. 단, 역률이 낮은 경우에는 $(\beta_2 - \beta_1)$이 정(+)이 되어서 오차는 반대로 정(+)이 된다.

보통 전력량계와 같이 대량 생산 방법으로 제작되는 것은 가급적 정격전류의 종류가 적은 것이 바람직하다. 그래서 부하 전류 특성을 개선해서 광범위에 걸쳐서(정격전류의 1/30까지)양호한 특성을 갖도록 하여 정격의 종류를 줄이고 옥외에 시설하기 때문에 내후형(weather proof type)을 원칙으로 한다.

3상 전력량계는 단상과 동일한 구동 소자를 두 개 설치하고 3상 전력을 적산할 수 있도록 한 것이며 그 구조는 그림 4.1-18과 같이 되어 있다.

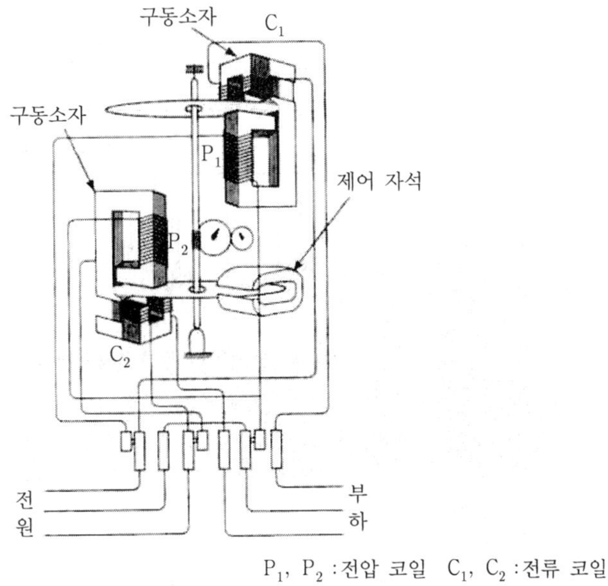

그림 4.1-18 3상 전력량계

4. 무효전력량계

전력은 송·배전선의 손실을 감안하면 가급적 역률을 1의 부근에서 사용하는 것이 바람직하다. 그래서 무효전력에도 요금을 부과하기 위해서 무효전력량계(reactive watthour meter)가 생겨났다. 이것과 전력량계에 의해서 일정 기간의 평균 역률을 산출하고 그 값에 따라 전력요금을 조정한다. 이와 같은 계기가 필요한 것은 대량 전력을 거래하는 3상 회로에 한정되어 있다.

유도형 계기에서 구동 토크를 무효전력 $VI\sin\phi$에 비례하게 하려면 $\Phi_1 \propto I$, $\Phi_2 \propto V/\omega$로 하면 되지만 V와 Φ_2사이의 위상각은 전력량계에서는 90°인데에 비해 무효전력량계에서는 180° 또는 0°로 해야 한다. 이와 같이 하면 이론적으로는 회로의 불균형이나 상순 등에는 관계없는 무효전력량계를 얻을 수가 있으나 실현하기는 곤란하다.

그러나 이 종류의 계기를 3상 회로에 사용할 경우에는 상순이 일정하고 전압은 평형이라고 생각되므로 내부 위상각 90°의 전력량계를 그대로 무효전력을 적산하도록 접속하면 된다. 그 접속과 벡터도를 그림 4.1-19와 그림 4.1-20에 나타내었다.

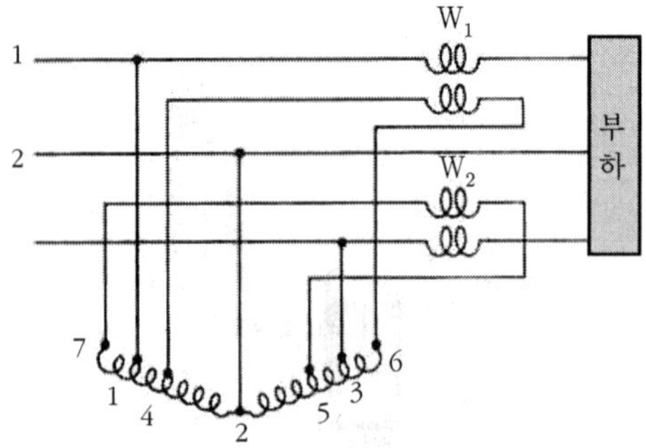

그림 4.1-19 적산 무효전력량계의 접속

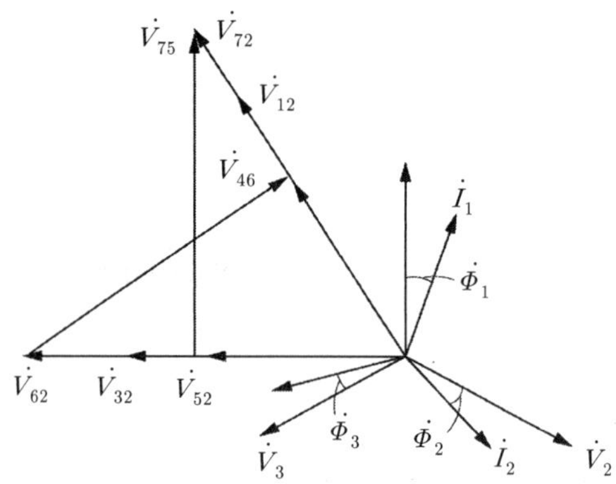

그림 4.1-20 무효전력량계의 벡터도

그림 4.1-19에서 W_1, W_2는 3상 전력량계의 두 개 소자를 나타낸다. 전력량계는 W_1의 전압 코일에는 V_{12}가 가해지지만 무효전력량계의 경우는 90° 위상이 뒤지고 크기가 동등한 V_{46}이 가해지므로 전압 자속 Φ_2는 V_{12}보다 180° 뒤진다. W_2의 전압 코일에는 마찬가지로 V_{32} 대신에 그것보다 90° 위상이 뒤진 V_{75}가 가해진다. 이와 같이 전력량계와 탭이 부착된 단권 변압기의 조합으로 무효전력을 측정할 수가 있다.

5. 최대 수용 전력계

전기요금에 관계된 인자로서는 역률 이외에 부하율이 있다. 미리 정해진 시한(15분, 30분, 60분 등) 중의 사용전력량에 대한 어느 기간 중의 최대값은 최대 수용 전력이라 하며 이것을 측정하는 계기를 최대 수용 전력계라 한다.

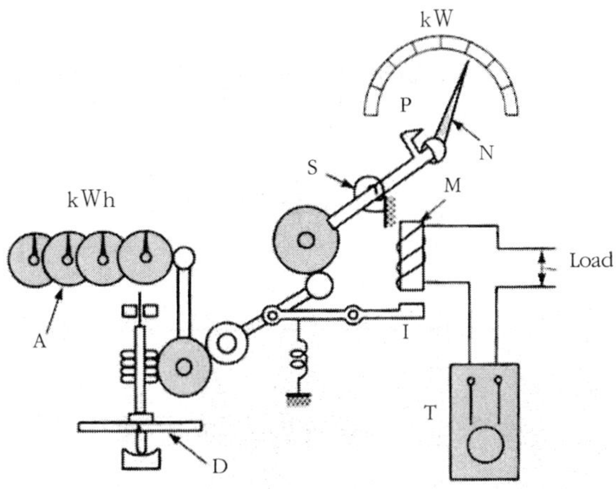

그림 4.1-21 적산형 최대 수용 전력계

그림 4.1-21과 같이 전력량계의 원판 D의 회전은 N을 통해 P를 지시한다. 시계 T에 의해 생기는 일정한 시간마다 전자석 M이 작용하고 철편 I를 유인하면 P는 자유롭게 되어 N을 남긴 채 스프링 S의 힘으로 0으로 복귀한다. 이와 같이 N에 의해서 어느 기간 중에 최대값을 나타낼 수가 있다. 그리고 N은 검침할 때 외부에서 0으로 복귀시킨다.

4.1.5 계기용 변성기

1. 계기용 변성기 일반

전력 또는 전류를 적당한 크기로 변환하고 회로와 계기를 절연할 목적으로 사용되는 것이 계기용 변성기(instrument transformer)이다. 원리적으로는 전력용 변압기와 동일하지만 전력의 손실이 아니라 오차를 문제시하는 점이다. 전압용은 계기용 변압기(Potential Transformer : PT), 전류용은 변류기(Current Transformer : CT)라 한다.

변압기의 1차 권선수를 N_1, 2차 권선수를 N_2, 권수비(N_1/N_2)를 n, 1차, 2차 권선의 상호 어드미턴스를 Y_m, 2차 측 부담의 임피던스를 Z_b라 하고 1차, 2차의 누설 임피던스를 각각 Z_{1f}, Z_{2f}이라 하면 변압기의 등가 회로는 그림 4.1-22와 같다.

그림 4.1-22에서 $Z_{1l}=0$, $Z_{2l}=0$, $Y_m=0$이 되는 변압기를 이상 변압기(ideal transformer)라 하며 이 경우는 다음과 같은 관계가 있다.

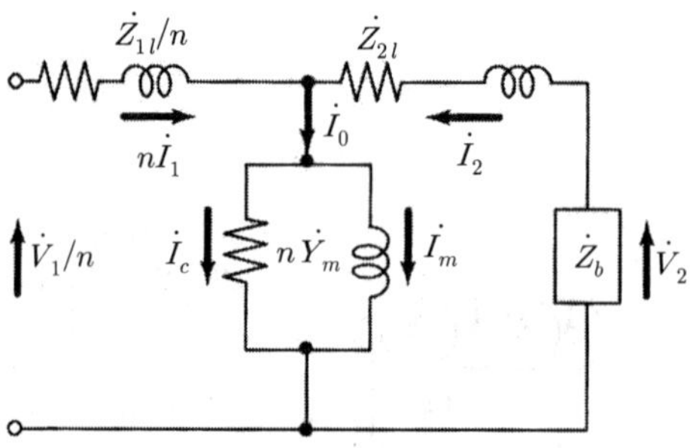

그림 4.1-22 변압기의 등가 회로

$$V_1 = -\,n\,V_2 \tag{4.1.18}$$

$$I_1 = I_2/n = -\,n' I_2 \tag{4.1.19}$$

이상 변압기에서는 오차가 생기지 않지만 실제의 변압기는 오차가 생긴다. 계기용 변성기의 1차 측과 2차 측의 정격값을 V_{1n}, I_{1n}, V_{2n}, I_{2n}이라 하면 계기용 변압기에서는 다음과 같은 관계가 성립된다.

$$\frac{V_{1n}}{V_{2n}} = K_n \tag{4.1.20}$$

또한, 변류기에서는 다음과 같은 관계가 있다.

$$\frac{I_{1n}}{I_{2n}} = K_n \tag{4.1.21}$$

여기서, K_n을 각각의 공칭 변성비(nominal transformation ratio)라 한다. 실제의 변성비를 K라 하면 비오차 ε은 다음과 같다.

$$\varepsilon = \frac{K_n - K}{K} \tag{4.1.22}$$

이를 백분율로 나타내면 다음과 같이 표시된다.

$$\varepsilon_{100} = \frac{K_n V_2 - V_1}{V_1} \times 100[\%] \tag{4.1.23}$$

$$\varepsilon_{100} = \frac{K_n I_2 - I_1}{I_1} \times 100[\%] \tag{4.1.24}$$

계기용 변성기를 통해서 전력을 측정할 경우는 V_1과 V_2 또는 I_1과 I_2의 크기뿐만 아니라 그 사이의 위상각도 문제가 된다. 보통 2차 측을 180° 회전한 것, 즉 $-V_2$ 혹은 $-I_2$가 각각 V_1 또는 I_1보다 앞서 있는 경우를 변성기의 위상각이 정(+)이라고 하고 그 크기는 "분"으로 표시한다.

2. 계기용 변압기

계기용 변압기는 그림 4.1-22의 nY_m이 작으므로서 I_0는 무시를 해도 된다. 그래서 2차 전류는 Z_{1l}/n^2과 Z_{2l}이 흘러서 전압이 강하하기 때문에 오차가 생긴다. 부하가 커질수록 오차는 부(−)의 방향으로 커지지만 이것을 보상하기 위해 권수비 n을 K_n보다 작게 한다. 이 경우 n을 K_n보다 작게 하는 정도를 되감기(back turn)라 하고 다음 식으로 표시된다.

$$\beta = \frac{K_n - n}{K_n} \times 100[\%] \tag{4.1.25}$$

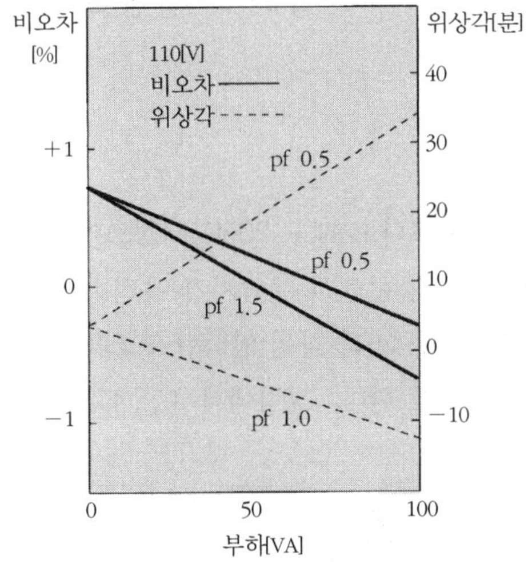

그림 4.1-23 계기용 변압기의 특성

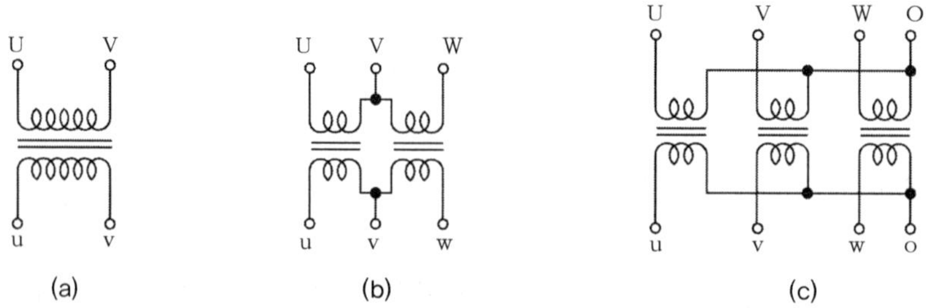

그림 4.1-24 계기용 변압기의 단자기호

계기용 변압기의 단자기호(그림 4.1-24)는 1차 측을 U, V 또는 U, V, W, 2차 측을 u, v 또는 u, v, w, 중심점을 각각 O, o로 표시한다. 극성은 V, v를 단락했을 때 상호 인덕턴스가 정(+)이 되도록 정한다. 그리고 3상의 경우에는 그림 4.1-25와 같이 1개의 3각 철심에 권선을 감을 수가 있다.

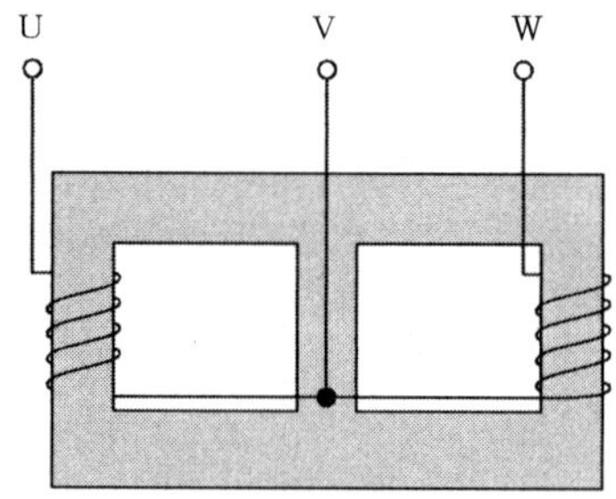

그림 4.1-25 3상 변압기

3. 용량전압 변성기

계기용 변압기의 부하는 크다고 해도 200[VA]정도이지만 고전압이 되면 절연물 때문에 매우 대형이 된다. 그래서 콘덴서 분압기가 유리하게 되지만 그것으로는 큰 부하를 감당할 수 없으므로 그림 4.1-26과 같이 인덕턴스 L을 삽입한다. 이것을 용량전압 변성기(Potential Devise : PD)라 한다. 그림에서 V_1, V_2의 비는 다음과 같다.

$$\frac{V_2}{V_1} = \frac{\frac{1}{Y}}{\frac{1}{j\omega C_1} + \frac{1}{Y}} \times \frac{Z_b}{j\omega L + Z_b} \qquad (4.1.26)$$

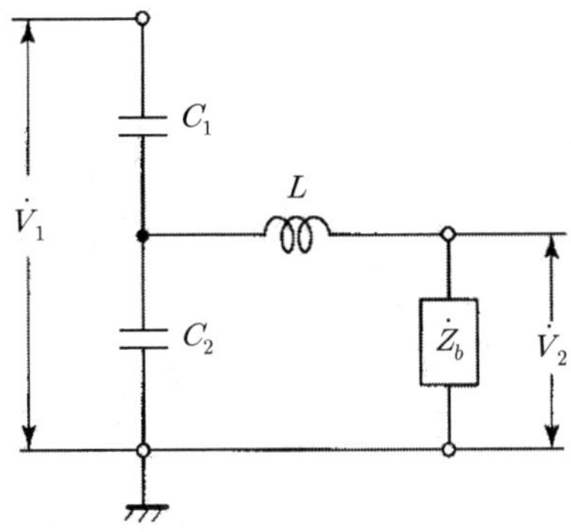

그림 4.1-26 용량 전압 변성기

여기서, $Y = j\omega C_2 + \dfrac{1}{j\omega L + Z_b}$

위 식을 정리하면 다음과 같이 된다.

$$\frac{V_1}{V_2} = \frac{C_1 + C_2}{C_1} + \frac{1 - \omega^2 L(C_1 + C_2)}{j\omega C_1 Z_b} \tag{4.1.27}$$

그러므로 $\omega^2 L(C_1 + C_2) = 1$이 되도록 조정하면 식 (4.1.26)은 다음과 같이 된다.

$$\frac{V_1}{V_2} = \frac{C_1 + C_2}{C_1} \tag{4.1.28}$$

위 식을 보면 Z_b에는 관계가 없는 것을 알 수 있다. 다만, 식 (4.1.26)의 조건은 주파수가 관계하므로 주파수의 특성은 그다지 좋지 않게 된다.

4. 변류기

변류기는 그림 4.1-22에서 nY_m에 I_0, 즉 I_m 및 I_c가 흐르는 것이 오차의 원인이 된다. 동일한 I_2라도 Z_b가 클수록 nY_m에 가해지는 전압이 증가해서 I_0가 증가하기 때문에 비오차는 부(−)로 커지고 위상각도 증가하지만 이것은 Z_b의 역률에도 관계한다.

또한 I_0는 V_2에 비례해서는 증가하지 않으며 V_2가 작은 곳, 즉 철심의 자속밀도가 작은 곳에서는 투자율이 작고 Y_m이 크다. 그래서 변류기의 전류특성은 그림 4.1-27과 같다.

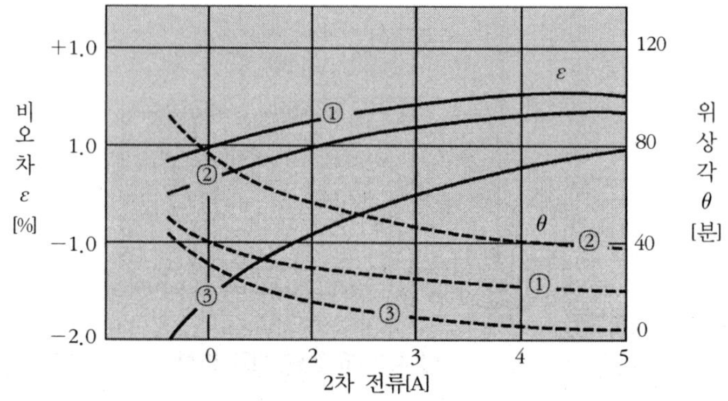

① : 5[VA], pf 1.0 ② : 25[VA], pf 1.0 ③ : 25[VA], pf 0.6

그림 4.1-27 변류기의 전류특성

이러한 오차를 줄이기 위해서는 Y_m을 작게 하면 된다. 그렇게 하기 위해서는 고투자율의 철심을 사용해서 권수를 늘리면 된다. 예를 들면 1.0급일 경우에는 규소 강판의 철심으로 기자력을 600[AT] 정도, 0.2급이면 퍼멀로이(permalloy) 철심으로 1,000[AT] 정도로 한다.

또한 2차와 1차의 권수비($n' = 1/n$)를 공칭 변성비보다 약간 작게 해서 오차를 보상한다. 이 경우에 n'를 K_n보다 작게 하는 정도를 변류기의 되감기(back turn)라 하며, 다음 식으로 표시된다.

$$\beta = \frac{K_n - n'}{K_n} \times 100[\%] \tag{4.1.29}$$

변류기의 경우 Z_b는 수[Ω]이다. 변류기는 1차 전류를 흘리면서 2차 측을 개로해서는 안된다. 2차 측의 계기를 대체할 경우에는 반드시 단락시킨 상태에서 실시한다. 이것은 2차 측을 개로하면 그림 4.1-22에서 분명하듯이 nI_1이 그대로 nY_m에 흐르기 때문에(철심이 포화해서 Y_m이 커지기는 하지만) V_1에 따라서 V_2가 커져서 절연을 파괴할 염려가 있기 때문이다.

변류기의 단자기호는 1차 측은 K, L로 2차 측은 k, l로 정한다. 또한 극성에 관해서는 계기용 변압기의 경우와 동일하다.

4.1.6 전류의 측정

1. 직류 전류의 측정

전류의 크기가 전류계의 사용 범위라면 전류계를 회로에 접속해서 측정할 수 있으나 이 경우는 적당한 정격인 것을 선택할 필요가 있다. 일반적으로 계기의 종류로서는 가동 코일계기를 사용한다.

전류계의 측정 범위를 변경하려면 분류기를 병렬로 접속하고 변화시킨다. 즉, 측정 전류를 분류기에 흘리고 전압강하를 밀리볼트계로 측정하고 그 전류를 계산으로 구한다. 보통, 분류계의 전압강하는 수십[mV] 정도이기 때문에 밀리볼트계 대신에 전위차계를 사용하면 보다 정밀한 측정을 할 수 있다. 표준용 직류전류계의 교정은 이 방법으로 실시한다.

대전류용 분류기에서는 저항값이 작아지기 때문에 망가닌으로 된 봉 또는 판의 단면적을 크게 하여 개수를 늘리지만 그 경우는 양단에 커다란 구리(Cu) 블록을 부착하고 전류가 균일하게 흐르게 한다. 전압강하는 전류의 크기와는 관계없이 수십[mV]이기 때문에 전류가 크면 클수록 손실이 증가한다. 따라서 대전류인 경우는 온도상승을 방지하기 위해 열방산을 잘해야 한다.

마이크로암페어[μA] 이하의 미소 전류는 교정된 검류계로 측정한다. 검류계의 감도는 최고 10^{11}[A/mm] 정도이므로 그 이하의 전류에는 증폭기를 병용한다. 혹은 측정 전류를 고저항에 흘리고 그 전압강하를 고저항의 전압 측정기로 측정한다.

2. 교류 전류의 측정

상용 주파수의 전류 측정에는 가동철편전류계가 많이 사용되지만 소전류에는 정류 계기나 열전형 등이 사용된다.

대전류를 측정할 경우에는 변류기를 사용한다. 이밖에 선로와 절연해서 측정할 필요가 있는 경우에도 변류기를 사용한다. 가청 주파수에서는 정류계기와 열전형을 사용하고 그 이상의 고주파에서는 열전형이 사용된다. 교류의 값을 직류로 교정하려면 전류력계 계기나 열전형 계기를 사용한다.

3. 도체 전류의 측정

도체에 흐르는 전류를 측정할 경우 도체를 절단해서 전류계를 도체와 직렬로 접속하지 못할 때는 다음과 같은 방법을 사용한다. 직류의 경우 밀리볼트계(mV계), 전류계, 전지를 그림 4.1-28과 같이 접속한다. 전지에서 흐르는 전류가 i_1, i_2로 변화를 했을 때에 mV계의 눈금을 V_1, V_2라 하고 mV계를 접속한 부분의 저항을 R이라 하면 다음과 같은 관계식이 된다.

$$(I+i_1)R=V_1 \tag{4.1.30}$$

$$(I+i_2)R=V_2 \tag{4.1.31}$$

$$\frac{I+i_1}{I+i_2}=\frac{V_1}{V_2}$$

$$\therefore I=\frac{i_1V_2-i_2V_1}{V_1-V_2} \tag{4.1.32}$$

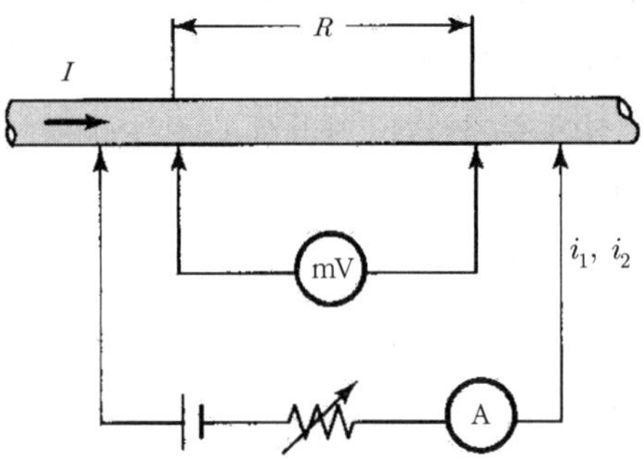

그림 4.1-28 도체 전류의 측정법

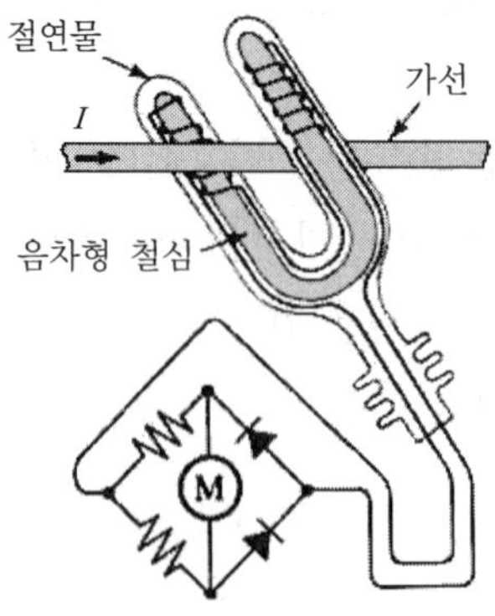

그림 4.1-29 가선 전류계

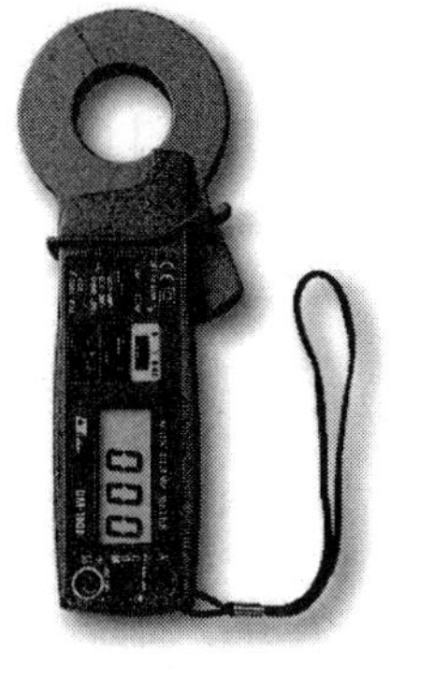

그림 4.1-30 클램프미터

또한, i_1, i_2, V_1, V_2는 측정에 의해서 구해지므로 식 (4.1.32)에 의해 도체 전류 I를 계산할 수가 있다. 교류의 경우는 그림 4.1-29와 같이 개방형 변류기를 가선 전류계로 사용하지만 이 형의 변류기는 삽입 위치에 따른 오차가 생기고, 파형이나 주파수의 영향이 크기 때문에 그림 4.1-30과 같이 삽입할 때에만 철심이 열리고 측정할 경우에는 자로가 닫히는 클램프미터(clamp meter)가 사용된다.

4.1.7 전압의 측정

1. 직류 전압의 측정

직류 전압의 측정에는 가동코일전압계가 가장 많이 사용된다. 이 전압계의 측정 범위를 확대하기 위해서는 그림 4.1-31(a)와 같이 직렬 저항을 접속하면 된다. 이 직렬 저항을 배율기(multiplier)라 한다.

전압계의 저항을 R_v, 배율기의 저항을 R_m이라 하고 전체의 전압 V를 가했을 때 전압계에 지시되는 전압을 V_v라 하면 V는 다음 식으로 표시된다.

$$V = \left(1 + \frac{R_m}{R_v}\right) V_v \tag{4.1.33}$$

그러나 밀리암페어계 또는 마이크로암페어계가 있는 경우는 직렬 저항에 흐르는 전류를 측정해서 V를 구할 수도 있다.

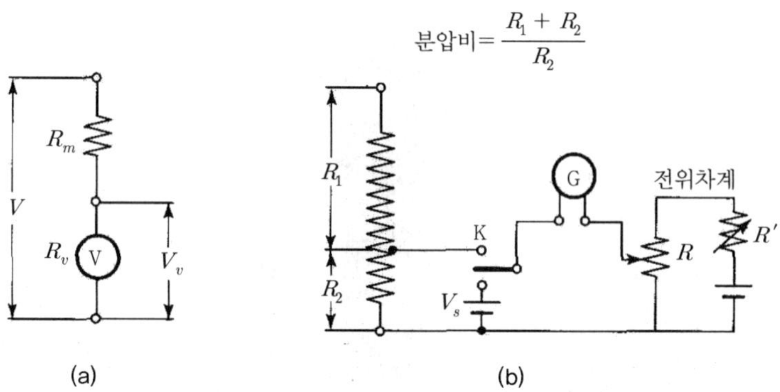

그림 4.1-31 직류 전압의 측정

고전압이 되면 직렬 저항 속의 손실이 커지므로 정전 전압계(electrostatic voltmeter)를 사용한다. 1[V] 정도 또는 그 이하의 직류 전압을 정밀하게 측정하려면 전위차계를 사용한다. 그 이상의 전압을 전위차계로 측정할 경우에는 그림 4.1-31(a)와 같이 저항 분압기에 의해 1[V] 정도로 전압을 내려서 측정하고 그 값에 분압비를 곱해서 구한다. 이 방법은 직류 전압계를 정밀하게 교정할 경우에도 사용된다.

미소 전압은 교정한 검류계에 의해서 측정할 수가 있다. 전류를 취하지 않고 측정하려면 전위계(electrometer)를 사용한다. 전위계는 정전 전압계를 고감도로 만든 것이고 고감도로 하기 위해서는 여러 가지의 방법이 있다. 예를 들면 그림 4.1-32와 같이 보조전압 V_1, V_2를 사용한다. 측정전위 V_i를 가하면 $V_i - V_1$에 의한 힘과 $V_i - V_2$에 의한 힘의 차에 의해서 도금한 파이버가 흔들리기 때문에 이것을 현미경으로 측정한다.

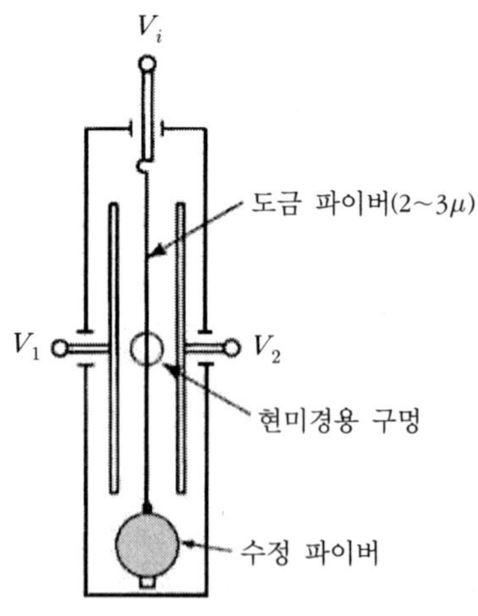

그림 4.1-32 전위계

2. 교류 전압의 측정

상용 주파수의 전압에 대해서는 가동철편전압계가 많이 사용된다. 정격이 150[V]인 계기로 측정하도록 표준화할 경우 또는 절연할 경우에는 계기용 변압기가 사용된다.

가청 주파수의 전압을 측정할 경우에는 정류 전압계(rectifier voltmeter), 전자 전압계(electronic voltmeter) 등이 사용되고, 그 이상의 고주파수에 대해서는 거의 전자 전압계가 사용된다. 전자 전압계는 계기의 저항이 매우 크기 때문에 고저항의 계기가 필요한 경우에는 저주파에서도 사용된다. 전압의 크기와 함께 위상도 측정할 필요가 있는 경우에는 교류 전위차계가 사용된다.

3. 고전압의 측정

직류 전압에 대해서는 가동코일계기에 직렬 저항기를 접속하지만 전압이 높아지면 저항기는 대형화되고 손실도 커지기 때문에 적당한 냉각법을 사용하여야 한다. 교류에서도 계기에 직렬 저항을 접속하는 것은 동일하지만 저항기의 시정수가 작은 것이 필요하다. 또한 고전압용의 고저항인 경우에 시정수에 영향을 주는 것은 주로 대지 용량(earth capacity)이다.

정전 전압계는 정격 500[kV]까지 제작되고 있으나 손실이 없으므로 직류, 교류의 고전압 측정에는 적합하다. 교류의 경우는 그림 4.1-33과 같이 정전 전압계와 용량 분압기(capacitance divider)를 사용해도 좋다.

그림 4.1-33에서 정전 전압계의 용량을 C_v라 하면 다음의 관계가 성립된다.

$$\frac{V}{V_v} = \frac{C_1 + C_2 + C_v}{C_1} \tag{4.1.34}$$

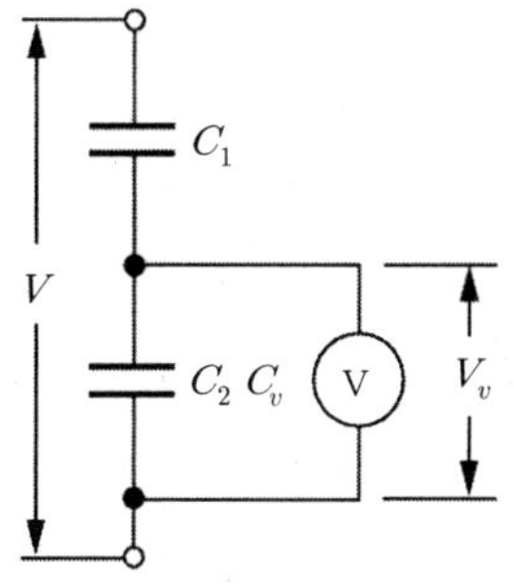

그림 4.1-33 용량 분압기

계기용 변압기 또는 용량전압 변성기를 사용하면 계기 내의 부하가 증가할 수 있다. 고전압에서는 절연내력 시험이라는 점에서 교류에 대해서는 그 실효값보다도 오히려 파고값이 문제가 된다. 이 파고값을 측정하는 방법에 구상 갭(sphere gap)이라는 전압 측정 방법이 있다. 이것은 지름 2～200[cm]인 구상을 마주 보게 한 것으로 그 사이에 고전압을 가한다. 그 방전 전압은 파고값으로 정해지게 되므로 방전 전압을 측정하면 파고값을 구할 수가 있다.

KSC 0907에서는 2, 5, 6.25, 10, 12.5, 15, 25, 50, 75, 100, 150, 200[cm]인 12종류 지름의 구상에 대해서 그 갭의 길이 l과 방전 전압 V_s의 관계를 규정하고 있다. 이러한 값 사이의 관계를 곡선으로 나타내면 그림 4.1-34와 같이 된다.

그림 4.1-34는 20[℃], 1기압에 대한 값이지만 방전 전압은 공기밀도에 비례하므로 온도, 기압이 변화했을 경우에는 그 때의 공기밀도를 구해서 보정하지 않으면 안된다.

이 구상 갭의 방법은 충격 전압의 측정에도 사용된다. 충격 전압의 경우 그 크기는 전압을 수회 가하고 그 절반의 횟수만큼 방전하는 전압, 즉 50[%] 방전 전압으로 표시된다.

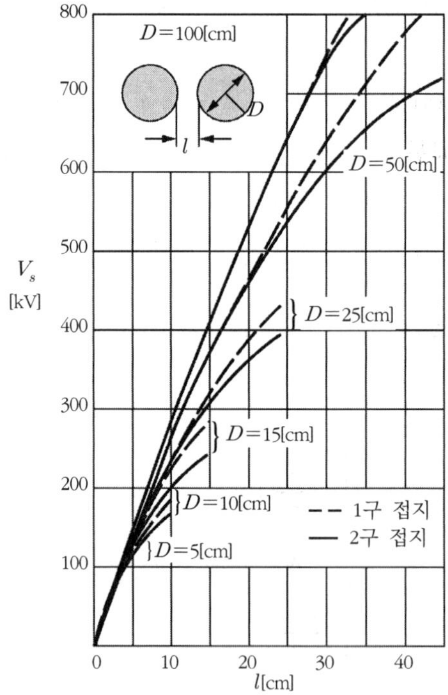

그림 4.1-34 구상 갭의 방전 전압

또한, 1구 접지에서 고압측이 부(-)극성인 경우 및 2구 절연인 경우에는 방전 전압은 상용 주파수의 경우와 같으나 1구 접지에서 고압측은 정(+)극성인 경우에 약간 높아진다.

교류 전압의 파고값 측정에는 전자 전압계의 접속법이 사용된다. 고전압의 경우는 저항과 마이크로암페어계 대신에 정전 전압계를 사용해서 C의 단자전압을 측정하는 것이 좋다.

$$v = \frac{q}{C} \tag{4.1.35}$$

$$\frac{dv}{dt} = \frac{i}{C} \tag{4.1.36}$$

$$\int_0^{\frac{T}{2}} dv = \frac{1}{C}\int_0^{\frac{T}{2}} i\,dt \tag{4.1.37}$$

$$2V_m = \frac{1}{C} \times \frac{1}{f} \tag{4.1.38}$$

$$V_m = \frac{1}{2fC} \tag{4.1.39}$$

4.1.8 전력의 측정

1. 지시계기에 의한 전력의 측정

직류 전력은 전류계의 지시와 전압계의 지시를 곱하면 구할 수가 있다. 이 경우 그림 4.1-35(a)에서는 전압계, 그림 (b)에서는 전류계의 손실이 오차가 된다.

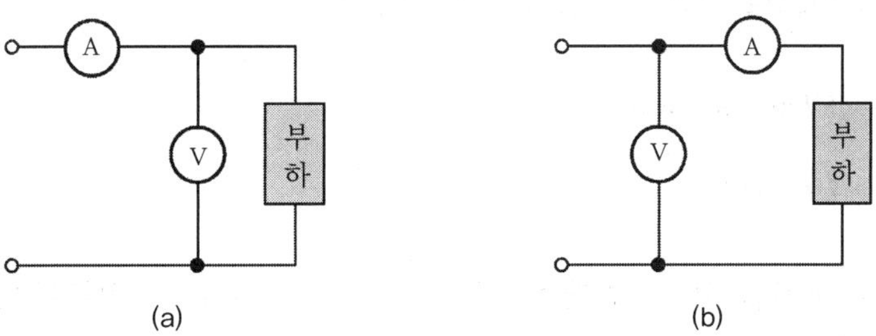

그림 4.1-35 전력의 측정

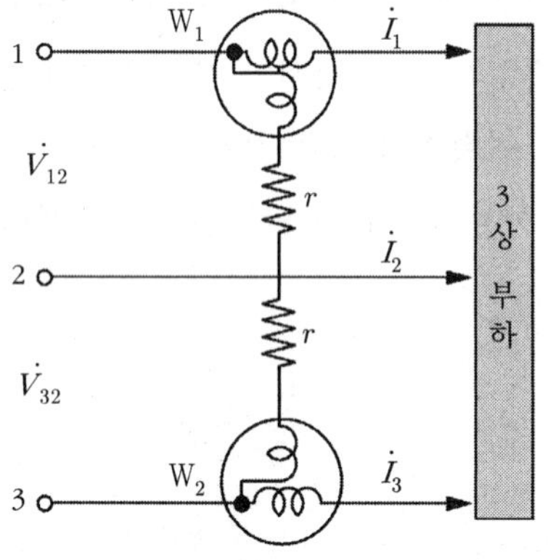

그림 4.1-36 3상 전력의 측정

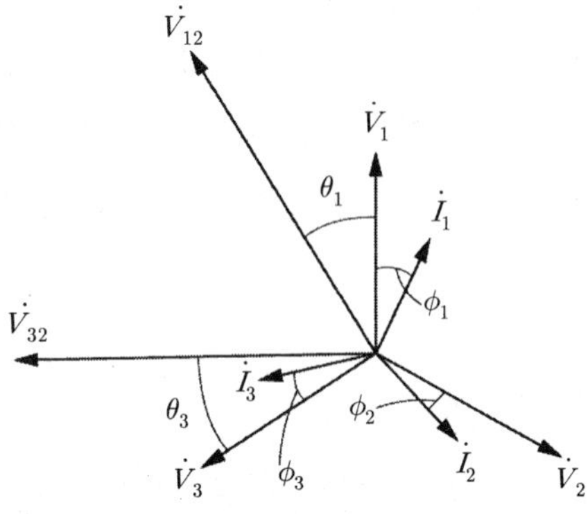

그림 4.1-37 3상 전력 측정에 대한 벡터도

전류력계 전력계를 사용해도 직접 측정을 할 수 있으나 이 경우에도 손실에 의한 오차가 발생한다. 교류의 경우는 전압, 전류의 크기 이외에 그 사이의 위상각 ϕ를 알 수 있으면 $VI\cos\phi$로 구할 수가 있다. 상용 주파수의 경우에는 전류력계 계기가 사용되지만 배전반용에는 유도형도 사용된다.

3상 3선식의 경우는 그림 4.1-36과 같이 단상 전력계 두 개를 접속하고 그 대수합을 취하면 된다. 즉, 상의 순서를 1-2-3으로 하면, W_1, W_2의 지시전력 W_1, W_2는 그림 4.1-37의 벡터도에서 분명하듯이 다음 식으로 표시된다.

$$W_1 = V_{12} I_1 \cos(\theta_1 + \phi_1) \tag{4.1.40}$$

$$W_2 = V_{32} I_3 \cos(\theta_3 - \phi_3) \tag{4.1.41}$$

전압이 평형인 경우는 $V_{12} = V_{32} = V$, $\theta_1 = \theta_3 = 30°$이고, 부하가 평형이면 $I_1 = I_2 = I$, $\phi_1 = \phi_3 = \phi$이므로 전력은 다음과 같이 표현된다.

$$W_1 = VI\cos(30° + \phi) \tag{4.1.42}$$

$$W_2 = VI\cos(30° - \phi) \tag{4.1.43}$$

이 식의 ϕ와 W_1, W_2의 관계는 그림 4.1-38과 같이 된다. 역률이 0.5 이하인 경우는

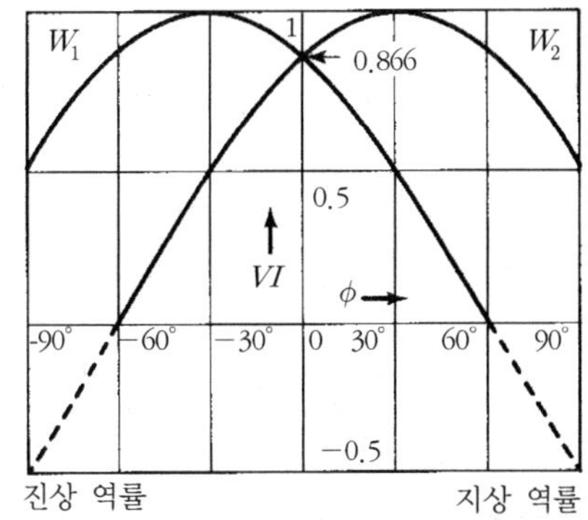

그림 4.1-38 전력계의 흔들림

W_1, W_2의 어느 한쪽이 (−)가 되고 전력계는 반대로 움직인다. 그래서 전력계 전압 코일의 극성을 반대로 접속해서 (+)로 움직이게 하고 그 지시를 (−)라고 생각한다.

일반적으로 다상 n선식 전력 측정의 경우에는 그 중의 한 선을 공통선으로 하고 다른 $(n-1)$선에서 전력이 들어온다고 생각하면 $(n-1)$개의 단상 전력계로 측정할 수가 있다. 이것을 블론델의 법칙(Blondel's law)이라 한다.

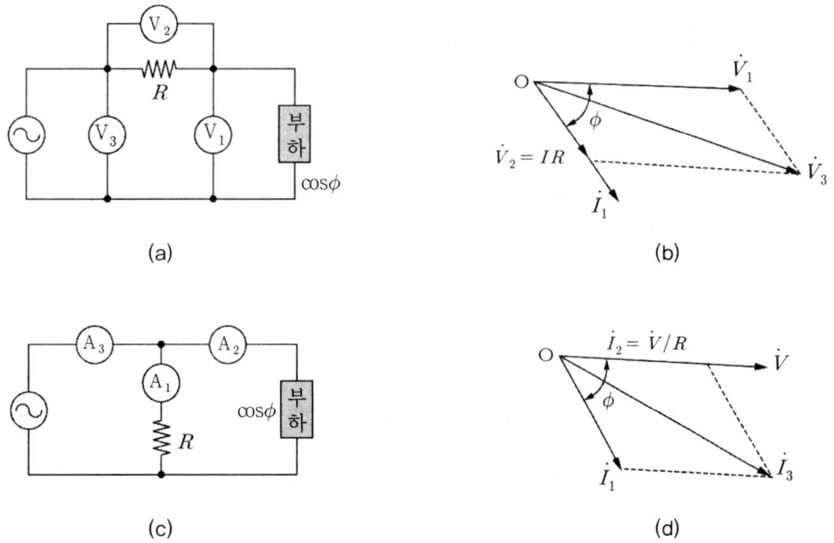

그림 4.1-39 3전압계법과 3전류계법

전압계 또는 전류계만으로 단상 전력을 측정하는 방법은 그림 4.1-39(a)의 3전압계법 및 그림 (c)의 3전류계법이 있다. 이 경우 그림 (b)와 그림 (d)에서 다음과 같은 관계가 성립된다.

$$V_3^2 = V_1^2 + V_2^2 + 2V_1V_2\cos\phi \qquad (4.1.44)$$

$$W = V_1 I\cos\phi = V_1V_2\frac{\cos\phi}{R} = \frac{1}{2R}(V_3^2 - V_1^2 - V_2^2)$$

$$I_3^2 = I_1^2 + I_2^2 + 2I_1I_2\cos\phi \qquad (4.1.45)$$

$$W = VI_1\cos\phi = I_2RI_1\cos\phi = \frac{R}{2}\left(I_3^2 - I_1^2 - I_2^2\right)$$

2. 무효전력의 측정

사인파 교류인 경우 무효전력 P_r은 전압, 전류의 크기 V, I 이외에 그 사이의 위상각 ϕ를 알면 $VI\sin\phi$로 구할 수가 있다. 또한 V, I와 전력 W를 측정하면 다음 식에 의해서 구할 수도 있다.

$$P_r = \sqrt{(VI)^2 - W^2}$$

전력계로 측정할 경우는 전압 코일에 가하는 전압의 위상을 90° 전환하면 된다. 3상 전력에서 전압이 평형으로 되어 있는 경우에 대해서는 무효전력량계(그림 4.1-20)에서 설명했지만 전압 이외에 부하도 평형인 경우는 그림 4.1-40의 전압 코일에 V_{23}를 가한다. 이 V_{23}은 그림 4.1-37에서 볼 수 있는 바와 같이 V_1보다 90° 위상이 뒤져 있고 크기는 $\sqrt{3}$ 배이기 때문에 전 무효전류는 W의 지시를 $\sqrt{3}$ 배로 하면 된다. 또한 앞선 전류의 경우는 V_{23}대신에 V_{32}를 가하면 된다.

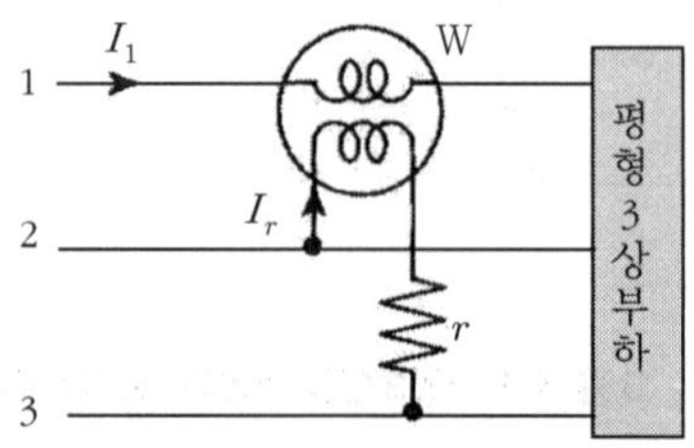

그림 4.1-40 평형 부하의 무효전력 측정

3. 단상 및 삼상 역률계

(1) 단상 역률계

그림 4.1-41은 단상 전류력계형 역률계의 결선도인데 고정코일 F에는 부하 전류 I가 흐르고 있다. 코일 M_1, M_2는 그 면이 90°의 각을 두고 회전할 수 있게 되어 있으며, M_1에는 저항 R이 직렬로 연결되어 선간전압 V와 동상인 전류 I_1 이 흐르고 M_2에는 인덕턴스 L이 직렬로 연결되어 선간전압 V보다 위상이 $\pi/2$ 뒤진 전류 I_2가 흐르고 있다.

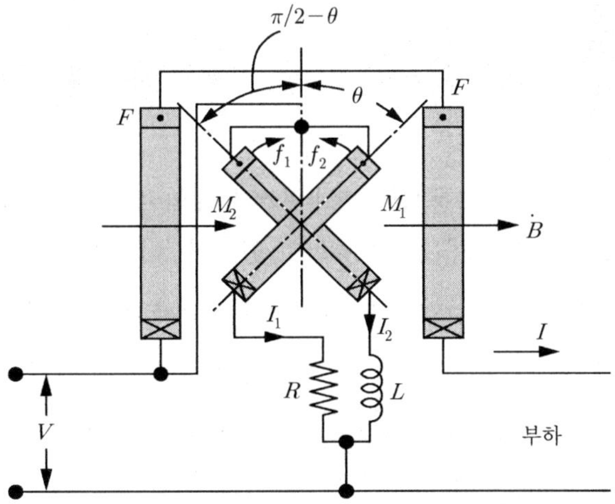

그림 4.1-41 단상 전류력계형 역률계

코일 M_1과 M_2는 고정코일 F로부터 힘을 받아 토크가 발생하는데 이 두 토크는 서로 역방향이 되므로 어느 지점에서 평형이 이루어져 지침은 편각 θ를 나타낸다.

이 때 부하 전류 I가 선간전압 V보다 위상이 ϕ만큼 뒤지고 있다고 하면 코일 M_1에 작용하는 토크 T_{d1}은 다음과 같다.

$$T_{d1} = kII_1\cos\phi\cos\left(\frac{\pi}{2} - \theta\right) = kII_1\cos\phi\sin\theta \qquad (4.1.46)$$

또한, I_2는 V보다 위상이 $\pi/2$ 뒤지므로 I와 I_2와의 위상차는 $(\pi/2 - \phi)$로 된다. 따라서 코일 M_2에 작용하는 토크 T_{d2}는 다음과 같이 된다.

$$T_{d2} = kII_2\cos\left(\frac{\pi}{2} - \phi\right)\cos\theta = kII_2\sin\phi\cos\theta \qquad (4.1.47)$$

그런데 $T_{d1} = T_{d2}$ 되는 곳에서 토크가 평형을 이루고 가동코일은 정지하게 되므로 $kII_1\cos\phi\sin\theta = kII_2\sin\phi\cos\theta$가 된다. 따라서 $I_1 = I_2$ 가 되도록 R과 L을 조정하면 다음과 같이 된다.

$$\tan\theta = \tan\phi \qquad \therefore \theta = \phi \qquad (4.1.48)$$

따라서 가동코일의 편각 θ가 부하 전류의 위상각 ϕ를 나타내므로 역률 $\cos\phi$를 측정할 수 있다.

(2) 삼상 역률계

그림 4.1-42는 3상 평형회로용 전류력계형 역률계의 결선도 및 벡터도를 도시한 것이다. 고정코일 F에는 1상의 전류 I_1 이 통하고 있으며, 이 코일이 만드는 자계 중에 서로 120° 의 각도로 고정된 2개의 코일 M_1, M_2가 회전 가능하게 놓여 있고 이에 지침 P가 붙어 있다. 그리고 이들 코일에는 저항 R이 직렬로 연결되어 각각 1, 2상간 및 1, 3상간에 연결되어 있다. 이들 코일의 선간전압을 V_{12}, V_{23}, V_{31} 라 하면 이들의 벡터도는 (b)와 같이 되는데 3상 평형회로에 있어서는 V_1과 I_1 의 상차각 ϕ를 측정하면 역률을 구할 수 있다. (c)에 표시한 지시각 θ가 얻어지면 M_1에 작동하는 토크 T_{d1} 은 식 (4.1.46)과 같이 구하여 다음과 같이 표시된다.

$$T_{d1} = kI_1I_{12}\cos(\pi/6 + \phi)\cos(\pi/6 - \theta) \qquad (4.1.49)$$

M_2에 작용하는 토크 T_{d2} 는 다음과 같이 된다.

$$T_{d2} = kI_1I_{13}\cos(\pi/6 - \phi)\cos(\pi/6 + \theta) \qquad (4.1.50)$$

따라서 $T_{d1} = T_{d2}$ 로 놓으면 $I_{12} = I_{13}$ 이므로 다음 식이 성립한다.

$$\cos(\pi/6 + \phi)\cos(\pi/6 - \theta) = \cos(\pi/6 - \phi)\cos(\pi/6 + \theta) \qquad (4.1.51)$$

이것을 정리하면 다음과 같이 된다.

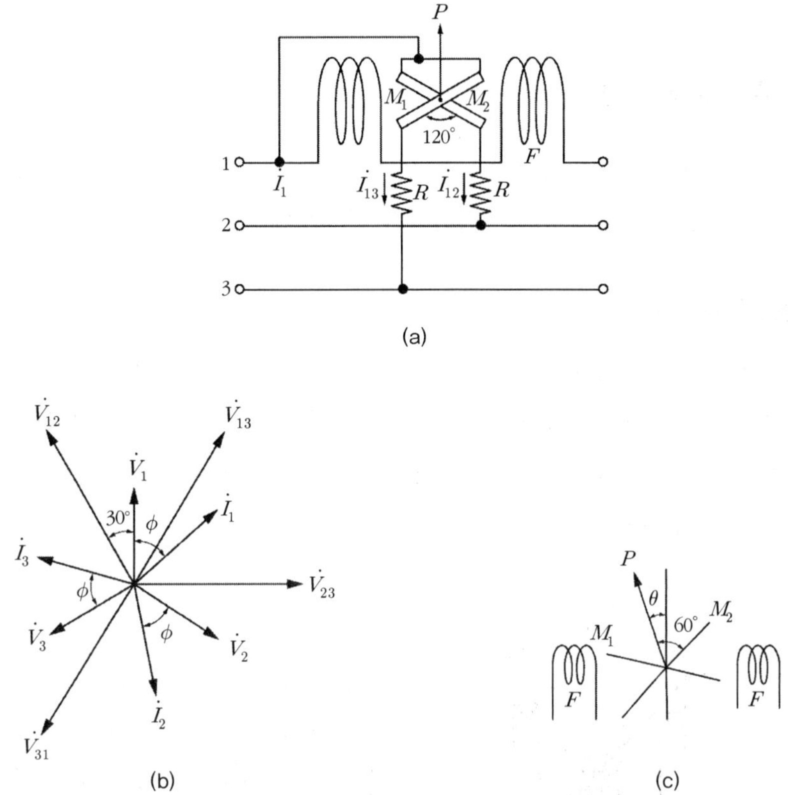

그림 4.1-42 3상 평형회로용 전류력계형 역률계

$$\cos\phi\sin\theta = \sin\phi\cos\theta \qquad (4.1.52)$$

$$\tan\theta = \tan\phi \qquad \therefore\ \theta = \phi$$

따라서 가동코일의 지시각 θ에 의해서 역률 $\cos\phi$를 구할 수 있다.

4. 동기검정기

교류발전기를 병렬운전할 경우 그 동기를 검정하는 장치에 동기검정기(synchroscope)를 사용한다. 발전기 측 전압을 2상 코일에 가하고, 모선 측 전압을 코일에 가하면 두 전압이 동일한 주파수일 때 지침은 두 전압의 위상차를 지시한다. 두 전압의 주파수가 다를 때는 위상각이 변화해서 지침은 위상각을 따라서 회전한다. 따라서 그 회전 방향에 따라 어느 쪽의 주파수가 높은지를 알 수 있다. 이것을 이용해서 발전기의 속도를 조정하고 위상이 같아져서 지침이 중앙을 지시했을 때 병렬운전의 스위치를 투입한다.

4.1.9 주파수의 측정

주파수계는 규정된 주파수 상하의 좁은 범위를 측정하도록 되어 있는 것이 많다. 앞에서 설명한 바가 있는 진동편형도 그러하지만 지침형에도 그와 같은 종류가 많다.

1. 지침형 주파수계

지침형 주파수계(pointer type frequency meter)로는 비율계를 사용하는 경우가 많고 그림 4.1-43(a)는 그 예이다. 그림 (b)와 같이 M_1에 흐르는 전류 i_1은 52[Hz]에, M_2에 흐르는 전류는 68[Hz]에 각각 공진점을 가지게 하면 60[Hz]의 상하에서 주파수에 의해서 i_1, i_2의 비가 변화한다.

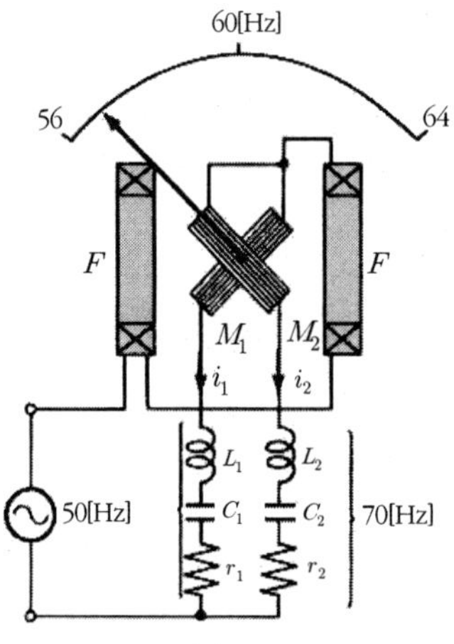

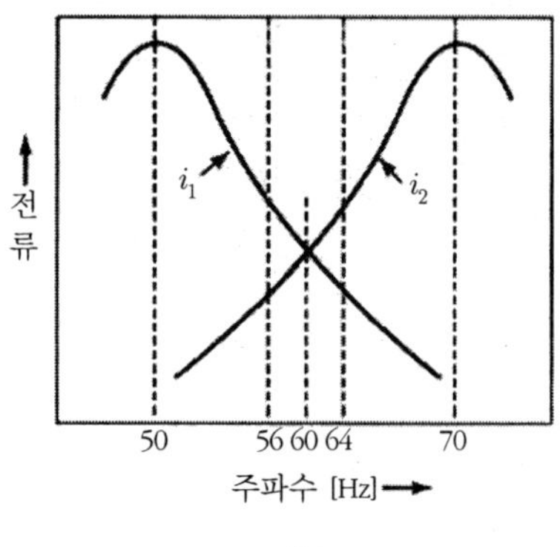

그림 4.1-43 지침형 주파수계(비율계형)

그림 4.1-44는 철심이 들어 있는 전류력계를 사용한 것으로서 1차 코일 P_1과 P_2에 전압을 가하면 2차 코일 S_1와 S_2에 동일한 크기의 전압이 유도된다. ωL_1 및 $(\omega L_2 - 1/\omega C)$은 주파수에 의해 변화하기 때문에 가동 코일 M에 자속이 쇄교하므로 기전력을 유도해서 전류가 흐르게 된다. M은 이 양자가 서로 상쇄하는 곳에서 정지한다. 따라서 그 위치는 주파수로 정해지며 P_1이나 P_2에 가해지는 전압의 크기와는 무관하다.

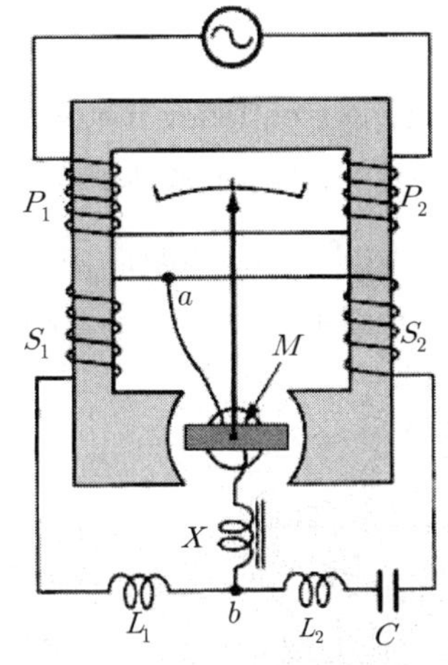

그림 4.1-44 지침형 주파수계(전류력계)

넓은 범위를 직접적으로 지시하는 주파수를 제작하기 위해서는 파형을 한 방향의 일정 파형으로 성형하고 그 평균값을 가동코일형 계기로 지시시키면 된다.

그림 4.1-45는 측정 전원을 계전기에 가하여 그 주파수 f로 계전기 접점을 개폐한다. 이 경우 전류계에 흐르는 전류 I는 다음과 같다.

$$I = fCV \tag{4.1.53}$$

I와 f가 비례하므로 직류 전류계 A를 f로 눈금을 지시할 수 있다. 계전기 대신에 전자적인 스위치를 사용해도 된다.

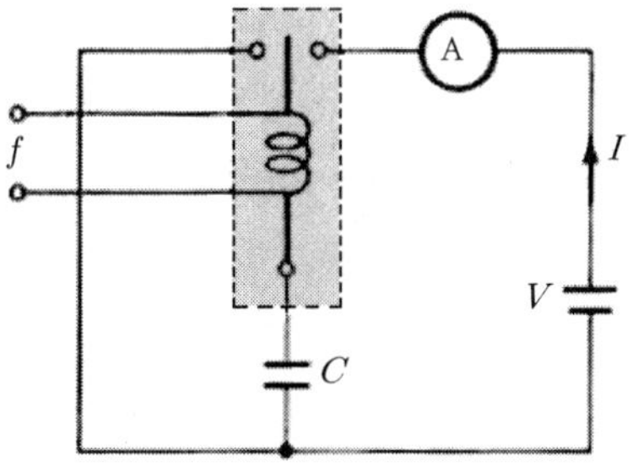

그림 4.1-45 지침형 주파수계

2. 계수형 주파수계

계수형 주파수계(counter type frequency meter)는 적당한 게이트 회로와 계수 회로를 조합시켜 1초간의 파형 수를 계산해서 주파수를 지시하는 것이다. 계수 회로는 보통 그림 4.1-46의 플립플롭 회로(flipflop circuit)를 몇 단위로 겹쳐서 사용한다. 그러나 이진법이므로 이것을 십진법으로 변환하는 회로가 필요하다. 지시에는 표시 방전관, 발광 다이오드, 액정 등이 사용된다.

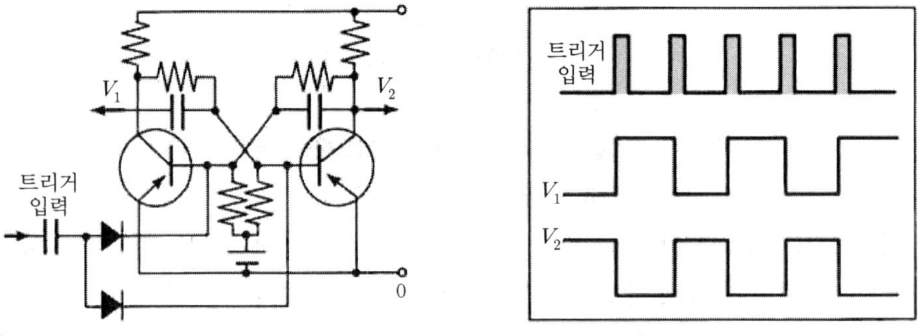

그림 4.1-46 플립플롭 회로

1초간의 간격을 만들려면 f[Hz]인 표준 주파수의 파형 f개 계산에 1초가 소요된다는 것을 이용한다. 그림 4.1-47은 회로의 구성을 나타낸 것이다. 이와 같이 일정한 시간만 계수기나 증폭기를 동작시키는 것을 게이트를 연다고 하며 반대로 동작을 중지시키는 것을 게이트를 닫는다고 말한다. 예를 들면 게이트의 개폐는 이미터 접지 증폭기(common emitter amplifier)의 베이스 전압을 제어하는 것에 의해 행할 수가 있다.

또한, 게이트를 여는 시간은 1초로 한정되는 것이 아니라 측정하는 주파수가 낮으면 게이트를 1초 이상으로 하고 높으면 1초 이하로 해도 무방하다. 측정이 끝나고 기동 복원

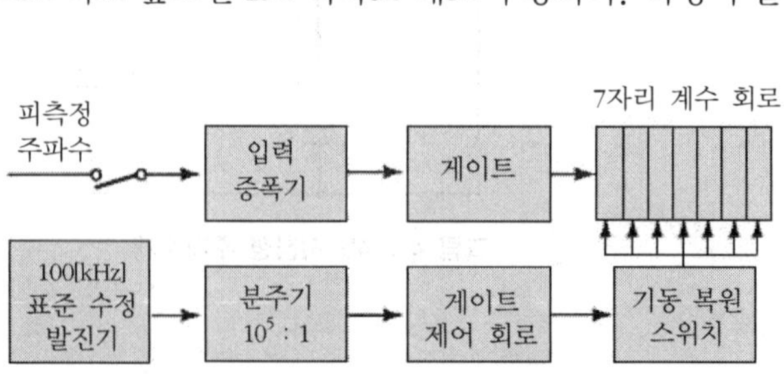

그림 4.1-47 계수형 주파수계

스위치를 넣으면 계수회로는 전부 제로가 되지만 이것을 자동적으로 반복해서 항상 그 시점에서의 주파수를 지시할 수 있다.

이 계수형 주파수계의 오차는 1[Hz] 이상 초과하지 않으므로 정밀한 측정을 할 수가 있다. 표준 주파수로서는 음차 발진기, 음편 발진기, 수정 발진기 등이 사용된다. 라디오의 주파수도 실용상 표준으로서 사용할 수가 있다. 표준 전파는 2.5[MHz], 5[MHz], 10[MHz] 등으로 발사되고 1,000[Hz]로 변조되고 있다.

4.2 조명공학

4.2.1 조명의 기초

우주공간에는 전자파가 존재하는데, 전자파(electromagnetic wave)로써 전달되는 에너지를 복사(radiation)라고 한다. 이 전자파는 파장에 따라 고유한 성질을 갖는다. 그 중 조명과 관련된 가시광선의 파장은 380[nm]～760[nm] 영역이다. 그리고 가시광선은 파장에 따라 색깔이 다르다.

반면에 자외선(ultraviolet ray)은 가시광선보다 파장이 짧은 10[nm]～380[nm] 영역으로 살균과 형광작용을 하며 선박에서 청수 살균기에 사용된다. 적외선(infrared ray)은 가시광선보다 파장이 긴 760～3000[nm]의 영역으로 온열효과를 갖기 때문에 열선이라고도 한다.

표 4.2-1 가시광선의 파장과 색깔

색	파장의 범위[nm]
보라	380～430
파랑	430～452
초록	452～550
노랑	550～590
주황	590～640
빨강	640～760

4.2.2 조명의 용어와 단위

1. 복 사

전파, 가시광선, 자외선, 적외선, X선, γ선 등을 전자파라고 하며, 이들은 공간을 통해 전달되는 에너지를 가지고 있다. 전자파로써 전달되는 에너지를 복사라고 하며, 단위 시간에 복사되는 에너지의 양을 복사속(radiation flux) 또는 방사속이라 한다. 또한 단위는 와트[W]를 사용한다.

2. 광 속

복사속 중에서 사람의 눈에 빛으로 느껴지는 크기를 말하며, 동일한 소비전력에서 형광등은 백열등에 비해서 많은 빛을 발산하므로 밝게 느껴진다. 이것은 빛의 양이 백열등보다 형광등이 많기 때문이다. 이와 같은 빛의 양을 광속(luminous flux)이라고 하며 기호는 F이고 단위는 루멘(lumen : [lm])을 사용한다.

3. 광 도

광도(luminous intensity)란 빛을 발하는 점에서 어느 방향으로 향한 단위 입체각당의 발산 광속을 의미한다. 작은 램프를 사용하고 소비전력도 적은데 비하여 매우 밝은 전등은 렌즈나 반사경을 이용하여 광원에서 발산하는 광속을 모으기 때문이다. 광도의 기호는 I이고 단위는 칸델라(candela : [cd])를 사용한다. 그림 4.2-1과 같이 입체각 ω내에서 광속 F[lm]이 고르게 발산한다고 할 때 광도 I[cd]는 다음과 같다.

$$I = \frac{F}{\omega}\,[\text{cd}] \tag{4.2.1}$$

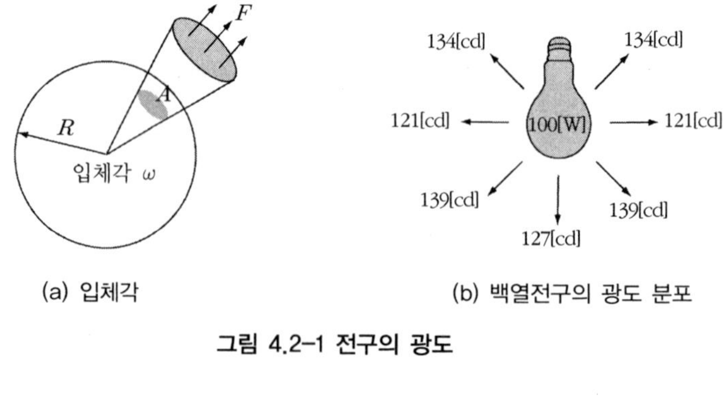

(a) 입체각 (b) 백열전구의 광도 분포

그림 4.2-1 전구의 광도

4. 조 도

조도(illumination)는 단위면적당의 입사 광속을 말하는데, 물체의 표면에 광속이 투사되면 그 표면이 밝게 되는 정도를 나타내는 것이다. 기호는 E 이고 단위는 럭스(lux : [lx])이다. 면적 $A[\mathrm{m}^2]$에 광속 $F[\mathrm{lm}]$가 고르게 입사되면 조도 E는 다음과 같다.

$$E = \frac{F}{A}[\mathrm{lm/m^2}] \tag{4.2.2}$$

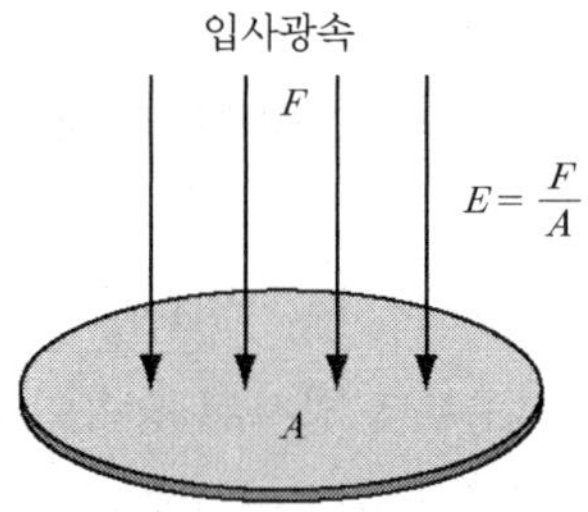

그림 4.2-2 전구의 조도

5. 휘 도

관측자가 본 물체의 겉보기 단위면적당 광도로 나타내고 이것을 나타내는 기호는 B, 단위는 스틸브(stilb)로서, $[\mathrm{sb}] = [\mathrm{cd/cm^2}]$나 니트(nit)로서, $[\mathrm{nt}] = [\mathrm{cd/m^2}]$이다. 광원의 임의 방향의 휘도는 광원 방향에서 본 단위 투영 면적당 광도로 나타낸다. 즉, 어느 광원을 본 방향 쪽의 면적을 $A[\mathrm{m}^2]$, 그 방향의 광도를 $I[\mathrm{cd}]$라고 하면 휘도 B는 다음과 같다.

$$B = \frac{I}{A}[\mathrm{cd/m^2}] \tag{4.2.3}$$

휘도가 높은 광원이 눈에 들어오면 눈부심이 늘어나고, 시선에 가까워질수록 보는데 지장을 준다. 눈부심은 주위의 밝기와도 관계가 있으며, 비교적 낮은 휘도일지라도 주위가 어두우면 눈부심을 일으킨다.

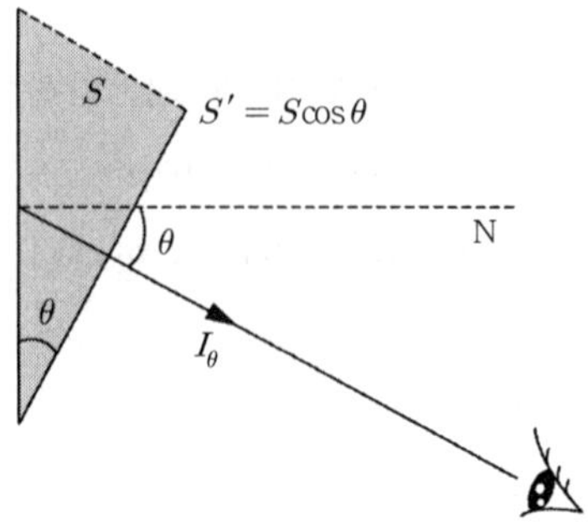

그림 4.2-3 전구의 휘도

6. 광속발산도

물체가 보이는 것은 그 물체로부터 방사된 광속이 눈에 들어오기 때문이며, 물체의 밝음은 눈의 방향으로 방사되는 광속밀도의 크기에 따라 달라진다. 이처럼 물체의 단위면적당 발산되는 광속의 밀도를 광속발산도라고 한다. 기호는 R, 단위는 래드럭스(radlux : [rlx])를 사용한다. 발광면의 면적 $A[\mathrm{m^2}]$마다 $F[\mathrm{lm}]$의 광속이 발산된다고 하면 광속발산도 R은 다음과 같다.

$$R = \frac{F}{A}[\mathrm{rlx}] \tag{4.2.4}$$

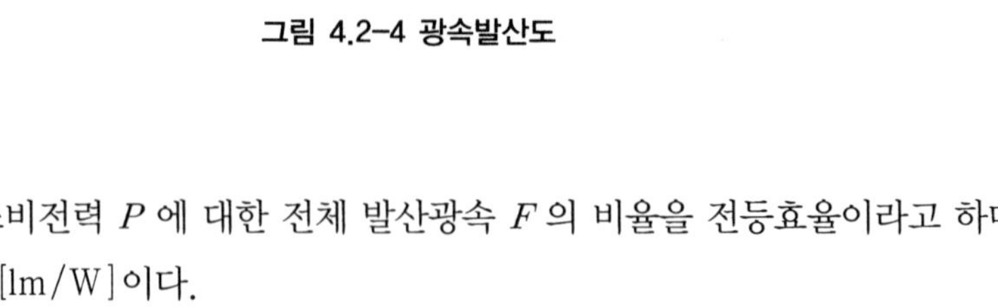

그림 4.2-4 광속발산도

7. 전등효율

전등의 전체 소비전력 P에 대한 전체 발산광속 F의 비율을 전등효율이라고 하며, 기호는 η, 단위는 [lm/W]이다.

$$\eta = \frac{F}{P}[\mathrm{lm/W}] \tag{4.2.5}$$

8. 시감도

전자파 중에서 380[nm]~760[nm]의 파장 범위는 사람의 눈으로 볼 때 빛으로 느껴지는 가시광선 영역이며, 이 중에서 555[nm]의 파장을 가지는 황녹색 빛이 가장 밝게 느껴진다. 방사 에너지에 있어서 빛의 밝기의 느낌 정도를 빛의 시감도라 한다.

4.2.3 광원의 종류

1. 백열전구

진공관 유리구 내에 필라멘트를 설치하고 봉입한 다음 전류를 인가하면 필라멘트는 고온 방사에 의하여 발광한다. 용량이 30[W] 이하는 진공전구이고 30[W] 이상은 텅스텐 필라멘트의 증발을 억제하기 위해서 아르곤과 질소를 혼합한 가스입 전구이다.

전구는 전압이 변하면 필라멘트의 온도가 변화하고 전류, 전력, 광속, 효율 및 수명도 따라서 변화한다. 전압이 정격보다 높으면 광속은 급격히 증가하지만 수명은 오히려 심하게 짧아진다. 형광등에 비해 점등 때의 전력소비가 적고 점등과 동시에 켜지게 되므로 점멸이 잦은 장소에 적합하다.

백열전구의 주요 특징은 다음과 같다.

① 연색성이 좋고 따스한 광색이다.
② 점광원에 가깝고 빛의 집광이 용이하다.
③ 조광을 연속적으로 할 수 있다.
④ 점등이 간단하고 바로 점등되어 밝아진다.
⑤ 광속저하가 적다.
⑥ 효율이 낮고 수명이 비교적 짧다.
⑦ 열선방사가 많다.

(1) 백열전구의 원리

백열전구는 필라멘트에 전류를 통전시켜 고온 백열하여 이 열방사에 의한 광을 이용한 광원이다. 필라멘트는 텅스텐 선을 코일형태로 사용하는 2중 코일이 많다. 유리구는 휘도를 줄여 조명에 적합하도록 하기 위하여 유리구의 내면은 불소화합물(NH_4F)을 이용하여 유백색 전구로 사용하거나 실리카의 백색도장막이 도포되어 있다. 유리재질은 소다석

회유리가 사용되고 고출력과 옥외용에는 경질유리가 사용된다. 유리구 내에는 아르곤과 질소 및 크립톤 등의 불활성 가스가 봉입되어 있으며 저출력의 것은 진공이다.

그림 4.2-5는 텅스텐 전구의 구조 및 각 부의 명칭을 표시한 것이다.

할로겐 전구는 석영유리구 내에 불활성 가스와 함께 미량의 할로겐 물질을 봉입한 것으로 할로겐 화학반응을 이용해서 관벽의 흑화가 적고 광속 유지율과 수명특성이 함께 개선된 전구이다.

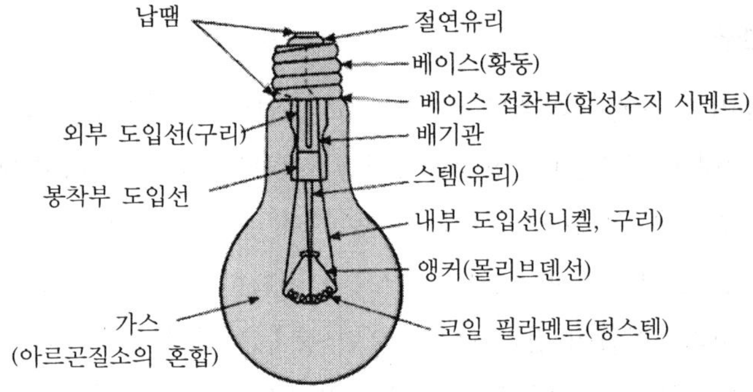

그림 4.2-5 백열전구의 구조 및 각 부의 명칭

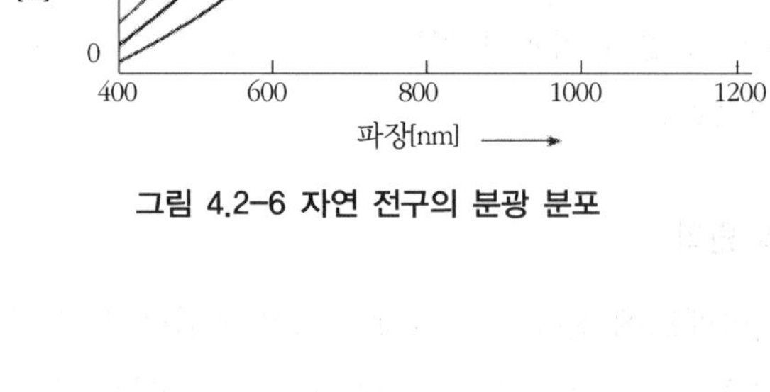

그림 4.2-6 자연 전구의 분광 분포

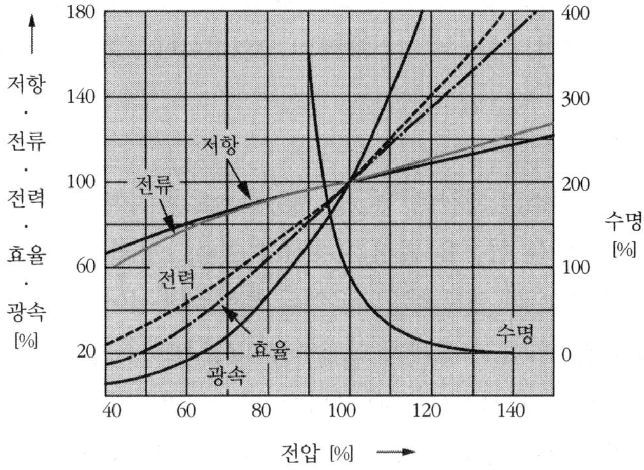

그림 4.2-7 일반 전구의 전원전압 특성

(2) 백열전구의 구조

(가) 유리구

일반 조명용 전구의 유리구(bulb)에는 납유리나 연질의 소다석회유리가 사용되고 있으며, 고용량인 전구에는 내열성이 좋은 경질의 붕규산유리가 사용된다. 유리구에는 투명한 것과 백색도장한 것이 있다.

투명 전구는 고용량인 전구로서 기구(유백색 글로브) 등에 넣어 사용된다. 내면을 백색도장한 것은 일반 조명전구로 그대로 사용하며 내면을 백색도장함으로써 휘도를 낮게 할 수가 있다. 또한 용도에 따라 착색전구를 사용하는데 담청색 유리는 주광색 전구, 사진현상용 전구, 도금용인 다색 전구 등이 있다. 그 외에도 장식용 색전구 등이 있다.

(나) 필라멘트

온도 복사를 이용하여 빛을 얻는 백열전구는 발광체인 필라멘트(filament)의 특성에 따라 그 효율이 좌우된다. 흑체의 복사 특성으로부터 물체의 온도를 증가시키면 복사 에너지가 증가하고 가시광선이 많아진다.

발광부가 되는 필라멘트는 열방사를 하기 때문에 가능한 고온으로 하는 것이 바람직하다. 이상적으로는 태양광에 가까운 5000[K] 정도지만 이와 같은 고온에 견딜 수 있는 것은 없으며 현재 필라멘트로서 텅스텐(용점 3650[K])이 많이 사용되고 있다.

일반적으로 필라멘트는 직선형, 코일형 및 2중 코일형 등이 쓰이고 있는데 주로 진공 전구에는 직선형이, 가스 주입전구로는 코일형이나 2중 코일형이 사용된다.

(다) 베이스

과거에는 베이스의 재질로 황동을 사용하였으나 기계적인 강도와 내부식성을 고려하여 현재는 알루미늄 합금을 많이 사용하고 있다. 유리구와 베이스의 접착에는 페놀계 수지를 주성분으로 한 접착제를 사용하나 특히 내열성이 요구되는 경우에는 폴리에스텔계 접착제나 접착제를 사용하지 않는 메커니컬 베이스가 사용된다.

전구의 베이스는 나사식으로 된 에디슨형은 E, 반회전하여 비틀어 넣는 방식의 스완형은 S, 막대기 모양의 다리가 2개 있는 바이포스트식은 G의 머릿자와 지름(단위[mm])을 붙여서 표시한다. 끼어넣기 방식은 진동하는 장소에 사용하더라도 느슨해지는 일이 없어 철도차량용 전구, 자동차용 전구, 선박용 전구 등에 사용한다.

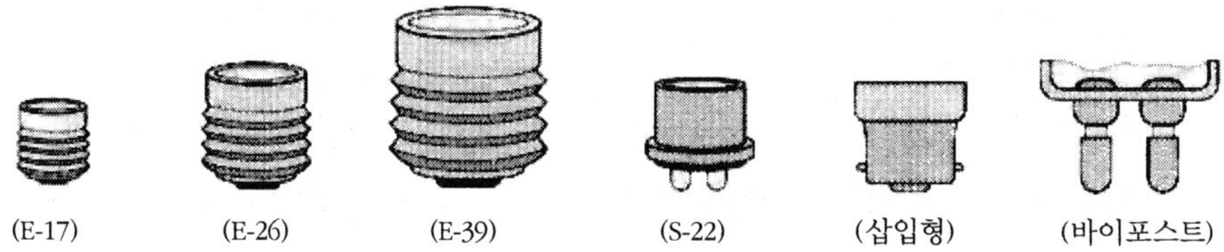

그림 4.2-8 베이스의 종류

(라) 도입선

필라멘트와 베이스를 전기적으로 연결하기 위해서는 도입선(leading wire)이 필요하며 이에는 외부, 내부 및 봉착부 도입선으로 구성된다. 외부 도입선은 동선이 사용되며, 내부 도입선은 니켈이나 동선이 사용된다. 봉착부 도입선은 유리내를 도입선이 관통하게 됨에 따라 점등시 열에 의해 상호 이탈을 방지하기 위하여 팽창계수가 거의 동일한 듀멧선(dumet wire)을 사용한다.

(마) 앵커(anchor)

지지선이라고도 하며 점등시 필라멘트를 기계적으로 지지하는 역할을 한다. 내열, 내진성 및 기계적으로 우수한 몰리브덴선을 주로 사용된다.

(바) 게 터

유리구 내부에는 미량의 산소가 잔재해 있으므로 점등할 때 고온에서는 필라멘트가 산화될 수 있으며 이로 인해 유리구 내부가 검게 그을리고 필라멘트가 가늘어지게 되어 전등효율이 감소하는 흑화현상을 초래하게 된다. 따라서 게터(getter)를 필라멘트나 스템(stem)에 도포하여 점등시 전구내에 잔재하는 산소와 결합하게 함으로써 진공도를 상승시켜($\simeq 10^{-5}$[mmHg]) 필라멘트의 산화를 억제하고 있다. 게터로는 진공 전구에서 적린(P)을 사용하며 가스 주입 전구에서는 질화바륨($Ba(N_3)_2$)을 사용하고 있다.

(사) 봉입 가스

전구의 효율을 높이기 위해서는 필라멘트의 온도를 높게 해야 한다. 진공전구인 경우에는 텅스텐의 증발을 억제할 압력이 없기 때문에 증발한 텅스텐이 유리구 내벽에 부착하여 검게 되며 이것을 흑화라고 한다. 이 흑화현상을 방지하기 위하여 유리구 내에 불활성 가스를 봉입한 가스 봉입전구가 발명되었다.

봉입 가스(filled gas)는 일반적으로 점등시 약 1기압 정도가 되도록 봉입한다. 100[V]급의 일반 조명용 전구에서 사용되고 있는 것은 아르곤(Ar)이 86~98[%]인 것이다.

할로겐 전구는 옥소(I), 취소(Br) 등 할로겐족 원소나 이들 화합물을 미량 포함하고 있는 불활성 가스를 주입한 일종의 텅스텐 백열전구이다. 근래에는 점등 조건에 적합한 재료의 개발과 전구 제조기술의 진보로 할로겐 전구는 광학기기, 전자복사기, 자동차, 영사기 및 TV 방송 스튜디오 등에서 광범위하게 응용되고 있다.

(3) 백열전구의 특성

(가) 전구의 동정곡선

새로 제작한 전구를 점등하면 필라멘트의 특성이 고르지 못해 전력, 전류, 광속 및 효율 등이 심하게 변화한다. 광속은 갑자기 증가하여 10~15[%] 정도 커져서 극대값에 도달하며, 그 후 완만하게 감소하여 일정한 값에 이른다. 전류는 완만하게 감소하여 1~3[%] 정도 감소한 다음 일정한 값이 된다. 이 현상은 최초 점등 후 십 수분 사이에 일어나는 현상이며 이 현상을 에이징(ageing)이라고 한다.

에이징된 전구를 점등하면 시간의 경과와 함께 광속, 전류, 효율, 전력이 약간이기는 하나 변화하며 이 변화 과정을 동정(performance)이라고 한다. 점등시간과 특성의 변화를 그림 4.2-9와 같이 곡선으로 나타낸 것을 동정곡선이라고 한다.

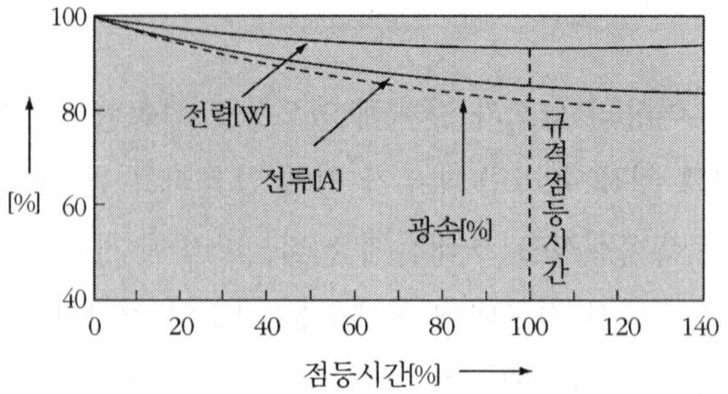

그림 4.2-9 백열전구의 동정곡선

(나) 전압특성

백열전구의 전압변동은 필라멘트 온도의 변화를 수반하게 되어 저항, 전류, 전력, 광속, 효율 및 수명에 영향을 미치게 된다. 그림 4.2-10은 전압변동에 따른 광속, 효율, 전력 등을 나타낸 것이다.

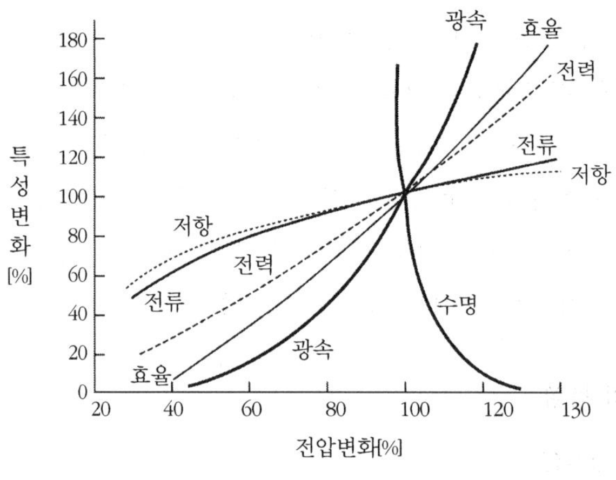

그림 4.2-10 백열전구의 전압변동에 따른 특성변화

(4) 백열전구의 종류

(가) 일반 조명용 전구

백열전구는 일반 가정용 중심으로 주력 광원으로서 널리 이용되고 있으며 현재 가장 많이 이용되고 있는 것은 백색 박막 도장 전구이다.

(나) 주광 전구

주광 전구는 유리에 산화코발트 및 산화구리를 가하여 엷은 청색으로 만들었으며 색온도가 높다. 빛의 흡수는 30~40[%] 정도지만 연색성이 우수하여 백화점 등 상가의 의류 진열대나 양품점 및 전시실 등에서 사용된다.

(다) 투광용 전구

빛을 소요 방향으로 이용하려는 목적으로 될 수 있는대로 필라멘트를 적게 접합시키고, 빛의 중심을 반사경의 초점에 일치하도록 만든 것이다. 스포트라이트(spot light)용 전구는 단평면 집광형의 광원으로 사진 효과를 높이기 위하여 수명은 단축되더라도 효율 및 색온도를 높인 대용량의 전구를 말하며, 영화촬영용 스튜디오의 조명용이나 강력한 조명을 필요로 할 경우에 사용된다.

반사형의 유리구 내면에 알루미늄의 증착반사면을 만들어서 사용할 때에 투광기구를 필요로 하지 않는 반사형 투광 전구가 있다. 전구의 크기에 비하여 소형이며 빛의 이용도가 높고, 취급이 간단하다.

(라) 반사형 전구

투사 계곡면을 가진 유리구 내면에 은 또는 알루미늄을 진공 증착시켜 반사면으로 하고 있다. 또한 투광기를 사용하지 않고 전구 그 자체로 광의 투광성을 가지게 한 것이다. 그 외에도 투과용 빔형 전구, 자동차 전조등용 실드빔형 전구 등이 있다.

(마) 사진용 전구 및 자동차 전구

사진용 전구는 영사기에 사용되는 것으로 코일 필라멘트를 단일 평면에 배치하여 반사경과 볼록렌즈로 강력한 평행 광속이 얻어지도록 되어 있으며, 영화막 면의 조도가 높아진다.

(바) 적외선 전구 및 할로겐 전구

적외선 전구는 적외선에 의한 가열, 건조 등 산업 분야에 다양하게 이용되고 있으며, 할로겐 전구는 석영관의 중앙에 텅스텐 코일을 직선상으로 배치하고 불활성 가스와 함께 미량의 할로겐 원소를 봉입한 전구이다.

이 외에도 필라멘트 지지선을 보강하고 구조를 내진형으로 하여 선박, 철도, 차량 등

진동이 많은 장소에 쓰는 내진 전구, 장식, 사인, 표시 등에 쓰이는 착색 전구가 있다.

또 장식용의 소형 전구로서 크리스마스 전구, 관형 유리관 내에 코일 필라멘트를 일직선으로 넣어 케이스 등에 쓰이는 관형 전구(25[W], 40[W],60[W]), 회중 전등용의 소형 전구(5~10[V])가 있으며 위나 입속에서 점등하여 그 내벽을 검사하는 의료용 전구, 광산의 안전등으로 쓰이는 캡 램프 (2.5[V],4[V]), 각종 표식에 쓰이는 표준 전구 등 여러 가지 전구가 있다.

2. 형광램프

형광램프는 방전관 내에 수은을 넣어서 저전압으로 방전시키기 위하여 열음극을 사용한 저압 수은램프의 일종으로 방전에 의하여 생긴 파장 253.7[nm]의 강력한 자외선이 관의 내벽에 칠해진 형광도료를 통해 강한 형광을 발생한다. 그림 4.2-11에서와 같이 형광램프는 투명한 유리관 내면에 얇은 형광체 막을 도포하고 양쪽 끝에 필라멘트를 장착시킨 전극을 봉착하고 관의 내부에 수은과 아르곤 가스(Ar 또는 Kr, Xe)를 봉입하여 양쪽 끝에 베이스를 부착시킨 구조로 되어 있다.

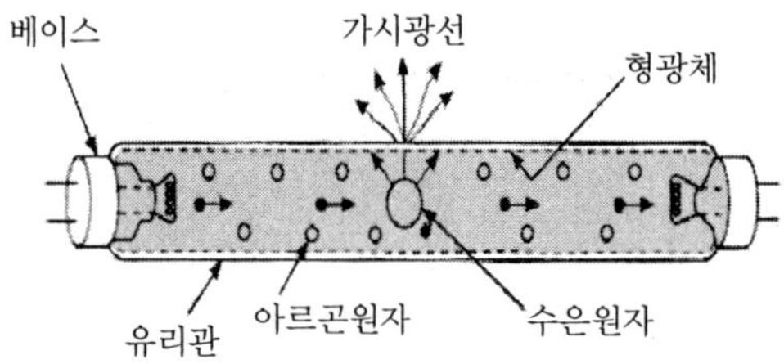

그림 4.2-11 형광램프의 구조와 발광원리

표 4.2-2 램프의 표시

구 분	내 용
램프의 종류	FL : 직관, FCL : 환형, FLR : 래피드 스타터식 직관
용량	20 : 20[W], 40 : 40[W], S : Slim(28[mm])
광원색	D : 주광색, W : 백색, WW : 온백색, B : 청색, PK : 핑크색 BW : 청백색, R : 적색, EX : 3파장, G : 녹색
시동보조장치 구조	A : 유리관 외면에 도전처리한 것 M : 유리관 내면에 도전피막 처리한 것 J : 유리관 외면에 도전띠를 한 것

형광체에 따라서 여러 가지 색을 발생하고 열음극의 텅스텐 필라멘트는 2중 코일로 하고, 열전자의 방출을 쉽게 하기 위하여 바륨, 스트론튬, 칼슘 등의 산화피막을 칠한다.

형광램프는 옥내, 전반조명, 국부조명에 모두 적합하여 가장 널리 사용되고 있으며 명시 조명은 경제적으로 유익이 있고 간접조명으로 분위기 조명에도 효과적이다.

(1) 형광램프의 종류

형광램프는 점등장치로 점등관이 필요한 예열식 형광 방전등이 사용되어 왔으나 최근에는 점등관이 필요 없는 래피드식과 전자식이 많이 사용되고 있다. 형광램프를 시동 방식으로 분류하면 스타터형 형광램프, 슬림라인형 형광램프, 래피드식 형광램프가 있다.

(가) 스타터형 형광램프

열음극형 형광램프라고도 불리우며 일반적으로 많이 사용되고 있다. 주로 스템글라스에서 나온 2개의 도입선 간에 텅스텐의 2중 코일 필라멘트가 접속되어 있으며 일반적으로 보조양극 또는 애노드(Anode)라고 불린다. 2중 코일의 필라멘트에는 바륨, 스트론듐, 칼슘의 산화물이 도포되어 열음극(음극의 열전자 방사원)을 구성하고 있다.

이 전극은 이온이나 전자의 충격을 받아 가열되어 음극의 온도를 유지한다. 기동시 2~3초의 시간이 걸리며 점멸횟수가 많아지면 수명이 짧아지는 단점이 있다.

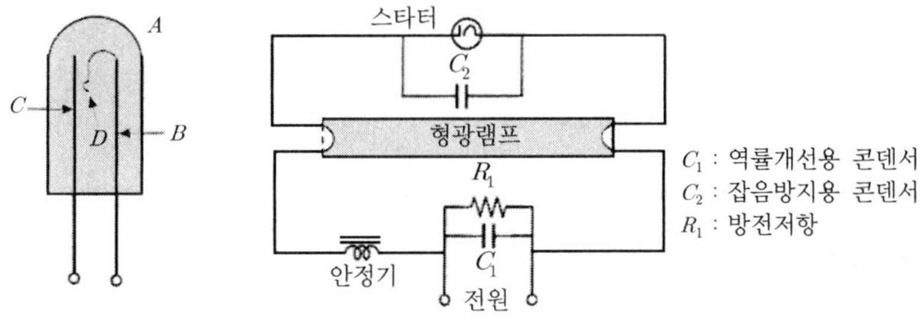

그림 4.2-12 글로우 스타터형의 구조

(나) 슬림라인형 형광램프

순시 시동형 형광램프로서 누설변압기에 의하여 약 600[V] 전압이 발생되는 순시 기동식 안정기를 사용하며 보통의 형광램프보다 장형이고 관 끝에 1개씩의 베이스 핀이 있으며 스타터가 필요 없다. 이 타입의 형광램프의 효율은 일반램프와 거의 동일한 효율을

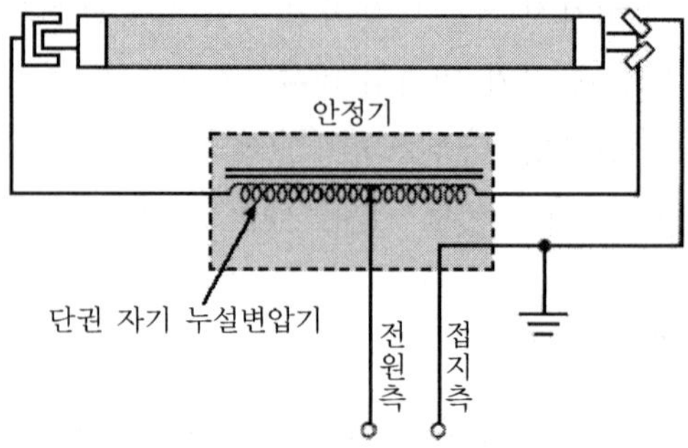

그림 4.2-13 슬림라인형 형광램프의 구조

가지고 있으나 시동에 고전압이 필요하기 때문에 안정기가 커지고 수명이 짧은 단점이 있어 잘 사용되지 않으며, 주로 진열장의 조명이나 간접조명으로 쓰이고 있다.

(다) 래피드 스타터형 형광램프

래피드 스타터형 형광램프는 슬림라인형 형광램프의 단점이 없고 약 1초 정도에 일제히 점등되며 글로우 스타터도 불필요하고 점멸횟수가 많아도 수명이 짧아지지 않는 특징이 있다. 외관은 보통의 형광램프와 동일하지만 음극은 2중코일 필라멘트위에 다시 가는 텅스텐선을 감은 짧은 3중 코일로서 튼튼하게 되어 있고 안정기에 내장된 필라멘트용 변압기에 의해 상시 가열된다. 래피드 스타터형 형광램프의 특징은 다음과 같다.

① 안정기에 전극 가열용으로 별도의 권선을 설치한다.
② 형광등 전극을 미리 가열하여 놓으면 비교적 낮은 전압에도 기동할 수 있고, 즉시 점등이 가능하다.
③ 습도에 의한 기동장해를 방지하기 위해 유리관 외벽에 실리콘을 바른다.

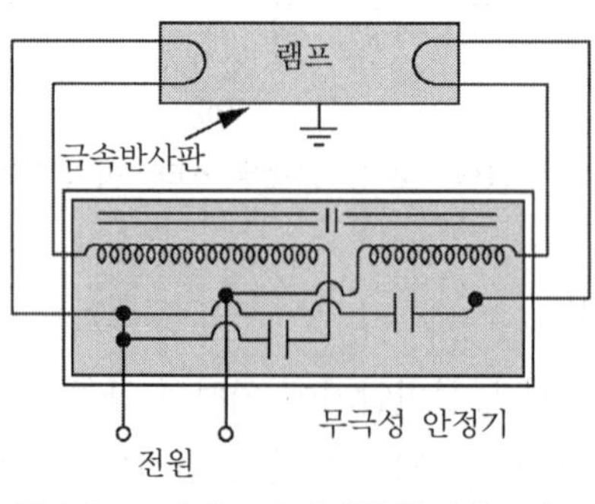

그림 4.2-14 래피드 스타터형 형광램프의 구조

④ 3중 코일 텅스텐 필라멘트를 이용하므로 산화물 피복 부착이 용이하다.

⑤ 금속 반사판을 설치한다.

⑥ 특수 조광기로 속시 기동형 램프의 광속조절이 가능(영화관, 극장)

(라) 삼파장 형광램프

삼파장 형광램프란 파장 폭이 좁은 청색, 녹색, 적색 빛을 조합하여 효율이 좋은 백색의 빛을 얻는 램프이다. 일반적으로 형광램프의 관경과 효율의 관계를 살펴보면 40[W]의 경우 광출력(밝기)은 29[mm]부근에서 최대이지만 효율([lm/W])은 관경 26[mm] 부근에서 최대이다. 그림 4.2-15는 기존의 형광램프(32[mm] 40[W])를, 그림 4.2-16은 광출력과 효율을 개선시킨 삼파장 형광램프(26[mm] 32[W])의 구조를 나타낸 것이다.

일반 조명용으로 사용하고 있는 형광램프의 형광체로 할로린산 칼슘을 주로 사용하였으나 이는 적색 부분의 발광이 적기 때문에 연색성이 나쁘다. 이 연색성을 보완하기 위하

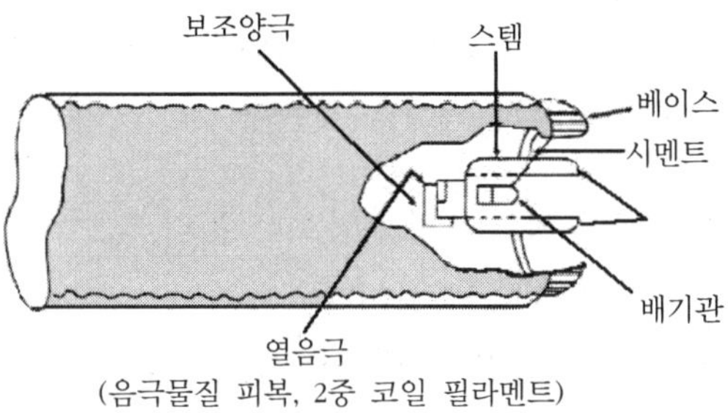

그림 4.2-15 32[mm] 40[W] 형광램프의 구조

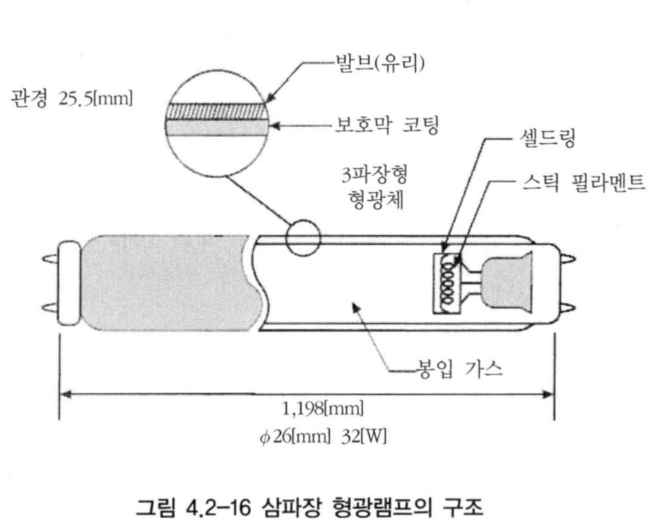

그림 4.2-16 삼파장 형광램프의 구조

여 희토류를 형광체로 사용함으로써 효율과 연색성이 보완된 삼파장 형광램프가 출현하게 되었다. 삼파장 형광램프의 특징은 다음과 같다.

① 가장 밝은 형광램프이다.
 – 동일규격의 일반램프에 비하여 약 10[%] 정도 더 밝다.
② 밝기가 뛰어나다.
 – 같은 조도 하에서 일반 형광램프보다 약 40[%] 정도 더 밝다.
③ 색상이 보다 아름답고 자연적이며 선명해 보인다.
④ 산뜻한 분위기를 만든다.
⑤ 약 10[%]의 절전효과로 전기요금을 절약할 수 있다.
⑥ 가격이 비싸다.(일반 형광램프의 수배)

(2) 안정기

형광램프와 같은 방전등은 기체 방전 중의 여기 원자에 의한 발광을 이용한 것으로서 일반적으로 다음과 같은 전기적 특성을 갖는다.

① 방전개시 전압이 점등시의 램프전압보다 높다.
② 전류－전압 특성이 부저항 특성이다.
③ 교류 점등시에는 높은 재점호 전압이 필요하다.

이와 같은 방전등의 특성 때문에 방전등을 안전하게 점등하기 위해서는 별도의 점등회로, 즉 안정기를 필요로 하며 그 역할은 방전등에 시동전압 공급기능, 램프 전류를 제한하기 위한 한류소자로서의 기능, 방전유지를 위한 재점화 전압 공급기능이다. 안정기는 회로의 작동원리에 따라 자기식과 전자식 안정기로 대별된다.

재래식 코일형 안정기에 비해 반도체 소자를 이용한 전자식 안정기와 규소강판의 고급화 및 공진 회로를 개선한 절전형 자기식 안정기(래피드식)는 전기 절약효과가 크고 고감도의 빛을 얻을 수 있다.

(가) 초크코일 안정기

가격이 저렴하고 신뢰성이 있으며, 견고하고 내구성이 우수하여 반영구적이고 전자파의 장해가 적으나 스타터 램프가 필요하며 안정기에서의 전력손실이 큰 단점이 있다.

(나) 전자식 안정기

출력이 고르게 조정되며 스타터 램프가 필요없고 에너지 손실을 최소화시켜 15~25[%]의 절전 효과가 있으며 고주파로 작동되어 빛의 고품질 유지가 가능하고, 소형화가 가능하여 무게가 가볍다. 그러나 가격이 비싸고 수명이 짧으며 고주파 전원을 사용함에 따른 전자파 장해가 문제가 된다.

(다) 자기식 안정기

스타터 램프가 필요없고 기존의 초크코일(chock coil) 안정기의 시동회로를 LC 공진 회로를 통해 부하손실을 줄였으며 강판소재의 질을 높여 절전효과가 향상되게 한 것으로서 기존 안정기의 예열 및 점등개시에 필요한 1차 무부하 손실과 2차 전압 권선의 무부하 손실을 절전형 공진 회로에 의하여 절감토록 한 것으로 정상적인 동작을 위해서는 전용 램프를 사용하여야 한다.

(3) 형광램프의 점등회로와 원리

형광등의 점등회로는 다음과 같이 크게 3가지로 분류된다.

① 글로우 스타터(glow starter) 회로
② 속시(래피드) 기동(rapid starter) 회로
③ 순시 기동(instant starting) 회로

(가) 글로우 스타터 회로

글로우 스타터(glow starter)는 아르곤을 봉입한 유리관내에 U자형의 바이메탈 전극과 막대기형 전극을 설치한 것으로서 우선 전원 스위치를 닫으면 글로우 스타터의 양전극 사이에 글로우 방전이 발생하고 이 글로우의 열 때문에 바이메탈 전극이 팽창하여 그의 접점이 막대기형 전극에 접촉한다.

그 결과 형광 방전관의 양전극의 필라멘트가 직렬로 연결되며 정격전류의 약 2배의 전류가 흘러서 필라멘트를 가열하고 열전자 방출의 상태로 된다. 한편 이 사이에 글로우 스타터의 바이메탈은 냉각하여 수축함으로써 접점이 떨어진다. 이 순간에 가열 전류가 끊어지므로 안정기 코일에서 발생하는 큰 유도 반사전압(Induction kick)이 형광방전관의 필라멘트에 인가되어 가열과 더불어 점등된다.

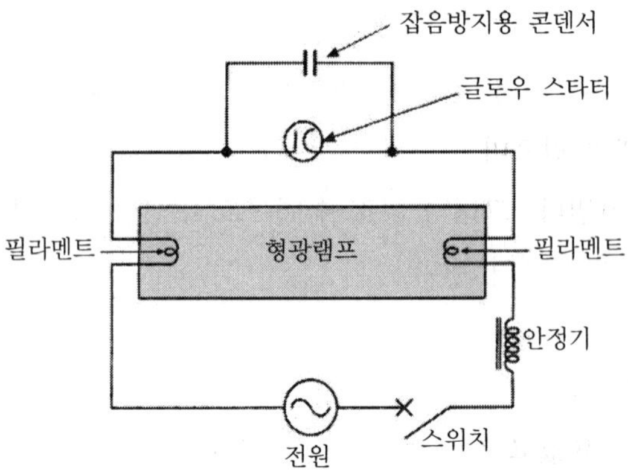

그림 4.2-17 글로우 스타터 방식 점등회로

형광램프가 점등되면 안정기에 의한 전압강하가 있기 때문에 글로우 스타터에 가해지는 전압은 점등전의 50[%] 정도로 낮아지므로 스타터의 전극은 열려 있게 된다.

글로우 스타터 방식 점등회로는 그림 4.2-17과 같이 구성되어 있다. 그림에서 잡음방지 콘덴서는 글로우 스타터 점등 중에 발생하는 전파장해를 제거한다.

(나) 속시 기동회로

스타터형 형광램프는 스위치를 넣은 후 점등될 때까지 약간의 시간이 걸리지만 이 래피드 스타터형은 즉시 점등된다. 스위치를 넣으면 두 개의 필라멘트 가열용 폐회로에 전류가 흘러서 램프의 양단에 전원전압과 유기전압이 걸리게 되며, 폐회로에 흐르는 전류에 의해 필라멘트 코일은 약 800[℃]로 가열되고 열전자를 방출함으로써 시동보조장치와 전극간에 미소전류가 흘러 미방전을 일으킨다. 이 미소 전류가 시동 보조장치를 타고 다른 쪽의 전극에 도달할 때 주방전이 일어나고 램프는 약 1초 이내에 점등이 된다.

래피드 스타터 방식의 점등회로 구성은 그림 4.2-18과 같다. 이 회로는 안정기의 2차 전압이 승압되어 230[V] 정도로 되어 있다. 또, 2차권선의 일부에서 2~5[V] 정도의 전압을 필라멘트에 가하고 있다. 그림 4.2-18의 전원 스위치를 ON하면 안정기의 필라멘트 예열권선(1)에 의해 2~5[V] 정도의 전압으로 필라멘트를 예열한다. 이와 동시에 램프 양단에는 승압된 230[V] 정도의 안정기 2차 전압이 가해진다.

램프는 필라멘트가 가열되는데 따라 방전 개시전압이 낮아지고 230[V]가 되면 램프가 점등한다. 전원전압이 점등하기까지의 시간은 2초 이내로서 글로우 스타터 방식보다 시간이 짧아진다. 그리고 다수의 형광램프를 일제히 점등시킬 수가 있어 기설 사무실 등에

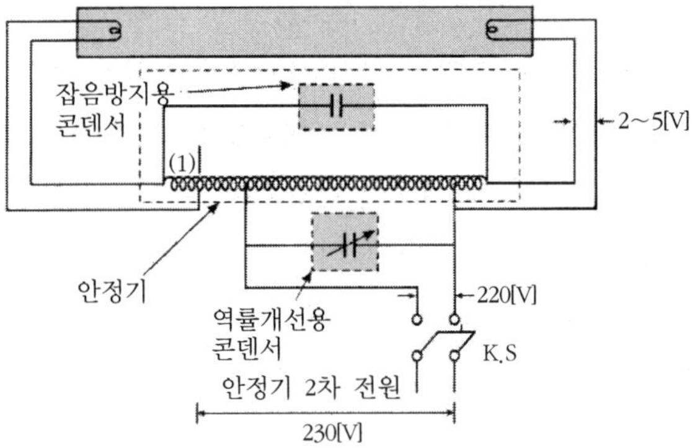

그림 4.2-18 래피드 스타터 방식 점등회로

서 이용된다. 래피드 스타터 방식에 사용하는 램프는 낮은 전압으로 방전을 개시하도록 되어 있다. 램프 내면에 시동 보조장치가 시공되어 있어 방전을 하기 쉽다.

따라서 래피드 스타터 방식의 램프는 시동보호장치가 되어 있는 전용의 램프를 사용하지 않으면 안되며, 글로우 스타터 방식의 램프를 사용하면 점등하기 어렵거나 점등하지 않는 경우가 발생한다.

(다) 전자식 안정기형 회로

전자식 안정기형 회로의 안정기는 형광등을 점등하기 위한 초기전압을 제공하고 (초기 Arc 방전 : 400[V] 이상) 일단 램프가 점등된 후에는 광출력을 안정시키기 위해서 램프를 통해 흐르는 전류를 일정하게 유지해 주기 위한 것이다. 만약 전류의 적정한 제한이 없다면 램프의 수명은 극히 짧아질 것이다. 또한 안정기는 램프의 음극(필라멘트)을 적당히 가열해

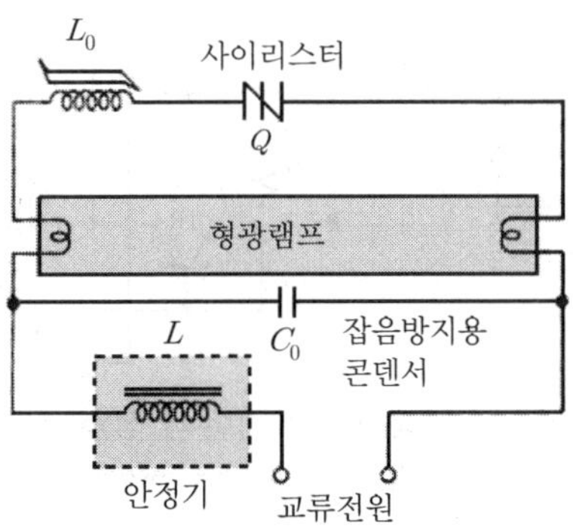

그림 4.2-19 전자식 시동형 회로

주기 위한 전압을 제공하여 전자방출이 순조롭고 지속적으로 이루어질 수 있게 한다.

전자식 안정기형 회로는 인버터(TC, IC, FET) 구동에 의한 전자회로를 채용하여 AC전원(60[Hz])을 전파정류하여 얻은 직류를 약 30[kHz]의 고주파로 발진하여 LC직렬 공진회로에 인가하면 콘덴서 양단에 고전압이 유기되어 형광램프가 방전된다. 그 후 콘덴서 전압은 형광램프의 관전압으로 급속히 떨어져 계속적인 정상 점등이 이루어진다.

그 외의 주요 구성은 순간 점등회로, 고주파장애 감소회로, 과전류제한 및 과열보호회로 등으로 구성되어 내구성이 높고 고장률이 저감된다. 전자식 안정기의 특징은 다음과 같다.

① 소비전력이 이전보다 30[%] 정도 절감된다.
② 저온(−20[℃])에서도 점등이 가능하다.
③ 소음이 없고 즉시 점등된다.
④ 열발생 및 열손실이 없다.
⑤ 깜박거림이 없다.
⑥ 라인 노이즈, 전자파장애(EMI), RF전파장애 등에 대책이 필요하다.

(라) 고주파 점등 방식

형광등을 트랜지스터 인버터에 의한 고주파로 점등하면 회로 손실이 적어지고 효율이 향상되며 빛의 아른거림도 적어지고 또 안정기도 소형 경량으로 된다. 사용 주파수는 20~50[kHz]가 사용되고 고주파 점등회로는 그림 4.2-20과 같다.

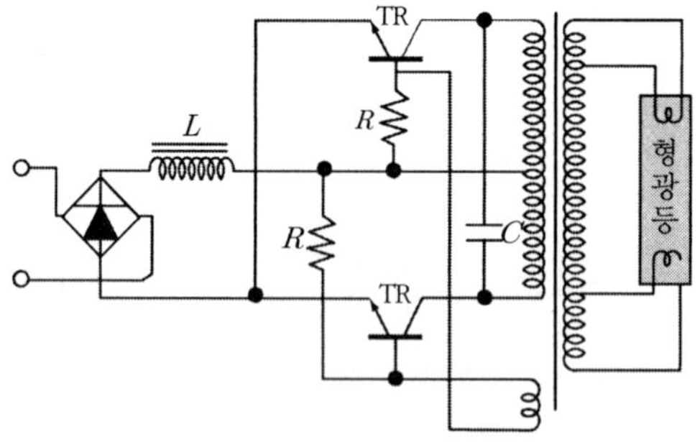

그림 4.2-20 고주파 점등회로

(4) 특 성

형광 방전등과 직렬로 안정기가 연결되어 있고 형광등의 역률은 저역률(50~70[%])이 되기 때문에 역률개선용 콘덴서를 병렬로 접속하여 역률을 개선시킨다.

(가) 광색의 종류 및 특성

유리관의 내벽에는 형광물질이 도포되어 있으며 이 형광체의 종류에 따라 표 4.2-3과 같이 여러 가지 광색을 얻을 수 있다.

한국산업규격(KS)에서는 주광색(day light, 기호 : D)과 백색(White 기호 : W)으로 구별하고 있으며, 주광색은 색온도 6,500[K]의 광색이고, 백색은 색온도 4,500[K]이다. 주광색과 백색을 비교하면 주광색은 푸르게 보이고, 백색은 백열전구와 같이 황색으로 보인다. 주광색, 백색 이외에도 냉백색(CW), 온백색(WW), 단백색(SW), 청색(B), 녹색(G), 골드색(GO), 핑크색(PK) 및 적색(R) 등이 있다. 최근에는 천연 주광색, 천연 백색이라는 것이 있으며, 천연색(deluxe)이라는 것은 주광색, 백색보다 적색을 강하게 하며 연색성을 높인 것이다.

표 4.2-3에서 여기 파장이라는 것은 여기광, 즉 자극선의 파장이고, 박기 파장이라는 것은 발기광, 즉 형광의 파장을 뜻한다. 스토크의 법칙 (Stock's law)에 의하면 일반적으로 형광파장(발기파장)은 자극선파장(여기파장)보다 길다.

표 4.2-3 형광체의 특성

형광체	분자식	광색	여기 파장[A]		형광 파장[A]		잔광기간 [sec]
			범위	극대	범위	극대	
텅스텐 칼슘	CaWO-Sb	청색	2,200~3,000	2,720	3,800~7,000	4,400	1×10^{-5}
텅스텐산 마그네슘	$MgWO_4$	청백색	2,200~3,200	2,850	3,800~7,200	4,800	5×10^{-5}
규산아연	$ZnSiO_3-Mn$	녹색	2,200~2,960	2,537	4,500~6,200	5,250	14×10^{-3}
규산카드뮴	CdSiO-Mn	등색	2,200~3,200	2,400	4,300~7,200	5,950	24×10^{-3}
붕산카드뮴	$CdBO_5$	핑크색	2,200~3,600	2,500	4,000~7,200	6,150	16×10^{-3}
할로린산 칼슘	$3Ca_3(PO_4)_4$ $Ca_2(Cl_2F_2)$ -Sb, Mn	황백색	1,500~3,200	2,537	3,800~7,200	5,950	30×10^{-3}

또 어떠한 형광체라도 표 4.2-3에 있는 바와 같이 짧은 시간의 잔광현상이 있다.

광원의 색도(색상과 채도)가 절대온도 T[K]인 흑체의 색도와 같을 때 이 온도 T를 광원의 색온도라 하며, 형광등은 일반 조명용의 주광색(D)은 6,500[K], 백색(W)은 4,500[K]이며, 온백색(WW)은 3,500[K]와 3,000[K]의 2종이 있다.

표 4.2-4에 일반조명용 및 고연색성 형광등의 색온도, 평균연색 평가수 및 효율을 나타내었다.

표 4.2-4 주된 형광등의 색온도, 평균 연색 평가수 및 효율

	종류	기준광원의 색온도[K]	평균 연색 평가수 R_a	효율(40[W]) [lm/W]	비고
일반 조명용	주광색 FL-D	6,500	77	73	
	백색 FL-W	4,500	81	81	
	온백색 FL-WW	3,350	75	75	
고연 백색	주광색 FL-D-SDL	6,500	53	53	
	백색 FL-W-SDL	5,000	53	53	
	백색 FL-W-EDL	4,900	96	50	

(나) 온도 및 전압 특성

글로우 스타터형의 경우는 주위온도 5~40[℃], 래피드 스타터형은 10~40[℃] 사이에서 사용해야 한다. 주위 온도가 높으면 관내의 수은 증기압이 내려가서 저온에서는 시동전압이 높아지고 고온에서는 시동전압이 낮아진다. 겨울철 형광램프가 점등이 잘 안되는 것은 이런 이유이다.

발광효율이 최대가 되는 것은 관벽온도가 약 40[℃](주위온도 : 약 20[℃])가 될 때이다.

백열전구에서는 전원전압의 약간의 변화가 광속 및 수명에 큰 영향을 미치지만 형광램프는 크게 영향을 받지 않으며 광속 및 수명에 대한 영향 역시 적은 편이다. 일반적으로는 실온 25[℃], 관벽 온도 40[℃]에서 최대의 효율이 되도록 설계하며 주위온도가 바뀌면 특성도 변화한다.

그림 4.2-21은 전압의 변동에 의한 것을 타나낸 것이고, 그림 4.2-22는 주위온도의 변동에 의한 특성 변화를 나타낸 것이다. 그림 4.2-23은 형광램프의 수명특성으로서 점멸주기 및 전원전압의 변동에 의한 수명특성을 나타낸 것이다.

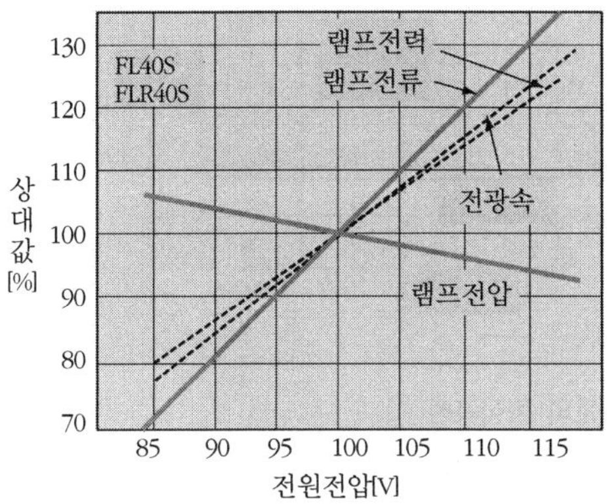

그림 4.2-21 형광램프의 전원전압 특성

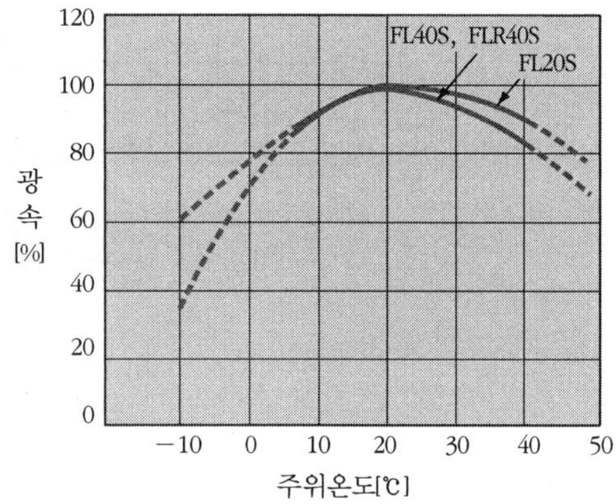

그림 4.2-22 주위온도와 광속특성

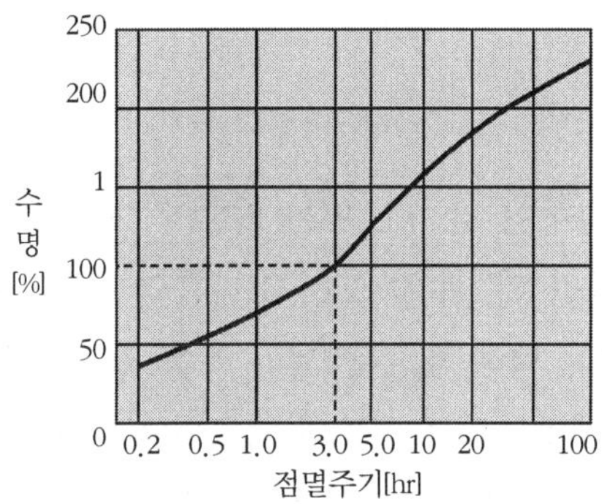

(3시간 점멸을 100으로 한 경우의 [%] 수명)

(a) 점멸주기와 수명

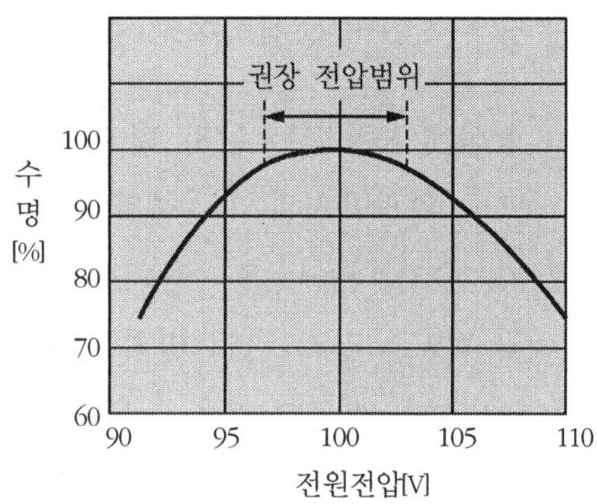

(b) 전원전압과 수명

그림 4.2-23 형광램프의 수명특성

(다) 수명과 동정

그림 4.2-24와 같이 점등시간에 따라 전압, 전류, 전력 및 효율 등의 관계를 광속으로 나타내는 곡선을 동정곡선(performance curve)이라 한다. 형광등의 수명은 점등 개시 후 전광속이 초기 광속의 80[%]로 되었을 때의 시간과 형광등이 방전되어 불능으로 되었을 때까지의 시간 중 짧은 것으로 정한다.

규격품의 수명은 약 4,000시간으로 되어 있으나 우량품은 7,000시간까지 되는 것도 있다. 형광등은 점등 후 100시간까지는 광속이 급격히 감소하고 1,000시간까지는 완만한 감소를 보이며 그 후 비교적 안정된 광속을 발산한다.

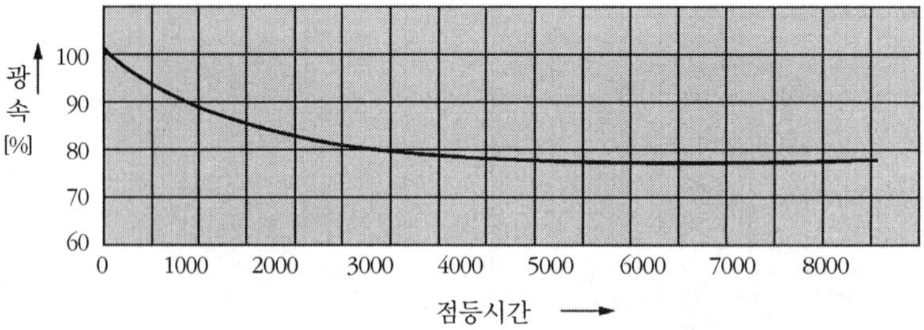

그림 4.2-24 형광등의 동정곡선

한국공업규격에서는 초특성 시 광속을 100시간 점등 후의 값으로 규정하고, 동정특성의 광속은 500시간 점등 후의 광속으로 규정하고 있다. 형광등의 수명은 전압에 변동이 있는 경우 전압이 증감하여도 감소한다.

① 형식에 사용되는 문자 및 수치
FL : 형광방전관, FL 중간의 C : 관이 환형인 것, FL 또는 FCL의 다음 수치 : 크기, 수치 다음의 S : 관의 지름이 가느다란 것, 수치 또는 S 다음의 문자 : D, W 및 WW는 각각 관이 발하는 색이 주광색, 백색 및 온백색인 것을 표시한다.
② 연색성을 개선한 것은 D 또는 WW 다음에 DL 또는 SDL의 기호를 붙여 표시한다.
③ 초특성에 있어서 전광속의 표준값에 대하여는 수수당사자간의 협정에 의하여 이 표의 수치보다 큰 수치를 특별하게 정할 수 있다.
④ DL 또는 SDL의 문자가 붙은 것의 초특성 및 동정 특성의 전광속은 D, W, WW에서 정하는 각 값의 70[%] 이상으로 한다.

(5) 흑화현상

형광등의 양 끝단이 검게 되는 현상을 흑화라 하며, 이는 안정기의 결함이나 잦은 점멸 또는 전압변동이 원인이 되어 일어나며 광속이 감소하여 조명에 영향을 초래하게 된다.
일반적으로 형광등의 광속이 감소하는 원인은 다음과 같다.

① 전극에서 전자복사의 감소
② 전극물질의 승화로 램프 양단의 흑화
③ 형광체의 열화

방전관 양단에 나타나는 흑화의 형태는 다음과 같이 분류할 수 있다.

① 전극에서 5[cm] 정도 떨어진 곳에 나타나는 환상의 흑화는 형광등을 정상상태에서 수십 시간 이상 사용하면 나타나는 것으로 특성에 큰 영향을 주지 않는다.
② 베이스에 가까운 부분에 나타난 짙은 반점은 기동전류 또는 점등시의 전류가 과대한 경우에 발생하게 된다.
③ 방전관 끝 부분의 넓은 흑화는 관의 수명 말기에 생기는 것으로 필라멘트 표면의 바륨이 비산되어 관 내벽에 부착한 것이다.

이와 같은 흑화현상이 발생하면 방전개시전압이 높아져 점등관이 동작하여도 필라멘트만 가열될 뿐 점멸을 반복하여도 안정된 점화가 불가능하게 된다. 형광체의 열화는 수은과 형광체가 혼합하거나 자외선의 심한 자극으로 열화하게 된다.

(6) 플리커와 역률의 개선

(가) 빛의 플리커 개선

형광등을 교류로 점등하면 전류의 순시값에 비례하여 1[Hz]마다 2회의 맥동을 한다. 형광체는 잔광성을 가지고 있으므로 전류값이 영으로 되어도 시감할 수는 없으나 빛의 반복된 명멸을 느끼게 한다. 이 빛의 명멸, 즉 어른거림을 플리커(flicker)라 하고 다음과 같이 표시하며, 각종 광원의 플리커를 비교하면 표 4.2-5와 같다.

$$플리커 = \frac{최고광도 - 평균광도}{평균광도} \times 100[\%]$$

표 4.2-5 전구별 플리커의 발생률

광원	플리커[%]	광원	플리커[%]
백열전구 40[W]	13	형광등 백색(2등용)	20
백열전구 100[W]	5	형광등 백색(3등용)	6
형광등 주광색(1등용)	60	형광등 청색(1등용)	95
형광등 주광색(2등용)	28	형광등 녹색(1등용)	20
형광등 주광색(3등용)	8	형광등 분홍색(1등용)	20
형광등 백색(1등용)	45		

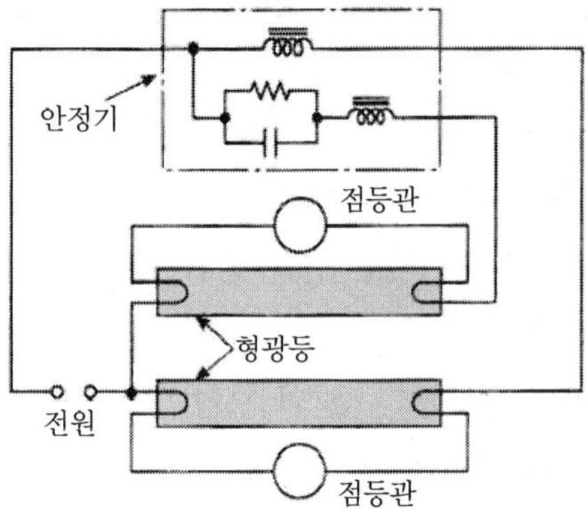

그림 4.2-25 플리커리스 형광등의 구조

형광등은 백열전구에 비하여 플리커가 크지만, 정상 점등시에는 시감할 수 없고 움직이는 물체를 장시간 관측하는 경우 플리커 현상을 감지할 수 있게 된다. 플리커 현상을 감소시키기 위하여 형광 방전관 2개를 동일 기구에 설치하고 그림 4.2-25와 같이 콘덴서를 직렬로 접속하여 한 쪽 형광등의 전류 위상을 90° 빠르게 하면 주광색 형광등은 28[%], 백색 형광등은 플리커 현상을 20[%] 정도 감소시킬 수 있다.

이와 같은 형광등을 플리커리스 형광등이라 한다. 플리커를 더욱 감소시키려면 세 개의 형광 방전관을 각각 3상 회로의 각 선간에 설치하면 플리커는 더욱 감소해서 6~8[%]로 되며 전류도 각 상이 평형이 되어 역률이 개선되는 이점이 있다.

(7) 역률개선

백열전구의 역률은 거의 100[%]이나 형광등은 안정기가 삽입되어 있으므로 50~60[%]이다. 형광방전관 자체는 저항 부하에 가까워 그 역률은 약 90[%] 정도이다. 역률을 개선하기 위하여 전원과 병렬로 콘덴서를 접속하고 있으며 역률 개선 전이나 개선 후의 전력은 같으므로 콘덴서의 용량을 다음과 같이 산정할 수 있다.

$$P = VI_L \cos\theta_1 = VI\cos\theta_2 \tag{4.2.6}$$

$$\therefore \ I_L = \frac{P}{V\cos\theta_1}, \ I = \frac{P}{V\cos\theta_2} \tag{4.2.7}$$

$$I_C = 2\pi f CV = I_L \sin\theta_1 - I\sin\theta_2 \tag{4.2.8}$$

$$= \frac{P\sin\theta_1}{V\cos\theta_1} - \frac{P\sin\theta_2}{V\cos\theta_2} = \frac{P}{V}(\tan\theta_1 - \tan\theta_2)$$

$$\therefore\ C = \frac{P \times 10^6}{2\pi f V^2}(\tan\theta_1 - \tan\theta_2)[\mu\mathrm{F}] \tag{4.2.9}$$

$\cos\theta_1$: 점등회로의 역률, $\cos\theta_2$: 개선 후의 역률, P : 입력[W]

I_L : 관전류[A], I : 선전류[A] V : 전압[V], f : 주파수[Hz]

형광등의 역률을 85[%]로 개선하는데 1개의 형광등에 3.5~5.5[μF]의 콘덴서를 병렬로 접속하여야 한다.

(8) 형광등의 특징

① 수명이 길다 : 형광등의 평균수명은 약 7,000시간으로 백열전구의 1,000시간에 비하여 매우 길지만, 안정기의 불량, 전원 전압의 변동, 주파수의 불균일, 점멸 횟수의 과다 및 주위온도의 저하 등이 형광등 수명감소의 원인이 된다.

② 임의의 색광을 얻을 수 있다 : 형광체에 따라 원하는 색광을 얻을 수 있다.

③ 효율이 높다 : 백열전구는 물론 수은등보다 역률이 높아 40[W] 백색 형광등의 경우 광속은 백열전구 150[W]와 비슷하므로 안정기의 손실을 고려하더라도 효율은 약 3배 정도가 된다.

④ 휘도가 낮다 : 광원의 발광면적이 넓어 휘도가 약 6,000~1,0000[cd/m^2]이다. 사람이 장시간 광원을 바라볼 수 없는 한계는 5000[cd/m^2]으로 이 보다 휘도가 높으면 눈부심(glare)을 느낀다.

⑤ 발열이 거의 없다 : 15[W] 주광색 형광등의 경우 복사열로 발산되는 에너지는 입력의 약 50[%] 정도이다. 이에 비해 백열전구는 약 90[%]가 열로 복사되며 형광등의 효율은 백열전구의 약 3~4배이므로 같은 양의 광속을 내는 광원의 복사열로서 형광등은 백열전구의 1/5~1/7 정도가 된다.

⑥ 전원전압의 변동에 대하여 광속변동이 적다 : 전압 변동에 대한 형광등의 광속의 변화는 백열전구의 경우에 비해 적으며, 전압 1[%] 변동에 대하여 광속은 1~2[%] 변화한다.

⑦ 기동시간이 길다 : 주위온도가 낮아지면 점등관의 특성이 나빠져 기동에는 시간이 걸리므로, 래피드 스타터형 형광등이나 슬림라인형 형광등이 이러한 단점을 보완한 것이다.

⑧ 주위온도의 영향을 받는다 : 주위온도가 20~25[℃]일 경우 효율이 높고 이보다 온도가 높거나 낮으면 효율은 떨어진다. 주위온도가 너무 낮아지면 점등할 수 있는 최저 전압은 높아지고 점등관은 동작하지만 형광등은 점등되지 않는다.

⑨ 역률이 낮다 : 안정기에는 초크코일이 사용되므로 역률이 55~65[%] 정도로 매우 낮다.

⑩ 전원주파수의 변동이 광속 수명에 영향을 미친다 : 안정기로서 초크코일이나 콘덴서를 사용하므로 전원주파수의 영향을 받아 형광등의 광속이나 수명이 변동한다. 일반적으로 주파수 1[%]의 변화에 대하여 램프 전류는 늦을 때 1[%] 증가하고, 빠를 때는 2[%] 감소하며, 수명에 나쁜 영향을 주므로 정격주파수의 ±4[%]의 범위 내에서 사용하는 것이 바람직하다.

⑪ 빛의 명멸(flicker)현상이 있다 : 형광등을 교류로 점등하면 전류의 주기적 변화와 더불어 광속에 어른거림이 일어난다.

⑫ 라디오 장해를 받는다 : 형광등으로부터 방해전파가 발생하여 라디오에 잡음장해를 준다.

(9) 라디오 잡음방지

형광등의 전압파형은 구형파로 되어 있고, 또 이것에 100[Hz] 정도의 진동파가 중첩되어 있으므로 550~1500[kHz]의 방송 주파수의 범위로서 라디오에 잡음을 주게 된다. 그 잡음의 경로는 다음과 같다.

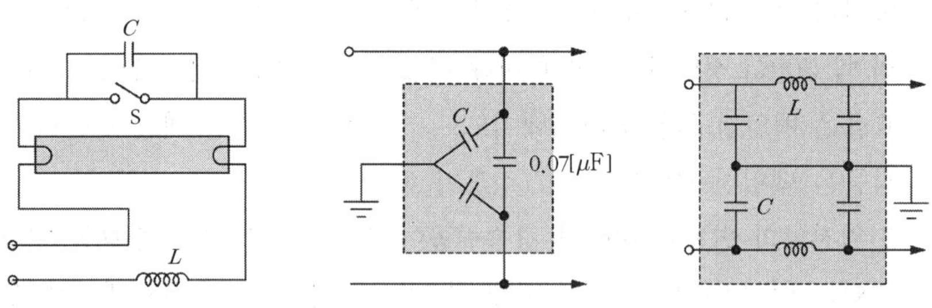

그림 4.2-26 라디오 잡음방지법

① 형광등 자체의 전파가 안테나에 들어온다. 이것은 형광등으로부터 멀리 격리하면 영향이 없다.

② 형광등을 점등하고 있는 전등선에서 방사되는 전파가 안테나에 들어온다.

③ 형광등에서 전등선을 따라 라디오에 침입한다.

이를 방지하기 위하여 그림 4.2-26(a)와 같이 기동용 스위치에 병렬로 콘덴서를 삽입하거나 그림 (b)와 같이 콘덴서를 Δ로 접속한 필터를 전원측에 넣는다. 이것으로 잡음은 75[%] 정도 감소된다. 또한 그림 (c)와 같이 하면 거의 완전하게 잡음을 방지할 수 있으며 이와 같은 것을 LC형 필터라고 한다.

3. 수은램프

(1) 고압 수은램프

고압 수은램프는 100~760[mmHg]의 압력으로 봉입된 수은증기와 전극을 봉입한 석영 유리제의 발광관과 이것을 감싼 외관으로 되어 있고, 발광관내의 전극은 상대하는 주전극과 한 쪽의 전극 근처에 고저항을 통해서 반대측의 전극에 접속된 보조전극으로 구성되어 있다.

고압 수은램프의 구조는 그림 4.2-27과 같이 발광관의 양단에 산화물피막 전극 및 시동용 보조전극이 있다. 수은램프는 안정기를 통해서 양전극에 전압이 가해졌을 때 먼저 보조전극과 주 전극 사이에서 방전이 일어나고 발광관 내의 온도가 충분히 높아진 후 주

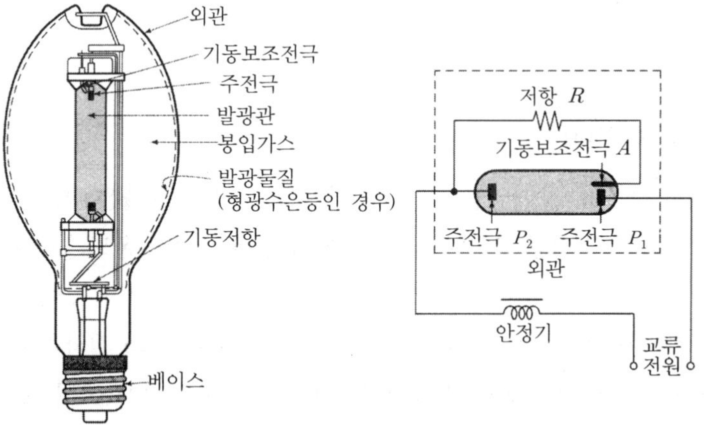

그림 4.2-27 고압 수은램프의 구조와 점등회로

전극간의 방전으로 시작된다. 따라서 고압 수은램프는 점등에 7~8분 정도의 시간이 소요된다. 수은램프의 수명은 12,000시간 정도이다.

수은램프에서 투명형의 수은램프는 수은 방전 특유의 청백색 빛을 방사하기 때문에 화학물질을 혼입하고 외관의 안벽에 형광체를 도포하여 다양한 색을 내도록 하고 있다. 수은램프는 그 특징상 옥내의 비교적 높은 곳에 두고 광범위하게 조명하는 것이 적합하고, 전반조명 광원으로 사용된다. 수은램프의 사용에 적합한 장소는 다음과 같다.

① 천장이 높은 공장, 도로조명용
② 소수의 광원으로 조명효과를 높이고 싶은 장소
③ 보수하기 어려운 장소
④ 광원 바로 밑의 조도를 높일 필요가 있는 장소

고압 수은램프는 점등중에 수은증기압이 1 내지 수기압의 고압이 되고 저압상태로는 점등할 수 없다. 그러므로 재점등에는 수분의 시간이 필요하다. 고압 수은램프는 수은의 선스펙트럼이 추가되므로, 연색성이 나쁘고 붉은 것에 대한 시각이 대단히 나쁘므로 이것을 개선하기 위하여 외관의 내벽에 형광체를 칠한다. 고압 수은램프는 백열전구와 형광램프에 비하여 다음과 같은 특징을 가지고 있다.

① 휘도가 1,000~10,000[cd/cm^2] 정도로 높다.
② 1개의 램프당 전력 및 광속이 크다.
③ 백열전구에 비하여 효율이 높다(20~50[lm/W]).
④ 연색성이 나쁘다.
⑤ 점등, 재점등에 시간이 많이 걸린다.

(2) 초고압 수은램프

고압 수은램프의 증기압을 10~200기압으로, 발광효율은 40~70[lm/W], 휘도는 10^5[cd/cm^2]로 증가시킨 것이다. 압력을 높이면 내부 중심 온도가 높아져서 연속 스펙트럼이 발산하고, 고압 수은램프는 적색광이 결여되어 있는 것에 반해 적색광이 강해져서 백색광에 가까워진다. 석영관 내에 1~2[cm] 간격의 두 개의 전극과 수은과 소량의 아르곤가스를 봉입한 발광관을 다시 유리구로 덮은 것이다. 중심온도는 8,000~10,000[℃]이다.

초고압 수은램프는 옥외 조명용, 투광기, 영화 촬영 및 영사용 등으로 사용되며 외구의 모양은 백열구와 비슷하다. 초고압 수은램프에는 공랭식과 수냉식이 있는데 공랭식은 간단하기는 하나 재점등에 시간이 걸리지만, 수냉식은 장치가 복잡하나 수초 이내에 점등이 가능하다.

외관에 자외선 투과 유리구를 사용하여 다량의 자외선을 나오게 만든 초고압 수은 건강등은 일광이 부족한 지하실, 공장, 빌딩 등의 보건용 조명에 이용된다. 또한 외관을 자외선에 대한 투과율이 큰 석영판을 쓰고 알루미늄의 반사갓으로 투광기와 같이 좁게 비치는 태양등은 피부병 치료와 같은 의료용으로 이용되기도 한다.

(3) 저압 수은램프와 살균램프

저압 수은램프는 수은증기압이 0.001~0.1[mmHg] 정도 되도록 한 것으로 이 증기압의 수은램프에서는 청색의 광색을 가지므로 청색의 네온관에 이용되고 있다. 저압 수은램프는 효율이 매우 낮아 조명에는 사용되지 않으며, 근래에는 이 등의 고속도 점멸성을 이용하여 스트로브스코프에 이용되거나 살균램프 또는 형광램프로 이용되고 있다.

살균램프는 수은증기압이 0.01[mmHg]가 되도록 설계한 것으로 방전관내에는 아르곤가스가 수은 이외에 수 [mmHg]로 봉입되어 있다. 저압 수은램프에는 253.7[nm]의 자외선이 나오게 되는데 살균효과는 260[nm]에서 가장 효과적이다. 이러한 성질을 이용하여 자외선 투과 유리를 사용하면 살균 등으로 이용할 수 있다.

4. 메탈핼라이드램프

메탈핼라이드램프(metal halide lamps)는 고압 수은램프의 연색성 및 효율을 개선하기 위하여 고압 수은램프의 발광관에 금속 타륨(Ti), 나트륨(Na), 인듐(In), 토륨(Th) 등의 금속할로겐 화합물을 혼입하여 발광 스펙트럼이 중첩되어 연색성과 효율을 개선한 방전등의 일종이다.

메탈핼라이드의 효율은 일반적으로 70~80[lm/W]로 높고, 평균연색 평가계수 R_a는 80~90의 고연색성으로 된다.

발광관 내에 봉입되는 금속할로겐 화합물에 내장하는 불순가스의 영향과 램프 소등시에 전극표면에 부착하는 할로겐화합물로 인한 전극의 전자 방출율 저하 등으로 점등전압은 일반 수은램프의 200[V]보다 높으며 2차 전압으로서 300[V]가 필요하다. 재점등시간도 일반 수은램프보다 약간 길어 약 5~8분 정도 필요하고 발광 상태에서 램프를 점멸시키고 재점등하기 위해서는 전구에 무리가 따르므로 약 15분 정도 냉각시킨 후에 점등해야만 한다. 수명은 6,000시간 정도로 고압 수은램프의 경우보다 짧다. 주 용도는 나트륨 램프와 비슷하며 일반적인 사용 장소는 다음과 같다.

① 가로등, 높은 천장의 공장, 실내외 경기장 및 체육관
② 시험실, 주차장, 터미널, 공원, 광장, 야외 음식점
③ 철도역 홈 및 광장, 주유소
④ 인적이 많은 지역이나 정확한 색상을 구별해야 하는 지역

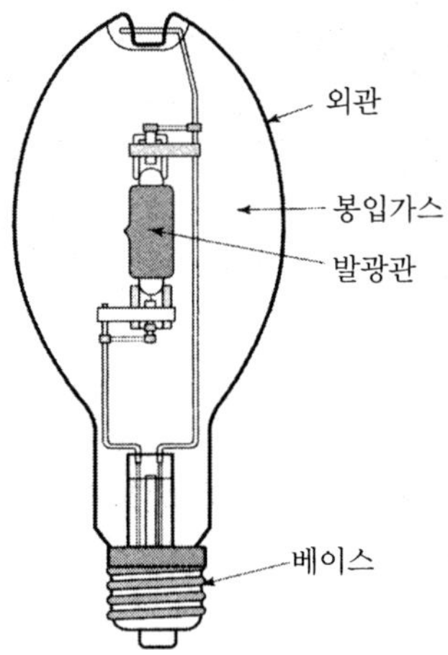

그림 4.2-28 메탈핼라이드램프의 구조와 모양

5. 나트륨램프

(1) 저압 나트륨램프

저압 나트륨램프(sodium vapour lamps)는 약 4×10^{-3}[mmHg]의 나트륨 증기 중에서 방전에 의해 발생하는 스펙트럼선(D선)인 589.0~589.6[nm]의 황등색의 광선을 조명으로 한 것으로 램프효율은 100~160[lm/W] 이상으로 높다. 램프는 발광관과 외관으로 되어 있으며 그의 중간은 단열효과를 좋게 하기 위하여 고진공으로 하고, 외관 내면에 산화석에 의한 적외선 반사막을 만들어 효율을 향상시킨다.

발광관은 특수 나트륨 유리의 U자형을 사용하고, 나트륨증기가 균등하게 분산할 수 있도록 관내에 수 개의 돌기로 된 냉각부가 있으며 점등용으로 미량의 아르곤, 네온가스가 봉입되어 있다.

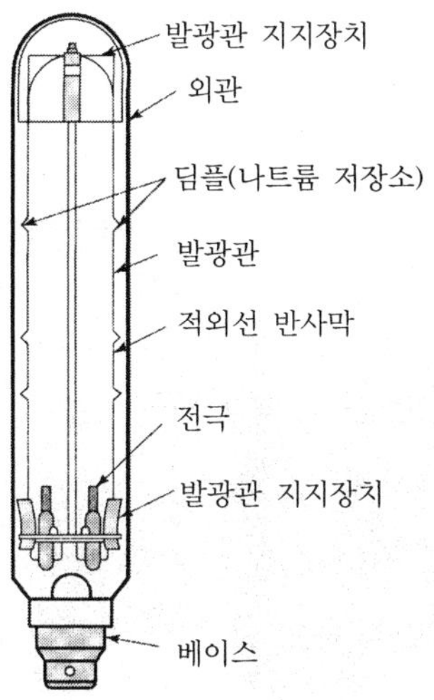

그림 4.2-29 저압 나트륨램프의 구조

저압 나트륨램프는 단일색광이므로 색수차가 적고 물체의 형체나 요철의 식별에 우수한 효과를 나타내는 반면, 연색성은 대단히 나쁘다. 용도는 터널, 항만, 표지, 검사용 등에 쓰이고 있다.

점등시에는 점등을 쉽게 하기 위해 봉입된 네온 때문에 적색광이 되지만 그 후 나트륨의 증발과 더불어 동적색의 안정된 빛으로 된다. 그 사이의 시간이 수분 소요된다. 소등시에는 발광관의 돌기부에 나트륨이 되돌아 나오므로 램프의 점등방향에는 제한이 있으며 일반적으로 수평방향으로 사용한다.

(2) 고압 나트륨램프

나트륨 증기 내의 방전으로 인하여 나트륨등의 증기압을 높여가면 자기흡수에 의하여 발광효율은 일단 저하하지만 다시 증기압을 높게 하면 발광효율은 재차 증가하고 100~200[mmHg]에서 최대가 된다. 고압 나트륨등의 증기압은 100[mmHg]이고, 분광분포는 D선 부근을 중심으로 폭넓게 밴드 스펙트럼을 형성하고 2,100[K]의 황백색이 얻어진다.

고압 나트륨등의 구조는 그림 4.2-30에 표시한 것과 같이 열음극을 가지고 있는 발광관에 보온용의 외관을 붙이고, 그 중간은 진공으로 하고 있다. 나트륨 등의 발광효율이 250[℃](나트륨의 증기압 0.0016[mmHg]) 부근에서 최고로 되기 때문에 이러한 보온구조로 만든 것이다. 발광관 내에는 소량의 고형 나트륨과 보조기체로서 아르곤을 1.5[mmHg] 정도 봉입하고 있다.

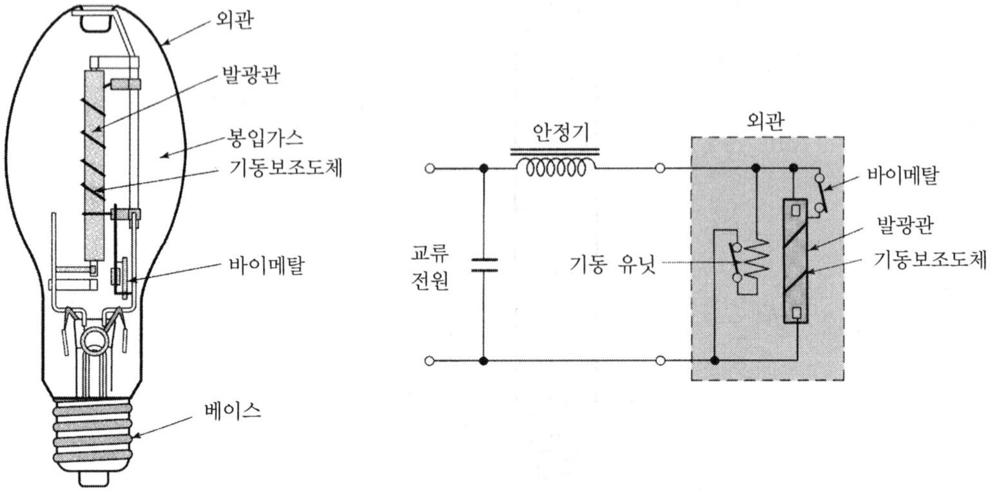

그림 4.2-30 고압 나트륨램프의 구조와 점등회로

고압 나트륨등은 점등 후 특성이 안정되기까지 약 10분 정도의 시간이 필요하다. 또 일단 소등했다가 재점등하기까지는 수분이 필요하다. 발광관은 나트륨 증기에 의하여 황갈색 또는 흑색으로 변하기 때문에 나트륨 증기에 견딜 수 있는 특수유리, 즉 SiO_2를 극소량 포함한 B_2O_3, Al_2O_3, Na_2O, CaO를 주성분으로 한 것을 사용한다.

또 발광관내의 열음극은 산화물을 피복하여 열전자방출을 돕고 있다. 400[W] 고압 나트륨램프의 전광속은 4,400[lm], 램프효율은 92~130[lm/W], 색온도는 2,200[K], 평균수명은 12,000시간 정도이다.

고압 나트륨 등은 터널 내의 배기가스 및 안개 등에 대한 투과성이 좋으므로 터널내 조명, 교량조명, 항만조명, 가로등 조명, 식물재배 및 산업시설의 내부조명, 스포츠 조명 등에 이용되고 있다.

6. 크세논램프

크세논램프는 크세논 가스의 방전을 이용한 등으로 아크 형태에 따라 단 아크(short arc)램프와 장 아크(long arc)램프로 분류된다. 크세논램프의 모양은 초고압 수은램프와 같으며 발광관부가 약간 더 가늘고 긴 것을 많이 사용하고 있다. 크세논램프의 특징은 다음과 같다.

① 크세논램프에서 발산하는 스펙트럼이 적외선에서 자외선 영역까지 연속적으로 나타나고 있어 천연주광과 매우 흡사하며 연색성이 가장 우수하다.

② 고압 수은램프와 달리 기동 시간을 요하지 않고 순시 재점등이 가능하다.
③ 발광효율이 고압 수은램프보다 대단히 낮으며 크세논가스가 비싸다는 결점이 있다.
④ 크세논램프를 기동하려면 기동시에만 높은 전압을 가할 수 있는 특별한 기동장치가 필요하다.
⑤ 휘도가 높고 발광부의 면적도 적어 휘광용 광원에 적합하다.

(1) 단 아크램프

그림 4.2-31과 같이 석영관 내부에 양극과 음극을 수 [mm] 간격으로 봉입하고 봉입가스는 10기압으로 한다. 고휘도 점광원, 표준 백색 광원, 영사용, 인쇄용 등의 광원으로 이용된다. 직류 전등용으로는 안정기 외에 점등을 용이하게 하기 위하여 고압 펄스 장치가 필요하다.

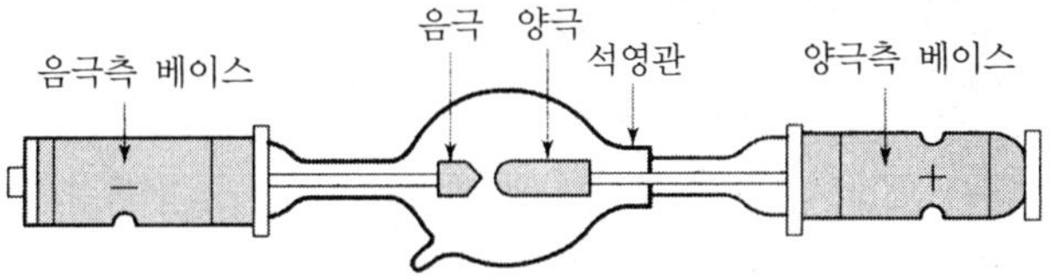

그림 4.2-31 단 아크 제논등

(2) 장 아크램프

그림 4.2-32처럼 석영관 양단에 전극을 설치하고 가스의 압력은 1기압으로 봉입하며 교류로 점등하고 수냉식과 공랭식이 있다. 소비전력이 20[kW]에서 80[kW]에 이르는 대용량인 것으로 광장조명, 운동경기장, 건축물 투광조명에 적합하다.

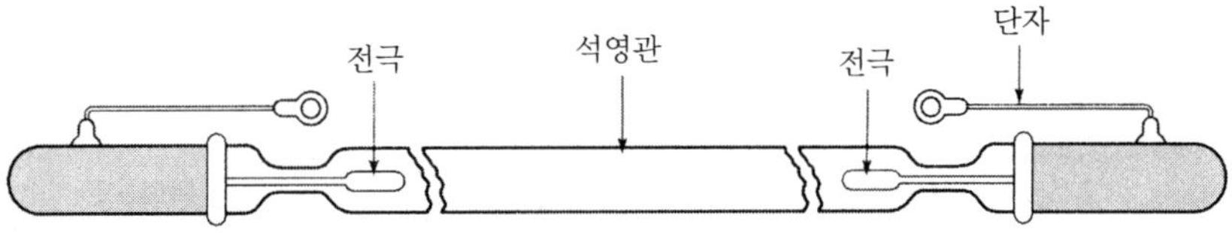

그림 4.2-32 장 아크 제논등

7. 지르코늄 방전램프

지르코늄 방전램프는 현재 사용되고 있는 광원 중에서 가장 이상적인 점광원이며 구조는 그림 4.2-33과 같다.

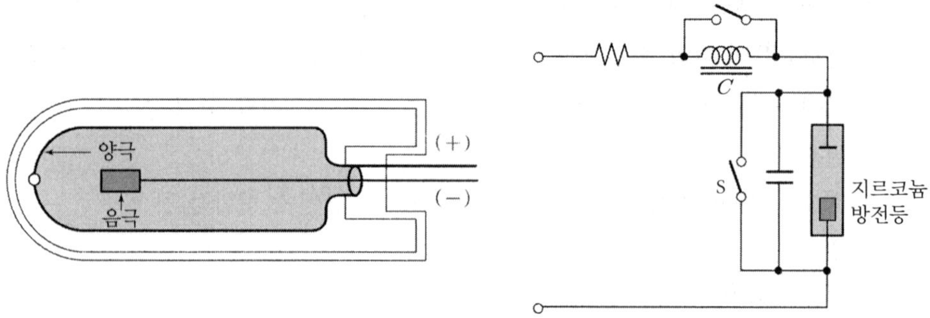

그림 4.2-33 지르코늄 반전램프의 구조와 점등회로

양극은 텅스텐 또는 몰리브덴 등의 금속관에 구멍을 뚫은 것이다. 음극은 탄탈 또는 텅스텐의 원통에 산화 지르코늄을 넣은 것이다. 전극간격은 약 1[mm]로 하고 아르곤가스를 1기압 정도로 봉입한 것이다. 휘도는 $10^3 \sim 10^8$[cd/cm^2] 정도이므로 광학적 검사광원으로 적당하다. 색온도는 약 3,000[K]이다.

8. 글로우 방전램프

(1) 네온관램프

지금 10~20[mm]의 긴 유리관을 진공으로 한 후에 20[mmHg] 정도의 압력으로 불활성 가스 또는 수은을 봉입하고, 양단에 원통형의 음극관 전극을 설치하여 이것에 고압의 교류를 가하면 양광주가 뚜렷이 빛난다. 광고용으로 많이 사용되므로 네온사인(neon sign)이라고도 한다. 광색은 봉입가스 및 유리관의 종류에 따라 표 4.2-6과 같이 여러 가지 색을 얻을 수 있다.

표 4.2-6 가스체와 광색

봉입가스	유리관색	관등의 색
네온	투명	등적색
네온	청색	등색
아르곤과 수은	투명	청색
아르곤과 수은	황록색	녹색
헬륨	투명	백색
헬륨	황갈색	황갈색
아르곤	투명	갈색

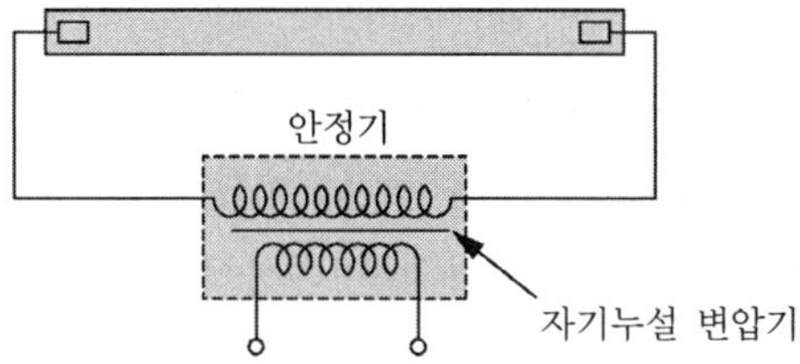

그림 4.2-34 네온관램프 회로

관전압은 주로 음극 강하(200~1,000[V])와 양광주 강하에 걸린다. 전류는 20[mA] 전후로서 방전개시 전압은 관전압의 1.5~3배 정도이며, 수명은 2,000~15,000시간, 네온관의 길이 1[m]에 대하여 약 1,000[V]의 전압을 필요로 하며, 그림 4.2-34와 같이 네온관을 점등시키기 위해서는 전원에 자기누설 변압기를 사용한다. 이 누설 변압기를 네온관용 변압기라고 한다.

(2) 네온램프

그림 4.2-35와 같이 유리구 내에 전극을 2~3[mm]로 설치하고, 네온 또는 아르곤가스를 수 10[mmHg]의 압력으로 봉입한 것으로 베이스 내에 1,500~3,000[Ω]의 안전저항을 직렬로 삽입한다. 네온 전구는 전극간의 길이가 짧으므로 부글로우 발광을 이용한 것이다.

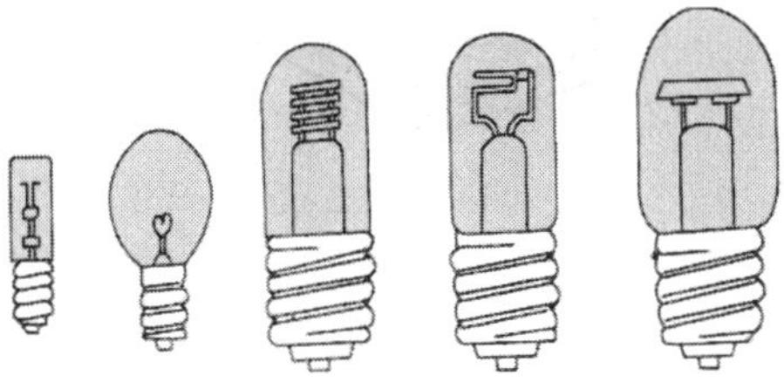

그림 4.2-35 네온램프의 여러 가지 모양

100[V]용은 전극에 알칼리 희토류금속을 바르고, 200[V]용은 전극에 철 또는 니켈을 사용한다. 네온전구만은 100[V], 0.05~1.5[W]로 만들고, 광도는 1.5[W]의 것이 0.06[cd] 정도이다. 네온램프의 방전개시 전압은 100[V]용은 약 75~85[V]이며, 200[V]용은 140~160[V]이다. 네온전구의 용도는 다음과 같다.

① 소비전력이 적으므로 배전반의 파이롯트 램프에 적합하다.
② 부(−)글로우를 이용하므로 직류의 극성 판별용에 이용된다.
③ 일정 전압에서 점등되므로 검전기, 교류 파고치의 측정에 사용된다.
④ 어느 범위에서는 광도와 전류가 비례하므로 오실로그래프용, 스트로보스코프용에 이용된다.

9. EL 램프

황아연계의 특수한 형광체를 유기 유도체와 혼합하여 박막화한 것을 유리면에 투명한 도전성 피막을 부착하여 한쪽면에 투명전극을 형성하고 다른면에 알루미늄 등의 금속 박막의 전극을 형성한 후 양극에 교류 전압을 인가하면 형광이 발생하는데 이를 EL램프라 한다.

발광은 형광체 결정 내부에서 전계에 의해 가속된 전자가 발광 중심을 충동하여 여기함으로써 발생하게 된다. EL의 구성재료에 의하여 유기형, 유약형(세라믹)으로 분류되며 일반적으로 유약형이 신뢰성이 높고 많이 이용된다.

휘도는 2~20[nt](전압 100~300[V], 60[Hz]), 발광효율은 대략 0.5~5[lm/W]이다. 수명은 휘도가 초기값의 1/2로 가정하면 10,000~20,000시간이다.

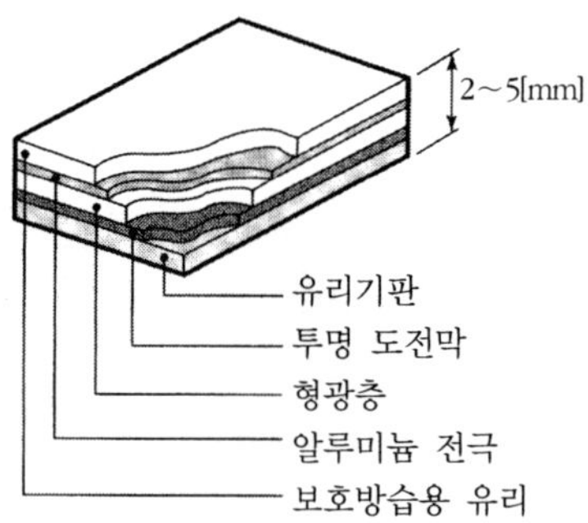

그림 4.2-36 EL 램프의 구조

4.3 전기화학

4.3.1 전기화학의 기초

1. 산화·환원

어떤 물질이 전자를 상실할 때 그 물질은 산화되었다고 하며, 반대로 어떤 물질이 전자를 얻었을 때 그 물질은 환원되었다고 한다. 동(銅)을 공기 중에서 가열하면 검정색인 산화동이 되는데, 이 변화는 다음과 같은 것이다.

$$2Cu + O_2 \rightarrow 2CuO \tag{4.3.1}$$

전자의 움직임에 대하여 이 반응을 살펴보면 다음과 같이 된다.

$$2Cu + O_2 \rightarrow 2Cu^{2+} + 2O^{2-} \tag{4.3.2}$$

그림 4.3-1과 같이 동은 원자 1개당 2개의 전자를 잃으며, 산소는 원자 1개당 2개의 전자를 얻고 있다. 하나의 반응에 의해 전자를 잃는 것이 있고, 그 전자를 받아들이는 것이 반드시 있기 때문에 산화·환원반응이라고 한다. 산화제는 환원되기 쉬운(전자를 빼앗기 쉬움) 물질이며, 환원제는 산화되기 쉬운(전자를 주기 쉬움) 물질이다. 산화·환원반응에 있어서 산화하는 물질을 환원제, 환원하는 물질을 산화제라고 한다.

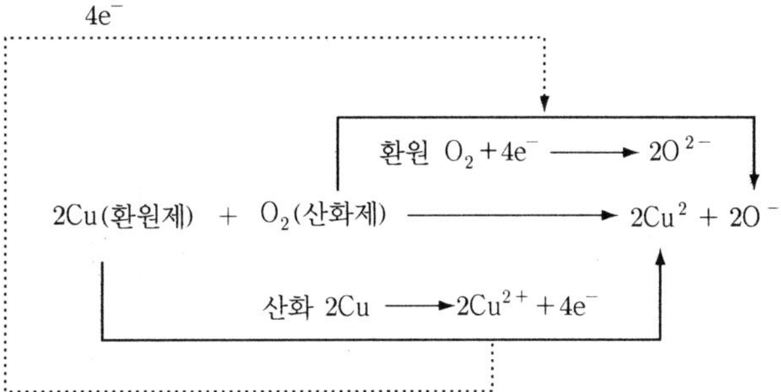

그림 4.3-1 산화·환원 반응

2. 이온화 경향

금속은 수용액 중에서 전자를 방출하여 양이온으로 되기 쉬운 성질을 가지고 있다. 이것을 이온화 경향이라고 한다. 금속을 이온화 경향(산화되기 쉬움)이 큰 순으로 배열하면 그림 4.3-2와 같고 이러한 것을 이온화 열이라고 한다.

K > Ca > Na > Mg > Al > Zn > Fe > Ni > Sn > Pb > H > Cu > Hg > Ag > Pt > Au

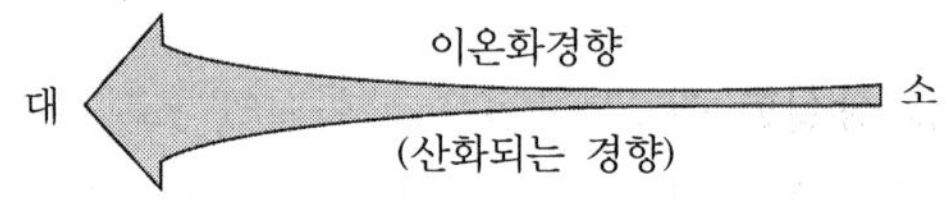

그림 4.3-2 금속의 이온화 경향

3. 볼타전지

산화 · 환원반응에 의해 지속적으로 전자를 생성하여 외부에 전류를 흘리는 장치가 전지이다. 볼타전지는 이온화 경향이 다른 아연판과 동판을 그림 4.3-3과 같이 묽은 황산에 넣은 것이다.

이온화 경향이 큰 아연은 묽은 황산 중에 아연이온(Zn^{2+})으로 되어 용출하고, 아연판의 표면에 전자 e^-를 발생시킨다.

$$Zn \rightarrow Zn^{2+} + 2e^- \text{(산화반응)} \tag{4.3.3}$$

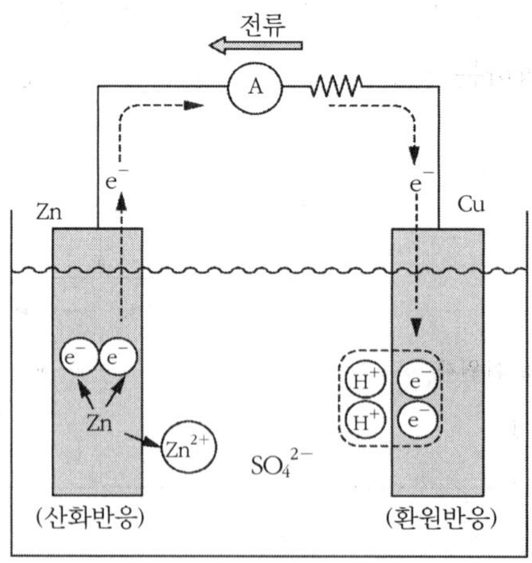

그림 4.3-3 볼타전지

볼타전지의 아연판과 동판을 도선으로 연결하면, 아연판 위에 발생한 전자는 도선을 지나 구리판 측으로 흐르고 동판 표면에서 용액 중의 수소이온과 반응하여 수소(H_2)를 발생한다.

$$2H^{+} + 2e^{-} \rightarrow H_2 \text{ (환원반응)} \qquad (4.3.4)$$

따라서 전류는 구리판에서 아연판으로 흐른다. 볼타전지의 기전력은 약 1.1[V]이지만 잠시 후 낮아진다. 그것은 구리판 표면에서 발생한 수소가 수소이온으로 복귀하는 반응을 일으키기 때문이다.

$$H_2 \rightarrow 2H^{+} + 2e^{-} \qquad (4.3.5)$$

이와 같은 현상을 분극이라 하는데, 이를 방지하기 위해 수소가 발생하지 않도록 산화제를 가하여 물이 되게 한다. 분극을 방지할 목적으로 가하는 산화제를 감극제라 하며, 볼타전지의 경우 과산화수소 등이 사용된다.

4.3.2 전 지

1. 1차 전지

1차 전지란 한 번 방전해 버리면 기전력이 저하하기 때문에 원상태로 돌아갈 수 없는 전지이다. 또한, 전지 속의 전해액을 겔상으로 응고하여 휴대하기 편리하게 한 것이 건전지이다. 1차 전지의 여러 종류를 표 4.3-1에 나타내었다.

표 4.3-1 1차 전지의 종류

전지명	공칭전압[V]	정극물질 (감극제)	전해질	부극물질 (부극)	용 도
망간건전지	1.5	MnO_2	NH_4Cl $ZnCl_2$	Zn	통신용, 전등용
알칼리 · 망간 건전지	1.5	MnO_2	KOH	Zn	망간건전지보다 중부하용
산화은전지	1.55	Ag_2O	KOH 또는 NaOH	Zn	시계
공기전지	1.4	O_2	KOH	Zn	보청기
수은전지	1.35 1.4	HgO	KOH 또는 NaOH	Zn	와이어리스마이크, 시계
2산화망간 · 리튬전지	3.0	MnO_2	유기전해질	Li	IC 카드 전자수첩

(1) 망간건전지

망간건전지는 값이 싸기 때문에 널리 사용되고 있다. 그림 4.3-4는 망간건전지의 구조이다.

망간건전지는 이산화망간을 정극물질(감극제)로 하고, 부극에는 아연, 전해액으로는 염화암모늄과 염화아연수용액을 사용하고 있다. 부극의 아연은 아연이온이 되고 전자가 발생한다.

$$Zn \rightarrow Zn^{2+} + 2e^- \tag{4.3.6}$$

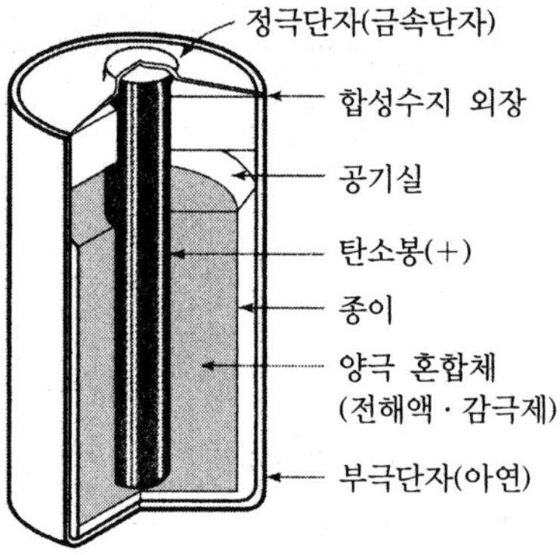

양극 : 탄소봉
음극 : 아연판
전해액 : 염화암모늄(NH_4Cl), 염화아연($ZnCl_2$)
감극제 : 이산화망간(MnO_2)
방전전압 : 1.5[V]

그림 4.3-4 망간건전지의 구조

아연판에 생긴 전자는 외부 회로를 통해 탄소봉으로 이동하고, 이산화망간과 결합한다. 이산화망간은 감극제를 겸하고 있으며 정극에서 발생하는 수소이온은 산화하여 물로 되기 때문에 분극은 일어나지 않는다.

$$MnO_2 + 4H^+ + 2e^- \rightarrow Mn^{2+} + 2H_2O \tag{4.3.7}$$

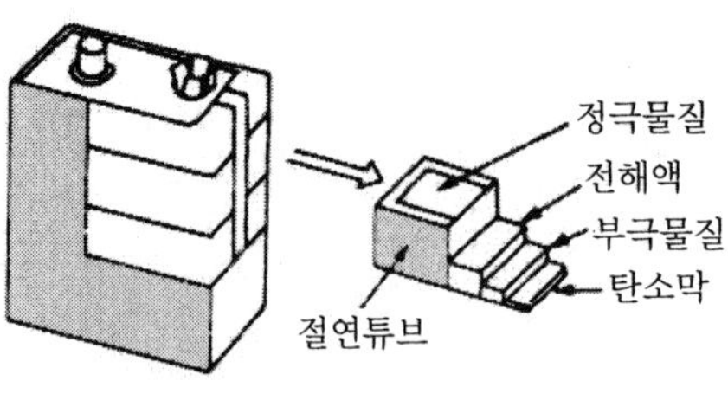

그림 4.3-5 적층형 건전지의 구조

망간건전지의 기전력은 1.5[V]이다. 그림 4.3-5는 망간건전지를 중첩하여 고전압을 얻을 수 있게 한 적층형 건전지의 구조이다.

(2) 알칼리 · 망간건전지

그림 4.3-6은 알칼리 · 망간건전지의 구조이다. 정극에 이산화망간, 부극에 겔상인 아연을 사용하고 전해액은 수산화칼륨(KOH) 수용액을 사용한다. 알칼리 · 망간건전지는 전해액으로 pH의 변화가 적은 수산화칼륨을 사용하고 있기 때문에 방전에 의한 전압의 변동이 적다. 또한 아연은 겔상 아연을 사용하여 표면적이 넓기 때문에 대전류를 지속할 수 있다. 따라서 이 전지는 부하가 큰 기기에 사용하는 것이 적합하며 망간건전지보다 성능이 우수하다.

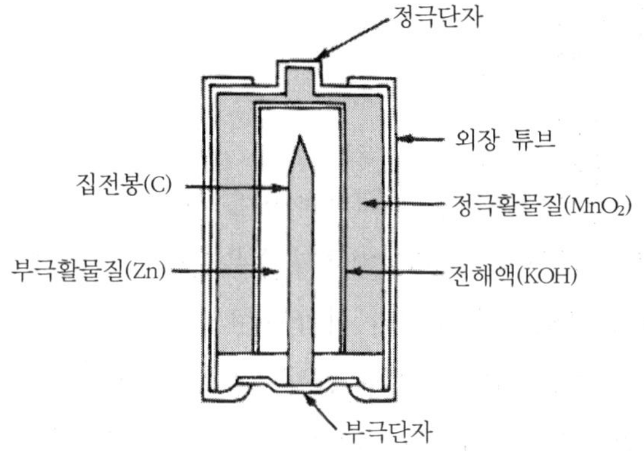

그림 4.3-6 알칼리 · 망간건전지의 구조

망간건전지는 아연이 용해하여 방전이 이루어지기 때문에 아연용기에 구멍이 뚫려 액이 새는 경우가 있다. 하지만 알칼리 · 망간건전지는 용기에 철을 사용하고 있어서 전해액인 수산화칼륨이 철을 용해하지 못하기 때문에 용기에 구멍이 뚫리는 경우는 없으므로 내누액성(耐漏液性)이 좋다.

(3) 산화은전지

그림 4.3-7은 버튼형 산화은 · 아연전지의 구조이다. 정극에 산화은, 부극에 아연을 사용하며 전해액으로 수산화칼륨 또는 수산화나트륨(NaOH) 수용액을 사용하고 있다. 정극과 전해액 사이의 분리는 이온의 통과와 두 전극 사이의 단락에 의한 자기방전을 방지하고 있다.

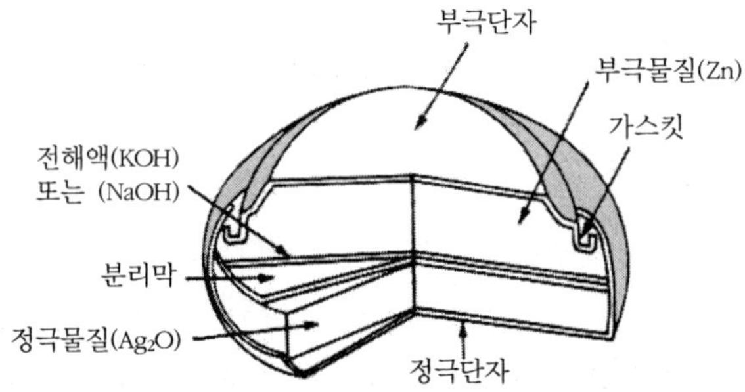

그림 4.3-7 버튼형 산화은전지의 구조

이 전지의 기전력은 1.55[V]이며 버튼형 전지 중에서 가장 안정된 전압특성이 있고, 폭넓은 온도특성을 가지고 있다. 전자시계, 계산기, 전자라이터, 손목시계 등에 사용되고 있다.

(4) 수은전지

수은전지는 정극에 산화수은, 부극에 아연을 사용하고 전해액으로는 수산화칼륨 또는 수산화칼륨용액을 사용하고 있다. 버튼형 수은전지는 그림 4.3-8의 산화은전지와 같은 구조인데, 정극의 산화은(Ag_2O)이 산화수은(HgO)으로 대체된 것이다.

수은전지의 기전력은 1.35[V]이며, 산화수은에 이산화망간을 혼합한 것은 1.4[V]가 된다. 수은전지의 반응은 부극아연의 산화에 의해 발생한 전자가 정극측에서 산화수은과 반응하여 금속의 수은까지 환원되기 때문에 물질내에서 저항이 적으며 전압은 일정하다.

$$Zn \rightarrow Zn^{2+} + 2e^-, \quad Hg^{2+} + 2e^- \rightarrow Hg \tag{4.3.8}$$

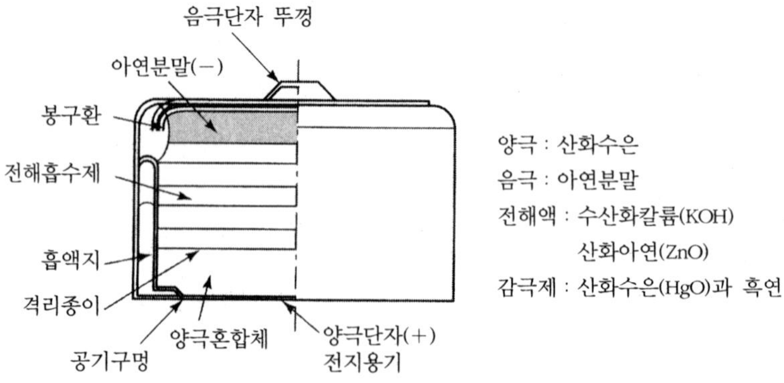

그림 4.3-8 수은전지 구조

표 4.3-2 버튼형 전지의 비교

전지명	전압[V]	표준전류[mA]	용량[mA·h]	중량[g]	치수
수은전지	1.4	2	260	2.9	↑ 5.4 ↓ ← Φ11.6 →
산화은전지	1.55	0.23	180	2.3	
알칼리전지	1.5	0.12	100	1.9	

수은전지는 자기방전이 작고 저장성, 고온성의 특성이 좋다. 표 4.3-2에서 버튼형인 수은전지, 산화은전지 및 알칼리전지의 특성을 나타내었다. 수은전지는 경부하에 적합하여 전자기기, 카메라, 보청기 등에 사용되고 있다.

(5) 공기전지

(가) 공기습전지

공기전지는 정극에 탄소를 사용한 것으로서 부극은 아연, 전해액은 수산화칼륨수용액이 사용된다. 그림 4.3-9는 공기습전지의 구조이며, 이 전지의 기전력은 1.4[V]이다. 자기방전이 없고, 오랜 기간 방전에 견디며 부극의 아연을 교환할 수 있는 등 경제적으로 취급과 유지가 간단한 전지이다. 통신용 전원, 기상관측용 전원, 철도용 신호전원 등에 사용되고 있다.

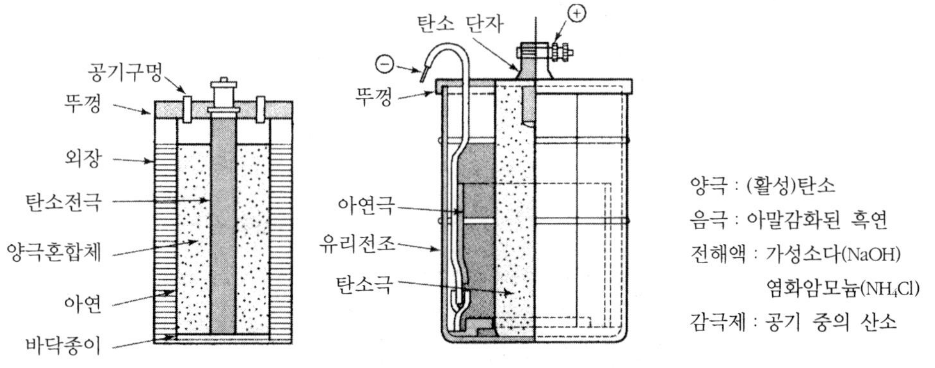

그림 4.3-9 공기습전지의 구조

(나) 공기건전지

그림 4.3-10은 버튼형 공기건전지의 구조를 나타낸 것이다. 정극측에 공기구멍이 있는데, 이곳에 붙어 있는 셀(shell)을 떼어내면 수 초 동안 공기 중의 산소와 반응하여 사

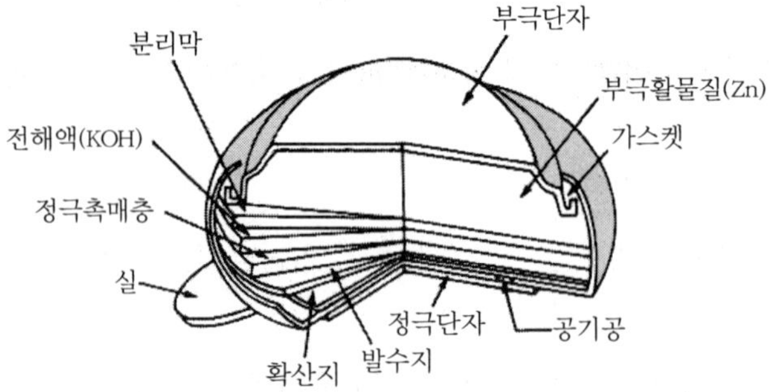

그림 4.3-10 버튼형 공기건전지의 구조

용가능상태로 된다. 전지 내의 충전물질 중 대부분은 부극인 아연이 차지하고 있기 때문에 같은 규격의 수은전지와 비교하여 용량은 2배 이상이며 중량은 가볍다. 보청기용 전지로서 수은전지와 함께 사용되고 있다.

(6) 리튬전지

리튬전지는 부극물질로서 리튬(Li)을 사용한 것이다. 리튬은 상온에서 물과 격렬하게 반응하여 수산화물을 발생하기 때문에 전해액으로는 유기전해질을 사용한다.

그림 4.3-11은 정극물질로서 이산화망간을 사용한 코인형 이산화망간·리튬전지의 구조를 나타낸 것이다. 기전력은 지금까지 설명한 전지에 비해 약 2배인 3[V] 정도이며 리튬전지는 전기용량이 크고 자기방전이 적으며 저장성이 양호하다. 온도특성도 양호하다는 등의 특징이 있으며 메모리의 백업 등 전자응용 제품의 전원으로서 널리 사용되고 있다.

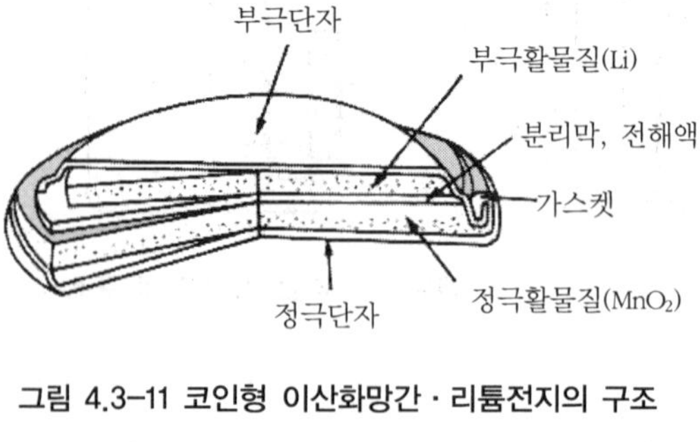

그림 4.3-11 코인형 이산화망간·리튬전지의 구조

2. 2차 전지

2차 전지란 충전하여 반복 사용할 수 있는 전지이며, 2차 전지에는 연축전지와 알칼리 축전지가 대표적이다.

(1) 방전율과 용량

방전율이란 방전전류의 크기를 나타내는 것으로서 어느 크기의 일정 전류로 방전했을 때 10시간의 방전이 가능하다면 그 방전을 10시간율이라 하고, 이것을 기초로 축전지의 용량[A · h]을 산정한다. 용량[A · h] = 방전전류[A] × 시간율[h] 로 나타낸다.

연축전지는 10시간 방전, 알칼리 축전지는 5시간 방전을 표준으로 하고 있다.

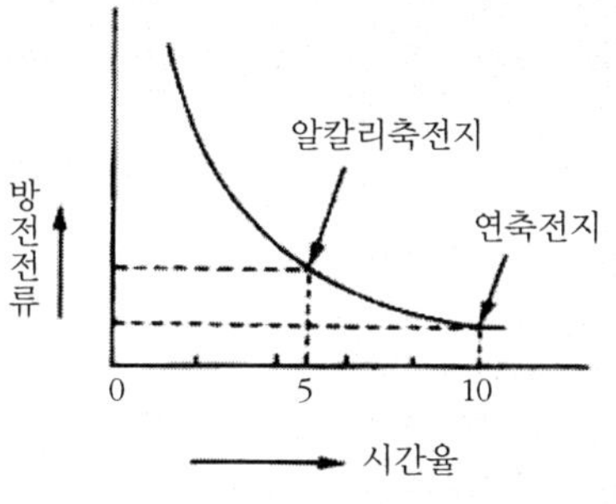

그림 4.3-12 축전지의 용량

(2) 납축전지(연축전지)

납축전지는 자동차, 선박 등의 이동용과 예비전원용으로서 가장 대표적인 축전지이며, 정극에는 이산화납(PbO_2), 부극에는 납(Pb), 전해액은 묽은황산(H_2SO_4)으로 구성되어 있다.

방전시 양극에는 다음과 같은 반응에 의해 전류가 흐른다.

$$(-극)\quad Pb + SO_4^{2-} \underset{충전}{\overset{방전}{\rightleftarrows}} PbSO_4 + 2e^- \tag{4.3.9}$$

$$(+극)\quad PbO_2 + 4H^+ + SO_4^{2-} + 2e^- \underset{충전}{\overset{방전}{\rightleftarrows}} PbSO_4 + 2H_2O \tag{4.3.10}$$

연축전지의 반응은 식 (4.3.9)와 식 (4.3.10)을 정리하여 다음과 같이 나타낼 수 있다.

$$\underset{(-)}{Pb} + \underset{(+)}{PbO_2} + 2H_2SO_4 \underset{\text{충전}}{\overset{\text{방전}}{\rightleftarrows}} \underset{(+)}{PbSO_4} + \underset{(-)}{PbSO_4} + 2H_2O \qquad (4.3.11)$$

방전하면 정, 부극이 모두 물에 녹지 않는 황산납($PbSO_4$)을 발생하고, 극판은 백색화한다. 또한 물(H_2O)도 발생하여 전해액의 비중이 저하한다. 충전하면 전해액 중의 물이 전기분해되어 정극에서 산소가스, 부극에서 수소가스가 발생한다. 따라서 가스가 방출한 만큼 물의 보충이 필요하다. 그러나 최근에는 이 문제를 해결한 밀폐형 연축전지도 만들어지고 있다.

납축전지의 기전력은 약 2[V]인데, 이것을 여러 개 배열하여 높은 전압을 얻고 있다. 그림 4.3-13은 자동차용 12[V] 납축전지의 구조를 나타내었다.

납축전지의 고장 현상과 원인에 대한 내용은 표 4.3-3와 같다.

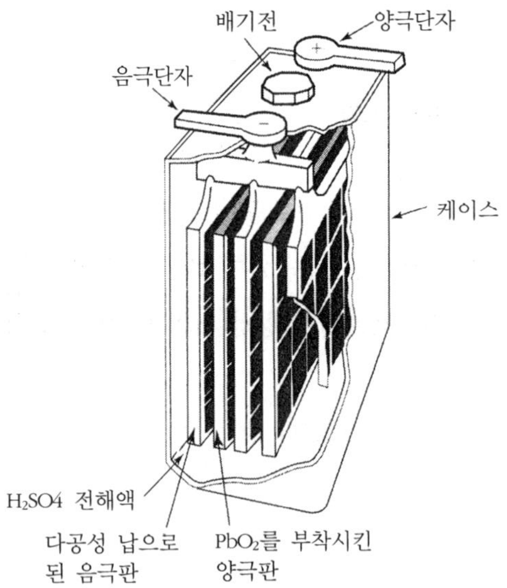

(a) 외형

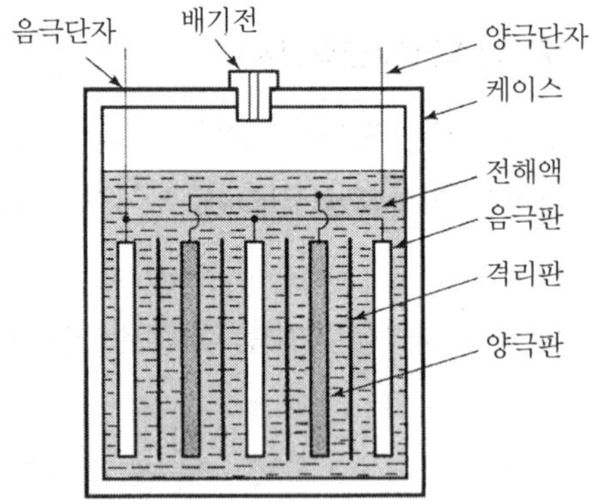

(b) 단면도

그림 4.3-13 납축전지의 구조

표 4.3-3 납축전지 고장의 원인과 현상

	현 상	추정 원인
초기 고장	케이스, 뚜껑의 파손, 절연 이상 저하	수송, 설치시의 충격으로 인한 파손
	접촉부의 온도상승, 변색	접속부의 접촉 불완전
	단전지 전압의 비중 저하, 전압계 역전	역접속
우발 고장	• 충전 중 비중이 낮고 전압은 높다. • 방전 중 전압은 낮고 용량이 감퇴한다.	• 방전 상태에서 장기간 방치 • 충전부족의 상태에서 장기간 사용 • 보수를 잊어 극판 노출 • 불순물의 혼입
	전해액 변색, 충전하지 않고 정치(靜置)중에도 다량으로 가스가 발생	불순물의 혼입
	전해액의 감소가 빠르다.	• 활동 충전전압이 높다. • 실온이 높다.
	접속부의 과열 또는 녹발생	• 접속부의 압착 이완 • 접속부의 부식
	축전지의 현저한 온도상승 또는 소손	• 충전장치의 고장 • 과충전 • 액면저하로 인한 극판의 노출 • 교류분 전류의 유입이 크다.
마모	전압, 비중의 불균일이 크다. 충전하면 회복되는데 단기간에 불균일이 커진다.	경년 열화에 의한 수명말기

(3) 알칼리 축전지

알칼리 축전지란 알칼리성 전해액을 사용하는 축전지를 말한다. 알칼리 축전지의 대표적인 것으로는 니켈 · 카드뮴 축전지가 있다. 이 축전지는 정극에 니켈 산화물, 부극에 카드뮴을 사용하며 기전력은 1.2[V]이다. 니켈 · 카드뮴 축전지의 양극에서는 다음과 같은 반응이 일어난다.

$$(-극)\ Cd + 2OH \underset{충전}{\overset{방전}{\rightleftarrows}} Cd(OH)_2 + 2e^- \tag{4.3.12}$$

$$(+극)\ 2NiO(OH) + 2H_2O + 2e^- \underset{충전}{\overset{방전}{\rightleftarrows}} 2Ni(OH)_2 + 2OH^- \tag{4.3.13}$$

축전지 전체의 반응은 식 (4.3.12)와 식 (4.3.13)이 혼합하여 다음과 같이 된다.

$$\underset{(+극)}{2Ni(OH)} + \underset{(-극)}{Cd} + 2H_2O \rightleftarrows \underset{(+극)}{2Ni(OH)_2} + \underset{(-극)}{Cd(OH)_2} \tag{4.3.14}$$

니켈 · 카드뮴 축전지는 과충전시 물이 전해되어 산소가스와 수소가스를 발생한다. 그러나 카드뮴은 산소를 흡수하는 작용을 하기 때문에 부극판의 용량을 정극판에 비해 크게 함으로써 부극에서의 수소가스 발생을 억제함과 동시에 정극의 산소를 흡수할 수 있

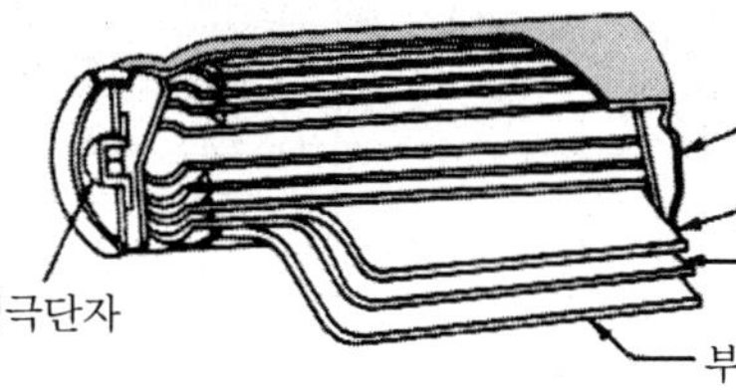

그림 4.3-14 밀폐형 니켈 · 카드뮴 축전지의 구조

표 4.3-4 알칼리 축전지 고장의 원인과 현상

	현 상	추정원인
초기 고장	케이스, 뚜껑의 파손, 절연 이상저하	수송, 설치시의 충격으로 인한 파손
	접촉부의 온도상승, 변색	접속부의 죔상태 불완전
	단전지 전압의 비중 저하, 전압계 역전	역접속
우발 고장	전압저하, 용량 감퇴	불순물의 혼입
	접속부의 과열 또는 녹발생	• 접속부의 이완 • 접속부의 부식
	축전지의 현저한 온도상승 또는 소손	• 충전장치의 고장 • 과충전 • 액면저하로 인한 극판 노출 • 교류분 전류의 유입 과다
	방전용량의 감퇴	• 부동충전 전압이 낮다. • 회복, 균등충전의 부족 • 극판의 노출 • 불순물의 혼입
마모	전체 셀의 전압 불균일이 크고 용량의 현저한 감퇴	경년 열화에 의한 수명말기

어서 전지를 완전히 밀폐할 수 있다. 이 축전지는 연축전지에 비해 고가이지만 전기적으로나 기계적으로 우수하며 수명이 길기 때문에 갱내 안전등, 전기차 동력원, 각종 예비전원 등에 사용되며 또한 소형인 것은 휴대용 통신기, 전기면도기, AV기기 등의 전원으로서 널리 사용되고 있다. 그림 4.3-14는 밀폐형 니켈 · 카드뮴 축전지의 구조이다.

알칼리축전지의 고장 현상과 원인에 대한 내용은 표 4.3-4와 같다.

3. 연료전지와 태양전지

(1) 연료전지

연료전지는 연료와 산소를 반응시킴으로써 화학에너지를 직접 전기에너지로 얻는 전지이다. 물에 전류를 흘리면 전기분해에 의해 수소와 산소가 발생한다. 이와는 완전히 반대의 반응에 의해 전기에너지를 얻는 천연가스 개질수소-산소 연료전지의 발전원리를 그림 4.3-15에 나타내었다.

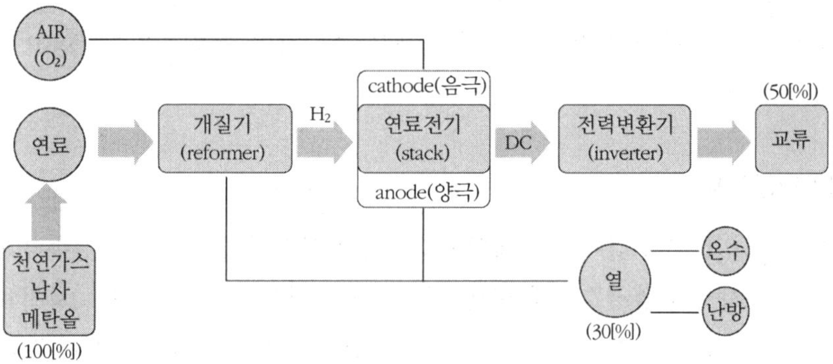

그림 4.3-15 개질수소-산소 연료전지의 원리

천연가스는 연료개질기에 의해 가열개질되어 수소가스가 되고, 이것을 원료로 공기 중의 산소를 산화제로 하여 기전력을 얻는다. 전해액은 짙은 인산용액을 사용하며, 개질수소나 공기 중에 있는 탄산가스에 의해 전극의 오염을 방지한다.

전극은 다공성 금속으로 구성되고, 부극에서는 수소가스가 전극내의 세공을 통해 수소이온과 전자로 분류된다.

$$H_2 \rightarrow 2H^+ + 2e^- \qquad (4.3.15)$$

수소이온은 전해액을 통해 정극으로, 전자는 외부회로를 지나 정극으로 이동한다. 정극에서는 수소이온, 전자, 수송된 산소에 의해 다음과 같은 반응이 일어난다.

$$2H^{+} + 2e^{-} + \frac{1}{2}O_2 \rightarrow H_2O \qquad (4.3.16)$$

연료전지는 이와 같이 수소와 산소를 반응시킴으로써 양극간에 약 1[V]의 기전력을 얻게 된다. 연료전지에는 적합한 온도조건이 있는데, 이 연료전지는 120[℃]로 작동시키는 중온 연료전지(100~300[℃])이다.

이 외에도 상온 연료전지(실온~100[℃]), 고온 연료전지(300[℃] 이상)가 있다. 연료전지는 고온으로 함으로써 전극에서 일어나는 반응속도를 높이기도 하고, 전해질의 전기저항을 감소시켜 고출력, 고에너지 밀도를 얻을 수 있다.

연료전지는 화학에너지를 연속적으로 외부에서 공급함으로써 연속방전이 가능한데, 다른 발전방식에 비해 열효율이 높다. 또한 공해가 적은 발전시스템이기 때문에 발전소 입지는 전력수용가에 인접하여도 좋다. 현재는 벽지 통신전원, 우주선용 전원 등에 사용되고 있지만, 종래의 전지에 대한 개념을 초월하여 상용전력 발전용으로서 검토되고 있다.

(2) 태양전지

그림 4.3-16(a)와 같이 반도체의 PN 접합의 양단에 부하저항을 접속하고, PN 접합부에 광을 조사하면 광전효과에 의해 기전력이 발생한다. 태양전지는 광전효과로 태양에너지를 직접 전기에너지로서 얻을 수 있는 전지이다. 그림 (b)는 실리콘 태양전지의 구조이다.

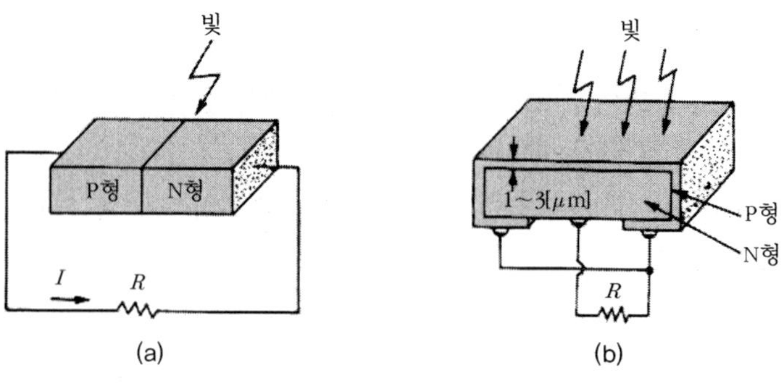

그림 4.3-16 태양전지의 구조

N형 반도체의 표면에 P형 반도체를 형성하고, 이 표면에 광을 조사하여 기전력을 발생하게 한다. P형층은 1~3[μm] 정도로 광이 접합부 부근에 도달하기 쉽도록 얇게 만들어져 있고, 전압은 약 0.5[V]를 발생하며 전류의 크기는 광의 세기와 태양전지의 면적에 비례한다.

태양전지의 형상은 얇은 원형 또는 책모양인데 이것을 몇 개 사용해서 모듈로 하고 다시 모듈을 배열해서 패널을 형성함으로써 커다란 기전력을 얻을 수 있다. 태양전지는 태양에너지로부터의 변환효율이 10[%] 정도이지만, 지구상에 내려 쪼이고 있는 무료의 태양에너지를 효과적으로 이용하기 위한 방법이 연구되고 있다. 현재는 소전력기기, 인공위성, 등대, 무선중계국 등의 전원으로서 사용되고 있다.

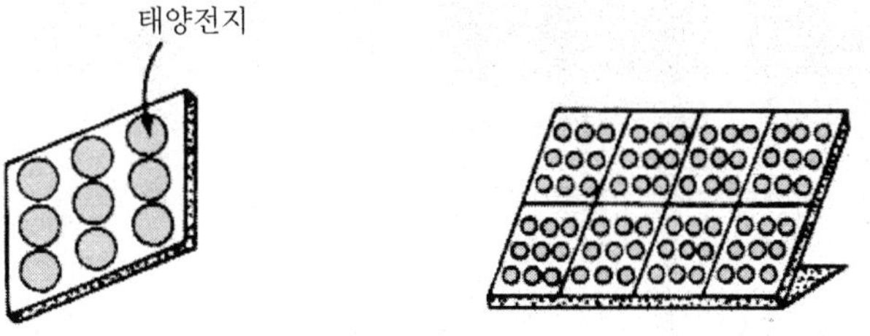

그림 4.3-17 태양전지 모듈

4.3.3 전해화학

산화 · 환원이란 전자의 주고받음을 말하지만 전자는 반드시 다른 물질로부터 공급될 필요는 없다. 전해질의 수용액에 외부에서 전류를 흘려보내 산화 · 환원반응을 하게 하는 것을 전기분해라고 하며 전해화학이란 이 전기분해를 응용한 화학이다.

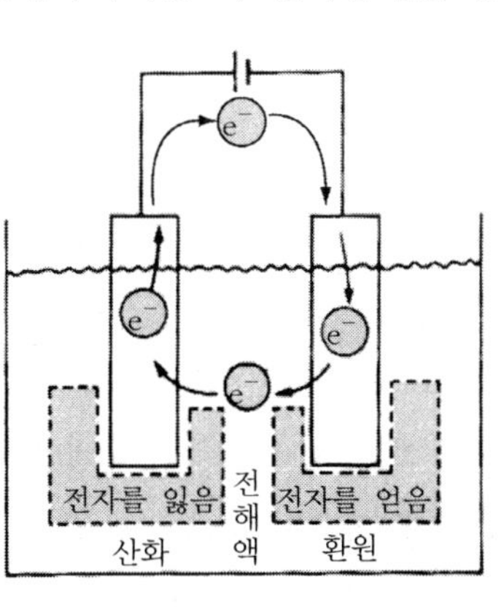

그림 4.3-18 전기분해

(1) 수용액의 전기분해

(가) 물의 전기분해

물(H_2O)을 전기분해하면, 그림 4.3-19와 같이 음극에는 수소(H_2), 양극에는 산소(O_2)가 발생한다. 두 전극간은 발생한 수소와 산소가 혼합되지 않도록 격막으로 막고 있다. 물에는 도전율을 높이기 위해 가성소다와 가성칼리를 20[%] 정도 첨가한다. 이 방법으로 간단히 수소를 얻을 수 있는데, 현재는 석유화학공업의 발달에 의해 수소가스가 부산물로 싼 값으로 생산되기 때문에 그다지 이용되고 있지 않다.

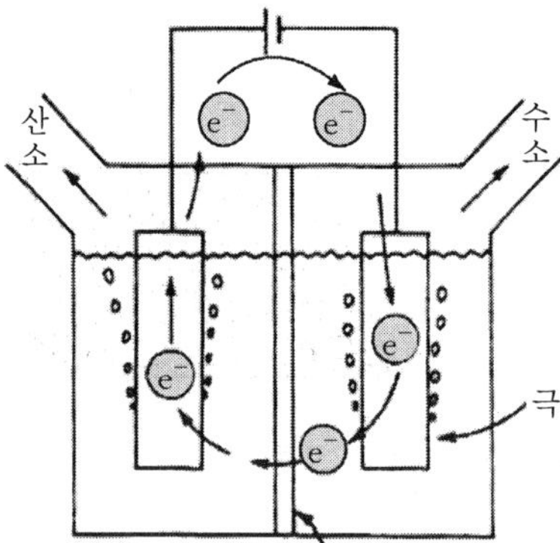

그림 4.3-19 물의 전기분해

(나) 식염수의 전기분해

그림 4.3-20은 격막법에 의한 식염수의 전기분해이다. 양극에는 흑연, 음극에는 석면을 격막으로 한 강선의 망이 사용된다. 식염수(NaCl)를 전기분해하면 양극에서는 다음과 같은 반응이 일어난다.

$$(+\text{극})\ Cl^- \rightarrow \frac{1}{2}Cl_2 + e^- \qquad (4.3.17)$$

$$(-\text{극})\ H^+ + e^- + OH^- \rightarrow \frac{1}{2}H_2 + OH^- \rightarrow OH^- + Na^+ \rightarrow NaOH \qquad (4.3.18)$$

양극에서는 염소가 발생하는데 식 (4.3.17)과 같은 방법으로 생성된다. 음극에서는 수소와 가성소다(NaOH)가 발생하는데 수소는 식 (4.3.18)과 같은 방법으로, 가성소다는 식염수와의 혼합용액으로서 생성된다. 격막은 식염수를 통해서 염소가스와 수소가스의 혼합을 방지하고 있다.

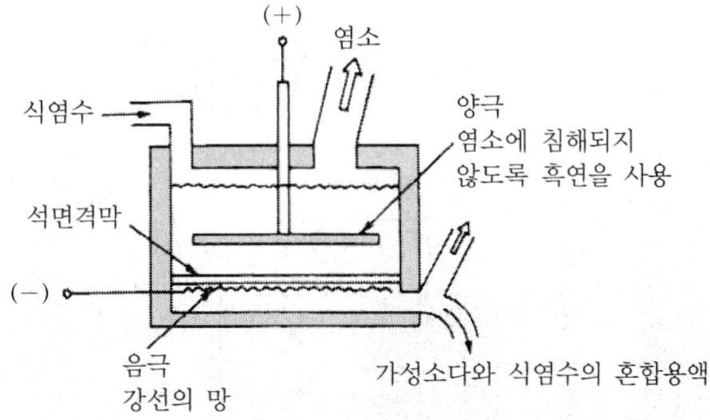

그림 4.3-20 격막법에 의한 식염수의 전기분해

(2) 금속의 전해정련

전기분해에 의한 금속의 정제법을 전해정련이라고 한다. 그림 4.3-21은 동의 전해정련이다. 동의 주광석은 황동광($CuFeS_2$)이다. 황동광에 석회석, 코크스를 첨가하여 용광로에서 가열하면 유화동(Cu_2S)이 만들어진다.

$$4CuFeS_2 + 9O_2 \rightarrow 2Cu_2S + 2Fe_2O_3 + 6SO_2 \quad (4.3.19)$$

유화동을 전로에 넣고 산소를 가하면 조동(粗銅)이 만들어진다.

$$Cu_2S + O_2 \rightarrow 2Cu + SO_2 \quad (4.3.20)$$

이 조동은 아직 불순물(금, 은 등의 귀금속을 포함)을 함유하고 있어 전기분해에 의해 정련한다. 전해정련은 유산동수용액 중에서 조동을 양극, 순동을 음극으로 하여 시행한다. 조동중의 동과 그 밖의 불순물인 철과 아연은 수용액 중에서 녹으나 동보다 이온화 경향이 작은 금과 은은 이온으로 되지 않고 슬라임으로써 양극의 밑에 가라앉는다.

음극에서는 용해된 이온 중에서 가장 이온화 경향이 작은 구리이온(Cu^{2+})과 전자가 결합하여 동만이 전착한다.

구리의 전해정련은 순수한 동의 석출과 귀금속성 불순물의 회수를 목적으로 한다. 양극의 밑에 남은 슬라임으로 조은이 만들어지고 전해정련에 의해 순은이 석출된다. 또, 은의 전해정련의 슬라임으로부터 조금을 만들고, 전해정련에 의해 순금을 석출한다. 이 전해정련은 동 외에도 금, 은, 니켈, 납, 주석 등에도 사용되고 있는데, 99.98[%] 이상의 순도를 얻을 수 있다.

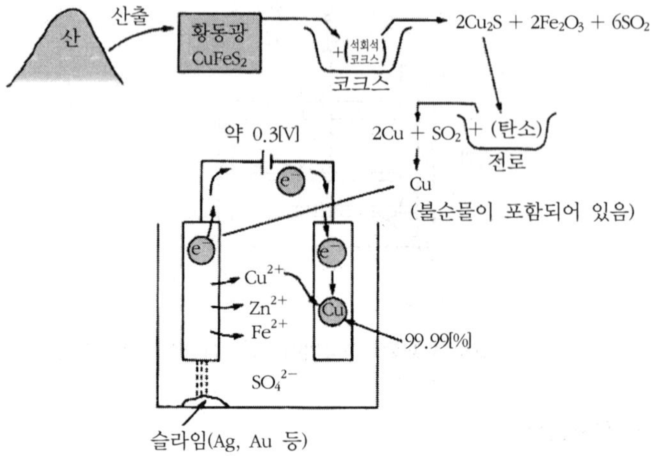

그림 4.3-21 구리의 전해정련

(3) 용융염 전해

나트륨, 마그네슘, 알루미늄, 칼슘 등의 이온화 경향이 큰 금속은 H^+를 함유한 수용액의 전기분해에 의해 얻기가 곤란하다. 또한, 고체인 상태에서는 전류가 흐르기 어렵고 전기분해가 되지 않는다. 고체전해질을 가열 용융하여 액체로 한 것을 용융염이라고 하는데, 이온화 경향이 큰 금속은 H^+가 함유되어 있지 않은 용융염상태로 전기분해한다.

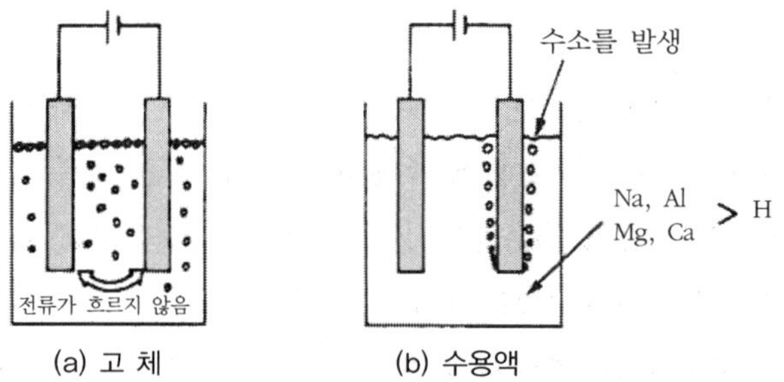

그림 4.3-22 수소보다 이온화 경향이 큰 금속의 전기분해

이 방법을 용융염전해라고 하며, 그림 4.3-23은 알루미늄의 용융염전해를 나타낸 것이다. 알루미늄은 광석인 보키사이트에서 제조되는 알루미나(Al_2O_3)를 원료로 한다. 알루미나는 융점이 2000[℃]로 높기 때문에 융점을 낮추기 위해 수정석(Na_3AlF_6)을 혼합

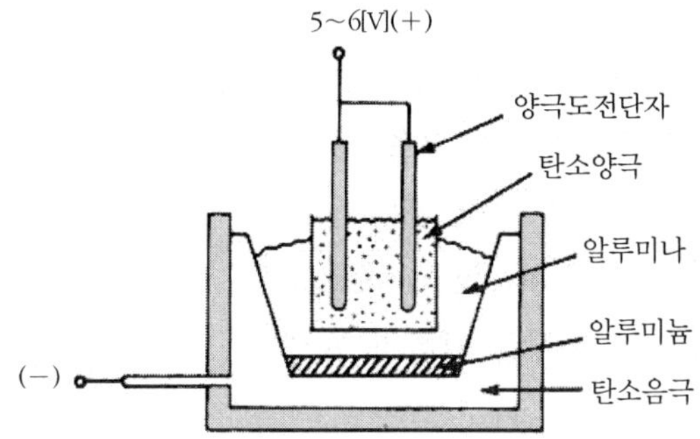

그림 4.3-23 알루미늄의 용융염 전해

하여 1000[℃]로 용융하며 다음과 같은 반응을 일으킨다.

$$Al_2O_3 \rightarrow 2Al^{3+} + 3O^{2-} \quad (4.3.21)$$

이 상태로 전기분해하면 두 전극에서는 다음과 같은 반응이 일어난다.

$$(-극)\ 2Al^{3+} + 6O^{-} \rightarrow 2Al \quad (4.3.22)$$

$$(+극)\ 3O^{2-} + 3C \rightarrow 3CO + 6e^{-} \quad (4.3.23)$$

음극에는 알루미늄, 양극에는 산소가 탄소와 반응하여 일산화탄소가 발생한다. 양극의 탄소는 산소와의 반응에 의해 소모되기 때문에 계속 보급할 필요가 있다.

알루미늄은 음극상에서 액체로 발생하는데 일정 시간 간격으로 생성된다. 이 방법에 의해 99.8[%] 정도의 알루미늄이 얻어진다. 그러나 수용액의 전기분해에 비해 대량의 전력이 소요되기 때문에 알루미늄은 전기의 응고물이라고도 한다.

4.3.4 계면전기현상

금속 전극이 전해액에 침적되면 금속상의 전하 때문에 전해액 중에 있는 반대 부호를 가진 이온이 계면(界面)에 끌려 전극과 전해액 중에 각각 전하층이 형성되는데, 이것을 전기이중층(electrical double layer)이라고 한다.

이 때문에 여러 가지 특이한 현상이 일어나는데 이를 통틀어 계면전기현상(interfacial electrical phenomena)이라고 한다. 이 계면전기현상은 다시 계면정전현상과 계면동전현상으로 나눌 수 있다.

계면정전현상(electrostatic phenomena)은 전극을 구성하고 있는 두 상(相), 즉 전극과 전해질이 상대적 운동을 하지 않을 때 나타나는 전기현상을 말하며, 전기모세관현상과 접촉전위(接觸電位)가 여기에 해당한다.

계면동전현상(electrokinetic phenomena)은 계면에 있는 두 상(相) 사이에 상대운동이 있는 경우의 전기적 현상을 말하며 여기에는 전기침투 · 전기영동 등이 있다.

1. 계면동전위

계면전기(界面電氣) 이중층이 생겨 있는 계에서 이중층 내부의 전하 가운데 액체상이 고체상에 대해 평행하게 이동하는 경우, 고체상에 고정된 전하는 움직이지 않지만 용액 내부에 있는 가동부분이 이동하기 때문에 여기에 전위차가 생긴다. 이 경우에 생기는 전위차를 계면동전위(electrokinetic potential) 또는 제타(ξ) 전위라고 한다. 이것에 대해서 금속과 전해질 용액의 사이에 생기는 단극전위를 계면정전위 또는 입실론(ε) 전위라 한다.

2. 전기침투

그림 4.3-24와 같이 액을 다공질의 격막으로 막고 그 양측에 직류전압을 걸면 격막을 통해서 액체는 한 쪽으로 이동하여 수위는 높아진다. 이 현상을 전기침투(electro osmosis)라 한다. 이것은 격막 모세관의 경계면에서 전기이중층이 존재하므로 전계 중에서 액중 전하가 이동하고 이것에 수반하여 액체가 이동하게 된다.

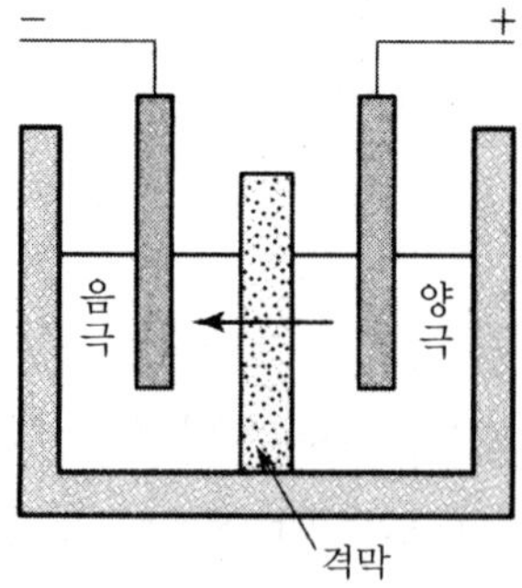

그림 4.3-24 전기침투

액이 음, 양 어느 극으로 이동하는가는 격막의 성질에 의해서 결정된다. 또 중금속 염류의 액 중에 가는 구멍이나 격막을 가진 것으로 막고 양측에 직류전압을 가하면 일반적으로 격막의 양극으로 향한 면에 금속 또는 그 산화물을 석출하게 되고, 음극으로 향한 면에 가스가 발생하게 된다. 이것을 총칭하여 넓은 의미의 전기영동이라 한다.

전기침투는 전해 콘덴서 제조용, 재생 고무의 제조, 점토 전기적 정제, 전기선광법 등에 응용되고 있다.

3. 전기영동

액체 중에 분산되고 있는 콜로이드(colloid) 입자의 표면에도 전기이중층이 존재하여 정 또는 부의 전하가 나타난다. 이러한 용액에 직류전압을 가하면 이온이 이동하듯이 입자가 이동한다. 이것을 전기영동(electrophoresis, cataphoresis)이라 한다. 원리적으로는 전기침투와 거의 같지만, 이 경우에는 입자가 이동하는 것이다. 전기영동은 점토나 흑연의 정제, 전착도장(전기영동도장) 등에 사용된다.

4. 전기투석

전해질 용액을 다공질 격막으로 막고 전극에 가한 직류전압에 의해 이온을 이동시켜 용액에서 전해질을 제거하는 것을 전기투석(electrodialysis)이라고 한다. 장치는 그림 4.3-25와 같이 2매의 격막으로 구분한 3실조가 사용되며, 양극측의 양성막에는 양이온만을 선택적으로 투과시키며, 음극측의 음성막에는 음이온만을 선택적으로 투과시키도록 되어 있다. 전기투석법은 바닷물에서 순수한 물을 얻는 것과 바닷물을 농축하여 식염을 제조하는 것 이외에 포도당, 과당, 혈청, 아교, 안료, 단백질 등의 정제(精製)에 응용된다.

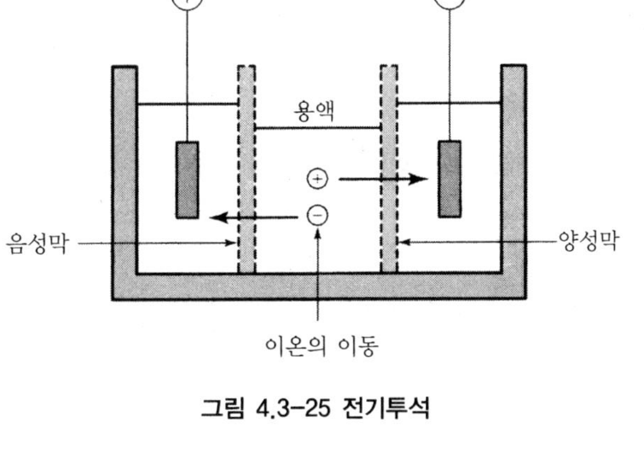

그림 4.3-25 전기투석

연습문제

1. 가동코일형 계기의 측정원리를 설명하여라.

2. 유도형 계기의 원리를 설명하여라.

3. 적산계기의 종류를 열거하여라.

4. 교류전류의 측정원리를 설명하여라.

5. 지시계기에 의한 전력의 측정원리를 설명하여라.

6. 동기검정기의 동작원리를 설명하여라.

7. 계수형 주파수계의 주파수 측정원리를 설명하여라.

8. 가시광선의 파장의 범위는 몇 [nm]인가?

9. 150[cd]의 점광원에서 10[m]의 거리에 있는 점의 조도는 얼마인가?

10. 면적이 80×80[cm^2]인 완전확산성 유리면의 바로 아래에서 본 광도가 320[cd]이다. 휘도를 구하여라.

11. 반지름이 3[m]인 면에서 발산하는 광속이 1,800[lm]이라면 그 면의 광속 발산도는 얼마인가?

12. 백열전구의 주요 특성을 열거하여라.

13. 전구의 봉함부 도입선으로 쓰이는 재료는 무엇인가?

14. 전구에 게터(getter)를 사용하는 목적은 무엇인가?

15. 전구의 흑화현상이란 무엇인가?

16. 할로겐 전구의 특징과 용도를 열거하여라.

17. 고압수은등을 백열전구와 비교하여 특징을 열거하여라.

18. 형광등에 수은가스 외에 약간의 아르곤 가스를 봉입하는 이유를 설명하여라.

19. 형광등의 특징을 백열전구와 비교하여 열거하여라.

20. 형광등의 발광 원리를 설명하여라.

21. 형광등은 주위온도가 몇[℃]일 때 사용하기 가장 적당한 온도인가?

22. 형광등의 역률개선 방법을 설명하여라.

23. 구리(銅)의 공기 중에서 산화 · 환원반응에 대하여 설명하여라.

24. 볼타전지에 대하여 설명하여라.

25. 1차 전지와 2차 전지의 개념에 대하여 설명하여라.

26. 망간건전지의 양극과 음극의 재료는 무엇인가?

27. 수은전지의 양극과 음극의 재료 및 전해액은 무엇인가?

28. 납축전지의 주요 구성부분은 무엇인가?

29. 알칼리 축전지의 양극과 음극의 재료는 무엇인가?

30. 납축전지와 알칼리 축전지의 차이점은 무엇인가?

31. 연료전지에 대하여 설명하여라.

32. 물의 전기분해에 대하여 설명하여라.

33. 금속의 전해정련에 대하여 설명하여라.

□ 찾아보기 □

저자약력

■ **김성환(金成煥)**

- 1979년 한국해양대학교 기관학과 졸업(공학사)
- 1990년 부경대학교 대학원 졸업(공학석사)
- 1998년 부산대학교 대학원 졸업(공학박사)
- 1987~현재 한국해양대학교 기관시스템공학부 교수

■ **김종수(金宗洙)**

- 1994년 한국해양대학교 기관학과 졸업(공학사)
- 1998년 한국해양대학교 대학원 졸업(공학석사)
- 2002년 한국해양대학교 대학원 졸업(공학박사)
- 2004~현재 한국해양대학교 기관시스템공학부 교수

■ **오세진(吳世眞)**

- 1996년 한국해양대학교 기관공학과 졸업(공학사)
- 2001년 한국해양대학교 대학원 졸업(공학석사)
- 2003년 한국해양대학교 대학원 졸업(공학박사)
- 2005~현재 한국해양대학교 선박운항과 교수

■ **김현수(金炫秀)**

- 1993년 한국해양대학교 기관공학과 졸업(공학사)
- 1999년 목포해양대학교 대학원 졸업(공학석사)
- 2002년 한국해양대학교 대학원 졸업(공학박사)
- 2002년~현재 목포해양대학교 기관·해양경찰학부 교수

전기공학개론

2024년 8월 30일 2판 5쇄 발행

저 자 김 성 환 · 김 종 수
오 세 진 · 김 현 수

발행인 남 승 우

발행처 도서출판 상尙 학學 당堂

서울시 동작구 사당로9가길 6(사당동)
TEL : 02) 595-1692~4
FAX : 02) 595-1394
E-mail : shdbooks@naver.com
신고 : 2-155호 (1968. 11. 29)

정가 29,000원

ISBN 978-89-6587-013-5 93560

〈디자인〉 편집 엄해숙 / 표지 토틀컴